Das große Buch vom

Leben auf dem Lande

Das große Buch vom

Leben auf dem Lande

Ein praktisches Handbuch für Realisten und Träumer

von John Seymour

Otto Maier Verlag Ravensburg

Inhalt

Hinweis: Das in diesem Buch verwendete Flächenmaß Morgen entspricht 40, 46 Ar

Die englische Originalausgabe wurde unter dem Titel „The Complete Book of Self-Sufficiency" von Dorling Kindersley Limited, London, herausgegeben und im Verlag Faber und Faber Limited, London, veröffentlicht

Art Director: Roger Bristow
Layout: Sheilagh Noble, Christopher Meehan (Assistenz)
Illustrationen: David Ashby, Robert Micklewright, Jim Robins, Eric Thomas
Aus dem Englischen übertragen von Irmgard Kneißler, Uwe Lindemann, Renate Müller und Wilfried Sons
Redaktion: Angelika Feilhauer

Printed in Germany

90 89 88 87 86 16 15 14 13 12

ISBN 3-473-42616-4

Nahrung von Tieren

Früchte aus dem Garten

Nahrung aus der Natur

Natürliche Energien

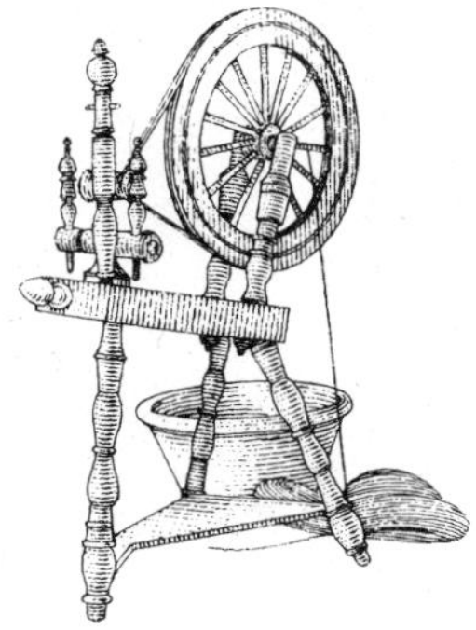

Handwerkliche Fertigkeiten

Vorwort

Wir können Dinge selber tun oder sie von anderen erledigen lassen und dafür bezahlen. Diese beiden „Systeme“ erhalten uns aufrecht; eines können wir vielleicht „Selbständigkeits-System“ und das andere „Organisationssystem“ nennen. Frühere Zeiten brachten Männer und Frauen der ersten Gruppe hervor, während die heutige Gesellschaft vorwiegend auf dem Prinzip der Arbeitsteilung beruht. Insgesamt gesehen bieten alle heute existierenden Gesellschaften eine Mischung aus diesen beiden Systemen; allerdings variiert das Mischungsverhältnis.
In der modernen Welt vollzog sich während der letzten hundert Jahre eine enorme und historisch einzigartige Veränderung: weg von der Unabhängigkeit des Individuums und hin zur organisierten Welt. Das Resultat: die Menschen werden immer unselbständiger aber dafür abhängiger, als sie es jemals in der Geschichte waren. Sie beanspruchen vielleicht, gebildeter als irgendeine vorangegangene Generation zu sein; aber die Tatsache bleibt bestehen, daß sie wirklich nichts mehr selber machen können. Sie hängen vollständig von unglaublich komplexen Organisationen ab, von einer fantastischen Maschinerie und brauchen dazu ein immer weiter steigendes Einkommen. Was passiert, wenn Rezession, Zusammenbruch, Streik oder Arbeitslosigkeit auf uns zukommen? Ist der Staat für diese Fälle vorbereitet? In manchen Fällen ja, in anderen Fällen nein. Viele Menschen werden durch die Maschen dieses Sicherheitsnetzes fallen. Sie werden leiden, mutlos und verzweifelt sein. Und sie können sich nicht helfen, weil sie nicht wissen wie.
John Seymour beschreibt in diesem Buch, wie man zur Selbsthilfe greifen kann. Er ist einer der großen Pioniere für die menschliche Unabhängigkeit. Von ihm sollte man lernen, ihn aber nicht imitieren. Deshalb sollte auch niemand genau das tun, was John Seymour gemacht hat. Totale Autarkie ist wie totale Organisation letztlich unausgewogen und verdummend. Die Vorläufer zeigen uns, was möglich ist, und jeder sollte für sich entscheiden, was er tun sollte, das heißt, was wir tun müssen, um eine gewisse Balance in unser Leben zu bekommen.
Man sollte um Gottes Willen nicht versuchen, das Gemüse für die ganze Familie selber anzubauen, denn dann hätte man für nichts anderes mehr Zeit. Oder sollte man ein Hans-Dampf-in-allen-Gassen werden? In den meisten „Gassen“ wäre man wahrscheinlich ziemlich inkompetent und entsetzlich unbrauchbar. Aber wenn man einige Dinge selber, für sich selber macht: welche Freude, welche Heiterkeit, welche Befreiung von dem Gefühl, man sei von Organisationssystemen total abhängig! Man befindet sich in einem direkten, schöpferischen Prozeß. Die dem Menschen angeborene Kreativität ist keine zufällige Sache; wenn man sie vernachlässigt oder nicht beachtet, wird sie deshalb zu einer inneren, giftigen Quelle. Sie kann den einzelnen Menschen und letzlich die ganze Gesellschaft zerstören.
Nichts kann das Aufblühen einer Gesellschaft verhindern, die ihren Individuen freie Entfaltungsmöglichkeiten ihrer Kreativität bietet. Niemand kann aber auch einen solchen Prozeß von oben herab befehlen oder lenken. Also: Man sollte nicht „auf Godot warten“, der kommt nämlich nicht. Es ist interessant, an alle die modernen „Godots“ zu denken, auf die die Menschheit heute wartet: dieser oder jener fantastische technische Durchbruch, völlig neue Entdeckungen auf dem Gebiet der Energieversorgung; Automation, bis kaum noch einer den Finger zu krümmen braucht. Regierungen, die Probleme für immer lösen, oder einfach ein neuer Wirtschaftsaufschwung.
John Seymour hat nicht „auf Godot gewartet“, und seine Philosophie ist, mit der Selbständigkeit sofort anzufangen, ohne auf irgendeinen Auslöser zu warten.
Diese Philosophie und Praxis der „Selbst-Versorgung“ von John Seymour ist recht elementar und kann natürlich verbessert werden. Je größer die Anzahl der Praktiker wird, um so schneller wird auch die Technik der Selbstversorgung entwickelt, so daß die Menschen bald Selbständigkeit, Arbeitsfreude, Kreativität und ein zufriedenes Leben erreichen können. Dieses Buch macht einen großen Schritt in diese Richtung, und ich empfehle es von ganzem Herzen.

Dr. E. F. Schumacher, CBE

Der Weg zur Selbstversorgung

Selbstversorgung ist nicht die Rückkehr zu einer idealisierten Vergangenheit, in der die Menschen nach Nahrung mit primitiven Werkzeugen wühlten und sich gegenseitig wegen Hexerei verbrannten. Sie ist ein Vorstoß zu einer neuen und besseren Lebensweise, einem Leben mit mehr Freude als dem überspezialisierten Kreislauf des Büros oder der Fabrik, ein Leben, das Herausforderung, tägliche Initiative, Abwechslung, gelegentlich großen Erfolg, aber auch bodenlosen Mißerfolg bei der Arbeit bringt, die Bereitschaft zur totalen Verantwortung dessen, was man macht oder nicht macht. Und eine der größten Belohnungen ist die Freude des Zuendeführens jeder Arbeit, vom Aussäen des eigenen Weizens bis zum Essen des eigenen Brotes.

Selbstversorgung ist kein Rückschritt zu niedrigerem Lebensstandard. Im Gegenteil, es ist ein Wetteifern um höheren Lebensstandard, nach guter, frischer, organisch gewachsener Nahrung, nach gutem Leben in angenehmer Umgebung, einem gesunden Körper und Seelenruhe. Dies kommt von der harten und abwechslungsreichen Arbeit an der frischen Luft, der Befriedigung über gutes und erfolgreiches Lösen schwieriger und verworrener Aufgaben.

Eine weitere Vorbedingung für die sich selbst versorgende Person ist der richtige Bezug zu Grund und Boden. Wenn es dazu gekommen ist, daß wir das ganze oder das meiste Öl auf diesem Planeten verbraucht haben, müssen wir unsere Beziehung zu unseren einzigen und wirklichen Werten nochmals überdenken – das ist das Land. Wir werden eines Tages unsere Nahrung von dem Boden gewinnen müssen, der frei von chemischen Hilfsprodukten produziert. Wir wollen nicht wünschen, daß wir in der Zukunft einen Lebensstandard haben, der ausschließlich von komplizierten und teuren Ausrüstungen und Maschinen abhängig ist, aber wir werden immer einen hohen Lebensstandard in den Dingen haben wollen, die wirklich wichtig sind: Gute Nahrung, Kleidung, Unterkunft, Gesundheit, Glück, Freude zusammen mit anderen.

Jeder, der ein Stück Land besitzt, sollte damit weise, kenntnisreich und intensiv haushalten. Der sogenannte »Selbstversorger«, der in einer Unzahl von Rüben und Disteln sitzt und philosophiert, sollte in die Stadt zurückkehren. Er leistet überhaupt nichts Gutes und bewohnt Land, das von jemandem bewohnt werden sollte, der es wirklich gebrauchen kann.

Auch andere Lebensformen, neben den unseren, sollten unsere Aufmerksamkeit verdienen. Der Mensch sollte Landwirt sein und kein Ausbeuter. Dieser Planet ist nicht ausschließlich für unseren eigenen Gebrauch. Jegliche Zerstörung von Lebensform, außer der, die augenscheinlich einen direkten Wert für uns hat, ist unmoralisch und wird möglicherweise dann auch letzten Endes zu unserer eigenen Zerstörung beitragen. Die verschiedenen, sorgfältig durchdachten Arten des Ackerbaus auf den sich selbst versorgenden Anwesen begünstigen eine Vielzahl an unterschiedlichen Lebensformen, und jeder Selbstversorger wird es wünschen, auf seinem Besitz einige Stücke mit wirklicher Wildnis zu haben, auf denen wilde Lebensformen in Ruhe und Frieden weiterwachsen können.

Und es gibt die Frage zu unserem Verhältnis zu anderen Menschen. Viele Menschen ziehen sich aus der Stadt aufs Land zurück, weil für sie das Stadtleben, umgeben von Menschen, zu einsam ist. Ein Selbstversorger, der umgeben ist von großen kommerziellen Bauernhöfen, mag auch einsam sein; aber wenn er andere Selbstversorger in seiner Nähe hat, wird er gezwungen, mit ihnen zusammenzuarbeiten, und er findet sich bald als Mitglied einer warmherzigen Gemeinschaft.

Gute Beziehungen zur alten, einheimischen Bevölkerung auf dem Lande sind wichtig. In meinem Landstrich sind die alten Landbewohner sehr wohlwollend gegenüber den neuen „Eindringlingen". Sie freuen sich, daß wir alte Handfertigkeiten erneuern und erhalten, die sie in ihrer Jugend angewandt haben, und es macht ihnen Spaß, uns diese zu vermitteln. Sie werden redselig, wenn sie die Schinken und geräucherten Speckseiten aufgehängt in meinem Rauchfang sehen. Sie sagen: „Das ist wirklicher Speck! Besser als das Zeug, das wir im Laden bekommen. Meine Mutter machte es auch so, als ich noch ein Junge war. Damals machten wir noch alle unsere Sachen selbst." „Warum denn nicht heute?" frage ich. „Ach, die Zeiten haben sich geändert." Nun, sie sind dabei, sich wieder zu ändern.

Selbstversorgung ist nicht nur für jene, die fünf Morgen eigenes Land haben. Wer in seiner Stadtwohnung seine Schuhe zu reparieren lernt, wird bis zu einem gewissen Grad auch Selbstversorger.

Er spart nicht nur Geld, sondern vergrößert auch seine Befriedigung und Selbstachtung. Der Mensch ist nicht zum „Arbeits-Tier" bestimmt. Wir sind von der Natur absichtlich so vielseitig, mit verschiedenen Dingen, mit vielen Fähigkeiten ausgestattet worden. Der Stadtbewohner, der bei einem Landbesuch vom Bauern einen Sack Weizen kauft und sein Mehl selbst mahlt, umgeht eine Menge Zwischenhändler und hat außerdem noch besseres Brot. Darüber hinaus erhält er guten Unterricht im Umgang mit der Mühle. Und jeder städtische Gartenbesitzer kann etwas vom nutzlosen Rasen umgraben, einige dieser Dauerpflanzen auf den Komposthaufen werfen und seinen eigenen Kohl anbauen. Ein gutes Stück städtischen Gartens kann praktisch eine Familie ernähren. Ich kannte eine Frau, die die besten im Freien gewachsenen Tomaten erntete, die ich je gegessen habe. Und zwar in einem Glaskasten im zwölften Stock eines Hochhauses. Das war zu hoch für die Abgase.

Darum viel Glück und ein langes Leben allen Selbstversorgern! Und wenn jeder Leser dieses Buches etwas für ihn Nützliches daraus lernt, das er vorher nicht so leicht herausbekommen konnte, dann bin ich glücklich und fühle, daß nicht nur die harte Arbeit, die ich als Autor hineingesteckt habe, sondern auch die der hart arbeitenden und eingeweihten Leute, die die mühsame und schwierige Aufgabe des Zusammenstellens und Illustrierens hatten, nicht vergeblich war.

Der Mensch und seine Umwelt

Der wirkliche Hofbesitzer wird versuchen, mit seinem Land sorgsam umzugehen und es nicht auszubeuten. Er möchte das „Herz" seines Landes, die Fruchtbarkeit, verbessern und erhalten. Er wird durch Beobachten der Natur lernen, daß Getreide-Monokultur oder das Halten einer einzigen Tierart auf ein und demselben Stück Land nicht der natürlichen Ordnung der Dinge entspricht. Zur größtmöglichen Ausdehnung natürlicher Formen und um deren Überleben zu sichern, wird er Tiere und Pflanzen auf seinem Besitz aufziehen. Er wird die gegenseitige Beeinflussung unter ihnen verstehen und fördern. Er wird sogar einige Stücke Wildnis auf seinem Lande lassen, wo wilde Lebensformen sich entfalten können. Wo er anbaut, denkt er immer an die Bedürfnisse des Bodens, immer den Nutzen jeder Pflanze und jedes Tieres für den Boden abwägend. Über alledem wird er erkennen, daß er den Kreislauf des Lebens beeinflußt (ein Teil dessen er selbst ist). Er macht es auf eigene Verantwortung, denn er kann ein Eingreifen in das natürliche Gleichgewicht nicht vermeiden.

Die ersten Regeln der Selbstversorgung

Die einzige Möglichkeit, daß der Hofbesitzer sein Landstück so gut und intensiv wie möglich bewirtschaftet, ist ein sorgfältig ausgearbeitetes Gleichgewicht zwischen Tieren und Pflanzen: Die Pflanzen ernähren die Tiere direkt, die Tiere den Boden mit ihrem Mist und der Boden die Pflanzen. Wenn dasselbe Getreide Jahr für Jahr auf dem gleichen Landstrich angebaut wird, vermehren sich die fürs Getreide schädlichen Krankheitserreger so stark, daß sie unkontrollierbar werden. Die Natur verabscheut Monokultur. Wenn eine Art vorherrschend wird, entwickeln sich mit Sicherheit Schädlinge oder Krankheiten, die sie abtötet. Der Mensch trotzt mit Hilfe von immer stärkeren chemischen Kontrollen diesem Gesetz, aber die Schädlinge (speziell die schnell entstehenden Viren) werden schnell neuen Chemikalien gegenüber widerstandsfähig, und im Moment ist der Chemiker nur einen kleinen Schritt vor der Krankheit.

Der neue Landwirt will sein Land richtig und sinnvoll bestellen.

Er wird die Handarbeit gegenüber Chemikalien und Maschinen fördern müssen. Er wird sein Gehirn und seine Schlauheit brauchen müssen, um die Arbeit seiner Hände zu retten! Wenn er zum Beispiel seine Tiere dazu bringt, ihren Getreideanteil gleich auf den Feldern zu fressen, spart er die Ernte und das Einbringen des Korns. Mit anderen Worten: Bring die Tiere zum Futter, nicht das Futter zu den Tieren. Genauso, wenn er die Tiere dazu bringt, ihren Dung auf dem Feld zu lassen, dann spart er die Arbeit des Dungstreuens. Schafe können auf Ackerland gepfercht werden, wobei der Pferch von Zeit zu Zeit versetzt wird. Hühner werden in Kästen untergebracht, die über das ganze Land bewegt werden, damit es mit Hühnermist bedeckt wird, während die Hühner frisches Gras fressen können. Und Schweine werden hinter Elektrozäunen gehalten, die ebenso schnell bewegt werden können. Also ernten die Schweine ihre Nahrung selbst und verteilen den Dung. (Es sei gesagt, daß Schweine die besten freien Bebauer sind, die jemals auf der Erde gelebt haben! Sie säubern, pflügen, düngen und eggen das Land und verlassen es fast fertig für deine Kornaussaat, mit nicht mehr Arbeit, als dem gelegentlichen Umstellen des Elektrozaunes.)

Der gute Wirtschafter läßt sicher nicht die gleiche Tierart zu lange auf einem Stück Land, genausowenig, wie er dieselbe Sorte Korn Jahr für Jahr auf einem Platz läßt. Er läßt den jungen Kälbern ältere Rinder, den Rindern Schafe, den Schafen Pferde folgen, während Gänse und anderes Federvieh frei herumläuft oder fortschreitend über sein Gras- und Ackerland getrieben wird (Ackerland ist gepflügtes und bebautes Land im Gegensatz zu ganzjährigem Grasland).

Alle Tiere leiden an Parasiten, und wenn man eine Art von Tieren zu lange an einem Platz läßt, gibt es einen Aufstau von Parasiten und Krankheitsträgern. Da Parasiten der einen Tierart der anderen nicht schaden, wird durch Wechseln der Tierarten die Ausschaltung von Parasiten durchgeführt.

Auch wird der wirkliche Wirtschafter herausfinden, daß jedes Unternehmen auf dem Anwesen sich nutzbringend mit einem anderen verbinden läßt, wenn es richtig geplant wurde. Wenn er Kühe hält, düngen sie mit ihrem Dung den Boden, der nicht nur für die Kühe Nahrung hervorbringt, sondern auch für die Menschen und Schweine. Die Milchnebenprodukte (entrahmte Milch von der Butterherstellung und Molke von der Käseherstellung) sind eine wunderbare Vollnahrung für Schweine und Geflügel. Schweine- und Geflügelmist hilft beim Viehfutteranbau. Hühner zerkratzen den Dung anderer Tiere und bringen unverdautes Korn zum Vorschein.

Getreiderückstände ernähren die Tiere, und was selbst die Schweine nicht fressen, wird in den Boden getreten und aktiviert ihn zusammen mit dem Dünger. Sie werden ohne einen Spatenstich des Landwirts zum besten Kompost. Alle Überreste von geschlachteten Tieren kommen entweder zu den Schweinen, den Schäferhunden oder als aktivierende Stoffe auf den Komposthaufen. Nichts geht verloren. Nichts ist hinderlich und wird fortgeworfen, nichts soll die Umwelt verschmutzen. Auf einem Selbstversorger-Hof sollte ein Müllmann nicht notwendig sein. Selbst alte Zeitungen können zu Streu für Schweine oder auf dem Kompost verarbeitet werden. Alles, was verbrannt werden muß, ist guter Kalidünger fürs Land. Nichts wird verschwendet – es gibt keinen Abfall.

Aber bevor der richtige Selbstversorger die Landwirtschaft in Angriff nimmt, sollte er sich mit einigen Natur-Grundgesetzen vertraut machen, daß er es besser verstehen kann, warum gewisse Dinge auf seinem Gehöft geschehen und andere nicht.

Die Nahrungskette

Das Leben auf diesem Planeten muß mit einer Pyramide verglichen werden: mit einer unglaublich großen Basis und einem schmalen Gipfel.

Jedes Leben braucht Stickstoff. Aber die wenigsten Lebewesen können freien, ungebundenen Stickstoff, der einen großen Teil der Atmosphäre ausmacht, verwenden. Die Basis unserer biologischen Pyramide besteht darum aus Bakterien, die in der Erde leben, manchmal in Symbiose mit höheren Pflanzen: Sie haben die Fähigkeit, Stickstoff aus der Luft zu binden. Die Anzahl der Organismen im Boden ist unermeßlich groß: In einem Körnchen Erde, so groß wie ein Stecknadelkopf, sind Millionen enthalten.

Auf diesen lebt eine Unmenge von „Gästen", von mikroskopisch kleinen Tieren, die wesentlichsten und notwendigsten aller Lebensformen. Wenn wir die Pyramide untersuchen, oder auch die Nahrungskette (wie immer wir sie nennen wollen), so bemerken wir, daß jedes überlagerte Glied weitaus seltener vorkommt, als das Glied, von dem es sich ernährt. Über den höheren Pflanzen stehen die Pflanzenfresser. Jede Antilope braucht zum Beispiel Millionen von Graspflanzen, um am Leben zu bleiben. Und jeder Löwe braucht hunderte von Antilopen, um sich satt fressen zu können. Die eigentlichen Fleischfresser bilden den Gipfel der Pyramide. Der Mensch steht nahe an der Spitze, aber nicht oben, da er ein „Allesfresser" ist. Er gehört zu den glücklichen Lebewesen, die von einer breiten Nahrungspalette existieren können.

In der gesamten Kette, oder bei allen Ablegern der Pyramide, gibt es den riesigen Komplex der wechselseitigen Beziehungen. Da gibt es zum Beispiel reine, fleischfressende Organismen. Es gibt alle Arten von Parasiten und fäulniserregenden Organismen. Die ersteren leben auf ihren Gastpflanzen und zehren sie aus, die anderen leben in Symbiose oder gutmütiger Zusammenarbeit mit anderen Organismen, Tieren oder Pflanzen.

Ein System in solch gigantischer Gesamtheit kann vielleicht am besten durch die Vereinfachung in dem bekannten Spruch verstanden werden:

Kleine Käfer haben noch kleinere Käfer auf ihrem Rücken, die sie beißen. Und noch kleinere Käfer haben noch kleinere Käfer und so weiter ohne Ende!

Dies allein deutet schon auf ein Schmarotzertum hin, aber es ist erwähnenswert, daß überall in der Pyramide alles verbraucht wird, am Ende dann durch irgend etwas anderes. Und das schließt uns ein, vorausgesetzt, daß wir den Kreislauf des Lebens nicht durch den zerstörenden Vorgang der Einäscherung unterbrechen.

Nun gerät der Mensch in Konflikt mit diesem System (von dem er nicht vergessen sollte, daß er ein Teil dessen ist). Aber er macht es auf eigene Gefahr. Wenn wir viele Fleischfresser unter den größeren Säugetieren auslöschen, entstehen eine Unmenge Pflanzenfresser, von denen sich sonst die Fleischfresser ernähren; diese werden übermächtig und schaffen Einöden. Wenn wir zum anderen zu viele Pflanzenfresser auslöschen, wachsen die Blätter üppig, geraten außer Kontrolle, und gutes Weideland wird zu Unterholz, kann nicht mehr viele Pflanzenfresser tragen, bis es aufgeforstet wird. Wenn wir jede Art Pflanzenfresser ausrotten bis auf eine, werden Weiden weniger wirksam abgegrast. So grasen Schafe sehr dicht auf dem Boden (sie beißen das Gras mit den Vorderzähnen), während Kühe zum Beispiel langes Gras herausreißen, indem sie es mit der Zunge umschlingen. Auf Hügeln züchtet man bessere und mehr Schafe, wenn auch Kühe auf ihnen weiden.

Auch Pflanzen existieren in einer großen Vielfalt in der natürlichen Umwelt, und das aus gutem Grund. Verschiedenartige Pflanzen entnehmen dem Boden verschiedene Dinge und geben verschiedene Dinge zurück. Mitglieder der Erbsen-, Bohnen- und Klee-Familie haben zum Beispiel stickstoffbindende Bakterien in den Knollen ihrer Wurzeln. Aber durch Zugabe künstlichen Stickstoffs kann man den Klee auslöschen. Es ist nicht so, daß Klee keinen künstlichen Stickstoff mag, aber wenn man das „unfaire Übergewicht", das er gegenüber den Gräsern (sie binden keinen Stickstoff) hat, wegnimmt, indem man letztere mit viel freiem Stickstoff anreichert, und sie dadurch natürlich kräftiger werden als der Klee, so wird dieser erstickt.

Durch Beobachten der Natur wird ersichtlich, daß Monokultur nicht in der natürlichen Reihenfolge der Dinge liegt. Wir können ein Mono-Getreide-System nur aufrechterhalten, wenn wir die notwendigen Elemente aus der Düngerschüssel hinzufügen und alle Rivalen und Feinde des Getreides mit Chemikalien zerstören. Wenn wir dagegen Landwirtschaft stärker nach den Regeln und Gewohnheiten der Natur betreiben wollen, müssen wir eine größtmögliche Abwechslung unter die Pflanzen und Tiere bringen.

Der Boden

Die Grundlage jeglichen Erdenlebens ist natürlich der Boden. Der Boden, von welchem wir unseren Lebensunterhalt bestreiten, besteht aus Pudersand, der, zum Glück für uns, die größten Landflächen der Erde bedeckt. Ein Teil dieses Puders oder dieser Erde wurde direkt vom Fuße des Berges abgetragen, ein anderer durch Wasser irgendwo vom Gipfel fortgespült, ein Teil (wie der berühmte Lößboden in Nord-Amerika und China) wurde vom Wind fortgetragen, ein anderer in seine gegenwärtige Lage durch Gletscher in dieser oder jener Eiszeit gebracht. Aber wie auch immer der Boden dorthin gekommen ist, wo er nun liegt, er wurde ursprünglich durch Naturkräfte pulverisiert. Frost spaltet den Felsen genauso wie abwechselnd starke Hitze und Kälte, das Wasser trägt ihn ab, Wind zerfrißt ihn, und heute ist es bekannt, daß Bakterien und gewisse Algen ihn tatsächlich verspeisen; der härteste Felsen wird pulverisiert und zerfressen, wenn er an der Oberfläche der Witterung und den Bakterien ausgesetzt ist.

Neu entstandene Erde wird alle im ursprünglichen Felsen enthaltenen Pflanzenstoffe haben, aber es wird ihr völlig an einem wesentlichen Element mangeln – *Humus*. Sie wird keinen Humus enthalten, bis Leben – das bedeutet, Dinge, die lebten und gestorben sind und jetzt verwesen – hinzugetan wird. Nur dann ist sie wirklich fertige Erde, die alles Leben auf dem Lande aufrechterhält.

Da der Boden aus vielen verschiedenen Felsenarten entsteht, gibt es verschieden viele Bodenarten. Da wir nicht immer die Sorte Boden bekommen, die wir brauchen, muß der Landwirt lernen, das Beste aus dem Boden zu machen, den er besitzt. Abhängig von der Größe der Partikel werden Böden in leicht und schwer klassifiziert, mit unendlich vielen Einteilungsgraden dazwischen. Leicht bedeutet: aus großen Partikeln zusammengesetzt. Als schwer bezeichnet man Boden aus sehr kleinen Partikeln. Und reiner Sand ist der leichteste Boden, den man bekommen kann. Die Termini „leicht" und „schwer" in diesem Zusammenhang haben nichts mit dem Gewicht, sondern dem Schwierigkeitsgrad der Bodenbearbeitung zu tun. Man kann Sand umgraben oder mit ihm arbeiten, ganz gleich, wie naß er ist, ohne daß man ihm Schaden zufügt. Schwerer Lehm ist sehr schwer umzugraben

Der Kreislauf der Natur

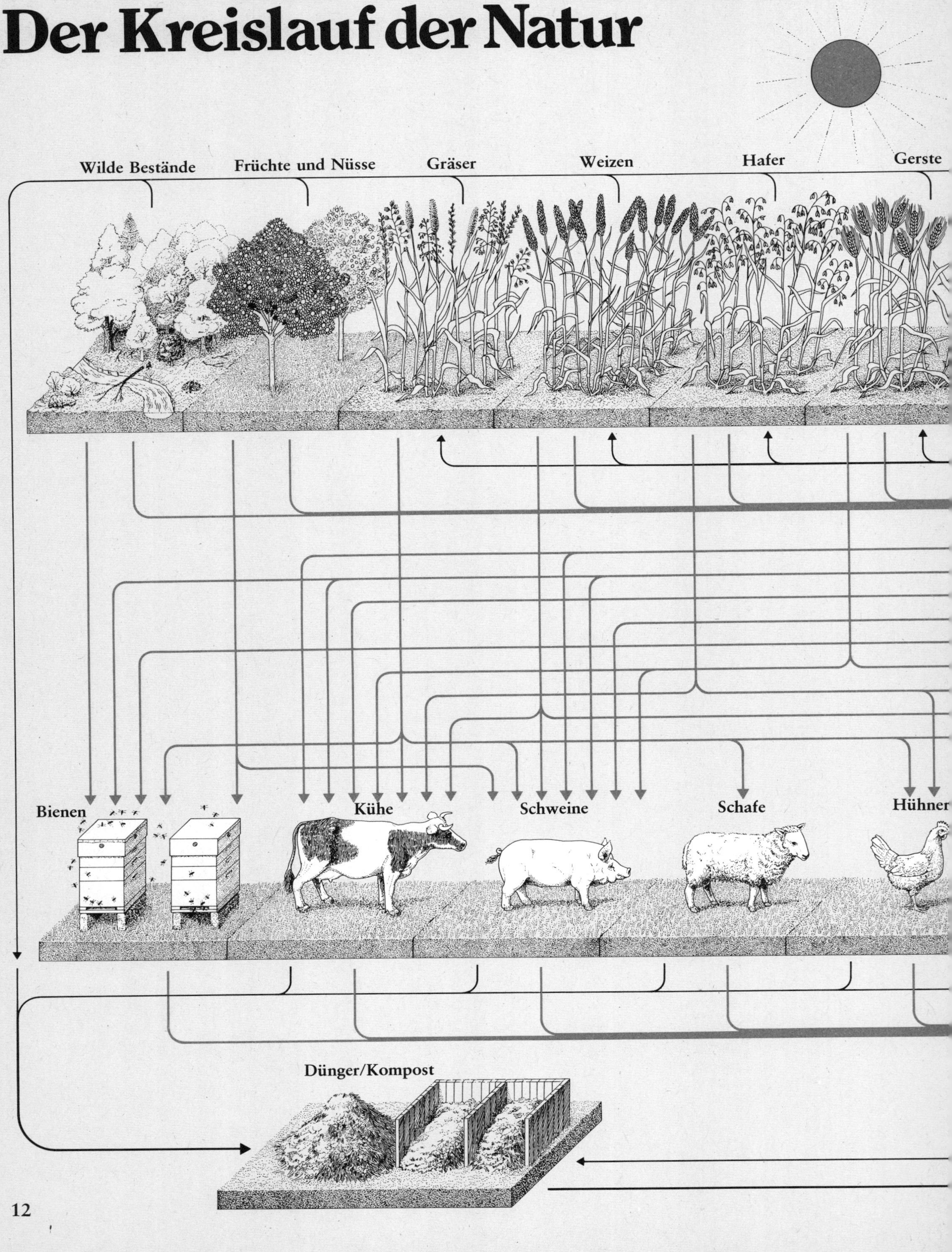

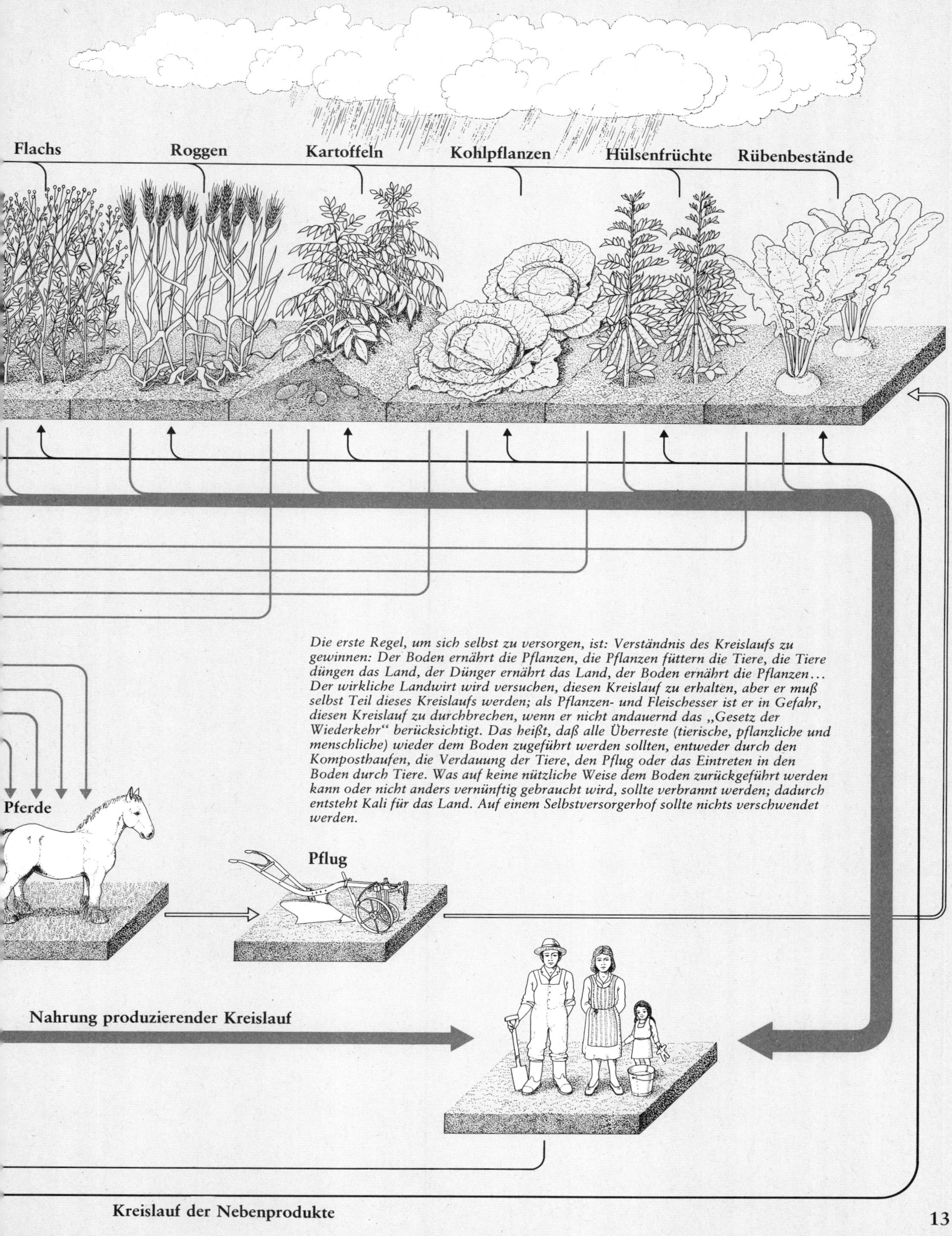

Die erste Regel, um sich selbst zu versorgen, ist: Verständnis des Kreislaufs zu gewinnen: Der Boden ernährt die Pflanzen, die Pflanzen füttern die Tiere, die Tiere düngen das Land, der Dünger ernährt das Land, der Boden ernährt die Pflanzen... Der wirkliche Landwirt wird versuchen, diesen Kreislauf zu erhalten, aber er muß selbst Teil dieses Kreislaufs werden; als Pflanzen- und Fleischesser ist er in Gefahr, diesen Kreislauf zu durchbrechen, wenn er nicht andauernd das „Gesetz der Wiederkehr" berücksichtigt. Das heißt, daß alle Überreste (tierische, pflanzliche und menschliche) wieder dem Boden zugeführt werden sollten, entweder durch den Komposthaufen, die Verdauung der Tiere, den Pflug oder das Eintreten in den Boden durch Tiere. Was auf keine nützliche Weise dem Boden zurückgeführt werden kann oder nicht anders vernünftig gebraucht wird, sollte verbrannt werden; dadurch entsteht Kali für das Land. Auf einem Selbstversorgerhof sollte nichts verschwendet werden.

oder zu pflügen, er wird puddingartig, verklebt und wird leicht zerstört, wenn man ihn naß bearbeitet.
Was wir im allgemeinen Boden nennen, ist die oberste dünne Schicht der Erde. Er vermischt sich mit dem Unterboden, der normalerweise frei von Humus, aber reichhaltig an Mineralstoffen für Pflanzen ist. Pflanzen mit tiefgehenden Wurzeln, z. B. einige Bäume, gehen direkt in den Unterboden und entnehmen ihm ihre Nährstoffe. Die Beschaffenheit des Unterbodens ist sehr wichtig, da sie Einfluß auf die Drainage hat. So ist sie zum Beispiel bei schwerem Lehm schlecht, und das Feld bleibt naß. Bei Sand, Kies, zerfallener Kreide oder Kalkstein ist das Feld sicher trocken. Unter dem Unterboden kommt Felsgestein, das bis ins Erdinnere reicht. Aber auch Felsgestein kann Drainage durchführen: Kreide, Kalkstein, Sandstein und andere durchlässige Gesteinsarten eignen sich gut. Lehm (Geologen rechnen auch ihn zum Felsgestein), Schiefer, Schlickstein, Schieferton und anderes Eruptivgestein haben nur schlechte Drainage. Betrachten wir nun die verschiedenen Bodenarten:

Schwerer Lehm: Wenn er drainiert und mit großer Sorgfalt bearbeitet wird, kann er fruchtbarer Boden für vielerlei Bestände sein. Weizen, Eichen, Feldbohnen, Kartoffeln und viele andere Bestände gedeihen gut auf ordentlich bearbeitetem Lehm. Bauern bezeichnen ihn oft als kräftiges Land. Aber man braucht große Erfahrung, um ihn auszunutzen. Dies wegen der Neigung des Lehms, „auszuflocken", d. h., die mikroskopisch kleinen Lehmpartikelchen ziehen sich zu größeren zusammen. Wenn dies geschieht, kann man Lehm einfacher bearbeiten, er drainiert besser, Luft kann eindringen (eine wesentliche Bedingung für Pflanzenwuchs) und ermöglicht es den Pflanzenwurzeln, ihn besser zu durchdringen. Mit anderen Worten: Er wird guter Boden. Das Gegenteil des Ausflockens ist das „Manschen", d. h., er bildet eine klebrige Masse (etwa so, wie der Töpfer sie zum Töpfern braucht), wird nahezu unbrauchbar zur Bestellung und schließlich hart wie Ziegelstein, wenn er austrocknet. In diesem Zustand bekommt das Land große Risse und wird unbrauchbar.
Faktoren, die eine Lehmausflockung begünstigen, sind: mehr Alkali- als Säuregehalt, Ausgesetztsein der Luft und dem Frost, Humusaufnahme und gute Drainage. Säuregehalt verursacht Manschen, genauso, wenn man ihn naß bearbeitet. Lehm muß gepflügt werden, wenn er gerade richtig feucht ist und muß in Ruhe gelassen werden, wenn er naß ist.
Lehm kann jederzeit durch Zugabe von Humus (Kompost, „Mist" oder Hofdünger, Blätterhumus, Gründünger: alle Gemüse- oder Tier-Nebenprodukte), durch Drainage, Pflügen zum richtigen Zeitpunkt und Luft- und Frosteinfluß, durch Düngen bei Säuregehalt und sogar in extremen Fällen durch Zugabe von Sand verbessert werden. Lehm ist „später" Boden, d. h., er läßt keine Bestände früh im Jahr wachsen. Er ist schwieriger Boden. Er ist nicht „hungrig", d. h. eine Zugabe von Humus währt recht lange. Er neigt zu Kalireichtum und oft natürlichen alkalischen Stoffen, in diesen Fällen braucht er nicht gedüngt zu werden.
Lehm: Lehm ist ein Zwischending zwischen Lehm und Sand und hat viele Grade von Schwere und Leichtigkeit. Man kann sehr schweren und sehr leichten Lehm haben. Ein mittlerer Lehm ist vielleicht der perfekte Boden für die meisten Arten der Landwirtschaft. Der meiste Lehm ist eine Mischung aus Lehm und Sand, obwohl einige Lehmsorten vermutlich Partikelchen von gleicher Größe haben. Wenn Lehm (oder andere Erde) auf Schlick- oder Kreidestein liegt, ist er wahrscheinlich alkalisch und braucht nicht gedüngt zu werden, obwohl das nicht immer der Fall ist: Überraschenderweise gibt es Schlicksteinarten, die Düngung benötigen. Lehm, wie jeder andere Boden, wird immer ertragreicher durch Zugabe von Humus.
Sand: Sandboden, oder der leichtere Teil der schwer-leichten Palette an Böden, ist normalerweise gut drainiert, oft säurehaltig (in diesem Fall muß man düngen) und oft mangelhaft kali- und phosphathaltig. Er ist „früher" Boden, d. h., er erwärmt sich nach dem Winter schnell und sorgt für frühe Bestände. Er ist auch „hungriger" Boden; zugeführter Humus währt nicht lange in ihm. Um Sandböden produktiv zu machen, muß man wirklich große Mengen organischen Düngers hinzuführen; anorganischer Dünger wird dagegen schnell herausgewaschen. Sie sind gut für überwinterndes Vieh, weil sie nicht „aufweichen" wie etwa schwere Böden (sie werden also nicht zu Morast, wenn sie zertreten werden). Sie erholen sich schnell, wenn sie als Grasweide benutzt werden. Aber sie bringen keine so starken Gras- oder andere Bestände wie schwereres Land.
Sie trocknen sehr schnell aus und leiden mehr unter Dürre als etwa Lehmböden.
Torf: Torfböden sind eine Klasse für sich, aber unglücklicherweise recht selten. Torf entsteht durch Pflanzenprodukte, die unter anaeroben Bedingungen zusammengedrückt wurden (z. B. unter Wasser) und nicht verrottet sind. Kaltes und feuchtes Torfland ist nicht besonders gut für die Landwirtschaft, obwohl solcher Boden, wenn er drainiert wird, Kartoffeln, Hafer, Sellerie und andere Bestände hervorbringt. Aber natürlich drainierte Torfböden sind die besten Böden der Welt. Sie bringen alles hervor, und das besser als jeder andere Boden. Sie brauchen keinen Dünger: sie sind Dünger. Glücklich sei der Selbstversorger, der solch Land bekommen kann. Seine Wirtschaft kann dann kaum fehlschlagen.

Das Düngen

Pflanzen benötigen beinahe alle Spurenelemente, aber die größten Mengen brauchen sie von Stickstoff, Phosphor, Kalium und Kalzium.
Stickstoff kann, wie wir gesehen haben, aus der Luft durch Stickstoff bindende Bakterien gebunden werden, und die organisch wachsende Pflanze ist am meisten geeignet, sich auf diesen Vorgang zu verlassen. Um jedoch eine gute Ver-

sorgung zu sichern, sollte Tierdung dem Boden zugefügt werden, denn dieser macht Stickstoff frei, wenn er zerfällt.
Phosphor ist wahrscheinlich im Boden enthalten, aber vielleicht nicht in ausreichendem Maße. Wenn eine Untersuchung Phosphatmangel feststellt, sollte Phosphor hinzugegeben werden. Phosphormangel erkennt man an der purpurroten Färbung von Keimlingen, gefolgt vom Vergilben der älteren Pflanze, überraschendem Wuchs und später Reife. „Schlacke" ist ein gebräuchlicher Phosphat-Lieferant: Sie ist ein Schlickstein-Produkt in Hochöfen und somit ein Nebenprodukt der Stahlindustrie. Unglücklicherweise verringern neue Stahlproduktionsmethoden den Nachschub. Bodenstein-Phosphat reagiert langsamer als Schlacke, währt aber länger, und viele natürliche Pflanzen gedeihen besser. Superphosphat besteht aus Steinphosphat (oder Knochen), die in Schwefelsäure aufgelöst wurden; es reagiert schnell, ist aber teuer und kann den Bodenorganismen Schaden zufügen.
Kalium: Ein Mangel zeigt sich bei Vergilben von Blätterspitzen und einer Schwäche von Getreidehalmen – sie fallen im Wind oder Regen um. Es gibt viele Stein-Kali-Vorräte in allen Teilen der Welt, und bevor diese erschöpft sind, können wir Kaliummangel durch Zugabe dieses Materials korrigieren. Lehm hat selten Kaliummangel.
Kalzium: Ein Mangel an Kalzium begünstigt säurehaltigen Boden und führt zur Fehlentwicklung von Pflanzen. Auf jeden Fall wird Dünger in der einen oder anderen Form durch den Landwirt hinzugegeben zu Böden, die säurehaltig sind, und Kalziummangel wird nicht auftreten. Dünger kann in Klumpen oder Kreide (sehr langsam reagierend), als Grunddünger oder Kreide (recht langsam reagierend), als Schnelldünger (schnell reagierend) und als Düngerschlacke oder Kreide (schnell reagierend) hinzugegeben werden. Schnelldünger jedoch verbrennt Pflanzen und Bodenorganismen; Düngerschlacke ist günstig.
Es kann dem Boden auch an anderen Elementen mangeln. Wenn trotz Zugabe der oben erwähnten Elemente Pflanzen und Tiere noch immer kränklich aussehen, kann man einen Mangel an Bor vermuten, oder ein Mangel an anderen sogenannten „Spurenelementen", und man sollte sich den Ratschlag eines Experten holen.
Aber wenn das Land alle notwendigen Zugaben an Kompost, Hofdünger, Tierdung direkt hatte, dann ist eine Mangelerscheinung höchst ungewöhnlich. Mit Hilfe einer Bodenanalyse kann man feststellen, welche Stoffe dem Boden fehlen. Wenn man ihm diese dann zuführt, sollte die Fruchtbarkeit des Landes bei reiner, organischer Landwirtschaft allmählich größer werden, bis sie auf einem hohen Stand angelangt ist. Es sollte eigentlich kein weiterer Geldaufwand für „Fruchtbarkeitsmacher" nötig sein.

Die ökologisch reine Landwirtschaft

Ob nun unser Würde-gern-Selbstversorger nicht mehr als einen Hintergarten, oder vielleicht einen Schrebergarten, oder eine hundert Morgen große Farm hat, oder er Mitglied einer tausend Morgen Land besitzenden Gemeinschaft ist: Die Regeln, nach denen er handeln sollte, sind die gleichen. Er sollte versuchen, mit der Natur und nicht gegen sie zu arbeiten, und er sollte, soweit er es kann, wenn er seine eigenen Bedürfnisse befriedigt, der Natur in ihren Methoden nacheifern. Wenn er demgemäß sein Land verbessern und erhalten will, sollte er sich an folgende Dinge erinnern:
1 Monokultur oder das Anbauen des immer gleichen Bestandes auf einem Stück Land, und das Jahr für Jahr, sollte vermieden werden. Krankheitserreger, die eine bestimmte Bestandssorte angreifen, bilden sich auf solchen Böden. Auch hat jeder Bestand unterschiedliche Bedürfnisse vom Boden her und gibt ihm verschiedene Dinge zurück.
2 Das Halten von nur einer Tierart allgemein oder auf einem Stück Land sollte vermieden werden, und zwar wegen ungefähr der gleichen Gründe, wie bei der oben erwähnten Monokultur. Die alten High Farming-Praktiker in England pflegten zu sagen: „Ein Hof voller Ochsen sorgt für einen vollen Schober." In anderen Worten: Der Dung der Tiere ist gut für den Boden. Eine gemischte Vorratsschaffung ist besser, und ein Kreislauf beim Weiden ist das Allerbeste: das Einpferchen einer Tierart über das Land und das Zurücklassen ihres Dunges (und die unvermeidlichen Eier der Parasiten) zerstören den Lebensrhythmus der Parasiten. Das Folgen von einer Tierart auf eine andere sollte durchgeführt werden, wo immer es möglich ist.
3 Anlage von Klee-Saaten, ihr Abweiden und anschließendes Umpflügen: So wird der Boden mit Stickstoff versorgt.
4 Das Betreiben des „Grünen Düngens". D. h., auch wenn du keine Bestände anbauen willst, um sie abgrasen oder an die Tiere verfüttern zu lassen, baue doch an und pflüge es unter, oder noch besser, bearbeite das Land mit Eggen oder anderen Instrumenten.
5 Vermeide zu viel und zu tiefes Pflügen. Eingraben der Deckerde und Hervorbringen der Untererde ist nicht gut. Zum anderen schadet das Pflügen mit Zacken – das Schneiden von Furchen in den Boden, indem man ihn mit Messern durchzieht – dem Boden nicht, ist der Drainage förderlich, bricht harten Untergrund auf und kann nur Gutes tun.
6 Laß das Land nicht mehr Mangel erleiden, brachliegen und dem Wetter ausgesetzt sein, als unbedingt nötig. Wenn es mit Vegetation bedeckt ist, sei es auch nur mit „Unkraut", so wird es nicht abgetragen oder beeinträchtigt. Dies geschieht aber, wenn es brach liegt. Ein wachsender Bestand nimmt Stickstoff auf und speichert ihn genauso wie andere Elemente des Bodens und gibt sie frei, wenn er verrottet. Auf Brachboden werden viele lösliche Elemente ausgelaugt oder weggewaschen.
7 Das Durchführen von Drainage. Voll Wasser gesogener Boden ist kein guter Boden und wird sich verschlechtern, vorausgesetzt natürlich, daß du keinen Reis anbaust oder Wasser-Büffel züchtest.
8 Zu jeder Zeit das „Gesetz der Wiederkehr" beachten: Alle tierischen und pflanzlichen Abfallprodukte sollten dem

Die Jahreszeiten

Vorfrühling

Pflüge dein Land, wenn der Winterfrost den Boden aufgebrochen hat. Bereite das Land für die Aussaat mit Eggen vor, gib dem Boden Dünger oder Phosphat, wenn er es braucht. Sei bereit für die Lammzeit; Vorfrühling ist dafür die beste Zeit, weil die Lämmer mit dem Gras zusammen wachsen können.

Spätfrühling

Streue die Saat aus; sei bereit zum Unkrautjäten, das mit den Sprößlingen um die Wette wächst, um ans Sonnenlicht zu gelangen. Pflanze deine Frühkartoffeln unter Glas, um sie anzutreiben und benütze Glasglocken, um Melonen und andere Früchte vor spätem Frost zu schützen. Mahle in jedem Monat etwas Korn, so daß du immer frisches Mehl hast.

Frühsommer

Im Frühsommer hast du die vergnügliche Arbeit der Schafschur. Wolle von fünf Schafen bekleidet eine große Familie. Mit dem Blühen von Sommergras strömt auch die Milch der Kühe, und du solltest beinahe jeden Tag Butter machen. Speichere etwas Milch für den Winter, indem du Käse daraus machst. In der Mitte des Sommers kommt die Rücken brechende, aber befriedigende Arbeit der Heuernte. Du wirst Hilfe von den Freunden und Nachbarn sowie viele hausgemachte Getränke brauchen.

Spätsommer

Die Weizenernte im Spätsommer ist der Höhepunkt des Jahres. Wieder brauchst du Hilfe von Freunden, und du verdienst es zu feiern, denn du solltest die Jahresversorgung an Brot eingebracht haben. Früchte aus dem Obstgarten, Weichfrüchte, Nüsse, eßbare Pilze und wilde Beeren werden gesammelt und für den Winter eingemacht. Die letzten grünen Tomaten werden für die Gewürztunke verwandt.

Herbst

Der Herbst ist die Erntezeit für Wurzelbestände, die in Kellern gelagert oder eingemietet werden. Pflanze Winterweizen, Sau- und Feldbohnen. Die Kraft ist aus den Bäumen heraus, und es ist die ideale Zeit, jene zu fällen, die zu alt geworden sind. Hole zur gleichen Zeit abgefallenes Holz herein, bevor es naß wird, und mache Brennholz daraus. Im Spätherbst ist die Gerste reif. Du solltest jetzt Zeit zum Spinnen der Wolle und der Jahresproduktion an Flachs haben.

Winter

In der Mitte des Winters, wenn die Blätter von den Bäumen gefallen sind, kannst du neue Hecken pflanzen oder alte erneuern, Zäune, Tore und Gatter bauen und reparieren, die Werkzeuge deines Hofes schärfen und aufarbeiten. Das Wetter ist kalt genug zum Schlachten und Aufhängen von Hammelfleisch, und zu Beginn des neuen Jahres ist die beste Zeit, um deine Speck- und Schinkengeber zu schlachten. Speck und Schinken können in Salzwasser eingepökelt, süß eingepökelt oder trocken gesalzen und dann ins Räucherhaus geschafft werden. Über alledem ist dies aber die Zeit des Jahres, um die Früchte deiner Arbeit zu genießen.

Boden wieder zugeführt werden. Wenn du irgend etwas vom Besitz verkaufst, solltest du es durch etwas Neues mit gleichem Erzeugerwert ersetzen.
Wenn man das „Gesetz der Wiederkehr“ in seinem Ursprung beobachtet, ist es theoretisch möglich, die Fruchtbarkeit eines Stück Landes auch ohne Tierhaltung, wenn nicht zu verbessern, so doch wenigstens zu erhalten. Sorgfältiges Kompostieren von Pflanzenabfällen ist notwendig; es ist erwähnenswert, daß auf Höfen, auf denen keine Tiere gehalten werden, aber ein hoher Fruchtbarkeitsgrad erhalten wird, beinahe immer pflanzliche Substanzen von außerhalb des Hofes hereingebracht werden und oft auch andere Substanzen von „hoher Energie“, wie etwa Kompost-Aktivierer, Algen, Blätterhumus aus den Wäldern, tote Blätter von Stadtreinigungsarbeiten, überlagertes Gemüse von Gemüsehändlern, Stroh oder verdorbenes Heu, Nesseln oder abgemähtes Farnkraut von normalen oder brachliegenden Böden oder vom Land des Nachbarn: All diese Zugaben an Pflanzenabfällen sind möglich und erhalten die Fruchtbarkeit eines Bodens auch ohne Tiere. Es ist schwer zu verstehen, warum man Pflanzenprodukte an Tiere verfüttert, und daß man erst den Mist wieder in den Boden bringt – anstatt daß man sie direkt auf das Land gibt. Es gibt da einen gewaltigen Zauber, der pflanzliche Abfallprodukte in außerordentlich wertvollen Dünger verwandelt, wenn sie durch die Eingeweide eines Tieres gehen. Wenn man sich vor Augen führt, daß sich Pflanzen und Tiere zusammen allmählich auf diesem Planeten entwickelt haben, überrascht es nicht mehr. Anscheinend gibt die Natur keine Beispiele für eine pflanzliche Umwelt ohne Tiere. Sogar die ein- und ausgeatmeten Gase dieser beiden verschiedenen Lebensordnungen scheinen sich gegenseitig zu ergänzen: Pflanzen atmen Kohlendioxyd ein und Sauerstoff aus, Tiere machen genau das Gegenteil davon.

Vegetarier oder Nicht-Vegetarier

Vegetarier oder Nicht-Vegetarier sein: das ist das Argument, das diese natürliche Bewegung teilen könnte (aber nicht muß). Es gibt nicht den geringsten Grund, warum Vegetarier und Nicht-Vegetarier nicht vollkommen zufrieden Seite an Seite zusammenleben sollten. Die Vegetarier sagen, daß ein Tier zu viele Einheiten Protein als Futter braucht, um die vergleichbare Einheit Protein in Form von Fleisch zu erzeugen. Darum wäre es besser für die Menschen, die Tiere abzuschaffen und das Protein direkt zu essen. Die Nicht-Vegetarier heben hervor, daß die Proteineinheiten, die nicht direkt in Fleisch verwandelt werden, nicht verschwendet werden: Sie werden dem Boden in einer veränderten Form wieder zugeführt und verbessern die Fruchtbarkeit des Bodens und bringen mehr Bestände hervor. Die Vegetarier meinen, es sei grausam, Tiere zu töten. Die Nicht-Vegetarier erwidern, daß man die Vermehrung jeder Gattung kontrollieren müsse: entweder sorge die Natur selbst durch Raubtiere, Krankheit oder Hungersnöte dafür – oder der Mensch greife ein. Vegetarier sind meistens Städter oder Großstädter, und es paßt genau zu Leuten, die so lange von Tieren getrennt leben, daß sie zur Vermenschlichung neigen. Der nicht-vegetarische Mensch (und ich bin einer) sagt, daß Tiere soweit wie möglich unter den Bedingungen gehalten werden sollen, die denen nahekommen, für die sie erfunden wurden; daß sie human behandelt und keinen Grausamkeiten und Verletzungen ausgesetzt werden sollen, und daß sie, wenn ihre Zeit gekommen ist, sofort getötet werden sollen, ohne Reisen zu weit entlegenen Märkten oder Schlachthäusern. Genau dies ist durchführbar auf einem Selbstversorger-Hof, und das Tier braucht nicht die geringste Ahnung davon zu haben, daß irgend etwas mit ihm geschehen wird. Es ist möglich, eine selbstversorgende Existenz auf einem tierfreien Hof zu führen und gesund von fleischfreier Diät zu leben. Es ist auch möglich, genau das Gegenteil zu tun.

Das Ein-Morgen-Land-Anwesen

Jedermann wird eine vollkommen andere Ansicht zum Bebauen seines Landes haben, und es ist unwahrscheinlich, daß zwei kleine Grundbesitzer mit einem Morgen Land den gleichen Plan oder die gleichen Methoden annehmen werden. Manche Menschen mögen Kühe, andere haben Angst vor ihnen. Manche mögen Ziegen, andere wissen nicht, wie sie diese vom Garten fernhalten sollen. (Ich konnte es nie und kenne nicht viele, die es können.) Einige Menschen werden keine Tiere töten und müssen ihre Überzucht an Leute verkaufen, die sie töten; andere verkaufen keinen überschüssigen Besitz, weil sie wissen, daß die Tiere getötet werden. Manche sind glücklich, wenn sie mehr Viehbestand haben, als ihr Anwesen tragen kann, und sie Futter von außerhalb einkaufen müssen, während andere dies als Widerspruch zu den Prinzipien der Selbstversorgung ansehen.
Wenn ich einen Morgen gut drainierten Boden hätte, so würde ich eine Kuh, eine Ziege, ein paar Schweine und ein Dutzend Hühner halten. Die Ziege würde mich mit Milch versorgen, wenn die Kuh trocken ist. Ich könnte natürlich auch zwei oder mehr Ziegen halten. Ich würde die Kuh halten, damit sie mich und die Schweine mit Milch versorgt, aber noch wichtiger wäre, daß sie mich mit Haufen und Haufen wunderbaren Düngers versorgt. Denn wenn ich viele Arten Leben auf diesem einen Morgen Land züchten würde, und das ohne die Hilfe einer Menge künstlicher Fruchtbarkeitsmacher, so müßte es sehr stark gedüngt werden.
Wenn der Morgen nun gerade mich und die Kuh trägt und nichts anderes, so würde ich sogar ziemlich schamlos das meiste Kuhfutter von außerhalb einkaufen. Ich würde all mein Heu, viel Stroh (es sei denn, ich könnte auf einem nahegelegenen öffentlichen Platz Farnkraut mähen), all mein Gersten- und etwas Weizenfutter, und vielleicht etwas hochproteinhaltige Nahrung in Form von Bohnen- oder Fischmehl (obwohl ich eigenen Bohnenanbau versuchen würde) kaufen.

Man würde argumentieren, daß es lächerlich sei zu sagen, daß man Selbstversorger sei, wenn man all diese Dinge einkaufen muß. In Wirklichkeit würde man aber viel als Kuh-, Schweine- und Geflügelfutter anbauen: Futterrüben, Runkelrüben, Kohl, „freche" (kleine) Kartoffeln, Schwarzwurzeln oder Luzernen, und tatsächlich werden nicht alle Gartenprodukte von Menschen gegessen. Aber man müßte dennoch, sagen wir eine oder einundeinehalbe Tonne Heu im Jahr und ungefähr eine Tonne Korn der verschiedensten Sorten, zusammen mit Weizen zum Brotbacken, und ein oder zwei Tonnen Stroh einkaufen. Denn ich würde nicht den Anbau von Weizen oder Gerste auf einem so kleinen Stück, wie einem Morgen Land, wagen. Ich ziehe es vor, mich auf wichtigere Dinge zu konzentrieren, z. B. auf solche, die man frisch zur Verfügung haben will. Auch ist der Getreideanbau auf kleinen Landstücken oft unmöglich wegen der übermäßigen Beschädigung durch Vögel, obwohl ich erfolgreich Weizen in einem Gartenbeet angebaut habe.
Die große Frage ist hier: eine Kuh – oder keine Kuh? Der Vorteil, eine Kuh zu haben, liegt darin, daß nichts die Gesundheit der Familie besser aufrechterhält – und die des Hofes – als die Kuh. Wenn du und deine Kinder genug gute, frische, unpasteurisierte, unverfälschte Milch, Butter, Buttermilch, weichen und harten Käse, Joghurt, Sauermilch und Molke habt, werdet ihr einfach eine gesunde Familie sein. Eine Kuh gibt euch die totale Grundlage einer guten Gesundheit. Wenn deine Schweine und dein Federvieh auch noch ihren Anteil an den Milch-Nebenprodukten bekommen, so werden auch sie gesund sein und gedeihen. Diese Kuh wird die Haupttriebfeder deiner ganzen Gesundheit und deines ganzen Wohlbefindens sein.
Zum anderen kostet das Futter, das du für die Kuh einkaufen mußt, natürlich eine Menge Geld. Dem kannst du aber entgegensetzen, wieviel Geld man für Milchprodukte ausgeben müßte: und wenn man dies einmal gegeneinandersetzt, kommt man auf die gleichen Kosten. Als Plus ist zu verzeichnen der unermeßliche Wert der Eier, des Geflügel- und Schweinefleisches, das du bekommst (ein Viertel des Schweinefutters ist der Kuh zuzuschreiben), zuzüglich der immer weiter wachsenden Fruchtbarkeit deines Bodens.
Aber eine ernsthafte Gegenüberlegung ist, daß man eine Kuh melken muß. Zweimal täglich für mindestens zehn Monate im Jahr muß die Kuh gemolken werden. Man braucht nicht besonders lange, um eine Kuh zu melken (vielleicht acht Minuten), es ist sehr angenehm, wenn man wirklich weiß, wie man es machen muß und wenn sie eine ruhige und gute Kuh ist. Aber man muß es tun. Vielleicht hast du aber auch nicht vor, besonders oft wegzugehen, oder du kannst mit einem Nachbarn eine Vereinbarung treffen, damit er dich beim Melken entlastet. Der Kauf einer Kuh ist also eine wichtige Sache, die man genau überlegen soll.
Wollen wir also unseren Plan zum Betreiben eines Ein-Morgen-Land-Anwesens unter der Annahme durchführen, daß wir eine Kuh halten werden.

Das Ein-Morgen-Land-Anwesen mit einer Kuh

Die Hälfte des Landes wird Grasland, der andere halbe Morgen urbar gemacht. Nun könnte das Grasland Dauerweideland bleiben und niemals gepflügt werden; oder man könnte die Bodennutzung wechseln und dieses Stück alle vier Jahre pflügen.
Wenn man die letztere Möglichkeit wählt, so wäre es besser, man täte dies in Streifen von jeweils einem Viertel dieses halben Morgens. So wird dann jedes Jahr ein Achtel Morgen Land abgeweidet. Folglich gibt es jedes Jahr frisch angesätes Weideland, daneben zwei Jahre altes Weideland, drei Jahre altes und vier Jahre altes Weideland. Der Hof wird produktiver, wenn du das Weideland also alle vier Jahre umwechselst.
Das Anwesen wird vielleicht auf natürliche Weise in zwei Hälften zerfallen: z. B. einem leicht zu bearbeitenden halben Morgen Gartenland und einem halben Morgen rauhes Weideland. Du wirst dann anfangen, die Hälfte deines Anwesens umzupflügen, die Schweine darauf laufen zu lassen (d. h. den Schweinen erlauben, hinter einem Elektrozaun das Land zu durchwühlen) oder umzugraben. Dieses Land bestellst du mit einer Mischung aus Gras, Klee und Kräutern. Wenn du im Herbst aussäst und die Kuh im Winter drinnen von gekauftem Heu versorgst, kannst du auf Weideland im nächsten Frühjahr hoffen, und wenn du in einem ausreichend feuchten Klima lebst, kannst du auch noch im Sommer leicht weiden lassen. Es ist besser, im ersten Sommer noch kein Heu vom im Frühjahr frisch eingesäten Grasland zu machen. Darum laß es nur leicht von deiner kleinen Kuh abweiden; bei den ersten Anzeichen von „Aufweichen" (Zerstören von Gras durch Betreten) nimmst du sie weg. Noch besser ist, wenn du deine Kuh an einer Spannleine oder stückchenweise hinter einem Elektrozaun weiden läßt. Gib der Kuh nur ungefähr ein Sechstel des Graslandes auf einmal, laß sie dort für eine Woche und bringe sie dann zum nächsten Stück. Die Länge der Zeit, die sie auf einem Stück bleibt, bestimmst du mit deinem gesunden Menschenverstand (den du entwickeln mußt, wenn du Selbstversorger werden willst). Der entscheidende Punkt beim teilweisen Abgrasen ist der, daß das Gras besser und voller wächst, wenn es so lange wie möglich wachsen kann, bevor es abgefressen oder abgemäht wird, dann aber abgegrast und weit heruntergemäht und wieder in Ruhe gelassen wird. Wenn es andauernd nur abgegrast wird, hat es keine Möglichkeit, sein Wurzelsystem voll zu entfalten. In einer solch hochentwickelten Landwirtschaft, wie wir sie ins Auge fassen, ist ein sorgfältiges Abgrasen ganz wesentlich.
Grasenlassen an einer Spannleine könnte auf einem so kleinen Stück Land besser sein als ein Weiden hinter einem Elektrozaun. Eine kleine Kuh gewöhnt sich an das Weiden an der Spannleine. Es gibt auch eine Art, die sich für diese Haltung besonders gut eignet. Meiner Kenntnis nach wurde sie auf der Insel Jersey erfunden und Kühe von dort sind für diesen Zweck ohne Konkurrenz. Im übrigen geben diese Kühe auch sehr viel Milch.

Das Ein-Morgen-Land-Anwesen

Wenn du einen Morgen gut drainiertes Land besitzt, könntest du dich entscheiden, alles zum Anbau von Früchten und Gemüse zu benutzen. Ich selbst würde es teilen und eine Hälfte als Grasland zum Weiden für eine Kuh nehmen; vielleicht würde ich noch eine Ziege halten, die Milch während der kurzen Perioden gibt, wenn die Kuh trocken ist, dazu eine Sau für die Aufzucht und ein Dutzend Hühner. Ich müßte, zugegeben, Futter dazukaufen, um diese Tiere den Winter über zu füttern, aber das ist gegenüber dem Kauf von Milchprodukten und Fleisch vorzuziehen. Den anderen halben Morgen Land würde ich in Abschnitte für eine intensive Pflanzenproduktion einteilen, wobei je ein Stück für Kartoffeln, Hülsenfrüchte (Erbsen und Bohnen), verschiedene Kohlarten und Wurzelbestände da wäre. Ich würde das Grasland auch in vier Abschnitte einteilen und das ganze Anwesen jedes Jahr umlegen. D. h., ich würde jedes Jahr ein Stück Grasland anpflanzen und es würde Gras dableiben, bis ich es in vier Jahren umpflügen würde. Ich würde einen Stall für die Kuh bauen. Ich würde ein Gewächshaus für die Tomaten und Bienenstöcke haben und würde extra ein Stück Land mit Gemüse, Kräutern und Weichfrüchten für den Haushalt anlegen.

Erbsen und Bohnen

Pflanze mindestens drei Sorten Bohnen, vielleicht Grüne Bohnen, Feuerbohnen und Saubohnen sowie viele Erbsen an. Pflanze im nächsten Jahr Kohlbestände auf diesem Stück Land an.

Kohlbestände

Pflanze auf deinem Stück Land eine Vielzahl von Kohlsorten an: Blumenkohl, Broccoli und Rosenkohl für dich selbst. Pflanze Grünkohl, weiße Rüben und Steckrüben, um sie an die Tiere zu verfüttern. Im nächsten Jahr sollte dieses Stück Land mit Wurzelgemüsen bepflanzt werden.

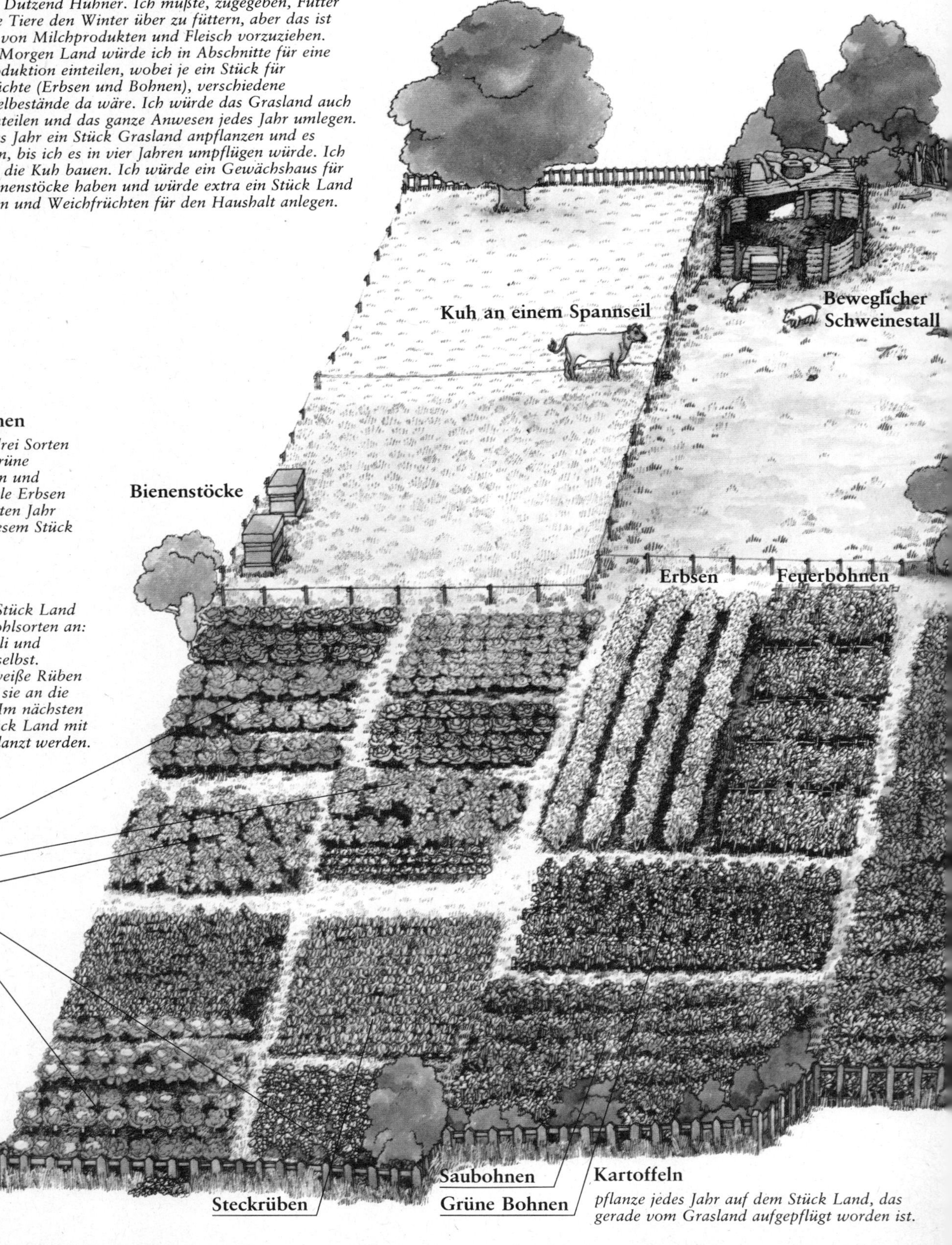

pflanze jedes Jahr auf dem Stück Land, das gerade vom Grasland aufgepflügt worden ist.

Ein halber Morgen Grasland

Dein halber Morgen Grasland wird deine Kuh den ganzen Sommer über ernähren. Laß deine Hühner frei auf ihm herumlaufen und gib ihnen einen beweglichen Hühnerschlag. Wenn du das jährliche Achtel umpflügen willst, laß deine Schweine auf das Land und die Arbeit für dich machen.

Der Gemüsegarten

Hier baue extra Gemüse für deinen Verbrauch an: Spinat, Möhren, Kopfsalat, Sellerie, Porree, Zwiebeln, Hülsenfrüchte und Kartoffeln, die dir eine abwechslungsreiche Kost geben werden. Lege einen Garten mit Kräutern nahe der Küche an.

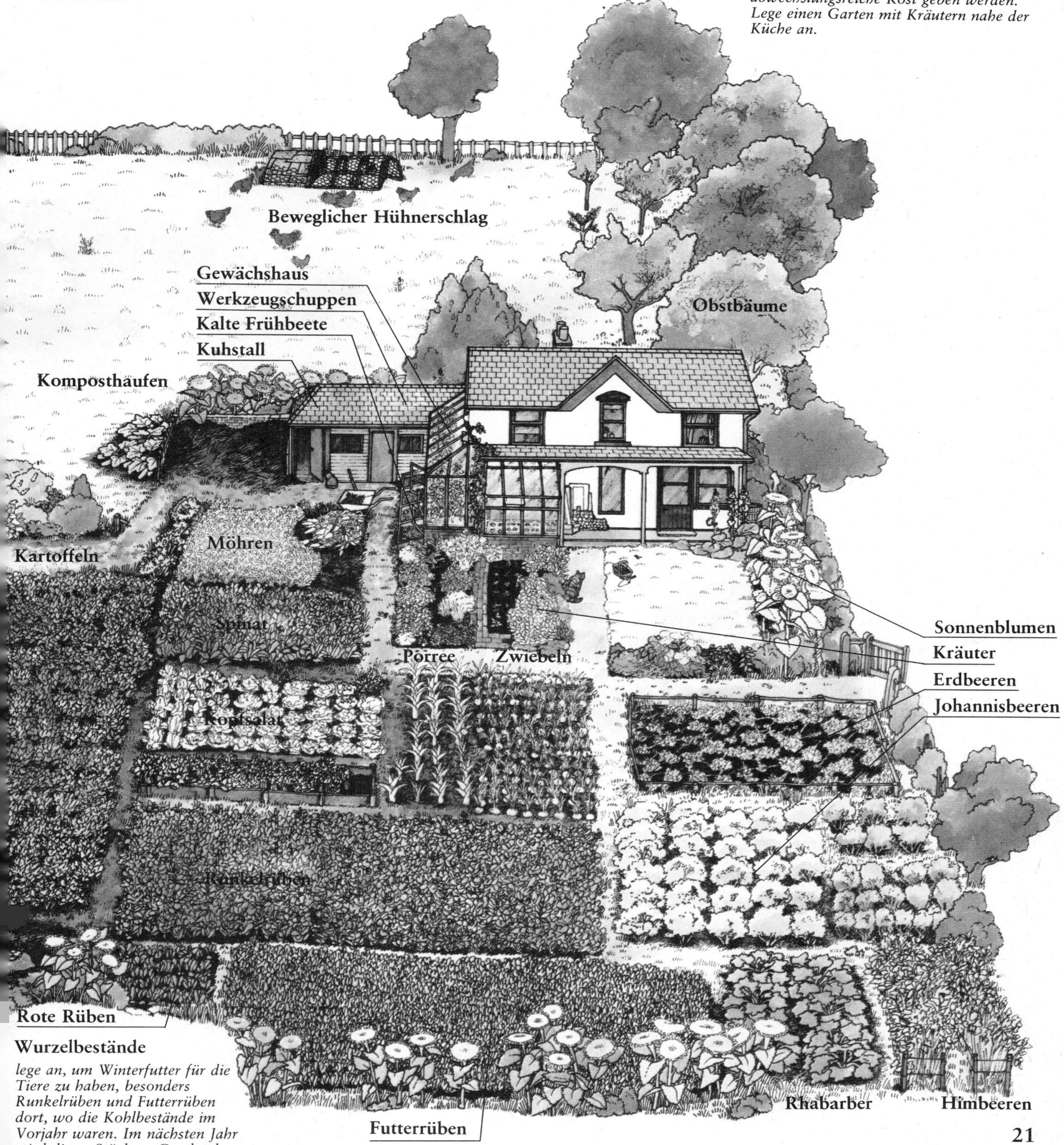

Wurzelbestände

lege an, um Winterfutter für die Tiere zu haben, besonders Runkelrüben und Futterrüben dort, wo die Kohlbestände im Vorjahr waren. Im nächsten Jahr wird dieses Stück zu Grasland.

Nun, wenn dein halber Morgen Grasland erst einmal angelegt worden ist, sollte er deine Kuh mit beinahe allen Dingen versorgen, die sie während der Sommermonate braucht. Es ist unwahrscheinlich, daß du davon auch noch Heu machen kannst, aber wenn du herausgefunden hast, daß das Gras für die Kuh zuviel wird, kannst du davon auch etwas Heu machen.

Die andere Hälfte – das urbare Stück – wird dann wie ein hoch entwickelter Garten bestellt. Ideal ist eine Aufteilung in vier Abschnitte, auf denen die jährlichen Bestände, die du anpflanzen willst, einander in strikter Reihenfolge folgen. (Ich habe dies noch genauer im Kapitel „Früchte aus dem Garten“, ab S. 160, behandelt.) Der einzige Unterschied bei dieser Abwechslung ist, daß du daneben jedes Jahr ein Viertel abgrasen und jedes Jahr ein Viertel Grasland umpflügen mußt. Ich empfehle dir, deine Kartoffeln hinter dem neu umgepflügten Stück anzubauen. Der abwechselnde Kreislauf sieht dann folgendermaßen aus: *Gras (vier Jahre), Kartoffeln, Erbsen und Bohnen, Kohl, Wurzelbestände, nochmals Gras (vier Jahre).*

Wenn man Grasherbstsaat nach den Wurzelbeständen aussät, mußt du diese früh aufnehmen. In einem gemäßigten Klima ließe sich das leicht durchführen; in Ländern mit strengeren Wintern könnte es notwendig sein, bis zum nächsten Frühling mit der Gras-Aussaat zu warten. In Gegenden mit trockenen Sommern wäre es, wenn du keine Berieselung hast, vielleicht besser, die Aussaat im Herbst vorzunehmen. In einigen Klimazonen (trockene Sommer, strenge Winter) könnte es sich als Bestes erweisen, Grassamen im Spätsommer hinter dem Erbsen- und Bohnenbruch anstatt hinter den Wurzelbrüchen auszusäen, denn Erbsen und Bohnen werden zeitiger als Wurzeln geerntet. Es könnte sich auszahlen, auf Grasland mit Kartoffeln zu folgen und deine Reihenfolge könnte so sein: *Gras (vier Jahre), Kartoffeln, Kohl, Wurzelbestände, Erbsen und Bohnen, Gras (vier Jahre).*

Ein Nachteil könnte hier sein, daß Kohl erst im Sommer nach dem Herbst der Kartoffelernte gepflanzt werden könnte. Wenn Kohlpflanzen auf eine Erbsen- und Bohnenfamilie folgen sollen, kann dies sofort geschehen, da die Kohl-Pflänzlinge in der Pflanzschule aufgezogen wurden und es nicht zu spät ist, sie im Sommer umzupflanzen, nachdem Erbsen und Bohnen geerntet wurden. Aber Kartoffeln können nicht (und Hauptbestände gar nicht) vor dem Herbst geerntet werden. Dann ist es zu spät, um Kohl zu pflanzen. Tatsächlich kannst du einige Kohlpflanzen im ersten Sommer nach den Frühkartoffeln anpflanzen. Oder wenn du nur Frühkartoffeln hast, kannst du einen großen Teil anpflanzen. Eine Möglichkeit wäre, auf Kartoffeln sofort mit Kohl zu folgen (so wird ein Jahr eingespart), indem du einige Frühkartoffeln sehr früh erntest, sofort die frühesten Kohlpflanzen anpflanzt und bei jeder Kartoffelernte mit weiteren Pflanzen folgst, mit Frühlingskohl dann abschließt. Dies wäre jedoch nur in gemäßigten klimatischen Zonen möglich.

All dies klingt kompliziert, ist aber einfacher zu verstehen, wenn man es durchführt, als wenn man darüber redet. Und bedenke die Vorteile dieser Art von Abwechslung. Das bedeutet nämlich, daß ein Viertel deines urbar gemachten Landes jedes Jahr frisch gepflügt ist: hochgradig fruchtbar durch die viele vom Gras angestaute Fruchtbarkeit; Klee, Kräuter und der Mist deiner Kuh brauchen nur einmal und für vier Sommer ausreichend zum Verrotten untergepflügt zu werden. D. h., weil deine Kuh im Winter drinnen ist und sich von eingekauftem Heu ernährt, aber gleichzeitig eingekauftes Stroh zertritt und eindüngt, bekommst du eine gewaltige Menge wunderbaren Mist, den du auf dein Ackerland streuen kannst. Alle Getreiderückstände, die du nicht verbrauchen kannst, gibst du als Futter an die Kuh, an die Schweine oder an das Federvieh. Nachdem du dieses Verfahren einige Jahre durchgeführt hast, wirst du merken, daß dein Morgen Land gewaltig an Fruchtbarkeit zugenommen hat und mehr Nahrung für die Menschen hervorbringt, als viele Zehn-Morgen-Land-Anwesen, die in der herkömmlichen Weise betrieben werden.

Du magst bemängeln, daß ein halber Morgen Grasland deine Gartentätigkeiten auf nur einen halben Morgen beschränkt. Aber in Wirklichkeit ist ein halber Morgen sehr viel, und wenn du ihn richtig bebaust, erzeugt er mehr Nahrungsmittel, als wenn du einen ganzen Morgen „zerkratzt“. Ich glaube, du hast tatsächlich mehr Gemüse, als wenn du einen ganzen Morgen ohne Kuh und Grasbruch hättest.

Wir werden die Behandlung der verschiedenen Bestände und Kornsorten in den zugehörigen Kapiteln dieses Buches näher erläutern, aber es gibt einige allgemeine Anmerkungen zu dieser bestimmten Situation. Zunächst kann die Kuh nicht das ganze Jahr hinüber draußen sein. Sie würde ein so kleines Stück Land fürchterlich zertrampeln. Sie sollte die meiste Zeit des Winters drinnen verbringen (und nur bei Tage und schönem Wetter herausgeführt werden, um in Übung zu bleiben und frische Luft zu atmen), wo sie herrlichen Dünger für dich macht, und sie sollte viel Grünzeug und Wurzeln haben, die du für sie im Garten angebaut hast. Im Sommer läßt du sie bei Tag und Nacht draußen, und zwar so lange, wie du das Weideland geeignet hältst.

Man kann die Kuh auf „tiefer Streu“ halten, d. h., du würdest jeden Tag mehr frisches Stroh auf das alte Stroh aufschütten, auf das ihr Mist fällt und das sie somit in guten Dünger verwandelt. Ich habe vier Jahre lang eine Kuh gemolken, die ich auf diese Weise hielt, und die Milch war perfekt, ich hatte gute Butter und guten Käse, und die Kuh blieb gesund.

Oder man hält sie auf festem Boden (wenn möglich isoliert), gibt ihr jeden Tag ein frisches Strohbett und räumt das drekkige Stroh jeden Tag fort, lagert es sorgfältig auf dem Misthaufen und hat so die Grundlage für alle Fruchtbarkeit auf dem Land. Du wirst wahrscheinlich herausfinden, daß deine Kuh den ganzen Sommer über kein Heu benötigt, sie aber völlig abhängig von der richtigen Menge im Winter ist, und du kannst sicher sein, mindestens eine Tonne Heu für

sie kaufen zu müssen. Wenn du ihr jährliches Kalb aufziehen willst, bis es einen gewissen Wert erreicht hat, dann brauchst du noch eine halbe Tonne Heu mehr.
Du mußt darauf vorbereitet sein, Schweine mindestens einen Teil des Jahres im Stall zu halten (und du brauchst Stroh für sie). Denn auf einem Ein-Morgen-Land-Besitz wirst du kaum genug frisches Land haben, um sie gesund zu erhalten. Das Beste wäre ein bewegliches Haus mit einem starken beweglichen Zaun davor; aber du kannst auch einen festen Schweinestall bauen. Die Schweine haben draußen eine Menge Arbeit zu verrichten: Sie verbringen einen Teil ihrer Zeit damit, ein Achtel Morgen Grasland zu pflügen; sie können über dein Kartoffelland laufen, nachdem du es abgeerntet hast; sie können das Land mit Wurzelbeständen reinigen, nachdem du diese eingebracht hast, oder auch jedes andere Land, nachdem es abgeerntet worden ist. Aber sie können es nur machen, wenn du ihnen Zeit gegeben hast, diese Tätigkeiten zu verrichten. Manchmal hast du es zu eilig, die neuen Bestände anzupflanzen.
Als Futter für sie müßtest du etwas Korn einkaufen, Gerste oder Mais. Dieses, ergänzt durch entrahmte Milch und Molke, die du von der Kuh bekommst, plus einem Teil Gartenfrüchte und extra angebautem Futtergetreide, für das man etwas Land übrigläßt, würde sie in einem ausgezeichneten Zustand halten. Wenn du einen Nachbarn findest, dessen Eber du die Sau zuführen kannst, so würde ich dir das Halten einer Sau empfehlen, um eine Zucht anzufangen. Sie könnte gut und gern zwanzig Ferkel im Jahr werfen. Zwei oder drei von ihnen werden gemästet; das reicht aus, um dich mit Schinken und Speck zu versorgen, den Rest kannst du als „Ferkel" (im Alter von acht bis zwölf Wochen, je nach der Nachfrage auf deinem bestimmten Markt) verkaufen, und sie werden gewiß genug Geld einbringen, um damit jeden Bissen Futter zu bezahlen, den du für sie, das Federvieh und auch die Kuh einkaufen mußtest. Wenn du nicht die Dienste eines Ebers in Anspruch nehmen konntest, solltest du selbst Ferkel kaufen, gerade so viele, wie du brauchst, und sie dann mästen.
Federvieh kann nach der Balfour-Methode gehalten werden (beschrieben auf Seite 126), bei der es jahrelang in derselben Ecke des Gartens bleiben kann. Meiner Meinung nach ist es aber noch besser, es in beweglichen Verschlägen auf dem Land zu halten. Diese könnten dann über das Grasland bewegt werden, wo die Hühner durch ihr Kratzen und Düngen Gutes für den Boden täten. Ich würde es nicht empfehlen, sehr viele zu halten. Ungefähr ein Dutzend Hühner sollte ausreichen, um eine kleine Familie mit Eiern zu versorgen oder auch im Sommer zu verkaufen oder wegzugeben. Man muß etwas Korn für sie kaufen und im Winter auch einige Protein-Ergänzungen, es sei denn, man hat genug Bohnen angepflanzt. Du kannst versuchen, Sonnenblumen, Buchweizen oder anderes Spezialfutter für sie anzubauen. Du kannst sie in einem kleinen, festen Stall mit zwei Ausläufen (wie nach dem Balfour-System) während der schlechtesten Wintermonate halten, mit elektrischem Licht an den Abenden, um ihnen weiszumachen, daß es die Zeit des Jahres ist, in der sie Eier legen – und folglich wirst du genug Eier im Winter haben.
Du solltest daran denken, daß praktisch alle Gartenfrüchte, die du für dich anbaust, auch für die Tiere gut wären, also geht jeder Überschuß von deinen Bedürfnissen an sie. Du hättest keinen „Komposthaufen". Deine Tiere wären dein Komposthaufen.
Wenn du dich entschließt, Ziegen anstatt einer Kuh zu halten (dies ist eine ganz persönliche Entscheidung), könntest du alles auf ungefähr die gleiche Art und Weise regeln. Du bekommst zwar nur einen kleinen Teil Dünger von den Ziegen, aber zum anderen brauchst du nicht so viel Heu oder Stroh, vielleicht sogar gar nichts einzukaufen. Du hättest nicht so viel Molke und entrahmte Milch, um Schweine oder Federvieh aufzuziehen, und du könntest den Fruchtbarkeitsgrad deines Landes nicht so schnell erreichen wie etwa mit einer Kuh.
Wenn du überhaupt keine Tiere halten willst, oder vielleicht nur etwas Federvieh, solltest du ebenso auf einem halben Morgen Land Gartenbau, auf dem anderen halben Morgen Land Weizenanbau versuchen. Du würdest dein Land genauso stetig umwechseln, wie wir es beschrieben haben.
Wenn man Vegetarier ist, könnte dies eine recht gute Lösung sein. Auch kannst du nicht darauf hoffen, daß solch ein Land fruchtbarer, folglich auch nicht produktiver wird, als ein solches mit Tierhaltung.

Das Fünf-Morgen-Land-Anwesen

Die Grundprinzipien für das Bebauen eines „Ein-Morgen-Land-Anwesens" gelten im Groben auch für größere Besitze. Wenn du ungefähr fünf Morgen mittleres bis gutes Land in einem gemäßigten Klima hast und dazu auch noch das notwendige Wissen, könntest du *alles* anbauen, was an Nahrungsmitteln notwendig wäre für eine große Familie, mit Ausnahme von Tee und Kaffee, die nur im tropischen Klima wachsen können. Du könntest Weizen für Brot, Gerste für Bier, jede Art von Gemüse, jede Art Fleisch, Eier und Honig selbst gewinnen.
Wie jeder Mensch auf der Welt verschieden ist, so auch jeder Fünf-Morgen-Land-Besitz, aber hier ist ein mögliches Muster:
Angenommen, daß ein Morgen fürs Haus und die Gebäude, Obst- und Hausgarten wäre, könnte der Rest in acht Halbe-Morgen-Stücke geteilt werden. Es wäre nötig, sie andauernd eingezäunt zu halten; ein elektrischer Zaun würde hierfür ausreichen. Aber wenn du das Weiden an der Spannleine vorziehst, kannst du deine Kühe, deine Schweine und deine Ziegen (wenn du welche hast) an dieser weiden lassen und brauchst dein Land überhaupt nicht einzuzäunen. Ich versuchte einst ein Schaf an einem Spannseil weiden zu lassen, aber das arme Ding starb an einem gebrochenen Herz, und so würde ich dies nicht empfehlen.

Das Fünf-Morgen-Land-Anwesen

Wenn man fünf Morgen gut drainiertes Land besitzt, sollte es eine Familie von, sagen wir, sechs Personen ernähren und normalerweise Überschüsse zum Verkauf haben. Natürlich gibt es niemals zwei gleiche Fünf-Morgen-Land-Anwesen, aber in einer idealen Situation nähme ich einen Morgen für das Haus, Stallgebäude, Gemüsegarten und Obstgarten – und die anderen vier Morgen würde ich in acht Stücke aufteilen. Drei von ihnen hätte ich jedes Jahr als Grasland, und es würden dort weiden: zwei Kühe für die Milchproduktion; vier Säue, ein Eber, einige Schafe und Gänse – um Fleisch, einige Hühner – um Eier zu haben. Genauso Enten, Kaninchen, Tauben und Bienen, wo auch immer ich diese halten kann. Auf den fünf restlichen Landstücken würde ich folgendes ansäen: Weizen, Wurzelbestände; Artischocken oder Kartoffeln; Erbsen und Bohnen; Hafer und Gerste, untersät mit Gras und Klee. Ich würde die acht Stücke jedes Jahr umwechseln, so daß auf keinem Stück zwei Jahre hintereinander der gleiche Bestand wächst, es sei denn, es wäre Gras. Grasland würde drei Jahre lang stehen bleiben, bevor es umgepflügt wird.

Weideland

Das Weideland kann anderthalb Morgen bedecken. Hier können Kühe, Schafe, Gänse und Hühner grasen, und wenn du etwas von dem Grasland umpflügen willst, nimm die Schweine aus dem Waldstück und pferche sie auf kleinen Stücken vorübergehend ein. Das obere Ende des Feldes ist bisher noch nicht zum Heumachen verwandt worden.

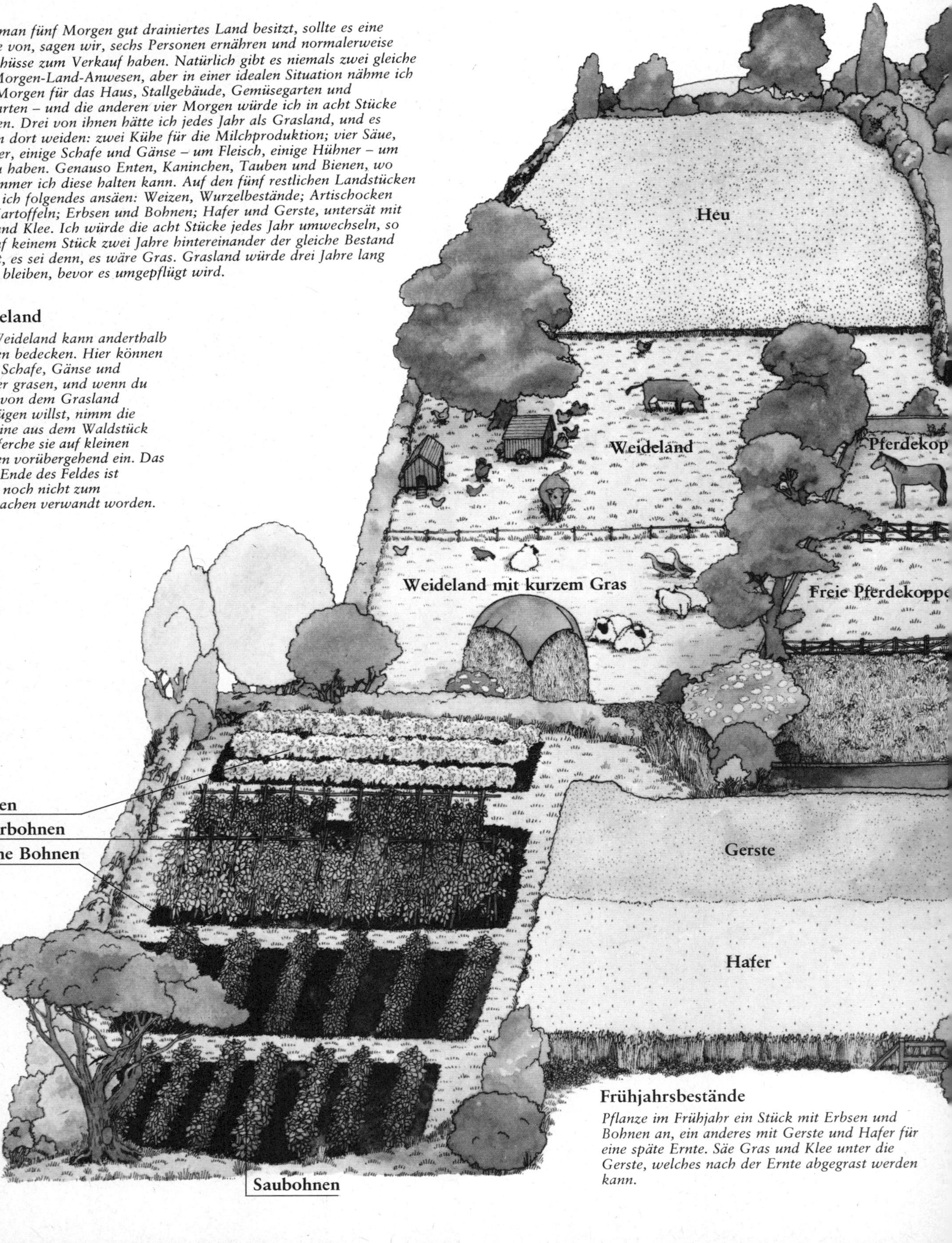

Frühjahrsbestände

Pflanze im Frühjahr ein Stück mit Erbsen und Bohnen an, ein anderes mit Gerste und Hafer für eine späte Ernte. Säe Gras und Klee unter die Gerste, welches nach der Ernte abgegrast werden kann.

Wurzelbrüche

Teile deinen halben Morgen für Wurzelbestände in kleine Stücke und pflanze Winterfutter für die Tiere an. Wenn du die Wurzeln in Mieten oder Wurzel-Kellern eingelagert hast, bringe die Schweine auf das Land.

Waldland

Wenn du Waldland hast, bebaue es mit Bau- und Feuerholzbäumen, genauso wie du den Rest deines Anwesens bestellst. Fälle jedes Jahr die alten und reifen Bäume und säubere den Boden mit deinen Schweinen. Pflanze neue Bäume, wie etwa Eschen, Lerchen, Edelkastanien und Rottannen.

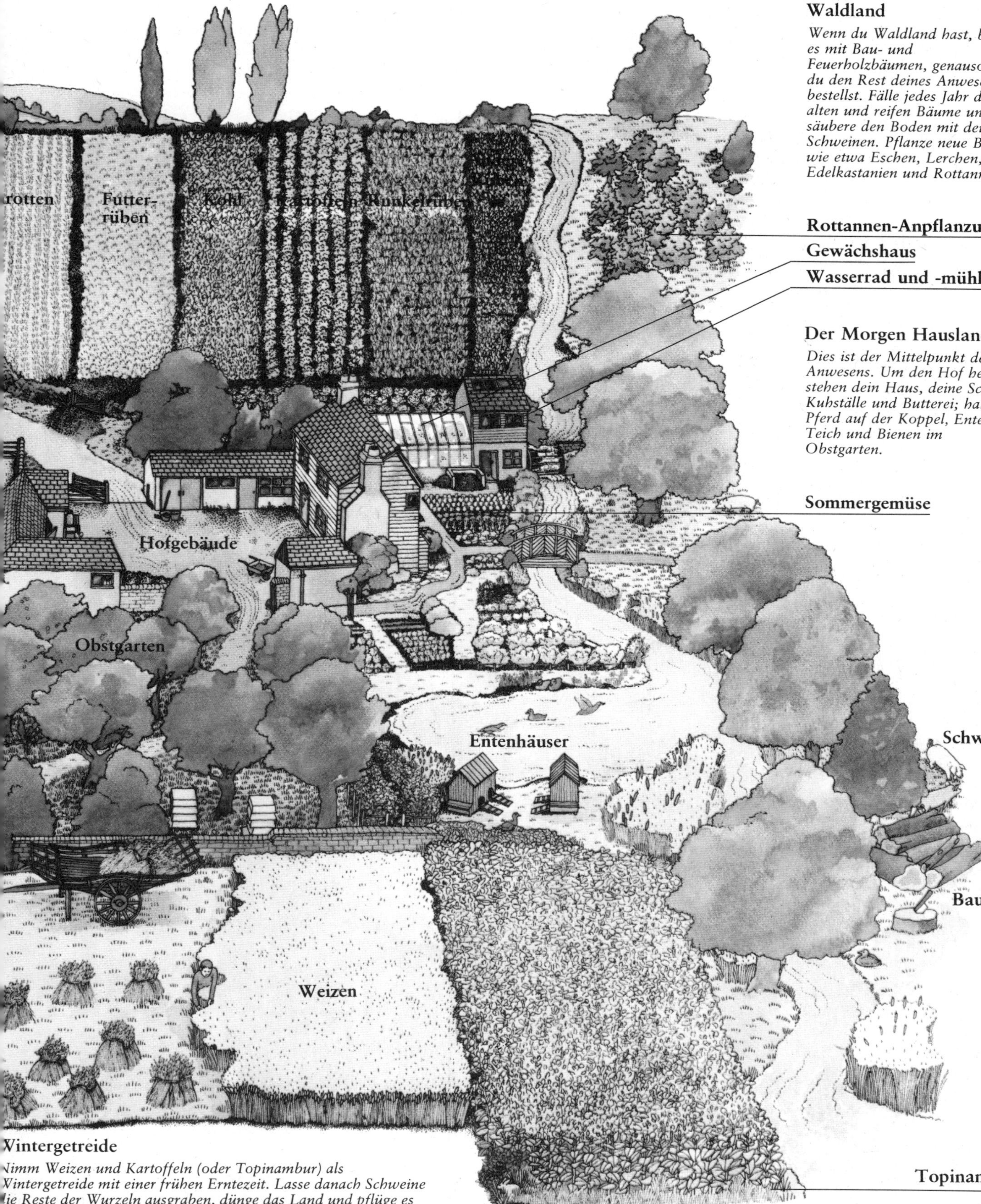

Der Morgen Hausland

Dies ist der Mittelpunkt deines Anwesens. Um den Hof herum stehen dein Haus, deine Scheune, Kuhställe und Butterei; halte ein Pferd auf der Koppel, Enten im Teich und Bienen im Obstgarten.

Wintergetreide

Nimm Weizen und Kartoffeln (oder Topinambur) als Wintergetreide mit einer frühen Erntezeit. Lasse danach Schweine die Reste der Wurzeln ausgraben, dünge das Land und pflüge es für den im nächsten Jahr kommenden Erbsen- und Bohnenbruch fertig.

Die Abwechslung könnte ungefähr folgendermaßen aussehen: *Gras (für drei Jahre), Weizen, Wurzelbestände, Kartoffeln, Erbsen und Bohnen, Gerste, untersät mit Gras und Klee, Gras (für drei Jahre).*

Dies würde dir nur anderthalb Morgen Grasland lassen, dafür aber sehr ergiebiges Grasland, und in gut einem Jahr könnte die Ernte so aussehen: eine Tonne Weizen; zwanzig Tonnen Wurzelbestände; vier Tonnen Kartoffeln; eine halbe Tonne Erbsen und Bohnen; eine dreiviertel Tonne Gerste.

Es kann dir gut gelingen, zwei Tonnen Heu von deinem Grasland zu bekommen und dann noch genug an einer „zweiten Grasernte“ (Gras, welches nach der Heuernte wächst) haben, um deine Kühe gut und gern bis zum Herbst grasen zu lassen.

Natürlich gibt es ungefähr tausend mögliche Variationen dieses Planes. Flexibilität ist die Grundlage für erfolgreiche Landwirtschaft. Du kannst zum Beispiel Kartoffeln auf das umgepflügte Grasland anpflanzen, danach dann Weizen. Du könntest genauso gut Hafer anstatt Gerste oder Hafer anstatt Weizen anpflanzen. Auch der Anbau von Roggen wäre möglich: dies ist sehr nützlich, wenn du trockenes Land hast, gutes Stroh zum Dachdecken haben willst oder gerne Roggenbrot ißt. Du könntest auch weniger Erbsen und Bohnen anbauen. Eine andere Möglichkeit wäre, daß du dein ganzes Ackerland in vier Stücke von einem halben Morgen anstatt in fünf einteilst und hättest folglich zwei Morgen Grasland anstatt anderthalb. Du kannst etwas Grasland in deinem „Haus-Acker“ anlegen – z. B. im Obstgarten, wenn deine Bäume eine normale Höhe erreicht haben und somit zu hoch sind, um von den Tieren beschädigt werden zu können. Wenn du natürlich in einem Landstrich mit Maisanbau wohnst, so baust du sicherlich Mais anstelle von Gerste oder vielleicht anstelle von Wurzelbeständen oder Kartoffeln an. Ein guter Tip ist es, Bauern in der Nachbarschaft aufzusuchen und sie zu fragen, welche Bestände am besten in deiner Gegend wachsen.

Du magst das Halten eines Pferdes ins Auge fassen, das dir bei der Feldbestellung hilft (oder du nimmst statt dessen einen kleinen Gartentraktor). Das Pflügen können deine Schweine besorgen. Bei fünf Morgen Land könntest du Schweinehaltung mit vielen Säuen erwägen, und dann einen Eber anschaffen. Vier ist wahrscheinlich das Minimum: Wir hatten jahrelang sechs Säue und einen Eber, und sie brachten einen erstaunlichen Gewinn. Sie bezahlten tatsächlich in guten und schlechten Jahren unsere Rechnungen: Die Iren nennen das Schwein „den feinen Herren, der die Miete bezahlt“, und man sieht warum. Aber Schweine machen sich nicht eher bezahlt, bevor du nicht eine große Menge Futter für sie anbauen kannst. Du kannst deine Schweineherde, sei sie groß oder klein, als Pioniere ansehen: sie pflügen jedes Jahr deinen halben Morgen Grasland, pflügen die Stoppeln nach der Kornernte um, reinigen Kartoffel- und Rübenakker nach der Ernte und arbeiten allgemein als Aufwühler und Aasgeier.

Auch das Federvieh sollte abwechselnd auf dem ganzen Anwesen gehalten werden. Halte sie auf Weizen- oder Gerste-Stoppelfeldern, und sie ernähren sich eine Zeitlang von verschüttetem Korn, nebenbei kratzen sie auch noch eine Menge Larven und Würmer aus dem Boden. Wenn sie ein Stück Land gereinigt haben und du mit Schweinen folgst, nützen sie dem Boden und sich selbst durch das Fessen von Schädlingen. Enten, Gänse, Truthähne, zahme Kaninchen, Tauben: deine fünf Morgen Land geben ihnen allen genug Nahrung und Platz, und außerdem wechseln sie deinen Speiseplan ab.

Ich würde empfehlen, zwei Kühe zu halten, so daß du das ganze Jahr genügend Milch hast, genug Milch, um im Sommer ausgezeichneten Käse zu machen, der dich über den Winter bringt und genug Molke und entrahmte Milch als Zusatz zu Schweine- und Geflügelfutter bekommst. Wenn du pro Jahr ein Kalb aufziehst, es achtzehn Monate oder zwei Jahre behältst und anschließend schlachtest, hättest du genug Rindfleisch für die ganze Familie, vorausgesetzt, du hast eine große Tiefkühltruhe. Wenn nicht, dann kannst du deinen Ochsen verkaufen und von dem Geld nach und nach Rindfleisch einkaufen, oder, und das ist noch viel besser, du triffst Absprachen mit nachbarlichen Kleinbesitzern über Schlachtanteile, teilst dann das Fleisch unter euch auf und es könnte alles gegessen werden, bevor es schlecht wird. In einem kalten Winter kannst du Fleisch mindestens einen Monat lagern.

Schafe auf einem so kleinen Besitz zu halten, wäre ein recht zweifelhafter Vorschlag, da sie gut eingezäunt werden müssen; außerdem ist es unwirtschaftlich, einen Bock für weniger als, sagen wir, sechs Schafe zu halten. Aber du könntest einige zahme Mutterschafe halten, sie mit einem nachbarlichen Bock paaren, die Lämmer aufziehen und dich selbst mit Hammelfleisch und Wolle versorgen.

Das obige ist nur ein einführender Entwurf, wie ein vorausschauender Selbstversorger sein Fünf-Morgen-Land-Anwesen organisieren könnte. Jedermann sollte sich seinen Umständen anpassen, der Familiengröße oder der Gemeinschaft und der Naturbeschaffenheit seines Landes. Aber das Hauptanliegen dieses Buches ist das Ziel, ihm soviel praktische Hilfe wie möglich zu geben, wenn er sein Land auswählt und bestellt, seine Tierbestände und Bestände allgemein anlegt und sie zu leistungsfähigen Mithelfern bei seiner Suche nach einem guten Leben macht.

Früchte vom Feld

„Es war seine Meinung, daß sich jeder um die Menschheit verdient macht, der es fertig bringt, dort zwei Ähren oder zwei Grashalme wachsen zu lassen, wo bisher nur einer stand.“

Swift

Land urbar machen

Der Besitzer eines großen Areals kann es sich vielleicht leisten, einen Teil seines Landes ungenützt zu lassen und seinen Hund darin spazierenführen. Für jeden anderen ist jedoch eine der ersten und dringlichsten Aufgaben, verwahrloste Flächen und Buschland zu roden, zu säubern und in zusätzliche Nutzfläche zu verwandeln. Der dazu nötige Arbeitsaufwand ist immer gerechtfertigt, wenn es sich nicht gerade um einen völlig unbrauchbaren Steilhang, hoffnungsloses Sumpfland oder Geröllhalden handelt. Land urbar zu machen ist eine schwere, aber lohnende Arbeit, auch wenn sie äußerst kostspielig und zeitraubend sein kann.

Schweine und Ziegen

Der beste Pionier ist das Schwein. In ein Buschland getriebene Schweine roden das Gebiet so gründlich, daß nicht mehr viel zu tun bleibt. Natürlich können sie keine Bäume ausreißen, aber alles Gestrüpp, Ginster oder Niederholz wird durch ihr Wühlen vernichtet, während sie gleichzeitig den Boden düngen. In hartnäckiges Dickicht streut man etwas Mais, dann wird auch dies bald von den Schweinen gerodet sein.

Ziegen bringen kleinere Bäume durch Abschälen der Rinde zum Absterben; ein zahlreicher Ziegenbestand wird sogar mir großen Bäumen fertig. Auch das Nachwachsen der Bäume wird durch sie verhindert. Selbstverständlich graben sie die Bäume nicht aus, genauso wenig wie Schweine. Das muß man schon selber tun.

Bäume roden

Das Entfernen von Baumstümpfen aus einem Waldgebiet kann teurer als der Kauf eines neuen Grundstücks sein, es sei denn, die Regierung zahlt dafür hohe Subventionen. Grundsätzlich ist das Roden und Anlegen von Waldgebieten aber nur mit der Genehmigung der zuständigen Behörde möglich.
Zunächst ist immer zu prüfen, ob es nicht doch besser ist, auf dem Waldboden einen neuen Baumbestand zu pflanzen und das Gebiet als Forst zu bearbeiten.
Am teuersten dürfte das Roden mit einer Planierraupe sein. Die Miete für eine Raupe mit Fahrer ist sehr hoch, aber ohne Zweifel bewirkt sie in einer Stunde auch sehr viel. Es ist jedoch auch zu bedenken, daß die Planierraupe die Bäume kreuz und quer und drunter und drüber liegen läßt. Die

Werkzeug

Zur Urbarmachung seines Landes braucht man das richtige Werkzeug, wenn man keine Schweine oder Maschinen zur Verfügung hat.

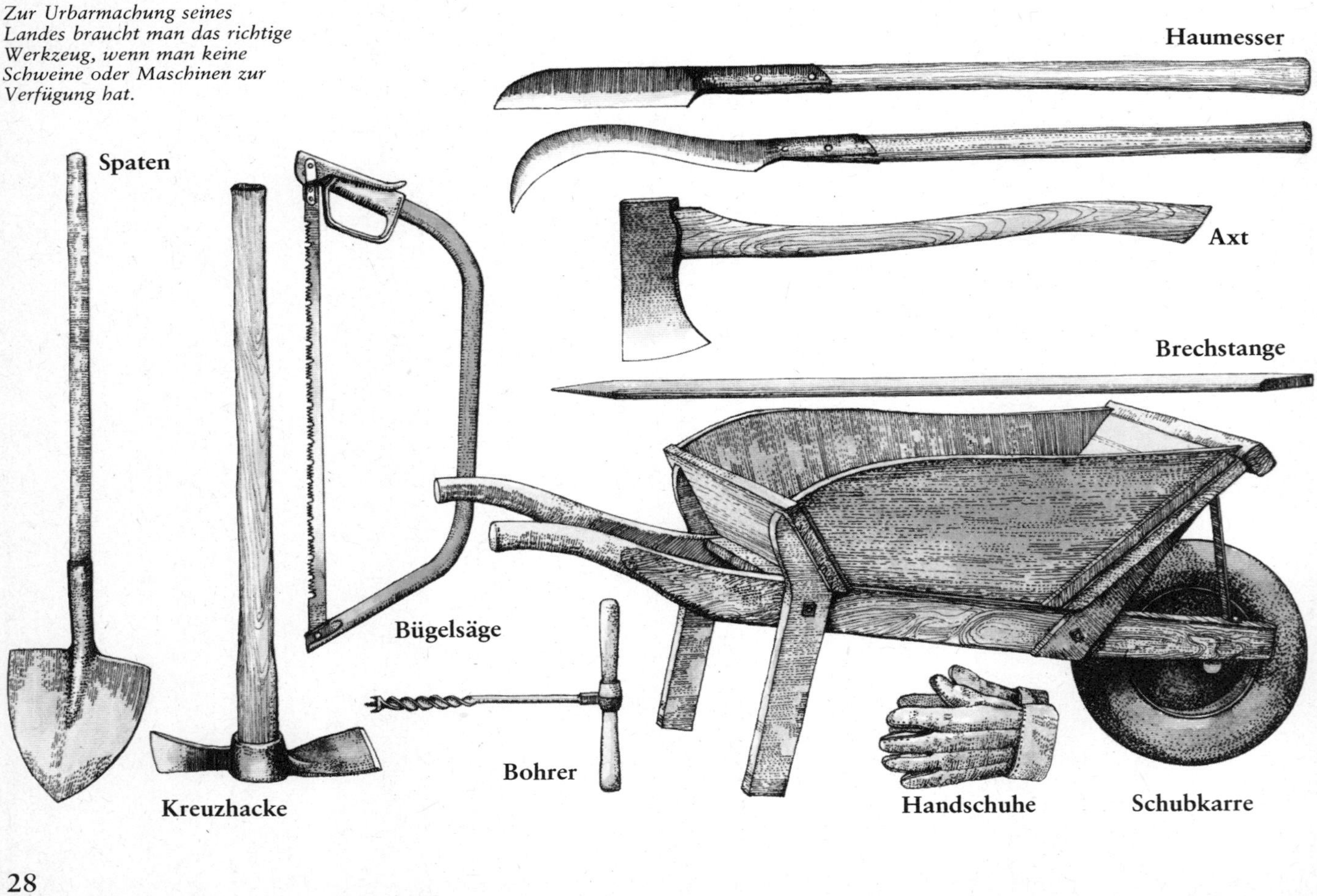

harte Arbeit, das Nutzholz aufzuräumen und die „Nester" oder das „Bruchholz" zu verbrennen, muß man selbst erledigen. Und das Verbrennen von grünem Holz ist schwieriger, als man gemeinhin glaubt. Ehe diese Arbeit nicht erledigt ist, kann der Boden nicht bebaut werden.
Billiger ist es, die Bäume mit einer Baum- oder Seilwinde auszureißen. Am besten mietet oder leiht man sich eine solche Winde. Da sie mehrere Hundert Mark kostet, lohnt sich eine Anschaffung nur bei einem sehr großen Baumbestand. Diese Winden gibt es in vielen verschiedenen Ausführungen. Natürlich kann man auch mit Spaten und Hacke roden. Das ist allerdings wahre Knochenarbeit. Auch das Heraussprengen der Bäume mit einer Sprengladung ist eine Möglichkeit.
Sprengen dürfen grundsätzlich nur ausgebildete Sprengmeister, da die Anwendung von Sprengstoffen durch Privatleute generell verboten ist. Man muß also einen Fachmann hinzuziehen.

Einsatz einer Seilwinde
Die Seilwinde am Fuß eines benachbartem Baumes befestigen und das Zugseil möglichst hoch im umzulegenden Baum anbringen. Möglichst viele Wurzeln durchtrennen, Zug auf das Seil bringen, bis der Baum sich aus dem Erdreich löst und fällt.

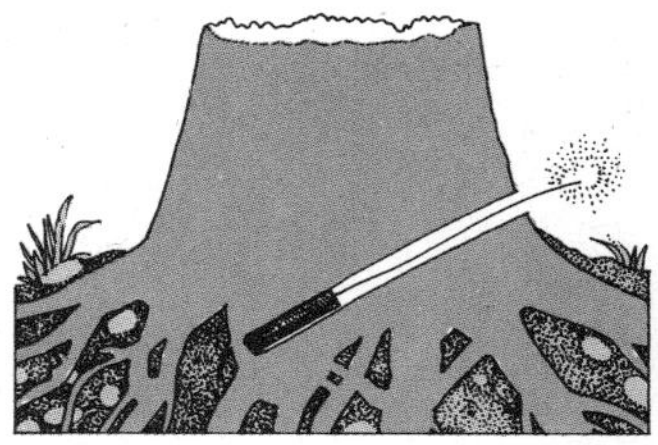

Sprengen eines Baumstumpfs
Die Sprengladung in ein tief unter den Stumpf getriebenes Loch packen und sich entfernen. Expertenarbeit!

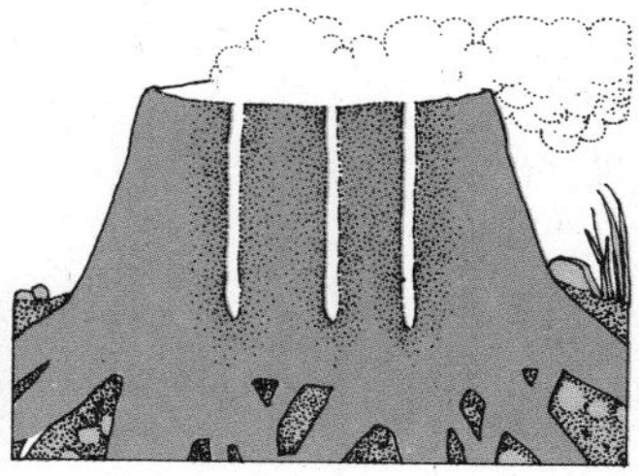

Ausbrennen
Einige Löcher in den Stumpf bohren, mit Natrium-Chlorid füllen und abdecken, nach einem Monat entzünden. Auch nur Fachleute!

Findlinge entfernen

Große Steinbrocken können sehr hinderlich sein, besonders in Geschiebelehm und Gletscherablagerungen, wo das zurückweichende Eis Steinbrocken an unvorhergesehenen Stellen und ganz verstreut zurückgelassen hat. Wenn sie nicht zu groß sind, kann eine Planierraupe oder ein Bagger damit fertig werden. Die Maschine hebt sie heraus und schiebt sie zur Seite.
Mit Hebelkraft lassen sich aber auch Findlinge mit einigen Tonnen Gewicht ohne Hilfe von Maschinen entfernen. Dazu wird die Erde rund um den Stein weggeschaufelt, auf einer Seite eine feste Unterlage angebracht – z. B. eine Eisenbahnschwelle oder ein anderer Stein –, eine lange Holz- oder Eisenstange (eine Eisenbahnschiene eignet sich hervorragend dazu) unter den Findling geschoben und dieser damit einige Zentimeter angehoben. Sofort schiebt man einige kleine Steine unter den Brocken, läßt ihn wieder ab, setzt den Hebel auf der anderen Seite an und wiederholt den Vorgang. So hebt man, den Hebel von allen Seiten ansetzend und immer wieder Steine unterlegend, den Findling Zentimeter um Zentimeter, bis er schließlich ebenerdig liegt.
Jetzt ist es möglich, ihn zum Feldrain zu rollen, unter Umständen wieder mit Hilfe des Hebels.

Findlinge sprengen

Mit Sprengstoff lassen sich große Felsbrocken am leichtesten zertrümmern. Aber auch hier gilt das gleiche wie oben: Sprengen darf nur der Fachmann.

Heben eines Findlings

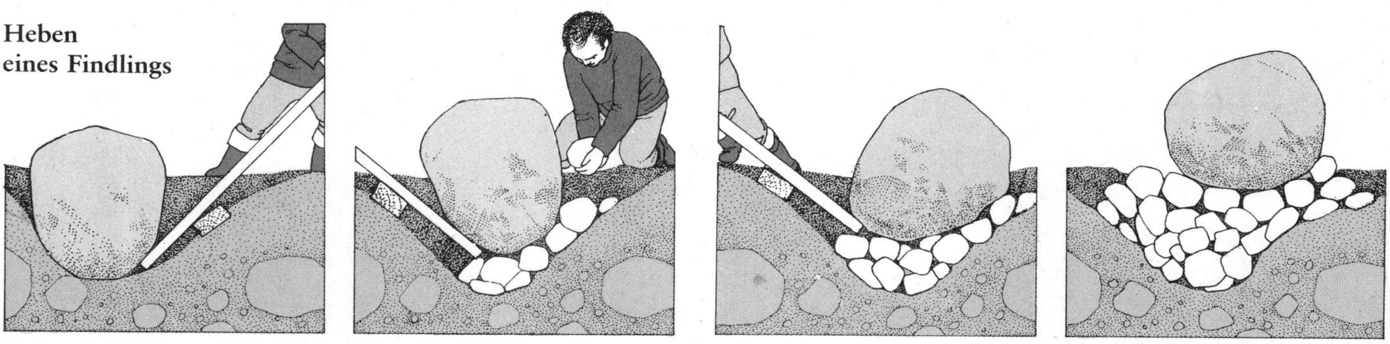

Einen Hebel möglichst tief unter den Stein schieben und mit einem Stein oder Balken unterlegen.

Den Findling mit Hebelkraft anheben und Steine unterschieben. Hebel auf der anderen Seite ansetzen.

Durch Wiederholen Zentimeter um Zentimeter anheben.

Findling wegrollen oder mit Hebelkraft zum Feldrand bewegen.

Land entwässern

Wer Glück hat, braucht sein Grundstück nicht entwässern. Es gibt viele Landflächen die trocken genug sind, ebenso häufig sind aber zu nasse Gebiete. Hier ist wahrscheinlich eine Drainage notwendig. Schlecht entwässertes Land kann niemals frühe Ernten bringen. Es ist auch schwer zu bearbeiten, besonders, wenn Lehm darin enthalten ist. Kurz gesagt: es bringt keine guten Ernten.
Sogar in trockenen Sommern kann man Bodennässe am Pflanzenwuchs erkennen. Wo Kalmus, Sumpfschwertlilien, Seggen, Binsen und Schilf wachsen, ist der Boden im Winter naß und sumpfig, auch wenn er im Sommer trocken erscheint. Hier muß man auf jeden Fall entwässern.

Entwässerungs-Gräben

Ein Feld mit Hanglage entwässert man durch Ausheben eines Abzugsgrabens an der oberen Begrenzung. In diesem Graben wird das vom Hang herabrinnende Wasser aufgefangen und abgeleitet. Die direkt auf das Feld fallende Regenmenge reicht nicht aus, um einen gesunden Boden in nassen Boden zu verwandeln: Es ist das von oben kommende Sickerwasser, das den Schaden verursacht.

Quellen

Quellen werden entwässert, indem man ihnen durch einen Graben oder ein Rohr einen Abfluß zu einem Bach oder Fluß verschafft. Man erkennt sie am nassen Erdreich oder an den dort wachsenden Pflanzen. Wenn ein größerer Bereich sumpfig ist, empfiehlt es sich, vor dem Abflußrohr eine Grube auszuheben und sie mit Steinen aufzufüllen.

Entwässerungsmöglichkeiten

Ebene Parzellen werden einfach dadurch entwässert, daß man den Grundwasserspiegel senkt. Man versteht darunter die obere Grenze des Grundwassers. Er ist im Winter höher als im Sommer und kann auch über der Erdoberfläche liegen. Sogar unter dem Meeresspiegel liegende Landflächen können so entwässert werden, wenn man das Wasser aus dem am tiefsten liegenden Graben pumpt.
Schwere Böden (mit einem hohen Lehmanteil) benötigen eine Entwässerung eher als leichte Böden, aber sogar Sand – die leichteste aller Bodenformen – kann naß sein. Je schwerer der Boden ist, desto dichter muß das Drainagenetz sein. Die Abflüsse müssen auf jeden Fall so dicht liegen, daß das Wasser von allen Stellen einsickern kann. Bei sandigem oder leichtem Boden genügen einige wenige Entwässerungsstränge. Das Einholen fachmännischer Beratung macht sich bezahlt, wenn man keine Erfahrung hat: in Ländern mit staatlichen Beratungsstellen (Wasserwirtschaftsämter und Landwirtschaftsämter) sollte man sich an diese wenden. Oft gibt es für Entwässerungsvorhaben erhebliche Zuschüsse.
Die drei Grundmethoden der Entwässerung sind: offene Gräben, Unterbodendrainage und Maulwurfsdrainage.

Drei Situationen, in denen Drainieren wichtig ist

A) Wasser läuft durch porösen Boden oder durch Steinschichten talwärts, bis es auf eine undurchlässige Schicht stößt. Diese lenkt es – meistens seitwärts – zur Talsohle, wo es als Quelle hervortritt.
B) Undurchlässiger Untergrund verhindert das Versickern des Regenwassers.
C) Bei Boden ohne Gefälle ist Drainage nicht möglich.
Anzeiger für nassen Boden: Sumpf-Orchidee, Sumpf-Veilchen, Schwertlilie, Sumpfdotterblume, Flechtbinse, Scharfe Segge, Graugrüne Binse, Schilf.

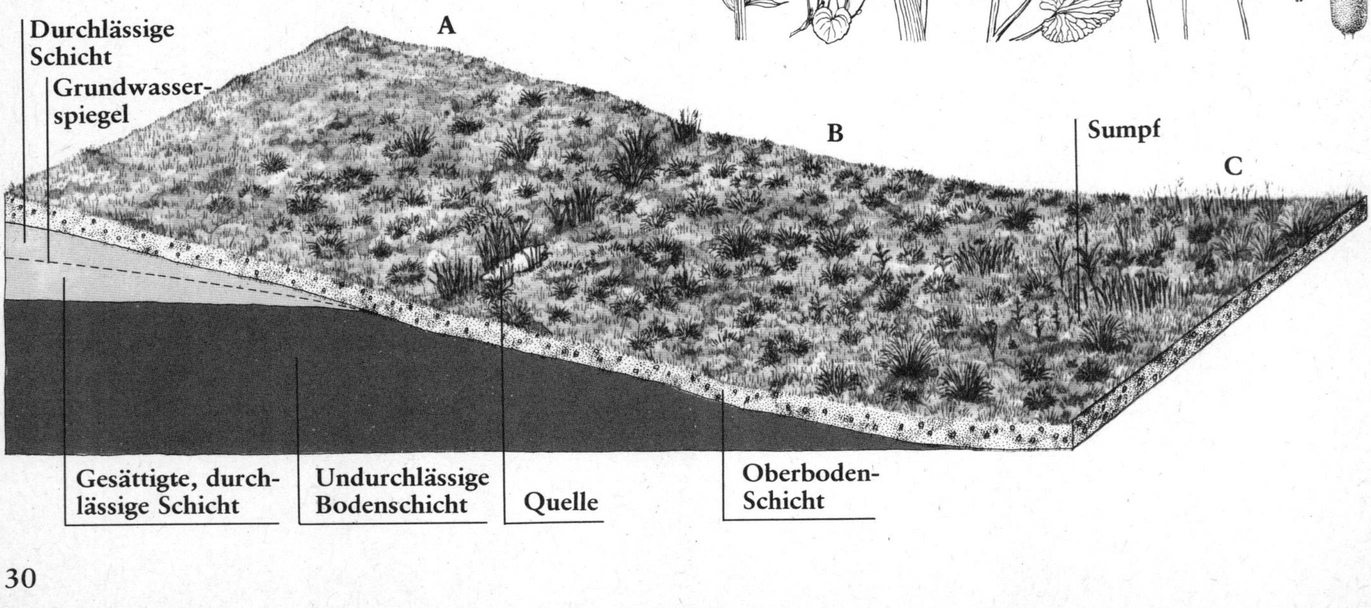

Der Maulwurfsgrill

Ein torpedoförmiger Stahlkörper am Ende einer schmalen Schneide wird durch den Boden gezogen. Die entstandenen Einschnitte schließen sich wieder, die in der Erde gezogenen Drainagekanäle bleiben offen.

Der Meißelpflug

Der Tiefmeißel schneidet in gleichmäßigen Abständen tiefe Rillen in den Boden. Bei schwerem Lehmboden ist diese Methode sehr wirksam, da die Rillen nicht zufallen und deshalb als Drainage wirken.

Offene Gräben haben schräge Wände. In leichten Böden muß die Böschung flacher angelegt werden als in schweren, da schweres Erdreich besser zusammenhält. Wenn die Böschung abrutscht, ist sie zu flach.

Auch die Tiefe des Grabens hängt von den örtlichen Gegebenheiten ab. Er muß so tief sein, daß der Grundwasserspiegel weit genug sinkt, um Kulturpflanzen gut gedeihen zu lassen. In der Regel soll das Wasser nicht höher als 45 cm unter der Erdoberfläche stehen, besser ist es jedoch, den Grundwasserspiegel auf 1,2 m zu senken. Wenn man die Gräben mit der Hand ausheben muß, wird man sie sicher nicht zu tief anlegen. Offene Gräben müssen alle ein bis zwei Jahre von Unkraut und Büschen gesäubert und etwa alle fünf Jahre nachgegraben werden. Sie brauchen also einige Pflege und verursachen Arbeit. Es gibt verschiedene Arten der Unterbodendrainage (s. Abb.). Solange das System tief genug im Boden liegt, um von einem tief eindringenden Pflug nicht beschädigt zu werden und solange der Lauf bis zum Ausfluß nicht unterbrochen ist, so daß die Rohre nicht verschlammen können, überdauern sie Jahrhunderte. Maulwurfdrainage hilft höchstens fünf bis zehn Jahre und in sandigen Böden nicht einmal so lange.

Drainieren erfordert genaues Planen. Zunächst muß man sich über die Bodenbeschaffenheit im Klaren sein. Deshalb macht man zunächst Probegrabungen, um die Höhe des Grundwasserspiegels zu ermitteln und Quellen zu orten. Dann sorgt man dafür, daß das Wasser in den nächsten Bach, Fluß oder dergleichen abfließt, oder man lenkt es in tiefer liegendes, ungenutztes Land.

Der Nutzen von Drainage und Gräben

Ein ausgehobener Abzugsgraben sammelt das von oberhalb kommende Sickerwasser und leitet es um das Feld herum in einen unterhalb davon verlaufenden Graben. Eine im Boden verlegte Rohr-Drainage leitet das Wasser einer Quelle ab und ein Rohrsystem – am besten in Fischgrätenanordnung – lenkt zur Senkung des Grundwasserspiegels überschüssiges Wasser ab.

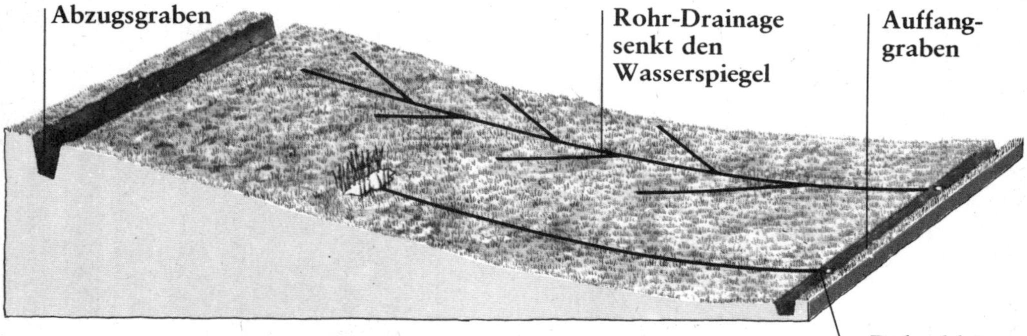

Unterboden-Drainage

Steintunnel- und Tonrohr-Drainagen sind von Natur aus porös. Kunststoffrohre haben Öffnungen zur Wasseraufnahme. Die römische Reisig-Drainage kann durch eine Abdeckung mit gewelltem Lochblech verbessert werden.

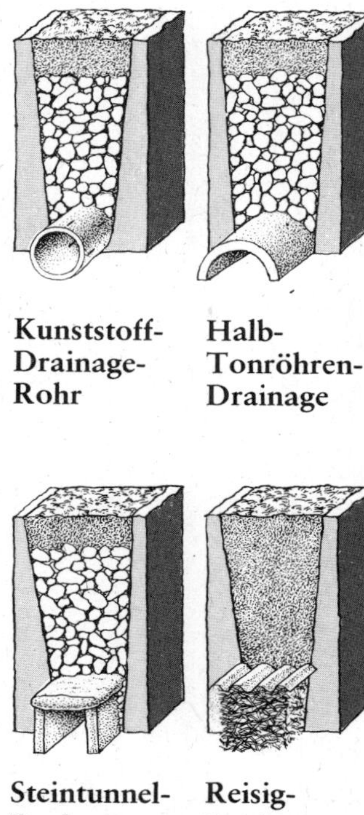

Das Ableiten einer Quelle

Quelle freilegen. Quellwasser mit einer Rohrleitung oder einem Abzugsgraben ableiten. Bei einer größeren Quelle um das Rohrende Steine auffüllen.

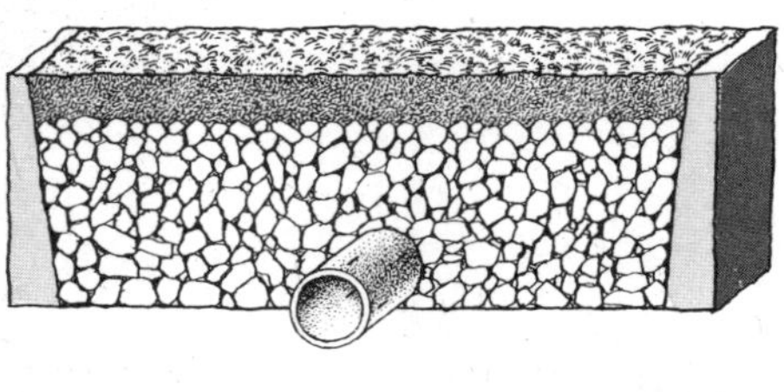

Land bewässern

Fast überall kann das Wachstum der Kulturpflanzen durch eine sinnvolle Bewässerung verbessert werden, und in manchen Regionen gedeihen sie ohne diese überhaupt nicht. Die vom Glück begünstigten Landwirte bebauen den Boden in warmen, trockenen Klimazonen mit reichlich vorhandenem Wasser für die künstliche Bewässerung. Sie haben eine wesentlich bessere Kontrolle über ihre Kulturen als die Bauern in regenreichen Gebieten. So kennen sie zum Beispiel keine ernsthaften Schwierigkeiten mit Unkraut. Sie vernichten es einfach durch Wasserentzug, wenn das Land brach liegt. Ihre Saaten können sie vor dem Wässern in trockenen Boden ausbringen und dann dem Land mit einem Schlag soviel Wasser zuführen, daß sie keimen. Sie können jeder Pflanze in der Wachstumsperiode genau die richtige Wassermenge geben und es zurückhalten, wenn die Erntezeit naht, so daß die Ernte unter idealen Bedingungen eingebracht werden kann. Um 1 Ar Land 2,5 cm unter Wasser zu setzen, benötigt man 2500 l. Wenn es während der Wachstumsperiode nicht regnet, sollte der Boden mindestens einmal in der Woche 2,5 cm/Ar Wasser erhalten. In gemäßigten Klimazonen sind 5–15 cm Wasser während der Wachstumsperiode wahrscheinlich ausreichend, wenn genug Regen fällt.

Besonderes Glück bedeutet es, wenn man Wasser oberhalb des zu bewässernden Feldes abfangen und in einer Rohrleitung über die Anbaufläche leiten kann. Falls die Quelle allerdings nicht wesentlich höher als das Feld liegt, wird der Wasserdruck nicht sehr stark sein. Aber schon mit einem gewöhnlichen Wasserschlauch, dessen Öffnung man immer wieder an eine andere Stelle legt, kann man Stück für Stück unter Wasser setzen. Noch wirksamer ist es, Wasser in den Furchen zwischen den Pflanzreihen herabfließen zu lassen. Sobald es so hoch steht, daß es in die nächste Furche überläuft, wird der Schlauch dorthin verlegt.

Das Beregnen

In weitgefaßtem Sinn gibt es nur zwei Bewässerungsmethoden: Das Beregnen und das Überfluten. Im Westen wird fast ausschließlich die Beregnung angewendet. Sie erfolgt mit Hilfe von Pumpen und entweder mit „Regnern“ – rotierende Beregnungsanlagen – oder mit verlegbaren Sprühschläuchen, die nur bei gleichbleibendem Wasserdruck funktionieren.

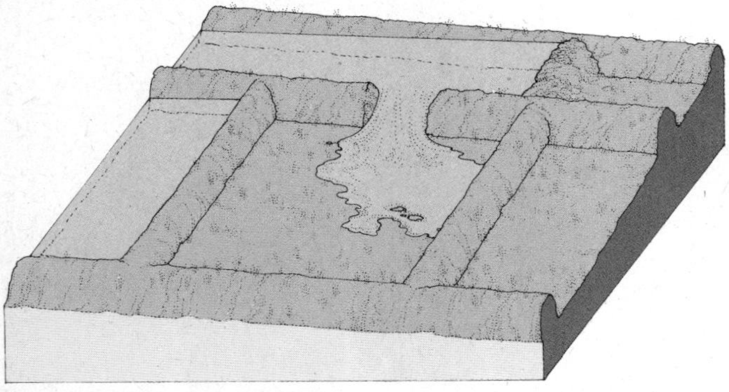

Bewässerung durch Überfluten

Hangbeete mit einem oberhalb verlaufenden Wassergraben durch Erdwälle in Parzellen aufteilen. Wasser durch einen in Höhe der ersten Parzelle angebrachten Damm stauen, den Wall zwischen Graben und Beet durchstechen und nach dem Überfluten wieder schließen. Den Staudamm entfernen.

Überfluten

In allen Ländern, in denen wirklich etwas von der Bewässerung verstanden wird, wird durchweg diese Methode benutzt. Ist ein Wasserlauf in der Nähe, so gibt es keine Schwierigkeiten. Das Wasser wird mit einer kleinen Motorpumpe durch einen Schlauch auf das Feld geleitet. Ebenso leicht ist die Bewässerung, wenn sich ein Wasserlauf oberhalb des Feldes befindet.

Im Idealfall wird das Land in völlig ebene Parzellen, oder – wenn das Gelände ein natürliches Gefälle hat – in leicht abfallende, mit Trennwällen umgebene Beete aufgeteilt (ein Wall ist ein ca. 30 cm hoher, schmaler Erddamm). Mit Gras bewachsene Wälle sind dauerhaft, andere werden jedes Jahr eingeebnet und neu aufgeworfen. Bei einer Bodenbearbeitung mit dem Traktor wird man sie wahrscheinlich einebnen, weil man dann mehr Bewegungsfreiheit hat. Zur Bewässerung wird das Wasser in dem Kanal mit Hilfe eines ca. 30 cm hohen Erdwalls in Höhe des obersten Beetes gestaut und dann der Trennwall zwischen dem Kanal und dem Beet durchstochen. Während das Wasser in das Beet fließt, es bedeckt und bis zur tiefsten Stelle läuft, kann man in der Sonne sitzen und die Schmetterlinge beobachten. Ist das Beet aber nicht ganz eben und noch nicht bepflanzt, wird man statt dessen wahrscheinlich mit dem Spaten die Unebenheiten ausgleichen, die jetzt zutage treten, bis das Beet wirklich gleichmäßig mit Wasser bedeckt ist.

Inzwischen wurden weitere Staudämme in Höhe der anderen Beete im Kanal aufgeworfen. Ist das Beet bewässert, wird der Durchbruch geschlossen, einer zum nächsten Beet gestochen und das Wasser in dieses geleitet. So geht es weiter, bis alle Beete überflutet sind.

Diese Methode setzt selbstverständlich voraus, daß der Kanal oberhalb der Anbaufläche liegt. Wenn er unterhalb liegt, muß man es wie die Chinesen und Ägypter machen und das Wasser die paar Zentimeter hinaufbefördern. Das kann sehr umständlich per Hand mit einem Eimer gemacht werden. Es gibt hundert Möglichkeiten für einen findigen Kopf. Eine einfache Motorpumpe ist zum Beispiel eine, eine kleine Windmühle eine andere.

Es braucht wohl nicht gesagt werden, daß die Überflutungsmethode an einem steilen Hanggelände nicht funktioniert. Hier müssen zunächst Terrassen angelegt werden. Das bedeutet unweigerlich das Errichten von Stützmauern, und das ist eine gewaltige Arbeit. Dazu braucht man für ein sehr großes Terrain unter Umständen zwei oder noch mehr Wasserkanäle in verschiedenen Höhen, da das Wasser es nicht schafft, von ganz oben über alle Beete bis zur tiefsten Stelle zu fließen.

Wald nutzbar machen

Die nützlichsten Bäume in bezug auf ihre Brauchbarkeit für den Selbstversorger sind Edelkastanie (das beste Nutzholz in der ganzen Welt), Eiche, Esche und Lärche.

Hartholz und Weichholz

Wenn man aus seinem Waldbestand nicht nur Brennholz herausholen möchte, muß man einige Punkte beachten: Schnellwüchsigkeit, Widerstandsfähigkeit, Unempfindlichkeit gegen Fäulnis und außerdem das, was ich „Spaltbarkeit" nennen möchte.

Das Spalten des Stammholzes ist in den meisten Fällen bei einer Nutzung für den Eigenbedarf oder in der Landwirtschaft besser als das Sägen im Längsschnitt (im Faserlauf). Spalten geht schneller, ist billiger und das Nutzholz ist kräftiger und hält länger, da die Holzfaser nicht verletzt wird und dadurch wetterfest bleibt.

Edelkastanien lassen sich fabelhaft spalten. Sie wachsen schnell, gerade, bilden festes Holz, sind widerstandsfähig und weniger anfällig für Fäulnis als andere Bäume. Eiche spaltet sich ebenfalls gut, aber nicht so sauber wie Edelkastanie. Das Kernholz ist sehr hart und haltbar, das weiche Splintholz an der Außenseite – besonders bei jungen Bäumen – ist wertlos. Esche wiederum ist zäh und geschmeidig, fault aber in der Erde rasch (bei der Verwendung als Zaunpfähle usw.). Diese Bäume wachsen schnell, gerade und sind gut spaltbar. Über der Erde und den Wetterverhältnissen entsprechend hält das Holz lange, wenn es von Zeit zu Zeit mit Öl oder Holzschutzmitteln präpariert wird. Es eignet sich zum Gatter- und Hürdenbau. Lärchen sind schnellwüchsig, und von allen Nadelhölzern hält sich ihr Holz am besten im Boden, wenn es mit Holzschutz behandelt wurde. Alle anderen Nadelhölzer und auch Weichhölzer verrotten hoffnungslos im Boden, falls sie nicht vorher hochdruckimprägniert wurden, und auch dann halten sie höchstens ein paar Jahre. Obstbäume sind Harthölzer und damit gutes Feuerholz. Sie eignen sich aber besonders für die Herstellung stark beanspruchter Gegenstände.

Hickory ist das beste Holz für Werkzeuggriffe. Nur, dieser Baum wächst leider nicht in Europa, aber Esche ist ein sehr guter Ersatz. Ulme oder Rüster – heute nur noch selten – ist überall dort brauchbar, wo ein nicht splitterndes Holz benötigt wird. Es bewährt sich hervorragend unter Wasser. Ahorn und Sykomore sind für Drechsel- und Schnitzarbeiten besonders geeignet. Walnuß ist der König unter den Edelholzbäumen. Er braucht aber mindestens 150 Jahre, bis das Holz nutzbar ist.

Brennholz

Bäume sind die besten Heizmaterial-Lieferanten. Schon in einem ein oder zwei Morgen großen Wald wachsen die Bäume schneller, als man sie fällen und als Brennholz verwerten kann, wenn man den Bestand richtig plant.

Esche ist das beste Brennholz. Das Reisig einer gefällten Esche brennt frisch ebensogut wie abgelagert. Eichen wachsen viel zu langsam, um für Brennholz aufgeforstet zu werden. Birken eignen sich zu diesem Zweck gut, sonst sind sie

Die wichtigsten Werkzeuge

Die Bäume werden mit der Axt gefällt oder abgesägt. Mit Hammer und Keil oder mit Schlegel und Schindeleisen werden sie gespalten. Sapine und Zugmesser benötigt man zum Zurechtschneiden.

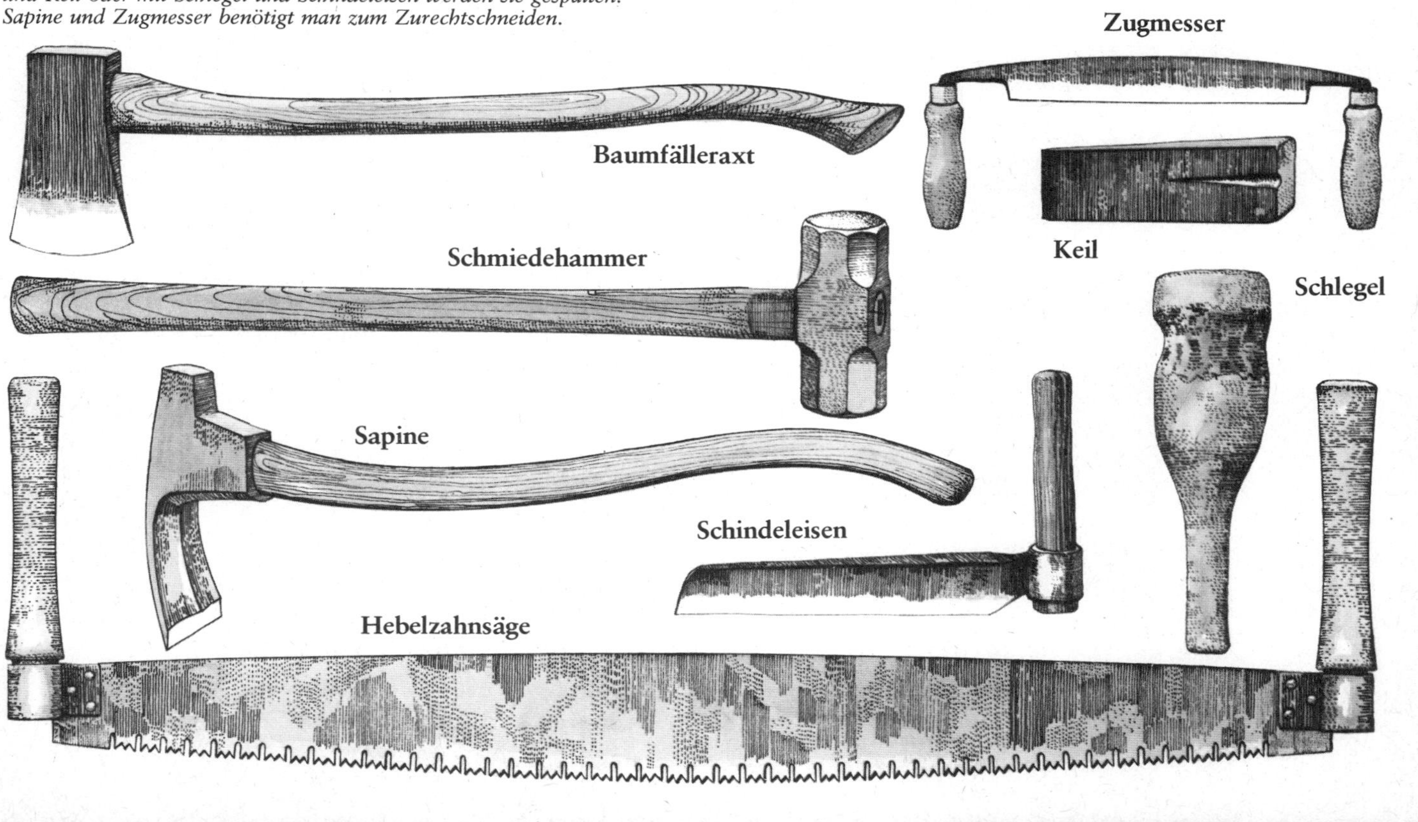

Wald nutzbar machen

nicht von großem Nutzen. Sie wachsen schnell, und das trockene Holz gibt große Hitze ab (Kaminholz). Nadelhölzer sind kein besonderes Brennmaterial, sie splittern leicht und brennen schnell runter. Hölzer wie Erlen und strauchartige Weiden brennen frisch sehr schlecht. Trocken können sie zwar zu Brennholz verarbeitet werden, brennen aber auch dann nicht sehr gut und geben nicht viel Wärme ab. Wenn man speziell zur Brennholzgewinnung aufforstet, pflanzt man am besten Eschen und bildet daraus einen Niederwald.
Was ist ein Niederwald? Hierfür werden alle Bäume gefällt, sobald sie einen Stammdurchmesser von 20–25 cm haben. Dann läßt man sie weiter wachsen. Sie treiben jetzt mehrere Stämme aus und bilden somit „Büsche“. Nach etwa zwölf Jahren können sie erneut geschlagen werden und wachsen anschließend wieder nach. Diese alle zwölf Jahre durchgeführte Holzausbeute kann über Jahrhunderte erfolgen, und auf diese Art bringt der Wald die größtmögliche Brennholzmenge.

Das Pflanzen der Bäume

Eng gepflanzte Bäume wachsen gerade und hoch, da sie nach dem Licht streben. 1,6 × 1,6 m ist eine gute Pflanzweite. Die Bäume werden schnell groß und stehen bald zu dicht. Dann muß der Bestand ausgelichtet werden und bringt einen Teilertrag. Gepflanzt werden dreijährige Pflanzen, und zwar im Winter. Entweder kauft man sie oder zieht sie selber aus Samen. In den ersten drei oder vier Jahren wird Gras und Unkraut in der Schonung niedergehalten, damit die jungen Bäumchen nicht ersticken. Später sägt man die unteren Äste der Bäume ab, damit gutes Nutzholz ohne Äste heranwächst. Falls nötig, muß ein Wald auch gedüngt werden, je nach Bedarf mit Phosphaten, Stickstoff oder Kalk. Mist oder Kompost fördern das Wachstum ebenfalls. In bestehenden Waldgrundstücken wird das Unterholz (Buschweiden, Dornsträucher, Erlen usw.) regelmäßig ausgeschlagen, damit das Nutzholz mehr Luft hat. Nasser Boden sollte nach Möglichkeit entwässert werden. Wer Zeit hat, schlägt das Unterholz aus. Aber auch Schweine säubern und düngen den Wald, ohne größeren Bäumen Schaden zuzufügen. Im Herbst nähren sie sich lange von Eicheln und Eckern.

Das Trocknen des Holzes

Die aus dem Stammholz gefertigten Planken werden sofort gestapelt, und zwar mit Querhölzern zwischen jeder Lage, damit die Luft zirkulieren kann. Mit Ofentrocknung kann man Holz zwar schnell nutzbar machen, die Lufttrocknung ist aber weit besser, auch wenn sie länger dauert. Einige Hölzer (z. B. Esche) werden für mehrere Wochen in fließendes Wasser gelegt, damit der Saft ausgeschwemmt wird. Das beschleunigt den Trockenprozeß. Für die Möbelherstellung darf Holz überhaupt nicht mehr arbeiten. Für grobe Zwecke, wie zum Beispiel für Zäune oder Balken für einfache Gebäude, muß es nicht unbedingt ganz ausgeschafft haben.
Du darfst niemals vergessen, daß auch Bäume zur Pflanzenwelt gehören. Einen alten Baum kannst du getrost fällen, aber immer müssen mehr junge Bäume gepflanzt, als alte geschlagen werden.

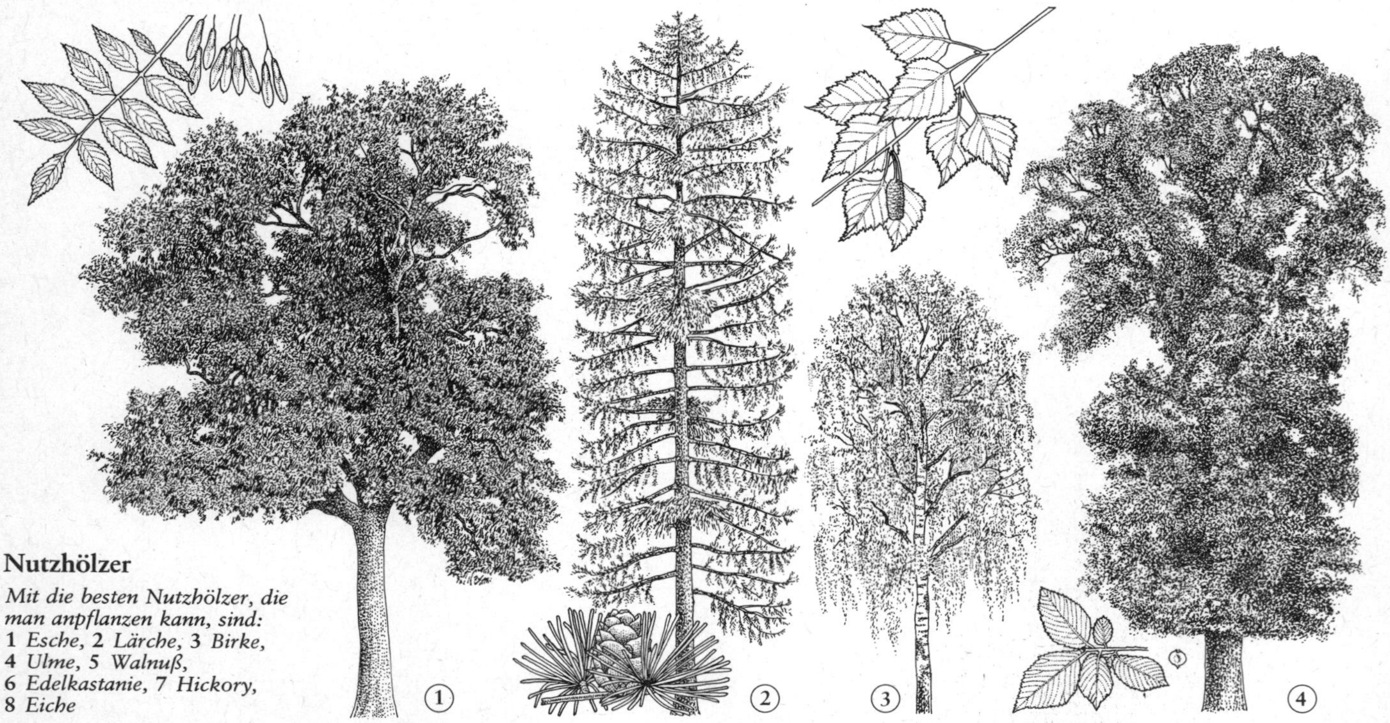

Nutzhölzer

Mit die besten Nutzhölzer, die man anpflanzen kann, sind: 1 Esche, 2 Lärche, 3 Birke, 4 Ulme, 5 Walnuß, 6 Edelkastanie, 7 Hickory, 8 Eiche

Baumfällen

Stammverdickungen am Fuße des Stamms und möglichst viele Wurzeln mit der Axt abschlagen. Auf der Seite der Fallrichtung eine Fallkerbe mit der Axt in den Stamm schlagen. Dann von der anderen Seite den Stamm durchsägen, so daß der Sägeschnitt einige cm über der Kerbsohle (unterer waagerechter Kerbeinschnitt) liegt. Wenn sich die Säge

nicht mehr bewegen läßt, weil sie wegen des Gewichtes des Baums klemmt, mit dem Vorschlaghammer Keile in den Sägespalt schlagen, dann fast bis an die Fallkerbe heran weitersägen, bis der Baum nahezu fällt. Dann die Säge herausziehen und die Keile weiter eintreiben, bis der Baum fällt. Die Kerbe war richtig angelegt, wenn beim Fallen Holzsplitter aus dem Stumpf und nicht aus dem Stamm gerissen werden. Sie werden mit der Axt entfernt.

Spalten der Stämme mit Keilen und Vorschlaghammer
Keile und Vorschlaghammer sind das geeignete Werkzeug zum Spalten dicker Stämme. Den ersten Keil mit dem Hammer in das Stammende treiben, weitere Keile in den entstandenen Riß setzen, bis sich der Stamm in seiner ganzen Länge spaltet. Eine Axt niemals als Keil einsetzen, der Stiel würde abbrechen.

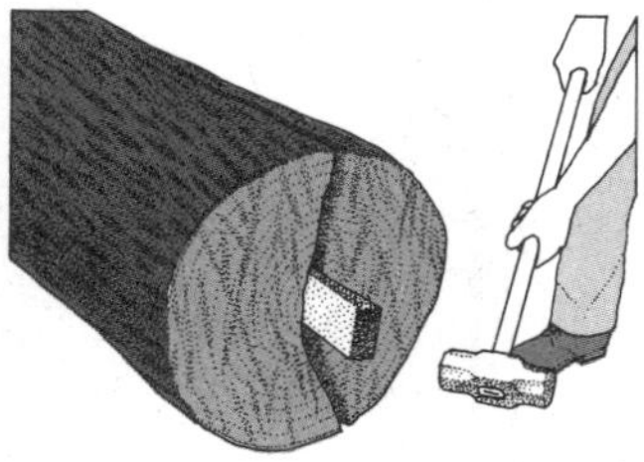

Spalten mit Schindeleisen und Schlegel
Das geeignete Werkzeug zum Spalten schwächerer Stämme ist ein Schindeleisen. Das Schindeleisen mit einem Schlegel in die Stirnfläche der Stange treiben und durch abwechselnde Schläge rechts und links auf das Eisen bis

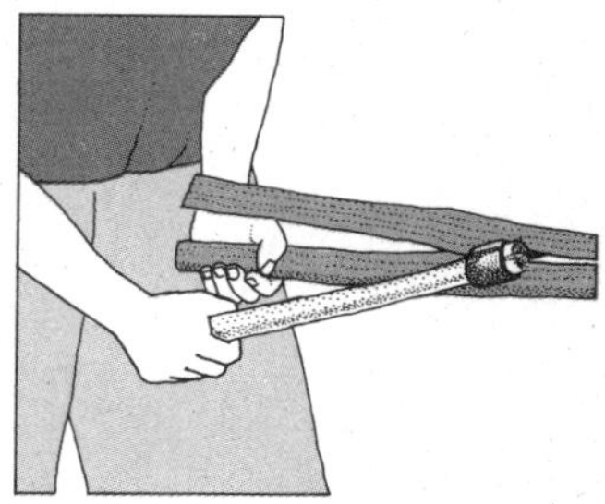

zum Reißen des Stammes einschlagen. Den Griff des Eisens als Hebel benutzen und den Stamm auseinanderdrücken.

Planken sägen
Eine Brett- oder Längensäge ist ein altertümliches Werkzeug zum Zersägen der Baumstämme zu Brettern. Ein Mann steht dabei auf dem Stamm, der andere darunter

in einer Grube; er schluckt das ganze Sägemehl. Band- und Kreissägen sind rationeller, aber auch teurer.

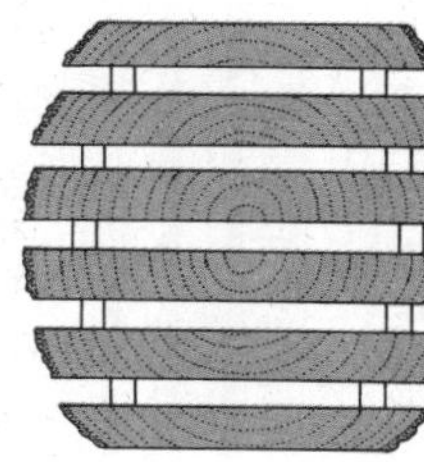

Bretter trocknen
Die Bretter so, wie sie aus dem Stamm gesägt sind, mit Abstandhaltern aus Holz stapeln, damit die Luft zwischen ihnen zirkulieren kann. Mindestens 18 Monate trocknen lassen.

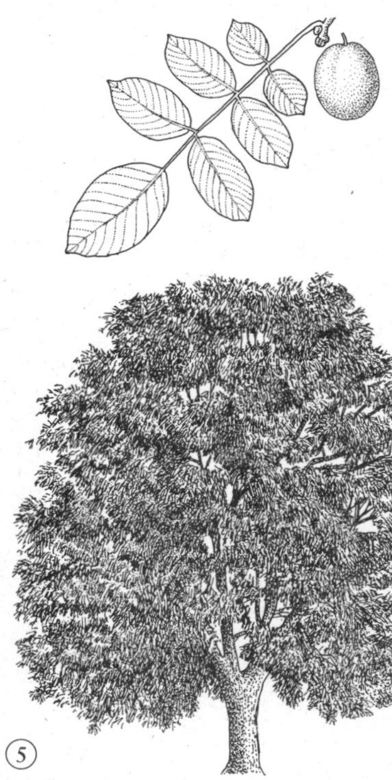

⑤

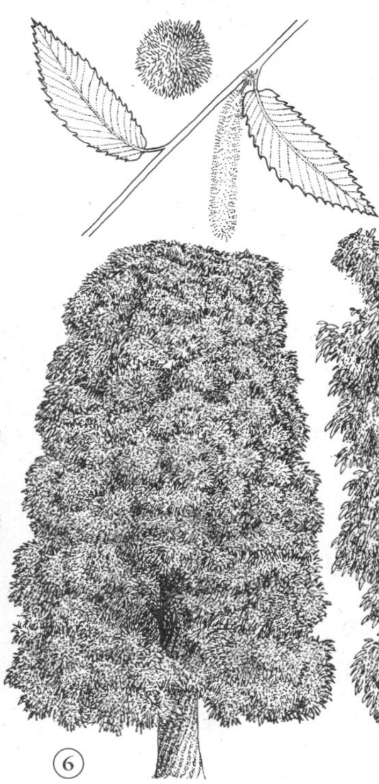

⑥

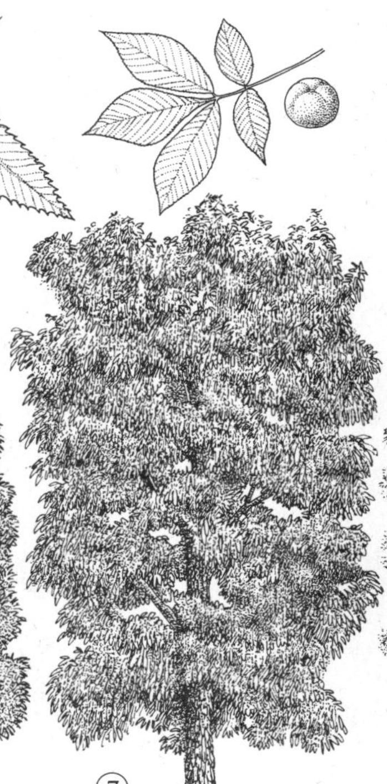

⑦

⑧

Hecken und Zäune

Haustiere werden „gehütet", aber ein Selbstversorger ist notwendigerweise ein vielbeschäftigter Mann. Abgrenzungen einzelner Gebiete entlasten nicht nur ihn, seine Frau und die Kinder von der zeitraubenden Hütearbeit, sondern sind auch eine wertvolle Hilfe zur besseren Nutzung des Landes. Ohne Zäune kann man Schafe und Kühe nicht auf der Weide halten, die Schweine nicht zum Roden einsetzen und die Hühner und Ziegen nicht vom Garten fernhalten.

Dornenhecken

Die billigste und natürlichste Abgrenzung ist eine Dornenhecke. Im allgemeinen wird dafür Weißdorn dicht bei dicht gepflanzt. Die etwa 15 cm großen Stecklinge werden mit einem Reihenabstand von 25 cm und einem Pflanzenabstand von ca. 45 cm in zwei Reihen gesetzt. Die Pflanzen werden gekauft oder aus Weißdornsamen gezogen. Die Neuanpflanzung muß aber mindestens vier Jahre vor dem Vieh geschützt werden. Dieses, besonders Schafe und noch mehr Ziegen, frißt eine junge Weißdornhecke restlos auf. Sie ist also verloren, wenn sie nicht in den ersten Jahren von einem zusätzlichen Zaun – vielleicht Stacheldraht – von beiden Seiten geschützt wird.

Das Niederlegen einer Hecke

Die richtige Pflege für eine Hecke ist das „Niederlegen". Dafür wird etwa alle fünf Jahre der größte Teil der Stämme halb durchgeschlagen und dann waagerecht in eine Richtung, und zwar bergauf, gebogen. Sie liegen übereinander oder werden auch ineinander geschoben und wenn nötig mit „totem Holz" festgehalten. Manchmal wird an den oberen Enden dieser Stützen ein Flechtstreifen aus Hasel- oder Weidenruten angebracht, um das Weißdorngestrüpp in seiner schrägen Lage zu halten. Im Laufe der Zeit verrotten die Flechtruten und Stützhölzer, aber die Hecke schlägt neu aus und wird sehr dicht und „tierfest".

Eine solche lebende Dornenhecke verlangt nicht mehr Pflege als ein Zaun und hält ewig. Dazu ist sie hübsch anzusehen, bietet Vögeln und Kleintieren Unterschlupf und dient auch noch als Windschutz. Früher lieferten diese Hecken ohne Mehrarbeit Reisig für den Backofen oder andere Zwecke. Alte, ausgewachsene Hecken können manchmal durch Niederlegen wieder in Ordnung und zu einem neuen Austrieb gebracht werden, wobei natürlich vorhandene Lücken durch Nachpflanzen einzelner Büsche zu schließen sind.

Steinwälle

In Gegenden, in denen es Quadersteine gibt, sind Steinwälle oder Trockenmauern eine vernünftige Alternative und wahrscheinlich schon vorhanden. Die Bezeichnung „trokken" bedeutet, daß diese Mauern ohne Zementmörtel aufgesetzt werden. Wenn man genug Steine hat, kann man solche Mauern selbst aufrichten. Kommen die Steine von dem eigenen Grundstück, kosten sie noch nicht einmal etwas. Aber es ist eine Schinderei, und du brauchst viel mehr als du denkst, dazu eine sichere Hand und ein gutes Augenmaß. Zunächst wird ein ebener Graben als Fundament ausgehoben und dann werden die Steine sorgfältig zu einer senkrechten Mauer aufgesetzt. Dabei mußt du alle störenden Ausbuchtungen abschlagen, damit die Steine so dicht wie möglich und fest verkeilt sitzen.

Mauerhecken

Eine Hecke läßt sich auch auf einer Mauer anpflanzen. Solche Begrenzungen findet man oft in Gebieten, in denen es abgerundete oder flache Steine – meistens Sandstein – gibt. Für eine solche Hecke werden zwei sich zueinander neigende Mauern parallel aufgesetzt. Die Lücken zwischen den Steinen füllt man mit Torf aus und in den Zwischenraum schüttet man Erde, in die eine später niederzulegende Weißdornhecke gepflanzt wird. Nach ein bis zwei Jahren wurzeln Gras, Unkraut und Buschwerk im Torf und in der Erde. Die Mauer ist grün, aber als Weideabgrenzung nicht besonders geeignet. Wenn man 100 Mauerhecken betrachtet, sind mindestens 90 davon zusätzlich mit Stacheldraht oder Drahtgeflecht gesichert.

Flechtzäune

Ein Flechtzaun kostet außer Arbeit nichts, wenn du das Material dazu selber hast. Er ist verhältnismäßig schnell errichtet, hält aber nicht sehr lange. Zugespitzte Pfosten werden im Abstand von ca. 30 cm in den Boden geschlagen und geschmeidige Zweige wie Weide, Haselnußruten, Efeu, Brombeeren oder andere Ranker dicht bei dicht dazwischengeflochten. Das Flechtmaterial trocknet bald aus, bricht und fault, so daß neues eingezogen werden muß. Auch die Pfosten faulen nach einigen Jahren und brechen um, falls sie nicht aus Edelkastanie, Eichenholz oder ähnlich widerstandsfähigem Holz sind.

Stangenzäune

Ein Stangenzaun ist stärker und – wenn man das Holz aus eigenem Waldbestand verwenden kann – wirtschaftlicher. Er besteht aus tief in den Boden geschlagenen Pfosten aus imprägniertem oder widerstandsfähigem Holz und darangenagelten, gespaltenen Stangen (Stangen sind dünne, lange Baumstämme, die beim Auslichten anfallen). Als Abwandlung werden vielfach Zäune errichtet, deren Pfosten im Zick-Zack angeordnet sind. Dazu werden zwar mehr Stangen benötigt, aber diese Zäune sind besonders fest.

Drahtzäune

Zur Wahl stehen glatter Spanndraht, Stacheldraht und Drahtgeflecht. Glatter Draht ist nur straff gespannt wir-

Das Anlegen oder Wiederherstellen einer Hecke

Die Hecke so weit auslichten, daß ca. alle 30 cm ein kräftiger Strauch steht. Die linke Hand mit einem Lederhandschuh schützen. Jeden Stamm seitwärts herunterdrücken und mit einer Hippe dicht über dem Boden halb durchtrennen.

Jeden so bearbeiteten Stamm fast waagerecht legen und seine Spitze unter den bereits umgelegten Nachbarn schieben.

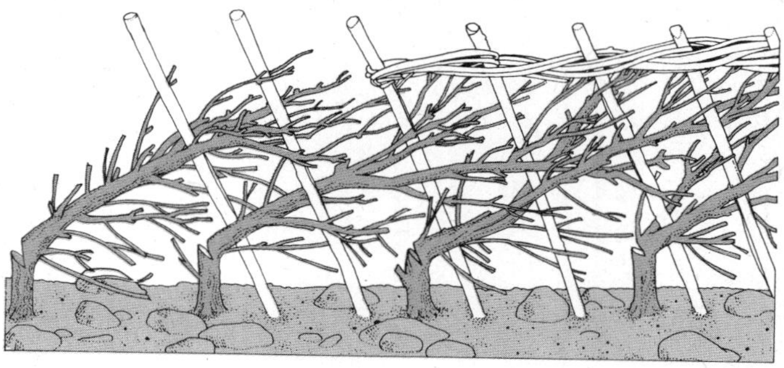

Das beim Auslichten angefallene Schnittholz säubern und die Stangen im rechten Winkel zwischen die niedergelegten Stämme treiben. Die oberen Enden dieser Stützhölzer mit biegbarem Material wie z. B. Hasel- oder Weidenruten verflechten. Bis die Stützen morsch werden, steht die lebende Hecke dicht und sicher.

Ausgewachsene Hecken

Wuchernde Hecken werden mit einem Haumesser in Schach gehalten (links). Den Boden darunter mit einer starken Sichel (oben) säubern, dabei in der linken Hand einen Stock führen.

Natursteinmauern

Sie werden aus regelmäßigen, abgeplatteten Feldsteinen ohne Mörtel aufgesetzt. Für das Fundament einen 25 cm tiefen Graben mit ebener Sohle ausheben. Die Steine möglichst dicht und ineinander verkeilt aufsetzen, dabei nicht von der Senkrechten abweichen und keine Steine aus der Fläche herausragen lassen. Sind auf dem Grundstück große, runde Sandsteine vorhanden, baut man besser eine Art Mauerhecke. Dazu zwei sich zueinander neigende Steinwälle mit einem Zwischenraum von 30 cm errichten. Die Lücken zwischen den Steinen mit Torf, und den Zwischenraum zwischen den beiden Mauern mit Erde füllen. In die Erde die Hecke pflanzen. Zur Sicherheit muß sie daher mit Stacheldraht verstärkt werden.

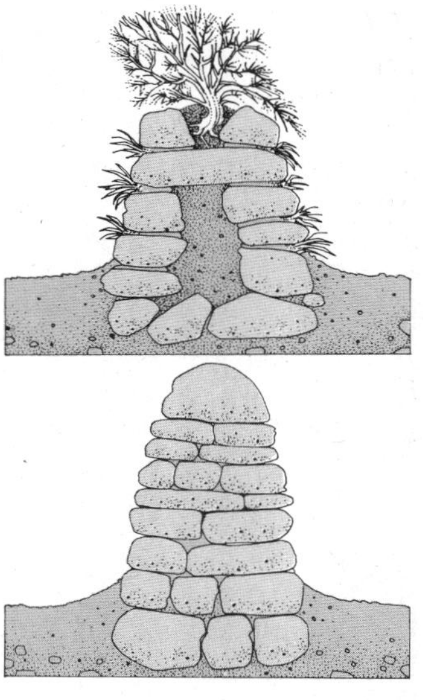

kungsvoll. Stacheldraht sollte nach Möglichkeit auch gut gespannt werden, aber oft sind ein oder zwei unordentlich an einer vernachlässigten Hecke entlanggezogene Stacheldrähte alles, was das Vieh von den Feldern der Nachbarn trennt. Drahtgeflecht ist zu empfehlen, aber heute fast unerschwinglich. Viereckgeflecht, sogenanntes Schafgitter, ist sehr haltbar und für feststehende Umhegungen bestens geeignet. Normales Drahtgeflecht ist nicht so fest und widerstandsfähig, daraus errichtete Zäune lassen sich aber leicht auf- und abbauen, so daß es ideal für die Schafhaltung ist.

Das Spannen der Drähte

Wie ein gekaufter Drahtspanner funktioniert, siehst du mit einem Blick. Es gibt aber viele brauchbare Notbehelfe. In Afrika ist ein häufig benutztes Werkzeug eine ca. 60 cm lange Astgabel. Am Hauptast wird ein etwa 15 cm langer, starker Nagel mit Krampen befestigt. Der zu spannende Draht wird unter diesen Nagel geschoben und zur Befestigung zweimal darumgewickelt. Zum Spannen des Drahts wird die Astgabel gedreht und der Draht so auf den Ast gewickelt. Zum Schluß wird der Draht um den Eckpfosten geschlungen, wobei der Stock als Hebel dient und die letzte, entscheidende Spannung bewirkt. Über kurze Entfernungen kann der Draht auf diese Weise ausreichend gespannt werden. Bei großen Drahtlängen braucht man starke Drahtspanner oder muß den Draht mit einem Traktor straffziehen. Bei Frostwetter gespannter Draht muß unter Umständen im Sommer nachgezogen werden, weil er sich in der Wärme ausdehnt. In der Praxis zieht man den Draht dann oft seitwärts, vielleicht zu einem günstig stehenden

Baum, unter Umständen mit einem zusätzlichen Drahtende. Das wird zwar von den alteingesessenen Bauern als arger Pfusch verurteilt, ist aber oft sehr praktisch. Wenn kein Drahtspanner aufzutreiben ist, kannst du auch mit anderen Mitteln eine gewisse Spannung erzeugen, z. B. mit einem Pfosten als Hebel, mit einem Flaschenzug, einem Pferd oder einem Traktor. Aber der Draht darf auch nicht zu stark angezogen werden, sonst reißt die Galvanisierung, und er verliert seine Haltbarkeit.

Zaunpfosten verankern

Die Qualität eines Drahtzauns hängt von der Standfestigkeit der Zaunpfähle ab. Ein Drahtspanner, ob man ihn nun kauft oder vom Nachbarn ausborgt, kann eine Zugkraft von zwei Tonnen erreichen, wenn man das mit der Anzahl der gespannten Drähte multipliziert, wird jedem klar, daß damit jeder nicht eisern verankerte Eckpfosten aus dem Boden gezogen wird. Deshalb müssen besondere Stützpfosten angebracht werden, die diagonal gegen die Eckpfosten drücken. Diese Stützpfosten werden unten mit einem Stein oder einem kurzen Pfosten gesichert. Auch durch einen in Gegenrichtung verlaufenden Spanndraht, der mit einem tief im Boden verankerten Stein befestigt ist, kann die Zugkraft abgeschwächt werden. Die Doppelpfostenecke ist eine raffinierte Abwandlung dieser Methode und wohl am wirksamsten (s. Abb.). Wird ein Spanndraht an einem Baum befestigt, mußt du berücksichtigen, daß es sich hier nicht um totes Material handelt. Der Baum wird mit der Zeit der Zugkraft nachgeben und der Draht sich dadurch lockern. Die Befestigung an Bäumen ist so oder so problematisch: Die Krampen und Drahtenden wachsen in das Holz ein und kosten eines Tages unweigerlich einige teure Sägeblätter.

Elektrozäune

Es gibt Weidezaungeräte, die mit 6-Volt-Trockenbatterien oder mit 12-Volt-Akkumulatoren arbeiten, aber auch Starkstromanlagen, die bis zu 30 km Zaun unter Strom setzen. Ein etwa in Hüfthöhe gespannter Elektrozaun verhindert das Ausbrechen des Rindviehs, und ein Draht in 30 cm Höhe hält Schweine zurück, wenn sie daran gewöhnt sind. Bis dahin ist es auf jeden Fall besser, zwei Drähte zu spannen. Die Drähte an einem Elektrozaun müssen nicht unbedingt straff gespannt sein, es genügt, wenn sie locker über die an Pfosten angebrachten Isolatoren laufen. Selbstverständlich dürfen sie weder den Boden noch Bäume oder Pflanzen berühren. Ein Elektrozaun kann in kurzer Zeit errichtet oder versetzt werden.

Hürden

Von einem normalen Elektrozaun, wie ihn die meisten Tiere respektieren, lassen Schafe sich nicht beeindrucken, höchstens von einem elektrischen Flechtzaun, der aber sehr teuer ist. Deshalb werden Schafe an Futterplätzen in Hürden oder Pferchen gehalten (s. Abb.). Sie sind billiger als Drahtgeflecht. Sie werden aus gut spaltbarem Holz angefertigt, zum Beispiel Esche oder Edelkastanie, Eschenholz müßte aber imprägniert werden. Zum Aufstellen einer Hürde treibst du an der Stelle einen Pfosten in den Boden, wo zwei Hürdenteile zusammenstoßen, und befestigst diese dort mit Bindegarn. Zum Transport der Hürden bindest du soviel Teile wie möglich zusammen, steckst einen Stock durch und hebst sie auf die Schulter. Ein Pferchhammer ist das traditionelle Handwerkszeug des Schäfers.

Eckpfostenverankerung

Ein Drahtzaun bietet nur Sicherheit, wenn er straff gespannt ist. Das bedeutet, daß auf jedem Draht ein Zug von mindestens zwei Tonnen liegen muß. Ein halbes Dutzend straff gespannte Drähte zieht daher mit Leichtigkeit einen schlecht verankerten Pfosten aus dem Boden. Dagegen bietet eine Doppelpfosten-Ecke mit einem Erdanker die beste Sicherheit. Ein gesonderter starker Spanndraht (meistens Nr. 8) führt vom zweiten Pfosten zu einem im Boden versenkten Steinanker. Ein Stützbalken zwischen den beiden Pfosten gibt dem Hauptpfosten, an dem die Zaundrähte befestigt sind, zusätzlichen Halt.

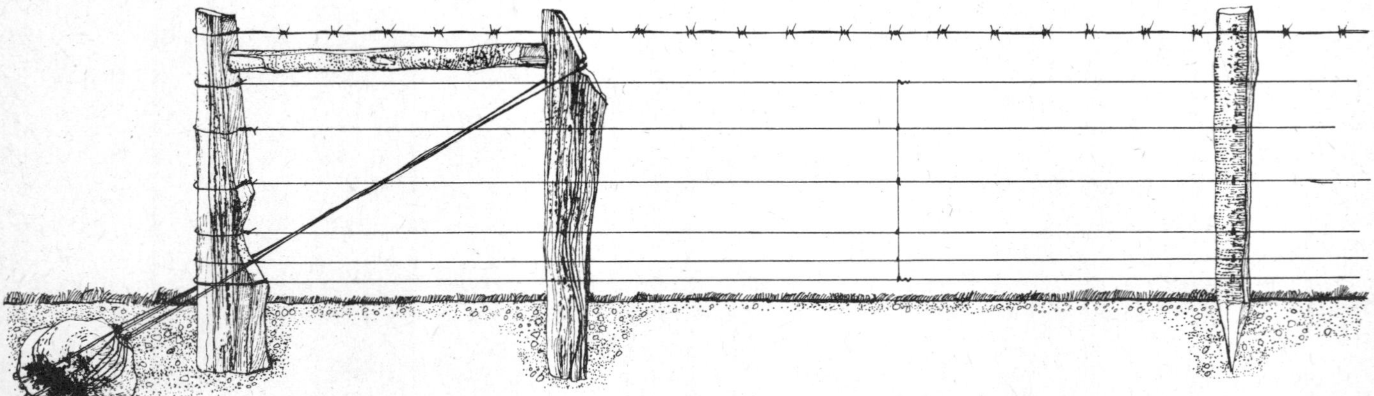

Eckpfostenverankerungen für eine Umzäunung

Jeder Haltepfosten eines Drahtzauns muß durch einen Anker gesichert sein. Da jeder Anker aber nur in einer Zugrichtung wirkt, sind an jeder Ecke zwei Anker nötig und jeweils einer an jeder Torseite.

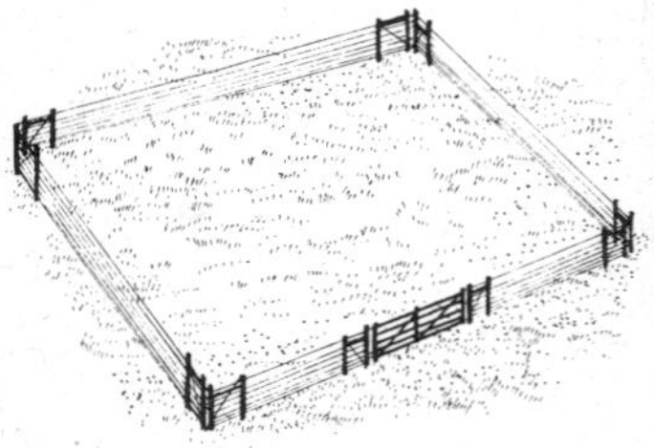

Ein Weidezaun-Gatter

Die vier wichtigsten Stangen – oben, unten, rechts und links – werden mit Schloßschrauben verbunden, auch die Scharniere werden damit angeschraubt. Für alle anderen Verbindungen eignen sich 15 cm lange verzinkte Nägel. Nicht nur für die Schrauben, sondern auch für die Nägel Löcher vorbohren und diese mit einem Holzschutzmittel ausgießen. Das untere Scharnier kann durch eine passende Astgabel ersetzt werden. Die Diagonalverstrebungen halten das Gatter in seiner Form und sind wie gezeigt anzubringen.

Hürden

Die horizontalen Latten werden mittels Zapfen mit den beiden äußeren, senkrechten Pfosten verbunden. Die beim Eintreiben der Zapfen entstehende Spannung darf sich niemals seitwärts auswirken, denn dadurch würden die Pfosten gespalten. Dementsprechend sind die Zapfen zuzurichten. Zusätzlich werden diese durch dicke Nägel oder Holzdübel gesichert. Die Querstreben werden angenagelt. Zum Aufstellen des Pferchs schlägt man in passenden Abständen Pfosten in den Boden und bindet die Hürden daran fest.

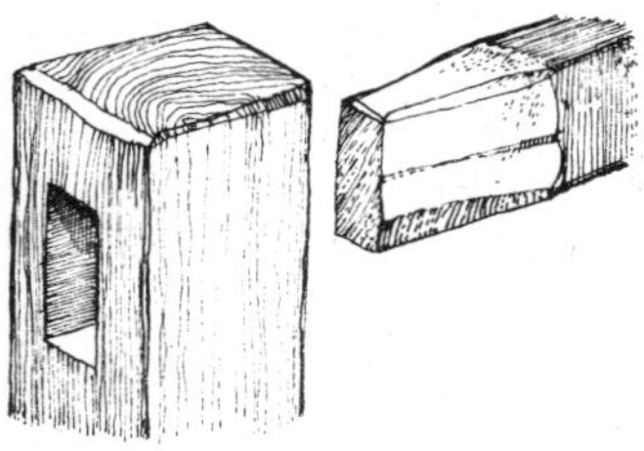

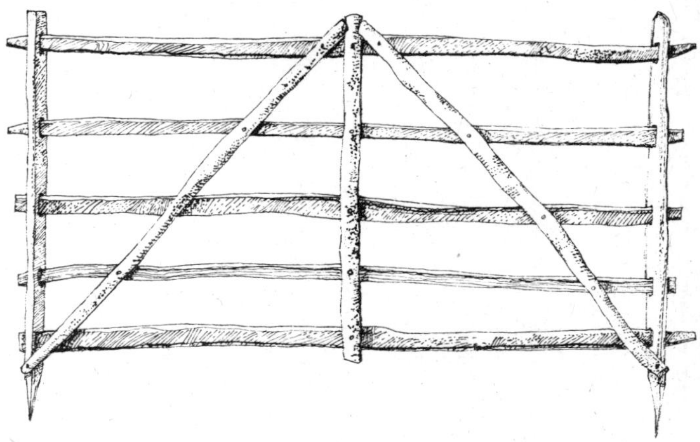

Flechthürden

Gespaltene Hasel- oder Weidenruten werden zwischen senkrechte Streben geflochten. Während des Flechtens stecken die senkrechten Streben in einem auf dem Boden liegenden und mit passenden Löchern versehenen Balken.

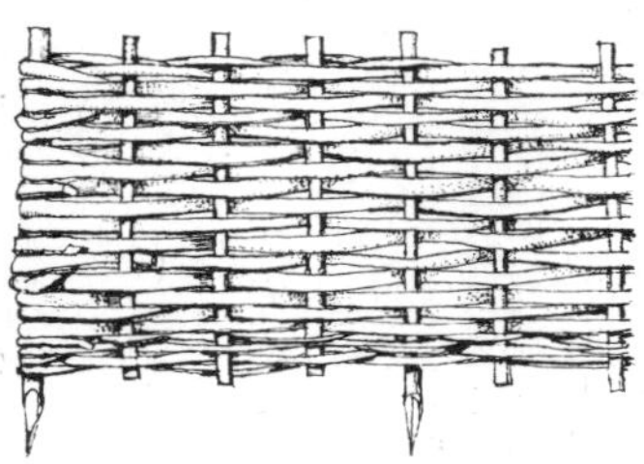

Stangenzaun

Starke Pfosten werden tief in den Boden gerammt. Lange Nägel gehen durch Stange und Pfosten und werden dann umgebogen.

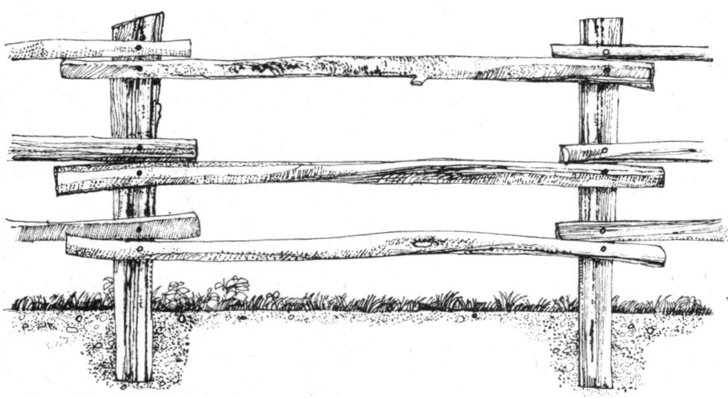

Drahtgeflechtzaun

Drahtgeflecht wäre häufig das beste, ist aber sehr teuer. Quadratgeflecht oder Schafgitter ist ein ausgezeichnetes Weidezaunmaterial und in Verbindung mit einem abschließenden Stacheldraht unbedingt sicher. Vier- oder Sechseckgeflecht ist schwächer, läßt sich aber schneller auf- und abbauen.

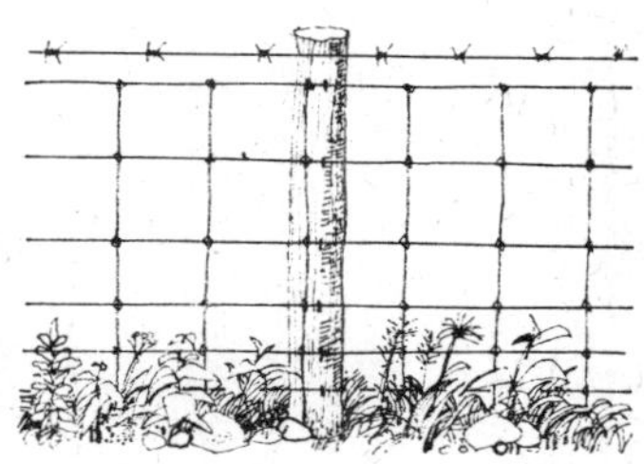

Pferde und Traktoren

Es gibt drei praktizierbare Antriebsmethoden für landwirtschaftliche Maschinen: den Traktor, den Gartentraktor und die Tiere.
Traktoren oder Trecker, auch Zugmaschinen genannt, sind sehr groß, außerordentlich teuer in der Anschaffung, kostspielig in der Haltung und Wartung und ungeeignet für kleine Landflächen oder Gärten, da die großen Räder beim Wenden auf kleinem Kreis die Bodenoberfläche zerstören.
Anders ist es mit einem kleinen Gartentraktor. Er ist leicht – leichter als ein Pferd, der Boden wird durch ihn nicht beschädigt, der Anschaffungspreis ist erschwinglich und die Wartung nicht sehr teuer. Er kann auch in Ecken und zwischen den Pflanzenreihen eingesetzt werden. Oft läßt sich der Antriebsmotor mit mehreren Geräten koppeln: ein gebräuchlicher Typ mäht Gras – entweder mit einem Messerbalken oder mit einem rotierenden Messer –, sägt Holz, treibt alle Arten kleiner Hofgeräte, Hacken, einen Pflug (nicht sehr wirkungsvoll und sehr langsam) oder Furcheneggen und räumt den Schnee von den Gartenwegen. Viele dieser Arbeiten können genausogut oder schneller von Hand erledigt werden, und mit einem Pferd oder einem großen Traktor verglichen, ist der Gartentraktor extrem langsam.
Mit einem kleineren Traktor kannst du an einem Tag etwa 3½ Morgen Land pflügen, mit einem großen ca. 6. Mit einem Pferd hingegen schafft man vielleicht einen knappen Morgen, und mit zwei Pferden fast 1½ Morgen. Aber ein Pferd kann nur einen leichten Pflug ziehen und dies auch nur in bereits kultiviertem Boden. Zum Pflügen von Grasnarbe sind zwei Pferde nötig. Mit einem Gartentraktor würde es Tage dauern, bis ein Morgen Land umgebrochen ist. Mit einem Traktor kann man auch alle möglichen Hofmaschinen antreiben, wie zum Beispiel Sägen, Mühlen, Häcksler usw., auch eine kraftvolle Winde zum Ausreißen oder Umlegen von Bäumen. Er zieht einen großen Anhänger oder Wagen, und mit den nötigen Zusatzgeräten gräbt er Pfostenlöcher, bewegt eine Baggerschaufel oder zieht Gräben. Er ist also sehr vielseitig einsetzbar.

Schlepper und Gartentraktor

Wenn man keine Pferde hat, ist zur Bearbeitung einer mehr als 10 Morgen großen Fläche eine Zugmaschine unerläßlich. Ein Gartentraktor erleichtert die Arbeit in einem Garten jeder Größe erheblich. Es gibt zwei Typen: erstens mit Radantrieb und zweitens Vorwärtsbewegung durch die Arbeitsgeräte und den Lenker. Beide leisten gute Arbeit, aber der erste ist schneller und ausbaufähiger.

Die Zugkräfte

Die wirksamste Antriebskraft, der Traktor, ist ohne Zweifel auch die teuerste, sowohl in der Anschaffung als auch in der Haltung. Die billigste ist der arme Esel, der wenig Zugkraft hat und langsamer als alles andere ist. Für den Selbstversorger dürfte das Pferd die beste Lösung sein. Es kostet nur den zehnten Teil eines Traktors und lebt voraussichtlich viel länger. Wenn man Glück hat und gut wirtschaftet, wird es sich lange vor seinem Ausscheiden aus dem Arbeitsprozeß bezahlt gemacht haben. Es arbeitet schnell und hat eine gute Zugkraft. Als Stute sorgt es für einen Nachfolger, den man selbst aufziehen kann. Die Kinder reißen sich darum, ein Pferd oder gar ein Fohlen zu versorgen, einen Traktor muß man ziemlich sicher allein in Ordnung halten.

	Schlepper	Gartentraktor	Pferd	Maultier	Esel	Rind
Zugkraft	sehr stark	schlecht	gut	brauchbar	schlecht	gut
Geschwindigkeit	sehr schnell	sehr langsam	schnell	schnell	langsam	langsam
Kenntnisse	Führerschein	etwas techn. Verständnis	viel Wissen u. Erfahrung	viel Wissen u. Erfahrung	viel Wissen u. Erfahrung	viel Wissen u. Erfahrung
Fütterung mit Eigenprodukten?	nein	nein	ja, aber nur beste Qualität	ja, auch mindere Qualität	ja, auch mindere Qualität	ja, mit Gras
Dungproduktion	nein	nein	ja	ja	ja	ja
Fortpflanzungsfähig?	nein	nein	ja	nein	ja	ja
Lebensdauer	20 Jahre, wenn man Glück hat	10 Jahre, wenn man Glück hat	15 Jahre	10–15 Jahre	10–13 Jahre	3 Jahre
Anschaffungskosten	sehr hoch, außer gebraucht	teuer	teuer	ziemlich teuer	billig	ziemlich billig

Grundsätzlich kann man sagen: Der Besitzer eines kleinen Grundstücks sollte die Anschaffung eines Gartentraktors ins Auge fassen, wenn er nicht alle Arbeiten mit der Hand erledigen will, was bei vorhandener Zeit kein Problem ist. Das bedeutet aber nicht, daß die Arbeit mit einem Gartentraktor wesentlich leichter ist.

Wer mehr als 5 Morgen Land zu bearbeiten hat – und Pferdeliebhaber ist, wird wohl mit einem Pferd am besten fahren. Ist das Land einmal umgebrochen, vielleicht von Schweinen oder mit einem leichten Traktor, kann ein kleines Pferd für die weitere Bearbeitung eingesetzt werden, um das Land in Ordnung zu halten, und die Arbeit mit einem Pferd macht sehr viel Freude. Natürlich könnte ein großer Gartentraktor die gleichen Resultate bringen. Ein Pferd frißt in einem Jahr die Produkte von einem Morgen Land, wenn es sich um guten Boden handelt; bei schlechtem Boden braucht man $2^1/_2$–3 Morgen. Die Vorhaltung mancher Leute, ein Pferd würde nur einen geringen Teil seines Futters in Kraft umsetzen, sollte niemanden beirren. Das Tier verschwendet nicht ein Gramm seiner Nahrung: was es nicht in Kraft umsetzt, gibt es als ausgezeichneten Dung dem Boden zurück. Bei einem kleinen Grundstück ist deshalb durchaus zu überlegen, ob man nicht doch ein Pferd anschafft und ihm das Futter kauft.

Bei einem Grundbesitz von 12 oder 15 Morgen oder noch mehr kann man eine Menge Arbeitszeit sparen, wenn man einen gebrauchten, gut erhaltenen Traktor günstig erwerben kann und in der Lage ist, die Reparaturen selbst auszuführen. Zwei kräftige Pferde erledigen die Arbeit zwar genausogut, brauchen aber dreimal so lange.

Andere Zugtiere sind Ochsen, Maulesel, Esel, Elefanten, Wasserbüffel, Lamas, Yaks, Kamele und Rentiere. Mit Ausnahme von Yaks und Rentieren habe ich mit allen Erfahrungen gesammelt. Für den Selbstversorger in Europa dürften aber nur Ochsen, Maulesel und vielleicht noch der Esel von Nutzen sein.

Ochsen sind ausgezeichnete Zugtiere, zwar viel langsamer als Pferde, sie haben aber eine starke und gleichmäßige Zugkraft. Manche Pferde neigen dazu, bei schweren Lasten ruckartig zu ziehen und können damit erheblichen Schaden anrichten. Ochsen wachsen im Laufe ihres Arbeitslebens außerdem zu Schlachtvieh heran, während sich der Wert eines Pferdes in der gleichen Zeit vermindert. Aber zur Arbeit mit Ochsen muß man zu zweit sein, Pferde kann man allein handhaben. Zusammenfassend läßt sich sagen: zwei Ochsen können etwa die gleiche Arbeit wie ein Pferd verrichten.

Maulesel sind äußerst zäh und vertragen heißes und trockenes Klima (Feuchtigkeit und anhaltende Nässe hassen sie). Sie haben aber nicht soviel Zugkraft wie ein schweres Pferd und neigen dazu, plötzlich auszubrechen, zu beißen und zu schlagen und sind öfters mißgelaunt.

Esel können als Lasttiere eingesetzt werden (wie Maultiere und Ponies auch) und tragen Lasten über Wege und Pfade, wo ein Wagen nicht mehr durchkommt. Große Zugleistung können sie nicht aufbringen, sie ziehen höchstens einen kleinen Furchenkultivator. Meine persönliche Meinung ist, daß man sie wohl halten kann, ob sie aber von großem Nutzen sind, bezweifle ich.

Das Arbeitspferd

Wer an einem Tag mehr als einen Morgen pflügen muß, kommt mit einem Pferd nicht aus. Er braucht zwei schwere Pferde, wie z. B. Shire, Brabanter, Percheron, Jütländer, die viel Hafer und sorgfältige Pflege brauchen. Wenn man aber nur für seinen eigenen Bedarf arbeitet, manchmal mit Pferd und Wagen zum Markt fahren oder den Kindern das Reiten beibringen will, ist eine kleinere Rasse besser geeignet oder Kleinpferde wie Haflinger, Bosniaken, Fjordpferde und Isländer.

Das Füttern

Pferde müssen wie alle Pflanzenfresser häufig Nahrung bekommen: wenn sie arbeiten mindestens dreimal am Tag, wobei jede Fütterzeit wenigstens eine Stunde dauern sollte. Pferde, die keinen Weidegang haben und nur im Stall stehen, bekommen in der Nacht Heu zum Malmen vorgelegt. Es muß gutes Heu sein, denn staubiges verursacht Koliken, zuviel frisches Kleeheu heftigen Durchfall, und von fauligem Heu bekommen Pferde Magen- und Darmkatarrh und sie werden unruhig.

Wenn es im Sommer viel Gras gibt, kann auch ein Arbeitspferd auf der Weide gehalten werden. Pferde fressen eine Weide bis auf die Narbe ab. Deshalb läßt man möglichst erst das Rindvieh das lange, üppige Gras abweiden oder gibt den Pferden nur einen zeitlich begrenzten Weidegang. Natürlich kann man nicht erwarten, daß ein nur mit Gras gefüttertes Pferd große Arbeitsleistungen erbringt und sehr widerstandsfähig ist. Gras macht Pferde fett und weichlich. Man rechnet, daß ein Arbeitstier pro halben Arbeitstag 2,5 kg Hafer neben dem Grasfutter erhalten muß.

Im Winter oder bei knapper Weide ist das Pferd am besten im Stall untergebracht und bekommt bei einer mittleren Arbeitsleistung etwa 7,0 kg Heu und 5,5 kg Hafer und vielleicht noch einige Steck-, Futter- oder Mohrrüben. Ein großes Pferd braucht bei schwerer Arbeit etwa 9 kg Hafer und ebensoviel Heu. Aber auf gar keinen Fall darfst du dein Pferd überfüttern. Ein schweres Pferd, das nur einen halben Tag arbeitet, darf niemals die volle Futterration bekommen. Heu schadet nichts, jedoch Getreide.

Ein schwer und ausdauernd arbeitendes Pferd mit einer hohen Futterration kann durch eine plötzliche Beendigung der Arbeit ohne Verringerung der Futtermenge an einer schlagartig auftretenden Erkrankung, der sogenannten Schwarzen Harnwinde, auch Kreuzschlag oder Wochenendkrankheit genannt, eingehen. Früher bekamen Arbeitspferde am Freitag, also vor dem arbeitsfreien Wochenende, statt Getreide einen Kleie-„Mash“ (in Wasser aufgequollene Kleie), und sonst bis zum Montag nur gutes Heu. Umgekehrt ist es aber nicht richtig, von einem wochenlang nur mit Gras gefütterten Pferd schwere Arbeit zu verlangen. Es wird dann stark schwitzen, schnauben und prusten und sichtbar leiden. Arbeitsforderung und Futterration müssen daher Tag für Tag etwas erhöht werden, so daß sich das Pferd langsam daran gewöhnen kann. Bohnen eignen sich gut als Pferdekost, sollten aber niemals mehr als $1/6$ der Futtermenge ausmachen. Sehr gut ist das Strecken der Getreideration mit Häcksel (mit dem Häcksler zerkleinertes Stroh oder Heu).

Die tragende Stute

Stutfohlen können mit zwei Jahren erstmals gedeckt werden (besser wartet man drei Jahre), und ein Hengstfohlen kann mit zwei Jahren eine Stute decken. Die Stute trägt das Fohlen ca. 11 Monate (336 Tage). Eine tragende Stute kann sechs bis sieben Monate reguläre Arbeit leisten und bis zum Abfohlen zu leichteren Arbeiten herangezogen werden, allerdings nur im „Riemengeschirr“ (sie wird im Riemengeschirr vor die Geräte gespannt). Hochträchtig sollte sie nicht mehr zwischen Deichseln laufen, da sich der Druck der Stangen nachteilig auswirken könnte.

Meistens hat eine Stute weniger Schwierigkeiten beim Gebären, wenn sie bis zuletzt gearbeitet hat, weil sie dadurch kräftiger wird. Ist die Stute im Winter draußen auf der Weide und arbeitet nicht, bekommt sie neben dem Wintergras nur eine kleine Ration Heu und etwas Hafer (nicht mehr als 2 kg pro Tag). Bei Sommerweide sollte sie ganz ohne zusätzliches Futter auskommen.

Nach dem Abfohlen wird sie mindestens sechs Wochen nicht zur Arbeit herangezogen: das Säugen ist genug Bela-

Der Pferdestall

Bei entsprechenden Klimabedingungen kann das Pferd das ganze Jahr auf der Weide gehalten werden. Gewöhnlich möchte man es aber bei schlechtem Wetter oder bei Kälte in den Stall bringen, vielleicht auch zum Füttern und Putzen. In einem guten Pferdestall hat jedes Pferd seine Laufbox. Hier ist es von den anderen Pferden getrennt und kann weder an das Pferdegeschirr noch an den Futtervorrat heran.

Das Abnehmen eines Hufeisens

Seitlich zum Pferd stehen, mit dem Rücken zum Pferdekopf, mit der linken Hand am Bein herabstreichen und den Fuß aufheben. Mit einem Hammer oder Holzschlegel eine stumpfe Klinge unter das Eisen treiben und die Nägel hochdrücken. Den Huf mit dem Hufkratzer säubern und das Eisen rundum lockern, bevor die alten Nägel herausgezogen werden.

stung für sie. Danach kann sie leichtere Arbeiten leisten. Entwöhnt wird das Fohlen jedoch erst nach vier oder noch besser sechs Monaten. Gleich nach dem Absetzen – das Fohlen wird außer Hörweite gebracht – muß die Stute zur Arbeit eingesetzt werden, damit der Milcheinschuß abklingt. Braucht eine Stute nicht zu arbeiten, kann das Fohlen unbegrenzt bei ihr bleiben. Nach dem Entwöhnen bekommt das Fohlen am Tag etwa 1,8 kg Hafer und die gleiche Menge Heu.

Die Erziehung des Fohlens

Hengstfohlen werden ungefähr im Alter von 12 Monaten vom Tierarzt kastriert, nach Möglichkeit nicht im Sommer und nicht bei Frostwetter. Mit 2½ Jahren kann es für die Arbeit trainiert werden. Das Halfter legt man ihm aber so früh wie möglich an (der erste Tag ist dafür richtig), damit es sich gleich an das Führen gewöhnt. Wenn du dich viel mit ihm beschäftigst und es wirklich handzahm machst, ist das Anlernen wesentlich leichter. Zu den wichtigen Erziehungsaufgaben gehört auch, das Fohlen durch regelmäßiges Aufheben der Füße von Anfang an an diese notwendige Übung zu gewöhnen.

Zum Anlernen legt man ihm eine Trense an und treibt es an einer langen Leine mit einer Peitsche vor sich her. Nach einigen Übungsstunden erhält es ein Kumt und wird vor ein leichtes Gerät wie z. B. eine Hacke oder auch nur einen Holzstamm gespannt und zum Anziehen gebracht. Als nächstes spannt man es zusammen mit einem ruhigen, älteren Pferd vielleicht vor einen Pflug. Erst wenn das Fohlen bei dieser Arbeit absolut ruhig ist, kann man versuchen, es zwischen Deichselstangen anzuspannen: Das Gefühl des Eingesperrtseins und das ungewohnte Rattern eines Wagens kann einem nicht lange genug eingewöhnten Pferd einen schweren Schock versetzen.

Geduld, Verständnis und Können sind die Voraussetzungen für das Anlernen. Man darf auf gar keinen Fall Angst vor dem Pferd haben, denn das merkt es sofort und läßt sich niemals bändigen. Wenn du mit einem Pferd Schwierigkeiten hast, isolierst du es am besten für einige Zeit und beschäftigst dich so lange täglich mit ihm, bis es vertraut reagiert.

Der Hufbeschlag

Die Hufe eines Arbeitspferdes müssen ca. alle sechs Wochen neu beschlagen werden, da sie unter dem Eisen wachsen. Nicht zu sehr abgenutzte Eisen können abgenommen und nach dem Beschneiden der Hufe wieder aufgesetzt werden. Das Beschlagen ist eine qualifizierte Arbeit, aber jeder Pferdebesitzer sollte bei seinen Pferden ein Hufeisen entfernen können. Das Beschlagen darf aber nur von einem gelernten Hufschmied ausgeführt werden. Wegen eines falsch eingeschlagenen Nagels kann ein Pferd sein Leben lang lahmen.

Das Anschirren

1 Das Pferd am Halfter zum Anspannen führen, dann das Halfter abnehmen.

2 Das Kumt befindet sich griffbereit, und das Zaumzeug hängt in der linken Armbeuge. Das Pferd von unten über der Nase halten und ihm das Kumtfutter, Oberkante nach unten, überstreifen, das Kumt in gleicher Weise anlegen, beides drehen und verbinden.

5 Hier wird der Umgang getrennt angelegt. Der Schweifriemen, eine Lederschlaufe, durch die der Schwanz gesteckt wird, wird erst angelegt, wenn der Umgang richtig sitzt. Er wird von hinten nach vorn gezogen und am Sattel gespannt, falls er noch nicht straff genug sitzt.

3 Das Zaumzeug anlegen. Für das Mundstück muß man manchmal die Zähne des Pferdes auseinandertreiben. Das geschieht durch Fingerdruck in den Maulwinkeln und erfordert etwas Übung.

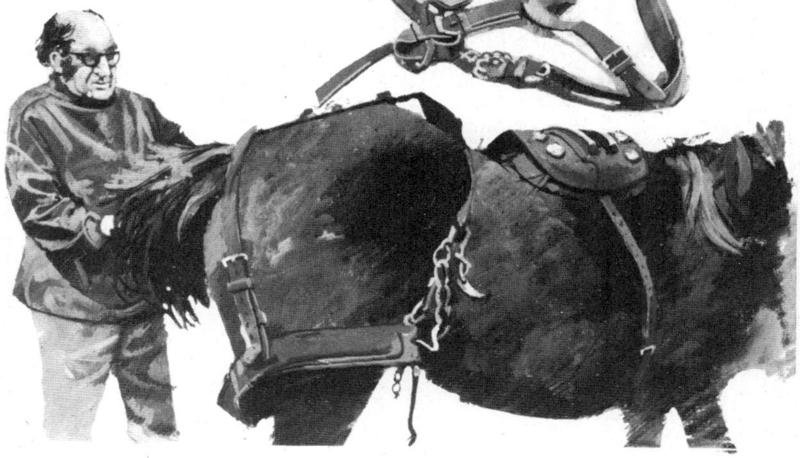

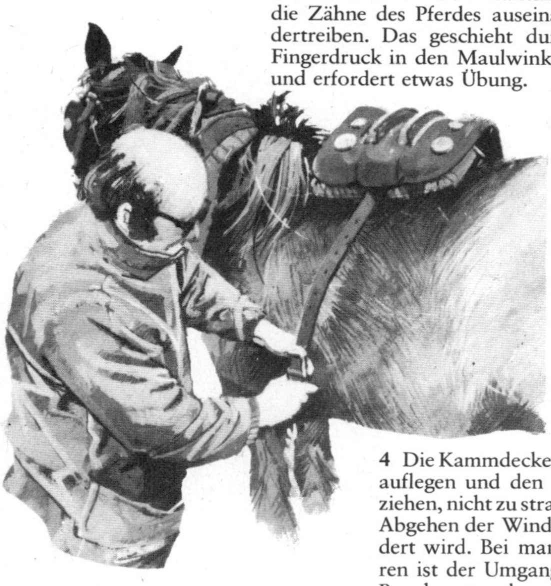

4 Die Kammdecke oder den Sattel auflegen und den Bauchgurt anziehen, nicht zu stramm, damit das Abgehen der Winde nicht verhindert wird. Bei manchen Geschirren ist der Umgang fest mit dem Bauchgurt verbunden.

Das Anspannen

Jetzt wird das Pferd zum Wagen oder Arbeitsgerät geführt und angespannt. Mit anderen Worten: Es wird rückwärts zwischen die Deichseln gelenkt, und die Zugriemen werden am Kumt befestigt. Dann werden die Kammketten oder -riemen, die die Deichsel im Gleichgewicht halten, befestigt und zum Schluß der Umgang angehakt. Mit den Zugriemen wird der Wagen oder das Gerät gezogen, der Umgang verhindert das Auflaufen des Anhängers auf das Pferd. Ein Bauchgurt verbindet, unter dem Bauch des Pferdes durchlaufend, die beiden Deichseln und verhindert das Hochschlagen bei einer rücklastigen Ladung.
Die Deichsel darf das Pferd nicht drücken, der Umlauf muß ein Auflaufen des Anhängers beim Bergabfahren wirksam verhindern und der Zug muß wirklich auf den Zugriemen und nicht auf den am Kammkissen befestigten Riemen liegen.

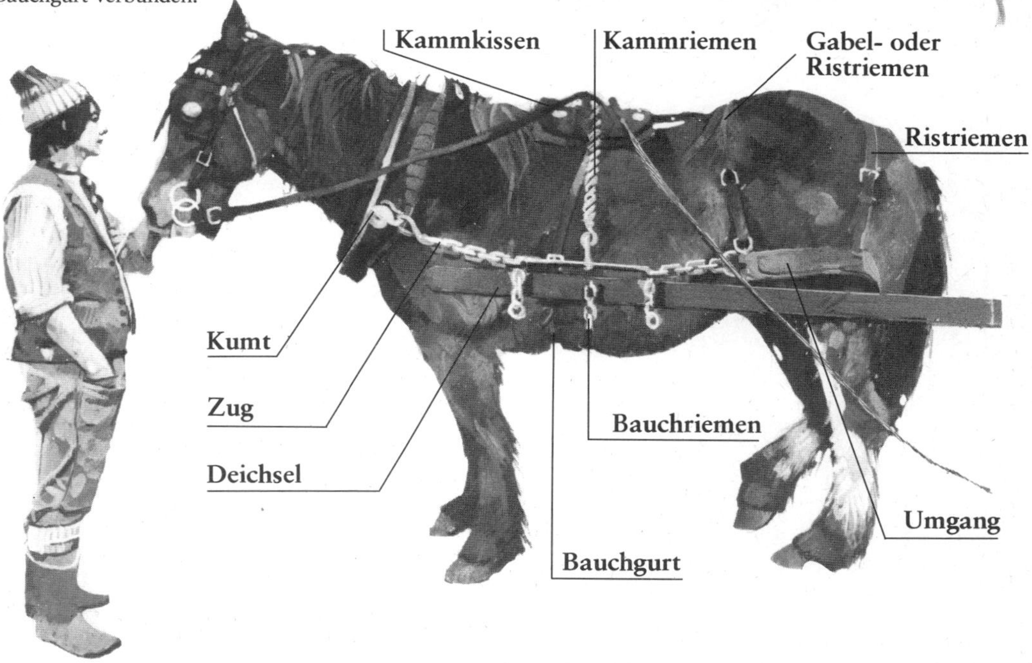

Land bearbeiten und säen

Wenn die Saat aufgehen und Pflanzen daraus wachsen sollen, sind zwei Voraussetzungen zu schaffen: einmal müssen an der Saatstelle wachsende Pflanzen entfernt werden, und dann muß der Boden so locker sein, daß die Samen eindringen können. Nach Möglichkeit sollten die Samen sogar in den Boden eingearbeitet werden, doch nicht zu tief. Die gebräuchlichste Methode, Land zu kultivieren, ist das Pflügen oder Umgraben. Wer jedoch Schweine hat, kann diese dafür einsetzen; sie verrichten die Arbeit fast besser als ein Pflug. Wenn ich altes Weideland unter den Pflug nehme, um darauf Getreide anzubauen, werfe ich es beim Pflügen möglichst vollkommen um. Trotzdem liegt es noch in gleichmäßigen Reihen. Dann fahre ich mit der Scheibenegge die Furchen zweimal auf und ab und achte darauf, daß dabei die Reihen nicht eingeebnet werden. Anschließend führe ich dem Boden die nötigen Nährstoffe zu, wie z. B. Kalk oder Phosphate, damit er sich erholt. Danach gehe ich mit der Scheibenegge quer über den Acker. Eine ein- oder zweimalige Bearbeitung mit der Zinkenegge oder dem Krümler verwandelt die Oberfläche in eine feine Krume, die die Saat aufnehmen kann. Für Wintergetreide darf die Krume nicht zu fein sein, auch für Sommerweizen oder Sommerhafer ist das nicht gut. Gerste dagegen braucht eine recht feine Krume. In den so vorbereiteten Boden streue ich das Saatgut. Es ist sehr wichtig, daß die Samen nicht zu tief liegen. Sie sind sonst erschöpft, ehe die Keime die Oberfläche durchstoßen, und die Pflanze stirbt ab. Es gilt die Regel: Je kleiner der Samen, desto flacher die Saat. Stärke der Erddecke gleich dreimal Samendurchmesser ist in den meisten Fällen das Richtige. Anschließend an das Säen wird nochmals geeggt, und ein Übergang mit der Walze schließt den Saatprozeß ab. Wenn die Saat ca. 15 cm hoch steht, gehe ich zur Bekämpfung des Unkrautes mit der Furchenhacke über das Feld.

Landbestellen ohne Pflug und ohne Spaten

Die Theorie, das Land weder zu pflügen noch umzugraben, ist im Augenblick sehr populär. Die Anhänger dieser Methode lehnen das Pflügen und Umgraben strikt als schädlich für den Boden ab. Durch das Umwerfen würde die natürliche Bodenflora und -fauna zerstört werden.

Die Nicht-Pflüger und Nicht-Umgraber haben große Erfolge. Voraussetzung ist allerdings, daß große Mengen Kompost und Dung zum Mulchen zur Verfügung stehen. Das Prinzip besteht darin, die Samen unter diese Mulchdecke zu säen.

Meine eigene Erfahrung hat ergeben, daß entweder der Pflug oder die Schweineschnauze nötig sind, um Grasland in Kulturboden zu verwandeln. Wenn man das Land im zweiten Jahr ebenfalls ertragsfähig halten möchte, kann unter Umständen die Fräse, vielleicht sogar die Egge oder ein anderes, nur die Oberfläche bearbeitendes Gerät, ausreichen. Der Gedanke, sehr reichlich zu mulchen, ist ausgezeichnet – immer vorausgesetzt, man hat genug Kompost.

1 Der Einsatz von Schweinen oder dem Pflug
Wenn Grasland in Acker umgewandelt werden soll, ist die Schweineschnauze nicht zu überbieten. Und ein Schwein kann mehr als jeder Pflug: Es düngt das Land beim Umgraben. Wer keine Schweine hat, muß für das Umgraben natürlich den Pflug nehmen.

2 Das Eggen
Nach dem Säen wird die Scheibenegge die Furchen auf und ab gezogen und dann nochmals quer zu den Furchen. Um die richtige Krume für die Saat zu schaffen, anschließend die Federzahnegge einsetzen.

3 Die Aussaat
Breitwürfig bedeutet nichts anderes, als die Samen in altherkömmlicher Weise auf den Boden zu streuen. Eine Sämaschine legt die Samen in Reihen und deckt sie gleichzeitig mit Erde ab, so daß die Vögel sie nicht holen können.

Das Land selbst kann aber niemals soviel Grünmaterial hervorbringen, daß es als Kompost für dieses ausgiebige Mulchen reicht.

Pflügen

Der Pflug, den der Europäer seit der Eisenzeit benutzt, hat drei Hauptteile: Das Sech, das Schar und das Streichblech (s. Abb.). In Afrika, Australien und Teilen Amerikas wird der Scheibenpflug benutzt, der einfacher ist. Er ist nicht mit der Scheibenegge identisch. Es handelt sich vielmehr um eine große, tellerförmige Eisenscheibe, die in einem bestimmten Winkel durch den Boden gezogen wird. Die Win-

4 Erneutes Eggen
Diesmal nur oberflächlich eggen, damit die Saat bedeckt wird. Bei breitwürfiger Saat die Scheibenegge, bei Reihensaat die Federzahnegge quer zur Furchenrichtung einsetzen.

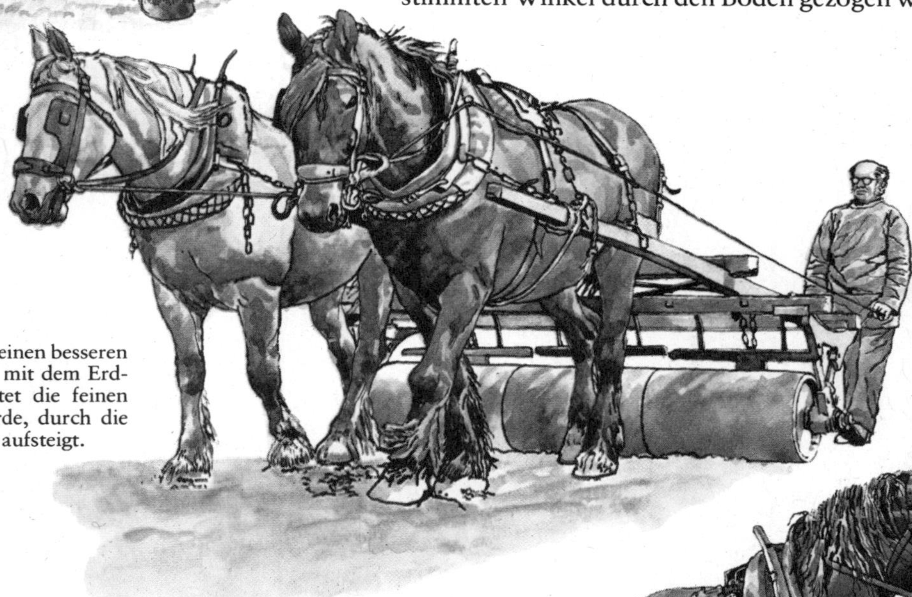

5 Das Walzen
Die Walze sorgt für einen besseren Kontakt der Samen mit dem Erdreich und verschüttet die feinen Haarrisse in der Erde, durch die die Erdfeuchtigkeit aufsteigt.

6 Das Hacken
Durch das Hacken zwischen den heranwachsenden Pflanzen wird das Unkraut bekämpft und eine Mulchdecke aus loser Erde geschaffen, die die Feuchtigkeit um die Pflanzen herum im Boden hält.

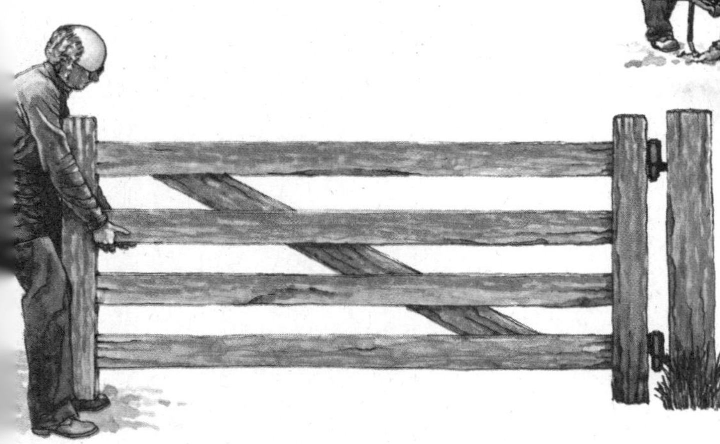

7 Das Gatter schließen
Nach der Anfangsentwicklung wächst das Getreide kräftig genug, um das Unkraut zu unterdrücken. Dann kann man das Gatter schließen, nach Hause gehen und auf die Ernte warten.

keleinstellung bewirkt, daß die Vorderkante (Führungskante) der Scheibe als Messer (Sech) fungiert, die Unterkante als Schar und der Scheibenkörper als Streichblech.

Mit dem Beetpflug pflügen

Pflügen ist gar nicht so einfach, wie man es sich vorstellt. Angenommen, du beginnst in der Mitte einer Feldseite und ziehst eine Furche. Wie geht es dann weiter? Wendet man und faßt die andere Seite ins Auge und pflügt zurück, wirft man entweder die eben umgeworfenen Erdschollen zurück in ihre frühere Lage, dann ist man so weit wie zu Beginn. Oder man pflügt auf der anderen Seite und wirft die Erde gegen die bereits liegende Reihe, wodurch eine Doppelreihe entsteht, unter der ungepflügter Boden liegenbleibt.
Um diesen ungepflügten Streifen ebenfalls zu bearbeiten, wirft man nach dem Wenden die eben aufgeworfene Reihe einschließlich des darunter liegenden ungepflügten Bodens zurück in die soeben gezogene Furche. Jetzt pflügt man einfach immer rund um diese Reihe herum, jeweils die Reihen in Richtung der schon liegenden werfend. Aber schon bald gibt es ein anderes Dilemma. Die Entfernung, die man von Furchansatz zu Furchansatz zurücklegen muß, wird von Mal zu Mal größer. Bald erscheint die Strecke endlos. Was läßt sich nun dagegen tun? Du gehst noch weiter am Feldrand lang und ziehst eine neue „Mittelfurche", wie die erste, doppelt gepflügte Reihe genannt wird, und fängst damit ein neues „Beet" an (ein Beet ist ein Feldstück, das auf die beschriebene Art rund um eine Mittelfurche umgepflügt wird). Sobald man die letzte Furche des ersten Beetes erreicht hat, geht man zurück, am zweiten Beet vorbei und zieht die Mittelfurche eines dritten Beetes. Im allgemeinen sind die Mittelfurchen 20 m voneinander entfernt.
Zum Schluß ist der Acker mit parallel verlaufenden Furchen durchzogen, und jeweils zwischen zwei Furchen liegt eine „Reihe". Mit anderen Worten: die Erde wurde aus den Furchen gegraben und zu langen Haufen, den Reihen, aufgeworfen. Diese Felder sind in den gemäßigten Klimazonen ein gewohnter Anblick. Bei nassen und schweren Böden hat diese Methode große Vorteile. Die Furchen fließen landauf

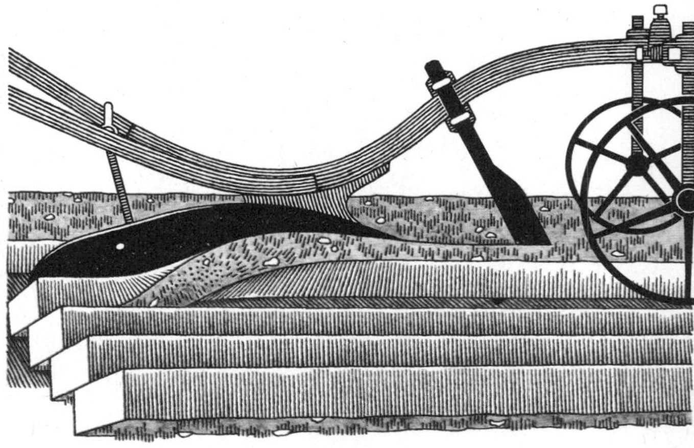

Der Beetpflug für Pferde- oder Ochsengespann

Der Beetpflug ist die Urform des Pfluges, aus der alle weiteren Pflüge entwickelt wurden. Die wichtigsten Teile sind: das Sech, ein senkrecht oder leicht schräg stehendes Messer, das einen senkrechten Schnitt im Boden anlegt; das Schar, ein Messer, das unter der zu pflügenden Furche einen waagerechten Schnitt führt; und das Streichblech, ein geschwungenes Stahl- oder Holzblatt, das die von den beiden Messern abgetrennte Erde aufnimmt, umdreht und neben die Furche wirft. Das große Rad des Pflugs läuft in einer bereits gezogenen Furche entlang, das kleinere auf dem ungepflügten Boden. Die beiden Haken regeln Schnittiefe und -lage. Das Sech kann auch eine geschliffene Stahlscheibe sein, und an Pflügen für leichten, krumigen Boden fehlt es häufig ganz. Andere Pflüge haben einen Vorschäler. Das ist eine Art kleiner, vorgebauter Pflugkörper, der zur besseren Unkrautbeseitigung den Oberflächenbewuchs vor dem eigentlichen Pflügen umwirft.

Wie arbeitet der Pflug?

Ein richtig eingestellter Pflug schneidet eine rechteckige Scholle aus dem Boden und wendet sie um fast 180°, so daß sie auf der bisherigen Oberfläche liegt (siehe rechts).

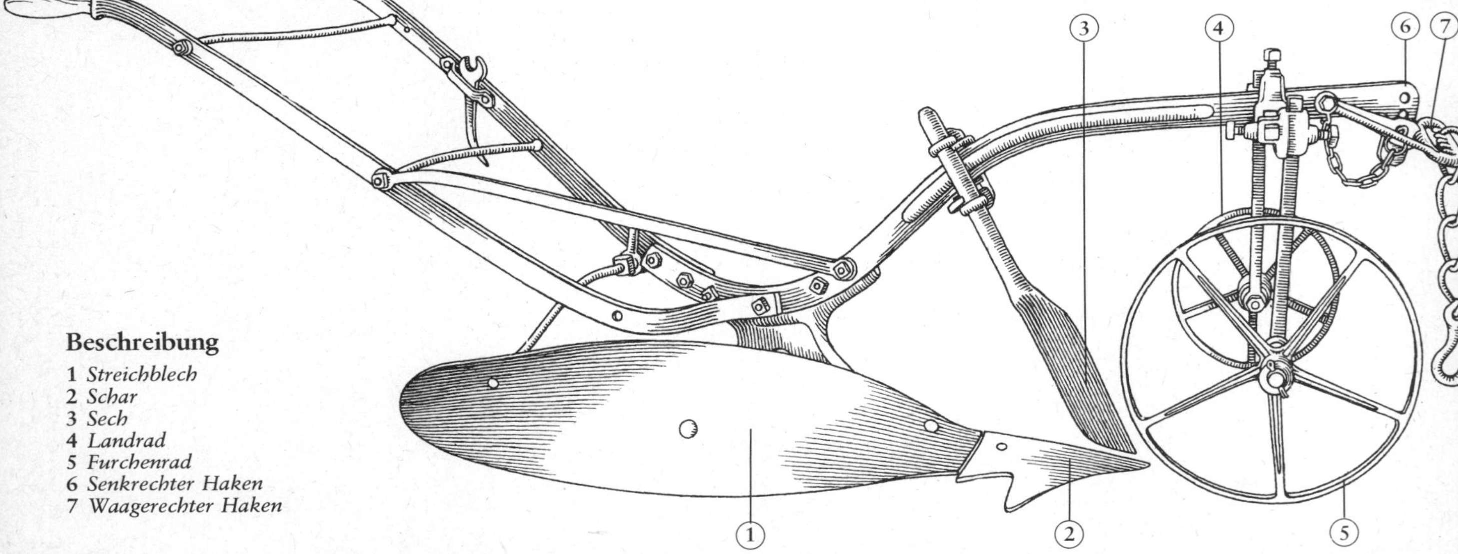

Beschreibung
1 *Streichblech*
2 *Schar*
3 *Sech*
4 *Landrad*
5 *Furchenrad*
6 *Senkrechter Haken*
7 *Waagerechter Haken*

und landab und sichern damit das Abfließen des Oberflächenwassers. In vielen Teilen Südeuropas und Amerikas kann man dagegen die Felder nicht nach dieser Methode bearbeiten, denn dadurch wird die Wasserverdunstung gefördert, was in diesen Trockenzonen verhindert werden muß.

Der Wende- oder Drehpflug

Ganz anders ist das Pflügen mit einem Wende- oder Drehpflug. Im Unterschied zum einfachen Beetpflug hat er zwei Pflugkörper, von denen einer beim Pflügen im Boden und der zweite in der Luft ist. Der eine wirft die Erdschollen nach rechts, der andere nach links. Mit diesem Pflug zieht man eine Furche, wendet und dreht die Pflugkörper um, so daß auf dem Rückweg der andere eingesetzt wird. Dadurch liegen beide Reihen in der gleichen Richtung. Es entstehen weder die unschönen „Mittelfurchen" noch „Randfurchen", man muß keine unnötigen Wege zurücklegen und hat am Ende einen gleichmäßig bearbeiteten Acker. Viele Schlepperpflüge arbeiten heute nach diesem Prinzip, und der Brabanter-Pflug, der in Europa für die Arbeit mit Pferden und Ochsen weit verbreitet ist, ist ebenfalls ein Drehpflug. Ich benutze eine kleine Ausführung für ein Pferd und muß sagen, daß er Gold wert ist.

Allerdings wird der Nutzen des bisher geübten tiefen Untergrabens oder Unterpflügens aller Bodendecker immer mehr in Frage gestellt. Biologisch-dynamisch orientierte Landwirte gehen dazu über, den Kompost oder Dung auf der Oberfläche des Bodens liegen zu lassen und nicht mehr einzuarbeiten. Es ist eine Tatsache, daß durch die enorme Vermehrung der Regenwürmer in einem über längere Zeit organisch bearbeiteten Boden alles Grünmaterial ohne menschliche Hilfe von diesen in den Boden gezogen wird. Wie auch immer, in der Praxis wird man nicht um das Umgraben und Pflügen herumkommen.

Die Aussaat

In der Landwirtschaft gibt es keine Faustregeln, und das gilt besonders für das Ausbringen der Saat. Wichtig ist allein eine Boden- und Wetterbeobachtung und eine genaue Kenntnis der Samen. Liegen diese zu flach, holen sie entweder die Vögel, oder sie vertrocknen bei zu trockener und staubiger Bodenkrume. Liegen sie dagegen zu tief, benötigen sie zuviel Kraft, um den Keim ans Licht zu schieben. Ist

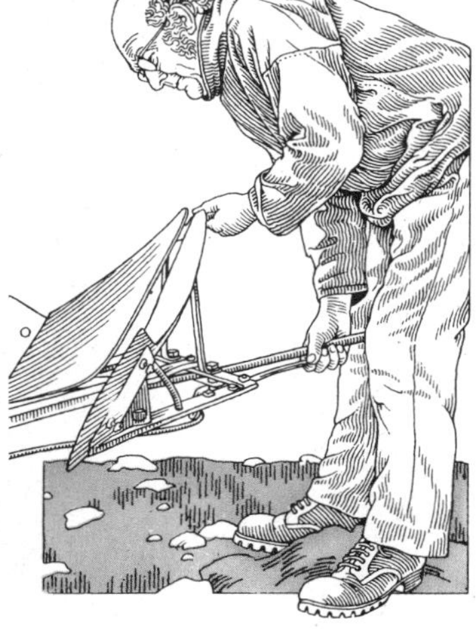

Der Brabanter-Wendepflug

Bei richtiger Einstellung muß er nicht einmal geführt werden. Durch die Ringstange läuft die Pflugleine oder der Zügel. Der große Vorteil bei diesem oder allen anderen Wendepflügen liegt in den zwei Pflugkörpern. Einer wendet die Schollen nach rechts, der andere nach links. Nach dem Pflügen einer Reihe wird gewendet, der Pflugkörper wie rechts gezeigt gedreht und die neue Reihe neben der ersten angelegt, sie fällt in die richtige Richtung.

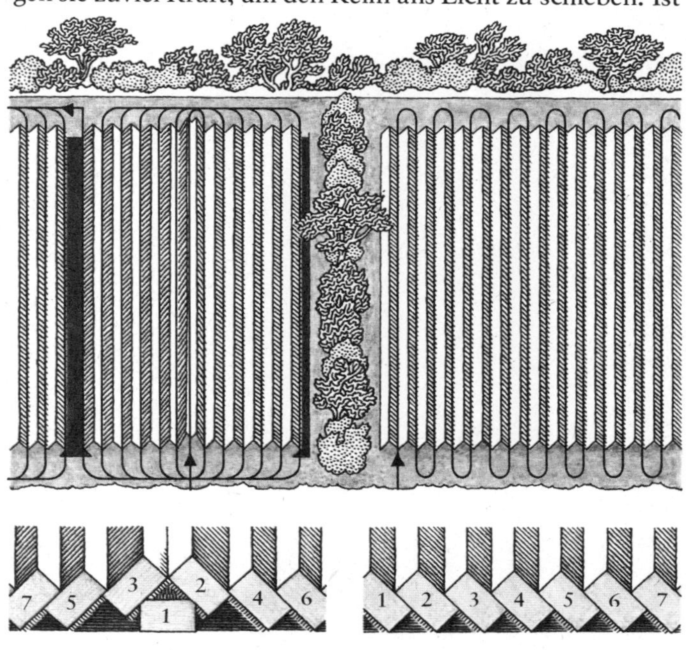

Das Pflügen mit Beetpflug und Wendepflug

Bei der Arbeit mit dem Beetpflug (siehe oben links) wendet man nach der ersten Reihe und geht den gleichen Weg zurück, indem man den Boden unter der eben aufgeworfenen Reihe pflügt. Dadurch wird diese zusammen mit der darunterliegenden Erde zu einer Reihe umgeworfen. Nach dem Wenden neben der zuerst gezogenen Furche entlangpflügen, so daß die Schollen gegen die bereits liegende Reihe fallen. Die „Mittelreihe" ist fertig. Jetzt wird immer rund um diese gepflügt. Sind rechts und links der Mittelreihe 10 m gepflügt, legt man in 20 m Entfernung von der ersten eine neue Mittelreihe an. Das Pflügen mit dem Wendepflug (oben rechts) ist weniger kompliziert. Durch das Drehen des Pflugkörpers kann man auf der einen Seite des Feldes beginnen und an der anderen enden, und alle Reihen liegen in einer Richtung.

Land bearbeiten und säen

der Boden zu naß, ertrinken die Samen, ist er zu hart, können sie ihre Keime und Wurzeln nicht austreiben. Die Pflanze selbst braucht einen lockeren Boden, damit die Luft eindringen und das Wasser sich darin bewegen kann. Nicht zu vergessen ist die Temperatur, die für die Entwicklung der Saat eine ganz entscheidende Rolle spielt. Eine in zu kaltem Boden ausgebrachte Saat hätte nur zur Folge, daß die Samen von den Vögeln geholt werden, verfaulen oder von dem widerstandsfähigeren Unkraut erdrückt werden. Auf der anderen Seite bringt eine zu späte Aussaat eine verspätete und geringere Ernte, da die Pflanzen weniger Zeit zum Wachsen haben.

Das Hacken

Nachdem die Pflanzen gesät, gesteckt oder gepflanzt sind, müssen sie „sauber gehalten" werden. Damit sind alle Arbeiten und Maßnahmen gemeint, durch die das Wachstum von Unkraut verhindert wird. Bei manchen Pflanzen ist das nicht nötig, da sie so schnell wachsen und so dicht stehen, daß sie das Unkraut genügend schwächen. Bei Getreide kann man manchmal ohne Hacken durchkommen, dagegen müssen die Hackfrüchte – und das sagt schon der Name – in der Regel gehackt werden. Es gibt zwei Methoden: das Handhacken und das maschinelle Hacken. Die Handhacke ist ein an einem Stiel befestigtes Eisenblatt, mit dem man durch die Oberfläche des Bodens schneidet. Beim maschinellen Hacken werden an einem Spezialgerät befestigte Eisenblätter durch Tier- oder Traktorkraft zwischen den Reihen durchgezogen. Dadurch wird zwar der Boden zwischen den Pflanzreihen gesäubert, nicht jedoch zwischen den in der Reihe stehenden Pflanzen, denn bisher ist noch keine Maschine in der Lage, eine Nutzpflanze von einem Unkraut zu unterscheiden. Das Hacken dient aber nicht nur der Unkrautbeseitigung, denn gleichzeitig wird dabei die Oberfläche gelockert und gemulcht. Die Mulchdecke hält die Feuchtigkeit im Boden, weil sie die Haarrisse füllt, durch die Wasser an die Oberfläche steigt. Eine feinkrumige, lockere Bodenschicht ist außerdem besser als eine steinharte. Es stimmt zwar, daß einige Pflanzen, z. B. Zwiebeln, Kohl,

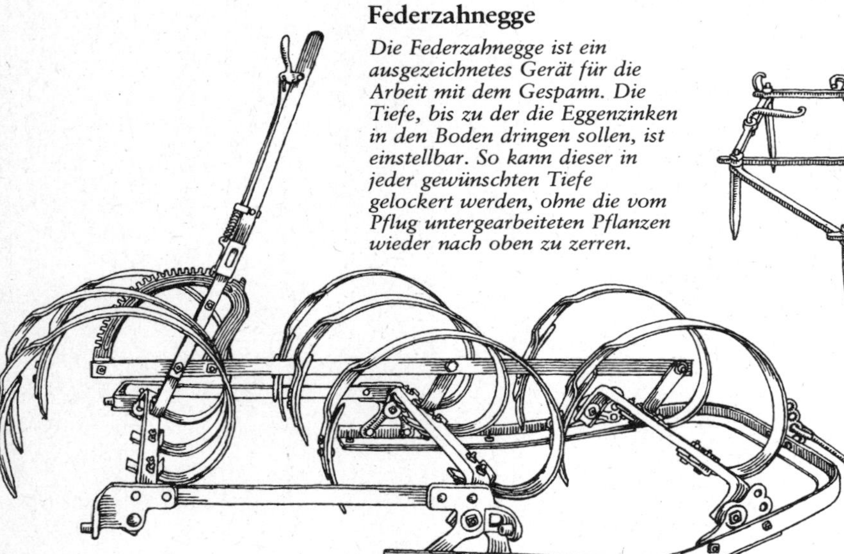

Federzahnegge

Die Federzahnegge ist ein ausgezeichnetes Gerät für die Arbeit mit dem Gespann. Die Tiefe, bis zu der die Eggenzinken in den Boden dringen sollen, ist einstellbar. So kann dieser in jeder gewünschten Tiefe gelockert werden, ohne die vom Pflug untergearbeiteten Pflanzen wieder nach oben zu zerren.

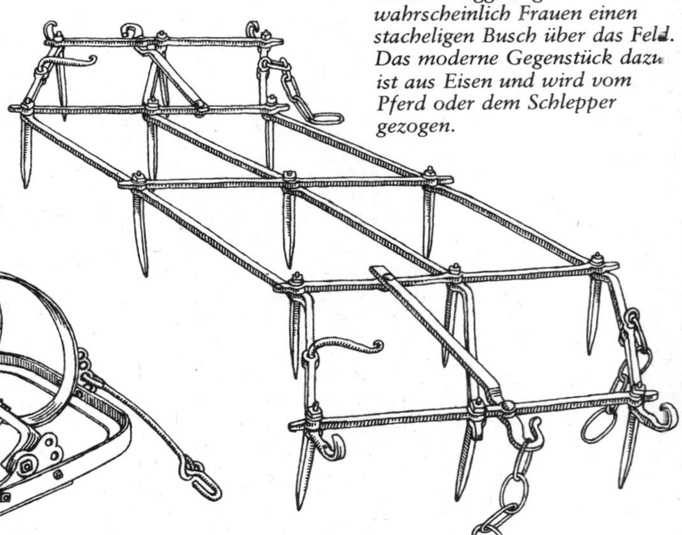

Die Zinkenegge

Als erste Egge zogen wahrscheinlich Frauen einen stacheligen Busch über das Feld. Das moderne Gegenstück dazu ist aus Eisen und wird vom Pferd oder dem Schlepper gezogen.

Scheibenegge

Die scharfen Stahlscheiben dieser Egge zerkleinern klumpige Schollen besser als die Zahneggen. Sie bearbeitet den Boden zu einer feinen Krume, ohne Grassoden oder Steine an die Oberfläche zu werfen.

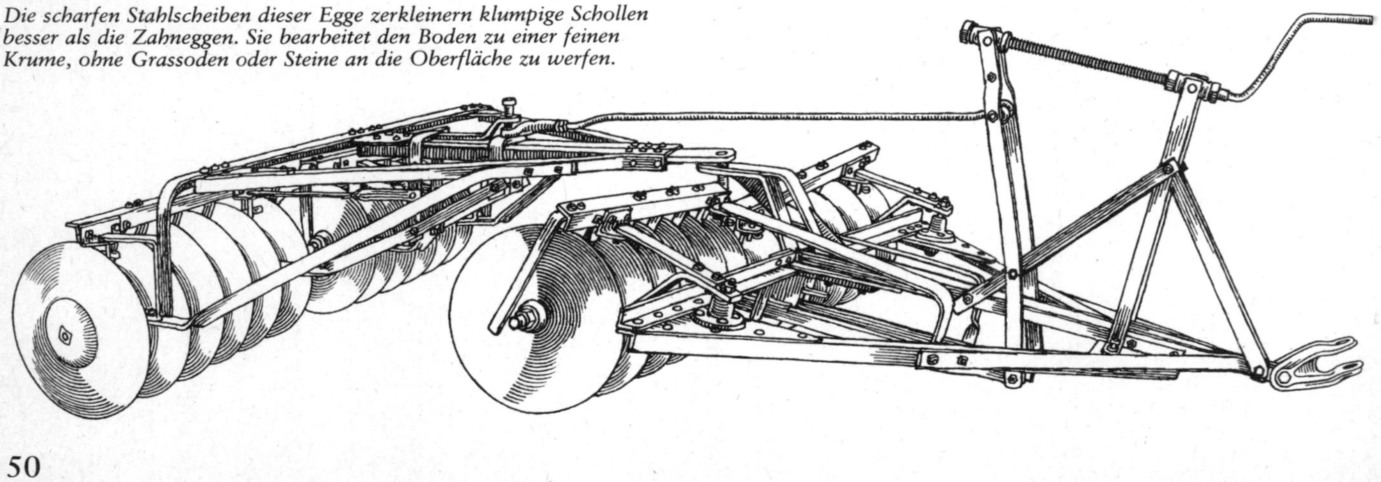

Wurzelgemüse, im Jungstadium eine feste Bodendecke bevorzugen, sofort nach der Wurzelbildung ist es jedoch vorteilhaft, den Boden um die Pflanzen zu lockern. Dadurch kann Luft und Regen eindringen, und die im Boden befindliche Feuchtigkeit verdunstet nicht so schnell.

Das Unkraut

Kein verantwortungsbewußter Landwirt wird chemische Mittel einsetzen. Jeder muß doch erkennen, daß es für den Boden nicht gut sein kann, wenn er ständig mit mehr oder weniger starken Giftstoffen getränkt wird. Dabei kann die Hacke das Problem lösen, und zwar nicht nur genauso gut, sondern wesentlich besser.
Unkraut wird als „Pflanzen am falschen Platz“ definiert. „Der falsche Platz“ ist es aber nur in den Augen des Menschen. Von seiner Sicht aus steht es sicherlich am richtigen Platz. Auf jeden Fall braucht man seinetwegen nicht in Panik zu geraten und den Boden mit Giftstoffen zu verseuchen. Allerdings kann wucherndes Unkraut die Kulturpflanzung vernichten, das bestreitet niemand. Diese Pflanzen sind abgehärteter und anpassungsfähiger an die vorhandenen Wachstumsbedingungen, als unsere speziell zum Anbau gezüchteten Nutzpflanzen. Im ganzen gesehen, richtet Unkraut unter bestimmten Voraussetzungen kaum Schaden an, sondern ist im Gegenteil von hohem Nutzen. Nackter, unbedeckter Boden ohne Pflanzenwuchs sollte für jeden Landwirt einfach indiskutabel sein. Und eine gute Unkrautdecke ist nicht schlechter als der Bewuchs mit einer Gründüngerpflanze. Dies sind Pflanzen, die nur zu dem einen Zweck angebaut werden, später als Gründünger untergepflügt zu werden. Ein dichter Bewuchs mit Vogelmiere, Fetthenne oder einem anderen einjährigen Unkraut erfüllt durchaus den gleichen Zweck. Und wer im Sommer das Unkraut nach dem Hacken zwischen den Reihen der Nutzpflanzen zum Verrotten liegen läßt, wird seinen Nutzen bald feststellen. Es bildet eine Mulchdecke, die den Wind daran hindert, die Erdoberfläche auszutrocknen. Es verrottet, und die Regenwürmer ziehen es in den Boden und verarbeiten es zu Humus.

Sämaschine und Saatkorb

Eine Sämaschine streut die Samen gleichmäßig in Reihen aus und bedeckt sie mit Erde. Bei der breitwürfigen Aussaat mit der Hand, wobei die Samen in einem über die Schulter hängenden Korb oder Tuch über das Feld getragen werden, braucht man das 1½fache an Saatgut, weil die Vögel viel davon holen.

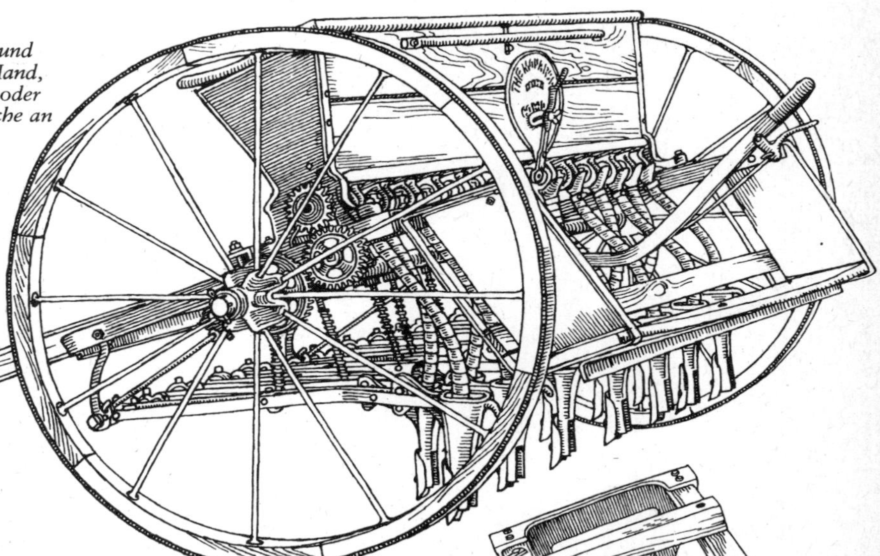

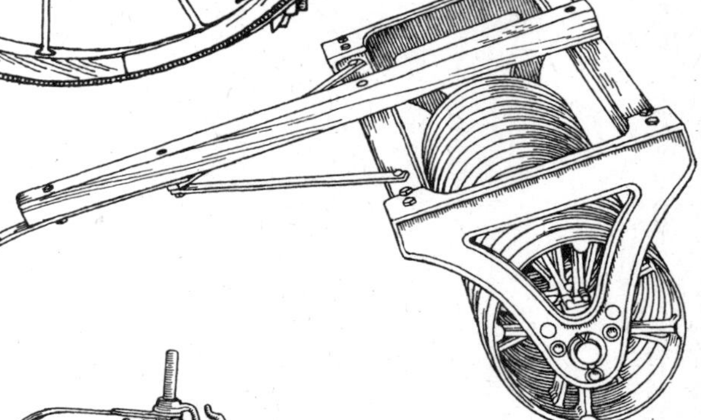

Gespann-Reihenhacke (Kartoffelpflug)

Die Arbeit mit der Handhacke hält einen Vergleich mit dieser Hacke nicht aus. Sie ist unübertroffen im Einsatz zwischen den Pflanzenreihen. Sie beseitigt das Unkraut und lockert die Oberfläche, so daß Luft und Regen in den Boden dringen können und sich eine feine Staubmulchdecke bildet.

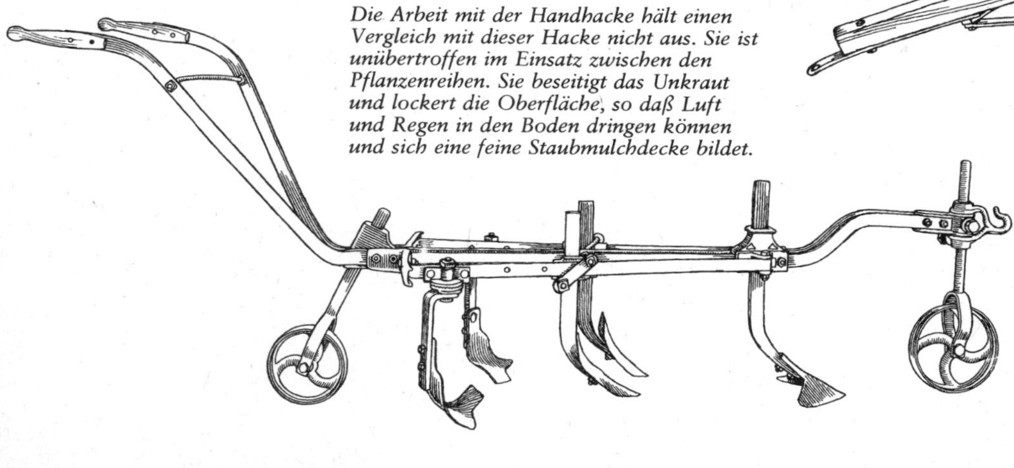

Cambridgewalze – Ringwalze

Sie ist zum Zerkleinern dicker Erdbrocken und zur Vorbereitung eines Saatbetts besser geeignet als eine glatte Walze.

Ernte einbringen

Alle Getreidesorten werden auf gleiche Weise geerntet, einzige Ausnahme ist der Mais. Wenn die Frucht reif ist, wiederum aber nicht so reif, daß die Körner von allein ausstreuen, wird das Getreide gemäht. Das kann mit einer Sichel, einer Sense, einer Mähmaschine, einem Bindemäher oder einem Vollernter (Mähdrescher) geschehen.
Ein Getreidefeld mit einer Sichel zu mähen, ist reichlich mühsam. Mit einer Sense kann ein Schnitter an einem Tag 2½ Morgen Getreide mähen, und mit einem an der Sense befestigten Bügel legt sich das Korn dabei in garbengroße Haufen.
Eine Mähmaschine, ob von einem Pferd oder einem Traktor getrieben, leert ein Feld sehr schnell. Das Getreide liegt dann in Reihen locker auf dem Feld ausgebreitet und muß zu Garben gebündelt werden. Ein Bindemäher schneidet das Getreide und bindet es gleich zu Garben. Wer Getreide nur für den Eigenbedarf zieht, wird sich keinen Bindemäher anschaffen.

1 Das Mähen
Mit der Sense geht das Handmähen schneller und leichter als mit der Sichel.

2 Garben binden
Einen Armvoll Getreide zusammenraffen und mit einer Kordel oder einem Strohstrang binden.

Garben

Eine Garbe ist ein Armvoll Stroh, das mit einer Schnur oder einem Strohwisch zusammengebunden ist. Bei Verwendung eines Strohwisches werden einige Strohhalme um das zwischen die Knie geklemmte Strohbündel geschlungen, die beiden Enden fest zusammengedreht und unter den Strang geschoben. Der Bindemäher bindet die geschnittenen Halme mit einer Kordel in Garben zusammen.

Hocken

Die Garbenbündel werden zu Hocken oder Puppen zusammengestellt. Gewöhnlich besteht eine Hocke aus sechs oder acht Garben. Man packt zwei Garben, staucht sie mit den Ähren zusammen und stellt sie in schrägem Winkel zueinander. Zu zweit kann man das besser machen. Die weiteren Garben werden gegen dieses erste Paar gelehnt. So bleiben sie etwa eine Woche stehen, damit sie in Sonne und Wind völlig trocken und die Körner totreif werden.

3 Aufstellen einer Hocke oder Puppe
Sechs oder acht Garben zu einer Hocke zusammenstellen und etwa eine Woche zum Trocknen stehen lassen.

Stiegen

In feuchten Gebieten werden die Garben anschließend zu Stiegen aufgesetzt. Etwa zwanzig Garben werden im Kreis zusammengestellt. Sie stehen auf den Halmen, und die Ähren neigen sich etwas zur Mitte. Darauf wird, von der Mitte beginnend, ein zweiter Kreis gelegt. Sie können auch in einer Spirale angeordnet werden. Die zweite Schicht liegt mehr zum Mittelpunkt der Stiege und ebenfalls mit den Ähren nach innen. Damit diese Garben nicht abrutschen, wird jeweils eine Handvoll Halme jeder Garbe unter das Band der vorhergehenden gesteckt.
Beim Setzen wird darauf geachtet, daß die Mitte der Stiege stets höher als der Außenrand ist. So wird Lage um Lage gelegt, jede etwas mehr zur Mittelachse als die vorherige, bis

4 Anlegen einer Kornmiete

Ehe schlechtes Wetter einsetzt, wird das Getreide in einer Kornmiete versorgt. Sie kann viereckig oder kreisförmig angelegt werden und wird mit Dachstroh gedeckt oder auf andere Weise gegen Regen geschützt.

5 Dreschen

Beim Handdreschen benutzt man am besten einen Dreschflegel, der aus zwei verschieden langen und locker mit einem Lederstück verbundenen Holzstangen besteht. Zum Herausschlagen der Körner kann man die Ähren aber auch gegen eine geeignete harte Kante klopfen.

6 Säubern der Frucht

Zwischen den Körnern sind Spelzen, Streu und Unkrautsamen. Nach althergebrachter Weise wird das Korn in die Luft geworfen. Die schwereren Körner fallen herunter und die leichte Spreu fliegt davon.

7 Getreidelagerung

Das Korn wird in Säcken, Kisten, Tonnen gelagert oder auf einen speziellen Kornboden geschüttet. Wichtig ist allein, daß es trocken und sicher vor Ungeziefer untergebracht ist.

ein hoher, spitzer Kegel aufgebaut ist. Zum Schluß wird er mit vier Garben gekrönt, deren Ähren nach oben zeigen. Von diesen Stiegen läuft der Regen gut an den Strohhalmen entlang abwärts in den Boden.

Kornmiete, Getreideschober

Vor Beginn des Winters muß das Getreide an einem geschützten Platz zu einer Kornmiete umgesetzt werden. Bei einer kleineren Getreidemenge empfiehlt sich der Bau einer runden Kornmiete. Die Garben werden, die Ähren nach innen, Lage für Lage horizontal geschichtet. Die Mitte ist zunächst gleichmäßig hoch, und die Außenkante ist senkrecht und weicht bis zum Dachrand nicht nach innen ab. Dann aber wird das Dach – die obersten Lagen – sehr stark abgeschrägt. Eine Kornmiete wird mit Stroh bedeckt (s. S. 241) oder oben mit einer Plane vor Wind und Wetter geschützt. Falls keine Ratten eindringen, hält sich das Getreide in einer Kornmiete jahrelang. Zum Schutz gegen Ratten kann die Miete auf einer auf Steinen ruhenden Plattform aufgesetzt werden.

Das Dreschen

Nach der Totreife wird das Korn gedroschen, das heißt, die Körner werden aus der Ähre geklopft. Man kann die Ähren auf eine Stuhllehne schlagen, sie mit dem Dreschflegel bearbeiten, durch eine Dreschtrommel schicken oder Pferde oder Ochsen auf ihnen herumtrampeln lassen.
Eine Dreschtrommel ist eine Art rotierendes Faß, durch dessen Drehung die Körner aus den Ähren geschlagen werden. Ein Dreschflegel besteht aus zwei locker miteinander verbundenen Stangen; die längere hältst du in der Hand, sie kann aus jedem Holz bestehen, gut eignet sich Hickory oder Eschenholz; für den dickeren und kürzeren Stab, mit dem du flach auf die Ähren schlägst, wählt man Hartholz, vielleicht Steineiche. Die Verbindung ist meistens aus Leder.

Das Korn säubern

Nach dem Dreschen oder Ausklopfen wird die Frucht gereinigt. Früher wurde das mit Grannen, Spelzen, Strohresten, Distelsamen und vielem anderen gemischte Korn hochgeworfen. Die leichteren Schmutzteile flogen fort, und die schwereren Körner fielen nach unten. Bei dieser Methode muß natürlich der Boden einwandfrei sauber sein oder eine Segeltuchplane oder ähnliches ausgelegt werden, um die gesäuberten Körner zu sammeln. Die Spreu – das sind die Ab-

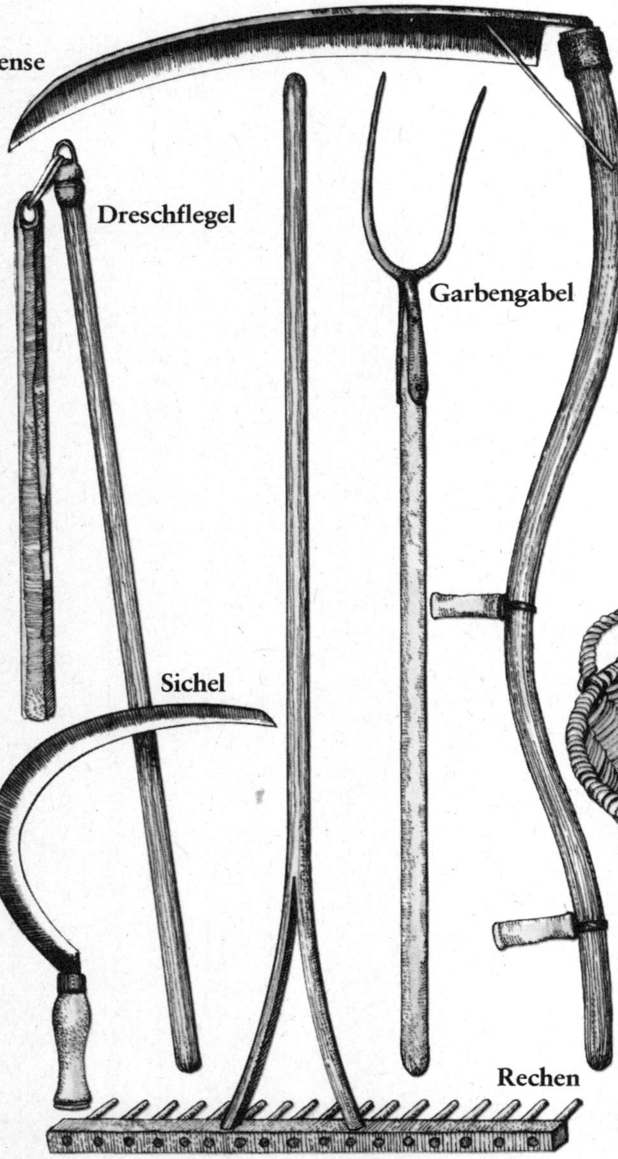

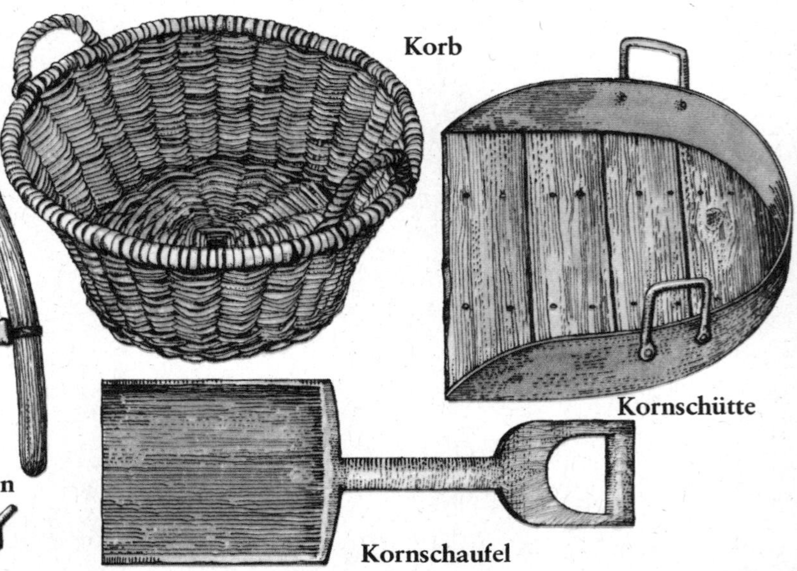

Das Handwerkszeug

Einfache, aber für seine Ansprüche ausreichende Arbeitsgeräte ersparen dem Kleinbauern viel Zeit. Das Mähen mit Sichel oder Sense ist zwar anstrengend und zeitraubend, aber das Getreide ist besser als das mit dem Mähdrescher geerntete.

fälle – dient mit Getreide vermischt als Viehfutter.
Eine Getreide-Reinigungsmaschine arbeitet mit einem Gebläse, mit dem die Verunreinigungen ausgeblasen werden. Außerdem enthält sie eine Anzahl verschiedener Siebe, mit denen Unkrautsamen gesammelt, das Getreide in kleine und große Körner sortiert und die Spreu ausgesondert wird. Es gibt sowohl Maschinen für den Hand- wie für den Motorantrieb.

Lagerung
Wenn Getreide auf die hier beschriebene natürliche Weise geerntet wird, ist es unbegrenzt lagerfähig, eine trockene und schädlingssichere Lagerung vorausgesetzt. Es kann in Kisten, auf dem Kornspeicher, in großen Tonnen oder in Säcken aufbewahrt werden; es muß aber vor Ratten, Mäusen und Schädlingsbefall sicher sein.

Die bisher beschriebenen Arbeitsgänge gelten für Weizen, Gerste, Hafer, Roggen, Pferdebohnen, Reis, Buchweizen, Sorgho-Hirse, Mohren-Hirse, Leinsamen, Raps und viele andere Samen.

Die Getreideernte mit dem Vollernter

Das Ernten mit einem Vollernter oder Mähdrescher ist etwas ganz anderes. Diese Maschine mäht, drischt und reinigt das Getreide, während sie langsam über das Feld fährt. In Ländern mit sehr trockenen Sommern kommt das Getreide so trocken aus dem Mähdrescher, daß es sofort gelagert werden kann. In feuchteren Gebieten muß es dagegen künstlich getrocknet oder luftdicht verschlossen in einem Kornsilo oder in Kunststoffsäcken gelagert werden, da die Körner noch zuviel Feuchtigkeit enthalten.

Hocken
Die Garben müssen sofort zu Hocken oder Puppen aufgestellt werden, da sonst die Körner keimen und faulen würden. Die Köpfe von jeweils zwei Garbenbüscheln werden ineinandergeschoben, damit die Bündel feststehen und nicht umgeweht werden.

Kornstadel
Nachdem das Getreide in der Hocke getrocknet ist, kann es zunächst zu einem Kornstadel aufgesetzt werden. Das geht schnell, und es ist darin sicher und geschützt.

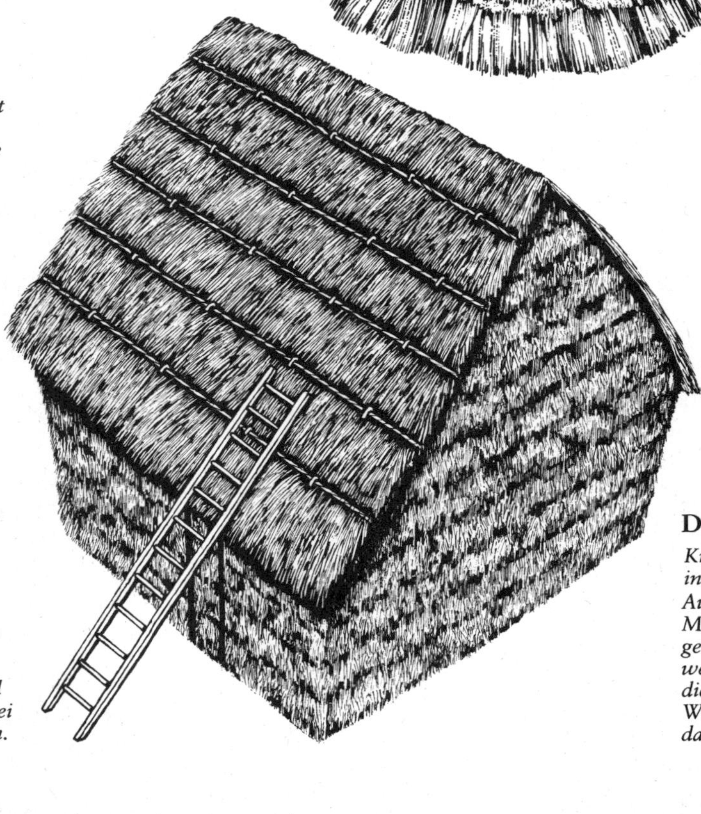

Eine strohgedeckte Kornmiete
Wenn die Kornmiete im Freien angelegt wird, wird sie am wirkungsvollsten mit einem Strohdach geschützt. Ein gutes Strohdach übersteht ohne weiteres einen Winter, während auch starke Kunststoffplanen bei kräftigem Wind meistens reißen.

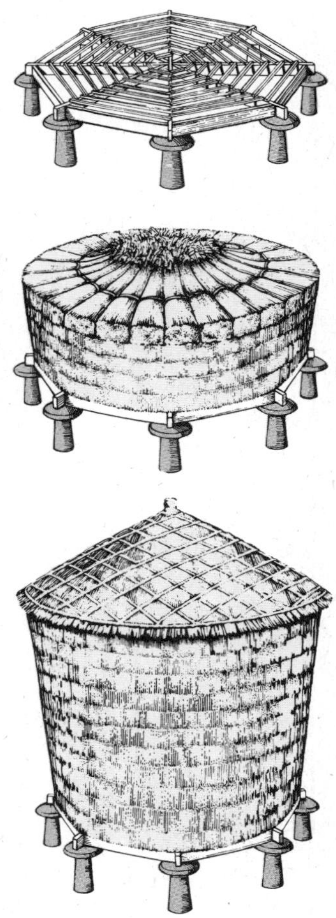

Die kreisförmige Miete
Kreisförmig gelegte Garben – Ähren nach innen – werden geschichtet, so daß die Außenwände senkrecht verlaufen und die Mitte erhöht ist. Nach Erreichen der gewünschten Höhe wird eine Garbenlage so weit über den Rand nach außen gelegt, daß die Halmenden als Regentraufe dienen. Weitere Lagen werden nach innen gerückt, damit ein schräges Dach entsteht.

Getreidepflanzen

Für den größten Teil der Menschheit ist Getreide das Hauptnahrungsmittel. Wenn man es genau nimmt, hängt sogar die Milch- und Fleischversorgung vom Getreideanbau ab. Nur in einigen Teilen der Tropen sind Wurzelfrüchte wie Tapioca und Yam Hauptlieferanten der Kohlenhydrate, und in naßkalten Gebieten schließen Kartoffeln die Lücke.
Ursprünglich wurden alle Getreidesorten aus Grasarten entwickelt. Im Laufe der Zeit haben sie sich jedoch so verändert, daß sie als eigene Pflanzengruppe angesehen werden müssen. In der Tat ist es oft schwer, bei einzelnen Getreidesorten die ursprüngliche Wildpflanze zu bestimmen, aus der sie entwickelt wurde. In manchen Fällen, so wie z. B. beim Mais, ist die Wildform inzwischen ausgestorben.
Es ist verständlich, daß Grassamen die Hauptnahrung der Menschen wurden. Gras hat von allen Pflanzen die größte Verbreitung, die Samen sind zahlreich, nahrhaft und lassen sich leicht lagern. Wenn ein Buschmann in der Kalahari in einem Termitenbau einen von den fleißigen Insekten zusammengetragenen Vorrat an Grassamen findet, nimmt er ihn, röstet die Samen auf einem heißen Stein und verzehrt sie. Unsere Vorfahren haben es in der Steinzeit ohne Zweifel nicht anders gemacht. Und davon ist es nur ein kleiner Schritt, die Gräser selbst zu ernten, auszudreschen, die Samen aufzubewahren und Nahrung daraus zu machen. Dann fanden die Menschen heraus, daß man die Gräser auch anbauen konnte, wenn man die Samen bei entsprechenden Bodenverhältnissen in die Erde legte. Das war die Geburtsstunde des Ackerbaus.
Viele Gartenbesitzer meinen, der Anbau von Getreide würde sich für sie nicht lohnen. Es müßten kostspielige Maschinen angeschafft werden, der Anbau wäre schwierig und die Ausbeute auf einem kleinen Stück zu gering. Aber das stimmt nicht. Jeder kann Getreide anbauen, und es spielt dabei gar keine Rolle, wie klein das Grundstück ist, Hauptsache, er kann die Vögel fernhalten. Mit einer simplen Sichel, sogar mit einem Tranchiermesser läßt sich das Getreide mähen. Dreschen kann man auf einer Stuhllehne, und bei der Säuberung hilft der Wind. Gemahlen wird das Korn mit einer kleinen Handmühle. Backen kann man in jedem gewöhnlichen Backofen. Es ist nichts so befriedigend wie eigenes Brot zu essen, aus Getreide, das man selbst angebaut, geerntet und gemahlen hat. Als die Römer die Eroberung Britanniens beschlossen, warteten sie die Erntezeit ab, damit die Soldaten über das Land streifen und den Weizen ernten konnten, um im Lager daraus Brot zu backen.
Für die Menschheit ist es ein Segen, daß Gras praktisch in jedem auf der Erde anzutreffenden Klima gedeiht. Dadurch war es möglich, überall geeignete Arten zu finden und daraus Getreide zu entwickeln. Heute wächst in feuchten Tropenregionen der Reis, in trockenen Tropengebieten Hirse, auf schweren Böden in gemäßigten Klimazonen Weizen, während man dort auf trockenen Sandböden Hafer und auf leichtem Boden Gerste anbauen kann. So wurde für nahezu jedes Gebiet, in dem Menschen wohnen, eine geeignete Grasart gefunden.

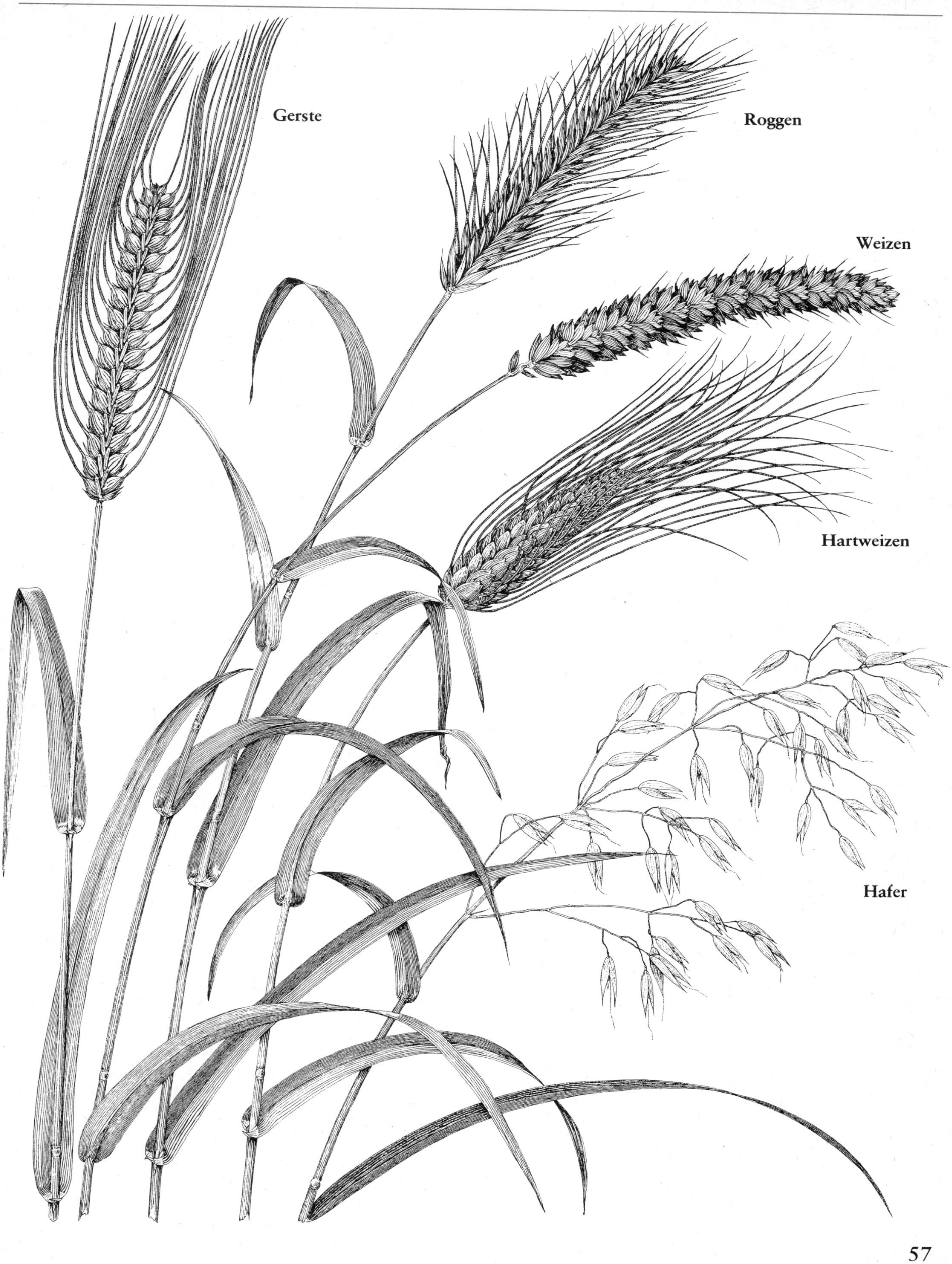
Gerste
Roggen
Weizen
Hartweizen
Hafer

Weizen

Seit der Steinzeitmensch herausfand, daß man Grassamen zwischen zwei Steinen zermahlen und dann verzehren kann, haben Menschen Getreide als Nahrungsmittel benutzt. Und wo Weizen gedeiht, wird er allen anderen Getreidesorten vorgezogen.

Hart- und Weichweizen

Hartweizen gedeiht nur in warmen, trockenen Gebieten, es gibt aber neuerdings einige Züchtungen, die auch in kälteren Zonen recht harte Körner bilden, und harte, glasige Körner sind das Merkmal des Hartweizens. In gemäßigten Klimazonen wächst Weichweizen als Winter- oder Sommergetreide.

Die Saat

Weizen gedeiht am besten auf schwerem Lehm- oder sogar Tonboden. Auf leichten Böden bringt er zwar eine hochwertige, aber geringe Ernte. Fetter Boden muß sehr gründlich bearbeitet sein, damit er einen guten Ertrag bringt.
In gemäßigten Zonen wird Weizen häufig im Herbst ausgesät. Diese Sorten bezeichnet man als Winterweizen. Im vom Sommer erwärmten Boden wächst er im Herbst kräftig, ruht während des Winters, schießt im Frühjahr schnell in die Höhe und bringt frühe Ernten. In Ländern mit strengen Wintern wird hauptsächlich der im Frühjahr ausgesäte Sommerweizen angebaut. Er braucht warmes, trockenes Sommerwetter und kann erst lange nach dem Winterweizen geerntet werden. Da der Winterweizen reichere und frühere Ernten bringt, ist sein Anbau, wenn die Voraussetzungen dafür gegeben sind, mehr zu empfehlen.
Bis zum einsetzenden Frost müssen die Pflanzen bereits kräftig entwickelt sein. Frost kann sehr junge Weizenpflanzen durch das sogenannte „Auffrieren“ zerstören, weil dabei die noch zarten Wurzeln aus dem Erdreich gehoben werden. Sollte der früh gesäte Winterweizen zu hoch stehen, kann er von Schafen abgeweidet werden, entweder im November oder auch im Februar/März. Dadurch treiben die Pflanzen mehr Schosse aus und bringen einen größeren Ertrag. Zu hohe Pflanzen können auch durch „Winterfäule“ zerstört werden. Sie knicken durch die Schneelast und verfaulen unter der gefrorenen Schneedecke. Deshalb wird zu hoch stehender Winterweizen häufig vor dem ersten Schnee etwa 10 cm über dem Boden abgemäht, wenn ein Schafauftrieb nicht möglich ist. Auch im Oktober, manchmal sogar im November kann noch Winterweizen ausgebracht werden. Je später aber die Aussaat erfolgt, desto mehr Saatgut wird gebraucht.
Sobald der Boden im Frühjahr bearbeitet werden kann und warm genug ist, wird der Sommerweizen gesät. Bei einer frühen Saat sind die Verluste durch Krähen in der Regel sehr groß, weil die Vögel zu dieser Jahreszeit wenig Nahrung finden. Auch entwickelt sich der Weizen dann nur sehr langsam. Auf der anderen Seite braucht er lange bis zur Reife, und deshalb wäre eine frühe Aussaat vorteilhaft. Wenn man also die Ernte nicht zu spät einbringen will, muß man einen günstigen Mittelweg finden.
Weizen braucht ein verhältnismäßig grobes Saatbett, kleine Erdschollen sind besser als eine feine Krume, und für Winterweizen kann es gröber als für Sommerweizen sein. Von den Schollen kann der Winterregen ablaufen, so daß die Saat nicht ausgeschwemmt wird und der Boden nicht verschlammt.
Der Boden wird daher nur flach gepflügt, wenn er überhaupt gepflügt werden muß. Auch wird keine feine Krume erarbeitet, also weder der Kultivator noch die Egge zu ausgiebig eingesetzt. Nach dem Pflügen wird das Feld mit der Scheibenegge bearbeitet oder – falls keine zur Verfügung steht – mit einer Federzahnegge, notfalls auch mit einer gewöhnlichen Egge. Diese Bearbeitung darf aber nicht zu gründlich ausfallen. Danach erfolgt die Aussaat. Zwischen dem Pflügen und der Saat sollte möglichst viel Zeit verstreichen, damit sich der Boden gut setzen kann.
Wird die Saat mit der Drillmaschine ausgebracht, liegt der Bedarf an Saatgut bis ca. 2 dz pro ha, bei breitwürfiger Saat etwa 2,5 dz pro ha. Nach dem Säen wird geeggt und gewalzt, falls durch letzteres die Schollen nicht zu stark zerkleinert werden. Bei nassem Boden unterbleibt das Walzen auf jeden Fall. Bei der breitwürfigen Aussaat ist eine einmalige Bearbeitung mit der Scheibenegge angebracht, bei einem zweiten Übergang würde das Saatgut wieder an die Oberfläche geworfen werden.

Arbeiten während der Wachstumsperiode

Solange die heranwachsende Saat nicht höher als 15 cm steht, wird kräftig geeggt. Es sieht dann so aus, als ob das ganze Feld verdorben worden wäre, aber das täuscht. Es wurden nur die verschiedenen Unkräuter vernichtet, nicht der Weizen. Und die durch das Eggen erfolgte Lockerung der Oberfläche wirkt sich sehr günstig aus. Sieht es im Frühjahr so aus, als ob die Krume durch die Fröste vom Unterboden abgesprengt wurde, wird sie mit der Walze, am besten einer Ringwalze, angedrückt. Diese Arbeit darf aber nur bei absolut trockenem Boden ausgeführt werden.
Neuentwicklungen auf dem Gebiet des Ackerbaus versetzen die Bauern in die Lage, den Boden nachhaltig unkrautfrei zu machen, so daß das Hacken zur Unkrautbekämpfung überflüssig wird. Ein schnellwüchsiger, kräftiger Weizen kann auf einem leidlich sauberen Feld auf jeden Fall das Unkraut unterdrücken. Für den Erwerbsbauern ist es heute eine Selbstverständlichkeit, zu diesem Zweck spezielle Unkrautvertilgungsmittel einzusetzen. Ich habe noch nie welche angewandt und doch bei keinem Getreide Ernteeinbußen erlitten. Wer auf die Anwendung solcher gefährlicher Giftmittel angewiesen ist, kann damit nur eine fehlerhafte und naturwidrige Bodenbehandlung vertuschen.
Die Weizenernte wird, wie in den Abbildungen auf S. 52–53 dargestellt, durchgeführt.

Korn mahlen

Die modernen, industriellen Getreidemühlen sind außerordentlich kompliziert und darauf eingerichtet, dem Mehl bis auf die reine Stärke absolut alles zu entziehen. Dabei ist die Herstellung von Vollkornmehl völlig unkompliziert: das Korn wird gemahlen, nichts wird weggenommen oder hinzugefügt. Vollkornmehl enthält daher neben der reinen Stärke (Kohlehydrate) viel mehr lebenswichtige Bestandteile. Nachstehend eine Gegenüberstellung:

	Protein	Fett	Kohlehydrate	Calcium	Eisen	Vitamin B 1	Riboflavon	Nikotinsäure
Weißes Mehl	2,3	0,2	15,6	4	0,2	0,01	0,01	0,2
Vollkornmehl	3,1	0,6	11,2	7	0,7	0,09	0,05	0,6

Bei den Getreidemühlen gibt es vier Typen, zwei davon sind für den Hausgebrauch ungeeignet: die Hammermühle, in der alles zerquetscht wird, sogar Federn, macht kein gutes Mehl; die Walzenmühle, die in den großen Industriemühlen benutzt wird und das Getreide zwischen Stahlwalzen zerreibt. Die anderen beiden Typen – die Steinmühle und die Plattenmühle – sind dagegen für jeden geeignet, der das Mehl für sein Brot selbst mahlen möchte.

Die Steinmühle

Sie besteht aus zwei Steinen, einem beweglichen, der auf dem zweiten, feststehenden rotiert. Das Korn wird durch ein Loch im oberen, dem sogenannten Laufstein, zwischen die beiden Steine gestreut. In den gewerblichen Mühlen wird diese Art des Mahlens kaum noch ausgeübt, und Mühlsteine werden fast nicht mehr hergestellt. Aufgrund der vermehrten Nachfrage brachten in letzter Zeit allerdings einige Firmen kleine Steinmühlen auf den Markt, die sowohl mit der Hand als auch elektrisch betrieben werden können. Das mit ihnen hergestellte Mehl ist sehr gut, und ganz nach Wunsch kannst du damit grob bis sehr fein mahlen.

Die Platten- oder Stahlscheibenmühle

Auch von diesem Mühlentyp gibt es einige sehr brauchbare Modelle für den Handantrieb. Hier reibt eine gepunzte Stahlplatte meistens vertikal über eine feststehende Stahlscheibe. Wird mit dieser Maschine das Korn langsam zermahlen, ist das Mehl dem aus der Steinmühle nahezu ebenbürtig. Antriebskraft kann bei diesen Mühlen auch der Traktor oder ein Elektromotor sein, und sie werden, ebenso wie die Hammermühle, in vielen Landwirtschaftsbetrieben für die Futterschrot-Herstellung eingesetzt. Bei langsamem Lauf mahlt sie aber auch ein gutes Vollkornmehl zum Brotbacken. Bei schnellem Lauf wird das Mahlgut zu heiß. Dieses Erhitzen mindert die Qualität und den Geschmack des Mehls.

Die Plattenmühle

Für eine kleine Familie ist eine handbetriebene Plattenmühle völlig ausreichend. Eine Steinmühle mag vielleicht besser sein, ist aber schwieriger zu bedienen.

Wesentlich erleichtert wird das Mahlen, wenn das Getreide vorher getrocknet wurde. In einem warmen und trockenen Klima ist es vielleicht nicht unbedingt nötig, aber in feuchten Gebieten macht es einen enormen Unterschied. Ich empfehle daher, den Weizen einige Zeit vor dem Mahlen in einem Jutesack über den Ofen oder den Kamin zu hängen, oder den Tagesbedarf in einer Schüssel auf dem Ofen oder im Backofen zu trocknen, oder auf eine beliebige Weise dafür zu sorgen, daß das Mahlgut absolut trocken ist. Selbstverständlich darf es weder gekocht noch geröstet werden. Werden regelmäßig größere Mengen gemahlen, lohnt sich wahrscheinlich die Anschaffung einer Darre.

Es gibt keinen Grund, warum nicht auch der Bewohner einer im 10. Stock gelegenen Wohnung in einer Großstadt eine Mühle anschaffen, sich von einem freundlichen Bauern einen Sack Weizen besorgen, das Korn mahlen und sein eigenes Brot backen kann. Es kostet nur halb so viel wie das gekaufte, ist aber von viel besserer Qualität.

Ein nach alten Hausmacherrezepten aus frisch gemahlenem Weizen gebackenes Brot ist ungemein schmackhaft. Es ist viel fester als das Bäckerbrot, obwohl es gut gegangen und gut durchgebacken ist, sofern der Ofen heiß genug war, und es sättigt auch besser.

Brot backen

Es gibt zahllose Brotsorten in allen Variationen, und es spielt eigentlich keine Rolle, für welche Sorte man sich entscheidet, wenn man sein eigenes Brot backen will. Wichtig ist nur, daß das Brotbacken kinderleicht ist und auch der ungeschickteste Koch seinen Spaß daran hat und schließlich stolz auf sein Werk ist.

Die ersten Brote wurden ohne Zweifel ohne Treibmittel gebacken, und die Entdeckung der Hefe und ihrer Wirkung beim Brotbacken ist sicher ein Zufall gewesen. Wenn man einen Teig aus Mehl und Wasser ohne jedes Treibmittel, ob Hefe oder Backpulver, herstellt und in den Backofen schiebt, ähnelt das Ergebnis mehr einem Backstein als einem Brot. Das Problem wurde dadurch gelöst, daß der Teig zum Backen ganz dünn ausgerollt wurde. In Bagdad kann man auch heute noch beobachten, wie die Bäcker große, dünne Teigtücher in riesige, zylinderförmige Backöfen schieben. Wahrscheinlich aber stellte irgend jemand einmal einen Brotteig her und hatte keine Zeit, ihn gleich zu backen. Dann begann dieser zu gären. Wilde Hefen hatten sich angesiedelt und verwandelten den Zucker (im Mehl) in Alkohol und Kohlendioxyd. Der Alkohol verdunstete rasch, aber das Kohlendioxyd trieb Blasen in die Teigmasse. Der unbekannte Entdecker legte diese poröse Masse auf einen heißen Stein oder schob sie vielleicht auch in einen primitiven Steinofen und buk das erste vergorene Brot.

Bald fand man heraus, daß man diesen vergorenen Teig nicht nur in dünnen Fladen, sondern auch in dicken Laiben backen konnte. Außerdem zeigte sich, daß vergorenes Brot viel länger schmackhaft bleibt als unvergorenes: Jedes Hausmacher-Vollkornbrot schmeckt nach fünf Tagen und sogar noch später ausgezeichnet, unvergorenes ist nur ganz frisch wirklich gut und wird bald fad.

Die Hefe

Eines Tages müssen die Menschen aber auch entdeckt haben, daß sie sich die glücklich gefundene Hefe für längere Zeit erhalten konnten. Sie brauchten nur ein bißchen Brotteig für das nächste Mal aufheben.

Ist aber ein Bäcker in der Nähe, kauft man doch besser immer frische Hefe. Eine frische Hefe hat eine gleichmäßige, cremige Farbe, fühlt sich kühl an, bröckelt leicht und hat einen kräftigen Hefegeruch. Eine vertrocknete Hefe mit braunen Flecken wird nicht mehr benutzt. Hefe hält sich in einem verschlossenen Glas im Kühlschrank etwa 8–10 Tage. Zum Einfrieren schneidest du sie in etwa 3 cm große Würfel. Sowohl Hefe wie Brot eignen sich gut zum Tiefkühlen. Auch mit Trockenhefe läßt sich ein ausgezeichnetes Brot backen. Sie wird gewöhnlich in Packungen angeboten und hält sich bis zu drei Monaten. Es empfiehlt sich trotzdem, eine längere Zeit aufbewahrte Trockenhefe vor der Verwendung zu testen: Dazu einige Gramm Trockenhefe mit etwas warmem, dünnem Teig mischen. Lebt die Hefe noch, wird sie innerhalb von 10 Min. schäumen.

Bei Verwendung von frischer Hefe muß statt der im Rezept angegebenen Trockenhefe die doppelte Menge genommen werden oder im umgekehrten Fall die halbe.

Hefe treibt bei Temperaturen von 9–35°, starke Hitze – über 60° – tötet sie ab. Zum „Gehen" wird der Hefeteig an einen warmen Platz gebracht.

Man kann auch Bierhefe zum Brotbacken nehmen. Es ist zwar nicht ideal, da es sich um ganz verschiedene Hefestämme handelt, wir haben es aber oft praktiziert und überraschend gutes Brot erhalten.

Das Teigkneten

Das gründliche Kneten ist von entscheidender Wichtigkeit, weil dadurch der sogenannte „Kleber" freigesetzt und die Hefe im Teig verteilt wird. Man kann den Teig gar nicht kräftig genug bearbeiten. Er wird geschlagen und gewalkt, bis er ein eigenes Leben zu haben scheint und sich geschmeidig und weich anfühlt. Erst dann läßt man ihn gehen. Gut aufgegangen ist er, wenn er nach dem Eindrücken mit dem Finger wieder hochschnellt.

Brot aufbewahren

Wenn man keine Tiefkühltruhe hat, wird das Brot in einem trockenen, gut durchlüfteten, kühlstehenden Behälter aufbewahrt. In luftdichter Verpackung schimmelt es schnell. Ehe das Brot weggepackt wird, muß es richtig ausgekühlt sein. Das Mehl lagert man trocken, dunkel und kühl. Es gibt außer weißem Mehl und Vollkornmehl viele Brotzutaten. So kann Brot z. B. aus Sojamehl, aus Roggen, Weizen, Mais, Hirse oder Hafer hergestellt werden. Wechselst du das Mehl, hast du eine neue Brotsorte – so einfach ist das. Einmal backst du ein vergorenes, einmal ein unvergorenes Brot, manchmal ein glattes, dann wieder ein geformtes, oder du versuchst es mit einer Mehlmischung. Wie wir gesehen haben, besteht das gewöhnliche Brot aus Hefe, Mehl, Salz und Wasser. Durch Zutaten wie Milch, Butter, Eier, Zucker, Honig, Bananen, Karotten, Nüsse, Rosinen, Zwiebeln, Kümmel wird es gehaltvoller, bekommt einen anderen Geschmack und neue Substanz. Oder man rollt den Teig in Vollkornmehl, Mohnsamen, Sesam, Dill, Selleriesalz, Kümmel, Sonnenblumenkernen oder je nach Geschmack in anderen Samen. Man kann das Brot mit Milch einreiben, mit Eigelb bestreichen und ein Rosinenbrot mit Zuckerguß überziehen, den Teig vor dem Backen knoten, flechten, drehen, formen.

Die Backstube

Das Brotbacken gehört zu den befriedigendsten Arbeiten des Selbstversorgers. Wenige Zutaten, im Haushalt vorhandene Geräte und gesunder Menschenverstand, mehr braucht man nicht dazu.

Brot aus verschiedenen Mehlsorten

Wer verschiedene Getreidesorten anbaut, wie zum Beispiel Roggen, Gerste, Hafer, Mais, Reis, Hirse usw., sollte auf jeden Fall damit experimentieren und Brot daraus backen oder sie mit Weizen zu Brotmehl vermischen. Denn von allen Getreidesorten hat nur Weizen genug „Kleber", um das von der Hefe erzeugte Gas ausreichend zu halten.
Du kannst gut zwei oder drei Mehlsorten mischen, wegen des Klebergehalts ist es aber besser, immer etwas Weizenmehl unterzumengen. Salz darf nicht vergessen werden. Öl, Butter, Schmalz oder Margarine halten das Brot feucht. Die Wasseraufnahme variiert bei den verschiedenen Mehlsorten, ebenso wie ihre sonstige Eignung und ihr Geschmack.

Weizenmehl enthält viel Kleber, der den Teig geschmeidig macht und ihn die beim Backen durch das Aufgehen entstehenden Luftlöcher fest umschließen läßt.

Roggenmehl gibt dem Brot einen angenehm säuerlichen Geschmack. Es kann ohne Beimischung benutzt werden, aber bei 1/3 oder 1/2 Bestandteil Weizenmehl wird es lockerer. Im mittelalterlichen England wurden Weizen und Roggen auf dem gleichen Feld angebaut, zusammen gedroschen und auch zusammen zu Brotmehl, dem sogenannten „maslin", gemahlen.

Gerstenmehl allein ergibt ein sehr süß schmeckendes Brot. Ein feines Brot backt man aus 1/3 Gersten- und 2/3 Weizenmehl. Wird das Gerstenmehl vorher geröstet, schmeckt es besonders gut.

Hafermehl ist ebenfalls süß, und reines Haferbrot ist ziemlich schwer, feucht und sättigend. Durch eine Mischung von 1/2 Hafer- und 1/2 Weizenmehl wird es ausgewogener.

Maismehl. Brot aus reinem Maismehl ist recht bröckelig. Versuche deshalb eine Mischung aus 1/2 Mais- und 1/2 Weizenmehl.

Mehl aus ungeschältem Reis. Das daraus gebackene Brot ist viel besser, wenn halb und halb mit Weizenmehl gemischt wird.

Reisbackmehl (aus gekochtem braunen Reis). Wie alle aus unzerkleinert gekochten Körnern eines Getreides hergestellten Mehlsorten kann auch das sogenannte Reisbackmehl mit Weizenmehl gemischt werden.

Zuckerhirse. Allein gibt Hirse ein recht trockenes Brot. Mit Weizenmehl wird es angenehm knusprig.

Sojamehl. Auch Sojamehl mischt man am besten mit Weizenmehl. Sojamehl ist sehr nahrhaft.

Brotbacken ohne Hefe

Ohne Hefe gebackenes Brot wird hart und spröde. Man kann es dadurch verbessern, daß man das Mehl mit heißem oder gar kochendem Wasser ansetzt. So wird die Stärke besser aufgeschlossen. Besonders kräftiges Kneten löst den Kleber. Das Brot wird auch dadurch lockerer, daß man den Teig über Nacht stehen läßt. Die Stärke wird weiter aufgeschlossen, und es setzt eine leichte Vergärung ein. Freiwerdendes Kohlendioxyd bildet dann Luftlöcher. Die einzigen Zutaten zum Mehl sind Salz und Wasser und vielleicht etwas Öl zum Einreiben der Brotlaibe. Nochmals: Den Teig gründlich kneten und über Nacht ruhen lassen. Hefefreies Brot muß bei niedriger Temperatur länger backen.

Standard-Vollkornbrot

Grundsätzlich wiege ich das Mehl niemals ab, denn es kommt allein auf die richtige Beschaffenheit des Teigs und des Mehls an. Trotzdem habe ich für alle, die sich lieber nach genauen Rezepten richten, einige Mengenangaben gemacht:
1 kg Vollkornmehl
30 g Salz
15 g Trockenhefe
2 Teelöffel brauner Zucker
0,7 l Wasser
Mehl und Salz in eine Schüssel schütten. Die Hefe in einen Topf geben, den Zucker und etwas warmes Wasser zufügen. An einem warmen Platz gehen lassen. Diesen gut aufgegangenen Vorteig zu dem Mehl geben, den Rest Wasser zufügen und solange kneten, bis der Teig weich und geschmeidig ist. In der Schüssel an einem warmen Platz bis zum doppelten Volumen gehen lassen, erneut einige Minuten kneten und Brotlaibe formen. In vorgewärmte, bemehlte Formen legen und bei Verwendung von Weichweizenmehl ca. 5 Min. – bei Hartweizenmehl bis zu 20 Min. – gehen lassen. 1/2 Stunde bei 230° backen.

Maisbrot

Maisbrot ist recht schmackhaft. Es ist knusprig, etwas grießig und soll eine schöne braune Kruste haben. Man benötigt:
0,8 l heißes Wasser
1 kg Maismehl
2 Teelöffel Backpulver
3 Eier (nach Belieben)
0,3 l Buttermilch (nach Belieben)
Maismehl und Backpulver mischen und das heiße Wasser dazugießen. Eier und/oder Buttermilch verbessern das Brot. In einer vorgewärmten Form 40 Min. bei 200° backen.

Hirsebrot

Das Brot ist ziemlich trocken, und das Backen lohnt sich nur, wenn kein anderes Mehl zur Verfügung steht. Bei einer Mischung mit Weizenmehl gewinnt das Hirsebrot sehr. Man benötigt:
350 g Hirsemehl
1 Teelöffel Backpulver
1 Teelöffel Salz
Die Zutaten vermischen und mit warmem Wasser zu einem festen Teig verarbeiten. 50 Min. bei mäßiger Hitze (175°) backen.

Haferbrot

In den feuchten Gebieten der Erde gedeiht nur Hafer, und so ist Haferbrot dort auch eine übliche Kost. Es ist schwer und süßlich. Man benötigt:
0,5 kg geschroteten Hafer oder Hafermehl
80 g Zucker oder Honig
1 Eßlöffel Salz
110 g Butter
0,5 l heißes Wasser
(bei Benutzung von Honig etwas weniger)
30 g Hefe oder 15 g Trockenhefe
Die trockenen Zutaten mischen, die Butter in Flocken beigeben und das heiße Wasser zugießen. Die Hefe in etwas lauwarmem Wasser auflösen. Sie unter die anderen Zutaten mischen, sobald sie anfängt zu arbeiten. Den Teig einige Stunden gehenlassen, dann auf einem bemehlten Backbrett ca. 10 Min. kneten. Den Teig teilen und zu rundlichen, nicht zu großen Brotlaiben formen und etwas aufgehen lassen. Die Laibe auf ein Backblech legen und nochmals etwa eine Stunde gehen lassen. Dann in den sehr heißen Ofen (230°) schieben und 45 Min. backen. Die Garprobe wie üblich durch Eindrücken des Brotbodens machen.

Das Brotbacken

Wer ein Ei kochen kann, der kann auch ein Brot backen. Es macht überhaupt keine Schwierigkeiten. Für 6 mittelgroße Laibe nimmt man: 3 kg Weizenmehl, 120 g frische Hefe (oder die halbe Menge Trockenhefe), 2,5 l handwarmes Wasser (oder halb Wasser, halb Milch), 3 Teelöffel Salz und 3 Teelöffel (braunen) Zucker.

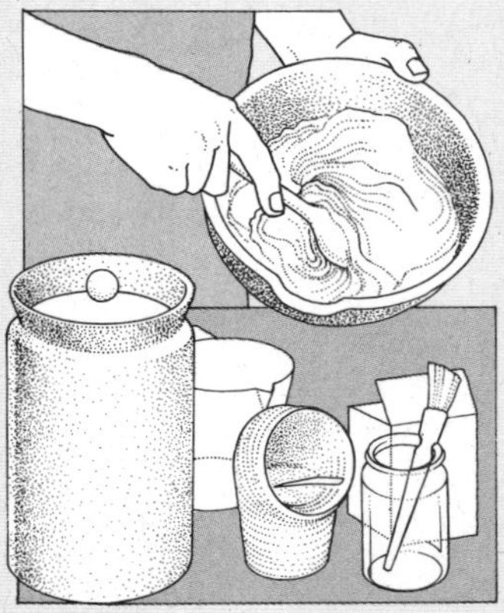

Diese Zutaten in einer Schüssel vermischen. Nach dem Auflösen der Hefe Mehl untermischen, so daß ein zäher, klebriger Teig entsteht, in dem der Holzlöffel stehenbleibt.

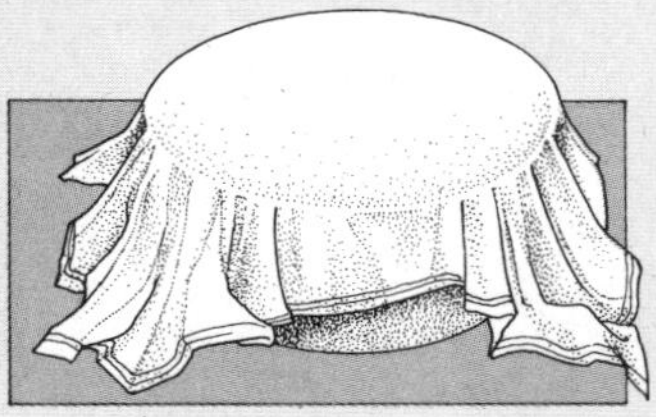

Diesen Teig mit einem Tuch bedecken und über Nacht an einem zugfreien und warmen Platz gehen lassen.

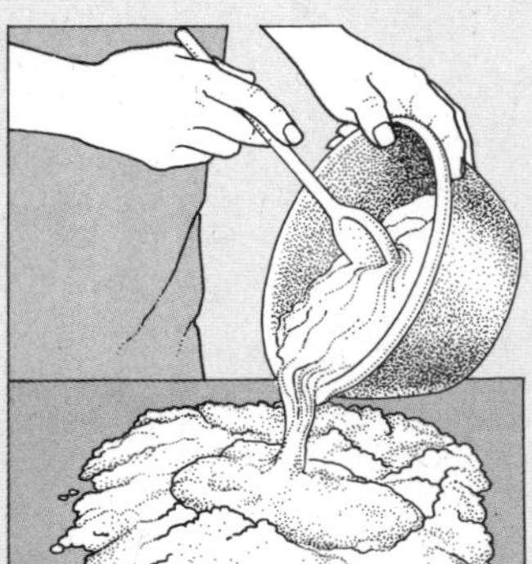

Bis zum Morgen ist der Ansatzteig kräftig aufgegangen. Das Mehl auf dem Backtisch häufeln, eine Kuhle in die Mitte drücken und den Teig hineingießen.

Trockenes Mehl auf den Teig streuen und unter den feuchten Teig kneten.

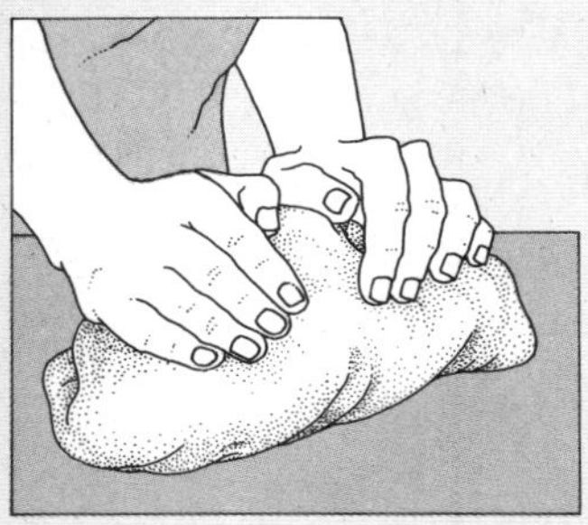

Die ganze Kunst besteht in der Herstellung eines geschmeidigen, festen Teigs mit einer trockenen Außenseite. Dazu wird er kräftig geknetet. Das ist ein klebriges Geschäft. Der Teig wird mit dem Handballen weggedrückt und mit der Handfläche wieder zurückgeklopft. Sobald er an den Händen klebt – und das tut er sicher – wird noch Mehl dazugegeben, desgleichen wenn er auf dem Tisch festklebt. Also den Teig kneten, schlagen, Mehl hinzufügen, bis er trocken und geschmeidig ist. Nach 10 Min. ist der Teig fast backfertig.

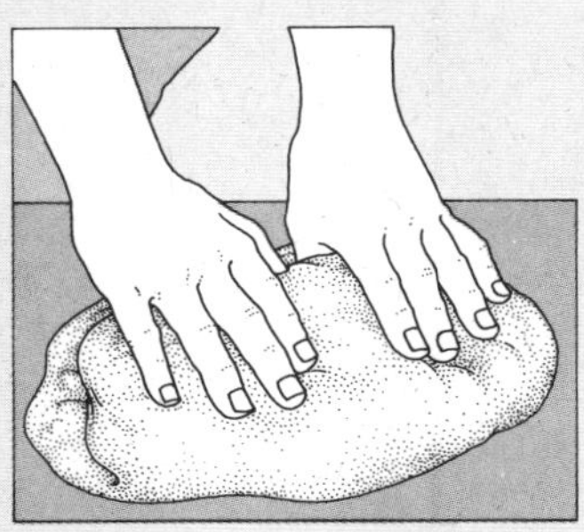

Den Teig in sechs gleiche Portionen teilen. Die Backformen einfetten und 3/4 mit Teig füllen. Mit einem Messer ein Muster in die Brotlaibe ritzen und sie zum Gehen etwa eine Stunde warmstellen.

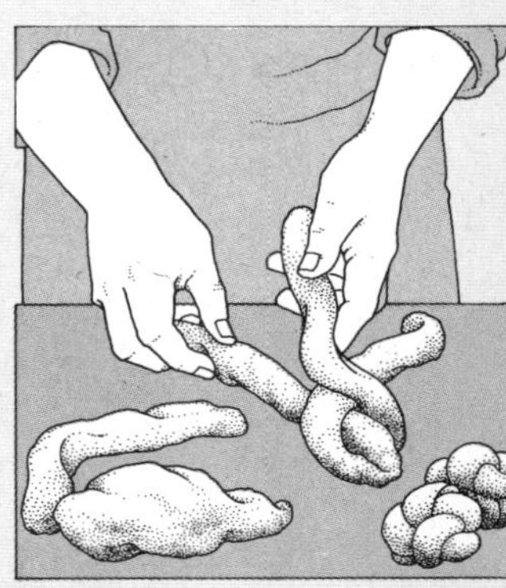

Wer sich künstlerisch betätigen möchte, kann den Teig dick ausrollen, den Fladen in Streifen schneiden, diese zu Würsten rollen und jeweils drei zu einem Zopf flechten. Oder er streicht die Oberfläche mit Milch ein, damit sie glänzt, und streut Mohn darauf.

Aus übriggebliebenem Teig formt man Brötchen und Hörnchen, legt sie auf das Backblech und läßt sie gehen. Nach einer halben Stunde schiebt man das Blech in den sehr heißen Ofen (230°). Nach etwa 20 Min. hat man bereits herrliche frische Brötchen.

Dann kommen die Brote an die Reihe. Wenn man ungeschickt ist, fällt der Teig zusammen. Besondere Vorsicht ist deshalb beim Einschieben in den heißen Ofen (220°) geboten. Nach ca. 30 Min. prüfen, ob alle Formen gleichmäßig aufgehen, sie unter Umständen umstellen. Nach weiteren 15 Min. sollte das Brot fertig sein.

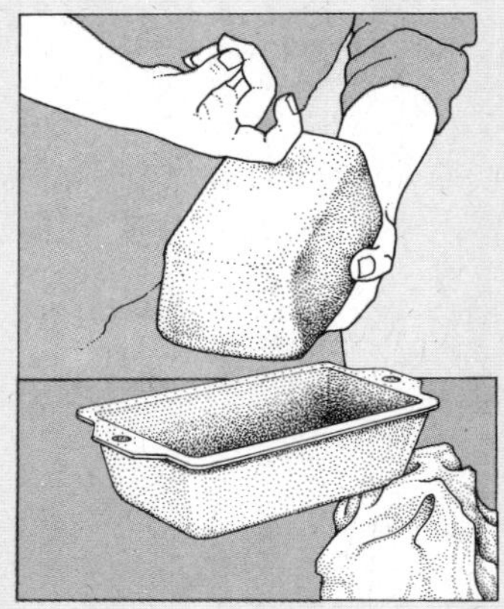

Zur Probe nach dem Herausnehmen aus der Form gegen die Unterseite klopfen. Hört es sich hohl an, ist das Brot fertig. Oder ein Holzstäbchen hineinstechen. Es darf beim Herausziehen kein Teig mehr daran hängengeblieben sein.

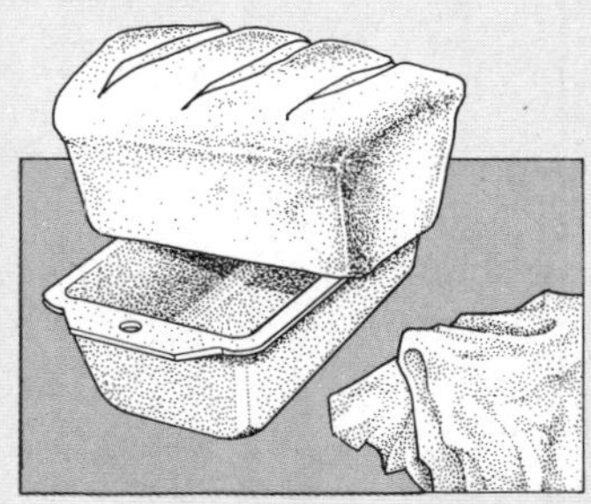

Ist dies doch der Fall, so ist das auch kein Unglück: Das Brot wird einfach nochmal für einige Minuten in den Ofen geschoben.

Erst wenn man sicher ist, daß alle Laibe gut durchgebacken sind, nimmt man sie aus der Form und stellt sie zum Abkühlen quer darüber. Brotteig geht (und Hefe gärt) am besten bei 27°. Bei Temperaturen über 35° stirbt Hefe ab und bei Temperaturen unter 9° geht sie nicht auf. Die Temperatur muß also dort, wo der Hefeteig gehen soll, innerhalb dieser Spanne liegen. Die Ofenplatte ist gewöhnlich der beste Platz – sofern der Ofen geheizt ist. Rechnet man die Warte- und Backzeiten nicht, braucht man zur Herstellung von sechs herrlichen Vollkornbroten nicht länger als 30 Minuten.

Roggenbrot

Roggenbrot oder auch Schwarzbrot ist sehr kräftig und schmeckt ausgezeichnet.
Man benötigt:
1,5 kg Roggenmehl
30 g Hefe oder 15 g Trockenhefe
1 Eßlöffel Zucker
1 Eßlöffel flüssige Butter
2 Teelöffel Salz
0,8 l warmes Wasser
Mehl, Zucker und Salz mischen, Hefe und Butter mit dem Wasser verrühren und in das Mehl geben. Gründlich kneten und den gut abgedeckten Teig für 8 Stunden an einen warmen Platz stellen oder über Nacht in den gelüfteten Küchenschrank. Dann Brotlaibe formen und gehen lassen, bis sie doppelte Größe haben. 1½ Stunden bei mäßiger Hitze (175°) backen.

Der Sauerteig

Bei der Verwendung von Sauerteig braucht man keine frische Hefe mehr kaufen, wenn man einmal einen Teig hergestellt hat. Allerdings muß einmal in der Woche gebacken werden, wenn der Sauerteig wirksam bleiben soll. Besonders gut eignet sich Roggenmehl für die Sauerteigherstellung. Einmal hat Roggen viel natürliche Säure, und außerdem wird er von den die Sauerteigbildung begünstigenden Bakterien anscheinend bevorzugt. Man kann aber Sauerteigbrot nicht nur aus reinem Roggenmehl, sondern auch aus Weizenmehl, aus einem Roggen-Weizen-Gemisch oder aus Mischungen anderer Mehlsorten mit Weizenmehl herstellen.
Für den Anfang braucht man ein angemessenes Stück (etwa einen faustgroßen Klumpen) eines gewöhnlichen Brotteigs. Das ist der „Starter“ oder „Anstellsauer“. Er bleibt, mit einem Tuch bedeckt, an einem warmen Platz drei oder vier Tage stehen. Danach ist sein Geruch wohl angenehm, aber deutlich sauer.
Nun wird der Starter mit 0,5 kg Mehl und 0,4 l warmem Wasser vermischt. Das ergibt einen dünnen Teig. Er bleibt in einer mit einem Tuch bedeckten Schüssel über Nacht an einem warmen Platz stehen. Am nächsten Tag soll er Blasen werfen. Das ist jetzt der „Vollsauer“. Wenn man auch weiterhin Sauerteigbrot backen möchte, füllt man etwa ein Marmeladenglas voll ab und hebt ihn gut verschlossen bis zum nächsten Backtag auf. Kühl gelagert hält sich der Vollsauer etwa eine Woche.

Zur Herstellung von Sauerteigbrot fügt man dem Vollsauer folgende Zutaten zu:
3 Eßlöffel Honig
2 Teelöffel Salz
0,3 l Milch (wenn vorhanden Sauermilch)
1 kg Mehl (Roggen- oder anderes Mehl)
Den Teig kneten, bis er geschmeidig und weich ist. Zwei Brotlaibe formen und auf das Backblech setzen. Mit Öl bestreichen und bis zur doppelten Größe aufgehen lassen. Das dauert länger als bei einem gewöhnlichen Hefeteig, da es sich hier um wilde Hefekulturen handelt. Den Ofen auf 200° vorheizen, bei dieser Hitze 30 Min. backen, dann die Temperatur auf 190° reduzieren, bis das Brot gar ist.

Natronbrot

Dieses Brot braucht nicht aufgehen, es kann vielmehr sofort in den Ofen geschoben werden.
0,5 kg Mehl
1 gestrichener Teelöffel doppelkohlensaures Natron
2 gestrichene Teelöffel Weinsteinpulver oder 15 g Backpulver
ein kleines Stück Butter oder Margarine
etwa 0,3 l Sauermilch,
Buttermilch oder frische Milch
½ Teelöffel Salz
Die trockenen Zutaten mischen, die Butter in Flöckchen dazugeben und die Milch mit dem Messer unterhacken, so daß ein fester, etwas krümeliger Teig entsteht. Halbkugelförmige Brotlaibe formen, auf ein bemehltes Blech setzen, mit Milch bestreichen und die Oberfläche mit dem Messerrücken kreuzförmig ritzen. 20 bis 30 Min. im vorgeheizten Ofen bei 200° backen.
Zur Verfeinerung und Abwandlung kann man noch 1–2 Teelöffel Zucker zugeben und 1 oder 2 Eier mit der Milch verquirlen.

Malzbrot

Es ist ein dunkelbraunes, süßes Brot. Nach Geschmack kann man es mit oder ohne Trockenfrüchte herstellen. Als Früchte eignen sich am besten 60 g Sultaninen.
0,5 kg Mehl (Vollkornmehl)
1 Prise Salz
30 g Hefe oder 15 g Trockenhefe
0,3 l Milch und Wasser,
oder nur Milch oder nur Wasser
2 Eßlöffel Malzextrakt
2 Eßlöffel Rübensaft oder Zuckersirup
60 g Butter
Mehl und Salz in eine Schüssel geben. Die Hefe in der lauwarmen Flüssigkeit auflösen und dem Mehl zufügen. Sirup, Malz und Butter und soviel Flüssigkeit (Milch oder Milch und Wasser) einmengen, daß ein brotähnlicher Teig entsteht. So lange kneten, bis alle Zutaten gut vermischt sind (der Teig ist ziemlich klebrig).
In einer mit einem Tuch bedeckten Schüssel bis zur doppelten Größe aufgehen lassen. Brotbackformen zur Hälfte mit dem Teig füllen und erneut gehen lassen, bis der Teig den Rand der Form erreicht hat. 45–50 Min. bei 190° backen. Das Brot sofort nach dem Herausnehmen aus dem Ofen mit Milch und Zuckersirup bestreichen.

Norwegisches „Flat brod“

Es schmeckt vorzüglich. Das Rezept reicht für 12 große Flat brod:
1,5 kg Kartoffeln
0,5 kg Roggenmehl
Am Vorabend die Kartoffeln kochen und stampfen und das Roggenmehl mit dem warmen Kartoffelbrei zu einem weichen Teig kneten. Am nächsten Tag den Teig erneut durchkneten und noch Mehl zufügen, falls er klebt. Dann den Teig so dünn wie möglich zu großen, runden, in die Bratpfanne passende Scheiben ausrollen. Bei mittlerer Hitze unter mehrmaligem Wenden ausbacken, bis sie fast mürbe sind. Auf Pergamentpapier abkühlen lassen. Sie müssen dann schön knusprig sein.

Lefser

Lefser sind eine Variante des Flat brods. Sie werden aus dem gleichen Teig und in gleicher Weise gebacken. Aber nach 2–3maligem Wenden, ehe sie ganz knusprig sind, werden sie aus der Pfanne genommen und zum Warmhalten in ein Tuch geschlagen. Sie werden mit Sauerrahm, der immer in ausreichender Menge vorrätig sein sollte, serviert. Mit Zucker bestreut, sehen sie sehr appetitlich aus. Man kann sie auch zusammenfalten und in Dreiecke schneiden. Auf jeden Fall sind sie bis zum Verzehr warmzuhalten.

Griechisches Pitta-Brot

Man nimmt dazu gewöhnlichen Brotteig aus Weizenmehl, Wasser, Salz und Hefe und – wenn die Pittas weich sein sollen – etwas Öl. Den Teig nach dem zweiten Kneten und Aufgehen, wenn er sich etwa verdoppelt hat, in tennisballgroße Portionen teilen. Diese Kugeln einzeln gut durchkneten, bis der Teig weich und geschmeidig ist und sie dann auf dem bemehlten Backbrett oder Tisch mit einem Nudelholz oder einer Flasche nur in einer Richtung zu einem langen, etwa 12 mm dicken Oval ausrollen.
Diese Ovale nochmals an einem warmen Platz zwischen zwei bemehlten Tüchern gehen lassen. Den Backofen und die gefetteten Backbleche auf 230° vorwärmen – also ziemlich heiß. Jede Pitta kurz bevor sie in den Ofen kommt mit kaltem Wasser bespritzen und dann 5–10 Min. backen. Sobald sie schön aufgegangen sind und schwach braun aussehen, nimmt man sie heraus, sonst werden sie zu hart. Die Pittas abkühlen lassen und in Tücher wickeln, damit sie weich bleiben. In Griechenland ißt man sie mit Kebabs, Humus und Tarama-salata, aber sie sind genauso gut zu Rollmops (s. S. 207) oder mit frischer Butter (s. S. 101) und Marmelade (s. S. 190).

Pfannkuchen

Wer dieses Gebäck nur einmal selbst gebacken hat, wird nie wieder welches kaufen. Es gibt dabei nur ein einziges Problem, und das ist das viele frische Öl, das man dazu braucht.
Man kann sie aus gewöhnlichem Brotteig backen oder man nimmt die nachstehenden Zutaten:
60 g zerlassene Butter
1 Ei
60 g Zucker
Milch statt Wasser
eine Prise Salz
0,5 kg Mehl
30 g Hefe oder 15 g Trockenhefe
Einen weichen und geschmeidigen, aber nicht klebrigen Teig herstellen. Nicht sofort kneten, sondern erst eine Stunde unter einem Tuch ruhen lassen. Zum Gehen warm stellen. Dann etwa 4–5 Min. kräftig durchkneten und walnußgroße Stücke abstechen, oder auf einem bemehlten Brett auswellen und Kringel ausstechen, den äußeren Ring mit einem Glas, den inneren mit einem Flaschenhals. Diese Ringe sehen nicht sehr groß aus, sie gehen aber beim Backen beinahe um das Doppelte auf. Nochmals etwa 20 Min. gehen lassen, dabei mit einem Tuch bedecken, damit die Wärme gefangen und der Staub abgehalten wird.
Immer nur ein paar gleichzeitig in sprudelndem Öl ausbacken. Nach der halben Backzeit drehen sie sich von allein. Dabei bildet sich um die Mitte ein aufgeplatzter, hellerer Ring. Das fertige Gebäck durch Wälzen in Puderzucker trocknen und frisch verzehren. Um ihnen einen besonderen Geschmack zu geben, können sie auch mit Marmelade gefüllt werden.

Nudelteig

In einem Buch fand ich die Beschreibung von 68 verschiedenen Teigwaren. Dabei handelt es sich bei allen eigentlich um nichts anderes als Wasser und Weizenmehl, hauptsächlich aus Durum, einem in Italien und Nordamerika angebauten Hartweizen. Aus dem Teig werden mit einer Maschine die gewünschten Formen gestanzt oder er wird dünn ausgerollt, mit der Hand geschnitten und getrocknet. Die käuflichen Teigwaren werden erst mit einem Gebläse und dann im Ofen getrocknet.
Weißes Mehl mit etwas Wasser gründlich zu einem festen Teig geknetet, ergibt einen einwandfreien Nudelteig. Er wird mit einer Teigrolle sehr dünn ausgerollt. Wenn er noch am Nudelbrett oder -holz klebt, gibst du mehr Mehl dazu, den dünn ausgerollten Teig aufrollen und von der Rolle feine Scheiben abschneiden. Die dabei entstandenen dünnen Teigstreifen über dem Feuer oder in einem Ofen langsam, aber gründlich trocknen. Diese Nudeln kochst du wie fertig gekaufte Teigwaren.

Chapatis

Chapatis sind dünne Scheiben ungesäuertes Brot und ein Hauptnahrungsmittel in Pakistan und Nordindien. Chapatis passen gut zu scharfen, würzigen Speisen, schmecken aber auch mit Butter oder ohne alles warm und frisch aus dem Ofen. Das einzige Argument gegen Chapatis ist wahrscheinlich, daß sie für jede Mahlzeit frisch zubereitet werden müssen, und das ist natürlich etwas umständlich. Ein Hinderungsgrund muß es nicht unbedingt sein, denn mit dem richtigen Gerät und etwas Übung geht das sehr schnell. Du brauchst dafür: Vollkorn-Weizenmehl, Salz, Wasser, ein offenes Feuer, ein Nudelholz oder eine alte Flasche und eine schwere Eisenpfanne. Notfalls tut es auch eine Auto-Radkappe, und das ist wahrscheinlich der Grund dafür, daß man in Nordindien so viele Autos ohne Radkappen sieht. In einigen Gebieten Indiens werden Chapatis aus verschiedenen Mehlsorten gebacken. Hirse-, Gersten- oder Kichererbsenmehl wird gern genommen und gibt den Chapatis einen interessanten Geschmack.

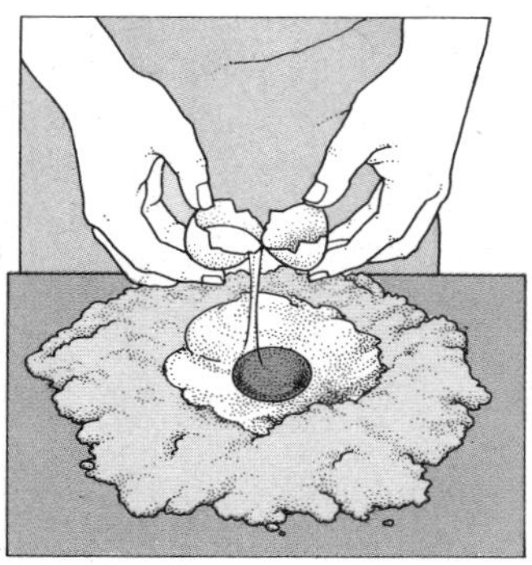

Eiernudeln sind aus verbessertem Nudelteig und noch leichter als dieser herzustellen. Eine Kuhle in einen Mehlberg drücken und ein oder mehrere Eier hineinschlagen. Üblich ist 1 Ei auf 250 g Mehl.

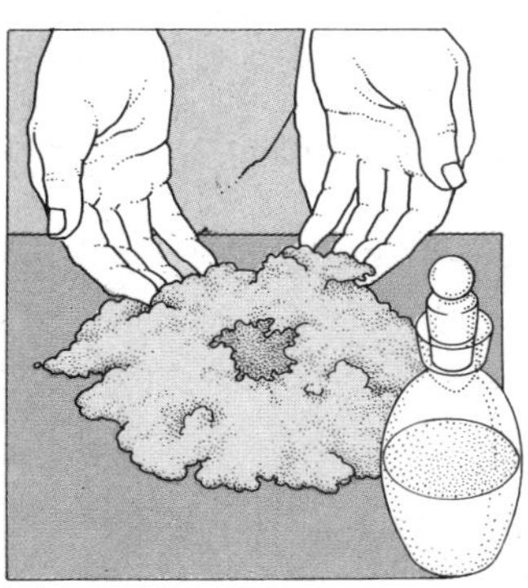

Etwas Olivenöl zufügen und das Mehl über die Eier ziehen.

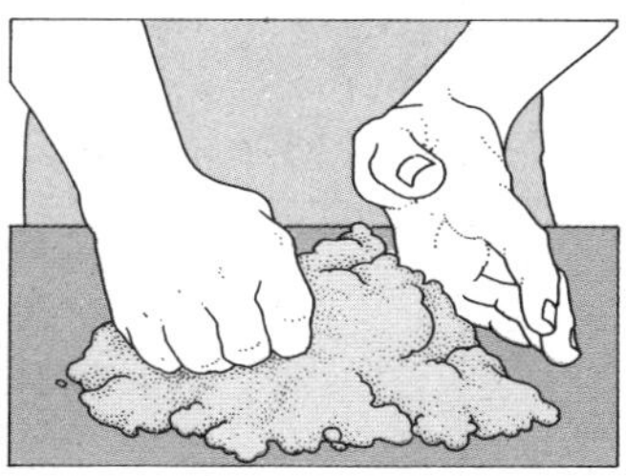

Zu einem geschmeidigen Teig verarbeiten, etwas Mehl oder ein weiteres Ei zugeben, falls er zu naß bzw. zu trocken ist.
Den Teig auf dem reichlich bemehlten Nudelbrett sehr dünn ausrollen, falls nötig, noch Mehl zufügen. Den ausgewellten Teig aufrollen und von der Rolle schmale Scheiben abschneiden. Die Nudeln trocknen lassen.

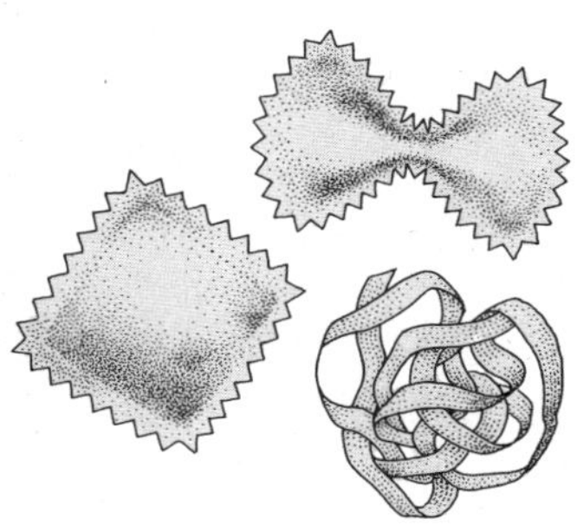

Verschiedene Nudelformen
Nudeln kann man in jeder beliebigen Form und in vielen Variationen herstellen, und zwar ohne Kochen. Kleine dienen als Suppeneinlage, lange feine Fadennudeln werden mit Soßen gereicht und Taschen aus Nudelteig mit Fleisch, Gemüse oder anderen Zutaten gefüllt.

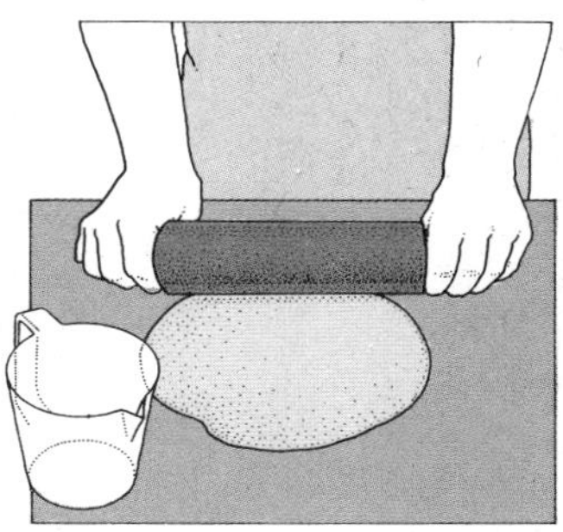

30 g Salz unter 2 kg Mehl mischen und mit Wasser zu einem festen Teig verarbeiten. In eigroße Portionen teilen und diese zu recht dünnen runden Fladen ausrollen. Die Inder brauchen dazu nicht einmal ein Nudelholz, und nach etwas Übung kann jeder den Teig mit den Händen flachklopfen.

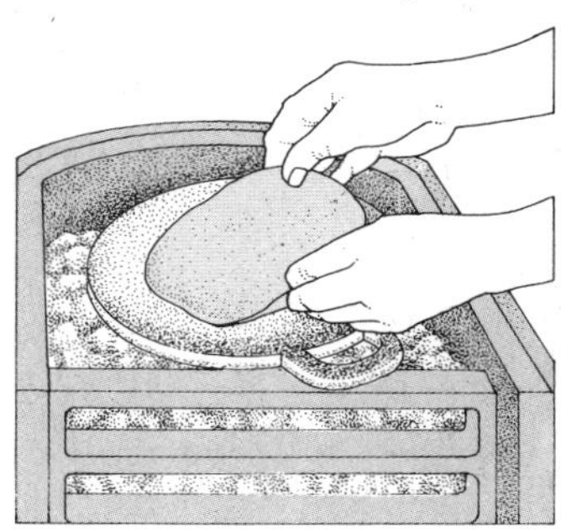

Den ausgerollten Fladen auf die heiße Eisenplatte legen. Sie muß so heiß sein, daß Tropfen auf ihr zischen, aber nicht rotglühend.

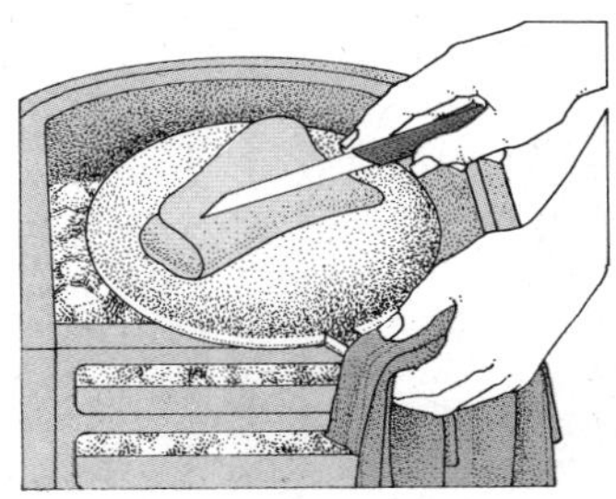

Sobald die eine Seite braun ist, die Chapatis wenden. Wenn auch die zweite Seite fertig ist, die Chapatis mit der ersten Seite direkt auf die Holzkohle oder heiße Asche werfen. Sie blähen sich wie ein Ballon auf.

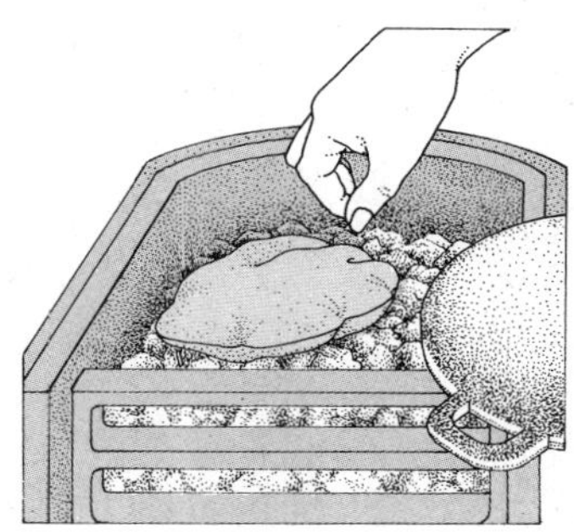

Sofort für einige Sekunden wenden, herausnehmen und die Luft herausdrücken. Noch heiß mit Butter oder ghee (Butterschmalz) bestreichen und sofort essen.

Hafer und Roggen

Hafer

Hafer wird dort angebaut, wo Weizen und Gerste wegen des feuchten Klimas nicht gedeihen; er verträgt auch sauren Boden. In Nordamerika und Nordeuropa wird Hafer an kalten und feuchten Stellen angebaut, manchmal sogar in Gletscherdriften, wo der Boden meistens schwer, sauer und wenig durchlässig ist. Hafer und Kartoffeln machten es den Menschen möglich, Gebiete zu besiedeln, in denen keine andere Kulturpflanze gedeihen kann.

Die Saat

In feuchten Regionen wird Hafer gewöhnlich im Frühjahr gesät; in trockeneren und wärmeren Zonen bevorzugt man die Wintersaat, da sie reichere Erträge bringt und weniger von der Fritfliege, dem gefürchteten Haferschädling, befallen wird. Der Hauptverlust bei der Wintersaat entsteht durch die Vögel. Deswegen sollte die Wintersaat möglichst erfolgen, wenn auf anderen Feldern gerade der Sommerhafer eingebracht wird. Die Vögel beteiligen sich dann dort an der Ernte und schädigen unter Umständen die Saat weniger. Der Haferanbau unterscheidet sich nicht vom Weizenanbau (s. S. 58).

Die Ernte

Im Gegensatz zur Gerste, die bei der Ernte ausgereift und trocken sein muß, soll das Haferstroh noch leicht grün sein. Beim Hafer empfiehlt sich das Mähen mit der Sichel, Sense, Mähmaschine oder dem Bindemäher und das Aufstellen in Hocken. Bei der Ernte mit dem Mähdrescher werden viele Körner ausgeschlagen und verstreut. Eine alte Bauernregel sagt, daß der in Hocken auf dem Feld stehende Hafer drei „Kirchgänge", also drei Sonntage, erleben muß. Dadurch soll das Stroh, das dazwischen hochgewachsene und mitgemähte Gras und die Frucht selbst restlos austrocknen, damit das Lagergut nicht fault oder muffig wird.
Viele altmodische Bauern, zu denen auch ich mich zähle, verfüttern den Hafer „auf dem Halm" an ihre Pferde und Rinder. Mit anderen Worten: Der Hafer wird ungedroschen vorgelegt. Im Winter reicht als Zusatzfutter zum Heu eine Garbe pro Tier und Tag für einen Ochsen oder eine trokkenstehende Kuh.
Die Tiere fressen das Stroh mitsamt dem Korn. Von allen Getreidesorten gibt Hafer, ob nun gedroschen oder nicht, das beste Futterstroh. Gutes Haferstroh ist besser als schlechtes Heu. Arbeitspferde erhalten selbstverständlich reinen Hafer. Darüber mehr auf Seite 42.

Das Mahlen

Die Schotten und andere kluge Leute mahlen den Hafer folgendermaßen: Sie dörren ihn vorher, d. h., er wird in der Getreidedarre (s. S. 69) getrocknet. Da das Korn durch und durch trocken sein soll, wird es bei einer ziemlich hohen Temperatur gedörrt. Das ist das Wichtigste am ganzen Mahlvorgang. Dann kommt die Frucht zwischen zwei auf Abstand gestellte Mühlsteine, und die Schale (Spelze) wird abgesprengt. Die Spelzen werden fortgeblasen und das saubere Korn bleibt übrig. Es wird zwischen den jetzt enger stehenden Mühlsteinen grob gemahlen
Es gibt zwei ganz verschiedene Wege, aus diesem Hafermehl Porridge zu machen, beide sind aber gleich gut. Erstens: Das Mehl wird in kochendes Wasser gestreut, umgerührt bis es dick genug ist, vom Feuer genommen und gegessen. Zweitens: Porridge in gleicher Weise herstellen, aber dann den geschlossenen Topf über Nacht in eine Kochkiste stellen. (Eine Kochkiste ist eine mit Heu ausgepolsterte Kiste. Der Topf mit dem kochenden Porridge wird im Heu vergraben und kocht die ganze Nacht weiter.) Es wird dann zum Frühstück serviert. Porridge wird mit Milch oder Sahne und Salz angerichtet, niemals mit Zucker.

Roggen

Roggen ist ein Getreide für trockene, kühle Landstriche und leichte, sandige Böden. Er gedeiht auf viel ärmeren Böden als jedes andere Getreide, ist abgehärtet gegen kalte Winter und verträgt auch sauren Boden. Lohnend ist der Roggenanbau immer, wenn man das Korn als Mischgetreide zum Weizen beim Brotbacken benutzen möchte. Reines Roggenbrot ist feucht, dunkel, etwas bitter, aber sehr nahrhaft.

Die Saat

Der Roggenanbau unterscheidet sich nicht von dem der anderen Getreidesorten (s. S. 58). Wenn die Pflanzen bei einer Herbstaussaat schnell in die Höhe geschossen sind – und das ist meistens der Fall – ist ein winterliches Beweiden durch Schafe und Kühe, für die es um diese Jahreszeit kein Grünfutter mehr gibt, von großem Vorteil. Der Roggen wächst sehr schnell nach und bringt eine gute Ernte. So hoch wie bei Weizen wird der Ertrag allerdings niemals sein. Oft wird Roggen überhaupt nur als Weide für Schafe und Kühe angebaut. Im Anschluß an die Kartoffelernte im Herbst wird eine „Zwischensaat" ausgebracht, die im Frühjahr abgeweidet wird, wenn die Tiere nach den „Hungerwochen" nach jedem grünen Halm lechzen und die Weiden noch nichts hergeben. Anschließend wird das Feld gepflügt und eine Sommersaat ausgebracht. Da Roggen im allgemeinen den Winter gut übersteht, ist diese Anbaumethode sehr vorteilhaft. Die Winteraussaat ist auch deshalb günstig, weil Roggen anscheinend von Vögeln nicht so geschätzt wird wie andere Getreidesorten. Weizen- und Hafersaat wird von Krähen stark geschädigt, Roggen scheint diesen diebischen Vögeln zu entgehen.

Die Ernte

Roggen reift früher als andere Getreidesorten und wird in der Totreife gemäht, da die Körner nicht leicht ausstreuen. Das Stroh gibt eine gute Einstreu und eignet sich besonders als Dachstroh. So baue ich in diesem Jahr zum Beispiel Roggen speziell wegen des Dachstrohs an.

Haferkekse

Haferkekse sind dünne, schmackhafte Kräcker, die für sich allein gut schmecken, noch besser aber mit Käse oder selbstgeräuchertem Schinken.
Du brauchst:
150 g feines oder mittelfeines Hafermehl
1 Teelöffel flüssiges Schmalz
½ Teelöffel Salz
½ Teelöffel doppelkohlensaures Natron
heißes Wasser
Mehl, Natron und Salz mischen. Das flüssige Schmalz und soviel Wasser in eine Vertiefung in der Mitte des Mehls geben, daß ein weicher Teig entsteht. Auf einem bemehlten Backbrett zu einem geschmeidigen Teigball kneten. Den Teig möglichst dünn ausrollen. Mit Mehl bepudern, damit die Kräcker weiß aussehen. Auf ein heißes Kuchenblech legen und in 4 oder 8 Teile schneiden. Bei 175° so lange backen, bis sich die Ekken aufrollen. Im Grill werden die Kekse leicht braun getoastet.

Porridge

Porridge ist das beste Frühstück für kalte Wintermorgen, wärmend, nahrhaft und schnell zubereitet. Zutaten für 2–3 Personen:
125 g Porridge-Haferflocken (gewöhnliche Haferflocken über Nacht einweichen)
0,4 l kaltes Wasser oder Milch und Wasser
Salz nach Geschmack
Wasser oder noch besser Milch und Wasser in einen Topf füllen und Salz und Haferflocken dazugeben. Zum Kochen bringen und unter ständigem Rühren 3–4 Minuten kochen. Diese Menge ergibt zwei bis drei Portionen.

Müsli

Von allen Gerichten läßt sich dieses wohl am besten dem Geschmack des einzelnen anpassen. Haferflocken oder auch andere Getreideflokken, Nüsse, Zucker, Honig, Rosinen und jedes beliebige, frische Obst, was jahreszeitlich bedingt gerade vorhanden ist, mischen. Besonders gut schmecken Äpfel, Birnen und Pfirsiche. Manche weichen ihr Müsli über Nacht in Milch ein. Ich finde es frisch und knusprig mit etwas Sahne besser.

Wasser-Bisquits

Mir kommen sie immer ein wenig fad vor, aber den Frauen der Familie schmecken sie, und sie sind gesund.
Du brauchst:
Hafermehl (oder anderes Mehl, aber Hafermehl eignet sich am besten)
Salz nach Geschmack
Wasser
Die Zutaten zu einem glatten, ausrollbaren Teig verarbeiten und 6 mm dick ausrollen. Vierecke oder Kreise von beliebiger Größe ausstechen. Ein Muster in die Oberfläche ritzen und auf dem gefetteten Blech bei 175° knusprig backen.

Geröstete Kornflocken

Alle Kornflocken eignen sich dafür, Haferflokken, Gerstenflocken und Hirseflocken sind die gebräuchlichsten. Die Herstellung ist denkbar einfach. Man braucht dazu nur ein Feuer und eine saubere, trockene Bratpfanne. Die Flocken in die Pfanne geben und erhitzen, bis sie schwach braun sind. Sie sind lecker und knusprig und schmecken nach Nüssen.

Pfannkuchen

Aus Hafermehl sind sie besonders gut, aber du kannst Pfannkuchen aus allen Mehlsorten und Getreideflocken backen. Die Zubereitung ist immer gleich. Für ca. ein Dutzend Hafermehl-Pfannkuchen brauchst du die folgenden Zutaten:
250 g Hafermehl
2 Eier
0,4 l Milch oder Wasser
Salz oder Zucker
etwas Butter oder Öl
Aus Hafermehl, Eiern und Milch oder Wasser einen cremigen Teig bereiten, mit Salz oder Zucker abschmecken, je nachdem, ob die Pfannkuchen mit süßen oder salzigen Beilagen serviert werden sollen. Die Masse vor dem Bakken zwei Stunden stehen lassen. Eine Bratpfanne einfetten und gut erhitzen. Soviel Pfannkuchenteig in die Pfanne gießen, daß der Boden dünn bedeckt ist und backen, bis die Oberfläche fest wird. Dann den Pfannkuchen wenden. Könner werfen ihn dazu in die Luft, aber mit einem Pfannenheber oder Topfdeckel geht es auch. Die andere Seite backen, bis der Pfannkuchen trocken und knusprig aus der Pfanne gleitet. Das Ganze dauert nur wenige Minuten. Sie werden mit Hackfleisch, Fisch, Gemüse, auch Marmelade gefüllt oder auch nur mit Zitronensaft und/oder Zucker serviert.
Besonders locker und angenehm werden Pfannkuchen, wenn du dem Teig Hefe zufügst und ihn vor dem Backen gehen läßt. Bei einer anderen Variante nimmt man als Flüssigkeit Bier.

Haferflocken-Pastete

Das ist eine Pastete für Vegetarier und ein Vollgericht. Sie wird heiß gegessen. Meistens wird sie mit einer dunklen, mit Mais oder Sojamehl gebundenen Sojasoße angerichtet. Aber auch eine würzige Tomaten- oder eine Fleischsoße paßt gut dazu.
Du brauchst:
3 Teile Haferflocken (250 g ergeben eine Pastete für 4–5 Personen, statt Haferflocken kann man auch Gersten- oder Hirseflocken nehmen)
3 Teile Wasser
2 Stangen Lauch, 2 Zwiebeln oder beides, geschnitten
1 Knoblauchzehe
gehackte Petersilie
Öl
Salz
Zwiebeln, Lauch und Knoblauch in etwas Pflanzenöl langsam hellbraun dünsten. Die Getreideflocken gesondert in etwas Öl rösten, so lange, bis sie zartbraun sind. Wenn die Flocken gut mit Öl überzogen sind, Wasser und Salz zugeben und bei mittlerer Hitze unter ständigem Rühren zu einem dicken, festen Brei kochen. Zwiebeln, Lauch und Knoblauch untermengen und die Masse in eine gefettete Auflaufform füllen. 1 Stunde bei 200° in der Röhre backen. Die Kruste soll zart braun und das Innere weich und saftig sein.

Roggenkörner und Gemüse

Auch andere Getreidesorten können wie Reis zubereitet werden. Die Roggenkörner nach Möglichkeit eine Nacht oder wenigstens zwei Stunden vor dem Kochen einweichen. Es geht auch ohne, aber die Kochzeit ist dann länger. Den Roggen mit etwa der vierfachen Menge Wasser kochen, bis die Körner aufplatzen. Das überschüssige Wasser abgießen – nicht weggießen, sondern für eine Suppe verwenden – und ein schwach gedünstetes Gemüse wie z. B. Möhren, Zwiebeln, Rüben, Kohl oder was jahreszeitlich bedingt zur Verfügung steht, unter den Roggen mischen. Erst nach dem Kochen salzen, nicht vorher. Es ist ein volles Gericht für Vegetarier, kann aber auch als Beilage zu Fleischgerichten gereicht werden.

Roggentoast

Ein ausgezeichnetes Party-Gebäck und sehr appetitlich zu Rollmops, Käse, eingelegtem Kürbis usw.
Du brauchst:
1 Laib Roggenbrot
Butter
Zitronensaft
verschiedene frische Kräuter
Das Brot in sehr dünne Scheiben schneiden und bei schwacher Hitze (ca. 120°) im Ofen backen, bis sie ganz trocken und knusprig sind. Das dauert etwa eine Stunde. Inzwischen die Kräuter ganz fein hacken und mit der zerlassenen Butter und dem Zitronensaft mischen. Die Masse mit einem Pinsel auf die Toastbrote streichen (einen Pinsel kannst du selbst aus einem runden Holzstab, einigen Schweineborsten und einem Baumwollfaden anfertigen). Das Brot nochmals für etwa 10 Minuten in den Ofen schieben, damit die Kräuterbutter in die Toastscheiben einzieht.
Kühl und locker aufbewahrt hält sich Roggentoast einige Tage und kann bei Bedarf erneut im Ofen gewärmt werden.

Roggenwaffeln

Sie sind ausgesprochen lecker, und für eine Kinderparty kann man selten genug davon backen.
Für 10 Waffeln brauchst du:
125 g Roggenmehl
2 Eier
eine Prise Salz
etwas Milch
Mehl, Eigelb, Salz und Milch zu einer cremigen Masse verrühren. Das Eiweiß schlagen und darunterziehen. Ein Waffeleisen erhitzen, fetten und auf die übliche Weise Waffeln backen, indem du einen Löffel voll Teig auf das heiße Eisen gießt und ihn in wenigen Sekunden ausbackst. Heiß mit Butter bestrichen servieren.

Honigkuchen

Honigkuchen kann man dick und weich oder dünn und knusprig backen, immer ist er aber außergewöhnlich schmackhaft.
Du brauchst:
250 g Roggenmehl
2 Eßlöffel Honig
Wasser
30 g Hefe oder 15 g Trockenhefe
Die Hefe in Wasser auflösen und diese Flüssigkeit mit dem Mehl und dem Honig zu einem dicken Teig mischen. Über Nacht stehen lassen. Am nächsten Tag den Teig ausrollen und Formen ausstechen. 15 Minuten bei 220° backen. Der Teig geht dabei zu dicken, waffelähnlichen Keksen auf. Für dünne Kekse wird der Teig dünner ausgerollt und im Waffeleisen gebakken.

Gerste

Zum ersten ist die Gerste gutes Viehfutter, und zweitens braucht man sie für die Bierbereitung. Als Brotgetreide ist sie weniger geeignet, da das im Korn enthaltene Protein nicht als Kleber auftritt, sondern wasserlöslich ist. Dadurch kann das bei der Hefegärung entstehende Gas nicht gehalten werden, und der Teig geht nicht auf. Man kann allerdings Weizen- und Gerstenmehl im Verhältnis 3 : 1 mischen und damit ein recht außergewöhnliches Brot backen. Gerste gedeiht auf viel leichteren und schlechteren Böden als Weizen und verträgt auch kälteres und nässeres Klima, wenn auch Braugerste durchweg in trockenen Regionen angebaut wird.

Saat

Eine alte Bauernregel lautet: Säe Weizen ins Nasse und Gerste bei Nebel. Mein Nachbar erzählte, daß die Knechte zu seinem Vater kamen und sagten: „Herr, wir müssen die Gerste säen, der Bauer drüben über dem Tal sät bereits." „Könnt ihr mir sagen, welches Pferd er eingespannt hat?" fragte der alte Mann, der nicht mehr sehr gut sehen konnte. „Den Rotschimmel und den grauen Wallach", antworteten die Knechte. „Dann wird die Gerste noch nicht gesät", bestimmte der alte Mann. Nach einigen Tagen wiederholte sich das gleiche, und als der alte Mann wieder fragte, welche Pferde der Nachbar eingespannt hätte, antworteten die Knechte: „Vor lauter Nebel können wir sie nicht erkennen." „Dann sät jetzt die Gerste aus!" sagte der alte Mann.
Es ist Tatsache, daß die Gerstenaussaat recht heikel ist. Sie braucht ein viel feineres Saatbett als Weizen. Meistens wird Sommergerste ausgebracht, da sie eine kürzere Entwicklungszeit als Weizen hat. Sie wächst so schnell, daß sie sogar bei einer Aussaat im Mai noch reif wird. So ist jede Zeit ab Anfang März geeignet, sofern der Boden warm und ausreichend abgetrocknet ist. In meiner Heimat gibt es einen besonderen Festtag, den sogenannten Gersten-Sonnabend, das ist der letzte Sonnabend im April. Bis dahin soll jeder seine Gerste im Boden haben, und um dies zu feiern, findet eine prächtige Hengstparade statt, und alle Geschäfte sind den ganzen Tag geöffnet. Gerste, besonders Braugerste, darf man nicht zuviel Stickstoff geben, dagegen braucht sie reichlich Phosphor, Kali und Kalk. Ich säe pro Morgen etwa 75 kg Gerste breitwürfig aus. Bei einer Reihensaat braucht man weniger, etwa 60 kg. Wahrscheinlich ist diese günstiger, aber wir haben keine Sämaschine und erzielen mit der Streumethode recht gute Ergebnisse. Auf jeden Fall wird nach der Reihensaat ebenso wie nach der breitwürfigen Aussaat geeggt und gewalzt. Im Ganzen ist die Behandlung die gleiche wie beim Weizen, außer daß das Saatbett feiner sein muß und Gerste meistens auf ärmeren Böden angebaut wird.

Ernte

Gerste wird wie Weizen geerntet (s. S. 52–53). Wird dafür der Mähdrescher eingesetzt, muß die Gerste vorher totreif sein. Nach einer alten Methode wird sie wie Heu eingebracht. Sie wird nicht in Garben gebunden, sondern locker auf dem Boden getrocknet und immer wieder gewendet. Dann wird sie ebenfalls wie Heu locker eingefahren und gestapelt. Später kann man sie mit der Gabel direkt in die Dreschmaschine werfen. Wird das Getreide in Garben gebunden, muß es mindestens eine Woche als Hocke auf dem Feld stehen. Grundsätzlich wird Gerste niemals gemäht, ehe nicht alle Ähren hängen, die Körner hart sind, die Schale gelb ist, die Körner sich leicht aus der Ähre lösen und das Stroh dürr ist. Dann kann es in Mandeln aufgesetzt werden. Gerstenstroh ist ein recht gutes Futterstroh. Als Dachstroh ist es ungeeignet, und auch als Pflanzenabdeckung oder Stallstreu nicht besonders brauchbar.
Die Frucht ist das Biergetreide par excellence, und trotzdem wird die meiste Gerste an die Schweine und das Rindvieh verfüttert. Für Schweinefutter wird es gemahlen und für Rinderfutter geschrotet. Hat man keine Mühle, weicht man es für 24 Stunden ein. Und wer es essen möchte, probiert am besten folgende Rezepte aus:

Gerstensuppe

Es handelt sich hier um eines der Hauptgerichte des Selbstversorgers und nicht um irgendeine beliebige Suppe. Gerstensuppe ist warm und nahrhaft, und das Gemüse kann man nach der Jahreszeit auswählen. Man nimmt, was gerade wächst. Gibt es keine Rüben, verwendet man eben mehr Mohrrüben.

Du brauchst:
60 g gewaschene und geschälte Gerste
0,5 kg Hammelfleisch
2,5 l Wasser
1 Teelöffel Salz
3 oder 4 Mohrrüben
2 oder 3 Stangen Lauch
3 oder 4 Zwiebeln
1 große Steckrübe oder
1 große Kohlrübe

Alle Zutaten in einen Kochtopf geben, schwach würzen, Topf schließen und drei Stunden kochen. Von Zeit zu Zeit umrühren, damit sich nichts am Boden festsetzt. Das Fleisch nach dem Kochen herausnehmen, die Knochen entfernen und in mundgerechte Stücke schneiden. Diese wieder in die Suppe geben. Nach Möglichkeit gehackte Petersilie zufügen.

Northumberland Gerstenkuchen

Wenn man keine Tiefkühltruhe hat, bleibt dieser Kuchen länger frisch als Brot. Eigentlich sind es große, dicke Brötchen, die sich gut als Zwischenmahlzeit eignen.

0,5 kg Gerstenmehl
1 Teelöffel Salz
1/2 Teelöffel doppelkohlensaures Natron
1/4 Teelöffel gereinigten Weinstein
0,3 l Butter- oder Magermilch

Alle Zutaten in eine Schüssel geben und zu einem weichen Teig verrühren. Teigbälle formen und diese zu 25 cm großen und 2 cm dicken Fladen ausrollen. In der Pfanne nacheinander beide Seiten goldbraun backen. Kalt servieren, in Stücke schneiden und mit Butter bestreichen.

Gersten-Mürbeteig

Er ist sehr leicht und krümelig und für Obstkuchen, Tortenböden und zum Leidwesen der Zahnärzte und zur Freude der Kinder für Sirupplätzchen gut geeignet. Man nimmt ein gewöhnliches Mürbeteigrezept, verwendet statt Weizenmehl die gleiche Menge Gerstenmehl und verringert die Fettmenge etwas. So nimmt man etwa bei 250 g Mehl statt 125 g Fett nur 90 g. Den Teig auswellen und wie einen Weizenmehl-Mürbeteig backen.

Gerste malzen

Wenn etwas über Jahrtausende dazu beigetragen hat, den Menschen das Leben freundlicher zu gestalten, auch wenn es ihnen manchmal Kopfschmerzen beschert hat, so ist es die Entdeckung des Malzes. Nachdem sie einmal den Wert des Getreides für ihre Ernährung erkannt hatten, dauerte es gar nicht lange, und sie fanden auch heraus, daß es gärt, wenn es im Wasser liegt, und daß dieses Wasser eine berauschende Wirkung hat, besonders wenn man es in großen Mengen genießt. Aus jedem stärkehaltigen Getreide kannst du Bier brauen.

Später entdeckte dann irgend jemand, daß das Bier besser und die berauschende Wirkung stärker ist, wenn man gekeimtes Getreide verwendet. Er wußte wahrscheinlich nicht, warum das so ist; heute haben wir eine Erklärung dafür. Alkohol entsteht aus Zucker. Hefe, ein mikroskopisch kleiner Schimmel oder Pilz, nährt sich von Zucker und verwandelt ihn in Alkohol. In begrenztem Ausmaß bewirkt sie das gleiche bei der Stärke. Da Getreide zum größten Teil aus Stärke oder Kohlehydraten besteht, kann mit Hefe auch aus nicht gekeimtem Getreide ein schwaches Bier gewonnen werden. In den Getreidekeimen bildet sich ein die Stärke in Zucker umwandelndes Enzym. Deshalb läßt man die Braugerste erst keimen, ehe sie vergoren wird. In der Praxis nennt man dies das Malzen, und die gekeimte Gerste heißt Malz. Im Prinzip kann man jedes Getreide malzen, aber Gerste enthält die meiste Stärke.

Das Malzen

Die Gerste in lauwarmes Wasser geben oder in einem porösen Sack in das Wasser hängen. Nach 4 Tagen herausnehmen und auf den Fußboden schütten. Jeden Tag die Temperatur messen. Sinkt sie unter 17°, die Gerste enger zusammenziehen, steigt sie über 20°, die Gerste mehr ausbreiten und hin und wieder bewegen, so daß sie abkühlt. Die Gerste feucht, aber nicht naß halten: regelmäßig mit lauwarmem Wasser besprengen. Dadurch wird die gewünschte Keimung angeregt. Nach etwa 10 Tagen sollen die Malzkeime oder Getreidesprossen (nicht die Wurzeln, die ebenfalls wachsen) ca. 2/3 der Kornlänge haben. Die Keime sind unter der Schale der Körner gut erkennbar. Nach ausreichender Keimung die Körner ausbreiten und 12 Stunden liegen lassen. Jetzt ist das „Grünmalz" fertig und kann weiterverarbeitet werden.

Das Rösten

Das Getreide oder „Grünmalz" wird geröstet. Das heißt, es muß auf eine Temperatur von 50° gebracht werden, entweder über einem Feuer oder Grill, oder auch in einem Backofen mit geöffneter Klappe, damit die heiße Luft durch das Getreide zirkulieren kann. Während des Röstens wird das Getreide in der sogenannten „Darre", das ist nichts anderes als eine gelochte Blechpfanne, ständig bewegt. Dadurch erhältst du das „Darrmalz".

Das Rösten für spezielle Biersorten

Die Farbe und Beschaffenheit des Biers wird durch den Darrvorgang, den das durch das Keimen entstandene Grünmalz durchläuft, beeinflußt. Einmal wird durch das Darren das Korn und der Keim abgetötet. Unterbliebe dies, so würde das Korn einen Trieb ausbilden. Außerdem wird es durch das Rösten haltbar. Das ist wichtig, weil man es fast immer vor der Verarbeitung lagern muß. Wenn es naß und noch keimend einfach in einen Sack gefüllt würde, wäre es bald verfault. Durch schwaches Rösten erhältst du ein nur leicht gefärbtes Darrmalz und folgerichtig auch ein helles Bier, während stärkeres Rösten dunkles Darrmalz und somit auch dunkles Bier ergibt. Für helles Bier hältst du die Temperatur beim Darren etwas unter 50°, und für dunkles Bier erhöhst du sie auf etwa 60°, aber auf keinen Fall höher. Denn dann würden die Enzyme abgetötet, die während des Maischens die im Darrmalz vorhandene Stärke in Zucker umwandeln.

Der „Mälzer" beobachtet sein Malz in der Darre, wendet es ständig und bricht den Röstprozeß in dem Augenblick ab, wenn das Darrmalz die für das von ihm geplante Bier richtige Beschaffenheit hat. Der Röstprozeß kann beendet werden, wenn das Korn beim Daraufbeißen knackt. Für Porter muß das Darrmalz fast schwarz sein, darf aber trotzdem nicht stärker als 60° erhitzt werden, vielmehr muß die Färbung durch längeres Rösten erzielt werden. Nach dem Rösten wird das fertige Darrmalz in einer Schrotmühle grob zu Schrot gemahlen.

Das Malzen

Die Körner vier Tage lang einweichen und dann in einem Haufen auf den Boden schütten. Durch angemessenes Ausbreiten und Zusammenziehen des Haufens die Temperatur zwischen 17° und 20° halten. Es dauert etwa 10 Tage, bis die auf 2/3 der Kornlänge herangewachsenen Keime unter der Schale zu sehen sind. Anschließend wird das Getreide in einer Darre (unten rechts) getrocknet und in einer Mühle geschrotet. Das Malz ist fertig.

Bier brauen

Die hier beschriebene Bierbereitung darf ausschließlich für persönliche Verwendung durchgeführt werden und bedarf außerdem der Genehmigung der zuständigen Behörde. Zur Bierbereitung braucht man Hopfen. Ein Eigenanbau lohnt sich auf jeden Fall.

Hopfen-Bodenansprüche

Hopfen bevorzugt einen tiefen, gut durchlässigen Lehmboden und großzügiges Düngen, hauptsächlich mit Stallmist. Aber mehr oder weniger wächst er auf jedem Boden, solange dieser gut gedüngt und nicht sumpfig ist. Wenn man ihn nur für die Hausbierbereitung anbaut, genügt auch eine schwache Ernte, denn man benötigt nur einige Pfund.

Hopfen-Anbau

Das Beet gründlich säubern. Alle Wurzeln von ausdauerndem Unkraut und Gras entfernen. Gepflanzt werden etwa 30 cm lange Wurzelabschnitte, die ein Nachbar oder Hopfenbauer gern abtritt. Hopfen bildet jedes Jahr einen umfangreichen Wurzelstock, und eine ausgewachsene Pflanze spürt den Verlust einiger Ausläufer nicht.
Die Wurzelabschnitte im Abstand von 60–90 cm mit sehr viel Mist oder Kompost auspflanzen. Hopfen benötigt ein Rankgerüst aus gespannten Drähten, einige dicht am Boden, andere hoch darüber. Senkrechte Spanndrähte ermöglichen das Hochranken, man rechnet 3 oder 4 senkrechte Kletterdrähte pro Wurzelstock. Wenn der Hopfen einmal mit dem Wachsen angefangen hat, veranstalten die Ranken einen regelrechten Wettlauf die Drähte hinauf. Du kannst sie buchstäblich wachsen sehen. Auftretende Blattläuse werden mit Derris, Nikotin, Pyrethrum und anderen ungiftigen Insektiziden bekämpft.

Hopfen-Ernte

Geerntet wird die Blüte, wenn sie voll erblüht und mit dem bittersüß duftenden, gelben Staub angefüllt ist, der die Wirkstoffe für die Bierbereitung enthält. Die Blüten sorgfältig über dem Ofen trocknen, vielleicht auf einem Drahtnetz, einem Leinentuch oder einer anderen durchlässigen Unterlage. Das Trockengut am besten in Leinensäckchen aufbewahren.
Diese Angaben über den Hopfenanbau sind nur für den Hausgebrauch gültig, also für alle, die gerade genug Hopfen für ihr eigenes Bier anbauen möchten. Der kommerzielle Hopfenanbau unterscheidet sich ganz erheblich davon.

Malz und Malzextrakt

Auch aus Malzextrakt, den du beim Drogisten oder in den „Brau-Küchen" verschiedener Firmen bekommst, läßt sich Bier brauen. Dieses Bier ist meistens stark und schmackhaft, hält aber einen Vergleich mit aus Malz gebrautem nicht aus. Das aus selbst hergestelltem Malz (s. S. 69) gebraute Bier ist ohne Frage das beste. Auch Malz kannst du in Säcken kaufen, und es ist auf jeden Fall dem Malzextrakt vorzuziehen. Der Unterschied zwischen dem Malzextrakt-Bier und dem aus Malz gebrauten Bier ist sehr groß, und wenn man sich einmal an das bessere Bier gewöhnt hat, kann man dem Malzextrakt-Bier beim besten Willen nichts mehr abgewinnen.

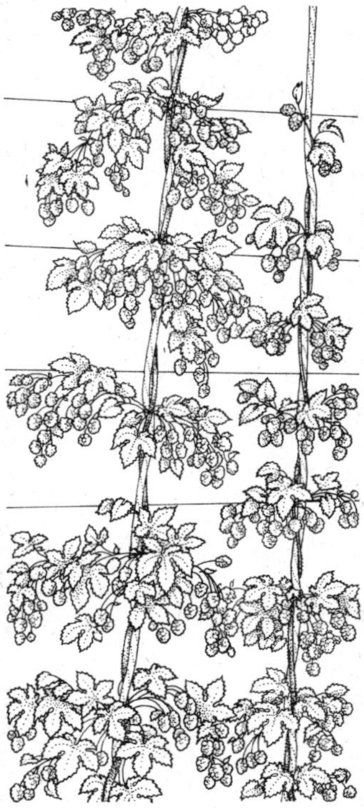

Der Hopfenanbau

Hopfen braucht ein Klettergerüst, sonst verwirrt er sich hoffnungslos, und das Ernteergebnis ist minimal. Für das Gerüst waagerechte Drähte zwischen starke Pfosten spannen und senkrechte Kletterdrähte einflechten, für jeden Wurzelstock drei oder vier. Dann braucht man nur noch zusehen, wie der Hopfen wächst und – falls nötig – die Blattläuse bekämpfen. Die Blüte wird geerntet, wenn sie voll erblüht ist (oben). Sie ist mit einem bitteren, gelben Staub gefüllt.

Bier brauen

Ehe du am Abend ins Bett gehst, kochst du 45 l Wasser. Während es zum Kochen kommt, fertigst du einen Filter für das Maischgefäß. Meistens ist dies ein mindestens 20 l fassendes Faß ohne Deckel. Als Filter kannst du ein Bündel Stroh, Heu oder Ginster mit Bindfaden zusammenbinden, ein Ende des Bindfadens führst du von innen nach außen durch das Spundloch und ziehst es fest an, so daß das Bündel fest gegen die Faß-Innenwand gepreßt wird. Dann den Bindfaden durch Einschlagen des Spundhahns festhalten. Ein im Boden des Fasses liegendes Spundloch kann mit einem Eschenspund verschlossen werden. Wenn das Spund-

Bierbrauer-Zubehör

Wer eine Begründung für das Sammeln schöner Gefäße braucht, sollte unter die Bierbrauer gehen. Es gibt für die Lagerung des Biers nichts besseres als Holzfässer und Steinkrüge, und ein Faß ohne Deckel ist ein fabelhaftes Braugefäß. Unerläßlich sind ein Thermometer, eine Waage und ein Wasserkessel.

holz entfernt wird, ist das Spundloch offen. Packst du nun eine Lage Ginster in das Faß, etwas Stroh darüber, darauf einen flachen Stein mit einem Mittelloch und steckst das Spundholz durch diesen Stein ganz locker ins Spundloch, hast du einen perfekten Filter. Wenn das abgekochte Wasser auf 66° abgekühlt ist, gießt du es in das Braugefäß und schüttest 25 kg geschrotetes Malz dazu. Es wird solange umgerührt, bis das Malzschrot ganz vollgesogen ist. Diesen Vorgang nennt man „maischen". Das Wasser darf nicht heißer als 66° sein, da sonst die Enzyme abgetötet werden. Nachdem das Maischgefäß mit einem Tuch abgedeckt wurde, kannst du ins Bett gehen. Am nächsten Morgen öffnest du den Spundhahn oder lockerst das Spundholz und läßt die „Würze", wie die Flüssigkeit jetzt heißt, in Eimer abfließen. Sie wird in einen Kessel gefüllt, 0,5 kg Hopfen – in ein Leinensäckchen gebunden – hineingehängt und aufgekocht. Während die Würze ausfließt, wird die Maische mit kochendem Wasser begossen, bis 45 l Würze abgefiltert sind. Ein großer Teil der ursprünglich angesetzten 45 l wurde von dem Malz aufgesogen. Die Würze wird zusammen mit dem Hopfen eine Stunde gekocht. Für ein sehr starkes Bier fügt man ihr jetzt 2,5 kg Zucker oder – wenn man ihn entbehren kann – Honig zu. Man kann statt dessen auch 2,5 kg Malzextrakt hineingeben, aber weder das eine noch das andere ist ganz zunftgerecht und nicht nötig: Das Bier ist auch ohne Zugaben stark genug. Während die Würze kocht, wird der Maischebehälter gereinigt und die Maische als Schweine- oder Viehfutter zur Seite gestellt.
Die kochende Würze wird zurück in das Braugefäß geschüttet. Einen Krug voll nimmt man ab und stellt ihn zum Abkühlen in kaltes Wasser. Sobald die Würze in dem Krug handwarm (etwa 16°) ist, löst du etwas Hefe darin auf. Diese kann aus einer früheren Gärung stammen, oder du kaufst eine spezielle Brauhefe. Notfalls tut es auch eine Brothefe, sie ist aber von minderer Qualität, denn sie ist eine „untergärige Hefe" und sinkt im Bier nach unten; Brauhefe ist „obergärig" und um ein Vielfaches besser. Je schneller jetzt die Würze im Bottich abkühlt, desto besser. Ein Tauchkühler, wie er für das Milchkühlen benutzt wird, und der in der Flüssigkeit hängt, während kaltes Wasser durchfließt, ist eine große Hilfe. Steht dieses Gerät jedoch nicht zur Verfügung, kann man auch einen mit kaltem Wasser gefüllten Eimer in die Würze hängen. Es darf natürlich kein Wasser in die Würze laufen, und der Eimer muß von außen absolut sauber sein. Ein schnelles Abkühlen läßt Schädlingen weniger Zeit, sich anzusiedeln, ehe die Würze die richtige Temperatur zur Beigabe der Hefe hat.
Ist die Temperatur auf 16° gesunken, schüttest du die im Krug angesetzte Hefe dazu und rührst kräftig um. Der Bottich wird sorgfältig abgedeckt, damit weder die Essigfliege noch Staub eindringen können. Jetzt läßt du das Braufaß mindestens drei Tage ganz in Ruhe. Dann wird die nach oben gestiegene Hefe abgeschöpft, weil sie sonst auf den Boden sinkt. Nach etwa fünf bis acht Tagen ist die Gärung beendet und das Bier wird „abgezogen", das heißt sehr vorsichtig, ohne die Bodenrückstände aufzuwirbeln, in die endgültigen Lagergefäße gefüllt. Diese werden gut verschlossen, denn jetzt darf keine Luft mehr eindringen. Das Bier ist fertig.
Statt der Holzbehälter oder Tongefäße kannst du auch eine große Kunststoff-Mülltonne als Braugefäß benutzen. Holzgeschirr muß absolut sauber gehalten werden. Wer gern ein stark schäumendes Bier haben möchte, wie es in Wirtschaften ausgeschenkt wird, füllt es, kurz bevor die Gärung beendet ist, in Flaschen mit Schraubverschluß.

Dünnbier

Man wundert sich manchmal, wenn man liest, daß unsere Vorfahren schon zum Frühstück Bier tranken und dann eigentlich den ganzen Tag ohne Pause damit weitermachten. Man muß aber berücksichtigen, daß sie nur Dünnbier tranken. Es ist ein angenehmes, schwach alkoholisches Malzgetränk, von dem niemand betrunken wird. Es ist im Gegenteil recht gesund und dazu ein natürliches Nebenprodukt, das beim Bierbrauen anfällt.

Dünnbier brauen

Voraussetzung ist das Bierbrauen, wie es oben beschrieben wurde. Nur wird die Maische nicht mit kochendem Wasser begossen und die dabei entstehende Brühe nicht durch das Spundloch abgelassen. Statt dessen gießt man, wenn die 45 l Würze für das richtige Bier gefiltert und zum Kochen aufgesetzt sind und das Spundloch geschlossen wurde, 45 l kochendes Wasser auf die Maische und läßt sie darauf stehen, solange man mit der Aufbereitung der ersten 45 l beschäftigt ist.
Spätestens dann stellt man fest, daß man einen zweiten Braubehälter benötigt. In dem ersten steht die Maische mit 45 l kochendem Wasser, und die abgeseihte Würze kocht zusammen mit dem Hopfen sprudelnd im Kessel. Sie kommt nun zur weiteren Bearbeitung in den neuen Behälter, dann filtert man die Dünnbierwürze aus dem ersten Behälter aus und kocht sie eine Stunde mit dem Hopfen im Kessel. Inzwischen leerst du die Maische aus, reinigst das Gärgefäß und füllst die kochende Dünnbierwürze ein. Dann kühlst du sie genau wie die normale Würze möglichst schnell ab und schüttest 1/2 bis 1 l von der stärkeren Bierwürze dazu, um die Gärung anzuregen. Wie beim richtigen Bier wird der Behälter abgedeckt und zum Gären stehengelassen.
Dünnbier ist natürlich nicht so lagerfähig wie richtiges Bier, denn es hat nur wenig Alkohol. Nach 14 Tagen wird es ungenießbar. Da man es aber in großen Mengen trinken kann und die Nachbarn einem gern dabei helfen, kommt es kaum soweit, daß man es wegkippen muß.

Das Bierbrauen

Alle Gefäße müssen einwandfrei sauber sein, wenn das selbstgebraute Bier haltbar sein soll. Sie werden geschrubbt, ausgebrüht und zur Desinfektion Sonne und Wind ausgesetzt. An einem ungestörten Abend beginnt das Brauen mit dem Aufsetzen von 45 l Wasser im Kupferkessel.

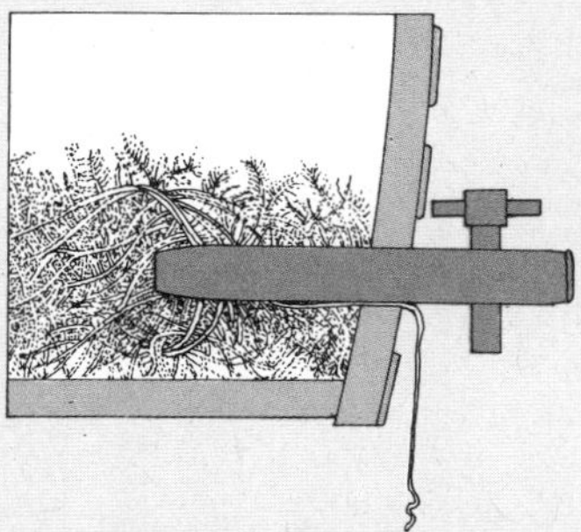

Das Braugefäß wird mit einem Filter versehen. Dazu etwas Ginster, Heu oder Stroh mit einer Schnur bündeln, das Bündel in das Braugefäß legen und das Schnurende von innen nach außen durch das Spundloch ziehen. Es wird mit dem hölzernen Spundhahn festgeklemmt.

Dann gießt man die Hälfte des auf 60° abgekühlten Wassers in das Braugefäß.

25 kg Malz hineinschütten, das restliche Wasser darübergießen und umrühren.

Anschließend das Braugefäß mit einem Tuch und einer Decke dicht abdecken und über Nacht stehen lassen. Die im Malz vorhandenen Enzyme sondern nun zusammen mit dem Wasser Malzzucker aus.

Am nächsten Morgen den Spundhahn öffnen und die „Würze“ (das ist die Flüssigkeit) in einen Eimer oder noch besser in den traditionellen Holzzuber ablaufen lassen.

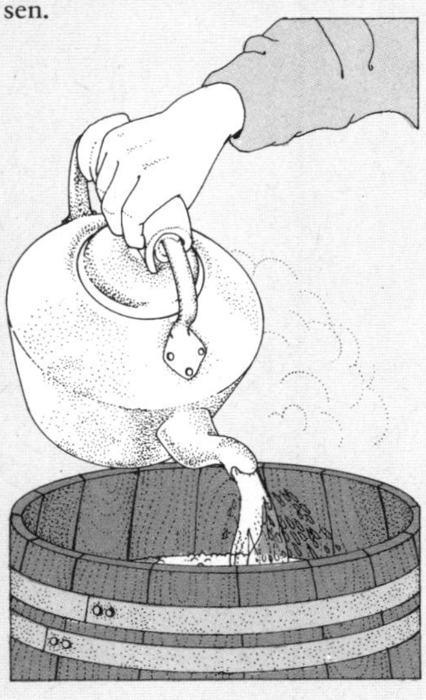

Nun das Malz im Gärgefäß immer wieder mit kochendem Wasser übergießen, damit der Zucker ausgeschwemmt wird, bis insgesamt 45 l Würze abgeflossen und vom Zuber in den Kochkessel gefüllt sind.

In diese Würze wird ein mit 0,5 kg Hopfen gefülltes Leinensäckchen gehängt. Wer möchte, kann jetzt Zucker, Honig oder Malzextrakt (3 kg auf 45 l Würze) zufügen. Die Würze muß eine Stunde kochen. Unterdessen wird das Braugefäß gereinigt. Das Malz ist ein ausgezeichnetes Schweine- oder Rinderfutter.

Von der heißen Würze füllt man einen Krug voll ab, kühlt sie im Wasserbad auf 16° ab und löst die Hefe darin auf. Entweder abgepackte Bierhefe (ca. 30 g) oder auch mehrere Eßlöffel „Bärme“ (das ist die beim letzten Brauen abgeschöpfte Bierhefe), die man zugedeckt an einem kühlen Platz aufgehoben hat, verwenden. Den Rest der Würze schüttet man in das gesäuberte Braufaß.

Sie muß so schnell wie möglich abkühlen. Unter Umständen kann man das durch pausenloses Eintauchen eines mit kaltem Wasser gefüllten Eimers erreichen.

Hat die Würze eine Temperatur von 16°, wird der „Starter“, der im Topf gärende Hefeansatz, dazugeschüttet und untergerührt. Mit einem Tuch bedeckt bleibt die Würze dann wieder drei Tage stehen.

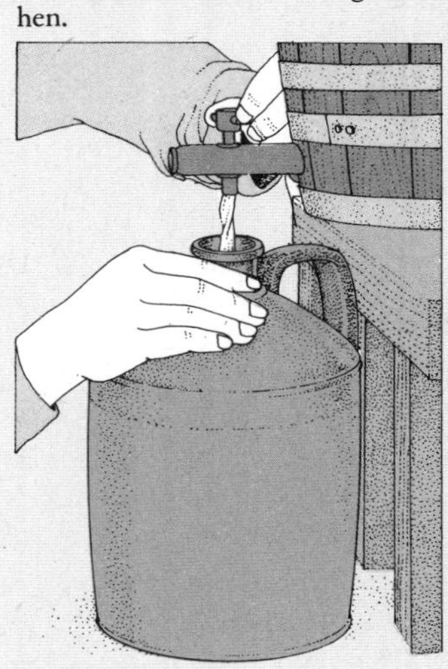

Jetzt wird die „Bärme“, die nach oben gestiegen ist, abgeschöpft. Nach 5–8 Tagen ist die Gärung beendet und das Bier kann in die Lagergefäße gefüllt werden.

Mais

Neben der Kartoffel und dem Tabak ist Mais das Wichtigste, was die Neue Welt der Alten gebracht hat.
Für den Maisanbau gibt es verschiedene Motive. Einmal kann er geerntet werden, wenn die Körner reif sind. Gemahlen sind sie eine Nahrung für Mensch und Tier. Zum zweiten wird Mais geerntet, bevor die Körner reif sind, in der sogenannten „Milchreife“. Die jungen Kolben werden gekocht und mit viel Butter verzehrt – das ist Kolbenmais. Die Körner an den unreifen Kolben sind noch ganz weich und sehr zuckerhaltig, weil sich dieser noch nicht zur Speicherung in Stärke umgewandelt hat, sondern sich noch in löslicher Form in der Pflanze befindet. Drittens wird Mais als Sommergrünfutter für das Vieh angebaut und lange vor der Reife geerntet, genau wie Gras. Viertens wird er für Silage angebaut. Hier erntet man ihn in der sogenannten „Teigreife“. Für die Silage wird der Mais sehr klein geschnitten oder gehäckselt, damit er ausreichend haltbar ist.
Die „Milchreife“ erlangt er auch unter nördlichen Klimabedingungen, nicht aber die Totreife, so daß die Körner gedroschen werden könnten (sie sind dann fast so hart wie Schrotkugeln), dies ist nur in wärmeren Gebieten möglich. Mais wird immer im Frühjahr gesät und gedeiht am besten in warmen und sonnigen, aber wiederum nicht zu trockenen Sommern. Er kann Trockenperioden jedoch überstehen, und je heißer die Sonne scheint, desto besser ist es für ihn. Bei ausgesprochen trockenem Klima braucht er bei zu wenig Regen Bewässerung.

Saat

Mais bevorzugt einen guten, aber leichten Boden; schwererer Lehmboden ist nicht geeignet. Er ist sehr frostanfällig, deshalb erfolgt die Aussaat erst zwei Wochen nach möglichen Spätfrösten. Pro Morgen werden ca. 12 kg benötigt, Saattiefe 8 cm. Die Reihenabstände können zwischen 35 und 75 cm betragen: Auf einem Quadratmeter Boden sollten etwa 8–9 Pflanzen stehen.

Pflege

Beim Mais sind Vögel eine fürchterliche Plage, ganz besonders die Saatkrähen. Sie können die ganze Saat holen, wenn man es nicht verhindert. Eine zwischen Pfählen, etwa 1,2 m über dem Boden gespannte Schnur hält zwar die Krähen ab, behindert aber stark beim Hacken. Das Abschießen dieser Plagegeister, das Auslegen der toten Vögel und Verstreuen der Federn hält sie für eine Weile fern.

Ernte

Es ist ein reines Vergnügen, die reifen Maiskolben mit der Hand zu pflücken. Mit seinen Helfern wandert man in einer Linie die Reihen entlang, pflückt rechts und links die Kolben und steckt sie in einen um die Schulter gehängten Sack. Dann tritt man die Pflanze mit dem Fuß um, damit man sieht, wo man schon gewesen ist. Hat man Hunger, wird ein Feuer aus Maisstroh oder Zweigen entfacht und einige Kolben hineingeworfen, ohne daß man vorher die Hüllblätter entfernt. Sind diese verbrannt und die Körner leicht geschwärzt, ist das Vesper fertig. Es unterscheidet sich zwar erheblich von den bekannten delikaten Zuckermaiskolben, aber es ist eine Mahlzeit für Könige – oder hungrige Ernter.

Maisanbau im Garten

In kalten Gegenden kann man Mais als „Zuckermais“ im Garten anbauen. Man sät entweder unter einem Folientunnel oder auch im Haus in Torftöpfen und setzt die Pflanzen nach dem letzten Frost mit den Töpfen ins Freiland. Oder man sät direkt ins Freiland, sobald keine Gefahr für Spätfröste mehr besteht, und zwar jeweils zwei Samenkörner in ein Pflanzloch, bei einem Abstand von 30 × 60 cm. Es ist für die Bestäubung günstiger, wenn die Pflanzen in Blöcken und nicht in langen Reihen stehen. Bei sehr trockenem Wetter muß er gegossen werden. Wenn sich die goldgelbe Quaste am Kolbenende braun färbt, ist Erntezeit.

Maisgerichte

Die Kolben in den Deckblättern ca. 15 Minuten kochen. Die Körner werden mit Salz und Butter direkt vom Kolben gegessen. Hierbei könnte ich jeden zu einem Wettessen herausfordern. Wir Seymours haben jahrelang Mais in Massen gegessen. Den ganzen Herbst über war er unsere Hauptnahrung. Die Hauptsache bei süßem Mais ist, daß er sofort nach dem Pflücken gegessen wird: Bei der Lagerung verwandelt sich der Zucker sehr schnell in Stärke, und die Körner verlieren an Aroma und Zartheit.

Polenta

Polenta wird aus gemahlenem Mais oder aus gemahlener Hirse zubereitet. Es ist ein norditalienisches Gericht, und wenn nach dem Kochen nicht reichlich Butter und Käse daraufgegeben wird, ist es ziemlich pampig, aber trotzdem recht schmackhaft. Für 6 Personen brauchst du:
225 g Maismehl
2 Teelöffel Salz
1,4 l Wasser
3 Teelöffel geriebenen Käse und Butter
Wasser und Salz in einem großen Topf zum Kochen bringen. Das Maismehl (Maisgrieß) unter Rühren einstreuen, um Klumpenbildung zu vermeiden. Unter ständigem Rühren ca. 30 Minuten kochen, bis der Brei so fest ist, daß er sich vom Topf löst. Er setzt leicht am Boden an, also Vorsicht! Den fertigen Brei in eine Schüssel füllen, mit Butterflöckchen belegen, mit geriebenem Käse bestreuen und für einige Minuten in den Grill schieben. Er schmeckt zwar ausgezeichnet ohne jede Beilage, aber noch besser mit gekochter, italienischer Wurst und viel Tomatensoße.

Polenta gnocchi

Polenta nach dem vorangegangenen Rezept kochen, aber am Ende des Kochvorgangs 2 geschlagene Eier und etwas geriebenen Käse und – falls du etwas für exotische Gerichte übrig hast – 125 g Hammelhackfleisch zugeben. Die Masse auf einer flachen, angefeuchteten Platte etwa 1 cm dick ausstreichen.
Am nächsten Tag daraus Vierecke, Rauten oder Kreise mit 4 cm Durchmesser schneiden und sie überlappend in eine dick mit Butter ausgestrichene, feuerfeste Schüssel schichten. Nochmals mit Butterflocken belegen, im Ofen oder im Grill wärmen und mit geriebenem Käse bestreuen.

Reis

In der Praxis unterscheidet man zwei Sorten: in Wasser wachsender oder „Sumpfreis" und „Bergreis". Der letztere wächst an freien Berghängen, aber nur in Regionen mit hoher Niederschlagsmenge, wie zum Beispiel den Chin-Bergen in Burma. Gewöhnlicher oder „Sumpfreis" wird in großem Umfang in den Vereinigten Staaten und in Südeuropa angebaut, und seine Kultivierung könnte zweifellos in noch nördlichere Breiten ausgedehnt werden. Er gedeiht und reift bei einer Sommertemperatur von 20°, aber diese muß während der 4–5 Monate des Heranwachsens und Reifens nahezu ununterbrochen gewährleistet sein.
Daß der Anbau hier nicht versucht wird, liegt vielleicht daran, daß die Bevölkerung in diesen Gebieten aus eingefleischten Weizenverbrauchern besteht, die sehr gut ohne Reis auskommen kann.

Saat

Für einen Reisanbau in bescheidenen Maßen ist die breitwürfige Aussaat in ein trockenes Saatbeet, wenn der Boden sich im Frühjahr erwärmt hat, am besten. Die Saat wird mit Erde bedeckt, also gerecht und anschließend flach überflutet. Sobald die Schosse treiben, den Wasserspiegel möglichst unterhalb der Pflanzenspitzen halten. Dank des hohlen Stengels, durch den Sauerstoff in alle Pflanzenteile geleitet wird, kann Reis im Wasser überleben. Bei einer Wuchshöhe von 20 cm werden die Pflanzen büschelweise ausgezogen und in ein flach überflutetes Feld umgepflanzt. Sie werden einfach im Abstand von 10 cm in den weichen Schlamm gedrückt. Das Reisfeld bleibt bis 14 Tage vor dem vermutlichen Erntetermin überflutet (es darf niemals austrocknen). Dann wird das Wasser abgelassen, und der Reis reift im trockenen Feld aus.

Ernte

Der Reis wird mit der Sichel gemäht, dann wie jedes andere Getreide gedroschen (s. S. 52–63), geschält (Körner von Spelzen trennen) wird er in einer Platten- oder Steinmühle, deren Mahlflächen genug Abstand voneinander haben, um den Reis nur zu spelzen, aber nicht zu zerquetschen. Es ist tatsächlich ein wunderbares Getreide.
Durch ein erneutes Schälen in der Mühle mit enger gestellten Mahlflächen erhältst du „geschälten" Reis, fälschlich meistens polierter Reis genannt. Er besteht fast nur aus Stärke und ist ein sehr unvollständiges Nahrungsmittel, das sogar weniger nahrhaft als gebleichtes Weizenmehl ist. Für den bei uns im Handel erhältlichen polierten Reis ist ein weiterer Prozeß, das Polieren, erforderlich. Wer nahezu ausschließlich von geschältem oder poliertem Reis lebt, bekommt die Mangelkrankheit „Beri-beri". Wenn Reis also die Hauptnahrung bildet, muß man ihn ungeschält essen, und es ist eigentlich Unsinn, die Schale und damit den nahrhaftesten Teil des Reiskorns zu entfernen und an die Schweine zu verfüttern.

Reiszubereitung

Im Gegensatz zu den meisten anderen Getreidearten muß Reis vor dem Kochen nicht zermahlen werden. Nach westlicher Art zubereitet, wird der geschälte Reis in kaltem Wasser gewaschen und abgegossen. Dann bringst du einen halben Liter Wasser zum Kochen, gibst einen Teelöffel Salz hinein und schüttest etwa 150 g Reis dazu. Erneut aufkochen und bei geschlossenem Deckel und bei mäßiger Hitze 15 Minuten ziehen lassen. Wenn der Reis weich ist, wird er serviert. Er hat inzwischen alles Wasser aufgesogen.
Ich bevorzuge allerdings die indische Methode: Weit mehr Wasser als nötig zum Kochen bringen, den Reis hineingeben und erneut kurz aufkochen. Dann ziehen lassen, bis die Körner weich sind (aber nicht so lange, daß „Reispudding" entsteht). Es dauert etwa 15 Minuten. Dann das Wasser abgießen, den Reis in einem Sieb einige Male kräftig schütteln und servieren. Wenn das sorgfältig gemacht wird, bleibt der Reis körnig und ist perfekt. Durch Zugabe einer Prise Safran beim Kochen kannst du Reis sehr hübsch färben und gleichzeitig würzen. Ungeschälter Reis hat eine längere Kochzeit, etwa 40–45 Minuten.

Indianerreis

Nordamerikanischer, wilder Reis *(Zizania aquatica)* oder Indianerreis wird geerntet, wenn er reif ist, und an der Sonne, über dem Feuer oder in der Darre getrocknet. Er wird gekocht oder gedämpft und vorzugsweise mit Fleisch angerichtet. Er ist sehr nahrhaft, aber die Ernte macht viel Arbeit.

Risotto

Es handelt sich hier um ein Reisgericht. Es kann aber auch aus Hirse oder Perlgerste zubereitet werden. Du brauchst:
1 Teil Getreide (0,5 kg reichen für 8–10 Personen)
2 Teile Wasser oder kräftige klare Fleischbrühe
etwas Öl, Salz und Pfeffer
eine Auswahl fester Gemüse wie Zwiebeln, grüner Pfeffer, Erbsen, Karotten usw.
Nimm eine feuerfeste Auflaufform mit Deckel (zum Beispiel einen Römertopf). Zerkleinere das Gemüse und brate es in etwas Öl an; wenn es weich und leicht gebräunt ist, füllst du es in einen anderen Topf. Nochmals etwas Öl in die Auflaufform geben und die trockenen Körner dazuschütten, umrühren, bis sie ölig sind und sich leicht färben. Das gedünstete Gemüse mit der Hälfte des heißen Wassers oder der Brühe in die Auflaufform geben. Gut würzen. Die Temperatur verringern oder die geschlossene Form für 15–30 Minuten in den mäßig warmen Ofen schieben. Dann die restliche Flüssigkeit einfüllen, umrühren und nochmals 15–30 Minuten kochen, bis alle Flüssigkeit eingezogen ist und die Körner weich, aber locker sind.

Reispfannkuchen

Eine gute Resteverwertung für Reis und Reis-Pudding. Du brauchst:
0,3 l Milch
100 g warmen, gekochten Reis
1 Eßlöffel flüssige Butter oder Öl
2 Eigelb und 2 Eiweiß
100 g Weizenmehl
1 Prise Salz
Milch, Reis und Salz mischen, Eigelb, Butter und Mehl zufügen und den steif geschlagenen Eischnee unterziehen. Eine Pfanne erhitzen, die Masse löffelweise daraufgießen und auf beiden Seiten backen.

Hirse und Erdnuß

Hirse

Von der Hirse gibt es eine Unmenge verschiedener Sorten und Kreuzungen und mindestens vier grundverschiedene Arten. Da ist einmal die Zuckerhirse, die 4 m hoch werden kann. Sie wird fast im gleichen Umfang wie Zuckerrohr zur Zuckergewinnung angebaut: Sie wird als Weidefläche und zur Gewinnung von Silage, Heu usw. kultiviert; Mohrenhirse verwendet man als Getreide, und aus Strohhirse macht man Besen.

Mohrenhirse und Futterhirse werden sowohl als Viehfutter als auch für industrielle Nutzung angebaut. Bei Selbstversorgern sind sie nicht sehr gebräuchlich. Dabei ist ungedroschene Mohrenhirse ein großartiges Geflügelfutter, afrikanische Dörfler werfen sie den Hühnern mitsamt dem Stroh zum Auspicken vor. Wer in Zentralafrika gelebt hat, wird bezeugen, daß Hirsebrei viel schmackhafter ist als der „Maismehlbrei", die Hauptnahrung vieler Afrikaner. Mohrenhirse ist ein gesundes Nahrungsmittel, und viele glauben, daß die von Hirse lebenden Afrikaner gesünder sind als die, die sich mit Mais ernähren; wo aber der Anbau von Mais möglich ist, wird er dem Hirseanbau vorgezogen, denn bei ausreichendem Niederschlag ist die Ernteausbeute hier größer. Auch wird Futterhirse nicht angebaut, wenn in dem Gebiet Luzerne, Klee usw. gedeihen.

Saat der Mohrenhirse

Hirse verlangt einen feinkrumigen, unkrautfreien und nicht zu armen Boden für die Aussaat. In niederschlagsreichen Gebieten wird der Platz gewöhnlich im Herbst gepflügt und im Frühjahr mit der Scheiben- und Federzahnegge bearbeitet. In trockenen Gebieten wird die Frühjahrsbearbeitung zur Vermeidung von Wasserverlusten auf ein Minimum reduziert. Die Saat wird in Reihen mit 50–100 cm Abstand ausgebracht: die größeren Abstände gelten für trockenes Klima. Die Aussaat erfolgt ca. 14 Tage nach der Maissaat. Hirse braucht für ihre Entwicklung heißes Wetter. In kaltem Klima ist der Anbau sinnlos, weil sie unter 7° nicht keimt und unter 16° nicht richtig gedeiht. Die Idealtemperatur liegt zwischen 24° und 27°. Unter diesen Voraussetzungen ist sie eine sehr widerstandsfähige Pflanze. Der Saatbedarf liegt in trockenen Gebieten für eine Reihensaat bei gut einem Kilogramm pro Morgen und in feuchten bei 2 kg pro Morgen.

Saat der Futterhirse

Beim Anbau von Futterhirse, die sehr gutes Heu ergibt, braucht man für die breitwürfige Saat etwa 15 kg Saatgetreide pro Morgen.

Pflege

Beim Reihenanbau die Hirse durch Hacken unkrautfrei halten. Wenn die Pflanzen genügend Blattwerk ausgebildet haben, wird das Unkraut auf natürliche Weise niedergehalten.

Ernte

Geerntet wird Hirse in der Totreife (sie kann bis zum ersten Frost stehenbleiben). Mohrenhirse genau wie anderes Getreide dreschen und reinigen.

Junge Futterhirse kann Blausäure enthalten, deshalb erst beweiden lassen, wenn die Pflanzen etwa 50 cm hoch sind, dann ist der Blausäuregehalt niedriger. Nach Frost kann Hirse drei Tage lang nicht beweidet werden.

Die Erdnuß

Die Erdnuß ist eine tropische Hülsenfrucht. Die Früchte sind reich an B-Vitaminen, die sonst nur selten in pflanzlicher Nahrung erhalten sind. Sie sind außerdem sehr ölhaltig und werden deshalb in Amerika, China und Afrika auch in großem Umfang zur Ölgewinnung angebaut. Sie brauchen eine Wachstumsperiode mit mindestens 4 Monaten heißem Wetter und – über diesen Zeitraum verteilt – etwa 50 cm Niederschlag. Der Boden muß sauer und sandig sein. Kalk darf den Erdnußpflanzungen nicht zugeführt werden.

Saat

Samen von Pflanzen aus kalten Anbaugebieten bringen bessere Ernteergebnisse als die von tropischen Pflanzungen. Viele Züchter verwenden auch das eigene Saatgut. Die Samen können mit Schale oder geschält ausgesät werden. Geschälte Nüsse mit 20 cm Pflanz- und 75 cm Reihenabstand ausbringen. Die Saattiefe liegt in kälteren Zonen bei 4 cm, in warmen Gebieten bei 10 cm. In kälteren Anbaugebieten erfolgt die Aussaat ungefähr zur Zeit der letzten Fröste, damit eine möglichst lange Wachstumsperiode gewährleistet ist, also etwa zwischen dem 10. April und 10. Mai. Die Reihen regelmäßig hacken und jäten, um sie von Unkraut zu befreien.

Ernte

Die Ernte erfolgt, ehe die Ranken vom Frost befallen, aber erst wenn die Blätter gelb werden und sich die Innenseite der Schoten verfärbt. Die Ranken zum Trocknen in einem gut gelüfteten Raum aufhängen oder auf Trockengittern ausbreiten.

Von den besten Pflanzen das Saatgut aufbewahren. Die Ranken ausdreschen, dabei aber die Nüsse nicht beschädigen. In alten, mit einigen Luftlöchern versehenen Öltonnen lagern.

Erdnußbutter

Du erhältst Erdnußbutter, wenn du 20 Minuten lang bei 150–160° unter ständigem Wenden Erdnüsse röstest. Diese Erdnüsse drehst du durch einen Fleischwolf oder eine Wurstmaschine, unter Umständen mehrmals, das hängt davon ab, wie kernig oder weich die Erdnußbutter sein soll. Etwas Salz und pro Pfund 1 Teelöffel Honig zufügen. Mit Erdnußöl (oder einem anderen Pflanzenöl) mischen, bis sie streichfähig ist.

Ölpflanzen

Raps

Raps gedeiht in gemäßigten Klimagebieten. Die Aussaat erfolgt wie bei den Kohlsorten (s. S. 84–85) und man erntet ihn im Grünstadium. Die Pflanzen werden ausgerissen, in einem Schober getrocknet, gedroschen und die Samen zur Ölgewinnung zerquetscht. Der Rückstand ist ein gutes Viehfutter, darf aber nur in kleinen Mengen verfüttert werden, da sonst Magenverstimmungen auftreten können.

Flachs

Die Samen vom Flachs heißen Leinsamen. Sie sind sehr ölhaltig und ein ausgezeichnetes Viehfutter. Neben dem hohen Fettgehalt sind sie sehr reich an Protein. Die in einer Mühle geschroteten oder in heißem Wasser gequollenen Körner eignen sich gut als Absatzfutter für Kälber, um sie von der Milch zu entwöhnen und als Schonkost für kranke Tiere. Auch Hühner picken die Samen, mit Weizen und Mais gemischt, gern auf. Da ein Morgen fast 1/2 Tonne erbringt, lohnt sich der Anbau durchaus. Leinsamen können zur Ölgewinnung verwendet werden, aber das Öl ist nicht schmackhaft und dient hauptsächlich zur Herstellung von Seife, Farbe und Druckerschwärze.

Sonnenblumen

Die Sonnenblumenkerne bestehen zu 35% aus gutem Öl. Sie werden acht Tage vor dem letzten Frost gesät, der Pflanzenabstand beträgt 30 cm, der Reihenabstand 90 cm. Geerntet wird, wenn etwa die Hälfte der gelben Blütenblätter abgefallen ist. Die Samenstände mit etwa 30 cm Stiel abschneiden und mit den Blütenkörben nach unten in Bündeln unter Dach zum Trocknen aufhängen.
Zum Entölen die Kerne mahlen. Sie sind aber auch ein sehr gutes Hühnerfutter, von dem du etwa 30–60 g pro Tag verabreichst. Dazu müssen die Kerne nicht einmal aus dem Blütenkorb befreit werden. Du wirfst den Hühnern die ganze Blüte vor. Man kann die Kerne auch wie Erdnüsse essen. Zu diesem Zweck läßt du sie keimen und entfernst beim Verzehr die Schale.

Mohn

Aus Mohn kann man leider nicht nur Öl gewinnen, sondern auch sehr schädliche Rauschmittel. Dabei ist Mohn recht ertragreich, denn von einem Morgen kann man etwa 150 l Öl erwarten. Es ist ein vorzügliches Speiseöl, und der Rückstand bei der Gewinnung ist ein gutes Viehfutter.
Bei gemäßigtem Klima wird im April in feine Saaterde gesät. Die Saat wird dünn im Abstand von ca. 8 cm, bei Reihenabstand von 30 cm, ausgebracht. Für die Ernte werden Papierbögen oder Leinentücher auf den Boden gelegt und die Samen aus den Kapseln geschüttelt. Nach einer Woche wird das wiederholt. Oder die Samen werden auf der Tenne mit dem Dreschflegel ausgedroschen.

Öl auspressen

Die Samen mahlen und in Tücher zu „Ölkuchen" einschlagen, das sind käselaibähnliche Packen. Diese in der Ölpresse stapeln und pressen.

Oliven und Walnüsse

ergeben ein gutes Öl. Einzelheiten über den Olivenanbau auf Seite 178–179.

Ölgewinnung

Eingeborene in heißen Ländern gewinnen Öl oft durch folgende Methode: Sie legen die ölhaltigen Pflanzen auf saugfähigen Tüchern in die Sonne. Das Öl tritt aus und sickert in die Tücher, die dann einfach ausgewrungen werden. Besonders hygienisch erscheint das nicht, aber es funktioniert. Gebräuchlicher ist das Auspressen. Sie werden dazu in einer Mühle (Platten- oder Steinmühle) geschrotet oder in einem Mörser zerkleinert. Dann wird das Schrot flach in Leinentücher, den sogenannten „Ölkuchen", gepackt. Diese werden in der Presse gestapelt und ausgepreßt. Eine Presse kann man sich im Notfall selbst mit Hilfe eines Wagenhebers bauen.
Das Öl aus kalt gepreßtem Schrot hat eine höhere Qualität als das aus vorher erwärmtem, die Ausbeute ist aber geringer.

Gras und Heu

Bei weitem die wichtigste und weitverbreitetste Pflanzengattung der Welt sind die Gräser. Ihre Anpassungsfähigkeit ist unvorstellbar. Sie wachsen in der kältesten Tundra ebenso wie in den heißesten Tropenzonen, im nassen Schwemmland und in der trockensten Wüste. In Gebieten, in denen es nur alle fünf oder zehn Jahre regnet, schießen sie bei einem Regenguß plötzlich hervor und verwandeln völlig unfruchtbares und totes Land in eine Grünfläche. Außerdem gehören alle unsere Getreidesorten zu den Gräsern, Zuckerrohr ebenso wie Bambus. Wenn aber ein Bauer von Gras spricht, dann meint er das Grünzeug auf seinen Wiesen, das sein Vieh abweidet und aus dem er Heu und Silage macht.

Dabei ist das, was der Bauer Gras nennt, in Wirklichkeit eine Mischung aus allen möglichen Pflanzen. Davon ist Klee neben dem Gras die auffälligste und wichtigste. Wenn ich also hier von „Gras" spreche, meine ich immer „Gras und Klee". Und auch Gras ist nicht einfach Gras. Es gibt viele Arten, jede Art hat viele verschiedene Sorten, und es ist von großer Wichtigkeit, welche Sorte man anbaut.

Wachstumssteuerung beim Grünland

Die Zusammensetzung der Gräser und Kleesorten auf einer Wiese kann auf verschiedene Weise beeinflußt werden. Zum Beispiel kann das Land umgepflügt und eine Gras- und Kleesamen-Mischung neu eingesät werden. Doch auf die Dauer wird der Charakter der Wiese dadurch nicht verändert. Es kommt auf die Behandlung der Wiese an, durch die einzelne Sorten aussterben, andere gedeihen und sich Fremdgräser – wilde Gräser aus der Umgebung – ansiedeln und ausbreiten können.

Wird die Wiese kräftig mit Stickstoff gedüngt, unterstützt man die Gräser auf Kosten des Klees. Bei einer regelmäßig wiederholten Stickstoffdüngung muß der Klee bald „das Feld räumen". Normalerweise kann der Klee sich nur behaupten, weil er dem Gras gegenüber einen Vorteil hat, der darin besteht, daß er an seinen Wurzeln stickstoffbildende Knötchen hat, die sich den benötigten Stickstoff selbst herstellen können. Das können die Gräser nicht, und deshalb dominiert auf stickstoffarmen Böden der Klee. Wird nun Stickstoff verabreicht, fördert man die Gräser, und sie können sich gegen den Klee behaupten. Entsprechend kann man auf einer Wiese den Klee auf Kosten der Gräser unterstützen, indem man ihr reichlich Phosphor zuführt, denn Klee braucht Phosphor, während Gras ihn nicht besonders mag. Wird von einer Wiese regelmäßig, also Jahr für Jahr, Heu geerntet und nur der „Nachwuchs" (was nach der letzten Heuernte noch nachwächst) abgeweidet, überwiegen bald die harten, langen, widerstandsfähigen Gräser und Unkraut wie zum Beispiel Welsches Weidelgras und Hahnenfuß, weil sie die feinen Gräser- und Kleesorten überschatten und sie dadurch schwächen. Auf der anderen Seite fördert ein Abweiden bis auf die Grasnarbe wieder die Kleesorten und kurzen Untergräser auf Kosten der langen Gräser. Auf einer sauren Wiese wachsen Gräser wie Windhalm, Drahtschmiele, Binsengras und Weichhaarige Trespe, die einen geringen Futterwert haben. Diesem Land muß reichlich Kalk und Phosphor zugeführt werden. Mit zusätzlicher, mechanischer Bearbeitung und möglicherweise etwas Nachsaat kann man die unerwünschten, minderwertigen Gräser entfernen und wertvollere kräftigen. Auf schlecht drainierten und nassen Böden wachsen Büschelgras, Binsen und Seggen. Sie verschwinden durch eine bessere Drainage und reiche Kalkgaben. Gründliches und durchgreifendes Eggen bekommt allen Gräsern gut, und man sollte kein Jahr damit aussetzen.

Verbesserung alter Wiesen

Häufig hat man Wiesen, die schon seit langem als Grünland genutzt werden. Sie sind oft außerordentlich ertragreich, und es wäre ein Verbrechen, sie unter den Pflug zu nehmen. Man kann sie aber durch gewisse Maßnahmen noch verbessern, zum Beispiel durch Kalkdüngung, Phosphordüngung, Zufuhr anderer Stoffe, durch kräftiges Eggen (die Grasnarbe richtiggehend mit der Zinkenegge aufreißen), Untergrundpflügen, Drainieren (falls nötig), starkes Abweiden und Ruhenlassen oder durch Abweiden und Mähen in einer Wachstumsperiode und so weiter.

Besitzt man dagegen eine alte, schlechte Wiese oder eine Wiese, die durch falsche Behandlung kleine Erträge bringt, ist Umpflügen und Neueinsäen wahrscheinlich doch erforderlich. Man kann sie „direkt neu einsäen", das heißt pflügen, eggen und einebnen, die Saat ausbringen, eggen, walzen und dann wachsen lassen. Diese Maßnahme kann, abhängig vom Klima, sowohl im Frühjahr als auch im Sommer oder Herbst durchgeführt werden. Kühles und feuchtes Wetter ist Voraussetzung für das Auflaufen und Gedeihen der Saat. Eine andere Methode besteht im Ausbringen einer „Untersaat" nach dem Pflügen. Dazu wird zusammen mit der ortsüblichen Wiesenmischung eine beliebige Getreidesorte – in manchen Fällen auch Raps – ausgesät. Nach der Getreideernte ist dann die Gras- und Kleenarbe fest.

Saatgutmischungen

Die Mischung sollte immer so vielseitig wie möglich sein und – ganz gleich, was die Nachbarn oder Berater dazu meinen – auch einige tiefwurzelnde Kräuter wie Ripsgras, Spitzwegerich, Zichorie, Schafgarbe, Luzerne und Wiesen-

Ein ausgewogener Wiesenpflanzenbestand

*Einige dieser Pflanzen sind mit Gewißheit auf einer guten Wiese zu finden: Von links nach rechts, obere Reihe: Wiesenschwingel (*Festuca pratensis); *Deutsches Weidelgras* (Lolium perenne); *Knäuelgras* (Dactylis glomerata); *Wiesenlieschgras* (Phleum pratense); *Welsches Weidelgras* (Lolium multiflorum).
Untere Reihe: Großer Wiesenknopf (Sanguisorba officinalis); *Luzerne* (Medicago sativa); *Rotklee* (Trifolium pratense); *Spitzwegerich* (Plantago lanceolate).

knopf enthalten. Du kannst dich darauf verlassen, daß diese Pflanzen Nährstoffe aus den unteren Bodenschichten heraufbringen, dann noch als Viehfutter zur Verfügung stehen und die Tiere mit den notwendigen Mineralien und Kraftstoffen versorgen, wenn die flachwurzelnden Gräser und Kleesorten wegen anhaltender Trockenheit nicht wachsen. Auf tiefen, lockeren Böden ist Luzerne als Alleinpflanze oder mit Gras und Klee gemischt ausgezeichnet, da ihre Wurzeln tief in den Boden gehen.

Heu

In den ersten Sommermonaten wächst das Gras unglaublich schnell und sät sich aus, falls es nicht abgeweidet oder gemäht wird. Danach stirbt es ab und ist fast wertlos. Im Winter und in nördlichen Ländern wächst es nur unmerklich. In wärmeren Gebieten kann es bis zu zehn Monaten im Jahr immer wieder wachsen, wenn es nicht zur Aussaat kommt.
Es gibt zwei Möglichkeiten, das schnelle Sommerwachstum auszunutzen: entweder wird es beweidet und damit frisch abgegrast, oder es wird gemäht und für die Winterfütterung gelagert. Hierfür wird es zu Heu oder Silage verarbeitet und steht dann als Winterfutter für das Vieh zur Verfügung. Von einem Hektar Land kannst du ca. 50 dz gutes Heu einbringen. Je früher das Gras geschnitten wird, desto geringer ist der Ertrag, aber das Heu ist besser. In Frankreich und anderen Ländern mit einer sehr arbeitsintensiven und ertragreichen kleinbäuerlichen Landwirtschaft wird das Gras sehr früh gemäht, schnell zu Heu verarbeitet und das Grünland bald erneut geschnitten, oft drei- bis viermal im Jahr. Das gewonnene Heu ist besser als jede Silage, aber der Arbeitsaufwand erheblich.

Heuernte

Das Gras wird kurz vor oder nach der Blüte gemäht. Wenn sich bereits Samen bilden, ist die Qualität schlechter. Das gemähte Gras wird gewendet. Dann wird es immer wieder durch leichtes Hochwerfen gelockert und umgedreht, so daß der Wind durchstreichen und die Sonnenwärme eindringen kann. Mit einigem Glück kann es in drei Tagen trocken genug sein, um in Ballen gepreßt oder in Haufen gesetzt zu werden, wenn es trocken eingefahren werden soll. Leider besteht aber immer die Gefahr, daß es Regen abbekommt, und das ist für die Heugewinnung gar nicht gut. Außerdem kostet ein Regen bei der Ernte viel Arbeit, denn das Gras muß erneut gewendet und getrocknet werden.

Der Heustadel

Das zusammengerechte Heu wird zu einem runden Haufen gesetzt. Außen fließt bei Regenwetter die meiste Nässe ab, und im Innern des Haufens findet eine begrenzte Nachtrocknung statt. Besteht der Stadel aber aus zu frischem Gras oder wird er durch Regeneinwirkung zu feucht, muß er erneut zum Trocknen ausgebreitet werden. Sobald Regen droht, wird das Heu wieder zusammengefaßt.
Die innere Feuchtigkeit kannst du feststellen, indem du mit einer Hand tief hineinfaßt. Erscheint das Heu heiß, feucht und bollig, muß es unbedingt wieder ausgebreitet und nochmals getrocknet werden. Es kann erst eingefahren werden, wenn es ganz trocken ist und keine frisch-grünen Teile mehr enthält. Sonst besteht die Gefahr eines Heustockbrandes.

Preßballen

Ein Preßballen ist ein kompakter Heublock aus fest zusammengedrücktem und mit Bindfaden verschnürtem Heu. Ehe es nicht absolut trocken ist, darf Heu niemals in Ballen gepreßt werden. Feuchtes Heu erhitzt sich im Innern des Ballens und verdirbt. Ist es aber einmal gepreßt, sollte man es so schnell wie möglich unter Dach und Fach bringen. Es kann zwar etwas leichten Regen vertragen, wenn die Nässe aber eindringt, ist es verloren.

Heuschober und Mandel

Ein Heuschober ist ein Haufen Heu, wohl fest, aber doch locker genug aufgesetzt, daß die Luft darin zirkulieren kann. Das Aufmandeln ist eine andere, besonders in feuchten Gegenden übliche Trockenmethode. Die dafür benutzten Gerüste sind landschaftlich verschieden, hier nur ein Beispiel: der Dreifuß. Drei ca. 1,80 m lange, dünne Stangen werden nahe dem oberen Ende locker zusammengebunden und aufgestellt. Zwei oder drei darumgespannte Schnüre geben dem Heu Halt. Es wird gleichmäßig auf den Dreifuß gepackt. Am Fuß aufgestellte Blechtunnel sorgen für die nötige Belüftung. Mindestens auf der Windseite darf so ein Luftschacht nicht fehlen.

Es gibt eine große Anzahl verschiedener Maschinen für die mit dem Heuen verbundenen Arbeiten: Maschinen zum Lockern (Werfen), zum Reihen (sie ziehen das Heu zu langen Reihen zusammen), zum Wenden (die ausgebreiteten Schwaden oder Reihen umwenden) und zum Zusammenrechen. Bei geringeren Mengen kommst du durchaus mit einigen Holzrechen und Heugabeln aus. Mit der Gabel wird das Heu geworfen und gewendet, mit dem Rechen zu Reihen zusammengezogen. Zwei bis vier Reihen ziehst du dann – ebenfalls mit dem Rechen – zu einer einzigen Reihe zusammen und setzt mit der Gabel Stadel auf. Bei unbeständigen Wetterverhältnissen ist das Heuen immer ein Risiko.

Heinzen, Mandeln, Reuten

In nassen Gegenden sind Trockengestelle eine nützliche Hilfe. Gras, das nur einige Tage an der Luft, aber ohne Sonne getrocknet wurde, kann auch in verhältnismäßig grünem Zustand auf Trockengestelle gesetzt werden und dort austrocknen, weil hier die Luft gut zirkulieren kann. Ich habe Heu bei schlechtem Wetter einen Monat lang auf Reuten stehen sehen, und es ist nicht verdorben.

Silage

Wenn du Gras, Klee, Luzerne, zerkleinerten Mais, Kohl oder andere Grünpflanzen so fest zusammenpreßt, daß praktisch keine Luft mehr darin ist, halten sie sich wider Erwarten gut und sind ein nahrhaftes Viehfutter. Eine gute Silage kann es tatsächlich mit dem besten Heu aufnehmen. Das kommt daher, daß man das Grünzeug zum Silieren möglichst jung einbringt, wenn es einen hohen Proteingehalt hat, da die Einlagerung zu jeder Zeit erfolgen kann. So kannst du Gras zum Beispiel im Laufe des Jahres immer wieder schneiden, statt zu warten, bis es ausgewachsen ist, wie es meistens gemacht wird.
Zur Silage-Herstellung sind allerdings einige Maschinen nötig. Die wichtigsten sind eine Mähmaschine und ein Rechwender. Das Gras wird noch jung und frisch gemäht, mit dem Rechen zusammengezogen, auf einen Wagen oder Anhänger geladen, zum Silo gefahren und darin fest gepackt gelagert. Ideal wäre die Benutzung eines Gebläsehäckslers, der – von einem Traktor gezogen – das Gras sofort zerkleinert und in einen zweiten Wagen bläst (man benötigt also zwei Schlepper), mit dem es zum Silo transportiert wird. Die meisten Kleinstellenbesitzer verzichten auf die Silageherstellung, weil sich dieses Lagerverfahren in erster Linie für große Mengen eignet. Dann ist das Silagefutter auch haltbarer, weil durch den Druck der Masse weniger Luft darin bleibt. Wenn man trotzdem eine geringe Menge Silage anfertigen will, muß man dafür sorgen, daß so wenig Luft wie möglich an die Masse kommen kann.
Nach jedem Zugang muß die Masse im Silo verdichtet werden. Dazu kann man mit dem Traktor oder einem Gespann darüber fahren. Danach wird sie sofort mit einer Plastikplane dicht abgedeckt und mit Stroh- oder Heuballen oder alten Autoreifen möglichst gewichtig beschwert. Günstig ist die regensichere Unterbringung des Silos in einem Schuppen. Die Silage kann aber auch im Freien gelagert werden. Das Grüngut wird dann in einen riesigen Plastiksack, eine Art Ballon, gefüllt und ebenfalls mit Gewichten beschwert. Eine brauchbare Silage ergibt das beim Rasenmähen anfallende kurze Gras, wenn man es in einen alten Torf- oder Düngesack aus Plastik stopft und einige Zeit vergären läßt.

Silage-Fütterung

Im Winter wird das Silo zur Fütterung auf einer Seite geöffnet, so daß das Vieh dort direkt fressen kann. Selbstverständlich dürfen die Tiere nicht auf dem Silagefutter herumtrampeln. Dies verhindert man durch Errichten eines Pfostengitters, durch das die Tiere lediglich ihre Köpfe stekken können, oder durch einen Elektrozaun.
Diese Absperrung wird jeden Tag ein Stück versetzt.

Silage

Wenn man Grünpflanzen zu einer festen Masse zusammenpreßt, verfaulen sie bei einem ausreichenden Zuckergehalt nicht, sondern vergären und verwandeln sich dadurch in Silage, ein nahrhaftes Viehfutter. Je weniger Luft im Verhältnis zur Masse darin enthalten ist, desto geringer sind die Verluste. Drei Wände schließen die Silagemasse ein, und nach Möglichkeit sollte auch eine Abdeckung nicht fehlen. Jedesmal, wenn weiteres Material zugeführt wird, führt man den Traktor oder das Gespann darüber, um die Silage zu verdichten. Wenn mit keinem weiteren Zugang zu rechnen ist, wird der Haufen mit einer Plastikplane abgedeckt und belastet.

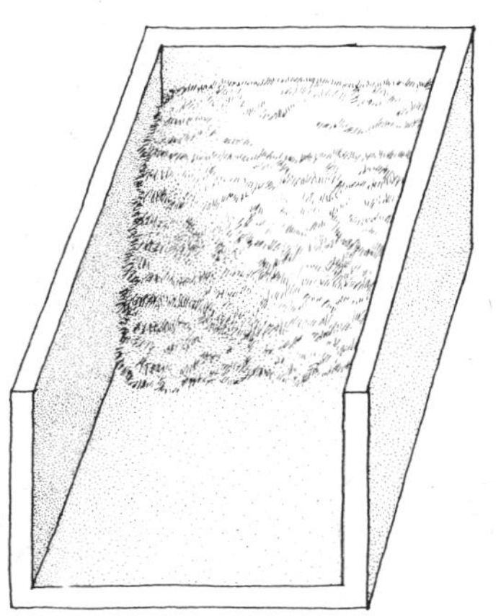

Einbringen des Grünmaterials

Die Grünmasse dicht packen und zusammenpressen, damit so wenig Luft wie möglich im Silo ist.

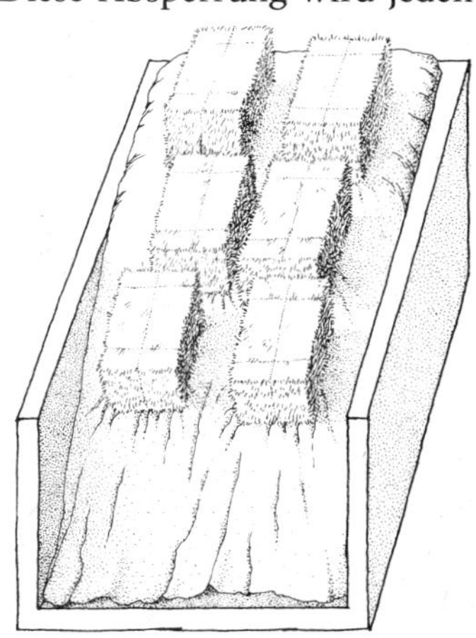

Abdecken und Pressen

Durch Abdecken gegen Luft und Regen sichern und mit schweren Gegenständen zusammenpressen.

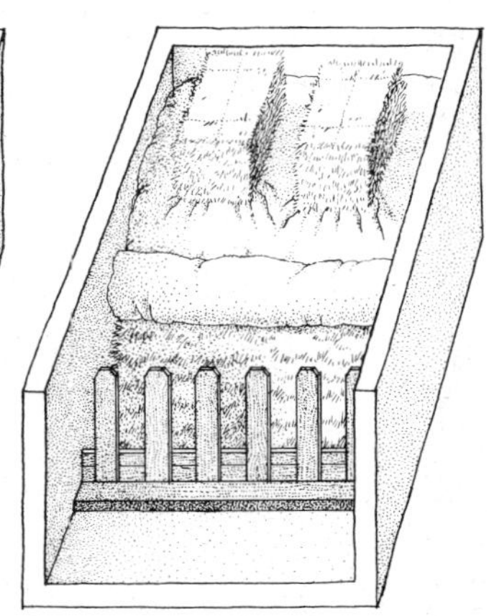

Öffnen des Silos

Die Tiere können direkt von der Vorderseite fressen, aber die tägliche Ration muß durch ein Futtergitter zugemessen werden.

Gemüse vom Feld

In Europa gab es im Mittelalter jedes Jahr im Herbst ein riesiges Schlachtfest, weil nicht das richtige Futter da war, um die Tiere durch den Winter zu bringen. Das Fleisch wurde gegessen oder eingesalzen. Den ganzen Winter über gab es praktisch nichts anderes als dieses Salzfleisch, bis im Frühjahr die ersten Lämmer geschlachtet werden konnten. Auch die Milch war dadurch natürlich knapp.
Erst mit der Einführung der Futterrübe änderte sich das. Und nach den Futterrüben kamen auch bald die anderen Wurzelgemüse.
Unter die „Wurzelgemüse" rechne ich ebenfalls alle anderen sogenannten Futterpflanzen wie Markstammkohl, Kraut, Kohlrabi und die Pflanzen, bei denen die Wurzel als Gemüse oder Viehfutter dient. Die Vereinfachung ist wohl dadurch gerechtfertigt, daß diese Pflanzen im Wechselanbau den gleichen Platz einnehmen können und dem gleichen Zweck dienen, nämlich als Viehfutter in der grasarmen Zeit. Einige finden auch als Nahrungsmittel Verwendung.
Alle Pflanzen haben eins gemeinsam: Sie speichern im Sommer Energie, so daß sie den Winter überdauern und im Frühjahr rechtzeitig diese Energie zur Ausbildung von Blüten und Samen verwenden können, ehe einjährige Pflanzen dazu fähig sind. Wir nutzen sie, indem wir die gespeicherten Kraftreserven als Winterfutter verwenden.

Futterrüben

Kohlrüben stehen höher aus dem Boden heraus, sind frostunempfindlicher, lagerfähiger und weniger anfällig für Krankheiten als Stoppelrüben, die dafür vielleicht etwas ertragreicher sind. Die beiden Pflanzen gehören in die Familie der Kohlpflanzen und neigen deshalb zur „Hernie", einer Pilzkrankheit, die nur schwer zu bekämpfen ist. Durch sie kann eine ganze Ernte vernichtet werden. In einem verseuchten Boden dürfen keine Rüben angebaut werden.

Saat
Futterrüben werden ziemlich spät gesät: Kohlrüben etwa im Mai, Stoppelrüben ca. 14 Tage später. In trockenen, warmen Anbaugebieten kann die Aussaat noch später erfolgen, da hier die Rüben leichter „schießen", das heißt, daß die Pflanzen ein Entwicklungsjahr überspringen und sofort Samen ausbilden, wodurch sie wertlos werden. Aber diese Rüben werden so oder so in der Hauptsache in feuchteren und kälteren Lagen angebaut.
Die Samen der Rüben sind klein und brauchen daher ein feines Saatbett. Das Feld wird dafür einmal im Herbst und dann so bald wie möglich im Frühjahr nochmals quer zur ersten Furche durchgepflügt. Wenn ein Umbrechen im Herbst unmöglich ist, wird bei der ersten Gelegenheit im Frühjahr und dann etwas später nochmals gepflügt, oder das Feld mit dem Kultivator, der Scheibenegge oder irgendeinem anderen, den Boden gründlich durchackernden Gerät, das man selber hat oder sich ausleihen kann, bearbeitet. Die Aussaat erfolgt in Reihen, am besten mit einer Präzi-

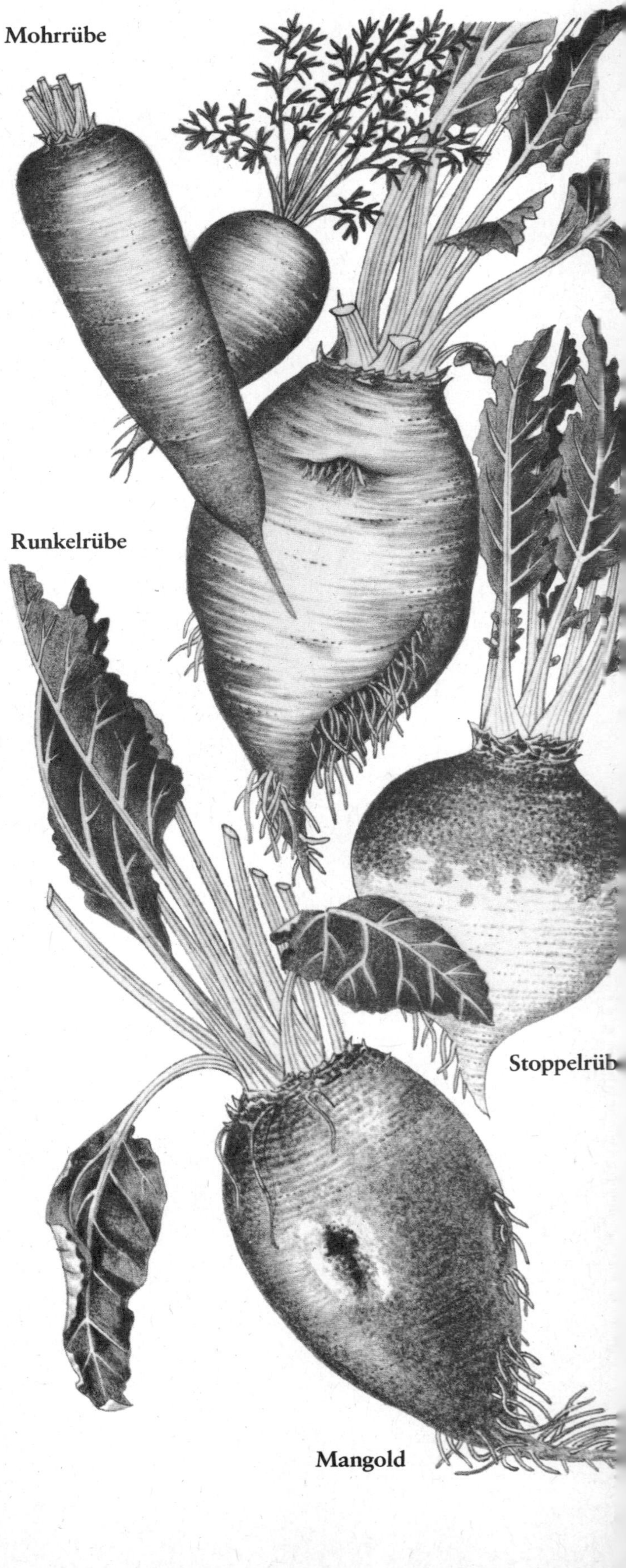

Kraut
Markstammkohl
Kohlrabi
Ackerbohne
Weißer Senf
Topinambur
Kartoffeln

sions-Drillmaschine. Diese Maschine wirft die Samen in gleichmäßigen Abständen in die Saatreihe. Man benötigt pro Morgen etwa 1–3 kg, wenn man sortiertes Saatgut benutzt, das man aber in der Saathandlung kaufen muß. Das ist zunächst eine erhebliche Ausgabe, aber im Endeffekt wieder billiger, weil diese Samen viel weiter reichen. In feuchten Lagen ist eine Saat in erhöhte Reihen günstig.

Das Vereinzeln
Nicht jeder hat eine Präzisions-Drillmaschine (Dibbeldrill). Dann werden die Samen mit dem einfachen Drillgerät dünn ausgebracht und die Pflanzen später „vereinzelt". Dies ist eine reine Handarbeit und bedeutet, daß von den kleinen Pflänzchen so viele ausgezogen oder ausgehackt werden, daß nur noch ca. alle 25 cm eine Pflanze steht. Dazu muß man selbstverständlich nicht mit einem Zollstock durch die Reihen gehen. Es ist wichtiger, daß die kräftigsten Pflanzen stehen bleiben. Bei dem Vereinzeln oder Verziehen mit der Hacke wird gleichzeitig das Unkraut vernichtet. Aber es muß später mindestens noch einmal, vielleicht sogar zweimal, mit der Hand gehackt werden. Wenn man öfter mit einer Reihenhacke über das Feld gehen kann, spart man viel Zeit. Es geht sehr schnell und ist für die Entwicklung der Pflanzen von großem Nutzen. Trotzdem mußt du zusätzlich mit der Handhacke arbeiten, denn zwischen den Pflanzen in der Reihe kann die Reihenhacke nicht wirken.

Ernte
Die Rüben können bis nach Weihnachten auf dem Acker bleiben, wenn die Anbaufläche nicht gerade in einem sehr schneereichen und kalten Gebiet liegt. Sollen sie als Schaffutter dienen, kannst du den Pferch direkt auf dem Rübenacker aufstellen und ihn jeden Tag um eine Tagesration für die Herde versetzen. Gewöhnlich werden die Rüben mit der Hand ausgezogen und die Blätter mit einem Rübenmesser abgehackt. Dann können sie eingemietet (s. S. 182) oder eingekellert werden. Kohlrüben sind nahrhafter als Stoppelrüben, und der Anbau ist meiner Meinung nach auch leichter und lohnender. Sie sind auch süßer und schmecken als Gemüse besser.

Mangold

Mangold ähnelt einer riesigen Rübe und kann Erträge bis zu 40 Tonnen pro Morgen bringen. Bauern schätzen ihn sehr, weil die Milcherträge sofort steigen, wenn man ihn den Kühen füttert. Als Gemüse ist es nicht geeignet, aber du kannst daraus einen guten Wein bereiten. Mangold wächst an wärmeren und trockenen Stellen als die Stoppelrübe, ist aber im Ganzen ziemlich widerstandsfähig.

Saat
Am günstigsten pflügt man, besonders bei schweren Böden, bereits im Herbst. Im Frühjahr wird das Land dann zu einem guten Saatbett bearbeitet und etwa um den ersten April herum 3,5 kg Samen pro Morgen mit dem Drill gesät. Die Vorbereitung des Saatbetts ist in einem nassen und kalten Frühjahr manchmal erst im Mai möglich. Ab Ende Mai ist die Aussaat nicht mehr zu empfehlen. Die Saat erfolgt mit einem Reihenabstand von 60 cm, und die Pflanzen werden auf 25 cm Abstand verzogen. Dann wird der Acker wie bei den Stoppelrüben mit der Hand und der Reihen-Pferdehacke bearbeitet.

Ernte
Die Rüben werden im Herbst vor dem Einsetzen starker Fröste gezogen, geköpft, in kleinen Haufen zusammengelegt und mit den Rübenblättern bedeckt, bis sie eingefahren oder eingemietet werden. Früher wurden sie zur Verfütterung maschinell zerkleinert. Heute werden sie ganz verfüttert. Mangold sollte, da es bis zur vollen Reife leicht giftig ist, den Tieren erst nach Neujahr gegeben werden.

Runkelrübe

Runkelrüben sind dem Mangold sehr ähnlich, aber etwas kleiner und viel gehaltvoller. Die Aussaat erfolgt wie beim Mangold, jedoch wird später auf einen Pflanzenabstand von 20 cm verzogen. Bei der Ernte wird die lange Pfahlwurzel mit dem Rübenheber oder der Forke vor dem Ausziehen abgebrochen. Die Blätter werden mit dem Messer abgeschlagen, die Rüben in kleinen Haufen gesammelt, mit den Blättern zum Schutz gegen Frost abgedeckt und zum Lagern eingefahren, wenn das Feld sauber ist.

Mohrrüben

Saat
Mohrrüben brauchen genau wie Stoppelrüben ein feinkrumiges Saatbett und nicht zuviel Mist, da sie sonst gerne Spaltwurzeln bilden. Sie gedeihen nicht in sauren Böden, so daß unter Umständen Kalk ausgebracht werden muß. Es wird so dünn wie möglich mit 30 cm Reihenabstand ausgesät. Man kann sich dann das Verziehen sparen, muß jedoch sehr viel mit der Hand jäten, da Mohrrüben wesentlich langsamer wachsen als das meiste Unkraut.

Ernte
In Gegenden mit milden Wintern können Karotten bis zum Bedarf im Boden bleiben; bei Gefahr starker Fröste solltest du sie aber lieber mit der Gabel lockern und ausziehen. Das Möhrenkraut wird abgedreht, nicht abgeschnitten. Dann werden sie eingemietet oder in Sand gelagert. Für Viehfutter ist der Anbau von Mohrrüben fast zu aufwendig. Sie haben einen hohen Vitamin A-Gehalt.

Blattkohl

Die bekanntesten unter den vielen Blattkohlsorten sind: Rotkohl, Weißkohl, Grünkohl, Rosenkohl und Kohlrabi, aber es gibt noch unzählige andere, seltsame Kohlgewächse in den verschiedenen Teilen der Welt.

Saat

Es wird in Reihen im Abstand von 50 cm oder auch breitwürfig gesät. Die Reihensaat ist aber leichter zu bearbeiten und bringt bessere Ernten. Die meisten Kohlsorten können Anfang April gesät werden. Vereinzeln und zwischen den Reihen hacken bringt einen höheren Ertrag. Kohl verträgt sehr viel Dung.

Ernte

Du kannst den Kohl im Winter abweiden lassen, und zwar sind dafür mehr die Kühe als die Schafe geeignet, denn Kohl ist ein ausgezeichnetes Winterfutter für sie. Das Vieh kommt natürlich immer nur auf einen mit Elektrozaun abgetrennten Feldstreifen. Man kann den Kohl jedoch auch mit der Sichel mähen und den Kühen im Stall zum Fressen vorlegen. Winterfeste Kohlsorten wie zum Beispiel Grünkohl können bis nach Neujahr stehenbleiben. Wenn der Blattkohl geschnitten oder abgeweidet ist, können die Schweine noch die Wurzeln ausgraben. Du kannst sie aber auch unterpflügen.

Raps

Raps ähnelt der Steckrübe, bildet aber keine Knollen aus. Er eignet sich gut zum Beweiden durch Kühe oder Schafe. Gesät wird im April (und zwar breitwürfig und nicht in Reihen), dann kann er im August beweidet werden. Oder du säst ihn als Zwischensaat nach einer frühen Getreideernte und läßt ihn im Winter abweiden. In diesem Fall ist er nicht so ergiebig. Er ist nicht als Gemüse oder Nahrungsmittel geeignet.

Kraut

Kraut ist eine kopfbildende Kohlart. Es wird wie die Blattkohlsorten angebaut, kann aber auch, wenn du genug Helfer hast, im Saatbeet vorgeschult und später im Sommer per Hand ausgepflanzt werden. Das hat den Vorteil, daß du ihn nach Erbsen, Bohnen oder Frühkartoffeln ausbringen kannst und so von einem Feld zwei verschiedene Ernten erhältst. Du kannst große Erträge erzielen, wenn du beachtest, daß Kraut guten Boden und viel Dung braucht. Kohlköpfe kannst du einmieten. Alle oben genannten Brassicas sind anfällig für Hernie und dürfen deshalb nicht zu oft auf dem gleichen Stück Land angebaut werden.

Senf

Es gibt zwei Arten: *Brassica alba* und *Brassica juncea*, weißen und schwarzen Senf. Beide können entweder mit Raps gemischt oder allein zum Abweiden für die Schafe angebaut werden, aber auch als Gründüngerpflanze zum Unterpflügen, um den Boden zu verbessern. Man kann darüber hinaus die Samen ernten, sie mahlen, mit etwas Weizenmehl vermischen und durch Zugabe der nötigen Flüssigkeit zu Senf verarbeiten.

Säuberungs-Pflanzen

Du mußt dir klarmachen, daß alle in diesem Kapitel bisher genannten Pflanzen – mit Ausnahme von Senf und Raps, wenn sie nicht breitwürfig, sondern in Reihen gesät werden – die Unkrautbekämpfung erleichtern und deshalb für die Landwirtschaft von großem Nutzen sind. Beim Reihenanbau kann das Unkraut mit der Hacke oder mit der Hand bekämpft werden, und der Landwirt hat dadurch eine reelle Chance, es loszuwerden oder zu dezimieren. Wenn man also der Ansicht ist, daß der Feldanbau in Reihen sehr viel Arbeit verursacht, muß man sich vor Augen halten, daß diese Arbeit den anderen Pflanzen zugute kommt. Ich würde daher unbedingt empfehlen, im Wechselanbau alle vier Jahre eine der Pflanzen in Reihen anzubauen.

Kartoffeln

Kartoffeln können – zusammen mit Weizen – ein Hauptbestandteil unserer täglichen Nahrung sein. Sie sind die beste lagerfähige Vitamin-C-Quelle, die wir haben. Das meiste ist aber in der Schale gespeichert. Man sollte sie daher niemals schälen und sie sogar ungeschält zu Kartoffelbrei verarbeiten.

Saatkartoffeln

Für den Kartoffelanbau werden immer Kartoffeln verwendet, es sei denn, man möchte den Versuch einer Neuzüchtung unternehmen. Dazu müssen selbstverständlich Samen genommen werden. Die Vermehrung der Kartoffel erfolgt dadurch, daß man Kartoffelknollen in den Boden legt. Man nennt dies vegetative Fortpflanzung. Theoretisch kannst du demnach deine Saatkartoffeln Jahr für Jahr der eigenen Ernte entnehmen, in der Praxis ist das jedoch nicht ratsam. Die Kartoffel stammt aus den Hoch-Anden, und bei einem Anbau in Meereshöhe und bei gemäßigtem Klima entwickelt sie eine erbliche Anfälligkeit für verschiedene, von Insekten hervorgerufene Viruserkrankungen. Saatkartoffeln sollten deshalb aus Gebieten stammen, in denen die Voraussetzungen für diese Krankheiten fehlen, zum Beispiel aus Anbauten in hohen Gebirgslagen. Saatkartoffeln sind überall sehr teuer, und wer Land in höheren Lagen als 250 m hat, sollte unbedingt einen Teil davon für deren Anbau nutzen. Auf jeden Fall sollten die kleinsten Kartoffeln der Ernte für eine „Erstsaat“ und dann unter Umständen nochmals für eine „Zweitsaat“ ausgesondert und aufgehoben werden. Hat man drei Jahre seine Kartoffeln aus dem eigenen Ertrag nachgezogen, macht es sich wahrscheinlich bezahlt, für die nächste Saat Saatkartoffeln zu kaufen, um eine Verbreitung von Viruserkrankungen zu verhindern.

Frühkartoffeln

Schnellwachsende und für den sofortigen Verbrauch bestimmte Kartoffeln nennt man im Unterschied zu den Lagerkartoffeln „Frühkartoffeln". Sie sollten vor dem Pflanzen vorkeimen. Dazu werden sie bei schwachem Licht in flache Kästen gelegt (niemals in totaler Finsternis vorkeimen lassen), bei Temperaturen zwischen 4 und 10°. Die Verhältnisse in einem ungeheizten Gewächshaus sind meistens geeignet. Eine Verlängerung ihres „Tages" durch künstliches Licht auf 16 Stunden ist vorteilhaft, denn dadurch werden die Triebe grün und kräftig und brechen beim Planzen nicht so leicht ab.

Pflanzen

Kartoffeln sind frostempfindlich und die Triebe erfrieren, wenn sie vor dem letzten Frost die Erddecke durchstoßen. Die Saat darf also nicht zu früh durchgeführt werden. Auf einer kleinen Anbaufläche im Garten kann man sie begrenzt mit Stroh, Mist, Kompost oder einem Gewächshaustunnel vor Frost schützen. Haben sie doch einmal eine Nacht unter Frost gelitten, hilft manchmal ein Begießen oder Abspritzen mit kaltem Wasser am frühen Morgen.

Für das Pflanzen der Kartoffeln gräbst du mit 60 cm Abstand 25 cm tiefe Gräben, füllst sie mit Mist, Kompost oder Gründünger auf, legst die Saatkartoffeln im Abstand von 30 cm hinein und bedeckst sie mit Erde.

Die frühesten neuen Kartoffeln erntest du, wenn du die Saatkartoffeln einfach auf den Boden legst und etwa 13 cm hoch mit Erde bedeckst. Bei Lager- oder Winterkartoffeln ist das nicht möglich, sie werden so groß und zahlreich, daß sie die Seiten der Reihen sprengen, im Freien liegen und grün werden. Nach 1–2 Tagen sind sie giftig und können weder gegessen noch verfüttert werden. Die Blätter und Früchte der Kartoffel sind stark blausäurehaltig.

Gewöhnlich werden Kartoffeln direkt in ein Mistbett gelegt und mit Erde bedeckt. Heute gehen allerdings die Landwirte dazu über, den Mist bereits im Herbst unterzupflügen. 15 Tonnen Mist pro Morgen sind nicht zuviel, wenn man weiß, wie hoch der Kali-Bedarf der Kartoffel ist. Bei einer anorganischen Düngung wird „künstliches" Kali (Patentkali) ausgebracht, bei einer organischen Stallmist und Seetang.

Ernte

Von einem Morgen kannst du knapp 40 dz Frühkartoffeln ernten: Je länger sie im Boden bleiben, desto höher ist der Ertrag. Wenn ihr Verkauf aber einen Teil des Einkommens ausmacht, bringt eine frühe Ernte mehr ein. Kartoffeln werden mit der Kartoffelgabel, dem Kartoffelheber oder dem Pflug geerntet.

Lagerkartoffeln, späte Kartoffeln

Die Kartoffelpflanze hat eine begrenzte Wachstumsperiode; ist diese abgelaufen, wächst die Pflanze nicht mehr. Es ist deshalb logisch, die Hauptmenge der Kartoffeln für den Wintervorrat in der Zeit der günstigsten Wachstumsbedingungen anzubauen, und das sind die Sommermonate. Von einer zu frühen Saat muß abgeraten werden. Am besten legt man sie im April.

Pflanzen

Bei der Verwendung von gekauften Saatkartoffeln brauchst du etwa 3/4 Tonne pro Morgen, weniger als bei eigenen Saatkartoffeln, wo du mit etwa 5/4 Tonnen rechnen mußt. Bei Saatkartoffeln mit einem Durchschnittsgewicht von ca. 70 g wird im Abstand von 35 cm mit einem Reihenabstand von ca. 70 cm gesetzt. Kleinere Knollen legt man enger, größere weiter auseinander. Der Ertrag wird in allen Fällen etwa gleich sein. Beim Legen von Hand kann das sehr genau abgemessen werden. Ideale Saatkartoffeln haben einen Durchmesser von 4–5 cm. Die kleineren werden aussortiert und an die Schweine verfüttert.

Wer einen vom Pferd oder vom Traktor gezogenen Furchenpflug besitzt, zieht damit auf dem Feld Reihen. Wenn nötig, wird zwischen die Reihen Mist gestreut, aber eigentlich ist es besser, ihn schon im Herbst auf dem Acker auszubreiten. Dann werden die Kartoffeln mit der Hand in die Furchen gelegt. Anschließend gehst du mit der Egge oder der Walze über den Acker, so daß die Pflanzkartoffeln zugedeckt werden und das Feld eben ist. Nach etwa 14 Tagen wird wieder der Furchenpflug eingesetzt und du ziehst dort Furchen, wo bisher Reihen waren. Jetzt liegen die Kartoffeln in den Reihen und dazwischen verlaufen die Furchen.

Wenn du keinen Furchenpflug hast, arbeitest du mit dem gewöhnlichen Pflug. Du ziehst eine Furche und eine zweite genau daneben. In diese legst du die Saatkartoffeln. Beim Ziehen der nächsten Furche deckst du die eben gelegten Kartoffeln mit dem Aushub zu. In die darauf folgende Furche werden wieder Kartoffeln gelegt. Mit anderen Worten: in jede zweite Furche wird gepflanzt. Es ist nicht schlimm, wenn der Abstand nicht exakt 70 cm beträgt.

Pflege

Je nach Unkrautdichte muß der Acker noch ein oder zweimal mit dem Häufelpflug bearbeitet werden. Dadurch wird nicht nur das Unkraut vernichtet, sondern die Reihen werden erneut angehäufelt, so daß die Kartoffeln mehr Erde haben und nicht an die Oberfläche kommen und grün werden. Wenn man keinen Häufelpflug hat, kann man dafür bei einiger Geschicklichkeit auch einen normalen Furchenpflug benutzen.

Zum Schluß wird das Unkraut auf den Reihen mit der Handhacke vernichtet. Die dabei eingeebneten Reihen sind sofort wieder zu häufeln. Etwa 10 Tage nach dem Legen der Saatkartoffeln kann man zur Unkrautbekämpfung mit der Egge über das Feld gehen, später sollte man davon Abstand nehmen, weil dann die zarten Sprossen der Kartoffeln beschädigt werden könnten. Sobald das Kartoffelkraut groß genug ist, um die Furchen zu überschatten, wird es allein mit dem Unkraut fertig.

Krautfäule
Gegen Krautfäule hilft auch ein noch so biologischer Anbau nichts, in einem Krautfäulejahr wird jedes Kartoffelfeld von ihr befallen. Ein Grund zum Verzweifeln ist das Auftreten dieser Seuche trotzdem nicht, denn man kann Gegenmaßnahmen ergreifen. Vermindert wird die Ernte aber in jedem Fall. Man erkennt diese Krankheit an dunkelgrünen, feuchten Flecken an den Spitzen und Rändern der Blätter. Bei ersten Anzeichen dieser Merkmale muß sofort gespritzt werden. Befallene Pflanzen können damit zwar nicht geheilt werden, die Spritzung dient vielmehr dem Schutz der gesunden Pflanzen. Die dunklen Flecken breiten sich schnell aus, und bald entdeckt man auch weiße Schimmelflecken.
Wenn man nichts dagegen unternimmt, sterben innerhalb von 14 Tagen sämtliche Pflanzen einfach ab und werden eine schleimige Masse. Hier zeigt sich nun die Wichtigkeit des Häufelns, denn je höher die Reihen sind, desto weniger werden die Knollen angegriffen. Die Krautfäule wandert nämlich nicht durch die Pflanze nach unten, sondern sickert mit dem Regenwasser in die Erde. Im gewerblichen Kartoffelanbau werden die befallenen Felder mit einer Schwefelsäurelösung im Verhältnis 1:6 gespritzt oder mit anderen chemischen Bekämpfungsmitteln behandelt. Dadurch werden die Pflanzen verbrannt und es wird verhindert, daß die Sporen hinunter zu den Knollen gelangen. Ich schneide die befallenen Pflanzenteile mit einer scharfen Sichel ab und verbrenne das Kraut. Bis zum Herausnehmen der Kartoffeln müssen mindestens 14 Tage verstreichen, damit sie nicht mit dem infizierten Boden in Berührung kommen. Es wird aber gar nicht erst zu einem Krautfäulebefall kommen, wenn man sein Feld vorbeugend mit der bewährten Kupfer-Kalk-Brühe oder einem gleichwertigen Mittel gespritzt hat. Für eine Kupfer-Kalk-Brühe löst du in einem Holz- oder Plastikgefäß 2 kg Kupfersulfat in 175 l Wasser. Dann wird 1 kg frisch gebrannter Ätzkalk langsam in 25 l Wasser gelöscht. Dieser Brei wird durch ein Sieb in die Kupfersulfatlösung gegossen. Durch Eintauchen eines versilberten Messers überzeugst du dich davon, daß das Kupfersulfat restlos ausgefällt wurde. Überzieht sich das Messer mit einem Kupferfilm, muß mehr Kalk zugefügt werden.
Für ein stärkeres Spritzmittel nimmst du statt Ätzkalk 6 kg Ätznatron. Dieses hält sich aber nicht lange und muß schnell verbraucht werden. Die Spritzmittel werden fein über das Blattwerk der Pflanzen versprüht. Nach etwa einer Woche wird eine zweite Spritzung durchgeführt, und auch nach Regen muß sie unter Umständen wiederholt werden. Eine andere Möglichkeit ist das Einnebeln der Pflanzen mit Kupfer-Kalk-Staub, solange Tau auf den Blättern liegt.
Krautfäule tritt zu unterschiedlichen Zeiten auf: Sie braucht warmes, feuchtes und nebliges Wetter. Eine Vorbeugung gegen die Krautfäule besteht auch darin, daß du keine „Landstreicher“ wachsen läßt. Das heißt, daß du bei der Ernte jede, auch noch so kleine oder beschädigte Kartoffel aufklauben mußt, denn die liegengebliebenen können die Krankheiten übertragen. Schweine erledigen diese Arbeit liebend gern und besser als jeder andere und düngen dabei gleichzeitig das Land.

Ernte
Die Ernte erfolgt bei schönem Wetter vor den ersten Frösten, aber so spät wie möglich. Die Kartoffeln werden mit der Gabel, der Kartoffelhacke, dem Pflug, dem Kartoffelroder oder auf irgendeine andere Weise aus dem Boden geholt und dann 1–1 1/2 Tage in der Sonne liegengelassen, damit die Schalen austrocknen. Länger dürfen sie nicht dem Licht ausgesetzt sein, sonst werden sie grün.

Lagerung
Kartoffelmieten (s. S. 182) bewähren sich sehr gut. Das Lagern in einem dunklen Raum oder Kartoffelkeller ist sinnvoll. Die Miete hat aber den Vorteil, daß sich Krankheitserreger nicht festsetzen können. Bei sehr strengen Wintern ist das Einmieten nicht möglich, weil die Kartoffeln schnell erfrieren und dann faulen. Wenn sie dagegen zu warm gelagert werden, keimen sie bald. Die beste Lagertemperatur liegt knapp über dem Gefrierpunkt.

Topinambur

Weil schon wenige Topinambur-Pflanzen große Knollenmengen entwickeln, werden sie nur selten feldmäßig angebaut. Das tun nur einige kluge Leute; sie lassen später die Schweine auf dem Feld die Knollen ausgraben und sich davon ernähren. Wenn sie eine ausreichende Menge finden, brauchen sie zusätzlich nur etwas Magermilch und ein wenig Kraftfutter. Ein halbes Pfund Erdnüsse und ein zeitlich unbegrenztes Wühlen im Topinambur-Acker reicht als Fütterung für eine trockenstehende Sau.

Saat
Man legt die Knollen im Abstand von 30 cm in 90 cm voneinander entfernte Furchen, und zwar zwischen Weihnachten und April, wenn der Boden nicht gefroren und nicht zu naß ist. Sie wachsen aber erst, wenn die Temperatur steigt, dann jedoch in einem rasanten Tempo. Sie ersticken jedes nur denkbare Unkraut, und wenn die Schweine die Knollen ausgegraben haben, ist der Boden einwandfrei sauber und außerdem gedüngt. Die Schweine werden aber niemals alle Knollen aus der Erde holen, und deshalb gibt es im nächsten Jahr viele „Landstreicher“ oder Wildwuchs. Wenn man sie wachsen läßt, hat man unter Umständen eine genauso gute Ernte wie im Vorjahr. Ich mache das manchmal, aber nie länger als zwei Jahe hintereinander. Topinambur stellt keine Anforderungen an den Boden und wächst praktisch überall. Eine besondere Düngung ist nicht erforderlich.

Bohnen

Bohnen unterscheiden sich von Erbsen und anderen Leguminosen dadurch, daß sie statt des gefüllten, runden Stengels einen hohlen, vierkantigen haben. Die meisten Bohnenarten werden aber selten im Feldbau kultiviert und deshalb habe ich sie unter Gartengemüse (s. S. 147 und 152) näher behandelt.

Saubohne

Die Saubohne, auch Ackerbohne oder Pferdebohne genannt, ist eine außerordentlich wertvolle Pflanze, und der Anbau wird nur deshalb so stark vernachlässigt, weil Unmengen billiges Protein aus der Dritten Welt in die bisherigen Anbaugebiete eingeführt werden. Wenn die Bewohner der Dritten Welt eines Tages das bei ihnen erzeugte Protein selbst verwerten, werden die Bauern der gemäßigten Breiten wieder auf diese gute, alte Pflanze zurückkommen müssen. Sie bringt einen hohen Ertrag sehr wertvoller Samen und verbessert den Boden in zweierlei Hinsicht: Da sie zu den Leguminosen gehört, kann sie Stickstoff aus der Luft aufnehmen: Der zweite Pluspunkt ist die lange Pfahlwurzel, die Nährstoffe aus den unteren Erdschichten nach oben transportiert und beim späteren Verrotten vorzüglichen Humus ergibt. Ihr Anbau ist äußerst lohnend, gut für den Boden und bringt reiche Ernten hoch proteinhaltiger Samen.
Wie bei den Getreidesorten gibt es auch bei Ackerbohnen zwei Arten, eine für die Winter- und eine für die Frühjahrsaussaat.

Boden
Bohnen brauchen keine Stickstoffdüngung, sind aber sehr dankbar für reiche Stallmistdüngung, die so bald wie möglich nach der vorhergegangenen Ernte eines anderen Anbaus untergepflügt wird. Ist der Boden in gutem Zustand, gedeihen die Bohnen auch ohne sie. Da sie wie alle Leguminosen Kalk brauchen, muß man diesen unter Umständen zufügen. Dringend erforderlich ist Kali und in geringem Umfang auch Phosphor. Nicht biologisch-dynamisch orientierte Bauern geben oft 80 Einheiten Phosphor und 60 Einheiten Kali, aber man sollte sich lieber auf eine gute Bodenbearbeitung und viel Stallmist verlassen.
Das Saatbett muß nicht zu fein sein, besonders nicht für die Wintersaat. Hier ist sogar ein grobes Saatbett besser, denn die Erdbrocken schützen die jungen Pflanzen vor dem Wind. In besonders rauhen Lagen ist der Winteranbau nicht möglich, da die Bohnen bei zu starkem Frost erfrieren. Winterbohnen sind in der Regel ertragreicher als die Frühjahrssaat. Sie sind weniger anfällig gegen Blattlausbefall, einer häufig auftretenden Plage, leiden dafür aber leichter unter Bohnenrost, einer unangenehmen Pilzkrankheit.

Saat
Am besten sät man mit der Reihensämaschine. Steht sie nicht zur Verfügung, sät man mit der Hand hinter dem Pflug, und zwar in 10 cm tiefe Furchen, wobei immer eine mit Samen belegt wird und die Erde der zweiten die Samen zudeckt.

Pflege
Ackerbohnen müssen unbedingt gehackt werden. Man kann das mit der Reihenhacke mit Pferd oder Schlepper tun, sollte aber mindestens einmal mit der Handhacke zwischen den Pflanzen in der Reihe säubern. Diese Bohnen werden leicht von Unkraut erstickt.

Ernte
Mit der Ernte wartest du, bis die Blätter abgefallen sind oder sich die „Hilum", die Ansatzpunkte der Schotenstiele an der Pflanze, schwarz gefärbt haben. Die Ernte kann mit einem Bindemäher durchgeführt werden, oder man mäht mit der Sichel und bindet die Garben. Dazu mußt du Bindfaden verwenden, denn das Bohnenstroh ist dafür schlecht geeignet. Die Garben werden zu Puppen zusammengestellt und solange stehen gelassen, bis die Pflanzen völlig trocken sind (etwa 1–2 Wochen). Dann werden sie zu einer Miete gestapelt und mit einem Strohdach versehen oder in einer anderen Weise gegen die Witterung geschützt, unter Umständen auch in der Scheune gelagert. Ein Bohnenstock ohne Wetterschutz hält den Regen nicht ab, wie zum Beispiel Stroh, so daß er sehr schnell innen naß wird, und die Bohnen verderben.

Dreschen
Die Bohnen müssen mindestens vier Monate lagern, ehe sie ausgedroschen werden. Manche Bauern lassen sie bis zum nächsten Winter sitzen, weil sie dann sehr viel besseres Viehfutter sind. Sie werden wie Weizen mit dem Dreschflegel oder der Dreschmaschine ausgedroschen.

Bohnen als Viehfutter
Die Bohnen werden vor der Verfütterung gemahlen oder zerquetscht und als proteinhaltiger Zusatz unter die Futterration gemischt. Pferde, Rinder, Schweine, Schafe und Geflügel nehmen sie gern an. Das Vieh knabbert auch an dem Bohnenstroh und frißt einen Teil davon auf. Der Rest ergibt sehr gutes Streu und anschließend einen ausgezeichneten Düngemist.

Sojabohnen

Sojabohnen werden in großem Maßstab in China und den warmen Gebieten der USA angebaut. In diesen Anbaugebieten werden sie mit der Hand oder maschinell nach dem letzten möglichen Frost etwa 10 cm tief im Abstand von 25 cm bei einem Reihenabstand von 90 cm in Reihen gesät. Sie wachsen zunächst sehr langsam und müssen deshalb gut gehackt werden. Ihre Reifezeit dauert je nach Klima 3–5 Monate. Wenn es nötig ist, kann man sie durch Abdecken der Pflanzen mit Gras oder Plastik verlängern. Jung gepflückte Schoten können ganz verwendet werden. Andernfalls werden die drei bis vier Bohnenkerne ausgeperlt. Dies gilt auch für die Limabohne.

Nahrung von Tieren

„Etwas geräucherter Schinken…
besänftigt das Gemüt und
fördert den häuslichen Frieden."

Cobbett

Die Haustiere

Schon bei den Feldfrüchten habe ich dir von Monokultur abgeraten. Auch jetzt empfehle ich dir dringend, mehrere Tierarten zu halten. Tiere ergänzen sich gegenseitig auf natürliche Weise. Mache doch davon Gebrauch! Sie nützen gleichzeitig den Reichtum deines Landes voll aus. Zuerst verschlingen die Kühe das lange Gras, dann machen sich die Pferde, Schafe und Gänse über das kurze Gras her. Die Schweine fressen nun die Wurzeln und pflügen dabei das Land um. Dann säst du das Korn. Alle deine Tiere, vor allem Hühner, werden davon satt. Schweine gedeihen gut bei entrahmter Milch. Mit den Resten von der Käsezubereitung und mit Kuhmilch kannst du verwaiste Fohlen und Lämmer aufziehen.

Gänse

Gänse wetteifern mit den Wiederkäuern ums Gras. Auch sie setzen es in Fleisch um. Es lohnt sich in jedem Fall, ein paar Gänse zu halten. Je größer die Vielfalt der Tiere, desto besser.

Kühe, Pferde, Schafe und Ziegen

Wiederkäuer – Kühe, Schafe und Ziegen – eignen sich am besten, um Gras in Fleisch und Milch umzusetzen. Bei den Pferden nützt man deren einzigartige Fähigkeit aus, Gras in Kraft zu verwandeln. Diese Tiere teilen sich das vorhandene Futter sehr gut auf. Das gleiche Stück Weideland, das zwanzig Kühe ernährt, macht auch noch zwanzig Schafe satt. Die Kühe fressen das längere, gröbere Gras. Die Schafe und Pferde begnügen sich mit dem Rest. Ziegen bevorzugen Rinde, Blätter, Sträucher und Büsche. Sie füllen so eine nützliche Lücke. Wenn man ein Stück verwildertes Land lichten will, eignen sie sich bestens dafür.

Enten

Enten fressen eine ganze Menge von dem, was sonst wenig nützt: Wasserpflanzen, Frösche und anderes Wassergetier. Schnecken sind im Garten die schlimmste Plage. Man muß aber nur Enten auf Patrouille gehen lassen.

Hühner

Hühner ernähren sich vorwiegend von Körnern. Sie picken nicht nur auf den abgeernteten Feldern das zurückgebliebene Korn auf, sie fressen auch die Unkrautsamen und geben sich mit Körnern zufrieden, die zum Mahlen zu klein sind. Sie folgen dem Schwein, wenn es im Boden herumwühlt und schnappen nach jedem Wurm und Engerling, ja nach allem, was ans Tageslicht befördert wird. Sie halten die Ratten fern, weil sie in den Getreidespeichern das verschüttete Korn aufpicken.

Schweine

Das Schwein ist ein prächtiges Tier, ein echter Pionier auf dem Anwesen. Es frißt einfach alles. Während es nach Futter sucht, pflügt es gleichzeitig das Land und säubert das Unterholz. Es verschlingt alle Abfälle. William Cobbett schreibt in seinem Buch „Cottage Economy": „Kurz und gut: ohne Schwein kommt die Landwirtschaft nicht aus. In keinem Land der Welt kann sie das. Die Schweine sind ihre große Stütze. Sie finden auf engstem Raum Platz und erfordern für eine Tierherde wenig Aufwand. Es wäre eine arme und furchtbar trostlose Sache, wenn man das Land ohne sie bestellen müßte."

Die Kuh

Es gibt vier verschiedene Rindertypen: einfache Rinder, Zweinutzungsrinder, Fleisch- und Milchtypen. Vor fünfzig Jahren gab es herrliche Züchtungen von Zweinutzungsrindern, wirtschaftliche Gründe führten jedoch zu deren Aussterben. Reine Fleisch- und Milchkühe setzten sich durch. Für den Selbstversorger ist das bedauerlich. Fleisch sollte nur ein Nebenprodukt der Rinderherden und nicht ihr Endzweck sein.
Eine Kuh wirft jedes Jahr ein Kalb. Die Milchkuh hat nebenher noch genug Milch für dich. Ein Mastrind dagegen kann nur das Kalb säugen, bis es alt genug ist, um entwöhnt zu werden. Handelt es sich aber um ein Zweinutzungsrind, so liefert es dir nicht nur ein Kalb mit viel Fleisch, sondern auch genügend Milch.
Nur die Hälfte der Kälber ist weiblich und für deine Milchkuhherde geeignet. Bei reinen Milchkühen bleibt es dir daher nicht erspart, die männlichen, fleischarmen Kälber mit Verlust abzustoßen. Sonst kann es passieren, daß dir die Ochsen den ganzen Platz wegnehmen.

Die Rasse auswählen

Wir essen schon laufend Fleisch von Milchkühen. In Deutschland stammt das meiste Rindfleisch vom Schwarzbunten Niederungsvieh, z. B. dem Ostfriesischen Milchvieh. Dieses Tier ist groß, knochig und liefert ziemlich viel fettarme Milch. Es ist kräftig und seine Kälber geben reichlich Fleisch.
Am anderen Ende der Skala stehen die Kanalrinderrassen. Von ihnen ist das Jersey-Rind die beste „Hauskuh". Es ist klein und liefert nicht so viel Milch wie die friesischen Rassen, sie ist aber um so besser. Das Kalb gibt wenig Fleisch und ist praktisch unverkäuflich. Sein Fleisch schmeckt trotzdem gut.

Wird dir ein gutes Zweinutzungsrind angeboten, greife ruhig zu. Geeignet sind das Schwarzbunte Niederungsvieh, das deutsche Höhenfleckvieh und das Shorthornrind.

Eine Kuh kaufen

Zunächst, wie kommt man an eine gute Kuh heran? Nichts ist schwerer. Besitzt jemand viele Kühe und möchte davon eine verkaufen, so kannst du ganz sicher sein, daß es die schlechteste Kuh in der Herde ist.
Es kann sein, daß ein Bauer aus wirtschaftlicher Not die eine oder andere Kuh verkaufen muß. Aber selbst wenn er eine gute Herde besitzt, sucht er immer die schlechteste Kuh aus. Er verkauft die Spreu, nicht den Weizen, das kannst du dir als Faustregel merken. Aber dann ist da der Bauer, der seine gesamte Habe verkauft, vielleicht möchte er auf einen anderen Beruf umsatteln. Seine ganze Herde kommt unter den Hammer, die guten und die schlechten Kühe. Oder jemand hat eine oder mehrere Färsen (junge Kühe) aufgezogen, um sie frisch nach dem Kalben zu verkaufen. Da bringen sie am meisten Gewinn, denn sie liefern jetzt eine Menge Milch. Mit den Färsen machst du den besten Fang.
Wenn du eine junge Kuh kaufst, dann wirf unbedingt auch einen Blick auf die Mutterkuh. Denn wie heißt es so schön: es zahlt sich immer aus, die zukünftige Schwiegermutter in Augenschein zu nehmen, bevor man sich der Tochter verspricht. Du bekommst eine Vorstellung davon, wie sich deine Liebe im reiferen Alter entpuppen wird. Dasselbe gilt für junge Kühe.
Bist du noch unerfahren, dann kann es nach dem Kauf allerdings einige Schwierigkeiten geben. Die junge Kuh ist vielleicht unruhig, leichtsinnig und schlägt aus. Hat sie gar noch winzige Zitzen, dann wird sie erst recht störrisch sein.
Als Neuling solltest du vielleicht lieber eine brave, alte „Liesel" nehmen, mit Zitzen wie Champagnerflaschen, mit freundlichen Augen und einem sanften Wesen. Was macht es schon aus, wenn sie nicht Weltmeisterin der Milchkühe ist.

Hier sind die klassischen Hauskühe abgebildet, wie man sie überall in Deutschland findet. Sie sind groß, ertragreich und zäh.

Folgende Gesichtspunkte mußt du beim Kauf einer Kuh berücksichtigen:
1 Taste das Euter sorgfältig ab. Wenn du harte Stellen spürst, könnte dies bedeuten, daß sie eine massive Euterentzündung (Mastitis) hat, oder früher einmal hatte. Womöglich wird sie wieder rückfällig. Mastitis ist ein sehr verbreitetes Leiden. Eine oder mehrere Zitzen sind verstopft, und du bekommst nur wertlose Milch. Es ist etwas anderes, wenn du eine Kuh billig erstehst, weil sie ein „blindes Viertel" hat (d. h. ein Viertel des Euters enthält keine Milch), dann bist du ja von Anfang an im Bilde.
2 Überzeuge dich, daß sie auf Tuberkulose und Brucellose untersucht wurde. In vielen Ländern sind diese Tests zwingend vorgeschrieben. Es ist nicht erlaubt, Milch von infizierten Kühen zu verkaufen. Das könnte für dich sehr unangenehm werden.
3 Stelle fest, ob die Kuh gerade Milch im Euter hat. Ziehe sorgfältig an jeder Zitze. Du merkst dann sofort, ob die Kuh ausschlägt, während du melkst und an ihr hantierst. Wenn das Tier unruhiger ist als gewöhnlich, weil du ihm fremd bist oder weil es sich in einer ungewohnten Umgebung befindet, dann laß es am besten in Ruhe. Vergewissere dich, daß sie in jedem Viertel Milch hat. Falls du die Kuh direkt aus dem Stall kaufst, frage den Verkäufer, ob du das Euter ganz ausmelken darfst. Dann weißt du genau, wieviel Milch die Kuh hergibt.
4 Schaue dir ihr Gebiß an. Es sagt dir, wie alt sie ist.
5 Prüfe, ob sie ruhig und zahm ist, indem du deine Arme um ihren Hals legst und sie hinter den Ohren klopfst.
6 Überzeuge dich, ob sie einen gesunden Eindruck macht.
7 Frage einen freundlichen Nachbarn und Rinderexperten, ob er nicht mitgeht und dich berät, wenn du selbst noch nicht Bescheid weißt.
Wenn du dein liebes Rindvieh dann hast, bringe es nach Hause und mache es ihm behaglich. Verwöhne es ein bißchen. Binde es in deinem Kuhstall fest und gib ihm gutes Heu, Hafer oder Gerste zu fressen. Laß ihm Zeit, sich zu beruhigen. Am Abend kann man es dann melken.

Das Futter

Landwirtschaftsexperten gehen, um den Futterbedarf der Kühe zu bestimmen, davon aus, daß eine Kuh einen gewissen Anteil ihres Futters als „Unterhaltsration" braucht und einen etwas höheren Anteil als „Wirtschaftsration". Das heißt, wir müssen herausfinden, wieviel wir brauchen, um eine Kuh gesund zu halten, wenn sie keine Milch gibt (Unterhaltsration) und fügen dann, entsprechend ihrer Milchleistung, Futter hinzu (Wirtschaftsration).

Die Unterhaltsration

Mit neun Kilogramm gutem Heu täglich kann eine große Kuh gut überwintern. 5,5 kg reichen für eine kleine Kuh aus. Wenn du nichts anderes fütterst, brauchst du im Winter

Am Gebiß erkennt man das Alter der Kuh

Eine erwachsene Kuh hat zweiunddreißig Zähne, darunter acht Schneidezähne. Alle acht sitzen am Unterkiefer und kauen gegen den harten Gaumen. Einen Monat nach der Geburt hat das Kalb bereits acht vorläufige Schneidezähne. Diese werden allmählich ersetzt. Mit fünf Jahren hat die erwachsene Kuh nur noch bleibende Schneidezähne. Man kann daher das Alter an der Anzahl der vorläufigen und der bleibenden Schneidezähne ablesen. Das Alter der Kühe über fünf Jahre läßt sich an der Abnutzung der Zähne (wenn sie zwölf Jahre alt sind, bleiben nur noch Stümpfe zurück) und an der Glätte ihrer Hörner abschätzen. Vorsicht vor Viehhändlern, die Kuhhörner mit Sandpapier schmirgeln, damit sie jünger aussehen!

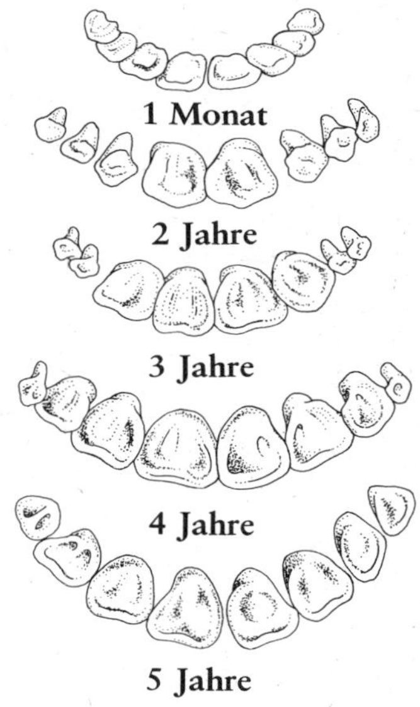

für eine große Kuh insgesamt etwa 1,7 t und für eine kleine Kuh etwa 1,2 t. Falls du nicht nur Heu verfüttern willst, solltest du folgendes berücksichtigen. Eine Tonne gutes Heu entspricht:
3/4 Tonne vom besten Heu
4 Tonnen Kohl oder anderes Gemüse
5 Tonnen Mangold
3 Tonnen Trockenrüben.

Die Wirtschaftsration

Für den Futterbedarf bei 4,5 l Milchleistung täglich erhöhst du die Winter-Unterhaltsration auf etwa 2,3 t für das große Tier und 1,7 t für das kleine. Damit steigt die tägliche Ration auf 13,0 kg bzw. 9,0 kg an. Für jeden weiteren Liter Milch mußt du täglich 0,4 kg vom folgenden Mischkonzentrat verfüttern:
2 Teile Gerste (gedämpft und gewalzt)
1 Teil Hafer (gedämpft und gewalzt)
1 Teil Bohnen (grob gemahlen).
Jeder Tonne Konzentrat kannst du, falls erforderlich, folgende Zusätze beimengen:
9 kg Kalk
9 kg gedämpftes Knochenmehl
9 kg Kochsalz.
Kühe, die Gras und Heu von natürlich gedüngten Wiesen fressen, leiden normalerweise nicht unter einem Mangel an Spurenelementen. Wenn aber einmal eine Krankheit auftritt, die der Tierarzt auf Mineralstoffmangel zurückführt, z. B. Grastetanie oder Hypo-Magnesämie, dann solltest du mit dem fehlenden Spurenelement entweder das Futter anreichern, oder die Wiese düngen. Seetang ist eine reiche Quelle für Mineralstoffe. Man kann ihn hin und wieder auf

die Weide streuen und die Kühe daran knabbern oder lecken lassen. Wenn sie es mögen, werden sie nie wieder unter Mineralstoffmangel zu leiden haben.
In einem durchschnittlichen Winter bedeutet das also, daß die Kuh täglich 13,5 kg Kohl oder anderes Grünfutter bekommt, ferner 5,5 kg Heu für den Unterhalt und 4,5 l Milchleistung, sowie 0,4 kg Konzentrat für jeden weiteren Liter Milch. Nimm aber Futter, das dir sowieso zur Verfügung steht und gebrauche deinen gesunden Menschenverstand. Schaue in deinen Milcheimer. Fällt der normale Milchpegel, so fütterst du einfach mehr.

Das Sommerfutter

Wenn du den Sommer über viel gutes Gras hast, so reicht das für den Unterhalt und 18 Liter Milch. Eine Kuh, die mehr Milch liefert, braucht 0,4 kg Konzentrat für jeden weiteren Liter. Ich hoffe aber, daß du keine solche Kuh halten willst. Kühe mit überdurchschnittlicher Milchleistung müssen dauernd unter tierärztlicher Überwachung stehen und wie Invaliden behandelt werden. Die Grasqualität kann enorm schwanken. Wenn du plötzlich feststellst, daß die Milchleistung nachläßt, dann gibst du der Kuh zusätzlich etwas Konzentrat, vielleicht 0,5 bis 1 kg, und wartest das Ergebnis ab.
Bei der Viehhaltung ist gesunder Menschenverstand und gute Beobachtungsgabe alles. Lerne zu unterscheiden, ob deine Tiere einen gesunden oder kranken Eindruck machen. Achte auf ihren Zustand. Sind sie dünner oder dicker geworden? Achte auf ihre Milchleistung, auf ihren Appetit. Nicht jeder hat den „scharfen Blick" eines Viehhalters. Man kann ihn aber erlernen.

Das Melken

Melke die Kuh zweimal täglich, am besten alle zwölf Stunden. Wasche Euter und Zitzen mit warmem Wasser. Mache die Hände gründlich sauber und trockne Euter und Hände

Der Kuhstall

Im modernen Kuhstall steht vor der Kuh eine Futterkrippe aus Beton. Die Kuh steht oder liegt auf einem Boden aus Beton oder Ziegelstein. Hinter ihr befindet sich die Dungrinne mit dem Abfluß. Im Kuhstall sollten alle Futterbehälter fest verschlossen sein, für den Fall, daß sich eine Kuh losreißt.

mit dem Handtuch gut ab. Je mehr du dabei das Euter massierst, desto besser. Säubere auch das Hinterteil der Kuh, damit kein Kot oder Dreck in den Eimer fällt. Gib der Kuh etwas Gutes zum Fressen. Setze dich dann mit einem Schemel an ihre Seite. Packe die vordersten Zitzen mit beiden Händen oder versuche es zuerst nur mit einer Zitze in einer Hand, wenn du noch überhaupt keine Erfahrung hast. Drücke die Zitze oben mit dem Daumen und dem Zeigefinger so zu, daß die Milch in der Zitze nicht mehr in das Euter zurücklaufen kann. Daumen und Zeigefinger bleiben an den Zitzen und nacheinander werden Mittelfinger, Ringfinger und kleiner Finger zugedrückt. Jetzt schießt die Milch aus der Zitze. Laß sie wieder los und beginne von vorne. Das hört sich alles sehr leicht an, ist aber doch sehr schwer.
Es empfiehlt sich vielleicht, an einer künstlichen Zitze zu üben, um den richtigen Bewegungsrhythmus herauszufinden. Eine Woche brauchst du schon, um das Melken zu erlernen. Am besten, du beginnst mit einer alten Kuh, die es gewohnt ist, daß man sie melkt.
Du solltest dem Melken besondere Aufmerksamkeit widmen, denn Roheit den Tieren gegenüber oder mangelnde Sorgfalt wirken sich unmittelbar auf die Milch aus. Du solltest aufpassen, daß du das Euter nicht zu stark strapazierst, was letzten Endes die Melkwilligkeit der Kuh beeinträchtigen würde. Im übrigen hat das auch häufig Euterverbildungen zur Folge.
Beim Einsatz einer Melkmaschine mußt du die Euter auf ihren Gesundheitszustand hin untersuchen, denn kranke Tiere müssen immer mit der Hand gemolken werden.
Beim Melkbeginn läßt du aus jeder Zitze zwei Milchstrahlen spritzen und sie über eine schwarze Platte ablaufen. Wenn sie nicht flockig ist, ist sie gesund.

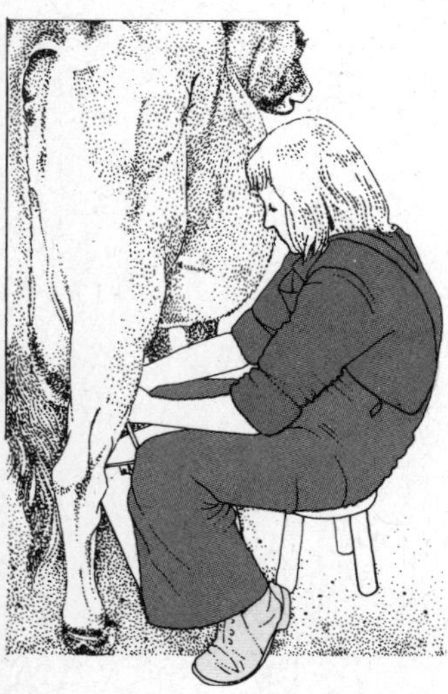

Das Melken einer Kuh

Man setzt sich an die rechte Seite der Kuh und klemmt den Eimer etwas schräg zwischen die Knie. Man greift die beiden vorderen Zitzen mit den Händen und drückt sie zum Melken oben mit Daumen und Zeigefinger zu. So wird verhindert, daß die Milch aus der Zitze in das Euter zurückläuft. Jetzt drückt man mit den übrigen Fingern – von oben nach unten – nacheinander zu.

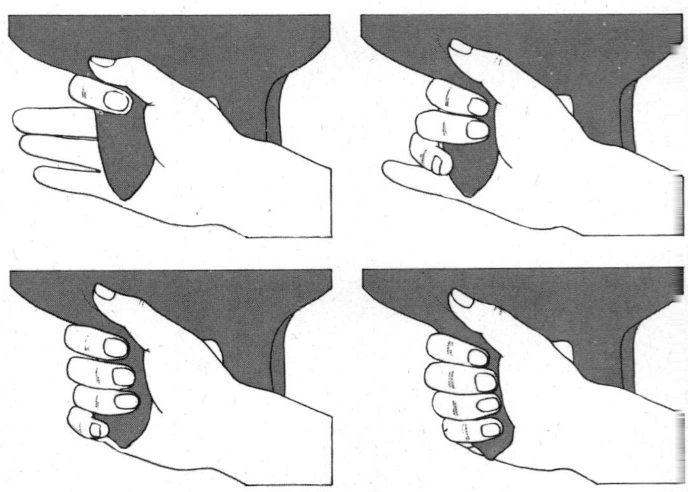

Der Kuhstall

Der moderne Kuhstall hat einen betonierten Boden. Er ist ferner so gebaut, daß man jede Kuh an einem senkrechten Pfosten anbinden kann. An diesem ist ein Ring befestigt, der auf und ab gleitet. Die Kuh kann sich also niederlegen, wann immer sie will. Man geht davon aus, daß sie ihre Fladen in die Dungrinne entleert, und daß du diese jeden Tag reinigst.

In meinen Augen ist das alles eine zu tiefe Verbeugung vor dem mächtigen Gott „Hygiene". Wenn du deine Kuh für einige Zeit oder immer im Stall hältst, ihr jeden Tag viel trockenes Stroh, Farnkraut oder anderes Streu hinwirfst, wird sich der Dung allmählich anhäufen, und du bekommst den herrlichsten Mist. Die Molkerei am Ort wird dich allerdings von der Lieferantenliste streichen, wenn du die Kühe in einem solchen Stall melkst. In keinem „zivilisierten Land" wird es dir dann erlaubt sein, Milch oder irgendein Milchprodukt zu verkaufen. Tatsächlich unterscheidet sich aber Milch von einer Kuh, die im Mist gemolken wurde, gar nicht von einer anderen Milch, vorausgesetzt, es wurden die anderen Regeln der Hygiene beachtet. Wir haben unsere Kühe acht Jahre lang so gemolken. Die Kühe waren nachts oft im Stall. Einmal im Jahr haben wir den Mist hinausgeschafft.

Es ist eine feine Sache, wenn man zwei Gebäude für die Kühe hat, eines zum Melken und eines zum Schlafen, Fressen und Ausruhen. Der „Milchstall" kann dann regelmäßig gereinigt werden. Im anderen Stall wird täglich Stroh gestreut und der Dung monatelang angesammelt. Für die Kühe wird er wärmer und freundlicher sein als der „Milchstall", und du brauchst sie auch nicht anzubinden. Wenn du Silofutter hast (siehe S. 81), brauchst du die Kühe nicht einmal selbst zu füttern.

Was den Aufenthalt im Stall betrifft: unsere Kühe kommen nur wegen der Milch und dem Heu in den Stall. Sommer wie Winter, Tag und Nacht sind sie draußen am ungeschützten Hang. Wir bringen sie nur morgens und abends eine Stunde zum Fressen und Melken herein. Im Sommer wollen sie überhaupt nicht hinein. Sie bleiben lieber auf der Weide, wo sie das frische Gras fressen können. In dieser Zeit füttern wir sie nicht. Wir geben ihnen allenfalls ein oder zwei Pfund geschroteten Hafer. Wenn es genügend Gras gibt, so reicht das vollkommen aus. Im Winter kommen sie aber begierig an die Krippen. Das Gras ist dann von geringer Qualität, und sie sind hungrig. Bei schlechtem Wetter behalte ich sie lieber drinnen.

In wirklich kalten Klimazonen müssen die Kühe den ganzen Winter drinnen bleiben. Laß das Vieh aber nicht einen halben Winter im Stall, um es dann doch hinauszutreiben. Sei auch im Frühjahr vorsichtig. Warte schönes Wetter ab und laß die Tiere nur für kurze Zeit heraus. Zuviel Gras auf einmal schadet dem Magen. Wird es zu schnell Wind und Wetter ausgesetzt, holt sich das Vieh eine Erkältung. Die wenigsten Umstände hast du immer noch, wenn die Kühe den ganzen Winter über draußen waren.

Die Paarung

Eine kleine Kuh sollte mit 15, eine große mit 20 Monaten erstmals gedeckt werden. Eine Kuh läßt den Sprung oder die künstliche Besamung nur zu, wenn sie brünstig ist. Normalerweise tritt die Brunst bei Färse und Kuh alle 21 Tage ein und dauert 18 Stunden. Man muß auf die Brunsterscheinungen achten und die Kuh sofort zum Bullen bringen oder künstlich befruchten. Nach zwei Tagen ist es schon zu spät.

Man erkennt eine brünstige Kuh daran, daß sie auf andere Kühe springt oder von ihnen besprungen wird, auch daran, daß sie ständig muht und „verliebt" dreinschaut und ihre Vulva geringfügig anschwillt. Die erste Brunstperiode nach dem Kalben sollte man einfach übergehen. Gönne so der Kuh eine Ruhepause. Die zweite Brunst solltest du nicht auslassen. Wenn ein Bulle in der Herde ist, gibt es keine Probleme. Er weiß schon, was er zu tun hat. Ansonsten mußt du darauf achten und die brünstige Kuh zu Nachbars Bullen bringen oder einfach die zuständige Stelle anrufen, wenn du eine künstliche Besamung wünschst.

Das Kalb

Wenn das Vieh allein im Freien ist, kann es passieren, daß du eines Tages eine Kuh dabei überraschst, wie sie gerade ein kleines Kalb leckt. Eben erst hat sie es auf ganz natürliche und leichte Art zur Welt gebracht. Es ist selten, daß Kühe draußen beim Kalben Probleme haben. Du solltest die beiden aber dennoch für ein paar Stunden nicht aus den Augen lassen, bis du ganz sicher bist, daß das Kalb auf die Beine kommt und bei der Mutter trinkt. Bedenklich wird es, wenn das Kalb nach einer Stunde noch keine Milch will. Dann packst du es, und zwingst es mit sanfter Gewalt zum Saugen, indem du es direkt an die Zitze führst. Wenn es nötig sein sollte, bindest du die Kuh dazu an.

Kühe können auf ungeschützten Bergen mitten im Winter kalben und ihre Kälber im Schnee aufziehen.

Solange das Kalb mit der Kuh draußen herumspringt, die Kuh genug zum Fressen hat und das Wetter nicht zu schlecht ist, solange geht alles gut. Aber sobald das Kalb einmal im Stall gewesen ist – wenn du das Muttertier melken willst, führt kein Weg daran vorbei – hast du in den normalen Ablauf der Natur eingegriffen und bist gezwungen, das Kalb von nun an warm zu halten und vor Zugluft zu schützen. Das Kalb muß mindestens drei Tage von seiner Mutter gesäugt werden. Die erste Milch enthält nämlich Kolostrum oder Biestmilch, ein eiweißhaltiges Sekret, mit Leukozyten und Antikörpern, das für die Gesundheit, ja für das Überleben des Kalbes unverzichtbar ist.

Danach kannst du entweder der Kuh das Kalb wegnehmen und es außer Reichweite in einem eigenen Stall halten, oder es noch länger bei der Mutter lassen. Dann sollte es dem Kopf der Mutter so nahe sein, daß sie es sehen kann, während du melkst. Am einfachsten bekommst du ihre Milch natürlich, wenn du der Kuh das Kalb wegnimmst. Vielleicht

Einem Kalb das Trinken beibringen

Wenn man sich mit dem Kalb in einen Vergleichskampf um die Milch der Kuh einläßt, wird das Kalb gewinnen. Viele Leute melken daher die Kuh selbst und füttern das Kalb aus einem Eimer. Um einem Kalb das Trinken beizubringen, muß man zwei Finger leicht gespreizt in sein Maul stecken. Man läßt es daran saugen und führt seine Schnauze in den Eimer hinein. Es kann sein, daß es sich verschluckt; oder es schmeckt ihm, dann beginnt es begierig zu trinken. Dann kann man die Finger langsam zurückziehen. Es trinkt sofort alleine. Man braucht aber viel Geduld.

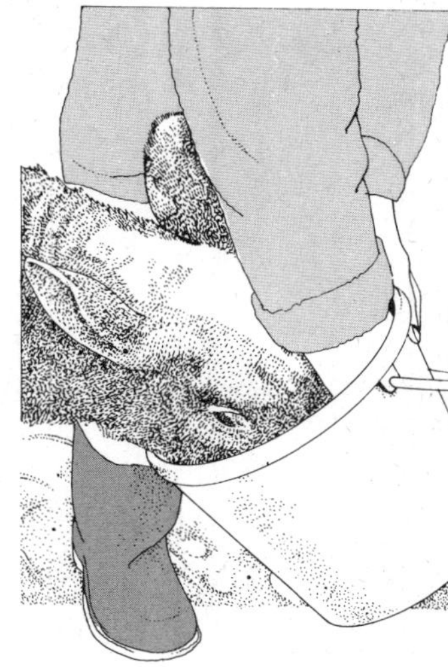

wird sie eine Nacht nach dem Kleinen brüllen, sie findet sich aber dann schnell mit dem Verlust ab. Eine Kuh ist kein menschliches Wesen. Sie hat ein kurzes Gedächtnis und wird dich bald als Kalbersatz akzeptieren. Schon oft habe ich beim Melken mit einem völlig nassen Hemd dagesessen, weil ich die alte Kuh nicht davon abhalten konnte, mich andauernd abzulecken.

Was kann man dem Kalb zu diesem Zeitpunkt schon füttern? Wenn du genug Milch hast, so nimmst du die der Mutterkuh, und zwar 1/10 des Körpergewichts vom Kalb, und gibst warmes Wasser (ein Teil Wasser auf drei Teile Milch) dazu. Diese Mischung solltest du ihm zweimal täglich aus einem Eimer (vgl. Abbildung S. 96) gut temperiert (Körpertemperatur) verabreichen.

Nach ungefähr ein bis zwei Wochen bietest du dem Kälbchen etwas vom besten Heu an, um festzustellen, ob es dieses schon frißt. Versuche es nach einem Monat mit „Kuchen“, Hafer gedämpft und gewalzt, oder einer anderen konzentrierten Nahrung. Es muß auch stets sauberes Wasser für das Kalb bereitstehen. Nach vier Monaten wird es von der reinen Milchnahrung entwöhnt, und du fütterst ihm 2 kg Heu und 1,5 kg Konzentrate, oder du bringst es hinaus auf eine kleine, saubere Weide. Mit sechs Monaten sollte es täglich 2,5 kg Heu und 1,5 kg Konzentrate bekommen, es sei denn, es ist im Freien.

Bronchitis ist für Kälbchen eine tödliche Krankheit. Diejenigen, die im Freien bei ihrer Mutter aufwachsen, werden auf natürliche Weise immun. Aber die, die im Stall groß geworden sind, müssen, bevor sie auf die Weide hinausgelassen werden, mit einem Antiserum gegen Bronchitis geimpft werden. Das macht der Tierarzt. Füttere das Kalb gut mit Heu, Konzentraten und Gras, bis es immun geworden ist. Führe aber niemals verwaiste Kälber nach draußen.

Es gibt noch andere Wege, um kleine Kälber aufzuziehen, ohne auf die Milch einer Mutterkuh zu verzichten. Wenn du Glück hast, kalbt auch gerade eine zweite Kuh, und du kannst ihr ein fremdes Kalb unterschieben, so daß sie die Kälber als „Zwillinge“ aufzieht. So ein Glücksfall passiert selten. Du kannst aber auch eine Kuh als Pflegemutter aussuchen, sie zweimal täglich anbinden und zwingen, dem Kalb Milch zu geben. Viele Kühe sind ganz zufrieden damit, andere wehren sich aber erheblich. In diesem Fall solltest du ihr die Beine festbinden, damit sie das Kalb nicht verletzen kann. Um ein Junges zum Trinken zu bringen, mußt du ihm zwei Finger ins Maul stecken und es behutsam an die Zitze führen.

Du kannst auch auf eine andere Art Milch bekommen und dazu das Kalb zufriedenstellen. Melke die Mutterkuh bis auf einen Rest und laß dann das Kalb saugen. Man kann auch das Kalb tagsüber bei der Mutter lassen und es ihr nachts wegnehmen. Am Morgen melkt man dann die Kuh. So gibt es mehrere Spielarten.

Die Beschäftigung mit Kühen mag dem Anfänger als ziemlich schwierig erscheinen. Es ist auch recht schwer, und nichts geht über einen Nachbarn, den du um Hilfe und Rat bitten kannst. Was die Krankheiten betrifft: Wenn die Kuh krank ist, mußt du den Tierarzt holen. Kühe werden jedoch sehr selten krank, wenn es sich nicht gerade um hochgezüchtetes Vieh handelt. Hauptsache, du hältst sie so natürlich wie möglich und unter- noch überfütterst die Tiere.

Buttern und Sahne machen

Viele Landwirte müssen sich hier mit der Küche begnügen. Wir haben dort zwanzig Jahre lang Butter, Käse, Joghurt und dergleichen gemacht und waren recht erfolgreich. Es entsteht jedoch jedesmal ein ziemliches Durcheinander in der Küche, wenn man die Molkereiarbeiten dorthin verlegt, und ein besonderer Raum wäre darum schon von großem Vorteil.

Dieser sollte so kalt sein wie irgend möglich. Eine gute Belüftung ist wichtig. Die perfekte Molkerei hat einen Boden aus Beton oder Ziegelstein, oder gar Fliesen mit einem Wasserabfluß, damit man ihn mit viel kaltem Wasser spülen kann. Das Wasser wird weggekehrt. Die oberste Schicht des Betonbodens und der Wände sollte sehr fein sein. Für den Boden nimmst du vier Teile Sand und einen Teil Zement, für die Wände mischst du fünf zu eins. Das Ganze wird sorgfältig mit der Kelle geglättet. Die Wände werden weder getüncht noch bunt angestrichen. Die Decke sollte keine Risse haben, sonst kommt Staub herunter. Es muß kaltes und heißes, fast kochendes Wasser für die Sterilisation vorhanden sein. Sterilisation ist das Wichtigste bei dem ganzen Arbeitsprozeß. Ein großes Ausgußbecken ist ebenfalls notwendig. Ich bevorzuge dabei ein Abflußgestell aus Rundhölzern. Das Wasser sickert dann durch die Ritzen zwischen den Hölzern direkt auf den Boden, und auch die Luft kommt durch.

Die Molkerei-Hygiene

Deine ganze Mühe ist für die Katz, wenn die Milch schlecht wird, weil es nicht hygienisch zugeht. Laß alles, was nicht unbedingt in die Molkerei gehört, draußen. Jeder Gegenstand zieht Staub an und hält ihn fest. Trage während der Arbeit einen sauberen Kittel. Weiter sind folgende Hygieneregeln zu beachten:

1 Entferne mit Wasser und Bürste alle Rahm-, Milch- und Schmutzreste, die innen oder außen am Gefäß sitzen.

2 Spüle das Gefäß innen mit kochendheißem Wasser aus.

3 Kühle es ab, indem du mit kaltem Wasser nachspülst.

4 Stelle das Gefäß umgekehrt auf eine saubere Ablage, damit es trocknen kann, ohne daß Luft hineingelangt.

5 Dort bleibt es stehen, bis es gebraucht wird. Wische niemals ein Molkereiutensil mit einem Tuch oder Lappen ab, der nicht hundertprozentig sauber ist.

Reinige die Molkereigefäße, wenn sie leer sind, sofort. Solltest du gerade keine Zeit haben, so füllst du die Gefäße mit kaltem, sauberen Wasser auf. Laß nie Gefäße mit Milchresten herumstehen. Denke daran, daß Milch die ideale Nahrung für Kälber, Babies und – Bakterien ist! Von dem Augenblick an, wo die Milch aus der Zitze kommt, wird sie von Bakterien befallen und wird allmählich sauer. Sind es die falschen Bakterien, wird sie nicht sauer, sondern schlecht. Saure Milch schmeckt gut. Schlechte Milch ist fürchterlich.

Die notwendigen Bakterien (hauptsächlich Lactobacillus lactis) kommen in jeder Molkerei natürlich vor.

Die Molkereigeräte

Eine Zentrifuge für die Rahmanreicherung lohnt sich immer. Man montiert diese auf eine solide Bank. Ferner brauchst du ein Butterfaß und einen Butterfertiger (vgl. Abb. S. 99) oder einen flachen, sauberen Tisch, am besten aus Stein oder Schiefer, um darauf Butter zu machen.

Eine Käsewanne kann sehr viel Arbeit ersparen. Es ist ein rechteckiger Kasten mit einem Mantel aus rostfreiem Stahl. Hier kann der Käse erhitzt oder abgekühlt werden, je nachdem, ob man heißes oder kaltes Wasser durch den Mantel leitet. Die flüssige Molke, die sich während der Käsezubereitung ansammelt, muß ablaufen können. Die Wanne sollte sich daher leicht anheben lassen.

Wenn du eine Käsepresse hast, kannst du dir das Pressen ersparen. Die Presse selbst ist ein kompliziertes Gerät aus Gewichten, Hebeln und Zahnrädern, das Druck auf den „Kolben" erzeugt und damit auf den Käse im „Zylinder". Sie wird heutzutage nur noch selten angeboten, läßt sich aber improvisieren:

Bohre in den Boden einer leeren Futterkanne oder eines alten Kochtopfes Löcher. Das ist der „Zylinder". Schneide eine passende Metallscheibe aus, und schon hast du den „Kolben". Druck wird mit Hilfe von Gewichten erzeugt. Das können Ziegelsteine oder Steinbrocken sein.

Als weitere Ausrüstung benötigt man ein Acidimeter und einen staubgeschützten Aufbewahrungsort für die Thermometer. Am besten benutzt man einen Schrank. Hartkäse sollte nicht in der Molkerei aufbewahrt werden. Er hat eine lange Lagerungszeit und würde dort nur im Wege stehen.

Rahm

Wenn man die Milch ruhig stehen läßt, bildet sich an der Oberfläche Rahm, den du abschöpfen kannst. Das wird am besten mit einem speziellen Schöpfgerät, einer leicht gewölbten Metallscheibe mit Löchern gemacht. Sie läßt die Milch durch, hält aber den Rahm zurück. Wenn du die Milch in einer flachen Schüssel mit einem Stöpsel am Boden hast, kannst du sie herauslassen, der Rahm bleibt an der Schüssel hängen. Je weiter und flacher die Schüssel und je älter die Milch ist, desto schneller steigt der Rahm nach oben.

Man kann auch folgende Trennmethode anwenden: Du nimmst eine Zentrifuge, die den leichten Rahm von der schweren Milch trennt und über zwei verschiedene Ausgänge entleert. Zentrifugierter Rahm enthält 35% Milchfett, also 15% mehr als bei abgeschöpftem Rahm.

Stelle die Milch gleich kalt, wenn sie von der Kuh kommt. Die Kühlung verzögert das Arbeiten der Milchsäurebakterien.

Devonshire-Rahm

Laß die Milch zwölf Stunden lang stehen. Erhitze sie auf 92° C und nimm sie dann sofort von der Flamme. Nach 24 Stunden kannst du den Devonshire-Rahm abschöpfen.

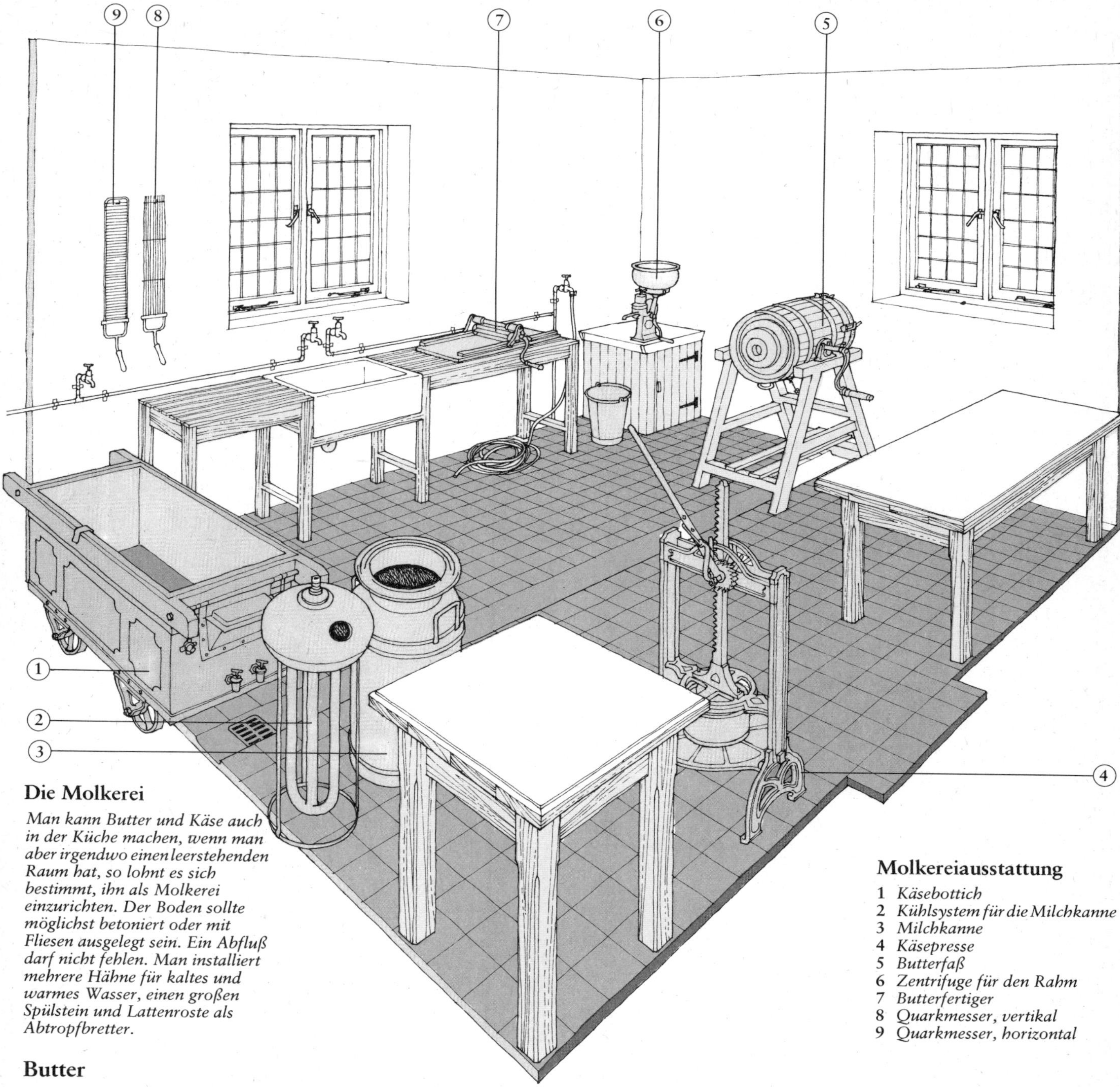

Die Molkerei

Man kann Butter und Käse auch in der Küche machen, wenn man aber irgendwo einen leerstehenden Raum hat, so lohnt es sich bestimmt, ihn als Molkerei einzurichten. Der Boden sollte möglichst betoniert oder mit Fliesen ausgelegt sein. Ein Abfluß darf nicht fehlen. Man installiert mehrere Hähne für kaltes und warmes Wasser, einen großen Spülstein und Lattenroste als Abtropfbretter.

Molkereiausstattung

1 *Käsebottich*
2 *Kühlsystem für die Milchkanne*
3 *Milchkanne*
4 *Käsepresse*
5 *Butterfaß*
6 *Zentrifuge für den Rahm*
7 *Butterfertiger*
8 *Quarkmesser, vertikal*
9 *Quarkmesser, horizontal*

Butter

Butter gewinnt man durch heftiges Schlagen des Rahms. Dazu muß der Rahm „reif“ sein, d. h. die Milchsäurebakterien müssen einen Teil der Laktose oder des Milchzuckers in Milchsäure überführt haben.
Für kommerzielle Zwecke wird der Rahm pasteurisiert, um alle Bakterien, auch die Milchsäurebakterien, abzutöten. Erst dann wird eine reine Kultur Milchsäurebakterien zugeführt. Wir können die Butter aber auch weniger wissenschaftlich machen: Bewahre den Rahm bei 20° C auf. Nach jedem Melken gibst du wieder neuen dazu. Zwölf Stunden nach der letzten Zugabe kannst du mit dem Buttern beginnen. Die älteste Probe sollte dann mindestens 24 Stunden alt sein, oder auch 48 Stunden, wenn alles sehr hygienisch zuging.
Am weitesten verbreitet ist das einfache Rollbutterfaß. Es wird in einem fort gedreht. Dabei fällt der Rahm ständig von oben nach unten und „schlägt sich selbst“. Es gibt auch Butterfässer mit Schaufelrädern. Wenn du nur wenig Rahm hast, kannst du auch einen hölzernen Löffel oder eine Schaufel nehmen, mit einem Stößel im Zylinder auf und ab stoßen oder einen Schlagrührer benutzen. Wenn der Rahm annähernd den richtigen Säuregrad und die erforderliche

Temperatur besitzt, sollte er nach etwa zwei bis drei Minuten „kommen“. Dann bilden sich plötzlich kleine Butterkörner, und der Rahm bricht. Wenn diese nach zehn Minuten noch nicht auftreten, so miß die Temperatur: Stelle sie wieder auf 20° C ein, falls nötig. Versuche es dann noch einmal.
Es ist ganz egal, wie sauer der Rahm ist, wenn du ihn verbutterst. Er darf nur nicht schlecht sein. Wenn die Butter „gekommen“ ist, wird die Buttermilch abgegossen. Du mußt jetzt die Butter so lange waschen, bis auch der letzte Rest Rahm oder Buttermilch verschwunden ist.
Dazu gibt es den Butterfertiger, eine feine Sache. Es handelt sich um eine hölzerne Knetwalze in einem hölzernen Trog. Durch das Walzen wird Wasser aus der Butter gepreßt. Nimm zum Kühlen sauberes Wasser und walze so lange, bis dieses absolut sauber, klar und ohne eine Spur Milch bleibt. Die Butter ist fertig, sobald der letzte Tropfen Wasser herausgepreßt wurde. Setze die Butter nicht zu stark Licht und Luft aus. Eingewickelt hält sie länger.
Für gesalzene Butter kann man im letzten Waschgang Salzwasser verwenden, oder auch trockenes Salz auf die Butter streuen und das Ganze durchkneten. Wenn du beim Probieren feststellst, daß die Butter zu salzig ist, kannst du das Salz immer noch herauswaschen.
Falls du keinen Butterfertiger hast, wäschst du sie einfach auf einem sauberen Brett. Zum Ausquetschen nimmst du eine hölzerne Schaufel. Von denen, die gerade erst mit dem Buttern anfangen, waschen nur die wenigsten die Butter gründlich genug. Nach einer Woche hat die Butter daher gewöhnlich einen ranzigen Geschmack. Quetsche also, was deine Arme hergeben.
Zur längeren Lagerung solltest du der Butter 2,5% ihres Gewichts an Salz zusetzen. Wasche dafür einen irdenen Topf, einen Zuber oder ein Faß mit brühendheißem Wasser aus und laß das Gefäß in der Sonne trocknen. Wirf nun, so fest du kannst, eine Handvoll Butter in das Gefäß, damit die ganze Luft aus der Butter entweicht. Wiederhole diesen Vorgang und streue nach jedem Mal Salz ein. Wenn der Steintopf voll oder der Buttervorrat erschöpft ist, streust du noch einmal Salz darauf und deckst die Butter mit eingefettetem Papier oder dergleichen ab. Sie hält jetzt monatelang. Falls sie zu salzig ist, wäschst du vor der Verwendung einfach etwas Salz heraus.

Butterschmalz

Laß die Butter in einem Topf bei kleiner Flamme langsam köcheln. Schöpfe den Schaum ab und gieße die geschmolzene Butter in einen sterilisierten, luftdichten Behälter. So hält sie monatelang. Echte Currygerichte bekommen durch dieses Butterschmalz erst den typischen Geschmack.

Joghurt

Für Joghurt wird die Milch mit dem Bazillus „bulgaricum“ angesäuert. Für zwei Liter Joghurt gibt man zwei Liter Milch in eine Schüssel. Die Milch sollte etwa 37° C warm sein, denn Bakterien brauchen eine warme Umgebung. Kaufe in einem Geschäft gutes Joghurt und rühre zwei Eßlöffel unter die Milch. Jetzt kannst du auch Früchte oder Nüsse dazugeben, je nach Geschmack. Es geht aber nichts über eine Schüssel natürliches Joghurt, serviert mit einem Eßlöffel voll Honig, meine ich. Decke die Mischung zu und bewahre sie bei 37° C für zwei bis drei Tage auf. Vergräbst du das Ganze im Stroh, bleibt es warm. Sobald es fest ist, hast du Joghurt.
Nimm für den täglichen Bedarf etwas heraus und fülle die gleiche Menge frische Milch immer wieder auf. Die Milch muß wirklich sauber und frisch sein. Das Gefäß sollte steril und stets luftdicht verschlossen sein. Wird Joghurt trotzdem nach einiger Zeit schlecht, fängst du einfach wieder von vorne an.

Dickmilch, Quark und Molke

Wenn du im Sommer saubere Milch stehen läßt, gerinnt sie und wird zu Dickmilch. Aus Dickmilch kann Quark und Molke gewonnen werden. Beides hat einen angenehm sauren Geschmack.

Eiscreme

Zwischen selbstgemachter Eiscreme aus Sahne und vielen käuflichen Eissorten ist ein himmelweiter Unterschied. Allerdings ist gefrorener Rahm allein witzlos. Eiscreme sollte süß und fruchtig sein. Sie kann mit Eiweiß, Gelatine und sogar Eidotter angereichert werden. Hier ein Rezept: 500 g Erdbeeren, 125 g Zucker, 0,2 l Wasser, 0,4 l Rahm oder 0,3 l Doppelrahm werden wie folgt zubereitet:
Schmilz Zucker und Wasser zu Sirup. Zerstampfe die gesäuberten Erdbeeren zu einem Brei. Dieser wird nach dem Abkühlen mit dem Sirup vermischt. Rahm kann man so dazugießen, Doppelrahm muß vorher geschlagen werden.
Jetzt wird die Masse im Kühlschrank oder einfach mit Eis eingefroren. Wenn du Eis nimmst, mußt du es mit Salz vermengen: 1 kg Eis auf 0,5 kg Salz ist gerade richtig.
Für Eiscreme, die mit Hilfe von Eis eingefroren wird, benötigst du einen Metallbehälter mit einem dichten Verschluß und ein Rührgerät. Der Behälter zum Rühren sollte in ein größeres Gefäß eingebettet sein, das die Kältemischung enthält. Dieses muß vor warmer Luft geschützt sein. Wenn du die Eiscreme im Kühlschrank einfrierst, stellst du die tiefste Temperatur ein. Die Creme wird im Tiefkühlfach untergebracht – und öfter umgerührt, damit sich keine großen Eiskristalle bilden. Für die Tiefkühltruhe gilt das gleiche.

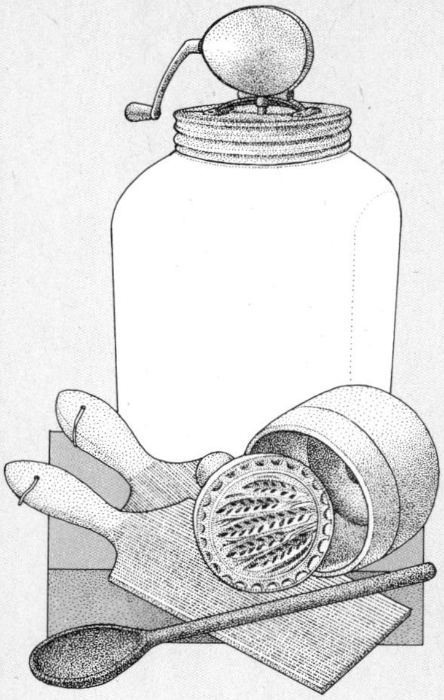

Butterherstellung

Man gewinnt Butter durch heftiges Schlagen von Sahne. Dazu ist ein Butterfaß erforderlich. Man braucht ferner zwei Holzschaufeln oder, was noch besser ist, eine altmodische Butterform aus Holz.

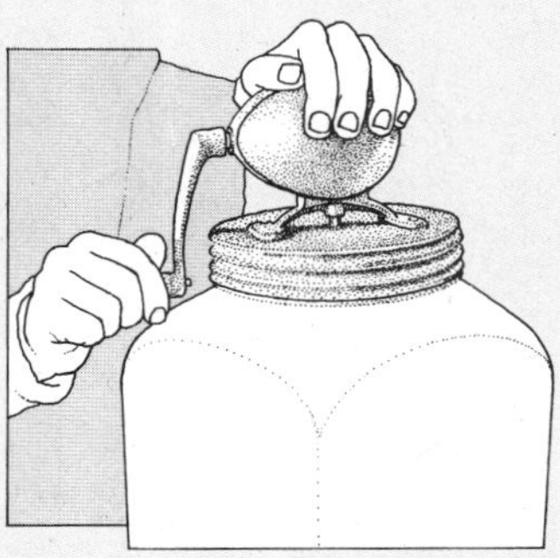

Man füllt das Butterfaß mit Rahm und dreht an der Kurbel.

Wenn die Butter „kommt" oder koaguliert, kann man die Buttermilch dekantieren.

Die Butter wird auf ein sauberes Abtropfbrett oder auf einen Butterfertiger gelegt.

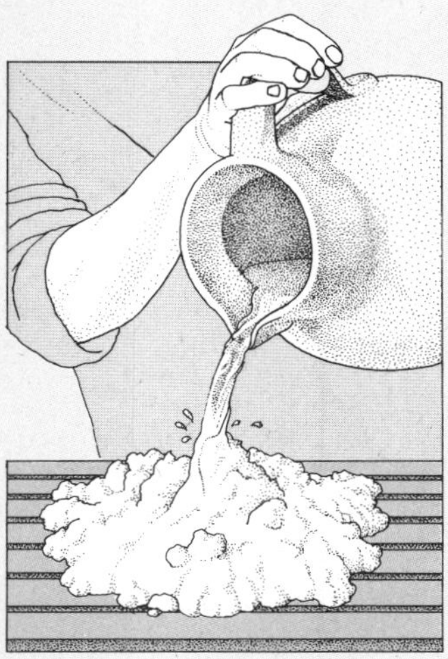

Sie wird gründlich gewaschen. Man vermengt sie erst gut mit kaltem Wasser und preßt dieses dann wieder heraus.

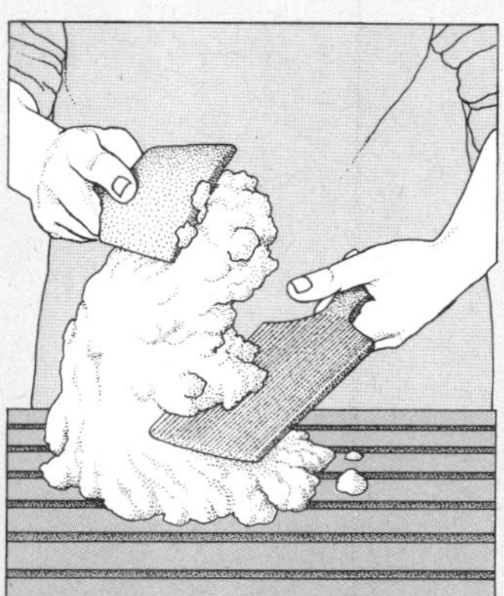

Das macht man so lange, bis Wasser oder Buttermilch vollständig herausgedrückt sind.

Zum bloßen Abschmecken wird wenig, für eine längere Aufbewahrung viel Salz hinzugefügt.

Man arbeitet das Salz gut ein. Herauswaschen kann man es immer.

Mit den angefeuchteten Holzschaufeln wird die Butter geformt. Jetzt sollte der allerletzte Rest Wasser herausgedrückt sein. Gründliches Waschen und Pressen ist das große Geheimnis bei der Butterherstellung.

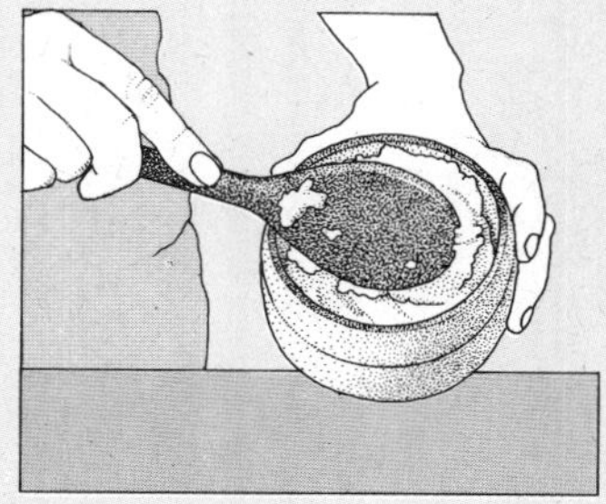

Es gibt auch hübsche Butterformen. Man füllt die Butter sorgfältig in die Form, damit keine Luftlöcher entstehen.

Man braucht schon „vier Hände", um die Butter aus der Form heraus auf ein fettabstoßendes Papier zu bringen.

Mit Hilfe der Form hat man ein Bild auf die Butter geprägt. Das können Disteln, Kühe, Weizenähren oder etwas anderes sein.

Käse herstellen

Ein Pfund Käse hat 2000 Kalorien. Fleisch und Vorderschinken eines Ochsen haben bloße 1100 Kalorien. Käse, vor allem Hartkäse, läßt sich leicht lagern und seine Qualität nimmt, mit Einschränkungen freilich, im Alter zu. Käse wird aus Milch gemacht, deren Säuregehalt durch einen Zusatz erhöht wurde oder die man einfach im Warmen stehen ließ. Die zusätzliche Säure führt zur Bildung von Quark und Molke, aus denen Käse gemacht wird.

Weichkäse

Weichkäse wird aus Milch hergestellt, die entweder auf die natürliche Art – wie es im Sommer von selbst geschieht – oder durch Zusatz von Labenzym geronnen ist. Lab ist eine organische Substanz, ein Enzym, das im Labmagen von Kälbern vorkommt.
Wenn man Quark und Molke in einer Tasche aus Musselin aufhängt, tropft unten die Molke durch, und der Quark geht in Weichkäse über. Dieser ist ohne Geschmack und Aroma. Wenn du ihn aber mit Salz oder Kräutern würzt, mit Knoblauch oder Schnittlauch, schmeckt er vorzüglich. Man muß ihn aber schnell aufessen, weil er nicht lange hält. Er ist also nicht geeignet, um die Milchfülle des Sommers in den Winter hinüberzuretten.

Rahmkäse

Rahmkäse wird im Gegensatz zu Weichkäse aus geronnenem Rahm gewonnen. Er ist daher weicher, reichhaltiger und schmeckt mehr nach Butter.

Arme-Leute-Käse

Der Arme-Leute-Käse hat seinen Namen deshalb, weil er aus der Milch einer einzigen Kuh gemacht werden kann. Erwärme die Milch langsam im Topf und laß sie gerinnen. Der Quark bleibt über Nacht in der Molke, am nächsten Morgen schüttest du diese weg. Schabe den Quark ab, salze ihn ein, binde ihn locker in ein leinenes Tuch und laß ihn so den Tag über liegen. Am Abend knotest du ihn etwas fester zu. Jetzt soll er einen Monat lang hängen. Am Ende des Monats kann man ihn bereits essen. Er schmeckt allerdings besser, wenn du etwas Butter mitverarbeitest und ihn dann drei bis vier Monate reifen läßt.

Hartkäse

Hartkäse ist deshalb wichtig, weil man durch ihn die riesige Milchflut des Sommers für den Winter bewahren kann. Außerdem ist er eine wertvolle Eiweißquelle und schmeckt fabelhaft. Seine Herstellung ist aber nicht ganz einfach. Der Käse wird besser, wenn du die Milch von mehreren Kühen nimmst, bakteriologische Gründe sind hierbei ausschlaggebend. Käse sollte aus Milch gemacht werden, die du am Morgen und am Abend gemolken hast. Besitzt du nur eine Kuh, mußt du, um genug Milch für den Käse zu bekommen, lange warten. In der Zwischenzeit wird die Milch vielleicht sauer oder sie verliert ihren Geschmack. Der Käse schmeckt dann recht unangenehm.

Cheddar-Käse

Wenn man die Milch von sechs bis sieben Kühen zur Verfügung hat und in großem Stil Käse herstellen will, muß man schon eine gewisse Ausrüstung haben. Auf der nächsten Seite habe ich beschrieben, wie man Hartkäse aus etwa 23 Litern Milch macht. Du kannst so einen vorzüglichen Cheddar-Käse bekommen. Mache es aber nicht zu wissenschaftlich. Du brauchst Geschick, aber auch Glück und gesunden Menschenverstand. Solltest du nach dieser Methode keinen guten Käse erhalten, versuchst du es mit einem „Starter“ (vgl. S. 104).

Caerphilly-Käse

Ist dir der Cheddar-Käse erst einmal geglückt, vielleicht bekommst du dann Lust, auch andere Käsesorten zu machen. Caerphilly-Käse, ein halbfester Schnittkäse, wurde ursprünglich nur in Südwales hergestellt. Die Frauen der Bergleute gaben ihn ihren Männern in die Grube mit. Dieser Käse hält nicht so lange wie Cheddar-Käse, ist aber leicht zu machen.
Du mußt dazu Milch in ein Gefäß seihen. Halte sie gut gekühlt, wenn es draußen heiß ist. Schöpfe den Rahm am nächsten Morgen ab und gib einen Starter dazu (1/2 des Milchgewichts). Nun schüttest du den warmen Rahm aus der Milch vom Vorabend und die Milch vom nächsten Morgen zusammen. Auf diese Weise wird der Käse reichhaltiger. Erhitze ihn in der Käsewanne auf 20° C. Bestimme den Säuregehalt mit dem Acidimeter. Liegt er bei 0,18%, so kannst du Lab dazugeben. Nimm einen Teelöffel Lab auf 23 Liter Milch. Nach ungefähr 45 Minuten ist der Quark „reif für das Messer“. Schneide den Quark längs und quer durch, lasse ihn zehn Minuten stehen und erhitze ihn in der Wanne auf 31° C. Wenn diese Temperatur erreicht und der Säuregehalt bei 0,16% ist, solltest du die Molke entfernen, den Quark in ein grobes Tuch füllen und in einem trockenen Gefäß entwässern. Zerlege ihn nach einer halben Stunde in drei Würfel (von etwa 8 cm Kantenlänge), knote das Tuch wieder zu und lasse ihn weitere dreißig Minuten entwässern.
Brich den Quark in kleine Stücke und schütte Kochsalz dazu, 30 g auf 1,5 kg Quark. Knete das Gemisch gut durch und bringe es in einen Käsebottich, den du vorher mit einem sauberen Tuch ausgeschlagen hast. Es gehen ungefähr 4,5 kg Quark hinein. Dieser Bottich ist traditionsgemäß ziemlich klein und flach. Nimm nicht die riesigen 25-kg-Wannen für den Cheddar-Käse. Nach zwei Stunden wird der Quark in der Käsepresse einem Druck von 200 kp ausgesetzt. Am nächsten Morgen wird er dann herausgenommen, gewendet und in neue Tücher eingeschlagen. Spanne ihn in die Presse und erhöhe den Druck auf 250 kp. Wende ihn noch am gleichen Nachmittag erneut, lege ihm noch mehrere neue Tücher um und gehe über Nacht auf einen

Geräte zur Käsezubereitung

Das sind die einfachen Geräte, die man braucht, um reinen, guten Käse herzustellen. Die größeren, wie die Käsepresse und den Käsebottich, findet man in der Molkerei.

Erläuterung

1 *Labenzym*
2 *Rahmkelle*
3 *Quarkmesser*
4 *Thermometer*
5 *„Zylinder"*
6 *„Kolben"*
7 *Seihtuch (Musselin)*
8 *Käseform*
9 *Kochtopf*
10 *Strohmatte*
11 *Pfanne*

Druck von 760 kp. Am nächsten Tag kannst du ihn herausnehmen und für einen Monat bei etwa 19° C lagern. Wende ihn zwei- oder dreimal wöchentlich und wische ihn dabei jedesmal mit einem feuchten Tuch ab, das du zuvor in Salzwasser getaucht hast. Nach dieser ganzen Prozedur ist der Caerphilly-Käse fertig.

Stilton-Käse

Stilton-Käse ist ein Blauschimmelkäse. Meistens wird er heutzutage in Käsefabriken hergestellt und schmeckt ziemlich fade. Selbstgemachter, echter Stilton dagegen ist einer der feinsten Käse, die es gibt. Er kann auch frisch gegessen werden. Dann ist er noch nicht blau. Erst bei der Reifung bekommt er die blaue Farbe und den vollen Geschmack, den jeder Gourmet zur Weihnachtszeit so liebt.
Für Stilton-Käse nimmst du etwa 70 l Milch. Du kannst den ganzen Quark auf einmal ansetzen, wenn deine Kühe aber keine 70 Liter Milch auf einmal geben können, solltest du in zwei Etappen arbeiten. Laß dazu die Milch vom Abend gerinnen und die vom nächsten Morgen ebenfalls. Anschließend vermischst du beides.
Willst du den ganzen Quark auf einmal machen, nimmst du 70 l Milch, frisch von der Kuh, und schüttest sie in ein Faß oder eine Wanne. Stelle die Temperatur ungefähr auf 30° C ein. Gib einen Teelöffel Labextrakt auf 23 l Milch (hier also drei Teelöffel). Verdünne das Lab vor der Zugabe mit 0,3 l kaltem Wasser. Versuche nach anderthalb Stunden das Molkereithermometer durch den Quark zu ziehen. Wenn sich der Quark wieder nahtlos schließt und keine Quarkbrocken am Thermometer hängen bleiben, ist er reif zum Schneiden, was du aber nicht tun solltest. Statt dessen verteilst du ihn auf Gefäße, die du mit einem groben Käsetuch ausgelegt hast. Die Molke kann durch das Tuch ablaufen, allerdings nicht vollständig, weil du den Stöpsel im Gefäß oder Abfluß nicht entfernt hast. Jedes Tuch sollte ungefähr 16 l Quark, in ziemlich dünne Scheiben zerlegt, enthalten. Weiche nun den Quark für anderthalb Stunden in der eigenen Molke ein. Dann entfernst du den Stöpsel und läßt

Molke ab. Ziehe die Tücher an den Enden fester zusammen, setze die Stöpsel wieder ein und wiederhole die Prozedur nach einer halben Stunde. Wenn sich der Quark jetzt noch weich anfühlt, läßt du ihn noch etwas in der Molke. Ist er aber fest, so kannst du die Stöpsel herausziehen und die Molke ablassen. Die Tücher werden noch einmal fester gebunden. Lege dazu einen Tuchzipfel um die anderen drei herum und ziehe ihn fest zu. Dadurch wird etwas Molke herausgepreßt. Wiederhole das Ganze fünf- bis sechsmal. Wenn der Quark einen Säuregehalt von 0,18% hat, kannst du ihn aus den Tüchern nehmen, zu einem Turm aufeinanderstapeln und in Würfel (von etwa 8 cm Kantenlänge) schneiden.

Wende den Stapel alle halbe Stunde, bis der Säuregehalt auf 0,15 oder 0,14% zurückgegangen ist. Das kann zwei bis vier Stunden dauern. Falls du kein Acidimeter hast, läßt du den Quark einfach stehen, bis er ziemlich fest ist. Er soll aber noch feucht sein und schön flockig aussehen, wenn du ihn anschneidest.

Brich jetzt, wie bei der Käsezubereitung allgemein üblich, den Quark in kleine Stücke und füge Kochsalz dazu, 30 g auf 1,5 kg Quark. Vermenge beides gut und gib ihn in ein Gefäß, das so groß ist, daß die 12 kg Quark, die du von den 70 l Milch erhalten hast, hineinpassen. Stelle die Form auf ein hölzernes Brett. Der Quark darf jetzt nicht mehr als 19° C haben. Presse ihn nicht zusammen, sondern laß ihn einfach absetzen.

Dann nimmst du den Käse heraus und wendest ihn innerhalb der nächsten zwei Stunden zweimal. Kehre ihn in den folgenden sieben Tagen einmal täglich um.

Wenn sich der Käse durch Schrumpfen von den Wänden der Form gelöst hat, kannst du ihn herausnehmen und seine Oberfläche mit einem Messer glattschaben. Binde ihn fest in Kaliko ein und setze ihn in die Form zurück. Dann wird er drei Tage lang täglich neu eingeschlagen. Anschließend bringst du ihn in den Trockenraum. Dieser muß luftig sein und eine Temperatur von 16° C haben. Ein- oder zweimal sollte man die Kaliko-Hülle für einen Tag entfernen, um die Trocknung zu beschleunigen.

Nach vierzehn Tagen kommt der Käse in den Keller. Dort muß es kühl (16° C) und sehr feucht sein, nach Möglichkeit aber nicht ziehen. Hier lagert der Käse nun vier Monate, bevor man ihn essen kann. Viele Leute durchbohren ihn in dieser Phase der Reifung mit Kupfernadeln, damit der berühmte blaue Pilz auch in das Käseinnere eindringen kann.

Halb-Weichkäse

Der Halb-Weichkäse ist wieder völlig anders. Zur Herstellung nimmst du 3,5 l Milch. Sie sollte 12 Stunden alt sein. Erhitze sie auf 32° C und füge einen Teelöffel Lab dazu. Dies wird vorher eins zu drei mit Wasser verdünnt. Laß das Ganze eine halbe Stunde gerinnen. Wenn der Quark ziemlich fest ist – er sich sauber von den Wänden des Gefäßes ablöst –, schneidest du ihn mit einem Quarkmesser längs und quer, wie es bei Hartkäse üblich ist. Breite ein Käsetuch über einen hölzernen Ausgußrost und verteile den Quark auf das Tuch. Falte die Tuchenden über dem Quark zusammen und drücke behutsam zu. Erhöhe den Druck allmählich, bis größere Mengen Molke herauskommen.

Lege eine Strohmatte auf den Abflußrost und stelle die Käseform darauf. Wenn du den Quark ungefähr eine Stunde entwässert hast, brichst du ihn in Stücke und schichtest ihn in eine Form. Zwischen jede Schicht Quark streust du eine Schicht Salz. Nimm knapp 60 g Kochsalz auf die 3,5 Liter. Fülle die Form sorgfältig mit Quark.

Ist die Form voll, stellst du sie verkehrt herum auf ein zweites Holzbrett, auf dem eine neue Strohmatte liegt. Matte wie Brett sollten vorher mit kochendem Wasser gewaschen werden. Drehe die Form während der nächsten Stunde alle zehn Minuten um.

In den folgenden drei Tagen muß die Form nur einmal täglich gewendet werden. Dann nimmst du den Käse heraus und schabst die Oberfläche mit dem Messer glatt.

Man kann ihn sofort essen, doch ist es besser, man bewahrt ihn noch zwei Wochen lang bei 15° C auf. Stelle ihn täglich auf eine saubere Matte.

Wickle ihn in Wachspapier ein und bewahre ihn noch einen weiteren Monat auf und drehe ihn täglich um. Bevor du ihn ißt, mußt du den Pilz abschaben. Außen sollte der Käse ziemlich fest sein, innen aber weich wie Butter.

Starter

Starter sind nichts anderes als Ansätze von Milch, die besonders reich an Milchsäurebakterien sind. Man kann sie kaufen oder selber machen.

Laß einen Liter Milch in einer sauberen, gut durchlüfteten Molkerei sauer werden. Nimm nicht vom ersten Schuß Milch, und wasche das Euter und die Hände vor dem Melken sorgfältig. Seihe die Milch vom Milcheimer in einen sterilisierten Behälter. Laß sie 24 Stunden in der Molkerei stehen. Die dortige Temperatur sollte 21° C betragen. Aus der Milch wird so eine fast reine Kultur von Lactobacillus lactis. Schicke jetzt etwas frische Milch durch eine Zentrifuge (wenn du keine hast, ist es nicht weiter schlimm). Erhitze diese auf genau 85° C und kühle sie dann sehr schnell auf 21° C ab. Dadurch wird sie pasteurisiert. Schöpfe von dem ersten Liter Milch das obere Viertel ab und gib es der Katze. Den Rest gießt du in die pasteurisierte Milch. Das Ganze mußt du mit einem Tuch zudecken und für 24 Stunden bei ungefähr 21° C aufbewahren. Dann ist der Starter fertig. Wenn du täglich einen halben Liter Starter mit frischer, pasteurisierter Milch vermischst, kannst du die Milchsäurebakterienkultur monatelang erhalten.

Mit Starter bekommt man eindeutig besseren Käse. Da hier die Milchsäurebakterien sofort zu arbeiten beginnen, können sie sich gegenüber anderen, wertlosen Mikroorganismen viel besser durchsetzen. Nach einigen Wochen gibt man den Starter den Schweinen und setzt einen neuen an.

Die Zubereitung von Hartkäse

Milch vom Abend wird in eine Pfanne gegossen und über Nacht stehengelassen. Am Morgen wird der Rahm mit einer Rahmkelle abgeschöpft und in einem Kochtopf auf 30 °C erhitzt. Dann schüttet man ihn wieder in die Milch zurück und rührt um.

Nun kommt die Milch vom Morgen dazu und nach Möglichkeit Starter. Die Milch wird langsam auf 32 °C erwärmt.

Man gibt einen Teelöffel Lab in eine Tasse kaltes Wasser und gießt es dazu.

Das Ganze wird ungefähr fünf Minuten lang umgerührt. Man hört auf, sobald die Milch an den Fingern kleben bleibt.

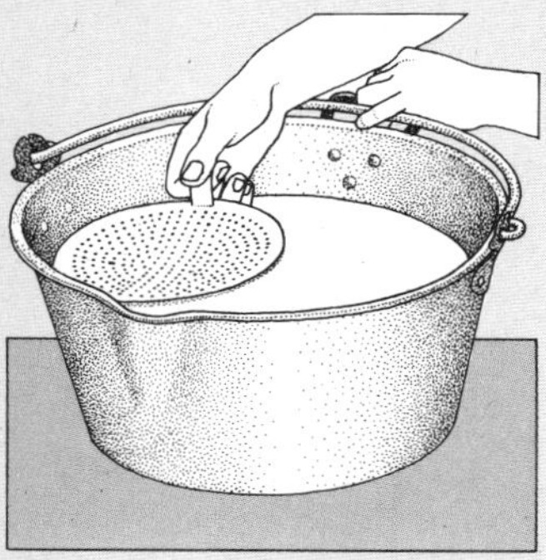

Nun muß man mit der Rahmkelle sanft über die Oberfläche der Milch fahren. Dadurch wird verhindert, daß der Rahm nach oben steigt. Dann sollte die Masse so fest sein, daß er nicht mehr steigen kann.

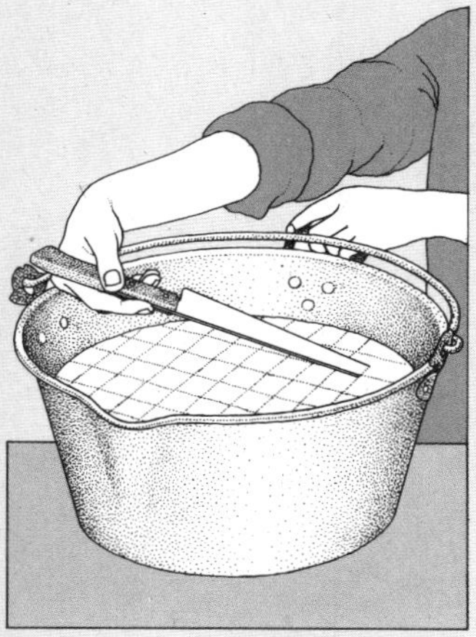

Wenn sich der Quark fest anfühlt (etwa fünfzig Minuten später), zerschneidet man ihn mit dem Quarkmesser oder einem Küchenmesser mit langer Schneide in Würfel von etwa 2 cm Höhe.

Man erwärmt die Milch – besser: den „Quark" mit der „Molke" – sehr, sehr langsam (nicht schneller als 1 °C in 10 Minuten) auf 38°. Wenn man keinen Käsebottich hat, ist es ratsam, eine Schüssel voll Molke herauszunehmen. Diese wird unter vorsichtigem Rühren erhitzt und dann zurückgegossen.

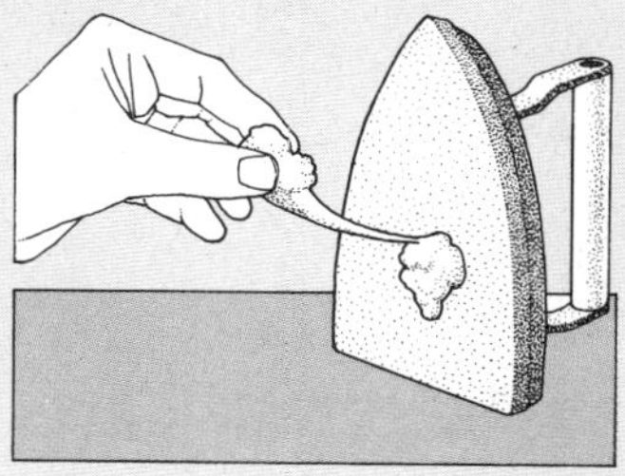

Durch das allmähliche Erhitzen wird der Quark immer saurer. Man läßt den Quark einfach in der Molke schwimmen und prüft immer wieder seinen Säuregrad. Wenn kein Acidimeter vorhanden ist, macht man einfach den „Bügeleisentest". Man nimmt etwas Quark, hält ihn an ein heißes Bügeleisen und zieht ihn weg. Ist der Faden kürzer als ein Zentimeter, wenn er reißt, dann muß der Käse noch länger stehen. Ist der Faden beim Reißen etwa 1,2 Zentimeter lang, dann ist der richtige Säuregrad erreicht (0,17 bis 0,18), und man kann die Molke dekantieren.

Eine Käsemühle besteht aus zwei, mit Eisenspitzen versehenen Rollen, die gegeneinander mahlen und den Quark dabei in kleine Stücke brechen. Ohne Mühle muß man den Quark mit den Fingern mühsam in kleine, walnußgroße Stücke zerkleinern. Man gibt 30 g feines Salz auf 2 kg Quark.

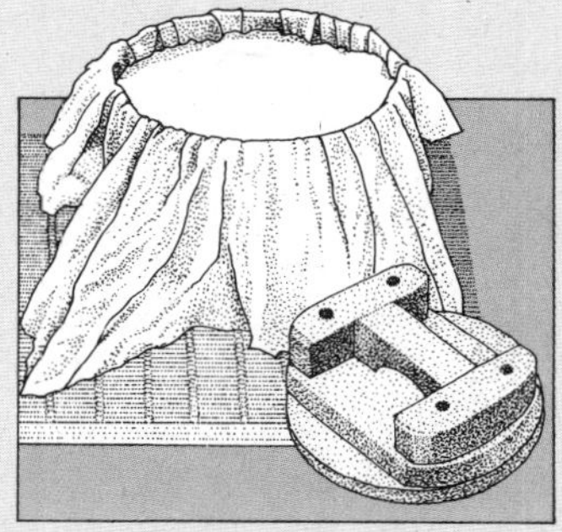

Der „Zylinder" wird mit einem Käsetuch ausgeschlagen und die Quarkstücke hineingelegt. Man deckt das Tuch darüber, setzt den Kolben darauf und setzt das Ganze unter Druck.

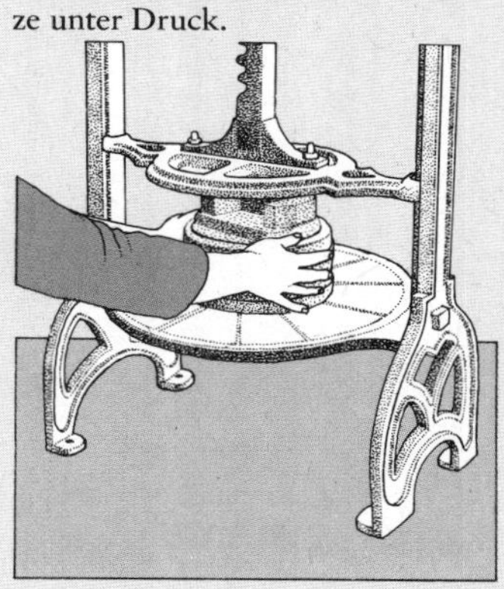

Innerhalb der ersten sechs Stunden reichen 9,0–13,5 Kp Druck völlig aus. Man nimmt den Käse heraus, wäscht das Käsetuch im warmen Wasser und wringt es aus. Der Käse wird wieder hineingewickelt, das Unterste nun zu oberst. Für den nächsten Tag wird der Druck auf 25 Kp erhöht. Am zweiten Tag wird der Käse herausgenommen und umgedreht. Am dritten Tag wird er wieder gewendet und 48 Stunden lang einem Druck von einer halben Tonne ausgesetzt. Zwischendurch wird er noch einmal umgedreht.

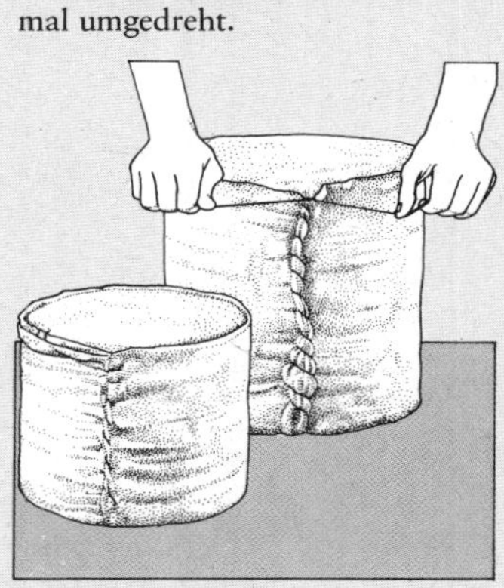

Man schmiert ihn mit Mehlpaste ein und wickelt Kaliko herum. Er wird bei 13–16 °C aufbewahrt. In der ersten Woche wird er einmal täglich, später nur noch zweimal in der Woche gewendet.

Fleisch vom Rind

Bislang war nur von der Milch die Rede, die dir deine Kuh gibt. Was aber wird aus dem Fleisch?
Du kannst natürlich das Schlachten umgehen, indem du das Rind aufziehst, mästest und dann verkaufst. Oder: indem du es nur aufziehst, bis es ausgewachsen, aber noch nicht fett ist – und dann an jemanden verkaufst, der es weitermästet. Vom Erlös kannst du dann das Fleisch bezahlen, das du beim Metzger kaufst. Auf diese Weise wirst du aber bald feststellen, daß du zweimal soviel für das Fleisch bezahlen mußt, wie du als Erlös für das selbstbezogene Vieh bekommen hast.
Wenn du dich wirklich selbst versorgen willst, dann solltest du also auch hier konsequent sein: Nähre dich vom selbstgezogenen Rindfleisch. Behalte das Vieh, bis es geschlachtet wird.
Diese Arbeit kannst du dann allerdings nicht selbst machen. Genauer gesagt: du darfst es nicht. Die Veterinärbestimmungen verlangen, daß Rinder im Schlachthof geschlachtet werden müssen: Dort wird das Fleisch sofort untersucht – und so wird garantiert, daß nur absolut einwandfreies Fleisch zum Verzehr freigegeben wird. Durch diese Untersuchung kann andererseits festgestellt werden, ob dein Vieh nicht in Ordnung war und ob unter Umständen auch die anderen Tiere deines Bestandes krank sein könnten.
Erkundige dich also, wie die örtlichen Bestimmungen lauten, an welchen Schlachthof du das Vieh zum Schlachten geben mußt.

Die Schlachtung

Bevor der Ochse geschlachtet wird, sollte er zwölf Stunden lang hungern. Die Welt geht allerdings auch nicht unter, wenn du ihn bis zum Abtransport fütterst.
Die weitere Prozedur kannst du nicht mitverfolgen. Dennoch – oder gerade deswegen – wird es dich interessieren, was im Schlachthof passiert. Das Tier wird mit einem Bolzenschußapparat erschossen. Es bekommt bei diesem Verfahren gar nicht mit, was passiert – wenn ein umsichtiger Schlachter am Werk ist. Der Schlächter zielt dabei auf eine Stelle auf der Stirn des Rindes, auf der sich gedachte Diagonal-Linien zwischen Augen und Hörnern kreuzen. Das Tier bricht sofort zusammen und fällt auf die Seite. Es kann danach noch heftig zucken – und der Schlächter muß sich in acht nehmen, daß er von den Klauen nicht getreten wird. Er drückt den Kopf des Rindes nach vorn und stemmt sich zugleich gegen die Vorderbeine des Tieres. So ist er sicher, von den ausschlagenden Vorderbeinen nicht getroffen zu werden, während er mit einem Schnitt in Höhe des Brustbeines die Luftröhre freilegt. Mit einem zweiten Schnitt, der um 45 Grad in Richtung Hinterteil versetzt ist, trennt er zahlreiche wichtige Arterien und Venen durch – so daß nun das Tier ausbluten kann. Es wird mit Hilfe eines Flaschenzuges an den Hinterbeinen hochgezogen, so daß das Ausbluten beschleunigt wird und zugleich gewährleistet ist, daß alles Blut ausläuft.

Das Häuten

Das Häuten ist der schwierigste Teil des Schlachtens (bei allen Tieren, nicht nur beim Rind). Diese Arbeit verlangt viel Kraft und zugleich einige Vorsicht, denn es soll eine möglichst großflächige Decke erhalten bleiben, damit man nachher auch große Lederflächen gewinnt. Außerdem darf dabei natürlich auch nicht das Fleisch, bzw. die oberste, unter der Haut liegende Fleischschicht verletzt werden.

Das Ausnehmen und Teilen

Gleich anschließend werden die Eingeweide herausgenommen. Die Leber wird vorsichtig behandelt, damit die Galle nicht verletzt wird. Sie wird gründlich gewaschen. Dann interessiert nur noch das Herz. Die Lunge taugt nur als Hundefutter, und für den Magen (Kutteln) wird es nur wenige Liebhaber geben. Gleichwohl: gib an, wenn du auch diese Innereien mit dem Fleisch haben willst.
Schließlich wird das Fleisch geteilt. Zuerst wird mit einer elektrisch betriebenen Säge das Rind der Länge nach geteilt – und dann werden die Hälften in die einzelnen Partien getrennt. Dies geschieht allerdings nicht mehr im Schlachthof, sondern dann beim Metzger (mit dessen Hilfe du ja dein Vieh überhaupt in den Schlachthof gebracht hast. Für das Teilen wird er natürlich eine Bezahlung verlangen).

Das Aufbewahren

Nun kommt für dich ein nicht geringes Problem: Wohin mit all dem vielen Fleisch?
Wenn du eine Riesen-Tiefkühltruhe besitzt, ist das Problem etwas geringer, denn dann wirst du das gesamte Fleisch oder doch wesentliche Partien darin unterbringen und für Monate aufbewahren können. Allerdings solltest du das Fleisch nicht gleich einfrieren, sondern es erst aushängen lassen:
Es sollte wenigstens eine Woche hängen, damit es zarter und mürber wird. Besser sind sogar zwei Wochen. Wenn dir der Metzger dafür eine Ecke in seinem Kühlraum zur Verfügung stellt, kannst du zufrieden sein. Wenn nicht, mußt du es eben selbst im Keller oder in einem anderen kühlen und luftigen Raum für eine Woche aufbewahren. Erst dann sollte es in die kleinen Haushalt-Portionen unterteilt werden (vorher waren erst die wichtigsten Partien voneinander geschieden worden). Packe aber nicht das ganze Fleisch in die Gefriertruhe: einiges wirst du ja in den nächsten Tagen gleich verzehren – anderes wirst du vielleicht pökeln oder sonstwie verarbeiten wollen.
Wenn du keine Gefriertruhe besitzt, wird es allerdings ein wenig kritisch. Zwar wird das Rind im Herbst oder Winter geschlachtet, so daß man das Fleisch auch etwas länger als oben angegeben schadlos abhängen lassen könnte (wobei es unter Umständen in natürlicher Kälte eingefroren wird). Aber dennoch wird eine Menge Fleisch zu bewältigen sein.
Ein Ausweg wäre, daß du das Problem mit einem anderen Selbstversorger teilst: er nimmt eine Hälfte des Fleisches ab

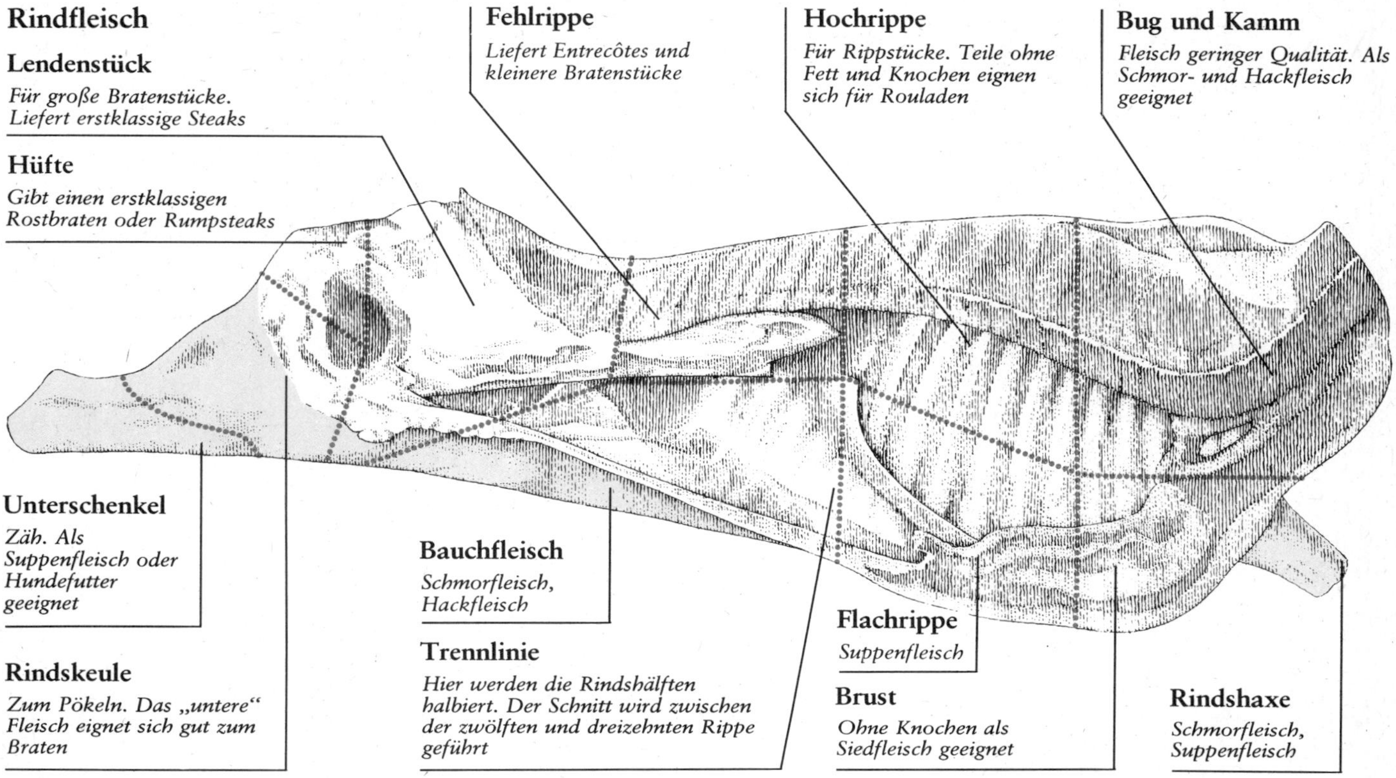

(und revanchiert sich irgendwann mit einer Hälfte seines Schlachtviehs). Oder du teilst das Fleisch unter Bekannten auf.

Ein anderer Ausweg: Du schlachtest kein ausgewachsenes Tier, sondern ein Kalb – das dementsprechend weniger Fleisch hat. Es sollte sechs Monate alt sein (ein zu kleines Kalb zu schlachten, wäre eine schreckliche Verschwendung). Du bekommst dann zwar ein unreifes, aber gerade deswegen zartes und köstliches Fleisch. Diesen Vorrat kannst du in einem kalten Winter und bei vielen Mitessern ohne Probleme bewältigen.

Was aber, wenn du nun doch ein Rind schlachten läßt (schließlich wirst du dann auch wirklich genügend Fleisch gewinnen für das viele Futter, das du dem Vieh verabreicht hast)? Hast du schon etwas von Pökelfleisch gehört? Du kannst wirklich das meiste Fleisch – bis auf die Portion, die du frisch essen willst – einsalzen und so konservieren.

Viele Menschen sind rund um die Welt gesegelt, haben sich dabei fast nur von gepökeltem Rindfleisch ernährt – und haben es wahrhaftig überlebt! Gesalzenes Rindfleisch ist eine Köstlichkeit, du wirst es selbst feststellen.

Allerdings: wenn du dich durch ein ganzes „Salz-Rind" durchessen mußt, ist das schon eine gewaltige Aufgabe. Deshalb wäre dir eher zu empfehlen, du würdest diese traditionelle Konservier-Methode kombinieren mit einer moderneren – eben dem Einfrieren. Das kann natürlich bedeuten, daß du dich erst einmal entsprechend rüsten mußt: also nicht nur das Vieh anschaffen mußt, daß dir all das viele köstliche Fleisch liefert, sondern auch die ausreichend große Gefriertruhe kaufen mußt, in der du dann das Fleisch aufbewahren kannst.

Nun, du kannst ja einmal an einem kleineren Stück Fleisch das Einpökeln versuchen und dabei feststellen, ob dir dieser Prozeß gelingt und ob das Resultat dich so befriedigt, daß du auch größere Mengen auf diese Weise konservierst.

Das Einpökeln

Beim traditionellen Pökelfaß liegt jeweils eine runde Holzscheibe, die durchlöchert sein muß, sowohl unter dem Fleisch als auch darüber. Dazu wird auf die obere Scheibe ein Stein gelegt, damit das Fleisch leicht unter Druck steht. Nimm zum Beschweren nie ein Gewicht aus Eisen: es könnte rosten und dir so das Fleisch verderben.

Koche zunächst eine Sole und prüfe mit Hilfe einer Kartoffel, ob diese Pökellauge schon die richtige Konzentration hat: Wenn die Kartoffel schwimmt, ist genügend Salz im Wasser, geht sie aber unter, muß noch mehr Salz hinzugefügt werden. Die Sole muß abkühlen, ehe das Fleisch hineingelegt werden kann. Wenn du eine Rindskeule einpökeln willst, mußt du das Fleisch ringsum mit einer kräftigen Spick-Ahle anstechen. Das Fleisch wird darauf mit braunem Zucker und etwas Kaliumnitrat eingerieben; so soll es 24 Stunden ruhen, bis es in das Pökelfaß gelegt wird. Darin verbleibt es 8 bis 10 Tage. Dann ist es soweit konserviert, daß es an kühlem Ort für längere Zeit lagern kann.

Ziegen

In Ländern mit großer Trockenheit heißt die Ziege auch „der Wüstenmacher", weil sie alles, was noch an Gestrüpp da ist, zerstört oder am Wachsen hindert. Hält man die Ziege aber unter Kontrolle, so kann sie durchaus ihren Platz in einer gemischten Tier- und Pflanzengemeinschaft ausfüllen. Sie kann dort ein sehr nützlicher Partner sein, wo es darum geht, Wiederaufforstung zu verhindern. So kann sie in gerodeten Wäldern den anderen Tieren als Pionier vorangehen, das Buschwerk und das Gestrüpp niederhalten, das erneute Wachsen der Bäume verhindern und dem Schwein den Weg ebnen. Dies hilft, ein altes Waldstück für die Landwirtschaft nutzbar zu machen.

In Laubwäldern gedeihen Ziegen vortrefflich. Sie liefern auch eine Menge Milch, verhindern aber die Regeneration des Waldes. In Nadelwäldern finden die Ziegen nur wenig Nahrung. Sie gedeihen aber um so besser auf Berghängen mit Heidekraut und Stechginster. Zweifellos können nur Ziegen und Schafe gemeinsam ein Weideland richtig nutzen. Wenn genug Ziegen auf einem Fleck sind, werden sie das Land von sehr viel Unkraut befreien. Sie werden Pflanzen fressen, die Schafe nicht mögen, ihnen aber genug Gras übriglassen.

Für die Kleinbauern unter den Selbstversorgern ist die Ziege vielleicht sogar das geeignetste Milchtier. Sie ist ein Tier, das aus Rauhfutter Milch und Fleisch macht, und Ziegenmilch ist mindestens genauso gut wie Kuhmilch. Man kann sie sogar Babies geben, und sie liefert prächtigen Käse, weil ihre Fetttröpfchen kleiner als die von Kuhmilch sind und deshalb nicht so schnell in der Molke nach oben steigen.

Dafür läßt sich aus Ziegenmilch schwerer Butter machen, denn es dauert sehr lange, bis der Rahm hochsteigt. Mit einer Zentrifuge geht es schneller. Die Butter ist ausgezeichnet, aber bezogen auf einen Liter Milch machen Milchziegen mehr Arbeit als Milchkühe. Das gilt besonders dann, wenn du die Ziegen in Herden hältst und einzäunen mußt.

Einzäunen und Anbinden

Das größte Problem des Ziegenbesitzers ist es, daß seine Tiere nicht ausbrechen. Wer kennt sie nicht, die Ziegenhalter, die auch noch Gärtner sein wollen und dann jedes Jahr aufs neue jammern, daß die Ziegen – wieder einmal – in den Garten eingedrungen sind und ihn in kürzester Zeit ruiniert haben? Junge Obstbäume, die Jahre zum Heranwachsen brauchten, haben sie umgebracht und das Gemüse restlos geplündert.

Ein elektrischer Zaun mit drei Drähten, in jeweils 40, 70 und 100 cm Höhe über dem Erdboden, wird aber ausreichen, um die Ziegen zu bändigen. Einfache Maschendrahtzäune werden sie jedenfalls kaum stören.

Eine andere Möglichkeit ist das Anbinden. Wo sich Pflöcke einrammen lassen, sollte man es tun. Es wäre aber nicht richtig, ein Tier einfach anzubinden und es dann auf der Stelle treten zu lassen. Wechsle so oft wie möglich den Platz. Bringe die Ziege vor allem nicht auf den alten Fleck zurück, solange das Gras darauf nicht nachgewachsen ist. Ziegen werden, wie die Schafe auch, bald von Endoparasiten befallen, wenn sie zu lange am gleichen Platz weiden. Durch das Anbinden nimmst du dem Tier das Recht, ein Gebiet nach sauberem, parasitenfreiem Weideland abzusuchen. Das Anbinden an Pflöcken ist sehr arbeitsaufwendig.

Man kann den Haltestrick aber auch an einen Laufdraht binden. Dazu wird zwischen zwei Pfosten ein Draht aufgespannt und der Haltestrick mit einer Schlaufe am Draht befestigt. Jetzt kann die Ziege am Draht die Weide hinauf und hinunter laufen. Ein naheliegender Weg, um ein Weideland abzugrasen und um Unkraut loszuwerden, das andere Tiere nicht anrühren.

Das Füttern

Ein Zicklein sollte zwei Monate lang täglich etwa 1 Liter Milch bekommen. Wenn es etwas älter wird, darf es auch entrahmte Milch sein. Eine ausgewachsene Ziege sollte etwa 2 – 3½ Liter Milch täglich geben. Im Winter fütterst du ihr täglich ungefähr 1 kg sehr gutes Heu (der Winterbedarf müßte aus einem Viertel Morgen Weideland zu decken sein), ½ oder 1 kg Rüben oder andere fleischige Ackerfrüchte und ½ – 1 kg Korn, je nach Milchleistung. Ziegen sollten außerdem Salz zum Lecken bekommen. Es ist falsch zu glauben, daß Gras alleine schon eine Menge Milch bringt, Milchziegen brauchen immer gutes Futter. Sie gedeihen aber auch mit Silofutter gut (siehe S. 81). Das Korn, das du den Tieren gibst, sollte ebenso gut wie das der Milchkühe sein. Du kannst es als „Kuchen" oder „Milchnüsse" beim Händler kaufen (und dafür aber extra bezahlen). Die Abfälle vom Garten nehmen die Ziegen auch gern an. Man sollte diese aber vorher zerdrücken oder zerteilen, vor allem die harten Stengel vom Kohl. Die Tiere füttert man getrennt, denn sonst fressen sie sich gegenseitig das Futter weg.

Die Unterbringung

Ziegen sind nicht so winterfest wie Kühe. Du kannst sie nicht die ganze Zeit dem mitteleuropäischen Winter aussetzen und gleichzeitig von ihnen erwarten, daß sie Milch geben. Sie lieben die Kälte nicht und hassen den Regen. Hochgezüchtete Ziegen brauchen sehr viel Futter und einen warmen Stall. Normale Milchziegen müssen Schutz vor dem Regen und einen luftigen, aber ziemlich zugfreien Stall haben, in dem sie nachts schlafen können. Baue ihnen ein niedriges Podest. Wenn sie sich darauflegen, werden sie vor Zugwind geschützt. Wenn sehr kalte Luft von oben kommt, mußt du für Abhilfe sorgen. Ein Bretterdach über den Tisch, das wäre ein naheliegender Einfall.

Ansonsten kannst du Milchziegen aber wie die Kühe behandeln. Acht Wochen vor der Geburt eines Zickleins solltest du die Ziege trockenstellen. Eine Ziege wird nach einer Geburt noch zwei bis drei Jahre lang Milch geben.

Verwaiste Jungtiere aufziehen

Ziegen sind hervorragende „Ersatzmütter“ für artfremde, verwaiste Jungtiere und sie eignen sich bestens, um diese Tierchen zu säugen. Kälber gedeihen besser mit Ziegenmilch als bei ihrer eigenen Mutter. Wenn du verwildertes Ödland hast, auf dem Kühe nicht gedeihen, kannst du eine Herde Ziegen darauf halten. Während die Ziegen dann die Kälber aufziehen, melkst du die Mutterkühe. Eine vernünftige Lösung, wenn du schlechtes Land hast und Kühe halten willst. Auch verwaiste Ferkel, die Kuhmilch nur ungern annehmen, gedeihen mit Ziegenmilch prächtig. Kälber wie auch Lämmer saugen anstandslos von der Ziegenamme. Doch die Aufzucht von Lämmern durch Ziegen möchte ich dir nicht raten, denn sie könnten die Zitzen verletzen und die Mastitis übertragen. Melke in dem Fall die Geiß selbst und füttere die Lämmer mit Milch aus dem Eimer. Auch bei verwaisten Ferkeln sollte man die Amme melken und die Milch dann mit der Flasche geben. Mit dieser Milch kannst du auch Fohlen aufziehen.
Es wurde schon behauptet, daß man sich den halben, wenn nicht sogar ganzen Lebensunterhalt damit verdienen kann, indem man ein Ziegenwaisenhaus für verwaiste Jungtiere unterhält. Nachbarn erfahren die Neuigkeit bestimmt sehr bald. In Gebieten mit Schafzucht sind verwaiste Lämmer zur Schafsaison dutzendweise zu haben und es kommt auch häufig vor, daß eine Muttersau zu viele Ferkel hat.

Junge Ziegenböcke

Ziegenböcklein kommen, ob man will oder nicht. Und am besten kastriert und mästet man sie. Die menschlichste Art und Weise, junge Tiere zu kastrieren, ist die „Elastration“ (ein Mischwort aus elastisch und Kastration). Bei dieser unblutigen Methode wird der Hodensack mit einem elastischen Gummiband abgeschnürt. Diese Gummibänder kann man kaufen. Ein kleiner Ziegenbock wird mit drei Monaten geschlechtsreif, während ein junges Lamm erst mit sechs Monaten die charakteristischen männlichen Geschlechtsmerkmale zeigt. Deshalb machen sich viele, die Schafe mästen, gar nicht erst die Mühe, die Lämmer zu kastrieren.

Das Melken einer Ziege

Eine Ziege, die auf dem Boden steht, kann man genauso melken wie eine Kuh (siehe S. 94). Da die Ziegen aber viel kleiner sind, kann eine Rampe ganz hilfreich sein. Die Ziege wird mit Heu oder Korn in die richtige Stellung gelockt.

Meiner Meinung nach schmeckt Fleisch von einem kastrierten Ziegenbock genauso gut wie Hammelfleisch, besonders wenn man es gut würzt und in Öl und Weinessig, oder Öl und Wein einlegt. Das Fleisch ist im Vergleich zum Schaf fettarm. Es eignet sich sehr gut als Braten mit zahlreichen Kräutern oder würzigen Soßen. Das Tier sollte jedoch nicht älter als sechs Monate sein. Wurde der junge Ziegenbock nicht kastriert, so schmeckt das Fleisch sehr streng und nach Wild. Auch dieses Fleisch ist richtig zubereitet vorzüglich. Aber im allgemeinen wird ein junger Bock kastriert, wenn man ihn schlachten will.

Schweine

Es gibt wohl kein Tier auf der Welt, das in seiner Ernährungsweise noch vielseitiger ist als das Schwein. Man kann ihm praktisch alles füttern, und es übertrifft sogar den Menschen, weil es Gras fressen und verdauen kann. Zwar wird auch ein Schwein mit Gras allein nicht gedeihen, es kann aber ein wesentlicher Bestandteil seiner Kost sein. Es wird in der Tat alles, was auf deinem Bauernhof wächst oder erzeugt wird, in gutes Fleisch umwandeln. Wenn du dem Schwein irgendein Gemüse vorwirfst, wird es dieses entweder fressen – und innerhalb weniger Stunden daraus gutes Fleisch und den besten Kompost der Welt machen – oder in den Boden stampfen und so diesen düngen und das Gemüse in Kompost verwandeln. Willst du verwildertes Weideland kultivieren, so brauchst du nur Schweine darauf weiden zu lassen. Sie pflügen, entwurzeln und düngen es für dich, und gleichzeitig versorgen sie sich selbst mit Nahrung.

Die Fütterung

Der Selbstversorger sollte versuchen, das gesamte Schweinefutter auf seinem Bauernhof selbst zu produzieren, also Gerstenmehl, Maismehl, Kartoffeln, Topinambur, Karotten, Futterrüben, Pastinak, Weiße Rüben oder Schwedische Steckrüben, alles Früchte, die, mit entrahmter Milch oder Molke zusammen verfüttert, eine vortreffliche Schweinekost abgeben. Ich habe Schweine auch sehr erfolgreich mit gekochten Kartoffeln und entrahmter Milch gemästet. Von rohen Kartoffeln werden sie ebenfalls fett, genauso wie sich rohe Karotten und fettarme Milch eignen. Weizen„abfälle“ wie Kleie und Mittelmehl, sind auch gut, doch steht dem Gersten- oder Maismehl nichts Gleichwertiges gegenüber, wenn es um Schweinemast geht, und selbst dann brauchen sie noch einen Proteinzusatz. Das kann Molke oder entrahmte Milch sein, Fleisch- oder Fischmehl, gekochtes Fleisch oder gekochter Fisch, Bohnenmehl oder andere proteinhaltige Nahrung. Schweine im Freien brauchen keine zusätzlichen Mineralsalze. Wenn Sie frisches Grünzeug bekommen, Milch-Nebenprodukte und Abfall, haben sie auch keine Vitaminzusätze nötig. Laß deinen Schweinen viel Auslauf. Sie werden im Sommer – wenn sie nicht gerade säugen – fast die Hälfte ihres Nahrungsbedarfs mit Gras decken können. Wenn du Muttersäue und heranwachsende Schweine auf Topinambur- und (auf bereits abgeernteten) Kartoffelfeldern hältst, so werden sie sich die Hälfte ihrer Nahrung dort holen.

Für säugende oder hochträchtige Tiere jedoch ist tierisches Protein absolutes Gebot, da es die einzige Quelle für Vitamin B 12 darstellt. Trächtige Schweine sollten im Freien, sofern sie Gras bekommen und Zugang zu Abfällen wie überschüssiges Gemüse und dergleichen haben, zusätzlich täglich 1 kg Konzentrat (z. B. Gerstenmehl) und etwas Protein bekommen. Wenn sie ferkeln, erhöht sich der Bedarf auf 2,5 kg. Werden sie im Stall gehalten oder bekommen sie ausschließlich Konzentrate, muß man diese Beträge verdoppeln. Wenn die Ferkel etwa drei Wochen alt sind, kann man auch ihnen unbegrenzt Konzentrate anbieten. Sorge aber dafür, daß die Mutter nicht darankommt. Solange junge Mastschweine nicht mehr als 45 kg wiegen, kann man ihnen unbegrenzt zu fressen geben. Dann wird die Ration beschränkt, sonst werden die Tiere zu fett. Gib ihnen soviel, wie sie in einer Viertelstunde verschlingen können. Brauchen sie länger, dann bekommen sie am nächsten Tag weniger, sind sie schneller, wird ihre Ration erhöht. Sie werden so zweimal täglich gefüttert. Schränke aber nur die Aufnahme der Konzentrate ein, nicht aber Wurzeln, Gemüse und dergleichen. Halte die Schweine stets im Auge. Wenn sie mager oder hungrig aussehen, dann füttert man ihnen einfach etwas mehr.

Der Schweinekübel

Für den „Mann mit den tausend Schweinen“ erscheint der Schweinekübel vielleicht lächerlich. Für die Selbstversorgerfamilie aber, die ein oder zwei Schweine im Garten mästet oder sich ein oder zwei Muttersauen hält, ist der Schweinekübel in der Tat sehr bedeutsam.

Hierzulande ist das deutsche, veredelte Landschwein am weitesten verbreitet. Hier und da sind aber auch andere Rassen oder Kreuzungen zu sehen.

Der Schweinestall

Ein Schweinestall sollte sehr stabil, aber transportabel sein. Zumindest sollte er leicht abmontiert und an anderer Stelle neu aufgebaut werden können und nach Möglichkeit im Freien stehen. Meiner bestand aus Wellblechresten, die ich an Holzpfählen festgenagelt hatte. Die Wände und das Dach kann man aus zwei Wellblechschichten machen und mit Isoliermaterial (zum Beispiel alte Papiertüten und Farnkraut) ausstopfen. Sind die Ferkel einmal drei Wochen alt, macht man einen Durchschlupf in die Umzäunung, der für die Muttersau aber zu klein ist, so daß nur die Ferkel nach draußen gelangen können, um Konzentrate zu fressen.

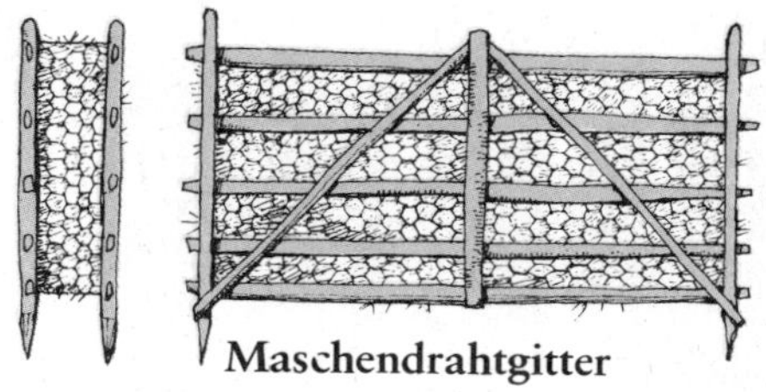

Maschendrahtgitter

Zwei Holzgatter, mit Stroh verzurrt und mit Maschendraht bedeckt, eignen sich gut als Zäune für das Schweinegehege.

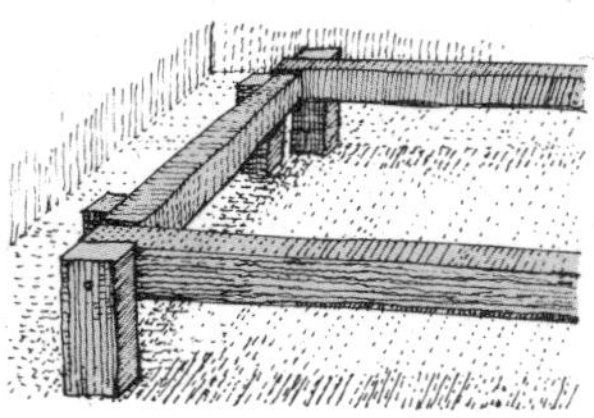

Ferkel-Schutzgeländer

Ferkel werden hin und wieder durch die Muttersau erdrückt. Wenn man jedoch, im Abstand von jeweils 25 cm vom Boden und von der Wand, ein Ferkel-Schutzgeländer installiert, können die Ferkel darunter schlafen und sind vor der Körpermasse ihrer Mutter geschützt.

Im Selbstversorger-Haushalt sollte nichts vergeudet werden, und deshalb steht unter dem Spülstein in der Küche ein Eimer. Alle Nahrungsabfälle, außer die für Hund und Katze, wandern dort hinein. Wenn du abwäschst, sollst du zunächst die groben Speisereste von dem Geschirr schaben. Dann läßt du heißes Wasser darauftröpfeln – nicht spritzen –, damit dieses das ganze Fett und die anderen Nährstoffe (unterstützt durch die Bürste) löst. Dann schüttest du auch dieses reichhaltige und konzentrierte Abwaschwasser in den Schweinekübel. Jetzt kannst du das Abwaschen fortsetzen. Das konzentrierte Abwaschwasser aus dem ersten Waschgang ist ein so hervorragendes Futter, daß es auf keinen Fall vergeudet werden sollte.

Die Unterbringung und das Ferkeln

Sauen können, wenn sie nicht gerade ferkeln oder eben erst geworfen haben, unter sehr rauhen Bedingungen leben. Sie fühlen sich wohl, wenn sie viel Stroh oder Farnkraut haben, wenn der Stall trocken ist und kein Durchzug herrscht. In kälteren Zonen sollten die Wände und das Dach gut isoliert sein. Allgemein gilt: Viele Schweine zusammen sind glücklicher als ein Schwein ganz allein!

Wenn eine Muttersau jedoch ferkelt, muß sie ihren eigenen Stall haben. Hier gibt es Stangen, welche die Alte daran hindern, sich auf die Ferkel zu legen. Wir haben acht Jahre lang sechs Muttersauen gehalten, und in dieser Zeit sind nur zwei Ferkel erdrückt worden. In den Büchern steht, die Mutter sollte keine Streu haben. Dazu kann ich sagen, daß unsere Sauen Zugang zur Streu hatten, und daß sie sie in den Stall trugen, um ein kunstvolles Nest zu bauen. Es ist köstlich, einer Sau beim „Nestmachen" zuzuschauen, und es ist höchst unwahrscheinlich, daß sie irgendwelche Schwierigkeiten hat, wenn sie nur in Ruhe gelassen wird. Wenn keine Schweine um sie herum sind, die sie anrempeln und kein überängstlicher Besitzer zuviel Aufhebens um sie macht, läuft alles von ganz allein. Sauen, die ihre Ferkel fressen oder sie erdrücken, sind das Resultat künstlich organisierter Systeme.

Die Brunst erfolgt wie bei den Kühen auch alle 21 Tage. Ich gebe nur ungern eine junge Sau zum Eber, solange sie nicht ungefähr ein Jahr alt ist. Die Trächtigkeit dauert 116 Tage. Wenn du sechs oder mehr Sauen hast, solltest du dir auch einen Eber leisten. Laß ihn zusammen mit den Sauen weiden. Hast du nicht soviel Schweine, kannst du die Tiere, wenn sie brünstig sind, zu Nachbars Eber bringen. Die

Würfe können zwischen sechs und zwanzig Ferkel haben. Im Durchschnitt sind es zehn. Wir hatten, als wir unsere Sauen im Freien hielten, mit sturer Regelmäßigkeit zwölf Ferkel, die wir auch stets aufzogen. Nach einer zehnjährigen Pause haben wir auch heute wieder Ferkel. In der Zwischenzeit hatten wir beim Nachbarn junge, entwöhnte Tiere gekauft, um sie zu mästen. Für entwöhnte Ferkel (8–12 Wochen alt) braucht man keine Muttersau zu halten. Wir haben oft drei solche Ferkel gemästet. Eines haben wir verkauft, und zwei haben wir geschlachtet. Durch den Verkauf des einen Schweins kostete uns die Aufzucht der beiden anderen keinen Pfennig!

Das Schlachten

Für den eigenen Bedarf müssen Schweine nicht im Schlachthof geschlachtet werden – aber du kannst auch nicht selbst schlachten, sondern brauchst dazu einen Fachmann. Und außerdem mußt du dir vom Veterinär das Fleisch freigeben lassen. Kümmere dich also rechtzeitig um die Termine.
Der Metzger lockt das Tier in den Raum, wo er es töten will, legt etwas Futter auf den Boden und erschießt es mit einem Bolzenschußapparat. Beim Abdrücken muß der Kopf des Schweines direkt berührt werden. Es ist gar nicht so selten, daß sich das Tier dabei bewegt! Wenn das Tier umgefallen ist, schneidet der Metzger sofort die Kehle durch. Er kniet dabei direkt vor dem liegenden Tier, und während du das Tier am Hinterteil festhältst, stößt er ein Messer unmittelbar vor dem Brustbein hinein. Wenn er den Knochen spürt, sticht er das Messer, mit der Schneide zum Kopf, einige Zentimeter tief in den Hals. Dabei wird die Hauptschlagader durchschnitten. Das Tier zeigt in diesem Moment noch Reflexe. Es scheint zu neuem Leben zu erwachen und wälzt sich hin und her! Paß auf, daß du nicht durch die Klauen verletzt wirst. Wenn du jetzt das Blut auffangen willst, um Blutwurst daraus zu machen, mußt du dich beeilen. Es gibt Metzger, die befestigen an den Hinterbeinen Riemen und hieven das tote Tier mit einem Flaschenzug hoch, bevor sie ihm die Kehle durchstechen. Dadurch läßt sich das Blut gut auffangen, und das Tier läuft besser aus. Ich selbst mag Blutwurst nicht so gern, daher fließt bei mir das Blut auf eine Unterlage aus Stroh oder schlechtem Heu, die anschließend sofort auf den Komposthaufen wandert. Das Blut hält die Gärung in deinem Komposthaufen in Gang.

Das Abschaben

Jetzt mußt du die Borsten des Schweines entfernen. Dazu werden sie mit brühend heißem Wasser behandelt. Du kannst das Tier entweder ganz in heißes Wasser tauchen oder es auf eine Bank legen und dann das Wasser darübergießen. Wenn du dich für das „Vollbad“ entscheidest, solltest du das Tier fünf Minuten bei 63° C im Wasser liegen lassen, es dann herausziehen und abschaben. Das kannst du aber nur machen, wenn du sicher bist, daß das Wasser die

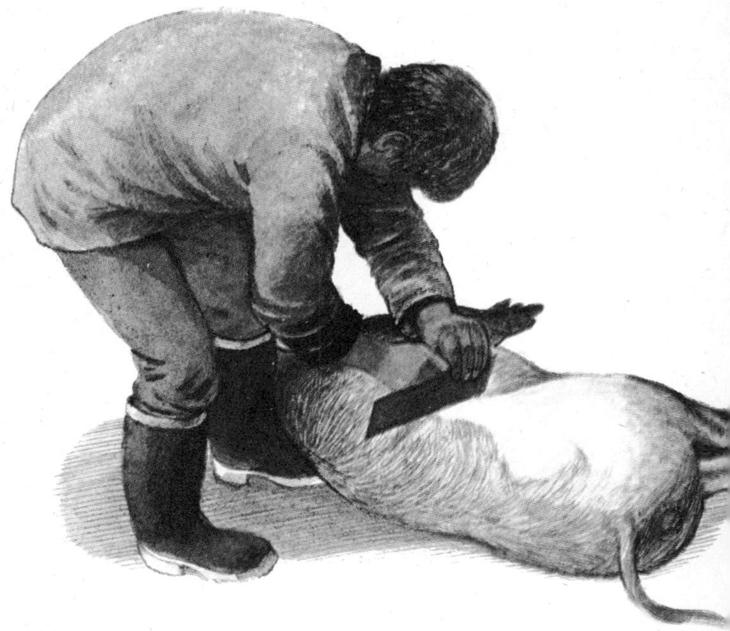

Das Schlachten

Das Schwein wird mit Futter in den Schlachtraum gelockt. Wenn es sich über das Futter hermacht, wird es durch einen Gehirnschuß getötet. Dann wird ihm sofort die Kehle durchschnitten. Aus dem aufgefangenen Blut werden Blutwürste gemacht. Das Schwein wird mit heißem Wasser behandelt. Entweder taucht man es dazu in Wasser von 65 °C oder gießt dieses darüber. Wenn sich die Borsten leicht auszupfen lassen, kann das Abschaben beginnen. Man nimmt dazu einen flachen Deckel oder die Schneide einer Hacke. Die Klauen werden mit einer spitzen Hacke herausgezogen, nachdem man jeden Fuß in heißes Wasser getaucht hat. Dann schneidet man erst mit dem Messer bis zum Brustbein hinunter und sägt dieses anschließend durch.

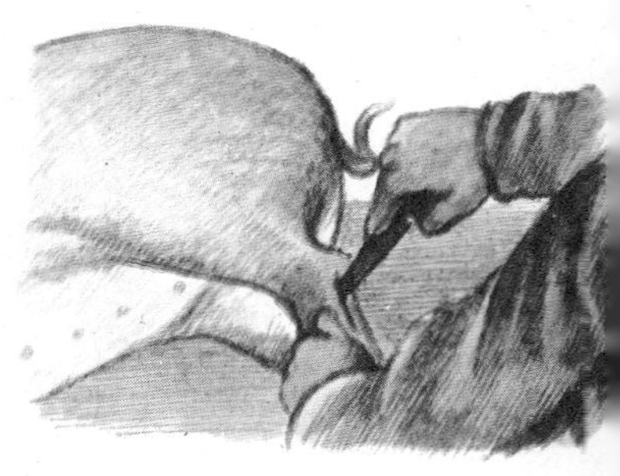

Man schneidet mit dem Messer links und rechts senkrecht an den Sehnen der Hinterläufe entlang, damit der Fleischerhaken durchgezogen werden kann.

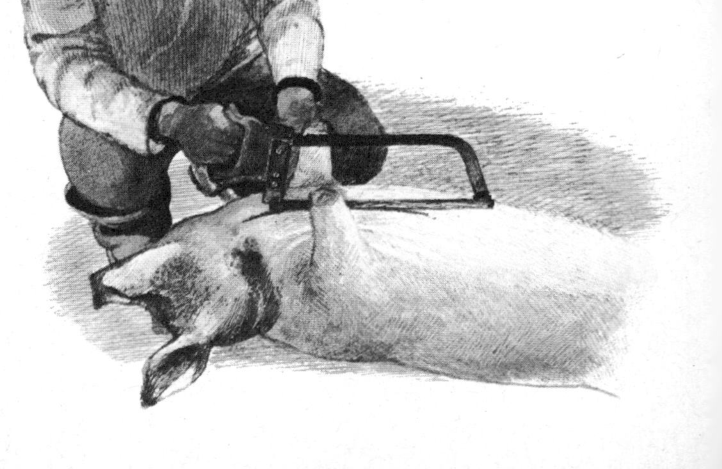

Das Schwein wird am Haken hochgehievt.

Dann wird der Kopf entfernt.

Man schneidet um den Mastdarm herum, trennt ihn ab und bindet ihn zu.

Der Bauch wird längs der Mittellinie aufgeschlitzt, ohne die Eingeweide dabei zu verletzen. Man stellt ein großes Gefäß auf den Boden.

Die Innereien werden herausgezogen und das Geschlinge (Leber, Herz, Bauchspeicheldrüse und Lungen) getrennt aufgehoben. Man gießt einen Eimer kaltes Wasser in den Rumpf.

Nun wird das Tier in zwei Hälften zerlegt, indem man es von oben nach unten am Rückgrat entlang durchsägt. Es bleibt über Nacht an einem luftigen Ort hängen.

Temperatur ziemlich genau hält. Wenn es nur um ein paar Grade abkühlt, gehen die Borsten nicht heraus. In dem Fall solltest du bei 65° C anfangen, doch mußt du dann das Tier ständig drehen und von Zeit zu Zeit herausziehen. Wenn das Wasser nämlich so heiß ist, legen sich die Borsten fest an, und wenn sie einmal liegen, ist es ziemlich schwer, sie zu entfernen.
Wenn du testen willst, ob das Tier lange genug im Wasser gelegen hat, zupfst du einfach ein paar Borsten heraus.
Wir haben keine so große Wanne, um darin das ganze Schlachtschwein einzutauchen, deshalb wenden wir die andere Methode an. Lege das Schwein dazu auf die Seite, und gieße ihm vorsichtig heißes Wasser über ein Körperteil. Die Temperatur sollte bei 65° C liegen. Gieße immer wieder nach und versuche von Zeit zu Zeit, mit Daumen und Zeigefinger an den Borsten zu zupfen. Sobald diese sich zu heben beginnen, kannst du mit dem Schaben anfangen. Es ist besser, du nimmst dazu kein Messer. Der Kopf einer Hacke oder ein Kochtopfdeckel aus Metall sind scharf genug. Mit den Borsten wird sich auch die äußerste Hautschicht des Schweines ablösen. Welche Farbe das Schwein vor dem Schlachten auch gehabt haben mag, jetzt wird es weiß.
Du arbeitest so lange, bis das Schwein völlig sauber ist. Tauche die Beine in ein Gefäß mit heißem Wasser und ziehe die Hornzehen mit einem Haken heraus. Du brauchst wirklich zwei, drei tüchtige Leute, um ein großes Schlachtschwein zu entborsten und außerdem einen Jungen, der das heiße Wasser bringt.
Der Kopf macht immer Schwierigkeiten. Im Notfall übergießt du Stroh mit Methylalkohol, zündest es an, hältst den Kopf über die Flamme, um die Borsten abzusengen und schrubbst ihn mit einer Drahtbürste. Anschließend duschst du das Schwein noch mit kaltem Wasser ab, um lose Hautfetzen, Borsten und Blutreste zu entfernen.

Das Aufhängen
Nun wird das Schwein aufgehängt. An der Rückseite der Hinterbeine, etwa 2–4 cm über dem Fuß, sind Sehnen. Schneide links und rechts von den Sehnen in vertikaler Richtung durch die Haut und ziehe sie mit den Fingern heraus. Anfänger schneiden mit Vorliebe das Bein oberhalb des Fersengelenks ab. Das sollte man aber nicht tun. Schiebe Fleischerhaken (siehe Abbildung S. 113) durch die beiden Sehnen der Hinterbeine.
Hieve das Tier aber nicht hoch, bevor du nicht das Brustbein durchgesägt hast! Mit einem sauberen Messer kannst du bis zum Brustbein vorstoßen und es dann in der Mitte durchsägen. Diese Arbeit wird schwierig, wenn das Schwein bereits aufgehängt ist und dir alle Eingeweide entgegenkommen. Dann ziehst du das Schwein hoch. Schneide ihm den Kopf ab. Wenn du unmittelbar hinter den Ohren am ersten Wirbel ansetzt, brauchst du keine Säge zu nehmen. Lege den Kopf sofort in Salzwasser.
Bevor du das Tier ganz hochziehst, schneidest du um die Mastdarmöffnung herum den Anus heraus, ohne aber dabei das Rektum zu durchstoßen. Binde den Anus zu, damit kein Kot herausfällt. Ziehe jetzt das Tier so hoch, daß du es überall bequem erreichen kannst. Schlitze den Bauch von den Lenden (Hinterschenkeln) bis zum Einstich an der Kehle vorsichtig auf. Schneide aber nicht die Bauchwand durch! Jetzt erst stößt du ganz durch und hältst dabei mit der Hand die Eingeweide vom Messer fern. Du willst schließlich nicht den Magen oder die Gedärme durchlöchern. Schneide das Becken entzwei, das die beiden Hinterschenkel zusammenhält. Nimm notfalls die Säge, stich dabei aber nicht die Blase an. Nun ziehst du den Mastdarm vorsichtig heraus, den Penis, wenn es sich um ein männliches Tier handelt, die Harnblase und die übrigen Gedärme und läßt das Ganze in ein großes Becken fallen. Den Penis und den Mastdarm kannst du wegwerfen oder den Hunden füttern, der Rest kann jedoch verwendet werden.

Die verschiedenen Teile des Schweines

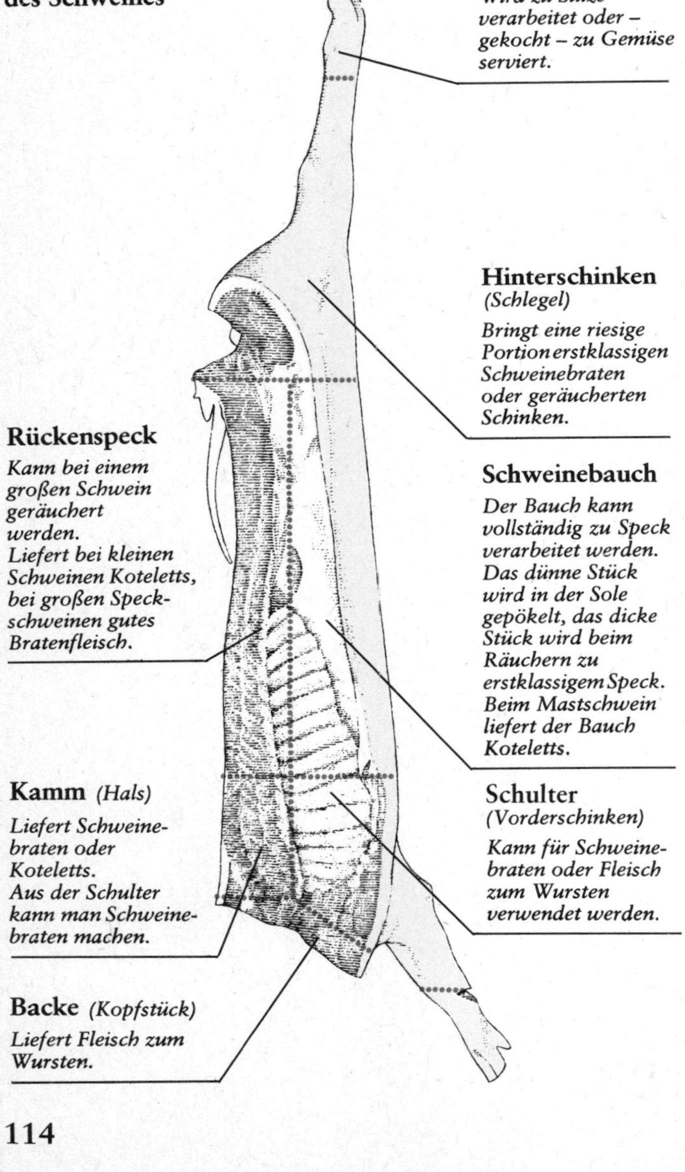

Das Zerlegen

Das Schwein hier ist ein „Speckschwein“. Man kann unmöglich das ganze Fleisch frisch essen, daher muß das meiste zu Speck, Schinken, Würsten und dergleichen verarbeitet werden. Wenn eine Tiefkühltruhe zur Verfügung steht, kann auch eine größere Menge eingefroren werden. Das Speckschwein hat viel Fett. Sein Fleisch ist daher nicht so gut als „Frischfleisch“ geeignet, wie das von einem kleinen Mastschwein.

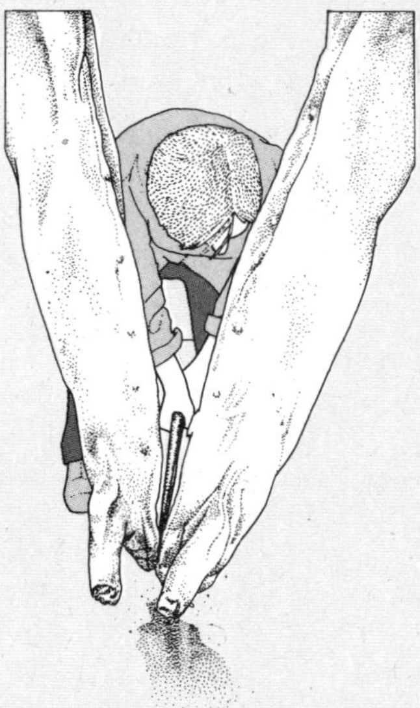

Man trennt den Rumpf am Rückgrat entlang durch. Ein Metzger verwendet für die ganze Länge ein Hackbeil, ein Amateur sollte besser eine Säge nehmen.

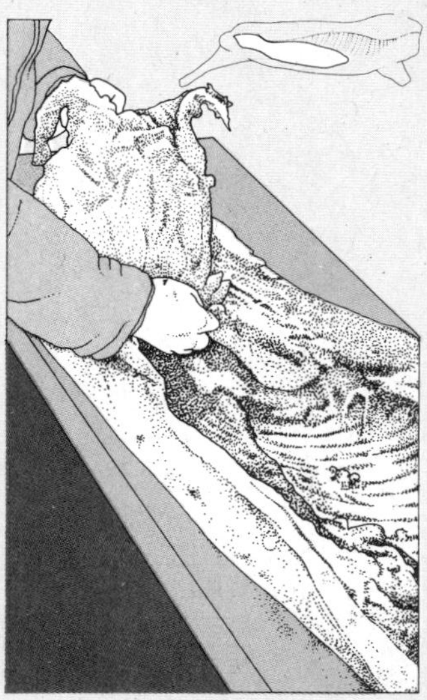

Das Fett vom Unterleib läßt sich leicht entfernen. Es liefert das beste und reinste Schweineschmalz. Die Nieren werden herausgenommen.

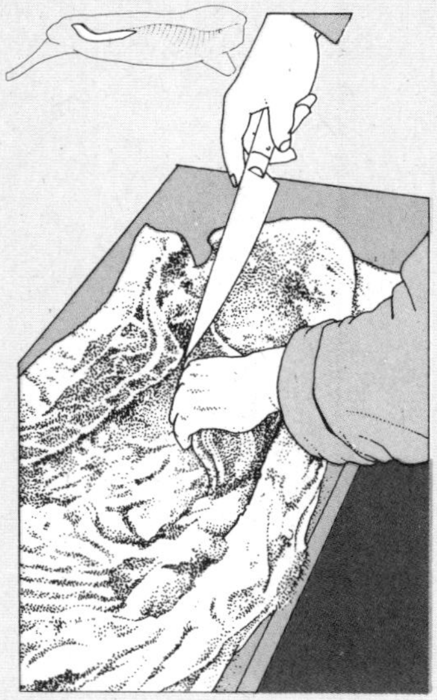

Das Filet liegt innen im Becken. Gefüllt und gebraten ist es eine Köstlichkeit für sich. Es wird dazu in die weiße, fettige Haut eingeschlagen, welche die Eingeweide umgibt.

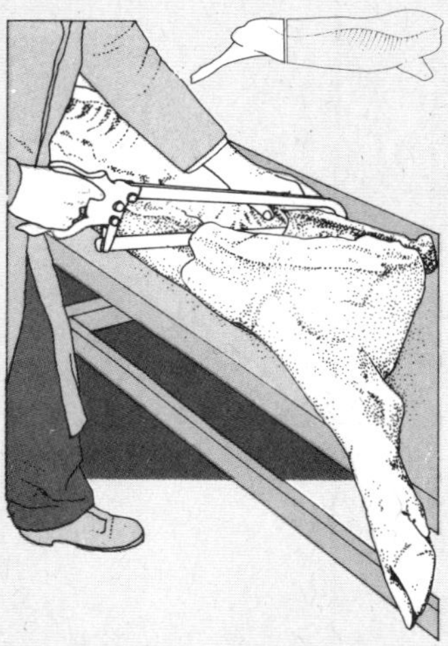

Den Hinterschinken sägt man ab.

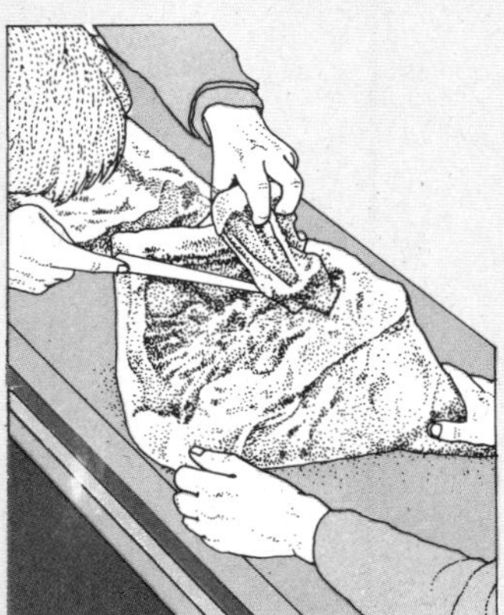

Kugel und Pfanne vom Hüftgelenk werden herausgeholt, damit der Schinken ganz knochenfrei ist.

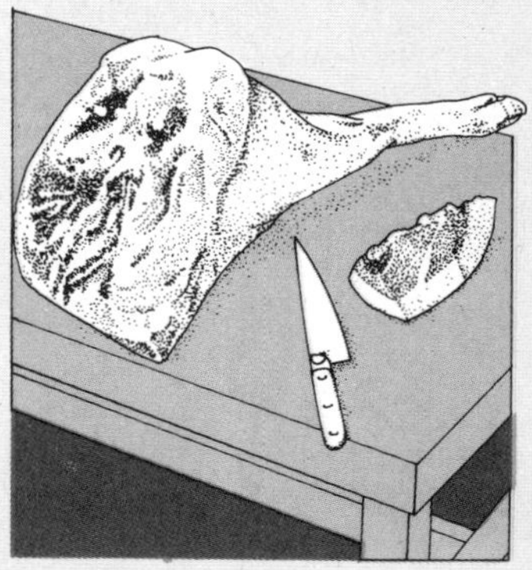

Dieser wird so zurechtgeschnitten, daß die Oberfläche sauber ist und das Salz gut eindringen kann. Es ist wichtig, daß es in jede Ritze kommt.

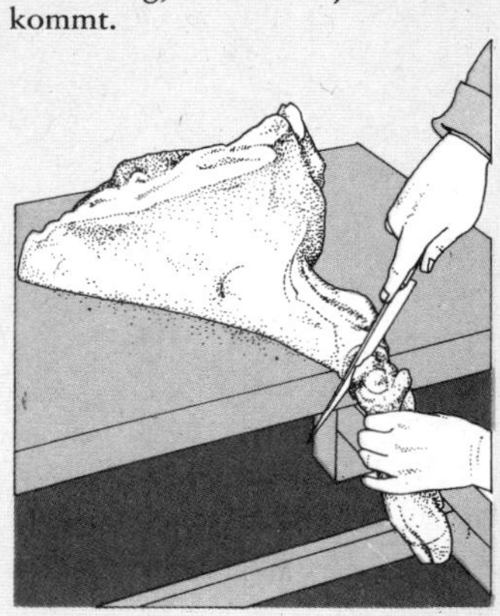

Der Schweinsfuß wird am Sprunggelenk abgeschnitten, oder man sägt ihn besser unter dem Schienbein ab, damit zum Salzen die Oberfläche glatt ist.

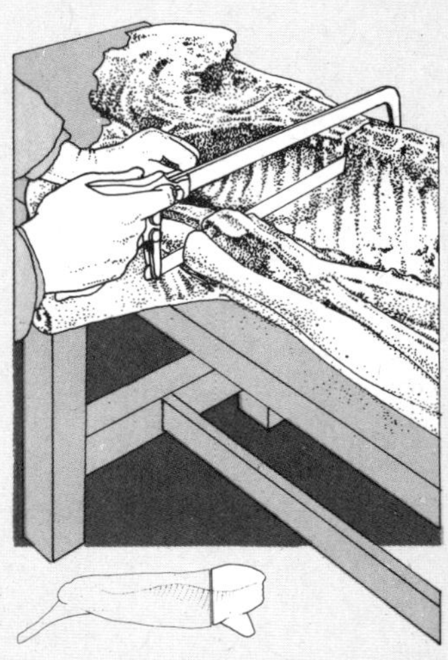

Um die Schulter vom Rückenspeck zu trennen, wird die Rumpfhälfte zwischen der 5. und 6. Rippe durchgesägt. Die Schulter kann ganz gepökelt werden; sie eignet sich aber auch zum Wursten.

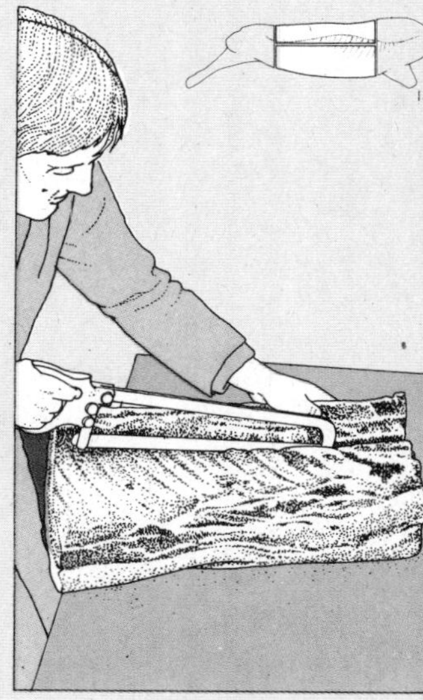

Man sägt das Rückgrat ab und zerstückelt es.

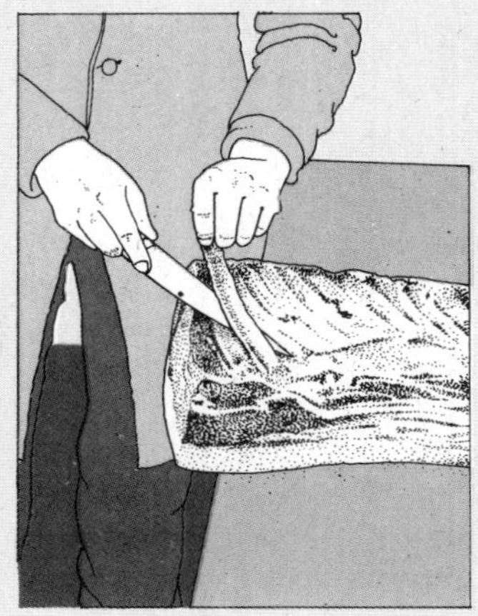

Die Rippen bleiben meistens zum Pökeln im Rückenspeck. Ich ziehe es vor, sie herauszunehmen. Der Rest wird zu Speck gemacht.

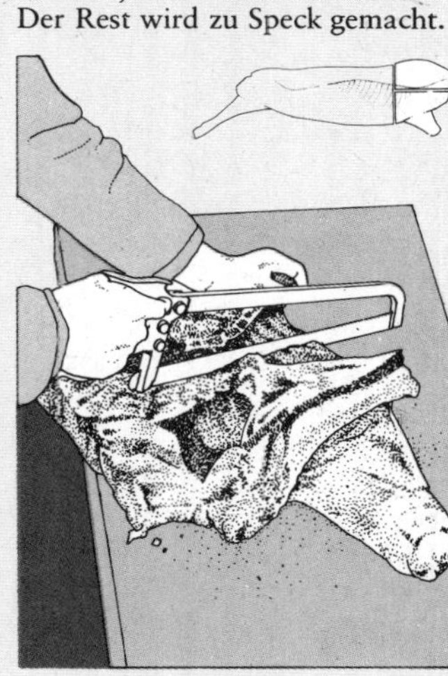

Man kann die ganze Schulter pökeln oder sie zerlegen. Die obere Hälfte dient als Braten, die untere zum Pökeln.

Die Därme zum Abfall zu tun, wäre reine Verschwendung. Du mußt sie nur gut waschen. Das Umstülpen kannst du dir erleichtern, wenn du ein Bambusrohr oder einen anderen glatten Holzstab zu Hilfe nimmst. Schabe den Schleimbelag ab, indem du mit dem stumpfen Messerrücken gegen ein Brett fährst. Zum Schluß sollten die Därme ganz sauber und durchsichtig sein. Behandle sie noch mit trockenem Salz. Mit Hilfe eines Trichters kannst du die Blase mit flüssigem Schweinefett füllen, das dort wieder erstarrt und sich in dieser Form monatelang hält.

Den Magen und die anderen Innereien nennt man Gekröse oder Kutteln. Sie schmecken sehr gut. Stülpe den Magen um, wasche ihn und bewahre ihn in trockenem Salz auf, bis du ihn brauchst. Kopf und Füße geben eine vorzügliche Sülze ab (siehe S. 117).

Die Leber sollte noch am selben Abend gegessen werden. Trenne die Gallenblase ab und wirf sie weg. Das Herz wird mit den Lungen zusammen herausgenommen. Hänge es an einen Haken. Entferne sorgfältig die hauchdünne Haut, die den Magen umschließt. Die Lungen sind ein Leckerbissen für die Hunde, das Herz kannst du selber essen. Schütte noch einige Eimer kaltes Wasser von innen und außen auf den Rumpf und spreize den Bauch mit beidseitig zugespitzten Stecken.

Wenn das Wetter kalt genug ist, wird der Rumpf am nächsten Morgen schön steif sein. (Bei heißem Wetter solltest du sowieso kein Speckschwein schlachten!) Jetzt kannst du ihn am Rückenmark entlang halbieren. Ein Metzger macht das mit dem Hackbeil. Dann nimmst du die beiden Hälften ab und zerlegst – entsprechend den Abbildungen von Seite 115 – weiter.

Schinken und Speck

Das meiste Schweinefleisch sollte zu Schinken und Speck verarbeitet werden. Es gibt keinen besseren Weg, um große Mengen Fleisch zu konservieren. Der Schinken ist der dicke Teil vom Hinterbein – das eigentliche Hinterteil. Mit Speck sind die Seiten des Schweins gemeint. Auch die Schulter kann geräuchert werden und als Brat- oder „Wurstfleisch" dienen. Die weitaus wertvollsten Teile des Schweines sind aber seine beiden Schinken. Man kann Schweinefleisch mit oder ohne Sole pökeln.

Salzen ohne Sole

Wir haben dafür eine raffiniert-primitive Methode. Man braucht nur eine Prise Salpeter auf das Fleisch zu streuen, mit Zucker und Salz einzureiben und es dann (bei Speck für zwei Wochen, bei Schinken für drei Wochen) in Salz zu vergraben. Das Problem mit dem überschüssigen Salz haben wir gelöst, indem wir unseren Speck in Scheiben geschnitten haben. Vor dem Anbraten werden diese Scheiben dann etwa zehn Minuten in Wasser gelegt. Wenn man aber gründlicher vorgeht, kann man dabei Salz sparen.

Für 45 kg brauchst du folgende Mischung:

3,5 kg Salz
1 kg Zucker
und 60 g Salpeter

Nimm die Hälfte davon und bewahre den Rest auf. Reibe das Fleisch, auch die Schwarte, gründlich ein. Wenn aus Schinken und Schulter Knochen hervorstehen, füllst du die Schnittflächen mit Salz. Kein Winkel darf ausgespart bleiben. Es ist wichtig, daß das Salz sehr schnell in das Fleisch eindringt. Das Ganze ist ein Wettlauf zwischen dem Salz und den Bakterien. Gewinnen die Bakterien, verdirbt das Fleisch. Wenn du aber die Anweisungen genau befolgst und das Wetter nicht zu mild ist (2° C ist eine ideale Temperatur), werden die Bakterien das Nachsehen haben. Stapele die Fleischstücke auf einem Brett oder Bord übereinander. Nimmst du eine Kiste, sollte diese Löcher haben, damit der Saft, den das Salz dem Fleisch entzieht, abfließen kann. Achte darauf, daß beim ersten Salzen jedes Stück seinen richtigen Anteil bekommt: Gib reichlich Salz auf die dicken Schinken, aber wenig auf die dünnen Specklappen.

Reibe nach drei Tagen mit einem Viertel deiner aufgehobenen „Salzmischung" alles noch einmal gut ein. Nach einer weiteren Woche wird dann der Rest verbraucht. Stelle das Fleisch auf den alten Platz zurück. Dicke Stücke, wie Schinken, sollten pro Pfund Fleischgewicht zwei Tage lagern, kleinere Fleischstücke und Speck dagegen anderthalb Tage pro Pfund. Man kann ungefähr sagen, daß ein dickes Stück Speck vierzehn Tage und ein mächtiger Schinken drei Wochen im Salz ruhen soll.

Nimm das Fleisch zur berechneten Zeit heraus, spüle das lose Salz mit warmem Wasser vorsichtig ab und hänge es eine Woche oder vierzehn Tage an einem kalten Ort auf. Dann kannst du es, wenn du willst, räuchern. Ungeräucherter oder „grüner" Schinken und Speck schmecken sehr gut. Ich persönlich ziehe Geräuchertes vor.

Salzen in der Sole

Für 45 kg Fleisch brauchst du folgende Mischung:

3,5 kg Salz,
1 kg Zucker,
60 g Salpeter,
ca. 25 Liter abgekochtes, aber kühles Wasser.

Genaugenommen sollten dickere Stücke, wie Schinken, eine konzentriertere Sole haben – d. h. die „Salzmischung" wird in 20 Liter Wasser gefügt. Bei dünneren Stücken wie Speck und Schweinsbacke sollte man exakt 27 Liter Sole haben. Lege das Fleisch in die Sole hinein und vergewissere dich, daß nirgendwo Luftkammern entstanden sind. Darauf kommt ein sauber gescheuertes Brett, das mit einem dicken Stein (nimm kein Gewicht aus Eisen, es rostet!) beschwert wird, und laß das Ganze stehen. Dicke Stücke leiben vier Tage pro Pfund Fleischgewicht in der Sole. Daher sollte jedes Fleischstück gewogen und dann pünktlich zu seinem „Termin" herausgeholt werden. Speck und kleinere Fleischstücke bleiben nur zwei Tage pro Pfund darinnen. Man sollte sie alle vier oder fünf Tage in der Sole herumdrehen, bis das letzte Stück wieder herausgenommen ist. Wenn die Sole bei heißem Wetter zähflüssig wird, ziehst du das Fleisch heraus, schrubbst es mit klarem Wasser und bringst es in eine frische Sole. Wenn es aus der Sole herausgeholt wird, wäschst du es mit frischem Wasser ab und hängst es zum Trocknen eine Woche lang an einem kalten, trockenen Platz auf. Du kannst es jetzt auch räuchern. Das Fleisch sollte fast unbegrenzt haltbar sein. Verwende aber erst die kleinen Fleischstücke und den Speck, bevor du an den Schinken gehst.

Der Schinken gewinnt bei der Reifung. Ich habe ihn schon zwei Jahre lang aufbewahrt, und er hat wunderbar geschmeckt. Speck sollte man in den ersten Monaten essen.

Schinken und Schulter werden nach dem Pökeln sorgfältig in fettabstoßendes Papier eingewickelt, dann in Musselintaschen eingenäht und an einem ziemlich kalten und trokkenen Platz aufgehängt, am besten bei konstanter Temperatur. Es empfiehlt sich, die Außenseite der Tasche mit einer dicken Paste aus Kalk und Wasser zu bestreichen. Das Fleisch hält sich so ein bis zwei Jahre und bekommt mit der Zeit ein immer besseres Aroma. Den Speck kannst du „nackt" aufhängen, aber so dunkel wie möglich, denn vom Licht wird er ranzig. Halte Fliegen und andere Insekten von deinem Pökelfleisch fern. Es gibt Bauern, die wickeln Schinken und Speck gut ein und vergraben ihn dann in Kleie, Hafer oder Holzasche. Man sagt, das hält sie feucht und verbessert ihren Geschmack.

Das Räuchern

Durch Räuchern wird das Fleisch konserviert, ausgetrocknet und wahrscheinlich auch schneller reif. Wenn du einen großen, offenen Kamin hast, hängst du das Fleisch darin einfach außerhalb der Reichweite der Flammen auf und läßt es ungefähr eine Woche dort hängen, während du mit Holz feuerst. Es gibt unterschiedliche Meinungen, welche Sorte Holz sich für das Räuchern am besten eignet. Die Amerikaner schwören auf Hickory, die Deutschen bestehen auf Eiche. Ich meine, es macht kaum einen Unterschied, vorausgesetzt, du nimmst hartes Holz und nicht Fichte.

Was du auch verwendest, die Temperatur sollte nicht über 50° C steigen. 39–43° C ist optimal. Auch zum Bau einer Räucherkammer brauchst du nur ein bißchen Geschicklichkeit. Wir haben dazu jahrelang ein Backsteinhäuschen, den ehemaligen Waschraum mit Toilette, benutzt. Im Freien hatten wir einen langsam brennenden Holzofen stehen, dessen Schornsteinrohre durch die Wand führten. Das Fleisch hing an Winkeleisen unter dem Dach. Es war nur schade, daß die Wärme ungenutzt blieb, die durch das schwelende Holz erzeugt wurde. Es ist sicher günstiger, wenn sich die Brennstelle im Haus befindet, selbst dann, wenn die Räucherkammer im Freien ist. Ein langsam brennender Holzofen kann durchaus ein Haus heizen und obendrein alles Gewünschte räuchern.

Man kann sowohl mit kaltem wie auch mit heißem Rauch räuchern. Die erste Methode ist in England verbreitet. In Amerika und Deutschland wird auch heiß geräuchert, bei Temperaturen zwischen 55–93° C. Das Fleisch wird dabei gleichzeitig gegart. Es sollte aber bald verzehrt werden, denn es hält sich nicht so lange wie roh geräuchertes Fleisch.

Sülze

Koche aus dem Kopf, den Füßen und den anderen Stücken, die du nicht anderweitig verwenden kannst, Sülze. Du tust also Fleisch, Knochen, Haut und sonstige Reste in einen Topf und läßt alles sehr lang kochen... Vielleicht ist es eine gute Idee, wenn man die Hautstücke in eine Musselintasche packt, damit man sie später bequem wieder entfernen kann. Laß das Ganze abkühlen, brich es in kleine Stücke, koche es wieder auf und gib Salz, Pfeffer und nach Belieben andere Gewürze dazu: Majoran, Koriander, Gewürznelke oder Kümmel. Koche es noch einmal auf und gieße es in Formen. Das Fett steigt nach oben und bildet eine Schutzschicht. Die Sülze hält sich so recht lange. Man sollte sie kalt essen. In der Tiefkühltruhe bleibt sie natürlich noch länger frisch. Man kann sie dazu gleich in Gefrierbehälter gießen.

Würste

Besonders die Dauerwürste liegen dem Selbstversorger sehr am Herzen.

Man nimmt dafür zwei Teile mageres Fleisch (sagen wir vom Schwein oder halb Rind, halb Schwein) und ein Teil fettes Schweinefleisch. Du kannst sogar gepökelten Speck verwenden. Daraus wird feines Hackfleisch gemacht; der fette Anteil darf gröber sein. Wenn du willst, kannst du alles über Nacht in Wein oder Weinessig legen. Auf 1,5 kg dieser Mischung kommen:

30 g Salz,
2 Teelöffel Pfeffer,
3 zerquetschte Knoblauchzehen,
Gewürz nach Wunsch (ich empfehle Paprikapulver),
eine große Prise Salpeter,
ein Glas Rotwein oder Weinessig (wenn du das Fleisch nicht schon eingelegt hattest).

Vermische die Zutaten gut und fülle sie in die Wursthäute (gereinigte Schweine- oder Kuhdärme oder auch andere Hüllen, die du beim Metzger gekauft hast). Hänge die Würste an einem kalten und trockenen Platz auf. Sie sollten zwölf Stunden im Rauch hängen, doch ist das nicht unbedingt erforderlich. Sie werden auch so monatelang halten, wenn man sie an einem kühlen, trockenen Platz aufbewahrt (16° C ist ideal; ab 21° C wird es kritisch). Man kann sie auch frisch essen, doch schmecken sie dann nicht so gut, wie wenn sie ein bis zwei Monate getrocknet wurden.

Für die oben beschriebene Sorte gibt es hundert Rezepte. Das Prinzip ist aber stets dasselbe. Wenn man es beachtet, wird man immer erfolgreich „wursten".

Schafe

Schafe haben einen großen Vorteil für den Selbstversorger ohne Tiefkühltruhe. Im Winter kann eine Familie ohne weiteres ein fettes Lamm oder ein kleines Schaf aufessen, bevor es schlecht wird. Jedenfalls habe ich Hammelfleisch schon einen Monat lang aufbewahrt, und das in einem Klima, wo die Tagestemperaturen bis auf über 40° C im Schatten stiegen. Aber die Tage waren trocken und die Nächte waren kalt. In einem Klima, wo die Nächte kalt genug und die Tage nicht schwül sind, ist das im Prinzip aber mit jedem Fleisch möglich.

Schafe haben noch zwei weitere Vorteile: sie liefern Wolle und in verschiedenen Teilen der Erde auch die Milch. Ich habe sehr oft Schafe gemolken, wenn es auch eine etwas komplizierte Angelegenheit ist. Die Milch schmeckt weder besser noch schlechter als Kuh- oder Ziegenmilch. Der Hauptnachteil bei einer Schafhaltung in kleinerem Rahmen ist das Problem, sie decken zu lassen. Es lohnt sich nicht, für einen Widder das Weidefutter aufzubringen, wenn man weniger als etwa ein halbes Dutzend Schafe hat. Wenn man ihn nur kauft, um die Schafe zu decken, zahlt man einen hohen Preis für ihn, und wenn man ihn danach oder im folgenden Jahr wieder verkaufen will, bekommt man nur noch einen Spottpreis. Will man ihn essen, stellt man fest, daß er sehr zäh ist. Also ist das Decken ein Problem bei sehr kleinen Schafherden.

Im großen und ganzen gibt es zwei recht vernünftige Dinge, die man tun kann. Man kann einige zahme Schafe halten und sie zu dem Widder eines freundlichen Farmers bringen, um sie im Herbst decken zu lassen, oder man leiht sich einen Widder. Wenn man ihm ein Kissen mit einer stark riechenden Flüssigkeit an der Brust befestigt, oder ihm etwas Rötel (irgendeine farbige Erde oder Trockenfarbe) auf der Brust verreibt, kann man feststellen, wann alle Schafe gedeckt sind und dann den Widder zurückgeben. Oder man kauft Jungtiere. Da es vielen Bergbauern nicht gelingt, ihre Lämmer im ersten Sommer so weit zu mästen, daß sie sie verkaufen können, stoßen sie sie günstig ab. In den meisten Ländern mit Bergschafbeständen gibt es dafür riesige Handelsplätze. Wenn man im Herbst etwa solche Lämmer kauft und sie mit gutem Wintergras oder mit Raps, Rüben und anderem Winterfutter versorgt, wird man wahrscheinlich merken, daß man nicht nur sein Schaffleisch umsonst bekommt, sondern dabei auch noch verdient. Man tötet eines, wenn man Lammfleisch zum Essen braucht, und die fetten Lämmer, die man im Frühjahr noch nicht geschlachtet hat, werden sehr zeitig verkauft. Wenn man den Lämmern zusätzlich etwas konzentriertes Futter (ca. 500 g pro Tag bei Mais und Heu) verfüttert, werden sie ohne Schwierigkeiten gedeihen.

Das Füttern

Schafe solltest du auf eine Weide bringen, auf der etwa sechs Monate keine Schafe mehr gegrast haben, weil sie frei von Schaf-Parasiten ist. Fünf Schafe fressen ebensoviel wie ein Ochse, also wird ein Morgen saftiges Gras im Sommer gut für fünf Schafe ausreichen, im Winter jedoch für weniger, weil das Gras nicht wächst. Dabei eignen sich Schafe im Winter gut zum Weiden, weil sie das Gras dichter abfressen – sie „räumen es auf“ –, nachdem den ganzen Sommer Kühe darauf gegrast haben.

Während des Winters brauchen die tragenden Schafe überraschend wenig Futter, und wenn etwas Gras für sie da ist, müßten sie damit auskommen. In einem kalten Klima benötigen sie aber zusätzlich Heu und auch Getreide. In sehr kalten Ländern läßt man die Mutterschafe oft drinnen überwintern und füttert sie ausschließlich mit Heu, Getreide und Wurzeln. Wenn ein Tier auf diese Weise versorgt wird und kein Gras frißt, braucht ein Mutterschaf knapp 2 kg Heu täglich, wenn es außerdem nichts bekommt, oder 200–500 g pro Tag und zusätzlich 7–9 kg Rüben. Dann brauchen sie weder weiteres Getreide noch konzentriertes Futter. Sie dürfen nicht zu fett sein, wenn sie lammen, sonst haben sie Schwierigkeiten bei der Geburt, aber andererseits dürfen sie auch nicht hungern.

Im Frühjahr, wenn die Mutterschafe gelammt haben, solltest du sie auf das beste Gras, was du hast, führen, vorzugsweise auf „sauberes“ Gras. Das heißt: Gras, auf dem einige Zeit lang keine Schafe geweidet haben. Es ist zu dieser Jahreszeit sehr nahrhaft, und die Lämmer sollten eigentlich schnell wachsen und gut gedeihen. Innerhalb von vier Monaten werden die meisten von ihnen fett genug sein, um entweder geschlachtet oder dem Metzger als „gemästetes Lamm“ verkauft zu werden.

Paarung

In einem kalten Klima werden Schafe im allgemeinen im Herbst gedeckt. Wenn du eine Herde Mutterschafe hast, solltest du vor der Paarung eine Auslese treffen. Kurz: Du sortierst alle aus, die so alt sind, daß sie keine Zähne mehr haben. Ein Mutterschaf mit acht Schneidezähnen ist vier Jahre alt und sollte bereits drei Lämmer gehabt haben. Es mag ein oder zwei weitere Jahre gedeckt sein – oder auch nicht; das hängt von dem Zustand seiner Zähne ab.

Bevor du den Widder zu den Schafen läßt, solltest du die Herde anregen. Hierfür hältst du sie einige Wochen lang auf einer sehr mageren Weide und läßt sie dann auf sehr gutes Weideland. Dann bringst du den Widder dazu. Da sich die Mutterschafe wahrscheinlich alle schnell decken lassen, werden sie später auch zur gleichen Zeit lammen. Die Trächtigkeit dauert 147 Tage. Ein Widder kann in einer Paarungszeit bis zu sechzig Mutterschafe decken. Manche Leute versuchen, die Mutterschafe möglichst früh zum Lammen zu bringen, um mit diesen hohe Preise zu erzielen, aber wenn man die Lämmer nicht drinnen mit viel gutem Futter halten will, empfehle ich diese Methode nicht. Außerdem finde ich, daß die später Geborenen schnell gegenüber den armen, kleinen, halberfrorenen Winterlämmern aufholen und sie sogar überholen.

Das Lammen

Der Schafhirt sollte eigentlich nicht eingreifen müssen, aber wenn der Zeitpunkt der Geburt sich zu lange hinauszögert, können Lamm oder Mutterschaf sterben. Man sollte versuchen, das zu vermeiden.

Das Schaf wird auf den Rücken gelegt und nach Möglichkeit mit einem großen Strohbündel abgestützt.

Die Hände und der hintere Teil des Schafes müssen sauber sein. Hände und Vulva werden mit gekochtem Leinsamen- oder Karbolöl geölt.

Wenn die Vorderfüße des Kleinen schon zu sehen sind, aber das Schaf nach einer Stunde noch nicht zu gebären vermag, bindet man eine weiche Schnur um die Füße und zieht vorsichtig, wenn es preßt.

Wenn man nichts sehen kann, führt man die Hand vorsichtig ein, während das Schaf nicht preßt.

Bei normaler Lage zieht man das Schaf an den Vorderbeinen heraus – aber vorsichtig!

Man zieht während das Schaf preßt, aber nicht, wenn es aufhört.

Sowie der Körper des Lammes erscheint, stützt der Hirte es mit dem freien Arm. Wenn es halb heraus ist, dreht er es leicht, um den Druck zu verringern.

Man vergewissert sich, daß die Nüstern des Neugeborenen schleimfrei sind und überläßt es seiner Mutter zum Ablecken.

Unnormale Lagen

Es sind verschiedene unnormale Lagen möglich. Der Schafhirt muß mit seiner Hand erfühlen, mit welcher er es zu tun hat. Im Fall von Zwillingen, die gleichzeitig herauskommen wollen, muß er ein Lamm sanft zurückstoßen. Manchmal muß er auch ein einzelnes Lamm zurückstoßen und dann die Vorderbeine oder den Kopf zurechtrücken. Insgesamt ist es eine Sache von Vernunft und Einfühlungsvermögen gegenüber Lamm und Muttertier. Das Lamm oder die Lämmer müssen so liegen, daß der Kopf nicht nach hinten gebeugt ist und die Vorderbeine nicht gekrümmt sind.

Zwillinge

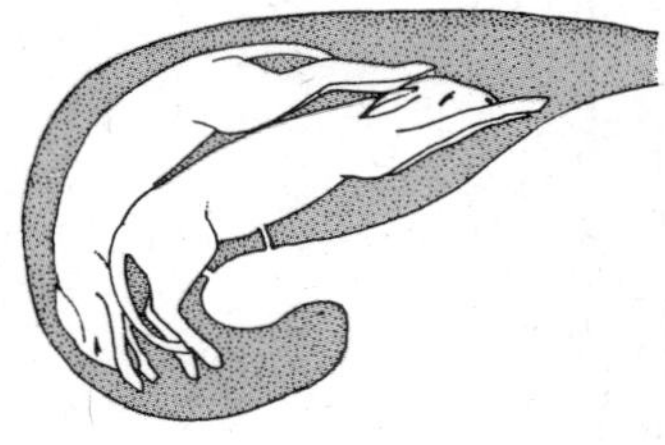

Beckengeburt

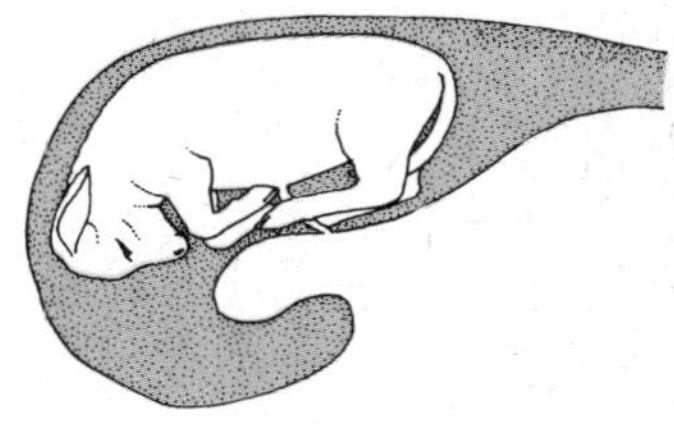

Kopf und Vorderbeine verdreht

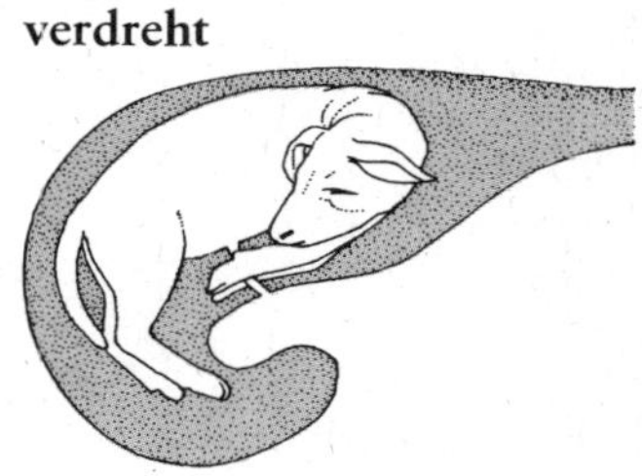

Lammen

Halte ein wachsames Auge auf die Tiere, wenn sie anfangen zu lammen. Laß sie allein damit fertig werden: im allgemeinen können sie es. Wenn aber ein Mutterschaf länger als eine Stunde Wehen hat und sein Lamm offensichtlich nicht zur Welt bringen kann, dann mußt du ihm helfen. Bring es in eine kleine Koppel, wo du es fangen kannst. Lege es hin, wasche die Hände gründlich in Karbolöl oder in gekochtem Leinsamenöl. Stelle fest, ob die Füße des Lämmchen schon etwas herausschauen. In diesem Fall ziehst du immer dann daran, wenn das Mutterschaf preßt. Da die Füße sehr glitschig sind, solltest du eine weiche Schnur – einen Schal oder ein Halstuch – darumbinden und vorsichtig daran ziehen, und zwar leicht nach unten. Wenn das nicht gelingt, führst du deine Hand sehr vorsichtig in die Vagina an den Vorderbeinen entlang und ertastest, ob der Kopf nicht nach hinten gebeugt ist. Stellst du dies fest, so stößt du das Lamm vorsichtig zurück und versuchst, den Kopf nach vorne zu ziehen. Danach sollte das Lamm herauskommen.

Im Idealfall sollten zuerst die Vorderfüße und dann die Nase herauskommen. Es sind jedoch viele ungünstige Lagen möglich, und noch komplizierter wird es, wenn Zwillinge kommen. Hier kann dir nur Erfahrung helfen.

Aber wenn man gesunde Mutterschafe hat, wird man aller Wahrscheinlichkeit nach auch keine Schwierigkeiten haben.

Lämmer austauschen

Sollte der Fall eintreten, daß ein einzelnes Lamm stirbt, und du hast ein anderes Mutterschaf mit Zwillingen, so ist es gut, einen der Zwillinge dem Mutterschaf zu überlassen, das sein Lamm verloren hat. Reibe das lebende Lamm mit der Leiche des anderen Lämmchens ein, und versuche, ob die Mutter das neue Lamm annimmt. Wenn nicht, häutest du das tote Lamm und legst dessen Fell dem anderen wie eine Strickjacke um. Normalerweise nimmt die Pflegemutter es dann an. Der Vorteil bei der ganzen Sache ist: die Mutter der Zwillinge kann ein Lamm viel besser füttern als zwei, und das Mutterschaf ohne Lamm bekommt keine Drüsenentzündung durch die Schwierigkeiten beim Austrocknen ihrer Milch.

Verwaiste Lämmer

Bauern werden dir oft verwaiste Lämmer umsonst oder fast umsonst überlassen, und du kannst sie mit einer Flasche aufziehen. Sie trinken warme Kuhmilch, zuerst mit Wasser verdünnt und später pur. Ziegenmilch eignet sich noch besser, aber du sollst das Lamm nicht direkt an der Ziege saugen lassen, sondern die Ziege melken und deren Milch mit der Flasche verfüttern. Halte die Lämmer stets warm.

Das Scheren

Ich fange Anfang Juli an zu scheren, aber weiter südlich beginnt man früher. Meistens werden die jungen Lämmer noch nicht geschoren, sondern nur der Widder, die Mutterschafe und die Hammel (kastrierte männliche Schafe) vom letzten Jahr.
Wenn du mit der Hand scherst, ist es vielleicht einfacher, das Schaf auf eine Bank oder einen großen Kasten zu setzen. Drehe es mit dem Rücken zu dir und übe, es mit den Knien festzuhalten, damit du die Hände frei hast. Schere die Wolle am Bauch. Dann die linke Seite von Nacken, Schulter und Flanke hinunter und soweit wie möglich, indem du das Schaf beim Scheren herumrollst. Wenn du auf dieser Seite nicht mehr weiterkommst, rollst du das Schaf wieder auf die andere Seite und fängst auf der rechten Seite an. Für das letzte Stück muß das Tier dann ganz gedreht werden, um auch die Wolle am Schwanz zu scheren. Anschließend läßt du das Schaf laufen.
Lege das Vlies, mit der Körperseite nach unten, auf ein sauberes Tuch und schneide alle Wollteile ab, die mit Dung beschmutzt sind. Falte die Seiten zur Mitte hin um, rolle vom Kopfende her auf, drehe den Schwanz zu einer Schnur, und wickle ihn um das Bündel. Wenn die Wolle für den Verkauf bestimmt ist, packe die Vliese in eine Tasche oder einen großen Sack. Die verschmutzten Enden werden getrennt verpackt und beschriftet. Wir werden das Verarbeiten von Rohwolle auf den Seiten 226/227 beschreiben.
Sollte dir jemand erzählen, Handscheren sei einfach, kannst du ihm sagen, daß er lügt. Du wirst das Gefühl haben, daß dir fast das Kreuz bricht, und dein Handgelenk schmerzt höllisch. Halte dein Schermesser scharf, und schneide so dicht wie möglich an der Haut des Schafes, aber ohne es zu schneiden. Sollte es doch einmal passieren, tupfst du etwas Stockholm-Teer auf die Wunde. Paß vor allen Dingen auf die Brustwarzen auf. Elektrische Schermesser erledigen die Arbeit natürlich viel schneller, aber sie ist trotzdem hart. Aber das Scheren macht auch Freude: Wenn man zu mehreren arbeitet, erzeugt es ein starkes Kameradschaftsgefühl, und man hat auch den Eindruck, etwas geleistet zu haben. Wenn auch die Schwierigkeiten am Anfang groß scheinen, gib nicht auf!

Schafkrankheiten

Außer in den Bergen, leiden Schafe sehr unter einer leuchtend-grünen Schmeißfliege, die sie „sticht", das heißt sie legt Eier, besonders auf die mit Dung verschmutzten Teile. Am besten schneidet man diese Wolle vor dem Scheren ab. Wenn du also die Schafe vierzehn Tage nach der Schur mit einem Markentauchbad einsprühst oder sie darin badest, schützt du sie wenigstens für zwei bis drei Monate vor dem Fliegenstich, wahrscheinlich sogar so lange, bis es kalt wird und die Fliegen von selbst wegbleiben. Wenn du sie aber nicht schützt, werden sie gestochen, die Larven fressen sich in das Schaf hinein und werden es schließlich auf die unerfreulichste Art und Weise umbringen.
Es gibt zwei weitere, sehr verbreitete Schafkrankheiten. Wenn Schafe auf nassen Stellen grasen, fressen sie Larven von einer bestimmten, von winzigen Frischwasserschnecken übertragenen Wurmart (Leberegel) mit. Diese Larven leben im Gallengang der Leber. Also mußt du entweder das Land entwässern oder aber die Schafe von nassen Stellen fernhalten. Gegen diese Krankheit gibt es vorbeugende Spritzen. Die andere Krankheit ist die Fußfäule, die gleichfalls die Schafe im feuchten Tiefland plagt. Bergschafe bekommen sie selten. Zum Schutz sollte man die Klauen gelegentlich mit einer scharfen Kneifzange beschneiden, um überflüssiges Horn zu entfernen. Sind die Schafe aber einmal befallen, solltest du ihnen ein Formalinfußbad machen.

Hammel- und Lammfleisch

Man schlachtet ein Schaf, indem man ihm ein Messer seitlich in den Nacken stößt, und zwar so dicht wie möglich an Wirbelsäule und Kopf. Vorher muß man das Tier aber betäuben oder durch einen Schuß töten. Die scharfe Seite soll von der Wirbelsäule weg zeigen, dann zieht man das Messer zur Gurgel hin heraus. Damit schneidet man alle Arterien und Venen und auch die Luftröhre durch.

Das Scheren der Schafe

Schafe werden im Sommer geschoren, wenn es so warm ist, daß sie nicht unter der winterlichen Kälte leiden.

Man greift sich das Schaf an der Wolle an den Flanken, nicht am Rückenfell. Wenn man es auf sein Hinterteil setzt, kann man leichter arbeiten.

Zuerst wird die Wolle vom Bauch bis zum Euter geschoren. Man sollte vermeiden, einem Mutterschaf ins Euter oder einem männlichen Tier in den Penis zu schneiden.

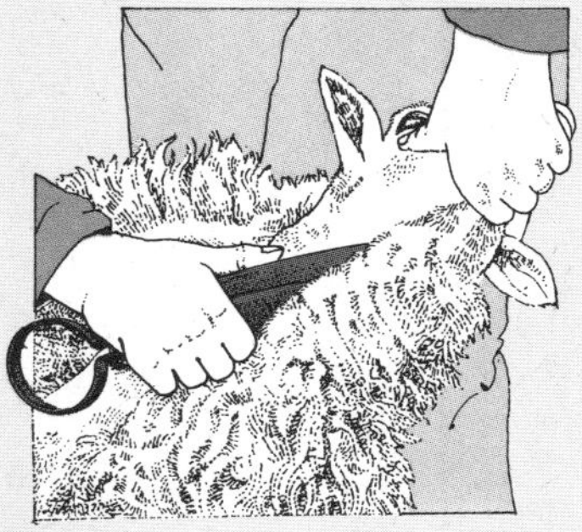

Nun wird die Gurgel hinauf, dann links um den Hals herum und der Kopf geschoren.

Man geht soweit wie möglich auf der linken Seite über Schulter und Flanke weiter. Hält man das Schaf mit den Knien fest, sind die Hände frei. Die linke Hand packt das Fell, mit der rechten wird so dicht wie möglich am Körper entlang geschoren.

Das Schaf wird herumgerollt und die rechte Seite in Angriff genommen. Die Wolle sollte leicht abgehen, nur am hinteren Teil sitzt sie fest.

Das Schaf wird flach auf den Boden gelegt und der linke Fuß darüber gestellt, um es zwischen den Beinen halten zu können. Das Vlies vom hinteren Teil wird vollständig abgeschoren.

Nun kommen auch der Schwanz und die Hinterbeine dran. Diese Wolle wird aber von dem großen Vlies getrennt aufbewahrt.

Wie man das Vlies rollt:

Lege es mit der Körperseite nach unten auf eine saubere Fläche. Lege die Seiten nach innen um und fange vom Schwanzende her an, das Vlies fest aufzurollen. Drehe das Nackenende zu einer Schnur. Winde es um das Vlies und stecke es unter sich selber fest.

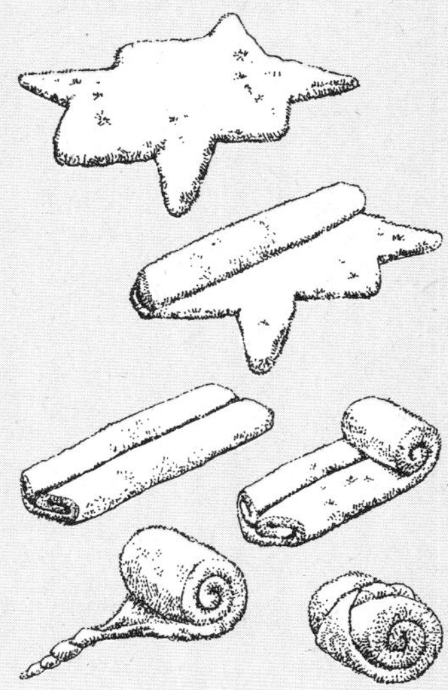

Tauchbad für Schafe

Ungefähr vierzehn Tage nach der Schur sollten die Schafe mit einem Markenpräparat entweder besprüht oder darin gebadet werden. Das Bad ist besser, weil es wirklich einzieht. In Ländern, wo die Krätze grassiert, ist es oft Pflicht, aber in den meisten Ländern ist es nötig, um gegen die „Stiche" oder Infizierung mit den Maden der Schmeißfliege zu schützen. Es tötet auch andere Parasiten.

Das Häuten

Wenn das Schaf auf der Erde oder einer Bank liegt, trennst du einen schmalen Hautstreifen von der vorderen Seite der Vorderbeine und der hinteren Seite der Hinterbeine. Halte das Vorderbein zwischen den Knien, und ziehe den Hautstreifen bis zum Bruststück hin ab. Führe die Messerschneide mehr zur Haut als zum Fleisch, damit du nicht hineinschneidest. Halte die Haut mit der linken Hand vom Bein weg. Mit den Hinterbeinen verfährst du genauso bis zum After. Dann häutest du. Zerreiße oder zerschneide das Fleisch dabei nicht! Trenne die Füße am untersten Gelenk ab und hebe die Sehnen der Hinterbeine an, um den Haken durchzustecken. Ziehe den Hautfetzen, den du zwischen den Hinterbeinen gelöst hast, so weit es geht vom Tierkörper.

Fausten

Dann „faustest" du die Haut von der Bauchseite ab. (Fausten bedeutet, daß man seine Faust zwischen Haut und Körper zwängt.) Benutze das Messer so wenig wie möglich. Die Hand muß sauber sein, damit du das Fleisch nicht verschmutzt. Sauberkeit ist bei allen Schlachtarbeiten erstes Gebot. Wenn du ein Schaffell abfaustest, darfst du die dünne, zähe Haut auf dem Fleisch nicht mit dem Fell abziehen. An dem Fell ist sie ein Ärgernis, auf dem Fleisch jedoch ein nützlicher Schutz. Fauste das Fell vom hinteren Ende und von der Brust so weit es geht ab. Dann hängst du den Haken ein und ziehst das Schaf hoch.
Schlitze die Haut am Bauch auf und trenne sie – möglichst weit nach oben und unten – mit der Faust vom Schaf. Am Rumpf hängt sie im allgemeinen sehr fest. Versuche, den Gebrauch des Messers möglichst zu vermeiden. Ein gut gemästetes Lamm läßt sich leicht häuten. Handelt es sich jedoch um ein dürres, altes Mutterschaf oder einen zähen Widder, wird es Probleme geben. Trenne mit dem Messer das Fell von After und Schwanz ab. Oft kann dem Schaf dann der Rest einfach über die Schultern gezogen werden – so wie man eine Strickjacke auszieht. Für das Fell von Gesicht und Kopf nimmst du ein Messer. Dann schneidest du den Kopf an den Halswirbeln ab.

Das Ausnehmen

Schneide um den After herum. Ziehe einige Zentimeter des Mastdarmes heraus, binde eine Schnur darum, laß ihn zurückgleiten. Dann schlitzt du den Bauch genau wie bei einem Schwein auf (siehe Seite 113). Paß auf, daß du mit der Messerspitze nicht die Gedärme oder den Pansen durchstichst. Ziehe den Mastdarm mit den Gedärmen nach unten. Entferne die Harnblase, ohne ihren Inhalt zu verschütten, und hebe vorsichtig Pansen, Gedärme und andere Innereien heraus. Reiße die Leber vorsichtig vom Rücken ab. Du durchtrennst die Speiseröhre, nachdem du sie vorher abgebunden hast, damit das noch nicht verdaute Futter nicht herausfällt. Wirf die Gedärme in eine große Schüssel und säubere sie. Außer dem dritten Magen kannst du alle Innereien verwerten.
Schneide am Brustbein entlang. Bei einem Lamm geht es mit einem Messer, bei einem älteren Schaf mußt du vielleicht eine Säge benutzen. Ziehe Herz und Lunge heraus und hänge sie auf. Zum Schluß wäschst du das Tier mit kaltem Wasser ab. Am nächsten Morgen teilst du den Körper und schneidest ihn auf. Den Dünndarm kannst du als Wurstpelle verwenden.

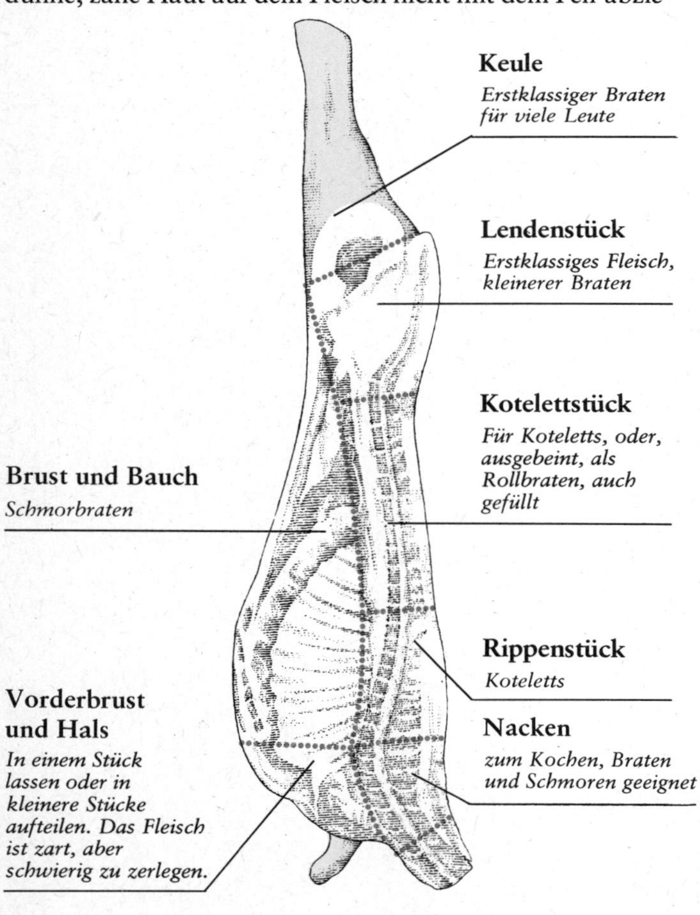

Wie man ein Schaf zerlegt

Es gibt eine Vielzahl von Arten, wie man einen Tierkörper zerlegt, aber welchen Weg du auch einschlägst, es wird immer eines dabei herauskommen – Fleisch. Es kommt also nicht so sehr darauf an, wie du vorgehst, vorausgesetzt, daß du es sauber tust.

Kaninchen

Rassen

Die „Weißen Wiener“ sind wegen ihrer Felle sehr beliebt, die, richtig behandelt, sehr schön sind, außerdem liefern diese Kaninchen gutes Fleisch. Bei den Hellen Großsilber handelt es sich ebenfalls um eine hervorragende Art. Diese mittelgroßen Rassen sind wahrscheinlich sinnvoller als die ganz großen, so wie z. B. die „Deutschen Riesen“, die zwar sehr viel fressen und doch kaum mehr Fleisch hergeben.

Die Unterbringung

Im Sommer können sich die Kaninchen ihre Nahrung selber beschaffen, wenn du sie entweder in kastenartigen Abgrenzungen auf einer Wiese herumrückst oder sie frei in einem ausreichend abgezäunten Gehege herumlaufen läßt. Das Drahtgeflecht des Geheges sollte fünfzehn Zentimeter tief in den Boden versenkt werden, damit sie sich nicht durchgraben können. Du kannst sie aber auch das ganze Jahr über in Ställen halten: sie können Kälte, jedoch keine Nässe vertragen, und sie mögen es nicht zu warm, brauchen aber einen kuscheligen Kasten für den Nestbau.

Die Vermehrung

Du läßt junge Kaninchen bis zu acht Wochen bei der Mutter. Dann kannst du die Jungen schlachten. In diesem Falle bringst du die Mutter sechs Wochen, nachdem sie geworfen hat, zu einem Männchen. Nach der Paarung bekommt sie ihre Jungen wieder. Wenn diese acht Wochen alt geworden sind, werden sie endgültig entfernt, und nach siebzehn Tagen wird das Weibchen wieder werfen. Die Tragezeit dauert insgesamt ca. dreißig Tage.
Wenn du einige der Jungen als Ersatz für ältere Zuchttiere behalten willst, mußt du Männchen und Weibchen mit drei Monaten trennen. Zur Bestimmung des Geschlechtes legst du die Kaninchen auf den Rücken und drückst die Finger vorsichtig gegen beide Seiten der Geschlechtsorgane, so daß diese heraustreten. Bei den Weibchen erscheinen sie als Öffnung und bei den Männchen als leichte, gerundete Erhebung. Wenn ein Weibchen einer mittelgroßen Rasse zur Paarung reif ist, wiegt es 3,5 kg: sollte es schwerer sein, wird es nicht trächtig werden. Bringe immer das Weibchen zum Männchen, niemals umgekehrt, denn sonst kommt es zu einem Kampf. Man sollte auch das Weibchen, wenn es wirft, immer allein halten. Ein Muttertier kann zwischen sieben und neun Junge von einem Wurf aufziehen.

Das Füttern

Kaninchen bekommen Grünfutter oder eßbare Wurzeln. Darüber hinaus kann eine Zusatznahrung wie z. B. gemahlenes Korn nie schaden. Ein trächtiges Weibchen sollte jedoch nicht mehr als 100 bis 120 g pro Tag fressen, sonst wird es zu fett. Falls die Kaninchen nicht ausreichend mit Grünfutter versorgt werden können, muß man den Jungtieren in den ersten acht Wochen ungefähr 80 g konzentriertes Futter pro Tag und nach Belieben Heu füttern. Achtzehn Tage nach der Paarung sollte ein Weibchen kein Heu mehr bekommen, sondern nur noch konzentriertes Futter, und zwar so lange, bis ihm der acht Wochen alte Wurf weggenommen wird. Von da an kann es bis zu 230 g am Tag fressen.

Das Schlachten

Versetze dem Tier mit einem Kantholz einen kräftigen Schlag auf den Kopf oder ins Genick. Wenn du es so betäubt hast, kannst du nun die Kehle durchschneiden, damit das Kaninchen entblutet. Noch bevor der Tierkörper kalt wird, schneidest du die Hinterbeine gerade über dem Fußgelenk ein und hängst ihn dann an zwei Haken auf. Mache über den Sprunggelenken auf der Innenseite jedes Hinterbeines einen leichten Schnitt, und schneide bis zum After hoch. Ziehe das Fell von den Hinterbeinen und dann vom ganzen Körper. Beim Ausnehmen werden alle Innereien bis auf Leber und Nieren entfernt.

Der „Weiße Wiener“ und der „Helle Großsilber“ erfreuen sich besonderer Beliebtheit. Man hält sie nicht nur ihres Fleisches wegen, sondern man kann auch das Fell verwerten.

Geflügel

Hühner

Hennen sollten sich im Freien bewegen können, einmal abgesehen von einem sehr kalten Winter. Es ist grausam, Hühner ausschließlich im Stall zu halten. Sonnenschein ist zur Gewinnung von Vitamin D die wichtigste Quelle für das Geflügel, genau wie für uns. Hennen sind dafür geschaffen, für ihren Lebensunterhalt auf der Erde zu scharren, und wer ihnen das verweigert, ist ein Tierquäler. Bis zu einem Viertel ihres Futters und ihren gesamten Eiweißbedarf können sie mit frischem Gras decken, und in Wäldern und unwegsamen Gebieten laufen sie gern herum. Sie brauchen für ihr Wohlbefinden Staubbäder, in denen sie sich wälzen und ihre Federn aufschütteln können, um Milben loszuwerden. In den zwanzig Jahren, in denen ich Geflügel im Freien gehalten habe, sind meinen Hühnern sämtliche Krankheiten erspart geblieben. Unsere alten Hennen legen Jahr für Jahr brav ihre Eier, bis ich sie in den Kochtopf stecke.

Das Füttern

Hühner, die im Sommer auf gutem Gras frei herumlaufen dürfen, werden prächtig gedeihen, wenn du zusätzlich noch etwas Korn streust. Im Winter, wenn das Gras nicht wächst, brauchen sie darüber hinaus noch ein Eiweißpräparat. Man kann dies beim Getreidehändler kaufen, oder du verfütterst Fisch-, Fleisch-, Soja- oder anderes Mehl aus Bohnen oder Fischeingeweiden. Ich würde Sojamehl empfehlen, weil es das Gemüseeiweiß am ausgewogensten enthält. Wenn du in einer Gegend leben solltest, wo Sojabohnen angebaut werden können, solltest du die Eiweißversorgung auf diese Weise bewältigen.
Sojabohnen müssen aber erst gekocht werden, denn roh enthalten sie einen Stoff, der leicht giftig ist. Du kannst auch Sonnenblumen verwenden, indem du den Hühnern die Blüten gibst oder aber die Kerne mahlst. Auch Lupinensamen nehmen die Hühner gern. Außerdem kann man Rapssamen (jedoch nicht zuviel), Leinsamen, Erdnüsse oder Baumwollsamen (die vorher gekocht werden müssen), geschrotete oder gemahlene Erbsen oder Bohnen oder Luzerne geben. Sie alle enthalten Eiweiß. Ab einem Alter von zehn Tagen sollten alle Hühner Zugang zu frischem Gemüse haben – schließlich können wir es sogar selbst anbauen. Meine Hühner laufen einfach frei herum, und jedes bekommt zusätzlich morgens eine Handvoll eiweißhaltiges Korn oder Mehl und abends eine Handvoll ganzer Körner. Am besten eignet sich Weizen oder vom Kolben gelöster Mais. Gerste ist auch sehr gut, aber sie sollte gedroschen sein – das heißt geschlagen, bis die Grannen abgefallen sind. Es ist günstig, wenn die Hühner sowohl die eiweißreiche Nahrung als auch das Korn selbst aus einem Behälter picken können. Man sollte diesen außerhalb der Reichweite von Ratten anbringen.

Mengfutter

50 kg Weizenmehl
50 kg Maismehl
50 kg anderes Getreidemehl (Hafer, Gerste oder Roggen)
50 kg Fischmehl
13,5 kg Trockenmilch
9 kg gemahlene Muscheln
2 kg Salz.

Laß den Hühnern freien Zugang zu diesem Futter, und gib jedem noch eine Handvoll ganzer Getreidekörner, die sie aus ihrem Stroh herausscharren müssen.

Mastfutter für Hähne und Kapaune

Gerstenmehl ist am wirksamsten beim Mästen von jeder Art von Geflügel, kann aber durch gekochte Kartoffeln ersetzt werden. Entrahmte Milch hat den gleichen Effekt. Füttere das Mengfutter in beliebiger Menge.

150 kg Gerstenmehl
50 kg Weizenmehl
25 kg Fisch- oder Fleischmehl
13,5 kg Trockenmilch
etwas Kalk (aus gemahlenen Muscheln) und Salz.

Hühnerrassen

Als Selbstversorger brauchst du altmodische Bruthennen, die heutzutage schwer zu finden sind, weil kommerzielle Züchter Kreuzungen ausschließlich für eine möglichst hohe Eiproduktion züchten. Deshalb wirst du nach den ausgezeichneten, traditionellen Rassen suchen müssen, die draußen leben können, viele Eier legen, brüten, ihre Küken aufziehen und außerdem noch wohlschmeckend sind.

Selbstgemachter Stall

Auf einem Gehöft sollte man versuchen, sich seine Ausrüstung möglichst billig zu beschaffen, und gebrauchte Düngersäcke sind kostenfrei. Diese Hütte haben wir so gut wie umsonst hergestellt. Dachstroh würde den gleichen Zweck erfüllen und würde besser aussehen.

Brutkorb

Hennen, die allein brüten, brauchen einen Brutkorb. Er muß einen festen Boden haben, der gegen Ratten schützt, und vorne Stäbe, mit denen man die Henne bei Bedarf einsperren, aber ihre Küken durchlassen kann.

Traditioneller Stall

Dieser ist aus zersägten Brettern und Schutzbrettern gemacht, die gut mit Kerosot verschmiert wurden; er hat ein Schlafhaus mit Hühnerstangen, eine Reihe Nistplätze, die von außen durch eine Tür erreichbar sind, und einen Auslauf. Er ist stark gebaut, aber leicht transportierbar, weil an beiden Seiten Handgriffe angebracht sind.

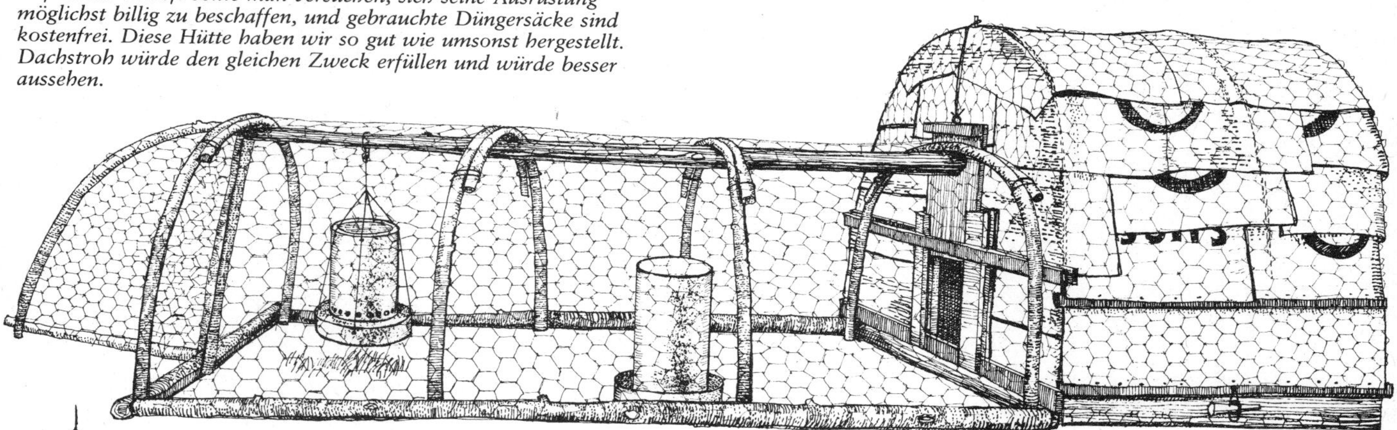

Futtertrichter zum Selbstpicken

Du kannst verzinkte Trichter kaufen, oder du kannst eine alte Öldose aufhängen, in deren unteren Teil eine Reihe Löcher geschlagen wurden, aus denen die Hennen das Futter picken können. Darunter hängst du den abgeschnittenen Teil einer größeren Dose, um das verschüttete Futter aufzufangen.

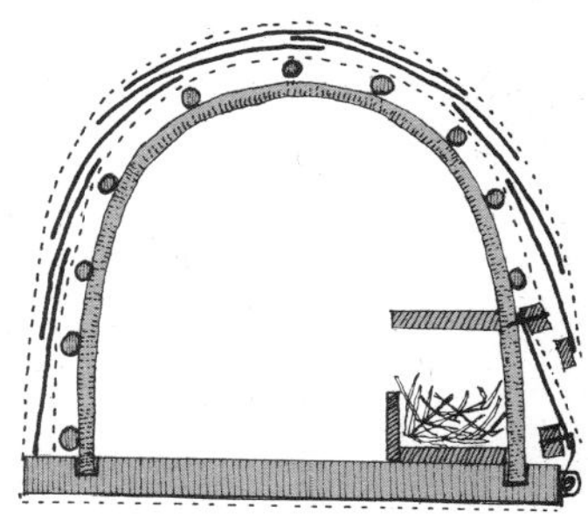

Futtertüten-Haus

Eine Lage Maschendraht über den überlappenden Tüten verhindert, daß sie wegfliegen. Die Tüten können von unten durch dichtgelegte Haselnuß- oder Weidenzweige oder etwas ähnlichem abgestützt werden. Um die Nistplätze überprüfen zu können, hängt man an einer Seite jedes Platzes Tüten auf, deren untere Kanten beschwert werden.

Kükenmischfutter

13,5 kg Mehl (am besten eine Mischung von Weizen, Mais und Hafer)
5,5 kg Fisch- oder Fleischmehl
5,5 kg Alfalfa-Mehl
1 kg gemahlene Muscheln
0,5 kg Lebertran
0,5 kg Salz
zusätzlich etwas geschrotete Getreidearten.

Falls du ihnen viel Milch gibst (entrahmt ist sie fast genauso gut), brauchst du nur noch etwas Lebertran, das Alfalfa-Mehl und die Hälfte des Fisch- oder Fleischmehls hinzuzufügen. Wenn du Futter zur Verfügung hast, das dich nichts kostet, oder ein Abfallprodukt von etwas anderem, solltest du dies ausnutzen, anstatt unnütz Geld auszugeben. Mein Ziel ist es, aus allem Verfügbaren das Beste zu machen.

Freilauf

Wenn Hennen völlig freien Auslauf haben, ist es oft besser, sie bis Mittag in ihren Häusern zu lassen. Im allgemeinen legen sie ihre Eier in dieser Zeit, und diese gehen nicht in den Hecken verloren, wo die Ratten sie fressen. Das Huhn ist ein Tier der Waldgebiete, und es gedeiht dort gut, wenn es der Fuchs nicht fängt. Halte es aber von deinem Garten fern. Aber Hennen können anscheinend sehr gut auf Stoppelfeldern gehalten werden.

Grasland abgrenzen
Bringe nicht mehr als einhundert Hühner auf einen Morgen Weide, falls du diese nicht alle halbe Jahre wechseln möchtest. Ansonsten können sie dem Weideland großen Schaden zufügen, und die Hühner werden anfällig für Parasiten. Es ist von großem Vorteil, wenn du die Weide in zwei Streifen aufteilen kannst (z. B. jeweils einen zu beiden Seiten einer Reihe von Hühnerhäusern). Laß die Hühner dann abwechselnd auf diese Streifen. Sobald sie das Gras von einem völlig abgefressen haben, bringst du sie auf den anderen. Wenn im Sommer das Gras sehr schnell wächst, kommen sie nicht so schnell nach. Dann kannst du die Hühner mit Schafen, Ziegen, Kühen oder Gänsen abwechseln. Geflügel frißt jede Art von Gras, vorausgesetzt, es ist kurz genug; ideal sind weiche Arten. Es kann auch Klee dabei sein, obwohl die Hennen genug Stickstoff in ihren Exkrementen haben.

Die Balfour-Methode
Sie ist geeignet für den „Hühnerhalter im Hinterhof" oder jemanden, der nur einen kleinen oder begrenzten Garten hat. Baue um das Hühnerhaus ein Gehege, in das du Stroh, Farn oder andere Pflanzen schüttest. Zusätzlich baust du (wenn du Platz hast) zwei oder drei andere Gehege, in denen kurzgeschorenes Gras wächst und die die Hennen durch eine Verbindung erreichen können. Sie werden im Strohgehege scharren und das Gras verschonen. Laß die Hühner immer nur in eines der Gehege und wechsle es nach zwei oder drei Wochen. Dann kann sich das Gras im ersten wieder erholen und frisch nachwachsen. Das Strohgehege wirft im Jahr noch etwa eine halbe Tonne gute Düngemittel pro Henne ab. Der traditionelle „Hinterhof-Hühnerhof", der eine Wildnis aus zerkratzter Erde, häßlichen Flecken mit Nesseln, Rattenlöchern und alten Konservendosen ist, eignet sich nicht dazu, Hühner oder sonst irgend etwas darauf zu halten.

Die Unterbringung
Das gewöhnliche, im Handel erhältliche Hühnerhaus erfüllt, wenn es beweglich ist, seinen Zweck vollkommen. Wenn es im Rahmen der Balfour-Methode oder einer anderen mit gleichfalls begrenztem Grasraum benutzt wird, braucht es nicht einmal beweglich zu sein, es sei denn, du willst es von Zeit zu Zeit zu einem anderen Feld bringen. Hennen brauchen Schutz vor Regen und Wind, in kaltem Klima etwas Isolierung vor der Kälte und Stangen, um darauf zu sitzen. Diese sollten sich nicht zu dicht unter dem Dach befinden und so angebracht sein, daß die Exkremente direkt auf die Erde fallen können. Nistkästen sind dunkel und so gebaut, daß die Hennen nicht darin übernachten. Eine Überdachung verhindert, daß Exkremente hineinfallen. Außerdem sollte man hineingreifen können, um die Eier herauszuholen. Es gibt Nistkästen, in denen die Eier in einen anderen Behälter durchfallen. Das ist eine ausgezeichnete Idee. Es gibt heute Hühnerställe, die aus einem geschlossenen Schlafhaus und einem mit Draht umgebenen Auslauf bestehen. Jeder hat Platz für 25 Hennen und kostet nichts, außer einer Handvoll Nägel, etwas altem Maschendraht und einigen kostenlosen Düngertüten.
In Ländern mit heftigem Schneefall im Winter müssen die Hühner während dieser Zeit drinnen gehalten werden. Wenn man einige Hühner in einem Haus mit elektrischer Beleuchtung einsperrt, hat man auch im tiefen Winter seine frischen Eier. Machst du den Vögeln täglich zwölf Stunden das Licht an, werden sie denken, es sei Sommer und viele Eier legen; sonst hören sie auf zu legen, sobald die Tage richtig kurz werden.

Küken aufziehen
Es ist immer günstig, die Hennen zusammen mit einem Hahn zu halten. Sicher bekommst du auch ohne Hahn die gleiche Menge Eier, aber sie werden dann nicht befruchtet. Außerdem sind die Hennen weniger gefährdet, denn ein Hahn hält seinen Harem draußen zusammen.
Wenn du eine Henne allein läßt und der Fuchs sie nicht frißt, wird sie bald in den Baumhecken verschwinden und erst nach einigen Wochen, mit einem Dutzend kleiner Küken hinter sich, wiederkommen. Diese Küken, die völlig natürlich aufgezogen wurden, sind bestimmt die gesündesten, die du jemals finden wirst. Die andere Möglichkeit ist, die Henne während der Brutzeit zu beobachten. Aus der Art, wie sie auf ihren Eiern sitzt und ein glucksendes Geräusch macht, wenn du sie wegheben willst, kannst du ersehen, ob sie brütet. Du hilfst ihr, wenn du sie in einen Brutkasten einsperrst. Gib ihr schönes, weiches Heu oder etwas Ähnliches als Nest, und lege ein Dutzend befruchtete Eier unter sie. Es kann jede beliebige Sorte von Geflügeleiern sein. Paß auf, daß sie immer Futter und Wasser hat – sie wird aber sehr wenig fressen. Laß sie einmal am Tag für einen kurzen Spaziergang heraus, sie muß aber nach einer halben Stunde wieder zurück sein, sonst erkalten die Eier. Innerhalb von einundzwanzig Tagen, von Beginn der Brutzeit gerechnet, sollten die Eier ausgebrütet sein. Sobald die Küken ein paar Tage alt sind, kannst du die Henne herauslassen. Sie wird sie dann draußen herumführen und ihnen alles Notwendige beibringen. Das ist bei weitem die beste Art, Geflügel aufzuziehen und steht außer Konkurrenz zu jedem Brutgerät.
Wenn du gerade erst mit der Hühnerzucht anfängst, kannst du Eintagesküken oder junge Legehühner bestellen. Küken, die erst einen Tag alt sind, brauchen noch nichts fressen und können in Pakete gepackt und verschickt werden. Einen oder zwei Tage später würden sie dabei sterben.
Behalte die Hühnchen, die du als Ersatz für deinen Bestand brauchst und mäste die Hähne für die Küche. Füttere alle mit einer Kost aus eiweißreichem, feingemahlenem Mehl. In den ersten Tagen solltest du noch zerkleinerte, hartgekochte Eier und Milchnebenprodukte hinzufügen. Weizenmehl mit Milch gemischt ist auch ein ausgezeichnetes Futter. Achte darauf, daß die Hühner auch Kalk bekommen
Hähne sollten im Alter von acht bis vierzehn Wochen 900–1400 g wiegen. Bei speziell zum Essen gezüchteten

Ein Huhn schlachten und zubereiten

Bei dieser Methode muß das Huhn durch einen Schlag auf den Kopf zuerst betäubt werden. Dann greifst du die Beine mit der linken Hand und den Hals mit der rechten, so, daß er zwischen den beiden mittleren Fingern hervorsteht. Drücke die rechte Hand nach unten und drehe sie so, daß der Kopf des Huhns nach hinten gebeugt wird. Höre auf, sobald du fühlst, daß der Wirbel bricht.

Das Rupfen

Fange mit dem Rupfen an, sobald das Huhn tot und solange es noch warm ist. Ist es erst einmal erkaltet, gehen die Federn sehr viel schlechter heraus. Vorsichtig arbeiten und nicht die Haut zerreißen.

Das Ausnehmen

Das Messer wird unter der Haut am Nackenanfang angesetzt. Dann wird bis zum Hals hochgeschnitten.

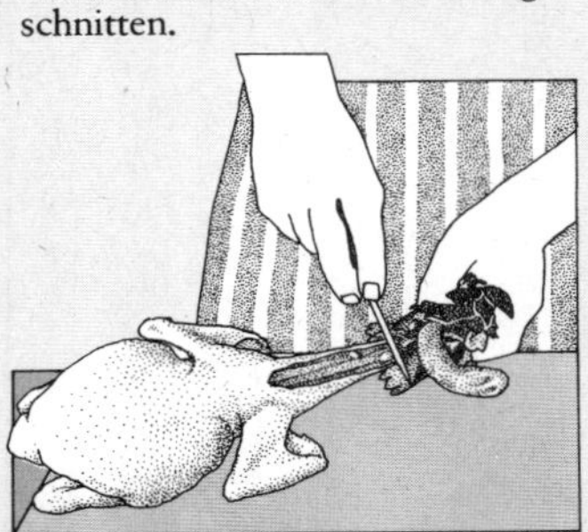

Der Halswirbel wird am unteren Ende mit einer Geflügelschere oder einem Messer getrennt.

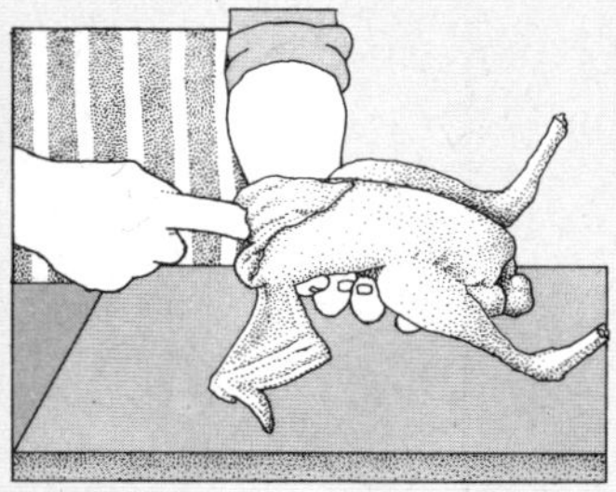

Den Halswirbel entfernen. Der Zeigefinger der rechten Hand wird eingeführt. Trenne durch Herumbewegen alle Innereien ab.

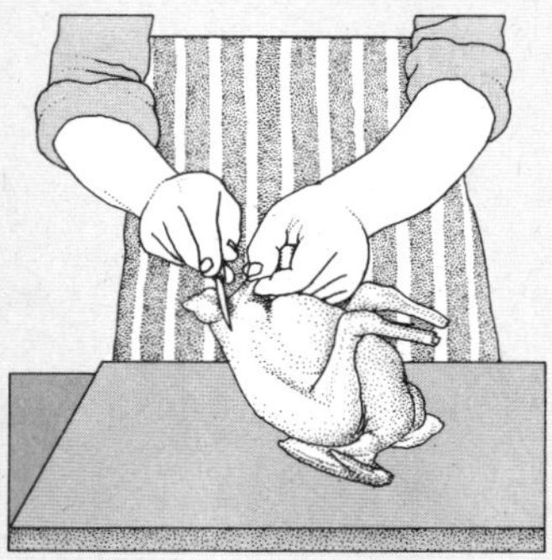

Zwischen After und Schwanz wird ein Einschnitt gemacht. Vorsicht: Nicht den Mastdarm abtrennen.

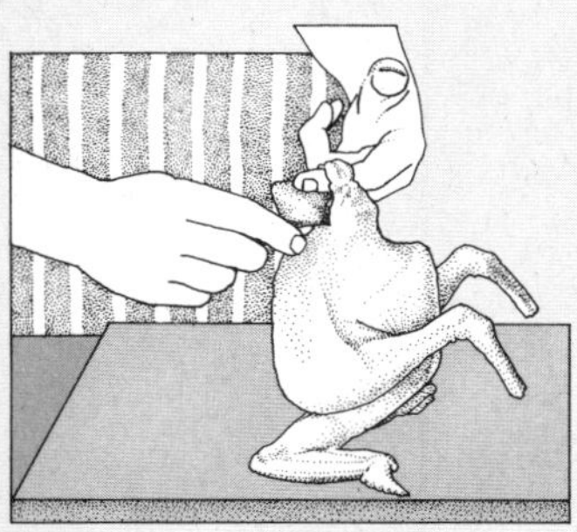

Schneide um den After herum, damit er vom Körper getrennt wird.

Der After wird mit den daranhängenden Gedärmen vorsichtig aus dem Schwanzende herausgezogen.

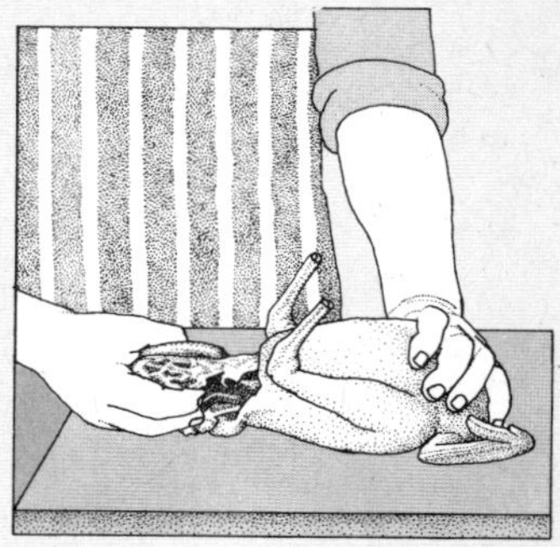

Muskelmagen, Lunge und Herz folgen den Gedärmen.

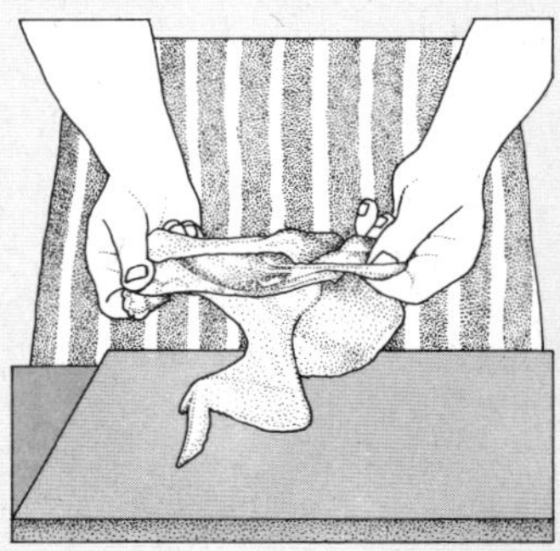

Schneide den Kopf des Huhns ab.

Das Zusammenbinden

Wenn du das Huhn nun in den Ofen steckst und es brätst, schmeckt es auch gut. Aber wenn man es ordentlich machen will, bindet man es zusammen.

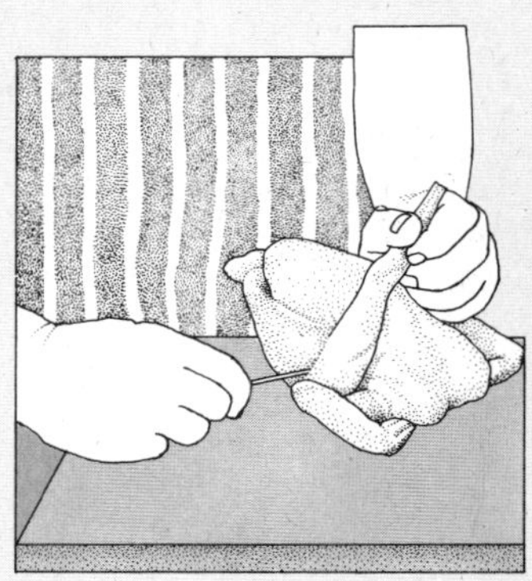

Nimm Garn und eine große Stopfnadel, drücke die Beine des Huhns nach vorne und stoße Nadel und Faden unten durch den Körper.

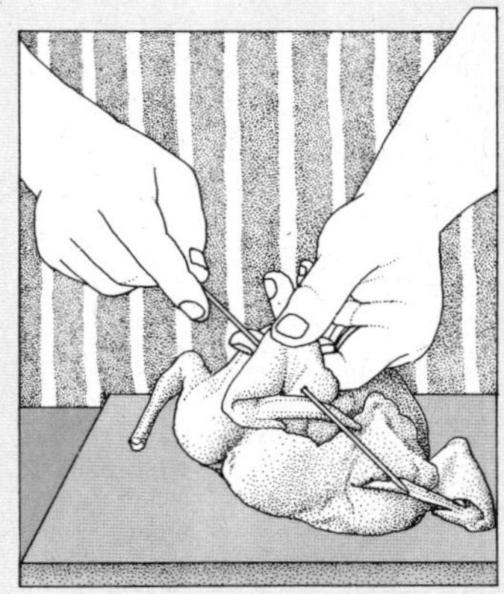

Stich die Nadel durch den Flügel und führe sie über die Nackenhaut.

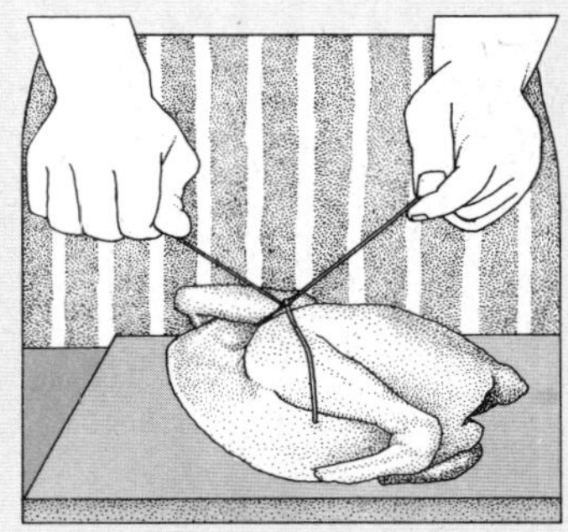

Durchstoße den anderen Flügel und binde die Fadenenden zusammen.

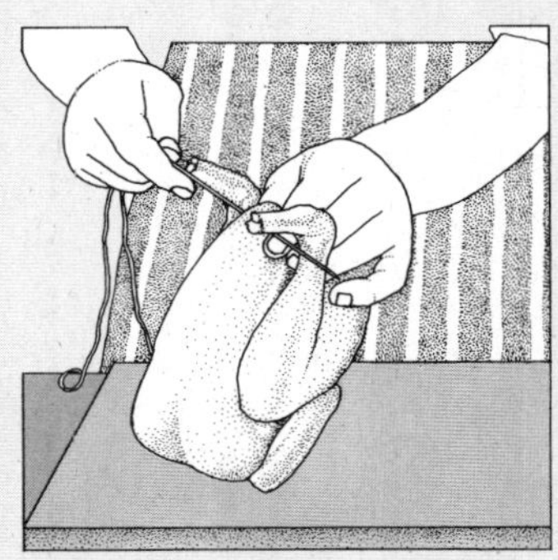

Fädle die Nadel wieder ein und führe sie über ein Bein, unten um das Brustbein herum und dann um das andere Bein.

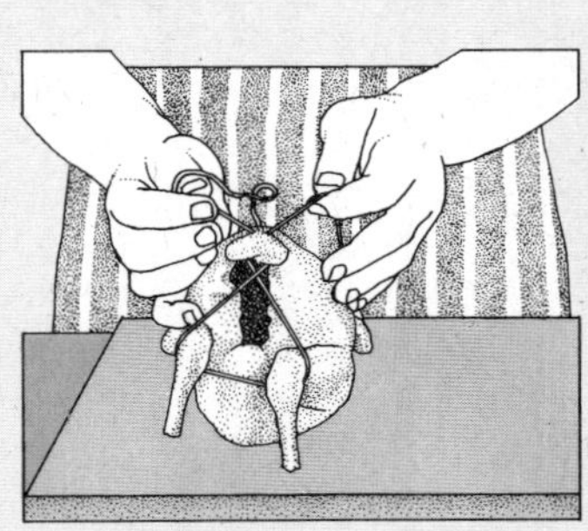

Überkreuze den Faden hinter den Sprunggelenken und binde ihn um den Bürzel.

Rassen noch mehr. Wenn sie mit zwölf bis vierzehn Wochen 1400–1800 g wiegen, nennt man sie in Amerika „Brattiere". Mit sechs bis neun Monaten heißen sie „Kochtiere", ebenso wie die alten Hennen, die du aus deinem Legebestand aussortiert hast.
Gute Legehennen haben folgende Merkmale: leuchtende Augen, große, rote Kämme und Kehllappen, weit auseinanderstehende Beckenknochen und einen großen, feuchten After. Hennen, die diese Eigenschaften nicht besitzen, drehst du den Hals um. Sie werden sicher nicht viele Eier legen, und du solltest sie auch nicht zur Zucht verwenden. Halte Hennen nie vom Brüten ab.

Truthähne

Dies sind, verglichen mit anderen Geflügelsorten, sehr empfindliche Tiere. Wenn sie mit Hühnern in Berührung kommen, werden sie von einer lebensgefährlichen Krankheit, den Mitessern, befallen. In diesem Fall mußt du ihr Futter oder Trinkwasser mit einer Arznei vermischen. Wenn du sie ohne Medizin halten willst, mußt du sie von allem Hühnerähnlichen entfernen und sogar nach Möglichkeit nicht direkt vom Hühnerauslauf zu dem Truthahnauslauf gehen, ohne vorher die Stiefel zu wechseln und dich zu desinfizieren. Ich finde, soviel Aufwand sind die Truthähne nicht wert, es sei denn, man will damit handeln. In diesem Fall kann man sie behütet in Inkubatoren und Brutmaschinen aufziehen oder sie von einem anderen Züchter kaufen.

Gänse

Sie sind wohl die geeignetsten Vögel für den Selbstversorger, da sie widerstandsfähig und zäh sind und selbständig grasen. Wenn man Gänse züchten will, kauft man sich am besten ein paar Eier und legt sie unter eine brütende Henne. Diese darf zu dem Zeitpunkt aber noch nicht zu lange gebrütet haben, denn Gänseeier haben eine längere Ausbrütungszeit als Hühnereier, bis zu dreißig Tagen und mehr. Nimm die Eier während der letzten Brutwoche jeden Tag unter der Henne weg und mache sie mit lauwarmem Wasser naß (Gänsemütter werden naß, Pflegehennen nicht). Manche Leute nehmen die ersten Gänschen, die ausgeschlüpft sind, weg, damit die Pflegemutter nicht glaubt, ihre Arbeit sei getan. Sie bringen sie erst zurück, wenn auch das letzte Gänschen aus dem Ei ausgeschlüpft ist.
Füttere die Gänschen während der ersten zwei bis drei Wochen gut mit in Milch getauchtes Brot (es kann auch entrahmte Milch sein). Wenn die Gegend einigermaßen sicher ist, so laß sie mit der Henne spazierengehen. Befürchtest du, daß sie sich verirren könnten, sperrst du die Henne in einen Brutkasten. Wenn die jungen Vögel ihre Pflegemutter nicht mehr brauchen, verläßt diese sie und legt neue Eier. Obwohl Gänse so wilde und starke Tiere sind, haben sie dennoch zwei ernst zu nehmende Feinde: Ratten und Füchse. Ratten stehlen Gänseeier unter einer brütenden Henne oder Gans weg und töten kleine Gänschen, sobald sich eine Gelegenheit dazu bietet.
Auch Füchse werden, wann immer sie können, eine brütende Gans von ihren Eiern wegholen. Deshalb kannst du sie nicht dulden. Wenn du weißt, daß es in der Gegend Füchse gibt, mußt du die brütende Gans in Sicherheit bringen. Ausgewachsene Gänse, die draußen frei herumlaufen, können sich oft selbst vor Füchsen schützen, aber trotzdem wirst du immer wieder einige verlieren.
Wenn du nach drei Wochen das Futter der Gänschen reduzierst, werden sie anfangen, sich von Gras zu ernähren. Ausgewachsene Tiere brauchen kein zusätzliches Futter, aber es ist nicht schlecht, ihnen im Januar und Februar etwas Getreide zu geben. Damit mästest du sie etwas, und sie legen auch besser. Drei Wochen, bevor du sie schlachten willst, solltest du sie einsperren und sie nach Möglichkeit gut mit Gerstenmehl, Maismehl und Milch füttern. Sie werden dabei gut ansetzen, und eine davon wird dir das beste Weihnachtsessen der Welt liefern.
Gänse paaren sich auf Lebenszeit, deshalb halte ich immer eine Gans und einen Ganter zusammen als Brutpaar. Sie legen bereits im Februar oder März. Wenn man sich nicht um sie kümmert, brüten sie zwölf oder mehr eigene Eier aus, aber wenn du noch mehr willst, kannst du die Eier immer wieder wegnehnem und sie brütenden Hennen unterschieben. Allerdings brüten Hennen nicht immer so früh im Jahr.

Gänse und Truthähne schlachten

Hier hast du zwei Möglichkeiten zur Auswahl: Entweder du legst den Kopf des Tieres auf einen Block und trennst ihn durch einen einzigen, geschickten Schlag mit dem Beil vom Rumpf, oder aber du betäubst den Vogel erst durch einen kräftigen Schlag auf den Hinterkopf und tötest ihn anschließend. Auf keinen Fall darf das Tier leiden! Halte Flügel und Beine fest, damit der Vogel nicht noch tot davonflattert. Danach behandelst du ihn wie ein Huhn.

Enten

Enten fühlen sich ohne Wasser nicht wohl. Es wäre grausam, Tiere unter Bedingungen zu halten, die sich stark von ihrer natürlichen Lebensweise unterscheiden. Deshalb müssen sie unbedingt Zugang zum Wasser haben. Junge Entchen brauchen aber eine Woche, bis sich der natürliche Ölschutz der Federn ausgebildet hat.
Fließendes Wasser ist am besten für Enten, da es sich von selbst erneuert. Ein stehendes Gewässer ist weniger geeignet. Viele Eier werden ins Wasser oder an das Ufer gelegt, und wenn beides verschmutzt ist, kann es gefährlich sein, diese Eier zu essen. Da die Schale ja porös ist, kannst du sie noch so sorgsam reinigen, es hat aber wenig Sinn.
Wenn du auf deinem Land keine natürliche Wasserquelle hast, solltest du keine Enten halten. Du kannst natürlich auch einen künstlichen Teich aus Beton, bereitetem Ton

oder aus Plastikmaterial machen. In diesem Fall solltest du ihn aber so bauen, daß sich das Wasser erneuern läßt.
Ein Erpel kümmert sich gern um ein halbes Dutzend Enten; aber leider sind diese furchtbar schlechte Mütter. Wenn du sie ihre eigenen Eier ausbrüten läßt, mußt du sie in einen Brutkasten einsperren, denn sonst bringen sie die jungen Entchen um, weil sie sie dauernd umherschleppen. Hennen sind da bessere „Entenmütter". Entenküken schlüpfen nach achtundzwanzig Tagen. Die Kleinen brauchen eine sorgfältige Ernährung. Vom Zeitpunkt des Ausschlüpfens bis zur 10. Woche fütterst du sie mit soviel Gersten- und sonstigem Mehl, wie sie fressen wollen, und fügst nach Möglichkeit noch Milch hinzu. Ansonsten werden Enten etwa wie Hennen gefüttert, wenn du sie nicht mästen willst. Die Ente grast zwar nicht in dem Ausmaß wie eine Gans, aber sie sucht sich eine Menge Futter selbst, wenn sie Zugang zu Wasser oder Schlamm hat oder aber frei herumlaufen kann. Zum Teil frißt sie kleine Tiere wie Schnecken, Frösche, Würmer und Insekten. Laß Brutenten nicht zu fett werden, sonst bekommst du nur unfruchtbare Eier. Morgens mögen sie ein Mischfutter aus gekochtem Gemüse, Maisflocken, Erbsen- oder Bohnenmehl, Weizen- oder Gerstenmehl. Davon gibt man jeder etwa eine Handvoll zum Frühstück, und abends eine halbe Handvoll Getreide. Wenn du merkst, daß sie zu fett werden, gibst du ihnen weniger.
Es gibt Enten mit wenig Fleisch auf den Rippen, die aber viele Eier legen und andere, die viel Fleisch, aber wenig Eier liefern.
Die jungen Enten solltest du töten, wenn sie genau zehn Wochen alt sind. Sie werden zu diesem Zeitpunkt sowieso nicht mehr dicker. Mit zehn Wochen sind sie auch leicht zu rupfen. Du kannst natürlich auch ältere Enten essen, aber sie sind zäher und viel fetter.

Die Unterbringung der Tiere kann ganz einfach sein; das bedeutet aber nicht, daß du nur irgend etwas nimmst. Sie mögen ein trockenes, zugfreies, gut durchlüftetes Haus. Es ist günstig, wenn man es tragen kann, denn sonst sieht die unmittelbare Umgebung bald sehr verschmutzt aus. Das Haus muß auch vor Ratten und Füchsen sicher sein.

Tauben

Man baut den Tauben ein besonderes Haus mit einem Drahtkäfig, in dem sie etwas umherflattern können. Sie sollten stets mit Getreide gefüttert werden, dem zur ausreichenden Eiweißversorgung einige Erbsen beigemischt werden. Ein Taubenpärchen kann bis zu einem Zentner Korn im Jahr fressen und bis zu vierzehn junge Tauben aufziehen. Außerdem müssen die Tiere sowohl mit Sand als auch mit Wasser zum Trinken und Baden versorgt werden, und sie brauchen auf den Boden Streu, die immer wieder ausgewechselt werden muß.
Ich persönlich würde die Tauben frei fliegen lassen. Lege dir einen Taubenschlag zu und kaufe ein paar erwachsene Taubenpaare (die sich schon gepaart haben), und bevor du sie frei fliegen läßt, sperrst du sie drei Wochen lang im Taubenschlag in einem Käfig ein. Sie müssen aber hinaussehen können, das ist sehr wichtig! Dann läßt du sie frei und schüttest ihnen jeden Morgen etwas Getreide hin. Wenn man sie auf diese Art hält, machen sie kaum Arbeit und Kosten und schaden eigentlich der Ernte wenig.
Schlachte die jungen Tauben, wenn die Unterseiten der Flügel völlig mit Federn bewachsen sind. Töten, Rupfen, Ausnehmen und Schnüren erfolgt genau wie bei den Hühnern (siehe S. 127).

Aylesbury-Erpel
Sie sind groß, schwer und sehr unempfindlich; die Entenküken wachsen außergewöhnlich schnell heran.

Embden-Ganter
Gleichfalls eine gute Tafelrasse. Ihre Federn und Daunen sind schneeweiß und ideal als Füllung für Kissen und Daunendecken geeignet.

Truthähne
Sie können bis zu 17 kg Gewicht auf die Waage bringen.

Bienen und Honig

Bienen versorgen dich mit all dem Zucker, den du als Selbstversorger brauchst. Etwas Honig macht Bier nicht gerade schlechter, und wenn du Landweine selber machen willst, ist er in jedem Fall vonnöten (s. S. 193/194). Darüber hinaus ist die Verwendung von Zucker in der Ernährung nicht unproblematisch. Er ist eine leicht zugängliche Energiequelle, mit der wir unseren Energiebedarf zu einfach dekken und uns nicht die Mühe machen, uns gröbere Nahrung zuzuführen, deren wertvolle Bestandteile in weniger konzentrierter Form auftreten. Der ideale Anteil von raffiniertem Zucker in deiner Ernährung sollte gleich „Null" sein. Honig ist auf jeden Fall gleichwertig und sogar besser als Zucker, deshalb nimmst du auch nur etwa zwei Drittel der Menge, die du vom Zucker nehmen würdest, z. B. beim Kochen oder bei der Zubereitung von Wein. Bevor man mit der Einfuhr von Zucker aus anderen Ländern begann, war der Honig die einzige Süßstoffquelle. Ich habe jahrelang in Zentral-Afrika gelebt ud ausschließlich Honig gegessen. Dabei handelte es sich natürlich um wilde Bienen – jeder Afrikaner weiß, wie man einen hohlen Baum mit Bienen darin kappt und den Honig herausholt.
Die Bienenzucht ist wirklich eine Sache, bei der man für nichts etwas bekommt. Du kannst Bienen in den Vororten großer Städte und selbst im Stadtzentrum halten, und sie werden mengenweise ausgezeichneten Honig produzieren.

Der mittelalterliche Bienenkorb

Bei der mittelalterlichen Bienenzucht bediente man sich der Strohkörbe. Man flocht Stroh oder ähnliches zu Seilen, drehte diese zu einer Spirale, indem man nach jeder Runde das Seil mit dem darunterliegenden Stück verband, bis man einen konischen Korb geformt hatte. Diesen stellte man in einer Wandaushöhlung auf, damit er nicht umgeblasen werden konnte. Wenn man im Herbst den Honig haben wollte, tötete man entweder die Bienen, indem man ein Stück Schwefel unter ihnen verbrannte, oder man drehte den Korb einfach auf den Kopf und stellte einen neuen, leeren darauf. Die Bienen konnten so aus dem umgedrehten Korb in den oberen hineinkriechen. War das geschehen, nahm man den alten Korb, der voll Honig und Waben war, weg. Wenn man diese Waben herausnahm, konnte man den Honig herauswringen, indem man die Waben in einen Filter packte (z. B. Musselinstoff), sie ausdrückte und abtropfen ließ.
Die Korbaustauschmethode, bei der die Bienen nicht getötet werden, ist eine recht gute Art, sie zu halten. Man braucht keine Ausrüstung außer Stroh, einem Bienenschleier, Handschuhen und einem Räuchergerät. Man bekommt zwar nicht annähernd soviel Honig wie aus einem modernen Bienenstock, aber schließlich kostet es ja nichts, wenn man ein Dutzend Körbe besitzt. Heute dagegen ist ein Bienenstock – selbst ein einfacher – eine ausgesprochen kostspielige Angelegenheit. Als es früher noch allgemein üblich war, Bienen in Körben zu halten und wahrscheinlich jeder Bauernhof ein Dutzend oder noch mehr hatte, gab es auch in der freien Natur viel mehr Bienenschwärme. Es war leicht, sie zu finden, und nicht so notwendig, sich die Bienen zu erhalten, die man hatte.

Die Langstroth-Methode

Im Jahr 1851 entdeckte ein Mann aus Philadelphia namens Langstroth das Schlüsselgeheimnis zur Bienenzucht, das er den „Bienenzwischenraum" nannte. Dieser Begriff bezeichnet den exakten Abstand zwischen zwei senkrecht gestellten Platten, auf denen die Bienen ihre Honigwaben bauen, ohne den Zwischenraum ganz auszufüllen, so daß sie immer noch durchkriechen können. Diese Entdeckung machte eine vollkommen andere Bienenhaltung möglich.
Die von Langstroth entwickelte Methode besagte, daß man Wachsplatten senkrecht in einem genau festgelegten Abstand aufhängte. Die Bienen bauten ihre Honigwaben nun nicht mehr irgendwohin, sondern auf diese Wachsplatten. Die Königin wurde unten in einer besonderen Kammer (der Brutkammer) gehalten. Dadurch konnte sie in die Zellen über sich keine Eier legen, was zur Folge hatte, daß diese voll von klarem Honig ohne Larven waren. Danach konnte man die Rahmen, wie man die senkrechten Wachsplatten nannte, mit ihrem Honig herausziehen, ihn abschaben, ohne Bienen oder Bienenlarven Schaden zuzufügen, die geleerten Platten anschließend wieder zurückbringen und sie von den Bienen wieder aufbauen und füllen lassen.

Der moderne Bienenstock

Langstroths Entdeckung hat die Entwicklung des modernen Bienenstocks beeinflußt. Dieser hat einen Sockel, um ihn aufzustellen, und ein Landebrett mit einem schmalen Schlitz, durch den die Bienen hineinkriechen. Über dem Sockel ist die Brutkammer mit den senkrecht gestellten, tiefen Brutrahmen. Sie bestehen aus Wachsplatten, in die genau das Muster geprägt wurde, das Bienen in ihren Waben herstellen. Über der Brutkammer befindet sich ein zweiter Raum, der flacher ist. Durch den Königin-Aussonderer werden die beiden Kammern geteilt. Du kannst auch zwei oder drei obere Kammern übereinander verwenden, in denen sich gleichfalls Rahmen befinden. Über dem Ganzen ist ein Dach. Dieses hat einen Bienenausgang, durch den sie heraus-, aber nicht wieder hineinfliegen können. Es sollte auch ein Trennbrett mit einem Bienenventil vorhanden sein. Es läßt die Bienen in einer Richtung durch, aber nicht zurück. Dann solltest du noch einen Bienenschleier, Handschuhe, ein Räuchergerät und einen Extraktor haben, den du dir aber vielleicht ausleihen kannst. Der Extraktor ist eine Zentrifuge. Du steckst die mit Honig gefüllten Platten hinein und schleuderst sie mit großer Geschwindigkeit. Dadurch wird der Honig aus den Waben an die Seitenwände des Extraktors gepreßt. Er tropft herunter und kann dann weggenommen werden.

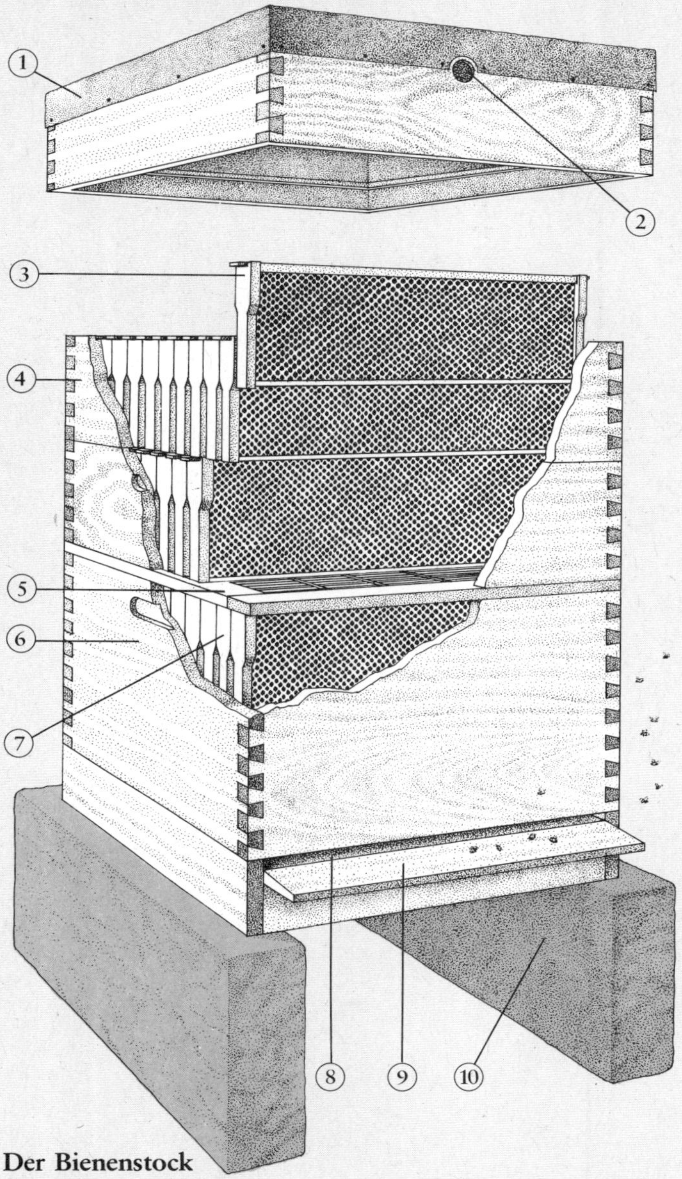

Der Bienenstock

1 *Wasserdichtes Dach*
2 *Luftzufuhr und Bienenausgang*
3 *Flacher Honigrahmen*
4 *Obere Kammer*
5 *Königin-Aussonderer*
6 *Brutkammer*
7 *Tiefer Brutrahmen*
8 *Öffnung*
9 *Landebrett*
10 *Sockel*

Honiggewinnung

Die mit Honig gefüllte obere Kammer abnehmen, die Bienen abschütteln und abbürsten. Eine andere Möglichkeit ist, einen Tag vorher ein Trennbrett unter die oberen Abteilungen zu schieben, aus denen der Honig herausgezogen werden soll. Es wird keine Biene mehr in den Kammern sein, wenn du sie herausnimmst.

Das Abschneiden

Um an den Honig zu gelangen, schneide die Wachsschicht mit einem heißen Messer von der Wabe.

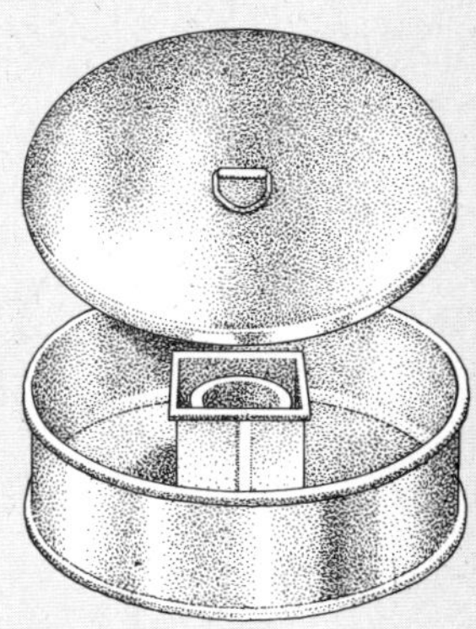

Das Füttern

Wenn im Spätherbst der ganze Honig aus einem Bienenstock herausgenommen wird, müssen die Bienen mit Zucker oder Sirup gefüttert werden. Der Apparat ermöglicht den Bienen, den Sirup aufzulecken, ohne darin zu ertrinken.

Schleudern

Stelle die vom Wachs befreiten Rahmen in den Extraktor. Schleudere sie schnell, bis der ganze Honig auf der einen Seite herausgepreßt ist, dann drehe die Rahmen um und schleudere sie noch einmal.

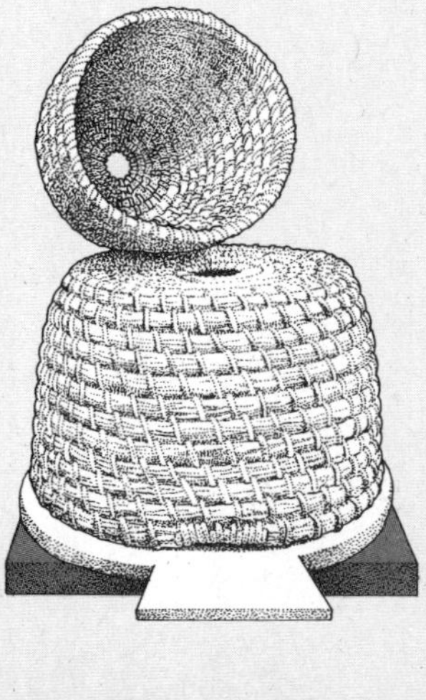

Der Bienenkorb

Der ursprüngliche Bienenkorb wurde aus gedrehtem Stroh oder Seil gefertigt, das in einer konischen Form zusammengenäht wurde. Benutzt man einen solchen Korb, ist der Honig voll von Eiern und unausgereiften Bienen, weil die Königin in jede Zelle Eier legen kann. Es gibt keinen Königin-Aussonderer wie in einem modernen Bienenstock. Du kannst die Brut herausfiltern, aber es werden dabei eine Menge Bienen getötet. Außerdem ist es unmöglich, nachzuprüfen, ob die Bienen irgendwelche Krankheiten haben.

Das Plündern

Rauch aus einem besonderen Räuchergerät beruhigt die Bienen. Benutze einen Schraubenzieher, um die oberste Kammer aufzubrechen.

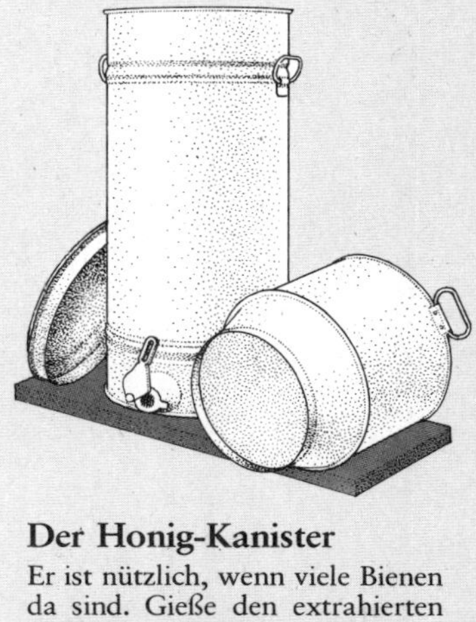

Der Honig-Kanister

Er ist nützlich, wenn viele Bienen da sind. Gieße den extrahierten Honig vorsichtig durch den Filter, lasse ihm Zeit zum Setzen, bevor er in Behälter abgefüllt wird.

Einen Schwarm fangen

Wenn du das Glück hast, einen Schwarm zu finden, dann siehst du einen etwa fußballgroßen Klumpen von Bienen in einem Baum oder etwas Ähnlichem hängen. Ist er an einem Baum, hältst du einfach einen großen, leeren Karton unter den Schwarm, gibst dem Zweig einen kräftigen Stoß, und der ganze Schwarm plumpst in den Karton. Dann drehst du diesen um und schiebst einen Stock unter eine Seite, um den Karton etwas anzuheben, und läßt ihn bis zum Abend stehen. Das macht man deshalb, damit die Bienen, die auf der Suche nach einem neuen Heim ausgeflogen waren, zu ihrem Schwarm zurückkehren können. Schwärmende Bienen stechen nur selten, da sie mit Honig beladen sind.
Um einen Schwarm in deinen Bienenstock zu locken, legst du ein weißes Tuch davor, das eine schiefe Ebene zum Eingang bildet. Nun schüttest du den Schwarm auf diesem Tuch aus. Die Bienen sollten alle in den Stock hineinkriechen. Paß auf, daß auch die Königin, die größer und länger ist als die anderen, hineinkriecht: ohne sie kannst du auch die anderen Bienen nicht halten.

Bienenkolonie

Eine Bienenkolonie ist, wenn man ihre praktischen Aufgaben unter die Lupe nimmt, eigentlich ein einziges Individuum. Abgesehen von der Königin sind die einzelnen Bienen viel mehr die Zellen eines Organismus als selbständige Geschöpfe. Eine Kolonie paart sich mit einer anderen und bringt einen Schwarm hervor. Die Königin legt die Eier und hält die Bewohner der Kolonie zusammen; wenn man sie töten würde und die Arbeiterinnen nicht schnell genug aus einer Larve eine neue aufziehen könnten, würde die Kolonie einfach sterben. Die Drohnen haben die gleiche Funktion wie Spermien. Jede versucht, sich mit einer jungen Königin einer anderen Kolonie zu paaren. Ob das gelingt oder nicht, ist egal – die Drohne wird in jedem Fall danach von den Arbeiterinnen getötet. Es gibt etwa 20000 Arbeiterinnen in einer ausgereiften Kolonie, und sie verbringen ihr ganzes Leben mit Arbeit: Nektar sammeln, Zellen für den Honig bauen, die Königin füttern, die jungen Bienen aufziehen, das Nest lüften und reinigen, es bewachen – sie tun einfach alles, was erledigt werden muß. Wenn eine Arbeiterin dich sticht, dann stirbt sie. Ihr Tod ist für die Gesamtheit nicht von Bedeutung, da sie praktisch nur eine abgestorbene Zelle ist. Der Organismus überlebt auf Kosten des einzelnen. Du kannst, wenn du einen Schwarm fängst, die Bienen sich ruhig selbst überlassen. Sie werden sich schon eingewöhnen.

Einen Grundstock kaufen und versorgen

Wenn du keine Schwärme finden kannst, besteht die Möglichkeit, den Grundstock für eine Bienenzucht von einem anderen Bienenzüchter oder einem Händler zu kaufen, was in den meisten Ländern durchaus üblich ist. Folge dann einfach den Anweisungen auf der Schachtel. In einem solchen Fall solltest du den Kern des zukünftigen Schwarmes eine Weile füttern. Dazu gibst du den Bienen zwei Teile Zucker auf ein Teil Wasser aus einem Füttergefäß, das du auf die Brutkammer stellen kannst. Am Anfang solltest du noch keine obere Kammer aufsetzen, erst wenn eine Brutkammer voll Honig und Larven ist.

Honig sammeln

Während die Rahmen mit Honig und die Brutkammern mit Bienenlarven gefüllt werden, kannst du eine erste Kammer aufsetzen, dann eine zweite, und schließlich fängst du an, den Honig herauszuholen. Du nimmst einen Aufsatz ab, fügst das einseitig passierbare Trennbrett ein und setzt ihn wieder auf. Am nächsten Tag sollte keine Biene mehr in dem Aufsatz sein. Bringe die Rahmen in den Extraktor und schleudere den Honig heraus. Zuerst mußt du allerdings die Wachsschicht mit einem heißen Messer abschneiden. Du drehst jeden Rahmen einmal um, damit der Honig von beiden Seiten geschleudert wird. Dann setzt du die leeren Rahmen wieder in die Kammer, und die Bienen fangen an, sie von neuem zu füllen. Arbeite immer leise und ruhig, wenn du bei den Bienen bist. Es wäre sicher von Vorteil, einem örtlichen Imkerverein beizutreten.
Wenn es auf den Winter zugeht, solltest du wenigstens 16 kg Honig im Bienenstock lassen. Ich nehme meinen Bienen nur einmal die gesamte Menge weg, und zwar Anfang August. Danach lasse ich sie in Ruhe, und sie produzieren dann genug Honig, um sich selbst den Winter über zu ernähren. Mein Bienenstock bringt mir 9 bis 18 kg Honig ein. Den späten Honig könnte ich sowieso nicht ausschleudern, weil er im Extraktor nicht herauskommt. Er muß gepreßt werden. Wenn man den Bienen den gesamten Honig wegnimmt, müssen sie den ganzen Winter durch mit viel Sirup und Kandiszucker gefüttert werden. Der Honig, der heutzutage kommerziell hergestellt wird, ist nicht viel mehr als von den Bienen in Honig verwandelter Zucker. Der Honig jedoch, den du von kleineren Imkereien kaufst, ist im allgemeinen Blütenhonig und ein weitaus besseres Erzeugnis.

Das Wachs

Das Bienenwachs, das du von den Waben abschneidest, ist ein sehr wertvoller Stoff. Man kann daraus Politur und die besten Kerzen der Welt machen, und außerdem eignet es sich gut, Leder und ähnliches zu behandeln. Eine mittlere Wärme läßt das Wachs schmelzen, und es kann, von seinen Unreinheiten befreit, in einen Behälter herablaufen, wo du es auffängst. Die Sonnenwärme reicht dazu aus, wenn man sie durch eine Glasscheibe in einen schiefgestellten Kasten scheinen läßt. Man sagt, daß die Mönche des Mittelalters deshalb so ein fröhliches, betrunkenes Völkchen waren, weil sie viele Bienen für die Herstellung der Kerzen für ihre Kirchen brauchten; was sollten sie schon mit dem Honig besseres anfangen, als Met daraus zu machen?

Früchte aus dem Garten

Ich habe oft gedacht: hätte der Himmel mir die Wahl gelassen,
so hätte ich mir ein Stück fruchtbare Erde gewünscht
und einen guten Markt für die Erträge meines Gartens,
denn keine Beschäftigung ist so befriedigend für mich,
wie die Bearbeitung des Bodens.

Jefferson

Der Obst- und Gemüsegarten

Als Kind kannte ich Bauerngärten, in denen es einfach alles gab: Blumen, Gemüse, Beerensträucher und Obstbäume, da waren Hühner und zahme Kaninchen, irgendwo stand ein Taubenschlag, und auch ein Frettchen fehlte selten. Heute ist dies von einer samtenen Rasenfläche und einem Flor unnützer Zierpflanzen und Stauden verdrängt worden. Wie kann man aber das alte Paradies mit seiner unerschöpflichen Fruchtbarkeit wieder neu beleben?
Du teilst zuerst einmal das Grundstück in sechs Abschnitte auf – oder auch sieben, wenn du auf einen kleinen, von Blumen umrahmten Rasen- und Sitzplatz nicht verzichten möchtest.
Ein Abschnitt gehört den ausdauernden Gemüsestauden, denen, die – einmal gepflanzt – jedes Jahr wiederkommen, z. B. Spargel, Artischocken, Meerrettich, Hopfen und natürlich dem Kräuterbeet mit seiner bunten Vielfalt.
Dann ist da der Obstgarten mit seinen Beerensträuchern und Obstbäumen.
Der Rest des Gartens wird in vier Parzellen geteilt, die in einem Vierjahres-Turnus bebaut werden, so daß niemals zwei Jahre hintereinander die gleiche Pflanze den gleichen Boden beansprucht. Die vier verschiedenen Wechselsaaten setzen sich im wesentlichen aus folgenden Pflanzengruppen zusammen: Hülsenfrüchte, Kohl – einschließlich Kohlrüben –, Wurzelgemüse wie Möhren, Pastinak, Zwiebeln, Rote Bete, Sellerie usw. und selbstverständlich Kartoffeln. Mehr über Wechselanbau und Vierjahres-Rhythmus erfährst du auf S. 160.

Kalk

Der gerodete und vorbereitete Boden benötigt in erster Linie eine Kalkgabe. Der Kalkbedarf wird mit einem billigen, kleinen pH-Meter gemessen, das man im Gartenbedarfsgeschäft bekommt.
Die richtige Zeit für das Kalken des Bodens ist das Frühjahr, ehe die Erbsen und Bohnen austreiben. Gerade sie verwerten den Kalk besonders gut, während Kohl als Folgepflanze später den noch im Boden vorhandenen Rest benötigt. Ist der Kalk schon einige Zeit vor dem Pflanzen des Kohls im Boden, ist die Gefahr des Auftretens der gefürchteten Kohlhernie geringer.

Düngen

Wer Mist – am besten Stallmist – oder Kompost hat, konzentriert ihn auf dem Kartoffelbeet, denn ohne Mistdüngung wird aus der Ernte nicht viel. Das Beet für die Wurzelgemüse bekommt dafür keinen Mist, denn einige Arten – besonders Karotten und Rüben – reagieren darauf mit einer Teilung der Pfahlwurzeln und der Ausbildung von Faserwurzeln. Auch das Erbsen- und Bohnenbeet bleibt ohne Mist. Hier wurde bereits gekalkt, und Kalk und Dung vertragen sich nicht gut, wenn sie im gleichen Jahr verabreicht werden.

Mulchen

Mulchen nennt man das Abdecken der Erdkrume mit abgestorbenen Grünpflanzen. Besonders den Kohlpflanzen bekommt das Mulchen ausgezeichnet. Allerdings muß Unkraut vorher durch wiederholtes Hacken entfernt werden, da eine spätere Bekämpfung praktisch unmöglich ist.

Biologischer Gartenbau

Ein Naturgärtner sollte soviel Humus wie irgend möglich in seinen Garten bringen. Stallmist, Kompost, Seetang, Algen, Lauberde, Klärschlamm, verdorbenes Heu, Nesseln, kurz alles, was pflanzlichen oder tierischen Ursprungs ist. Entweder kommt es auf den Komposthaufen oder es wird dem Boden unverrottet zugeführt. Man kann alles frisch untergraben, oder einfach auf der Erde verteilen, dann erledigen die Würmer den Rest.
Auf jeden Fall aber müssen dem Gartenboden organische Stoffe zugeführt werden, wenn man reiche Ernten erzielen will (wer kein überzeugter Anhänger der biologischen Düngung ist, verwendet anorganische Düngemittel). Tierhalter haben natürlich immer genügend Stalldung. Viele „Möchte-gern"-Gärtner behaupten, ein Garten würde genug Abfälle für den Kompost abwerfen, um sich selbst zu regenerieren. Sollen sie doch einmal einen viertel Morgen Land mit den größten kompostierbaren Pflanzen bebauen, dann Kompost machen und sehen, wie weit sie damit reichen.

Prozentwerte organischer Düngemittel

	Stickstoff	Phosphorsäure	Kali	Kalk
Stallmist	0,64	0,23	0,32	—
Schweinemist	0,48	0,58	0,36	—
Rindermist	0,44	0,12	0,04	—
Kompost	0,50	0,27	0,81	—*
Stalldung mit Torf	4,40	1,90	1,90	2,20
Stalldung mit Stroh	0,80	0,55	0,48	—
Frischer Geflügelmist	1,66	0,91	0,48	—
Taubenmist	—	2,10	1,77	—

* sofern nicht Kalk zugeführt wurde

Tiefwurzelnde Kompost- oder Gründünger-Pflanzen sind wertvoll, weil sie Minerale, Phosphate und Kali aus tieferen Bodenschichten in die Krume bringen. Bäume machen das

Ein Garten zur Selbstversorgung
Auch der kleinste Garten läßt sich in ein fruchtbares Stück Erde verwandeln, wenn man jeden Zentimeter im Wechselanbau bepflanzt und sich zugunsten dieses Systems von den platzraubenden Rasenflächen und Zierblumenbeeten trennt. So ein Garten spart Geld, liefert ständig erntefrisches Gemüse und Obst und ist beispielhaft für eine zu Unrecht aussterbende Gartengattung: den Landgarten.

sogar noch besser. Aber das für den Anbau dieser Pflanzen benötigte Land kann eben nicht zur gleichen Zeit Erträge für unsere Ernährung hervorbringen. Am besten wäre es natürlich, wenn auch die eigenen Fäkalien in irgendeiner Form dem Garten wieder zugeführt würden. Dann wäre eine große Lücke im Stickstoffbedarf ausgefüllt und ein Kreislauf geschlossen. Früher war dies kein Problem. Das Abwassersystem bestand aus einem Behälter oder einer Grube, deren Inhalt irgendwann in den Boden gelangte. Vorsichtshalber wurde diese Stelle einige Zeit nicht bearbeitet, so daß alle Krankheitserreger eines natürlichen Todes starben. Die einzige Alternative heute wäre die Verwendung von Klärschlamm, der aber leider nicht nur organische und biologische Bestandteile enthält.
Wer jedes Jahr von seinem Garten eine vielfältige und reiche Ernte erwartet und einen Teil der Gartenerzeugnisse fortgibt, und sei es nur in die Kanalisation, muß sich darüber im klaren sein, daß der Boden eines Tages ausgelaugt und verbraucht ist, wenn ihm keine Düngemittel und Nährstoffe zugeführt werden.
Gartenboden muß wasserdurchlässig sein, und eine nicht zu schwere untere Bodenschicht ist von Vorteil. Wasserdurchlässiger Lehmboden ist durchaus akzeptabel, aber auch Sandboden ist nicht zu verachten, sofern ihm genug Mist zugeführt wird. Dagegen läßt sich schwerer Tonboden nur mühsam bearbeiten, wenngleich Kohl darauf ausgezeichnet wächst. Aber wie der Boden auch beschaffen ist: zuviel Mist kann man ihm schwerlich geben.

Kompostbereitung

Wenn man Pflanzenteile auf einen Haufen schichtet, verrotten sie und werden zu Kompost. Um jedoch schnell guten Kompost herzustellen, muß man mehr tun.

Den besten Kompost der Welt bekommt man innerhalb von 12 Stunden, indem man Pflanzenteile durch den Verdauungstrakt eines Tieres schickt. Jede andere Art der Kompostbereitung braucht für den gleichen Vorgang Monate. Das Prinzip des Kompostierens beruht auf der Zerstörung der Vegetation durch gasbildende Organismen. Diese Bakterien und Pilze benötigen zum Leben Sauerstoff. Bakterien, die die pflanzliche Zellulose zerstören, brauchen dafür ungebundenen Stickstoff. Wenn ihnen dieser ausreichend zur Verfügung steht, geht die Zersetzung sehr schnell. Durch sie wird Wärme erzeugt, und durch die Hitzebildung werden Unkrautsamen und Krankheitserreger im Kompost abgetötet. Je weniger freier oder ungebundener Stickstoff im Komposthaufen vorhanden ist, desto länger dauert der Prozeß.
Um den Vorgang zu beschleunigen, müssen dem Komposthaufen diejenigen Dinge zugeführt werden, die die Organismen für ihre Arbeit brauchen: Sauerstoff (Luft) – Feuchtigkeit – Stickstoff. Der Luftzufuhr von unten dienen einige, auf Abstand unter den Haufen gelegte Ziegelsteinreihen. Außerdem kann man den Haufen um einige locker in den Boden gesteckte Pfähle aufsetzen. Sie hinterlassen „Schornsteine", wenn sie später herausgezogen werden. Feuchtigkeit kann der Kompost durch Regen aufnehmen, oder ersatzweise durch regelmäßiges Begießen. Den Stickstoffgehalt erhöhst du durch die Beigabe tierischer Substanzen, wie z. B. Mist, Urin, Fischmehl, anorganische Stickstoffe, eben alles, was einen hohen Stickstoffgehalt hat.
Die natürlichste und älteste Art der Kompostbereitung besteht darin, das Pflanzenmaterial (meistens Stroh) als Streu im Stall zu verwenden. Der ungebundene Stickstoff im Dung und Urin der Tiere bringt diesen Kompost zur „Aktivität". Der Urin sorgt außerdem für genügend Feuchtigkeit und die Strohhalme durch die in ihnen enthaltene Luft für den Sauerstoff. Nach ein bis zwei Monaten wird der Mist herausgeholt und als Komposthaufen aufgesetzt. Die Umschichtung sorgt für eine gute Durchlüftung und dadurch für eine schnellere Verrottung. Nach einigen Monaten ist der Kompost reif und kann als Volldünger in den Garten gebracht werden.

Kompostbereitung
Bei ausreichendem Platz ist ein offenliegender Komposthaufen am einfachsten, je größer – je besser, damit von der sich im Innern bildenden Hitze so wenig wie möglich entweicht. Genausogut oder besser ist ein Kompostsilo: einige Reihen Ziegelsteine unten, darauf eine Lage Zweigwerk und Äste und dann umschichtig Lagen aus pflanzlichen und tierischen Substanzen, alles mit Mauern oder Holz eingefaßt. Die Ziegelsteinreihen unter dem Haufen haben Zwischenräume, damit die Luft zirkulieren kann. Ein Komposthaufen muß stets feucht, aber niemals naß sein.

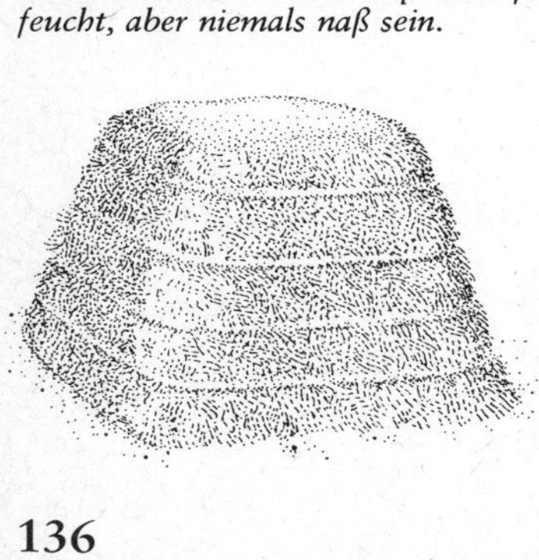

Aber nicht jeder kann nur wegen der Kompostbereitung Tiere halten. Eine allgemein durchführbare und saubere Methode ist ein Kompost-Silo oder -Kasten. Auch hier werden für die Luftzirkulation zunächst einige auf Abstand gesetzte Reihen Ziegelsteine auf dem Boden verlegt, dann wird darüber eine Lage Zweige und Äste gebreitet, durch die die Luft von unten an den Haufen gelangt. Darauf kommen umschichtig Lagen aus pflanzlichem Material und Lagen mit hohem Stickstoffgehalt: 20–25 cm pflanzliche Stoffe im Wechsel mit 5–10 cm Hühnerdung oder einer dichten Einstreu aus konzentriertem, anorganischem Stickstoffdünger. Manche Gärtner empfehlen eine zusätzliche Kalkgabe. Ein Umbau aus Holz, Ziegelsteinen oder Beton hält den Komposthaufen zusammen. Er muß gleichmäßig feucht, aber nicht naß gehalten werden. Andererseits darf er, wenn einmal die Erwärmung beginnt, nicht zu sehr dem Regen ausgesetzt sein. Er wird daher oben geglättet und nötigenfalls sogar abgedeckt. Nach ein bis zwei Monaten muß der ganze Haufen umgesetzt werden, so daß die Außenschichten nach innen kommen. Nach weiteren ein bis zwei Monaten ist der Kompost reif.

Gründüngung

Bei diesem Prozeß werden die Pflanzen nur zu dem einen Zweck angebaut, um in den Boden eingegraben, untergepflügt oder zerkleinert auf die Bodenkrume gestreut zu werden. Das Letztere nennt man Mulchen. Die Grünpflanze verrottet an der Oberfläche und wird von den Erdwürmern in unermüdlicher Arbeit in den Boden gezogen. Wer jedoch die Gründüngung untergraben möchte, sollte dies mindestens drei Wochen vor der nächsten Pflanzung tun. Soll der Platz gleich anschließend bepflanzt werden, muß der Gründüngung soviel ungebundener Stickstoff beigegeben werden, daß eine schnelle Verrottung gewährleistet ist.
Gründüngung verbessert den Boden, da die pflanzlichen Stoffe zu Humus verrotten.
Der größere Wert besteht aber darin, daß die Pflanzen als Decke den Stickstoff im Boden zurückhalten. Wenn die Gründüngung dem Boden bei der Verrottung zugeführt wird, sollte die nächste Kultur ihn schon wieder nutzen. Ein biologisch orientierter Gärtner sollte auf seinem Land keine unbedeckte Bodenfläche haben. Die alte Vorstellung, daß der Boden „im Herbst grob umzugraben ist, damit der Frost tief eindringen kann", hat sich im übrigen als nicht richtig erwiesen.

Nützliches Unkraut

Selbst Unkraut kann nützlicher Gründünger sein. Auf keinen Fall darf es jedoch Samen ausbilden! Ein englisches Sprichwort sagt: „One year's seeding is seven years weeding" (Ein Jahr Saat, sieben Jahr Plag'). Es ist so oder so besser, eine Gründüngerpflanze zur Zeit der Blüte oder früher zu nutzen, wenn sie frisch, saftig und reich an Eiweiß ist. Dann enthält sie auch genug Stickstoff für die Selbstverrottung. So betrachtet ist das Unkraut ein Helfer, wenn man es unter Kontrolle behält. Unkraut, das jedes Jahr wiederkommt, sollte aber auf gar keinen Fall im Garten geduldet werden. Wer es nicht besiegt, wird unweigerlich von ihm besiegt. Eine Ausnahme sind da nur Nesseln und Farne. Wenn diese Pflanzen an einer sonst ungenutzten Stelle wachsen, können sie abgemäht und dem Komposthaufen beigegeben werden. Da sie tief wurzeln, sind sie voller Substanzen aus den unteren Bodenschichten.

Gründüngerpflanzen anbauen

Man unterscheidet Sommer- und Winter-Gründüngerpflanzen, Hülsenfrüchte und Nicht-Hülsenfrüchte. Wer nur einen kleinen Garten hat, entscheidet sich besser für Winterpflanzen, weil er im Sommer jeden Zentimeter Boden für den Gemüsebau benötigt. Hülsenfrüchte sind die besten Gründüngerpflanzen, da die an ihren Wurzeln sitzenden Bakterien Stickstoff sammeln.

Welsches Weidelgras

Von den Winter-Gründüngerpflanzen ist dies wahrscheinlich die beste. Nach der Ernte der Frühkartoffeln werden ca. 70 g pro 1 m^2 breitwürfig ausgesät. Die Saat muß man leicht unterrechen und die Pflanzen im Frühjahr untergraben, nachdem sie den ganzen Winter über gewachsen sind. Welsches Weidelgras kann noch im Oktober gesät werden, du hast dann im Frühjahr allerdings nicht ganz so hohe Pflanzen.

Weitere Gründünger- und Kompostpflanzen

Die Wicke ist eine Hülsenfrucht und Winterpflanze und deshalb besonders wertvoll. Sie kann von August bis Oktober gesät und im nächsten Frühjahr untergegraben werden. Als Sommerpflanze kannst du sie jederzeit im Frühjahr säen und in der Blüte untergraben. Senf ist eine vielgenutzte Gründüngerpflanze, die nach der Ernte der Frühkartoffeln gesät wird. Die Samen werden breitwürfig und nicht zu dicht auf den umgegrabenen und geharkten Boden gestreut und mit dem Rechen leicht untergezogen. Das Saatgut von Rotem Klee ist teuer, aber du hast dafür eine ertragreiche und stickstoffhaltige Hülsenfrucht, die nach den Frühkartoffeln gesät und noch im Herbst in den Boden eingearbeitet wird. Man spart viel Geld, wenn man einige Pflanzen zur Saatzucht im Frühjahr aussät. Die Lupine ist eine große Hülsenfrucht. Die Saat erfolgt im Frühjahr oder Frühsommer in Reihen, alle 15 cm ein Samenkorn bei einem Reihenabstand von ebenfalls 15 cm. Auch von Lupinen lassen sich für eine spätere Aussaat Samen sammeln. Sonnenblumen sind ebenfalls sehr gute Kompostpflanzen. Die Samen werden im Frühjahr 1 cm tief im Abstand von 30 cm in die Erde gelegt und die Pflanzen zur Blütezeit geschnitten.

Gartenwerkzeuge

Spaten Ein guter Spaten ist zur Bearbeitung des Bodens unbedingt erforderlich. Nach der Arbeit wird er gesäubert.

Grabgabel Sie wird von vielen Gärtnern häufig dem Spaten vorgezogen. Mit ihr kann man den Boden schnell lockern, ohne ihn umzuwerfen, Dünger und Kompost unterarbeiten und die Wurzeln von kriechendem Unkraut wie Quecke ausgraben, ohne daß sie zerschnitten werden. Auch für die Kartoffelernte ist sie gut geeignet.

Hacke Es gibt zwei Grundtypen: die gewöhnliche oder Platthacke greift tief und bewältigt auch zähe, verfilzte Unkrautflächen. Die Ziehhacke bietet den Vorteil, daß der Boden durch das Rückwärtsgehen nicht wieder festgetreten wird. Sie ist deshalb als Zusatzgerät sehr nützlich.

Rechen mit einem langen Stiel. Unentbehrlich zur Herstellung einer feinen Krume und zum Bedecken der Saat.

Schubkarre Sie gehört in jeden größeren Garten. Die alte, hölzerne Schubkarre mit Speichenrad und abnehmbarem Aufsatz war hervorragend konstruiert und wesentlich besser als die heute üblichen Blechschubkarren.

Gießkanne Eine große, verzinkte Blechkanne hat eine längere Lebensdauer als die leichteren Kunststoffkannen.

Pflanzkelle Braucht man zum Setzen der Pflanzen.

Pflanzholz Zum Setzen kleiner Pflanzen und Setzlinge, kann aus einem abgebrochenen Spatenstiel selbst angefertigt werden.

Gartenschere zum Auslichten und Beschneiden. Mit ihr arbeitet es sich schneller und leichter als mit einem Gartenmesser, und sie ist dazu auch pflanzenfreundlicher. Außerdem kann man sie zum Abtrennen der Köpfe bei Schlachtgeflügel benutzen.

Pflanzschnur Eine dünne, festgedrehte Kordel, die sich nicht so leicht verheddert. Sie sollte auf eine hölzerne oder eiserne Spindel gewickelt werden. Sie ist unentbehrlich, um Samen und Pflanzen in geraden Reihen zu setzen, wodurch das spätere Hacken und Jäten erleichtert wird.

Radhacken Geräte mit schmalen Rädern, die eine echte Hilfe für die Arbeit zwischen den Pflanzreihen sind. Selbstverständlich kann auf eine Handhacke nicht verzichtet werden, mit der zwischen den Pflanzen gehackt wird. Für größere Pflanzen wie verschiedene Kohlsorten, Mais und Kartoffeln gibt es eine Technik des quadratischen Pflanzens, so daß mit einer Radhacke längs und quer gearbeitet werden kann. Man erzielt aber mit diesem Gerät nicht den gleichen Effekt wie mit einem Pflug. Es dient lediglich der Bodenlokkerung oder dem Ziehen schmaler Furchen zur Aussaat.

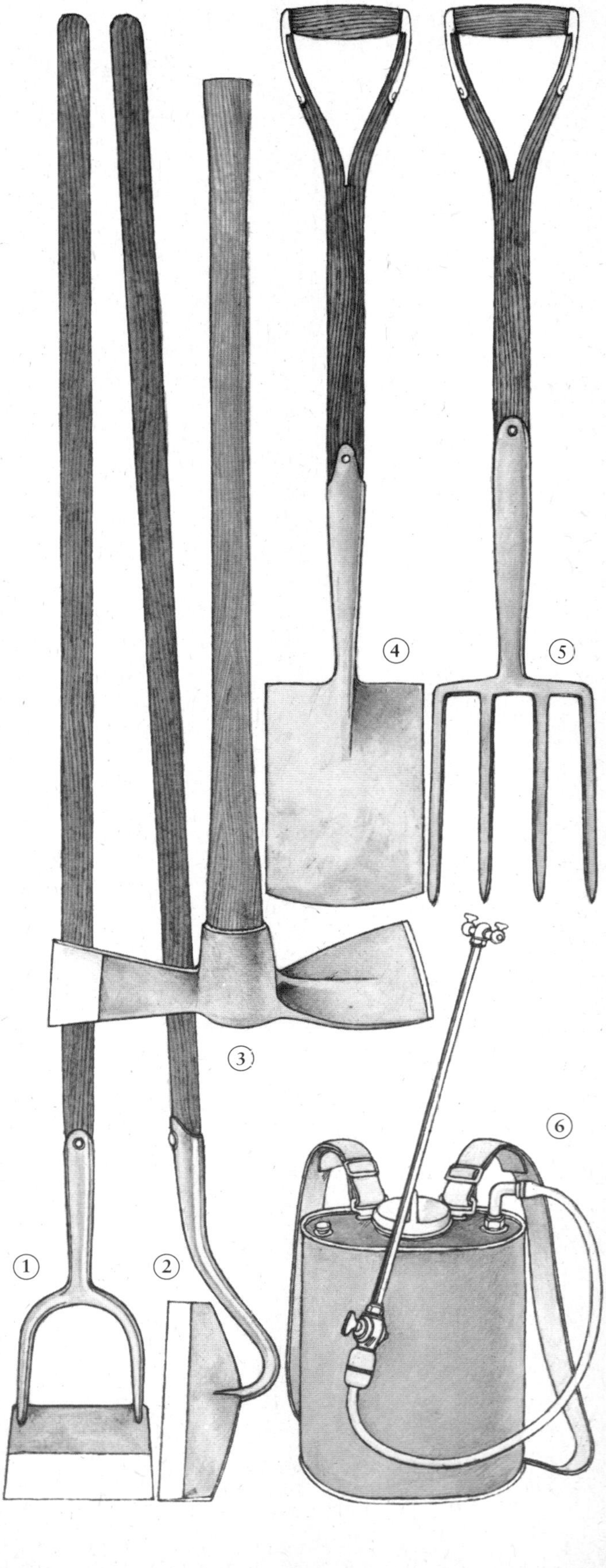

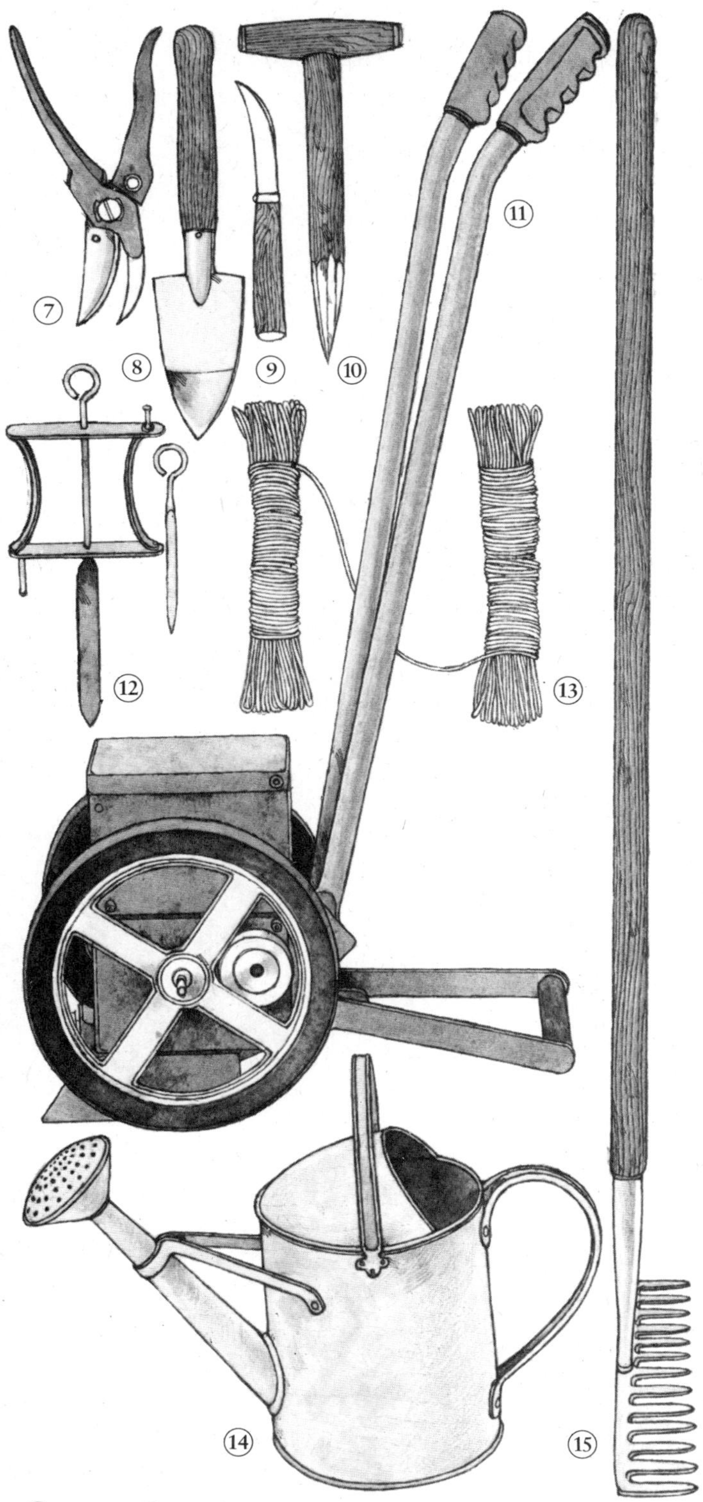

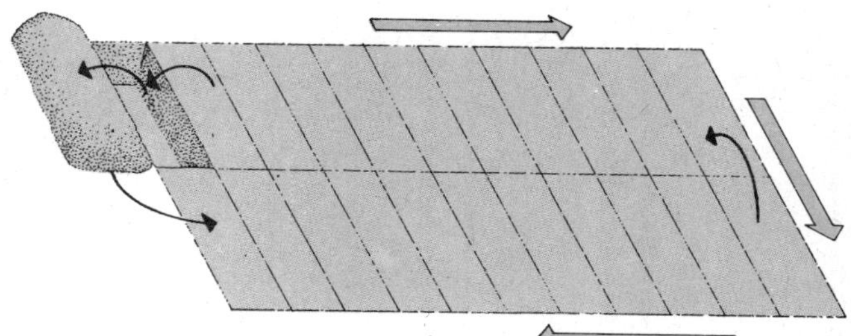

Graben

An einem Ende des Beetes einen Graben ausheben und mit der Erde der nächsten Furche füllen. Die zuerst ausgehobene Erde kommt in die letzte Furche. Oder das Beet halbieren und erst die eine Hälfte umgraben, dann die andere Hälfte in entgegengesetzter Richtung. Auf diese Weise liegt die Erde der ersten Furche nahe bei der letzten, die mit ihr zu füllen ist.

Vor dem Umgraben den zu bearbeitenden Platz mit der Pflanzschnur markieren, eine flache Rille entlang der Markierung abstechen und dann die Furchen 30 cm breit und spatentief umstechen.

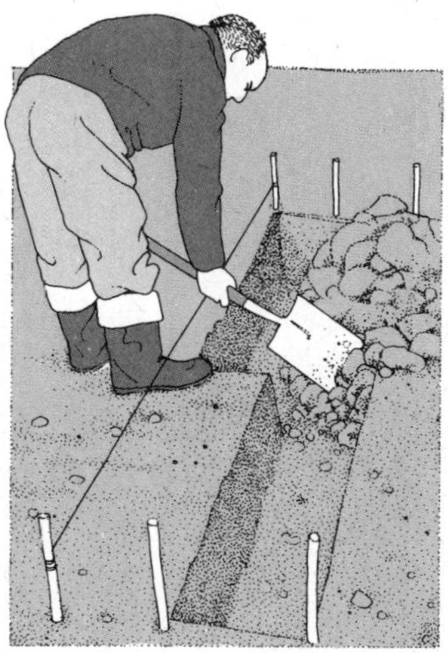

Beim Umgraben die Erde nicht nur von einer Stelle auf eine andere legen, sondern umwerfen. Den Spaten senkrecht in den Boden stechen und die abgestochene Scholle mit einer raschen, kräftigen Drehung in die vorherige Furche kippen.

Gartengeräte

1 *Ziehhacke*
2 *Platthacke*
3 *Breithaue oder Karst*
4 *Spaten*
5 *Grabgabel*
6 *Rücken-Druckspritze*
7 *Gartenschere*
8 *Pflanzkelle*
9 *Hippe oder Veredlungsmesser*
10 *Pflanzholz*
11 *Sämaschine*
12 *Spindel für Gartenschnur*
13 *Garten- oder Pflanzschnur*
14 *Gießkanne*
15 *Rechen oder Harke*

Sämaschinen Für den Hobbygärtner wurden viele verschiedene Sämaschinen entwickelt. Bei den meisten fällt lediglich der Samen durch eine Öffnung in die vorbereitete Saatrille oder auf den Boden. Es gibt aber auch Präzisionsgeräte, die einzelne Samenkörner in genau einstellbaren Abständen auswerfen. Für den Hausgebrauch dürfte sich die Anschaffung aber kaum lohnen. Zwar werden Samen und später die Zeit für das Verziehen der Pflanzen gespart, aber sie können nicht für alle Samen benutzt werden, denn manche Sorten müssen dafür zu Kugeln gepreßt sein. Solche Samen gibt es, sie sind jedoch recht teuer.

Säen und Pflanzen

Das Wachstum der Pflanze hängt von der Energie ab, die sie durch Photosynthese in ihren Blättern sammelt. Die Lichtenergie übernimmt die Aufgabe der in dem Samen gespeicherten Energie, sobald diese erschöpft ist. Sie schützt die Pflanze vor Feinden. Selbstverständlich haben alle Gemüsepflanzen verschiedene Bedürfnisse, aber Aufzuchtmöglichkeiten gibt es eigentlich nur zwei. Entweder kann man sie direkt an Ort und Stelle aussäen oder sie werden an einem besonderen Platz gesät und zur geeigneten Zeit auf ihren endgültigen Platz verpflanzt. Und manchmal ist es sogar das beste, die Pflanze vom Saatbeet in ein Anzuchtbeet zu setzen und erst nach Erreichen einer gewissen Größe an ihren endgültigen Platz zu pflanzen. Für diese umständliche und zeitraubende Prozedur gibt es zwei triftige Gründe. Einmal bleibt das spätere Beet frei und kann für frühere Pflanzen genutzt werden. Alle Kohlsorten, die Lauchgewächse und andere Pflanzen, die noch im Herbst und vielleicht sogar im Frühwinter wachsen, benötigen in der ersten Hälfte des Sommers sehr wenig Bodenfläche. Nach der Ernte von frühreifenden Pflanzen wie Frühkartoffeln oder Erbsen können sie an deren Platz gepflanzt werden, so daß man von einem Stück Land zwei Ernten einbringt. Der zweite Grund ist, daß man den Samen bessere Startbedingungen bieten kann, z. B. durch die Aussaat in einem Saatbeet unter Glas, Folie oder einer anderen Abdeckung. Man kann sie dadurch in jedem Klima so früh heranziehen und die Frühentwicklung so weit fördern, daß sie auch in einem kurzen Sommer zur Reife kommen. Viele unserer Gemüsepflanzen stammen ja ursprünglich aus wärmeren Zonen.

Torftöpfe

Einigen Pflanzen bekommt die Anzucht in Torftöpfen besonders gut. Sie gedeihen besser als in Kästen oder Saatschalen. Beim Auspflanzen wird dann der Torftopf mit der Jungpflanze direkt in den Boden gesetzt. Die Wurzeln durchdringen den aufgeweichten Topf. Mais, Melonen, Kürbisse und viele andere, nicht ganz widerstandsfähige Pflanzen profitieren von dieser Art der Anzucht.

Pflanzerde für Saatkästen

Sehr wichtig für die Anzucht ist die Wahl und Vorbereitung der Erde, ganz gleich, ob sie in Frühbeeten, Schalen oder Töpfen erfolgt. Gewöhnliche Gartenerde trocknet gern aus, bildet eine harte Kruste und bekommt Sprünge und Risse. Außerdem sind Ungeziefer und Krankheitskeime in ihr, die in der Wärme des Anzuchtbeetes besonders gut gedeihen.
Am besten benutzt man fertige Blumentopferde, die es in jedem Fachgeschäft abgepackt zu kaufen gibt. Sie ist sorgfältig zusammengestellt und gut sterilisiert. Sonst muß man sich die Saatbeeterde selbst anfertigen.
Die Grundbestandteile sind Lehm, Torf und Sand. Lehm stellt man her, indem man aus gutem Mutterboden Grasstücke aussticht, sie – die Grasseite nach unten – in mehreren Lagen stapelt und zwischen jede Lage etwas guten Kompost oder Stalldung packt. Der nicht zu flache Stapel muß ein halbes oder ein Jahr sitzen bleiben. Anschließend wird der Lehm mit Dampf sterilisiert. Er wird dazu in einen Behälter mit durchlöchertem Boden gegeben und dieser auf

Säen

Das Beet mit dem Rechen glätten, die Saatreihen im gewünschten Abstand markieren und die Gartenschnur spannen. Mit der Platthacke die Saatrillen in der gewünschten Tiefe ziehen.

Feine Samen dünn ausstreuen. Größere Samen wie Bohnen und Erbsen werden in gleichmäßigen Abständen gelegt. Die Empfehlungen auf den Samenpackungen sind zu beachten. Anschließend die Saatreihen vorsichtig wässern.

Nach dem Säen die Oberfläche sorgsam harken, so daß eine gleichmäßig glatte Decke entsteht. Diese feinkrumige Deckschicht ist das Wichtigste bei der Saat.

Nach dem Harken die Oberfläche mit den Füßen oder dem Harkenrücken andrücken, damit die Samen gute Verbindung mit dem Erdreich bekommen.

einen Topf mit kochendem Wasser gestellt. Der aufsteigende Dampf sterilisiert den Lehm. Torf kann in Ballen gekauft oder im Torfmoor gestochen und durch einfaches Kochen in Wasser sterilisiert werden. Die käufliche Saaterde hat meistens folgende Zusammensetzung: 2 Teile sterilisierter Lehm, 1 Teil sterilisierter Torf, 1 Teil grober Sand. Zu 25 kg dieser Mischung sollte man noch 40 g Superphosphat (z. B. Hornmehl) und 20 g kohlensauren Kalk geben. Eine Blumentopferde setzt sich gewöhnlich folgendermaßen zusammen: 7 Teile sterilisierter Lehm, 3 Teile sterilisierter Torf, 2 Teile grober Sand. Man ergänzt 25 kg mit 100 g Volldünger und 20 g kohlensaurem Dünger.

Setzlinge verschulen

Man muß davon ausgehen, daß das Umpflanzen ein Schock für die Pflanze ist. Ihre natürliche Lebensform ist vom Samen bis zum Absterben ein Wachstum an gleichem Standort. Jetzt wird sie aus ihrem gewohnten Erdreich gerissen und wahrscheinlich auch noch die meiste Erde von den empfindlichen Wurzeln geschüttelt, die selbst oft verletzt werden. Dann wird sie in einen völlig fremden Boden gesetzt, und es kann sein, daß ihre Wurzeln nicht einmal gleich engen Kontakt damit finden oder zu einem festen Klumpen zusammengedrückt werden.
Wer sich dies klarmacht, nimmt eine Jungpflanze ganz behutsam aus der Saatschale oder dem Anzuchtkasten heraus, läßt ihren Wurzeln soviel Erde wie möglich, wird sie genauso behutsam in gut gelockerte Gartenerde setzen und dabei die Wurzeln wie vorher ganz natürlich ausbreiten. Dann drückt er die Erde gut an, damit die Wurzeln Verbindung mit ihr bekommen, aber stampft sie nicht fest, denn dadurch würden die zarten Wurzeln verletzt. Anschließend gießt man die Pflanze. „Einschlämmen" – also das Erdreich ganz sättigen – tut fast allen Setzlingen gut. Die meisten Jungpflanzen gehen an Trockenheit ein. Wer natürlich Hunderte von Kohlpflanzen setzen muß, kann nicht zu umständlich arbeiten.

Pflanzen einsetzen

Regenwetter ist die beste Pflanzzeit, oder man pflanzt wenigstens, wenn Regen zu erwarten ist. Größere Pflanzen werden mit der Pflanzkelle, kleinere mit dem Pflanzholz gesetzt, wobei das Pflanzholz auch aus einem zugespitzten Stock bestehen kann. Berufsgärtner setzen Tausende von Kohlpflanzen, indem sie langsamen Schrittes vorwärtsgehen, dabei das Pflanzholz neben der Pflanze in den Boden stechen und dann gegen die Pflanze bewegen, um so die Erde an die Wurzeln zu drücken. Das Pflänzchen sitzt richtig, wenn man es nicht mehr mit einem sanften Zug herausziehen kann.
Größere und empfindliche Pflanzen wie Tomaten, breite Bohnen oder Mais verpflanzst du mit dem Wurzelballen, also mit der Erde, in der die Pflanze bisher gewachsen ist. Mit der Pflanzkelle wird ein Loch ausgehoben, die Pflanze vorsichtig hineingesetzt und die Erde an die Wurzeln gedrückt.

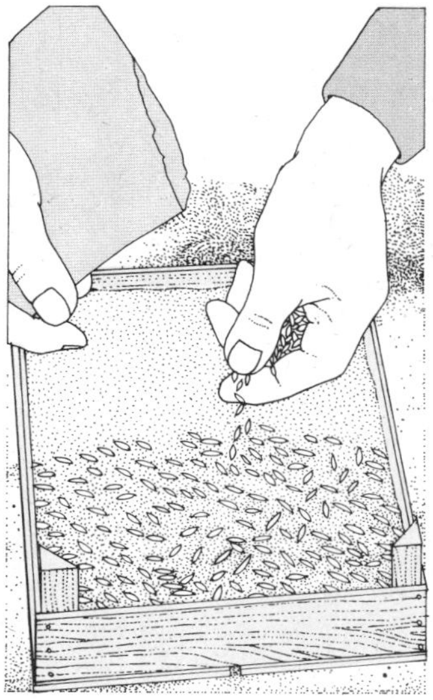

Pflanzen
Die Samen in einem Saatkasten säen, so daß die früher gedeihenden Pflanzen im Garten keinen Platz wegnehmen.

Oder im Blumentopf säen. Wenn die heranwachsenden Pflänzchen zu dicht stehen, die schwächeren ausdünnen, damit die kräftigen mehr Platz haben.

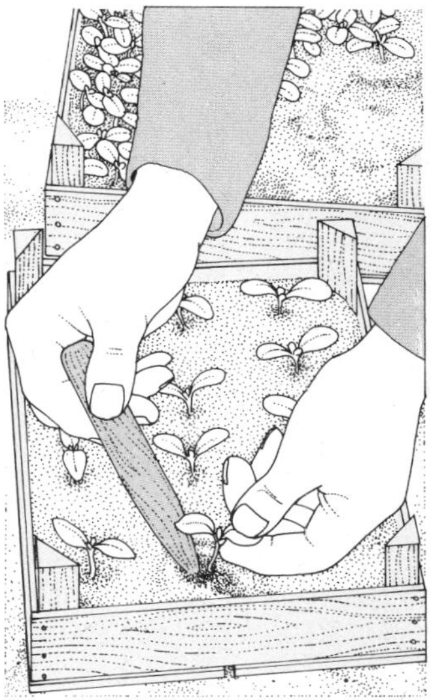

Wenn die Pflanzen außer den Keimblättern noch 2–3 Blätter ausgebildet haben und zu dicht stehen, werden sie pikiert, d. h. ausgelichtet und in einen Pflanzkasten oder ein Beet gesetzt, wo sie Platz zur Ausdehnung haben.

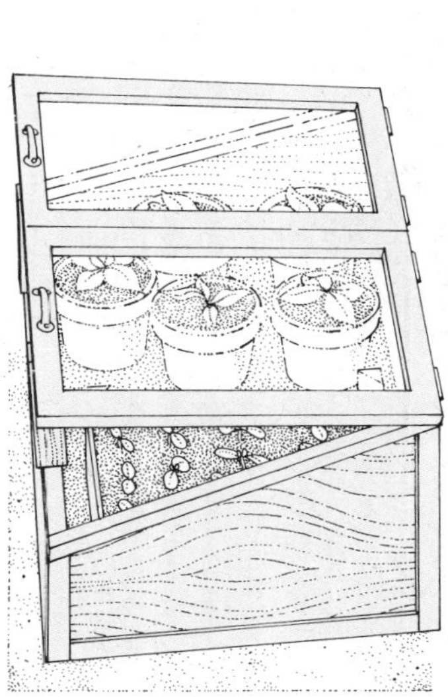

Das Abdecken der Saatkästen oder -töpfe mit Glas schafft besonders gute Wachstumsbedingungen, so daß die Pflänzchen sich wesentlich schneller und besser entwickeln, als dies im Freiland der Fall wäre.

Frühbeete, Treibhäuser

Es gibt Gewächshäuser, die wie Weltraumkapseln zur Stationierung auf fremden Planeten ausgerüstet sind, mit Thermostat, Klimaanlage, elektrischen Luftbefeuchtern und weiß der Teufel was noch allem. Aber für das Geld, das so eine Anlage kostet, kann man sich sehr lange im nächsten Delikatessengeschäft zu jeder Jahreszeit die ausgefallensten Gemüse und Früchte der ganzen Welt kaufen. Der Aufwand und die Investition lohnen sich wirklich nur für den Erwerbsgärtner.
Gewächshausproduktion oder Intensivanbau unter Glas ist für ihn eine durchaus angebrachte und vernünftige Methode zur Ertragssteigerung durch das Ausschalten der gegebenen Umweltbedingungen. Wer die Unterglas-Kultur zum Gelderwerb betreiben möchte, muß Spezialliteratur über dieses umfangreiche Gebiet durcharbeiten und viele Kenntnisse und Erfahrungen besitzen, um nur die Mitte zwischen Erfolg und einem kompletten Fehlschlag zu halten. Für den Hausgarten ist die einfachste Form gerade noch gerechtfertigt und zusätzlich einige „warme“ und „kalte“ Frühbeete und „Tunnel“. Gewächshäuser kann man fertig bekommen oder selber bauen. Das beste ist wohl, nur die Rahmen mit Glas zu kaufen und daraus sein eigenes Anbau-Gewächshaus zusammenzusetzen (s. S. 172–173).

Das kalte Frühbeet

Wenn man vier niedrige Wände baut und eine Glasscheibe so darüberlegt, daß sie sich schräg zur Sonne neigt, hat man ein Frühbeet. Die Wände können aus Holz, Ziegelsteinen, Beton oder gestampfter Erde bestehen. Das Glas sollte in einen Holzrahmen gefaßt sein, damit man es öffnen und schließen kann. Frühbeete sind besonders zur Frühzucht von Salat und Kohl geeignet, später dann für Gurken, Melonen und viele andere Pflanzen. Für Tomaten sind die meisten zu flach.

Das warme Frühbeet (Mistbeet)

Dieses Beet ist eine gute und auch wirtschaftliche Art des Frühanbaus, aber man braucht dazu Erfahrung. Zuerst wird ein Mistbeet angelegt. Am besten eignet sich mit Stroh vermischter Pferdemist mit einem Anteil Laub oder anderem Kompostmaterial, damit er nicht zu heiß ist. Er wird mehrmals umgeschichtet, bis die größte Hitze zusammen mit dem strengen Ammoniakgeruch entwichen ist. Dann wird er in das Frühbeet gepackt und mit einer Schicht Erde abgedeckt. 30 cm Erde über 75 cm Mist sind ein gutes Verhältnis. Samen können erst eingebracht werden, wenn die Temperatur auf 27° gesunken ist. Auch Pflanzen können hier gesetzt werden. Dies geschieht am zweckmäßigsten im Spätwinter oder zeitigen Frühjahr, so daß die zunehmende Außentemperatur und die Sonneneinwirkung die Rolle der abklingenden Mistbeetwärme übernehmen. Der Anbau in diesem Beet ist nicht ganz so einfach, wie es sich vielleicht anhört. Wer es aber einmal heraushat, kann hervorragende Ergebnisse erzielen. Es wird nicht mehr sehr häufig benutzt, aber vielleicht wird es wieder modern, wenn die mit Öl oder Elektrizität beheizten Gewächshäuser zu kostspielig werden. Es hat nur einen Haken – zuerst muß man ein Pferd finden! Aber ein gut angesetzter Komposthaufen mit „Aktivator“ oder Schnellkompostierungszusatz tut es notfalls auch.

Tunnel

Diese versetzbaren haus- oder dachförmigen Tunnel werden durch aneinandergestellte Glasfenster gebildet. Die Methode ist nicht schlecht und dazu auch billig. Aber selbst wenn jemand nicht ganz so ungeschickt ist wie ich: seine Glasfensterpraxis wird bestimmt des öfteren von zwar hellem, aber durchaus nicht lieblichem Geklirr zerbrechenden Glases unterbrochen. Bei mir fällt so ein Glastunnel schon

Das Mistbeet

Eine dicke Lage von sich zersetzendem Mist oder Kompost unter einer Schicht Erde erzeugt vom späten Winter bis zum Ende des Frühjahrs Wärme. Mit Glas abdecken.

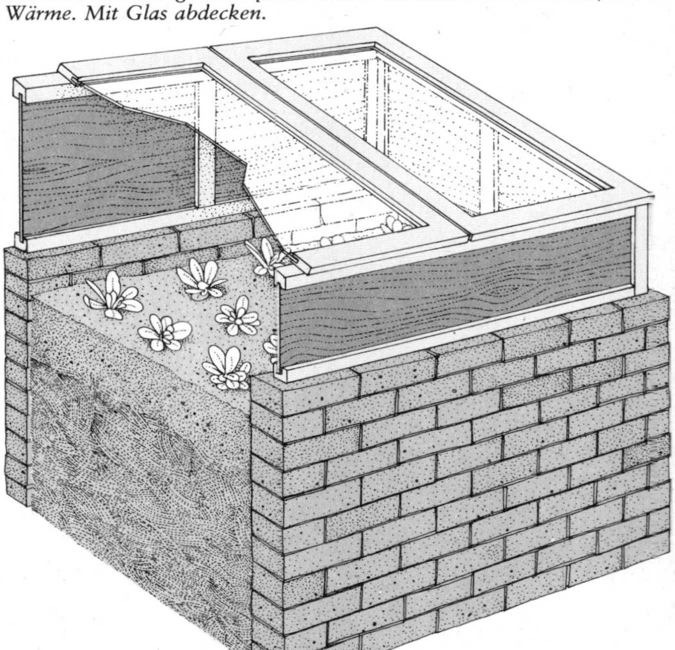

Pappkarton

Ein schwarz gestrichener Pappkarton speichert die Sonnenwärme und fördert die Entwicklung der abgedeckten Pflanzen.

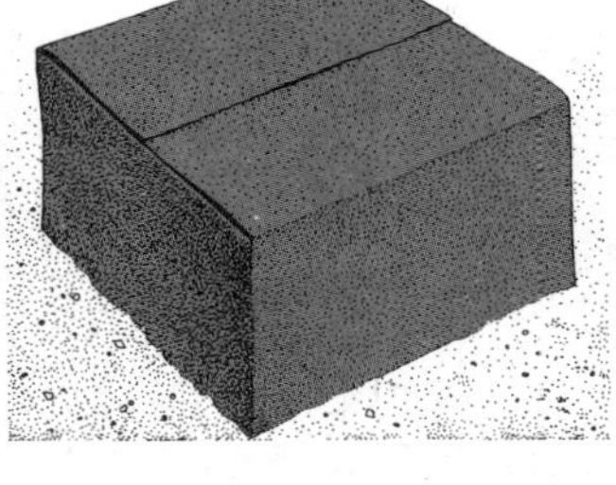

Kunststoffplanen

Das Abdecken mit einer durchsichtigen Kunststoffplane unterstützt die Entwicklung der Saat und verhilft zu frühen Gemüseernten.

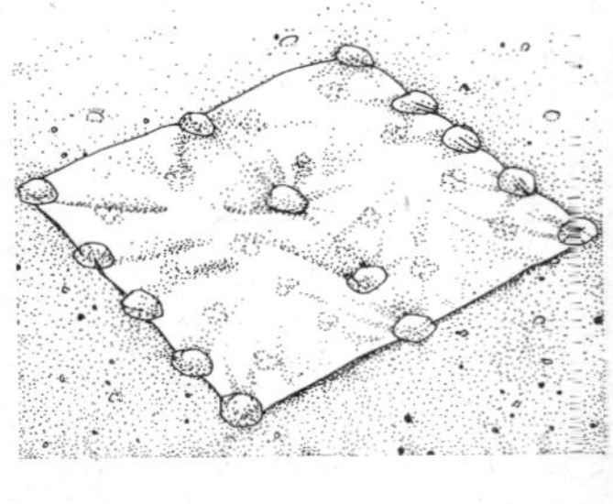

zusammen, wenn ich ihn nur ansehe, und dabei müssen die Fenster pausenlos bewegt werden. Du mußt hacken, Unkraut jäten, häufig gießen, pikieren, inspizieren und ernten. Und jedesmal werden die Glasfenster weggenommen und wieder hingestellt. Da wird das Glas auf die Dauer ein teures Material. Die Weiterentwicklung brachte den Folientunnel mit eingeschweißten Stützbögen aus Draht auf den Markt. Sie zerbrechen zwar nicht, werden dafür aber leicht vom Wind umgeworfen und zerrissen. Doch sie funktionieren und werden immer mehr benutzt.

All diese Schutzvorrichtungen müssen pausenlos hin- und hergesetzt werden. Das erhöht den Zeitaufwand für die Bearbeitung der Beete selbstverständlich erheblich. Aber für den Vorteil einer 14 Tage früheren Ernte kann man das wohl in Kauf nehmen.

PVC hält im übrigen die Wärme besser als Polystyrol, dafür ist es auch teurer. Vergessen wir nicht das ganz einfache Marmeladenglas! Es wird über eine früh ausgebrachte Saat oder eine junge Pflanze gestülpt und tut dann so gute Dienste wie ein Folientunnel. Ein Stück Folie, einfach auf den Boden gelegt und mit Erde an den Ecken festgehalten, beschleunigt ebenfalls das Anfangswachstum, z. B. bei Frühkartoffeln. Zu beachten ist bei all diesen Vorrichtungen, daß die so gezogenen Frühkulturen nicht zu plötzlich der rauhen Umwelt ausgesetzt werden. Sie müssen langsam und schrittweise an die härteren Lebensbedingungen gewöhnt werden.

Anzuchtkasten

Der Anzuchtkasten wird zum besonders schnellen Keimen der Samen benutzt. Es handelt sich um einen geschlossenen Glaskasten mit einer eingebrachten Erdschicht und einer elektrischen Unterbodenheizung. Damit wird ein Klima für „warme Füße und kalten Kopf" geschaffen, das viele Pflanzensamen anspricht. Tomatensamen können darin z. B. in mittleren Klimazonen bereits im Januar zum Keimen gebracht werden. Allerdings muß die Außen- wie die Bodentemperatur konstant etwa 7° betragen.

Tunnel und ein kaltes Frühbeet

Ein kaltes Frühbeet besteht aus vier Wänden und einer Glasabdeckung (rechts oben). Tunnel sind transportabel und es gibt viele verschiedene Typen: (von links nach rechts) Plexiglastunnel, Glasfenstertunnel, Folientunnel, Wellplastikschutz, Glaszelt.

Pflanzenschutz

Unsere Kulturpflanzen wurden im Laufe der Zeit durch künstliche Auslese zur Ausbildung uns angenehmer und besonderer Eigenschaften entwickelt, so sollen sie z. B. saftig, schmackhaft, ertragreich usw. sein. Als Folge davon haben sie häufig ihre natürliche Widerstandskraft und Immunität gegenüber Seuchen und Schädlingen verloren.
Wer in seinem Garten jedoch die natürlichen Wachstumsbedingungen des Naturhaushalts fördert, seinem Boden möglichst viel tierischen Dung und Kompost zuführt und dazu strikt den Wechselanbau einhält, wird sich viele Sorgen ersparen.
Selbstverständlich wird auch er nicht von Schädlingen und Seuchen verschont, aber ein mir bekannter Bauer, der niemals chemische Mittel einsetzt und dessen Erträge bei allen Pflanzenarten weit über dem Landesmittel liegen, sagt, daß in seinem Weizenbestand wohl jede nur denkbare Krankheit auftritt, aber keine so stark, daß er auch nur die geringste Minderung des Ertrags zu befürchten hat.
In einer Landschaft mit einer vielfältigen Flora und Fauna ist für das Gleichgewicht zwischen den Arten gesorgt. Nützlinge der verschiedensten Arten bremsen die Schädlinge, ehe sie überhandnehmen. Vernichtet man unliebsame Lebensformen dagegen mit giftigen Chemikalien, werden auch diese Nützlinge dezimiert, so daß keine natürlichen Gegner mehr da sind, wenn einzelne Ungeziefer als Plage auftreten. Das zwingt dann erneut zur Anwendung von chemischen Vernichtungsmitteln. Aber ganz gleich, wie organisch ein Land auch bearbeitet wird, irgendwann werden Schädlinge oder Seuchen da sein, vor denen man die Pflanzen schützen muß.

Arbeite mit der Natur, nicht gegen sie

Kapuzinerkresse *vertreibt den Gurkenkäfer und den mexikanischen Bohnenkäfer*

Kröten *fressen Schädlinge wie Schnecken, Blattläuse und Mücken.*

Drosseln *vertilgen Schnecken, die sonst die Pflanzen schädigen*

Igel *fressen Ungeziefer, einschließlich der Tausendfüßler, die Kartoffeln angreifen*

Der scharfe Geruch der **Minze** *hält die weiße Fliege von den Bohnen fern*

Schwebfliegen *und ihre Larven vernichten Blattläuse*

Hundertfüßler *fressen Schneckeneier und sind des Gärtners Freund*

Marienkäfer *sind nicht nur hübsch, sie entfernen auch Tausende von Blattläusen*

Chemischer Pflanzenschutz

Selbstverständlich kannst du diese Mittel einsetzen und mußt es manchmal sogar. Sicher ist es aber besser, die Pflanzen ohne Anwendung von Giftstoffen zu retten. Jeder Anfänger kann Krankheiten im Keim ersticken, indem er die Pflanzen einfach mit solchen Schutzmitteln überschüttet. Wenn aber ein chemisches Mittel für die eine Lebensform giftig ist, kannst du sicher sein, daß es andere Lebensformen ebenfalls angreift. Die Folgen müssen nicht unbedingt tödlich sein, Schäden sind jedoch unvermeidlich.
Die einzigen Chemikalien, die ich benutze, sind Kupferkalkbrühe (s. S. 87) gegen Kraut- und Knollenfäule bei Kartoffeln, verschiedene Lockspeisen für Schnecken und Derris oder Pyrethrum-Mittel (Parexan, Rotenol-Emulsion, Spruzit) gegen Raupen und Schadfliegen. Derris und Pyrethrum werden aus Pflanzen gewonnen, hinterlassen keine Rückstände und sind für Nicht-Insekten unschädlich.

Einfache Schutzvorrichtungen

Junge Pflanzen und Büsche müssen vor Vögeln bewahrt werden. Mit einem dünnen, an 4 Pfosten aufgehängten Netz wird ein junger Busch geschützt. Ein über Drahtbögen gespanntes Netz oder ein Netzwerk aus um Holzpflöcke gespannten Fäden deckt Jungpflanzen ab.

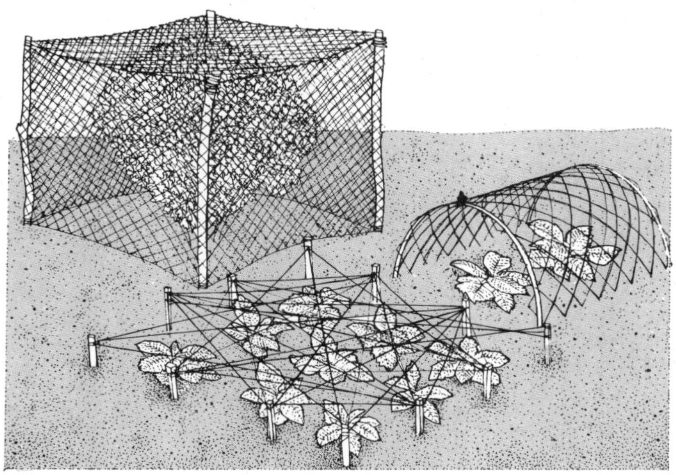

Zwischenkulturen wirken Wunder. Mohrrüben und Zwiebeln vertreiben sich gegenseitig die Schädlinge

Mit Paraffin getränkte Sandstreifen zwischen den Zwiebelreihen halten die Zwiebelfliege ab

Ein Stück Rhabarber unter der Kohlpflanze bewahrt vor Kohlhernie

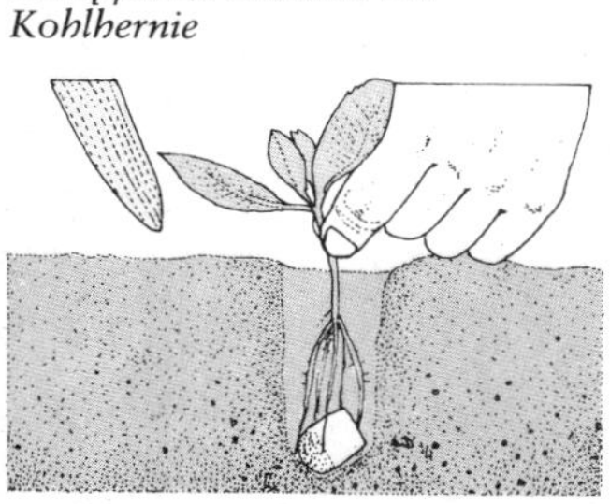

Schnecken lieben Bier. In die Erde eingelassene Schüsseln werden zur Falle

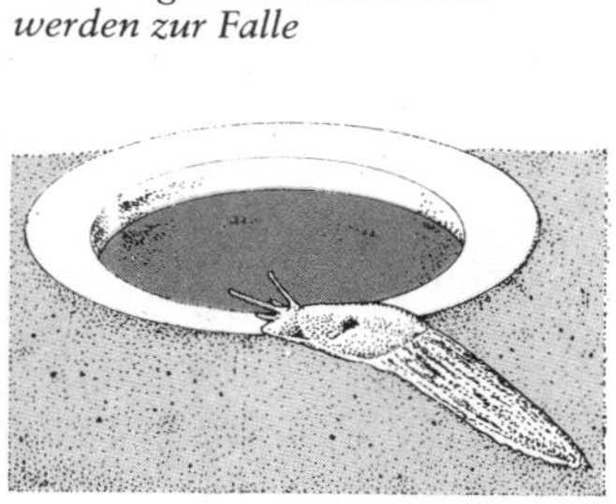

Biologischer Pflanzenschutz

Auf diesem Gebiet wurde bisher nur wenig Forschung betrieben. Lawrence D. Hills von der Henry Doubleday Association in Bocking, Braintree, Essex, England, hat zusammen mit freiwilligen Helfern in der ganzen Welt einige Versuche mit biologischen Methoden der Schädlings- und Seuchenbekämpfung durchgeführt. Viele davon werden seit Jahrhunderten in der Landwirtschaft angewandt, andere dagegen sind ganz neu.
Dazu einige Tips: Im Spätsommer Streifen aus Sackleinen oder Wellpappe um die Obstbäume legen und diese später mitsamt den Würmern, Maden, Raupen, Puppen und Ungeziefern, die sich darin angesammelt haben, verbrennen.
Die guten alten Leimringe um die Stämme der Obstbäume, fangen heraufkriechende Schadinsekten. Da die meisten Nützlinge fliegen und nicht krabbeln, werden sie nicht betroffen. Im Frühsommer alles alte Holz an den Steinfruchtbäumen ausschneiden und als Schutz gegen Monilia-Spitzendürre, Kräuselkrankheit und Mehltau verbrennen.
Eine Winterspritzung mit Obstbaum-Karbolineum oder Mineralölen nur durchführen, wenn sie unbedingt erforderlich ist, denn es werden dadurch nicht nur die Schadinsekten, sondern auch die Nützlinge getötet. Für diese Spritzungen gibt es verschiedene Markenfabrikate. Kali ist gut gegen die Braunfleckenkrankheit bei Bohnen. Bei breiten Bohnen können Schäden von der Bohnenfliege durch eine im Herbst ausgebrachte Wintersaat vermieden werden. Beim ersten Auftreten dieser Fliege die Spitzen der Bohnentriebe abschneiden und als Gemüse verwenden.
Die Möhren- und die Zwiebelfliege durch eine Mischkultur dieser beiden Pflanzen vertreiben, denn die Möhrenfliege verträgt den Zwiebelgeruch nicht und umgekehrt.
Noch besser ist um die Beete gestreuter, mit Paraffin getränkter Sand. Steckzwiebeln werden weniger von der Zwiebelfliege befallen als Saatzwiebeln. Kohlunkraut (Hirtentäschel, Ackersenf usw.) rigoros vernichten, da sich sonst die Kohlhernie ausbreitet.
Ein Stück Rhabarber in jedes Pflanzloch unter die Kohlsetzlinge legen, oder das ganze Beet mit Rhabarberwasser gießen.
Schnecken mit Bier fangen. Dazu Schüsseln in den Boden einlassen, die statt mit Bier auch mit Milch und Wasser gefüllt werden können.
Meine Erfahrungen mit Schädlingsplagen und Seuchen haben ergeben, daß man gelegentlich mit Kartoffelfäule rechnen muß, wenn man nicht spritzt, und dann und wann Raupenplagen beim Kohl, Blattläuse und verschiedene Schadfliegen auftreten.

Gemüse

Wer nur einige der aufgeführten Gemüsesorten anbaut, kann vom zeitigen Frühjahr bis zum späten Herbst sein eigenes frisches Gemüse essen. Und wer die richtige Auswahl für einen Wintervorrat trifft (s. S. 182), braucht sich nicht mehr über gekauften welken Salat oder Tomaten ohne Geschmack zu ärgern.

Artischocken

Mehrjährige Artischocken

Diese Artischocke gehört zu den ausdauernden Pflanzen, und die Anlage einer Kultur ist deshalb eine Langzeit-Planung. Bei der Pflanze handelt es sich eigentlich um eine große Distel. Gegessen werden nur die Blütenköpfe. Und nicht einmal diese ganz, sondern nur die unteren Stücke der stachligen Hüllblätter, der fleischige Boden des Blütenkorbs und das „Herz".

Saat Im Frühjahr Ableger setzen. Dazu ausgewachsene Pflanzen teilen. Jeder Ableger muß einen Strunkansatz haben. 10 cm tief im Abstand von 90 cm in gut gedüngten und wasserdurchlässigen Boden pflanzen.
Pflege Gründlich hacken.
Ernte Im Pflanzjahr gibt es noch keinen Ertrag. Im zweiten und allen folgenden Jahren die Blütenköpfe kurz vor der Entfaltung der Blüte pflücken. Nach 5 oder 6 Jahren auf frischem Boden eine neue Kultur anlegen. Wer jedes Jahr einige Pflanzen durch neue ersetzt, hat nie einen Ernteausfall. Den Boden jedes Jahr gut düngen und im Winter mit einer dicken Lage Stroh bedecken.

Einjährige Artischocken

Sie sind den mehrjährigen sehr ähnlich, aber ihre Blütenköpfe sind wesentlich kleiner.
Diese Artischocken werden als Frühjahrsgemüse gezogen und außer den Blütenköpfen lassen sich wie bei Bleichsellerie auch die Stengel verwenden.

Pflanzen Die Saat erfolgt nur im Frühjahr im Gewächshaus. Die Jungpflanzen 14 Tage nach dem letzten Frost ins Freiland setzen.

Topinambur (Jerusalemartischocke)

Die Pflanze ist nicht mit der Artischocke verwandt. Die Knollen werden kurz gekocht oder in Scheiben geschnitten gebacken.
Pflanzen Wie Kartoffeln. Zeitig im Frühjahr die Knollen in den Boden legen. Wenn nötig, dem Boden ewas Kalk geben.
Pflege Hacken, bis die Blätter dicht genug stehen, um Unkraut zu verdrängen.
Ernte Die Knollen jeweils zum sofortigen Verzehr ausgraben. Sie können über den Winter im Boden bleiben, aber gewöhnlich lagert man einige Saatknollen für die Frühjahrspflanzung im Keller.

Aubergine

Saat Die Saat erfolgt im zeitigen Frühjahr unter Glas in Komposterde. Die Temperatur sollte nicht unter 16° sinken. Nach einem Monat in Torftöpfe oder Erdblöcke verpflanzen.

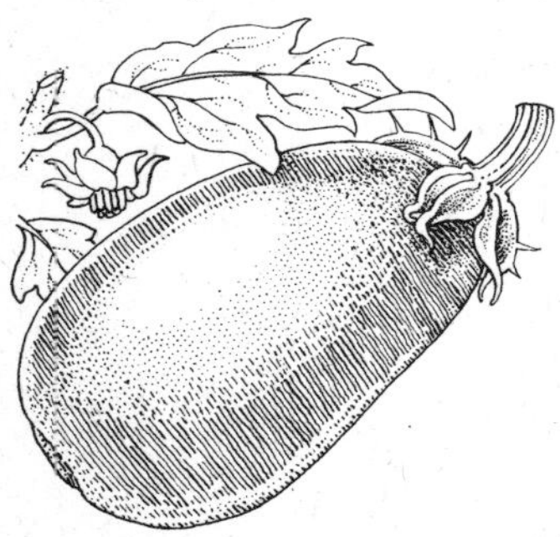

Pflege Im Frühsommer ins Freiland setzen. Auch dort bei rauher Witterung unter Glas oder im Folientunnel halten. Beim Versetzen die Nebentriebe auszwicken, damit die Pflanzen buschiger werden. Im späten Frühjahr ist auch eine Aussaat direkt ins Freiland unter einem Folientunnel möglich.
Ernte Pflücken, wenn sie tiefrot sind und glänzen, aber vor dem ersten Frost.

Bleichsellerie

Es heißt, Bleichsellerie sei nach dem ersten Frost am besten. Mit einigem Glück, und wenn sie gut angehäufelt wurden, kann man sie noch einige Wochen nach Weihnachten ernten.
Boden Sie bevorzugen einen tiefen, kräftigen Boden, der gut feucht, aber nicht naß ist. Die besten Bleichsellerie wachsen in einer Erde mit vielen organischen Substanzen, die die Feuchtigkeit gut hält. Sie darf niemals austrocknen.
Vorarbeit Bleichsellerie braucht sauren bis basischen Boden, deshalb auf keinen Fall kalken. Jedoch Mist oder gut verrotteten Kompost in das Beet einarbeiten.

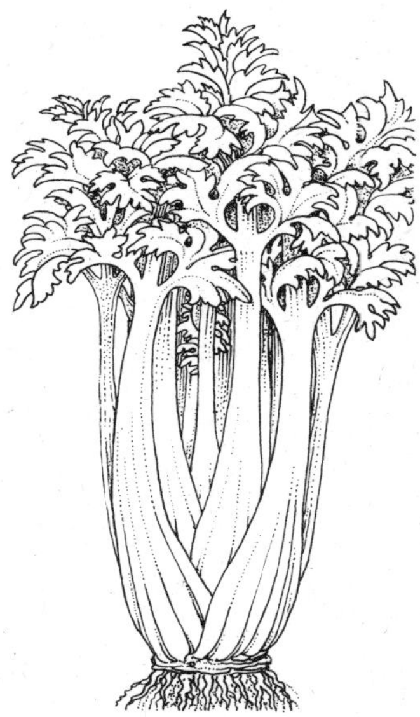

Saat Im Frühjahr bei 16–19° Außentemperatur unter Glas säen oder junge Pflanzen kaufen. Das Saatbeet feucht halten, mindestens ein- bis zweimal am Tag gießen oder sprengen.
Pflanzen Eine Lage Mist in Gräben packen und darauf im Frühsommer die Setzlinge im Abstand von 30 cm pflanzen. Gut mit Wasser einschwemmen.
Pflege Salat oder Radieschen können als Zwischenkultur auf den erhöhten Reihen zwischen den Gräben gesät werden. Nach dem Ernten dieser Pflanzen die Bleichsellerie anhäufeln und die Seitentriebe abschneiden. Dann die restlichen Triebe zu einem Bündel zusammenfassen und die Stengel mit Erde behäufeln, so daß nur noch die Blätter über den entstandenen hohen Reihen zu sehen sind. Den Boden immer gut feucht halten und niemals austrocknen lassen. Um die Blätter vor Fäule zu schützen, ein- oder zweimal mit Kupferkalkbrühe (s. S. 87) spritzen. Wenn die Ernte hauptsächlich im Winter erfolgen soll, die Pflanzen mit Stroh, Farn, Säcken oder anderem Material schützen. Wenn strenger Frost zu erwarten ist, werden sie an einem geschützten Platz in trockene Erde gelegt.
Ernte Bei Bedarf ausgraben und frisch verbrauchen.

Selbstbleichende Sellerie

Diese Sorte kann wie Sellerie oder Bleichsellerie kultiviert werden, sie braucht aber nicht gehäufelt werden. Sie wird vor der Bleichsellerie geerntet und ist nicht frostbeständig.

Blumenkohl

Ein Gemüse für den Sommer und Herbst.
Mit einiger Erfahrung und gutem Boden kann man sehr gute Blumenkohlernten erzielen. Für Anfänger ist die Kultur schwierig.
Boden Dieses Gemüse verlangt einen tiefen, wasserdurchlässigen und durchgearbeiteten Boden, reichliche Düngung und viel Wasser. In schlechten Böden und unter schlechten Bedingungen gedeiht es nicht.
Vorarbeit Wie bei allen Kohlarten darf der Boden nicht sauer sein, er muß also, wenn nötig, gekalkt werden. 14 Tage vor dem Pflanzen wird eine reichliche Gabe Fischmehl oder ähnliches in den Boden eingearbeitet, weil die Pflanzen auch Kali brauchen.

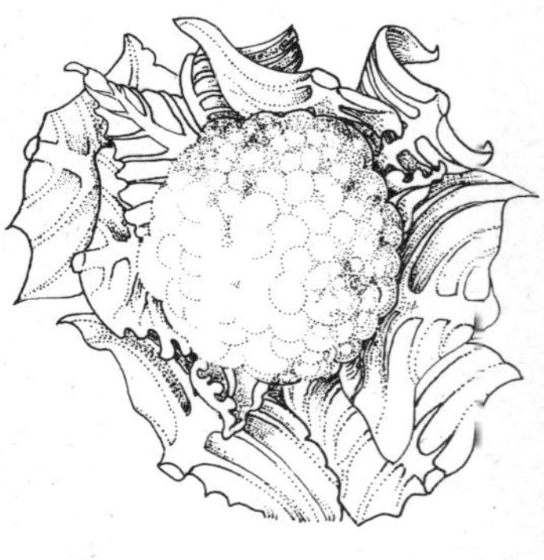

Saat Im September ins kalte Frühbeet säen oder im Januar/Februar im warmen Gewächshaus, ins Freilandsaatbeet erst im späten Frühjahr.
Pflanzen Herbst- und Wintersaat im Frühjahr auspflanzen, die Frühjahrssaat im Sommer. Pflanzenabstand 60 cm, Reihenabstand 75 cm.
Pflege Viel hacken und gießen, sie dürfen niemals zu wenig Feuchtigkeit haben. Eine Stickstoff-Kopfdüngung ist zu empfehlen. Bei dieser Pflanze darf kein Stillstand im Wachstum eintreten.
Ernte Reife Köpfe nach Möglichkeit am frühen Morgen schneiden.

Bohnen (grüne und weiße)

Weiße Bohnen sind reife grüne Bohnen, die für den Winter getrocknet wurden. Hierfür gibt es besonders gut geeignete Sorten, wie z. B. die Schwertbohnen und die Limabohnen. Grüne Bohnen werden wie Stangenbohnen gegessen.

Boden Bohnen bevorzugen einen leichten, wasserdurchlässigen, warmen Boden. In schwerem Lehmboden oder saurer Erde gedeihen sie nur schlecht.
Vorarbeit Wie alle Hülsenfrüchte wachsen sie am besten als Folgepflanze nach einer reichlich mit Mist gedüngten Kultur. Falls nötig, den Kalkgehalt ergänzen.
Saat In warmen Gebieten im frühen Sommer säen. Bohnen sind sehr kälteempfindlich und gehen in kalten oder klammen Böden nicht auf. Die Bohnenkerne etwa 5 cm tief in weite Löcher legen, in zwei Reihen – die Löcher jeweils versetzt, so daß die Pflanzen einen Abstand von ca. 15 cm haben.
Pflege Regelmäßig hacken und die Pflanzen anhäufeln. Niedere Sorten (Buschbohnen) benötigen keine Stützen. Höhere Sorten mit Stangen, Zweigen oder zwischen Pfosten gespanntem Draht oder Schnur stützen.
Ernte Für den Wintervorrat die Bohnen fast ausreifen lassen. Dann die ganze Pflanze ausreißen und an der Wurzel an einem luftigen Ort zum Trocknen aufhängen. Nach dem Trocknen die Bohnenkerne ausdreschen. Als Frischgemüse die grünen Bohnen laufend pflücken.

Breite Bohnen

Man kann die Spitzentriebe der im Herbst gesäten Bohnen pflücken und kochen; man kann die Bohnenkerne grün verwenden oder sie für den Winter trocknen. Bei den getrockneten Kernen wird die Haut am besten abgezogen, damit sie weicher sind.
Boden Breite Bohnen stellen keine besonderen Ansprüche.
Vorarbeit Wie für die Aussaat von Erbsen wird dem Boden viel Kalk und Mist zugeführt.

Saat Ich säe breite Bohnen am liebsten im Herbst, da bei uns keine extrem kalten Winter auftreten. Strenger Frost kann sie vernichten, aber das ist mir noch nie passiert. Bei zu strengen Wintern oder wenn man im Herbst keine Saatgelegenheit hatte, kann die Saat in leichten, wasserdurchlässigen Böden noch im Frühjahr nachgeholt werden. Die Saatbohnen 8 cm tief im Abstand von 20 cm stecken. Jeweils zwei Reihen mit einem Abstand von ebenfalls 20 cm gehören zusammen, und die Bohnen werden darin versetzt ausgesät. Der Abstand zum nächsten Reihenpaar beträgt 75 cm.
Pflege Im Frühjahr, wenn die Bohnenfliege auftritt, und das ist unvermeidbar, die zarten Spitzen der Triebe abzwicken und essen. Den Boden hacken.
Ernte Die reifen Bohnen fortlaufend pflücken. Den Rest nach dem Sommer trocknen.

Broccoli

Blumenkohlart – frühe und späte Sorten

Broccoli ist dem Blumenkohl ähnlich und ein hervorragendes Winter- und Frühjahrsgemüse. Die Ernte der frischen Köpfe kann vom Spätsommer des einen Jahres bis zum Frühsommer des nächsten Jahres anhalten, wenn rationelle Folgepflanzungen erfolgen und verschiedene Arten gewählt werden.
Boden Bevorzugt guten, schweren Boden, gedeiht aber in jeder gut gedüngten Erde.
Vorarbeit Wie alle Kohlarten benötigt Broccoli Kalk und verträgt keinen sauren Boden. Tief durchkultivierte, schwere Gartenerde ist am günstigsten.

Saat Die erste Aussaat erfolgt im späten Frühjahr ins Saatbeet, anschließend fünf Wochen lang in regelmäßigen Abständen nachsäen.
Pflanzen Das Auspflanzen erfolgt, sobald die Pflänzchen groß genug, ca. 10–15 cm hoch, sind und mindestens 4 Blätter haben. Der Pflanzabstand beträgt 60 cm, der Reihenabstand 75 cm.
Pflege Herbstsorten im September und Oktober schneiden, winterfeste Sorten vom Januar bis März und Frühjahrssorten bis April. Zum Schutz der Köpfe die Blätter über den Kronen zusammenbinden. Die Köpfe sofort reif ernten und nicht kochen, sondern nur leicht dämpfen.

Roter oder grüner Sprossen-Broccoli

Diese Kohlart unterscheidet sich stark vom Broccoli. Die rote Sorte ist sehr widerstandsfähig und daher ein wichtiges Wintergemüse, das bis zum Frühjahr geerntet werden kann, also gerade in der gemüsearmen Zeit.
Pflege und Ernte Er wird wie Broccoli behandelt, außer daß er im Mittsommer gepflanzt wird. Gegessen werden die grünen oder roten Stengel. Die Blätter bleiben bis zuletzt stehen und werden dann ebenfalls als Gemüse zubereitet.

Chicoree

Saat Im Frühsommer in feine Erdkrume säen und auf 30 cm Abstand ausdünnen, Reihenabstand 45 cm.

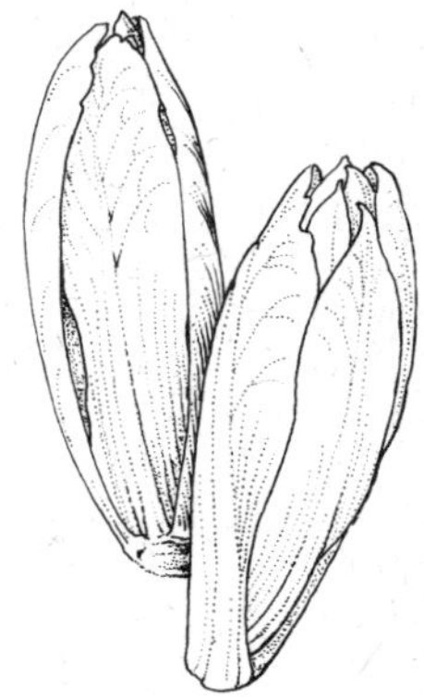

Pflege Im November die Pflanze bis kurz über der Krone zurückschneiden, in Töpfe umsetzen und im Dunkeln bei ca. 10° Wärme halten. Sie treiben dann erneut aus.
Ernte Die Triebe kurz vor der Zubereitung abbrechen. Sie wachsen innerhalb von 4 Wochen nach und können immer wieder geerntet werden.

Endivie

Saat In der Mitte des Sommers ins Freiland säen und im Spätsommer mit einem Folientunnel schützen. In einem dunklen Folientunnel (schwarze Folie) bleicht die Pflanze und gibt den bekannten Wintersalat. Blanchieren beseitigt den etwas bitteren Geschmack. Sommer-Endivie wird vom Frühjahr an ins Freiland gesät und wie Kopfsalat zubereitet.

Erbsen

Boden Erbsen bevorzugen einen leichten Lehmboden, gedeihen aber fast in jedem Erdreich. Auch sie vertragen keinen sauren Boden und brauchen viel Feuchtigkeit.
Vorarbeit Für eine reiche Ernte das Erbsenbeet im Herbst mit Gräben durchziehen, diese mit Mist, Kompost oder organischen Abfällen füllen und wieder zudekken. Außerdem den Boden reichlich mit Kalk versorgen. Im Frühjahr die Erbsen in die so präparierten Gräben säen. Diese Methode ist allerdings ziemlich umständlich. Einfacher sät man Erbsen nur dort aus, wo vorher Kartoffeln kultiviert wurden, denn hier ist der Boden bereits ausreichend gedüngt. Dies ist immer der beste Platz für Erbsen.

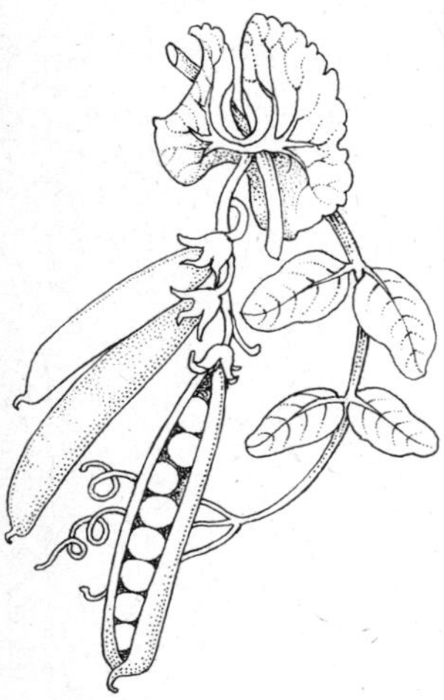

Saat Die Erbsen in einem Abstand von 5–8 cm in den etwa 8 cm tiefen Graben legen, sie mit Erde bedecken und diese festklopfen. Wenn man die Erbsen vorher zwei bis drei Tage lang in Wasser legt, beginnen sie zu keimen und laufen dadurch früher auf. Gegen Mäusefraß hilft ein Eintauchen der Saaterbsen in Paraffin. Vögel sind ebenfalls eine Gefahr. Vogelscheuchen aus Blech oder auch eine gute Katze schützen vor zu großen Verlusten.
In milden Gegenden können einige rundsamige Erbsen im November gesät werden und weitere dann im Februar. Für diese Sorten muß der Boden leicht und trocken sein. Ein Folientunnel beschleunigt das Wachstum erheblich. Viel wichtiger ist es jedoch, von Mitte März bis zum Juli ständig junge Erbsen nachzusäen, damit über einen langen Zeitraum hinweg ständig junge Erbsen geerntet werden können. Für die letzte Aussaat nimmt man eine als „früh" bezeichnete Sorte. Sie reift schneller als die anderen und wird deshalb weniger leicht vom Frost überrascht.
Pflege So lange hacken, bis die Erbsenranken selbst das Unkraut zurückdrängen. Eine Mulchdecke wirkt Wunder, denn sie hält den Boden kühl und feucht, und diese Bedingungen braucht die Erbse.
Ernte Für die Salatbereitung die Erbsen ganz jung pflücken. Wenn die Schoten praller werden, die Erbsen als Gemüse zubereiten. Den Rest am Busch trocknen und erst dann einbringen, das heißt: die ganzen Pflanzen mit den restlichen Schoten ausreißen und an einem luftigen Ort zum Trocknen aufhängen. Später die getrockneten Erbsen ausdreschen und in Dosen oder Säcken aufbewahren.

Feldsalat

Dies ist die ideale Pflanze für alle, die im Winter frischen Salat essen möchten.

Saat Im späten Sommer in Reihen im Abstand von 30 cm aussäen.
Ernte Die Blätter nicht zu groß werden lassen, spätestens ernten, wenn die Pflanze 3 oder 4 kurze Blätter entwickelt hat.

Grünkohl

Diese Pflanze wächst noch in so kalten und nassen Gegenden, in denen kaum ein anderes Grüngemüse im Winter oder zum Frühjahrsbeginn zu finden ist.
Boden Grünkohl ist nicht anspruchsvoll, aber je besser der Boden, desto besser der Kohl.
Vorarbeit Wie Frühjahrs-Weißkohl.
Saat In warmen Gegenden Anfang April, in kalten Ende April/Anfang Mai ins Freiland säen. Falls der Platz noch gebraucht wird, zuerst ins Saatbeet säen.
Pflanzen An Ort und Stelle gesäte Pflanzen pikieren. Im Saatbeet gesäte Pflanzen bei einer Wuchshöhe von ca. 15 cm auspflanzen.
Pflege Siehe Frühjahrs-Weißkohl.
Ernte Grünkohl kann noch stehenbleiben, wenn der Rosenkohl bereits verrottet ist, die letzten Kohlköpfe geerntet wurden, die Schnecken die Reste der Sellerie

gefressen haben und der Boden unter einer dicken Schneedecke liegt.

Kartoffeln

Kartoffeln gehören zu den besten lagerfähigen Kraftspendern und sind im Winter der Hauptlieferant für Vitamin C.
Boden Kartoffeln brauchen guten, kräftigen Boden. Sie wachsen in tonigem Lehm (Lette), bevorzugen Torf und gehören zu den wenigen Pflanzen, die sauren Boden nicht nur vertragen, sondern sogar bevorzugen. Kalk darf vor dem Legen der Kartoffeln nicht gegeben werden, sie werden sonst schorfig; Mist dagegen sehr reichlich zuführen.
Vorarbeit Den Boden im Herbst tief umgraben; im Frühjahr nochmals und dabei gleich Furchen ziehen. Kartoffeln brauchen keine feine Krume, dafür aber ein tief durchgearbeitetes Erdreich. Vor dem Pflanzen so viel Dung oder Kompost, wie nur entbehrlich ist, in die Furchen geben und die Kartoffeln direkt darauf setzen.

Pflanzen Die ersten Frühkartoffeln legt man am besten zur gleichen Zeit wie der Nachbar. Oder 14 Tage früher, aber dann müssen sie mit einem Folientunnel oder einer durchsichtigen Folienplane geschützt werden. Die geringste Frosteinwirkung beschädigt die Blätter, und die Pflanzen müssen dann ganz von vorn mit der Entwicklung beginnen. Wer seine Kartoffeln besonders früh ernten will, läßt sie vorkeimen, das heißt man legt die Saatkartoffeln in flachen Holzkisten, Regalen oder Eierschachteln bei 5°–10° Wärme ans Licht und achtet darauf, daß dabei nicht alle Keime (Augen) beschädigt werden, jede Knolle muß zwei behalten. Die Hauptsaat darf nicht vorgekeimt werden. Sie wird frühestens im späten Frühjahr direkt in den Boden gelegt. Frühkartoffeln etwa 8 cm tief im Abstand von 30 cm, Reihenabstand 50 cm legen, die Hauptsaat der Winterkartoffeln im Abstand von 45 × 45 cm und etwa 13 cm tief.
Pflege Wer große Mengen Frühkartoffeln gesetzt hat, braucht sich keine Mahlzeit versagen, auch wenn die Knollen anfangs noch sehr klein sind. Er gräbt die Frühkartoffeln aus, bis sie verbraucht sind und geht dann zu den später gelegten über. Anschließend werden auch Winterkartoffeln für den sofortigen Gebrauch ausgegraben. Nur der Wintervorrat bleibt im Boden, bis das Kraut ganz welk und fast verrottet ist. Erst dann werden sie vorsichtig ausgebuddelt und bleiben ein bis eineinhalb Tage auf der Erde liegen, damit sich ihre Schale festigt (liegen sie länger, können sie grün und damit giftig werden). Danach werden sie eingemietet oder dunkel gelagert. Auf keinen Fall dürfen sie Frost abbekommen, sonst faulen sie sofort.

Kopfsalat

Dieser Salat ist der beliebteste und bekannteste in der ganzen Vegetationszeit.
Da er keine Kohlpflanze ist, braucht man auch keine Angst vor Kohlhernie zu haben. Es lohnt sich, den Anbau verschiedener Sorten zu versuchen, denn manche sind viel knackiger und fester als andere.
Boden Salat bevorzugt eine gute Erde, wächst aber auf jedem ausreichend gedüngten Boden. Er ist hitzeempfindlich und zieht Schatten vor, gedeiht jedoch wiederum unter Bäumen nicht gut. Ein feuchtes Klima ist ihm am liebsten.
Vorarbeit Für Sommersalat gut verrotteten Mist oder Kompost untergraben. Dem Wintersalat schadet zuviel Dünger, er bekommt davon Grauschimmelfäule. Den Boden zu feiner Saatbeeterde verarbeiten.

Wintersalat

Säen und Pflanzen Im späten Sommer ca. 2 cm tief säen und später mit Folientunneln oder Glasfenstern schützen. In sehr kalten Regionen ist eine Wintersaat nicht möglich. Ansonsten kann er auch ins Frühbeet gesät werden, wenn man ihn im Frühjahr auspflanzt. In einem geheizten Gewächshaus kann natürlich den ganzen Winter über Salat angebaut und geerntet werden.

Sommersalat

Säen und Pflanzen Erstmals im zeitigen Frühjahr dünn in Reihen mit 45 cm Abstand säen. Die Pflanzen auf ca. 30 cm Abstand pikieren und die ausgezogenen Jungpflanzen an anderer Stelle einsetzen. Sie vertragen das Umpflanzen gut. Nicht zuviel auf einmal, sondern lieber den ganzen Sommer hindurch wiederholt kleine Mengen säen.

Kürbis

Kürbisse kann man für den Winter einlagern. Sie sind sehr vitaminreich und nahrhaft.
Boden Der beste Platz für sie ist ein alter Komposthaufen; dort werden sie auch meistens angebaut. Sie bevorzugen einen schweren Boden.
Vorarbeit Ist kein Komposthaufen da, im vorhergehenden Herbst sehr viel Mist oder Kompost im vorgesehenen Beet untergraben.
Saat Am Ende des Frühjahrs an Ort und Stelle unter Glas säen, oder noch besser unter umgestülpten Marmeladegläsern. Sonst in Erdblöcken oder Torftöpfen unter Glas. Im Frühsommer die Pflanzen langsam abhärten, z. B. durch Abheben der Gläser während des Tages. Nachts die Pflanzen wieder abdecken. Nach einigen Wochen die Gläser ganz weglassen oder die Pflanzen ins Freie umpflanzen. Jeweils drei Samenkerne zu einer Gruppe zusammenlegen und diese beim Auspflanzen ins Freie im Abstand von 1,80 m pflanzen, da Kürbisse lange Ausläufer treiben.

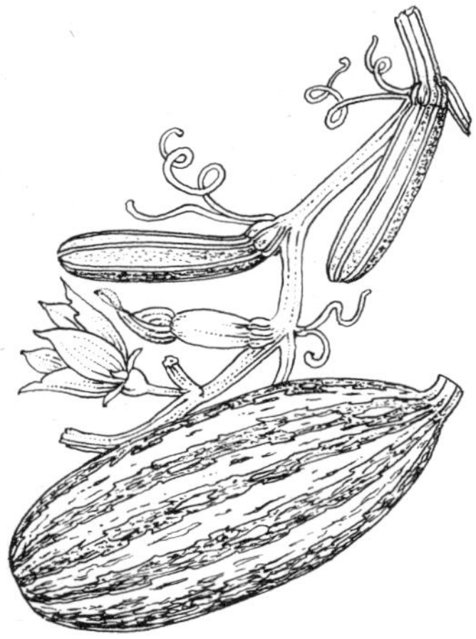

Pflege Hacken und wenn nötig gießen. Wenn möglich, mulchen. Vor Schnecken schützen.
Ernte Jung und zart laufend ernten, dann wachsen sie ständig nach. Im Spätsommer einige zum Ausreifen hängen lassen, vor dem ersten Frost ernten und in einem kühlen Raum lagern. Am besten in Netzen aufhängen, da sie an Druckstellen am leichtesten faulen.

Lauch

In kalten, nassen Zonen ist dies eine der dankbarsten Gemüsepflanzen, die es gibt. Sie ist winterfest und liefert in diesen Monaten vitaminreiche Mahlzeiten. Zwiebeln sind im allgemeinen schwierig zu kultivieren und zu lagern, aber der Lauch ist ein bescheidener Pflegling.
Boden Lauch gedeiht in nahezu jedem Boden, solange er nicht gerade von Wasser überflutet ist.
Vorarbeit Eine gute Düngung ist auf jeden Fall von Vorteil. Meistens wird Lauch auf die abgeernteten Frühkartoffelbeete gepflanzt, weil diese viel Mist bekommen haben. Sollten die Kartoffeln aber in der Mitte des Sommers noch nicht geerntet sein, wird es für den Lauch zu spät. Dann muß er in einem anderen, gut umgegrabenen und gedüngten Beet untergebracht werden.
Saat Im Frühjahr 2 cm tief in Reihen mit 30 cm Abstand ins normale Saatbeet säen.
Pflanzen Bei der traditionellen Art des Lauchpflanzens werden den jungen Pflänzchen die Enden der Wurzeln und die Spitzen der Blätter abgeschnitten und der Rest der Pflanze in Löcher gestopft. Ich halte es jedoch für Unfug, die jungen Pflanzen derart zu verstümmeln und finde es besser, sie ganz normal auszupflanzen. Mit einer Hand- oder Ziehhacke ca. 8 cm tiefe Furchen ziehen und die Jungpflanzen im Abstand von 13 cm hineinsetzen. Für jede vorher in der Furche ein Loch machen und beim Setzen darauf achten, daß die Wurzeln nicht nach oben gestülpt werden. Die Pflanzen so gut wässern, daß etwas lose Erde in die Pflanzlöcher geschwemmt wird.

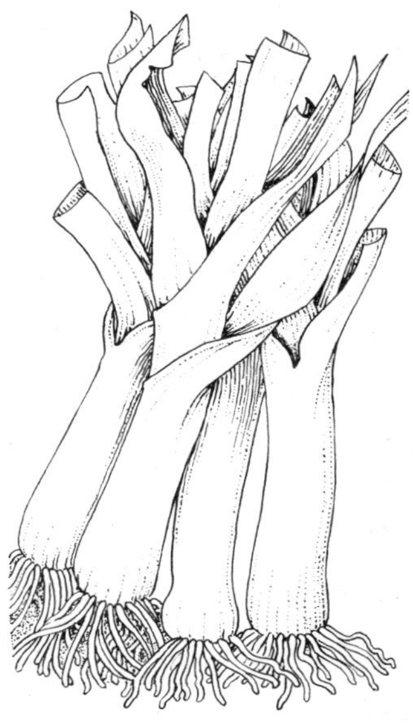

Pflege Hacken und häufeln und die angehäufelte Erde nach und nach erhöhen, so daß die unteren Teile der Pflanzen bedeckt sind und dadurch gebleicht werden.
Ernte Lauch kann auch im Winter im Boden bleiben. Gegen Ende des Winters die Pflanzen ausgraben und an einem gut erreichbaren Platz im Garten „einschlagen". Das heißt, alle Pflanzen zusammen in ein großes Pflanzloch stecken und die Erde fest an die Wurzeln drücken. Auf diese Weise wächst der Lauch nicht mehr weiter, bleibt jedoch frisch, bis er gebraucht wird.

Melonen

In warmen Klimazonen wachsen Melonen im Freiland; auch in kälteren Gebieten können sie im Freien angebaut werden, sofern sie sofort nach dem letzten Frost unter Glas oder im Folientunnel gesät und vorkultiviert werden. Besser zieht man sie aber im warmen Mistbeet.

Pflege Genau wie Gurken behandeln, nur die männlichen Blüten nicht entfernen. Im Abstand von 1,80 m auf Erdhügel setzen.

Möhren und Karotten

Die Mohrrübe hat einen größeren Vitamin-A-Gehalt als jede andere Kulturpflanze. Auf jeden Fall aber ist sie eine ausgezeichnete Gemüsepflanze für den Selbstversorger. Sie läßt sich ohne Schwierigkeiten für den Winter einlagern und kann roh in Salaten oder gekocht zu nahezu jedem Gericht gegessen werden.
Boden Möhren bevorzugen gut durchgearbeitete, kultivierte Gartenerde. Am besten wachsen sie in ganz leichten, fast sandigen Böden.
Vorarbeit In frisch gedüngtem oder mit Kompost angereichertem Boden neigen sie wie alle Wurzelgemüse zur Ausbildung von Faserwurzeln und geteilten Pfahlwurzeln. Sehr gut verrotteter Kompost stört sie allerdings weniger. Deshalb Möhren nie in frischgedüngtem Boden kultivieren. Saurer Boden ist ebenfalls nichts für sie (pH-Wert mindestens 6). Den Boden tief durcharbeiten und dann fein hacken und rechen.
Saat Möhren können erst ausgesät werden, wenn der Boden trokken und warm ist, also nicht vor

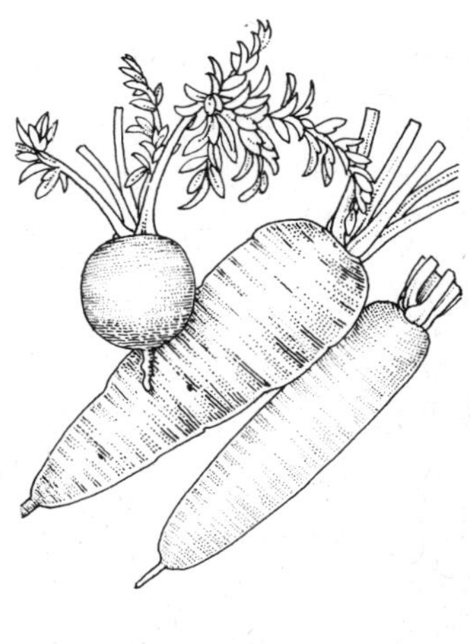

dem späten Frühjahr. Sehr flach und so dünn wie möglich säen und die Saatreihen mit dem Harkenrücken andrücken. Es empfiehlt sich, einige Radieschen in die gleiche Reihe zu säen. Sie gehen schneller auf und markieren die Reihen, ehe die langsam keimenden Mohrrüben zu sehen sind. Dadurch wird das Hacken erleichtert. Zwiebeln werden als Zwischenkultur empfohlen, weil sie die Möhrenfliege vertreiben.
Pflege Bei trockenem Wetter die Saat vorsichtig gießen, um die Keimzeit zu verkürzen. Regelmäßig hacken, aber ohne die Möhren zu beschädigen. Unkraut am besten mit der Hand jäten. Auf einen Abstand von ca. 8 cm ausdünnen, damit sich kräftige Wurzeln bilden können. Später jede zweite Pflanze ernten, um so den Abstand nochmals auf etwa 15 cm zu vergrößern. Möglichst bei Regenwetter ausdünnen, damit wirkt man der Verbreitung der Möhrenfliege entgegen. Erfolgt das Ausdünnen bei trockenem Wetter, rund um die Pflanzen Derris-Mittel (Spruzit-Staub) streuen. Anschließend die Erde an die stehengebliebenen Pflanzen schieben und festklopfen.
Ernte Junge und zarte Möhren kann man jederzeit ziehen. Die Haupternte erfolgt vor dem ersten richtigen Frost. Die Wurzeln mit der Grabgabel lockern, ausziehen und ungewaschen in einem kühlen Keller in Sand lagern. Bei eingemieteten Möhren besteht die Gefahr, daß sie faulen. Gewaschene Mohrrüben halten sich auf gar keinen Fall.

Pastinak

Aus Pastinak macht man den besten aller Wurzelweine. Und leicht, aber nicht zu Tode gekocht, ist es ein herrliches Gemüse, reich an Vitamin A, B und C.

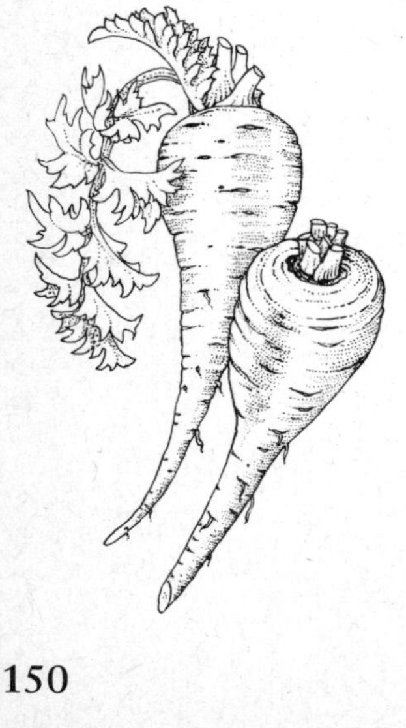

Boden Pastinak wächst in jedem tief bearbeiteten und nicht zu steinigen Boden. Wie bei allen Wurzelgemüsen keinen frischen Dung benutzen.
Vorarbeit Er benötigt Kali, und der Boden muß tief umgegraben sein. Um große Wurzeln zu erzielen, mit einem Eisenstab oder gebogenem Draht ein Loch ausheben, mit Torf und Komposterde oder Blumentopferde füllen und dort hinein säen.
Saat In 2,5 cm tiefe Rillen mit einem Abstand von 35 cm im zeitigen Frühjahr säen, spätestens jedoch, wenn der Boden offen und trocken ist. Die Samen haben eine sehr lange Keimzeit, deshalb empfiehlt sich die Mitsaat von Radieschen, die schnell auflaufen, die Reihen anzeigen und dadurch das Hacken zwischen den Reihen erleichtern.
Pflege Zwischen den Reihen kann zunächst Salat gesät werden. Nach dessen Ernte hacken und jäten.
Ernte Pastinak kann lange im Boden bleiben. Die Wurzeln werden durch Frost noch erheblich besser. Wer sie während der strengen Frostperiode verwenden will, wenn das Ausgraben schwierig ist, zieht sie besser vorher aus und lagert sie auf einem Haufen draußen oder in einem Schuppen.

Paprika

Saat und Pflanzen Die Samen im zeitigen Frühjahr im Haus in Saatschalen säen und die Pflänzchen spätestens 14 Tage nach dem letzten Frost ins gut gedüngte Gartenbeet pflanzen. In kalten Gegenden mit einem Folientunnel schützen.

Die Pflanzen im Abstand von 60 cm bei einem Reihenabstand von 90 cm setzen. Nachdem er sich gut erwärmt hat, den Boden mulchen. Paprika braucht viel Feuchtigkeit, bei zuviel Nässe geht er jedoch ein. Ihn deshalb in sehr regenreichen Gegenden auf Erdhaufen setzen.

Radieschen

Saat Die Samen in Rillen säen. Nach etwa 6 Wochen sind die Radieschen groß genug zum Verzehr. Sie gehören zu den Kohlpflanzen, wachsen aber so schnell, daß sie weder die gefürchtete Kohlhernie bekommen noch verbreiten. Radieschen das ganze Frühjahr und

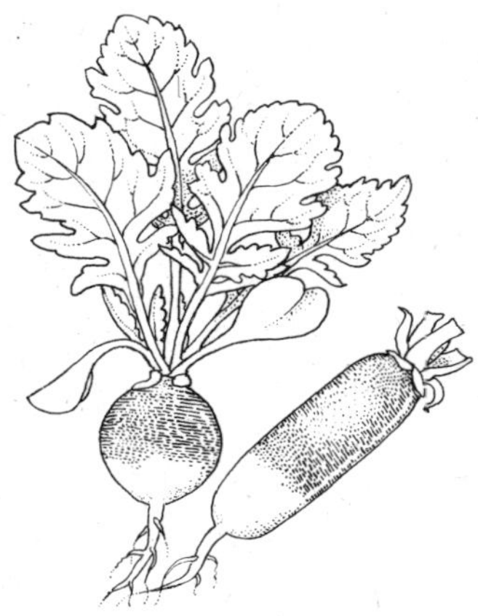

den Sommer durch säen, damit immer frische und zarte zur Verfügung stehen. Sie dürfen nicht alt und holzig werden und sich auf gar keinen Fall aussäen.

Rhabarber

Rhabarber gehört zu den ausdauernden Pflanzen.
Boden Jeder Boden ist geeignet.
Vorarbeit Viel Dünger verabreichen.
Pflanzen Pflanzenkronen kaufen und sie im späten Herbst in die Erde setzen. Einen Abstand von 90 cm zwischen den Pflanzen und 1,20 m zwischen den Reihen lassen. Etwas Stickstoffdünger darauf streuen und so einen selbstarbeitenden Komposthaufen schaffen. Im Frühjahr Eimer oder Töpfe über einige Pflanzen stülpen, damit sie schneller wachsen.
Pflege Das Beet im Herbst dick mit Stroh abdecken.
Ernte Wenn die Stiele dick und lang sind, soviel wie möglich pflücken. Es muß aber soviel stehenbleiben, daß die Pflanze nicht zu sehr geschädigt wird.

Rosenkohl

Boden Er bevorzugt tiefgründig durchgearbeiteten, satten Lehmboden, aber eine gute Ernte läßt sich in jedem Boden erzielen, wenn die Erde gründlich und tief bearbeitet und reichlich gedüngt ist.
Vorarbeit Im vorhergehenden Herbst Kompost oder Dung in den Boden bringen oder als Folgepflanze zu einer abgeernteten, gut gedüngten Kultur anbauen, bei kalkarmem Boden als Folgepflanze nach einer reichlich gekalkten Kultur.

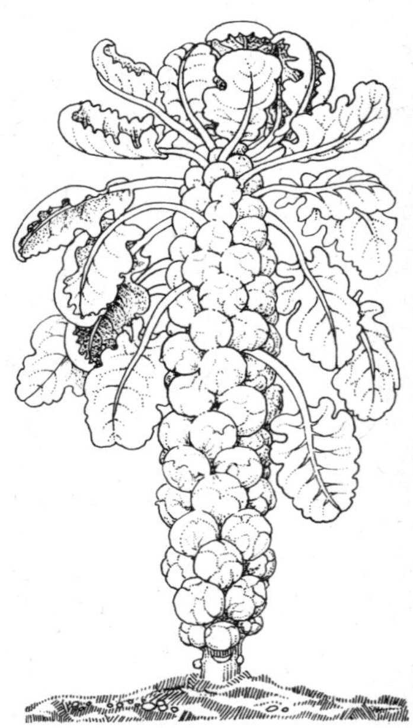

Saat Im zeitigen Frühjahr ins Freiland-Saatbeet säen und für eine spätere Ernte nach einigen Wochen nochmals nachsäen.
Pflanzen Im Frühsommer im Abstand 90 × 90 cm auspflanzen. Oft ist es gut, den Pflanzen eine Stütze beizugeben, damit sie später gerade wachsen und Halt haben.
Pflege Wenn nötig, hacken. Die weiten Reihenabstände für schnellwachsende Zwischenkulturen nutzen. Schnecken und Raupen bekämpfen. Falls keine Stützen angebracht wurden, die

Stämme im Herbst mit Erde anhäufeln, damit sie mehr Halt haben und die Bildung neuer Wurzeln angeregt wird.
Ernte Von frühen Sorten kann man bereits im Spätsommer ernten, aber in gemäßigten Klimazonen sollte Rosenkohl mehr als Wintergemüse angebaut werden. Die Blätter bleiben so lange am Strunk, bis sie gelb geworden sind. Die Pflanzenspitzen können noch als Gemüse zubereitet werden, wenn die Röschen bereits abgeerntet sind.

Rote Bete

Boden Rote Rüben bevorzugen milden, mürben und nicht zu fetten Boden, aber sie wachsen in den meisten Erden.
Vorarbeit Sie mögen keinen frisch gedüngten Boden und brauchen ein gutes, feinkrumiges Saatbeet.

Saat Die Hauptmenge im Frühsommer sehr dünn aussäen (alle 15 cm einige Samenkörner). Die Samen laufen meistens so gut auf, daß sie ausgelichtet werden müssen. 2,5 cm tief in Reihen säen, Reihenabstand 30 cm.
Pflege Ausdünnen und hacken.
Ernte Rote Rüben können bis zum Einsetzen starker Fröste im Boden bleiben. Oder im Herbst herausziehen, das Grünzeug nicht zu nahe an der Wurzelknolle abdrehen und in Sand verpackt im kühlen Keller aufbewahren.

Rotkohl

Wird wie Winterweißkohl behandelt. Rotkohl hat eine längere Kochzeit.

Salat-, Pfeffergurken

Beide Gurkenarten können im Freiland angebaut werden. Sie werden unter Glas oder im Folientunnel kultiviert. Mit einem geheizten Gewächshaus kann die Ernte vorverlegt werden.

Boden Gurken wachsen in leichtem Boden mit sehr viel Mist. Sie brauchen Feuchtigkeit und gedeihen in sauren Böden nicht.
Vorarbeit Im vorangehenden Herbst viel Gründüngung in den Boden bringen.

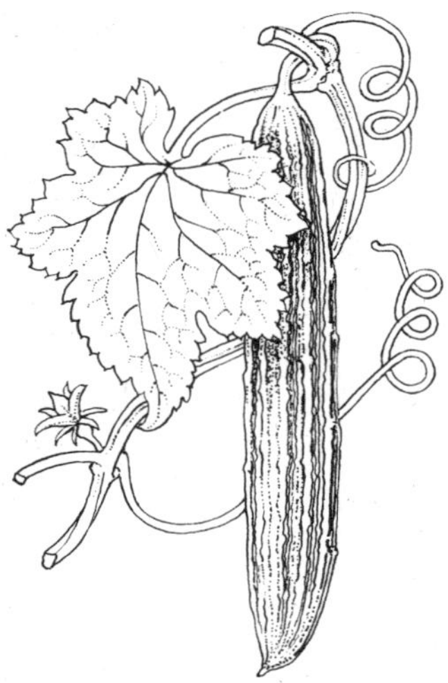

Saat Frühbeetgurken im zeitigen Frühjahr unter Glas säen oder in einem geheizten Gewächshaus bei ca. 16° vorkultivieren. Freilandgurken können nur dann vor dem Frühsommer gesät werden, wenn man sie vor zu kalter Witterung schützt. Bei feuchtem Klima am besten 6 Samenkerne einer Freilandsorte auf einen kleinen, ca. 10 cm hohen Erdhaufen setzen. Später bis auf die drei kräftigsten Pflanzen ausdünnen. Bei trockenem Klima statt auf Hügel in Kuhlen säen, in die im letzten Herbst reichlich Mist oder Kompost gepackt wurde.
Pflanzen Freilandgurken wachsen an Ort und Stelle, Frühbeetgurken können im Frühsommer ins Freiland umgesetzt werden. Gewächshausgurken so bald wie möglich aus den Saatkästen in Torftöpfe verschulen und diese später, wenn die Pflanzen fast schon herauswachsen, in die Gewächshauserde setzen. Viel mit warmem Wasser gießen und das Gewächshaus feucht und gut durchlüftet halten.
Pflege Gurken brauchen sehr viel Wasser und dürfen niemals austrocknen. Die Brühe von in Wasser eingeweichtem Mist ist gut für sie. Bei Salatgurken die männlichen Blüten entfernen, damit die weiblichen, die die Früchte bilden, nicht befruchtet werden, da sonst die Gurke bitter schmeckt. Bei der Salatgurke nach der Ausbildung von sieben Trieben alle weiteren abzwicken.
Ernte Gurken müssen regelmäßig jung gepflückt werden, dann wachsen sie weiter und bilden neue Früchte. Vor dem ersten Frost alle Gurken ernten und einlegen.

Sellerie

Die dicke Sellerie-Knolle kann man reiben und roh essen, oder schälen und kochen, oder kochen und backen.

Saat Wie Bleichsellerie säen, pikieren und verpflanzen.
Pflege Beim Hacken die Erde von den Pflanzen wegschieben, statt sie wie bei der Bleichsellerie anzuhäufeln.
Ernte beginnt im Herbst. Mitte November mit Erde bedecken, damit die Pflanzen vor Frost geschützt sind.

Sojabohnen

In Asien werden Sojabohnen schon seit Jahrhunderten angebaut, bei uns sind sie dagegen noch keine 200 Jahre bekannt. In wärmeren Gegenden ist ihr Anbau aber durchaus möglich. Sie benötigen eine lange, warme Wachstumsperiode von mindestens 100 Tagen. Sie können wie Erbsen grün gegessen oder an der Pflanze reifen und als Wintervorrat getrocknet werden. Sie lassen sich auch zu Mehl vermahlen.

Vorarbeit Den Boden im Herbst umgraben und viel Kalk einarbeiten.
Saat Im späten Frühjahr 2,5 cm tief im Abstand von 8 cm mit einem Reihenabstand von 60 cm säen.
Ernte Zum sofortigen Verbrauch die Bohnen jung pflücken, ehe die Schoten gelb werden, wie Erbsen ausperlen und zubereiten. Das Ausperlen wird durch ein kurzes Aufkochen der Schoten erleichtert. Für den Wintervorrat oder zur Mehlbereitung die Bohnen bis zur Reife hängen lassen, sie aber pflücken, bevor sich die Schoten zur Samenabgabe von selbst öffnen. Deshalb die Pflanzen genau beobachten. Die Stengel müssen auf jeden Fall noch grün sein.

Spargel

Spargel ist ein ausdauerndes Gemüse. Die erste Ernte erfolgt drei Jahre nach der Pflanzung. Spargel ist nicht nur eine Delikatesse, sondern auch sehr nahrhaft und eine der wertvollsten Pflanzen überhaupt, die man im Garten anbauen kann.

Boden Er bevorzugt einen tief durchgearbeiteten, leichten, fruchtbaren Lehmboden, der vor allem wasserdurchlässig sein muß. Er wächst auch im Sand, wenn er reichlich gedüngt ist. Ausdauerndes Unkraut darf im zukünftigen Spargelbeet nicht geduldet werden. Besonders Schachtelhalm, Quecken oder Winden mit ihren zähen Wurzelausläufern können ein Beet ruinieren, denn wenn der Spargel wächst, verschlingen sich Spargel- und Unkrautwurzeln zu unentwirrbaren Knäueln. Üblich sind erhöhte Beete für Spargel, neuerdings wird er allerdings auch in einfachen oder doppelten Reihen flach gepflanzt. Der Unterschied ist nicht groß. Das Spargelbeet im Herbst mit einer dicken Schicht Algen abdecken und die nicht verrotteten Reste im Frühjahr auf den Komposthaufen bringen.

Saat Den Boden im Herbst sehr reichlich düngen. Im Frühjahr drei Jahre alte Pflanzen kaufen und sie im Abstand von 45 cm von der Pflanzenmitte aus gemessen in den Boden setzen. Sie sehen wie große Spinnen aus und dürfen vor dem Pflanzen nicht austrocknen. Sie werden mehrere cm hoch mit Erde bedeckt, das ist sehr wichtig. Den Boden auf keinen Fall austrocknen lassen.
Pflege Im ersten Jahr keinen Spargel ernten. Im späten Herbst die Grüntriebe bis zum Boden abschneiden und erneut gut düngen. Im nächsten Frühjahr die Pflanzen durch Gaben von Fischmehl, kompostiertem Hühnermist, Algen oder Salz unterstützen und die Beete jäten. Im zweiten Jahr höchstens ein oder zwei Mahlzeiten ernten und den Schnitt spätestens im Juni beenden. Die Düngungen des Vorjahres im Herbst und zeitigen Frühjahr des nächsten Jahres wiederholen.
Ernte Im dritten Jahr die Sprosse über der Wurzel abschneiden. Jeden zweiten oder dritten Tag eßfähige Spargel ernten. Sie schießen bald wieder nach. Den Schnitt bis in die dritte Woche des Juni regelmäßig durchführen, ein längeres Schneiden würde jedoch die nächste Ernte beeinträchtigen. Das Kraut im Herbst zurückschneiden, damit durch Vernichtung der Eigelege die Verbreitung des Spargelkäfers verhindert wird. Danach das Spargelbeet wieder düngen, und die verbrauchten Nährstoffe ersetzen.

Speise- und Kohlrübe

Diese Rüben können im Sommer und Herbst jung und zart zum sofortigen Gebrauch geerntet oder als Wintervorrat eingemietet werden. Die Speiserüben können bis zum Einsetzen starker Fröste im Boden bleiben, in nicht zu kalten Gebieten bis Weihnachten. Kohlrüben sind noch widerstandsfähiger.
Man sollte sie trotzdem ausgraben und an einem leicht zugänglichen Platz einmieten. Rüben sind anfällig für Kohlhernie und gehören deshalb in den Kohlgarten, damit der Erreger nicht verschleppt wird. Kohlanbauflächen müssen zwischendurch mindestens drei Jahre hindurch mit anderen Kulturen bebaut werden. Kohlrabi ähnelt der Speiserübe und wird in gleicher Weise gezogen.
Boden Leichter, fruchtbarer, wasserdurchlässiger, aber nicht trockener Lehmboden eignet sich am besten. Die Speiserübe gedeiht in den meisten Böden.
Vorarbeit In niederschlagsreichen Gegenden ist es ratsam, die Rüben auf Furchrücken zu ziehen. Deshalb das Land mit einem Furchpflug bearbeiten oder bei kleineren Flächen mit dem Spaten Furchen anlegen und in Rillen auf den Furchenrücken säen. Wer seine Rüben auf flachem Grund ziehen möchte, bearbeitet den Boden wie für Frühjahrsweißkohl (s. S. 153) vor.
Saat Die früheste Aussaat kann im zeitigen Frühjahr oder ein bis zwei Wochen nach dem letzten möglichen Frost erfolgen. Dann kann jedoch bis zum August fortlaufend gesät werden. In Rillen mit einem Abstand von ca. 25 cm flach säen, mit Erde bedecken und andrücken.

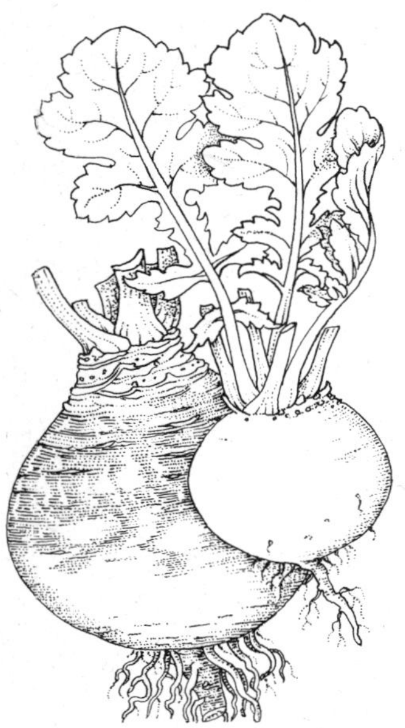

Pflege Auf Erdflöhe achten! Sie fressen Löcher in die Blätter. Sie können mit einem Insektizid bekämpft werden, aber auch mit einem speziellen kleinen Zweiradgerät. Beim Vorwärtsfahren dieses Gerätes streicht die klebrige Unterseite eines Brettes über die Pflanzen hinweg, während eine Drahtfeder sie gleichzeitig bewegt. Die Erdflöhe springen in die Höhe und bleiben an der klebrigen Fläche hängen. Die noch kleinen Pflanzen auf einen Abstand von 10 cm auslichten und danach mindestens zweimal hacken.
Ernte Die ersten Rüben nach ca. zwei Monaten zum sofortigen Verbrauch ziehen oder bis zum Winteranfang im Boden lassen, dann roden, die Blätter kappen und einmieten.

Spinat

Es gibt viele verschiedene Sorten, z. B. Neuseeländer Spinat, englischen Winterspinat, Erdbeerspinat, Gartenspinat usw., aber alle werden gleich kultiviert.
Boden Wie fast jede andere Pflanze bevorzugt auch der Spinat eine satte Lehmerde, deshalb dem Boden soviel Mist wie möglich zuführen. Auch in Tonböden gedeiht Spinat, in Sandböden dagegen schießt er gern aus, wenn nicht genug Mist eingebracht wurde.

Saat 2,5 cm tief in Reihen mit einem Abstand von 30 cm säen. Später die Pflanzen auf einen Abstand von 15 cm ausdünnen.
Pflege Während des Sommers hacken, mulchen und gießen.
Ernte Jeweils die großen Blätter einer Pflanze jung und grün pflücken, die kleinen für spätere Ernten schonen. Beim Mangold die Stengel und die Blätter ernten und die Stengel wie Spargel zubereiten.

Stangenbohnen

Sie reifen später als die auf S. 147 beschriebenen Bohnen zum Trocknen. Sie sind sehr ertragreich, müssen aber sorgsam gesteckt werden und benötigen Bohnenstangen zum Ranken.
Boden Sie bevorzugen guten, satten, tiefen Lehmboden.
Vorarbeit Im zeitigen Frühjahr einen doppelt tiefen Graben anlegen und eine dicke Schicht Mist auf die Sohle packen.
Saat Im Frühsommer in zwei weite, aber flache, parallel verlaufende Gräben versetzen, etwa 5 cm tief im Abstand von 25 cm säen. Das nächste Reihenpaar mindestens 1,50 m entfernt anlegen. Die Bohnenstangen so früh aufstellen, daß die ersten Ranken gleich Halt finden. Man kann auch die Spitzen der Triebe abzwicken, so daß sich die Ranken auf dem Boden ausbreiten, aber dann fällt die Ernte sicher nicht überwältigend aus, und nach meiner Ansicht ist es eine armselige Art, diese herrliche Kletterpflanze zu kultivieren.

Pflege Viel hacken und bei Trokkenheit gießen, besonders wenn sie Blüten ansetzen. Eine Kompost-Mulchdecke bekommt ihnen sehr gut. Die Blüten mit Wasser besprengen, wenn es nicht regnet. Dadurch setzen sie leichter an.
Ernte Die grünen Bohnen fortlaufend pflücken, auch wenn der Ertrag für den sofortigen Verbrauch zu groß ist. Bei den überschüssigen die Fäden ziehen, sie schnippeln (es gibt einen kleinen Bohnenhobel zu kaufen) und einsalzen. Lieber alle Bohnen pflükken und sie den Schweinen füttern, als sie alt und zäh werden lassen. Einige als Saatgut für das nächste Jahr trocknen.

Süßkartoffeln

In trockenen, warmen Zonen kann die Süßkartoffel eine Hauptanbaufrucht sein, in feuchtem, kühlem Klima ist der Anbau dagegen wegen ihrer großen Frostempfindlichkeit problematisch.
Boden Sie gedeiht gut in Sand oder sandigem Lehm und schlecht in zu sattem Erdreich.
Vorarbeit Nur tief umgraben, den Boden aber weder düngen noch anreichern.
Pflanzen Die Knollen wie bei normalen Kartoffeln im Abstand von 40 × 75 cm und niemals früher als 14 Tage nach dem letzten möglichen Frost stecken.
Pflege Nur hacken.
Ernte Spätestens 14 Tage vor dem ersten Frost sorgsam umgraben. Im Freien in der Sonne auf einer Lage Heu ausbreiten und 10 Tage liegenlassen. Sie werden nicht

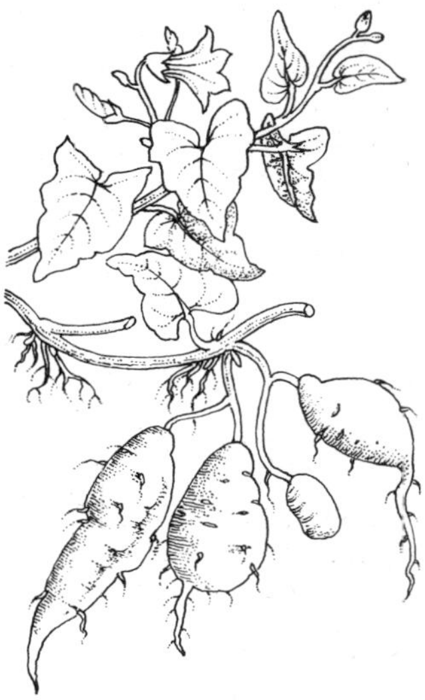

grün, denn sie sind nicht mit der Kartoffel verwandt. Die Knollen von Zeit zu Zeit wenden. Sie bei zu wenig Sonne an einem Ort mit ca. 90% Luftfeuchtigkeit und einer Temperatur von 27°–32° C zehn Tage lang aufbewahren. Gut in Stroh verpackt bei einer Mindesttemperatur von 10° an einem luftigen Platz lagern.

Tomaten

Freilandtomaten

In kalten, nassen Gebieten ist die Freiland-Kultur von Tomaten eine heikle Sache. Sie brauchen im Spätsommer eine warme und trockene Reifeperiode, aber auch grüne Tomaten kann man gut verwenden. Sie geben eine gute Speisewürze. Bei richtiger Lagerung können sie durchaus nachträglich zur Reife kommen. Den einmaligen Geschmack einer sonnengereiften und frisch gepflückten Tomate erreichen sie natürlich nie.

Boden Die Tomate verlangt einen durchlässigen Boden und einen sonnigen, in kalten Gegenden gut geschützten Standort.

Vorarbeit Im Herbst im zukünftigen Tomatenbeet Furchen ziehen, sie im Frühjahr mit gut verrottetem Kompost auffüllen und diesen beim Einebnen mit Erde abdecken. In die so entstandenen erhöhten Reihen werden die Tomatenpflanzen gesetzt.

Saat Die Samen in gute Saatbeeterde unter Glas dünn säen. Erfolgt die Saat in einem gemäßigten Klima im späten Frühjahr, gedeihen die Pflanzen auch im ungeheizten Gewächshaus, im leicht geheizten natürlich um so besser. Ohne Heizung nachts dicke Lagen Zeitungspapier zum Warmhalten über die Pflanzen breiten. Sie brauchen mindestens 12° Wärme. Fleißig, aber nicht übermäßig mit lauwarmem Wasser gießen. Ertrinken dürfen sie nicht. Ein oder zwei Wochen später auch direkt ins Freiland säen und in rauhen Gegenden mit Folientunneln schützen.

Pflanzen Meistens wird zweimal verpflanzt. Das erste Mal, wenn die Pflanzen 3 bis 4 richtige Tomatenblätter haben, in Torftöpfe, Blumenkästen oder Blumentöpfe mit Komposterde setzen. Diese Pflanzen können dann im kalten Frühbeet langsam abgehärtet werden. Beim ersten warmen Wetter im Frühsommer die Pflanzen dann in das Freiland setzen. Dabei sehr sorgfältig und vorsichtig verfahren, mit möglichst kompakten Wurzelballen etwas tiefer als bisher in den Boden setzen, und zwar in die oben beschriebenen erhöhten Reihen. Jeder Pflanze einen Tomatenstab beigeben, denn wenn die Pflanzen größer und schwerer sind, brauchen sie eine Stütze.

Pflege Mit Maßen hacken und mulchen; bei sehr tiefhängenden Früchten ist es üblich, eine Schutzdecke aus Stroh auszulegen. Alle Seitentriebe auszwicken; das heißt, die kleinen Seitentriebe, die zwischen dem Hauptstamm und den Fruchtranken wachsen.
Tomaten kann man gar nicht genug verwöhnen. Wenn immer es nötig ist, reichlich gießen. Manche Tomatenzüchter weichen Mist im Gießwasser ein, um die Pflanzen beim Gießen gleichzeitig zu düngen. Die größer werdenden Pflanzen mit Bast oder Bindfaden an den Stützen befestigen und mit Kupferkalkbrühe gegen die Kartoffelfäule behandeln (Tomaten sind so eng mit der Kartoffel verwandt, daß es sich praktisch um die gleiche Pflanze handelt). Die Pflanzen nicht mit Tabakfingern berühren, da die Gefahr der Infizierung mit dem Virus der Tabakkrankheit besteht (die giftige Tabakpflanze ist ebenfalls eine nahe Verwandte der Tomate). Eine Tomatenpflanze soll nicht mehr als 5 kräftige Triebe entwickeln. Um in kälteren und rauheren Gegenden die Früchte zur Reife bringen, ist es oft zweckmäßig, die Pflanzen flach auf eine Strohschicht zu legen und mit einem Folientunnel zu schützen. Manche Züchter lichten einen Teil der Blätter aus, damit die Früchte mehr Sonnenlicht empfangen. Ich glaube allerdings nicht, daß dies viel Sinn hat.

Ernte Selbstgezüchtete Tomaten haben ein so herrliches Aroma, das man nicht mit dem der gekauften vergleichen kann. Außerdem schwelgt man auch noch in Vitaminen.

Gewächshaustomaten

In einem geheizten Gewächshaus können Tomaten bereits zum Winteranfang gesät und entsprechend im Frühjahr geerntet werden. Der Ernte-Überschuß bringt beim Verkauf gute Preise.

Saat In einem dafür geeigneten Gewächshaus bei einer Temperatur von 21° Mitte November säen. Sie darf im Laufe des Winters nicht unter 16° absinken. Wer eine Temperatur von 21° in seinem Gewächshaus nicht erreichen kann, sät erst im Frühjahr und sorgt für konstante 16° Wärme. Die Saaterde besteht aus 2 Teilen gesiebtem Lehm, 1 Teil Lauberde und etwas Sand. Die Saatkästen feucht halten und gegen das Verdunsten mit Glas abdecken.

Pflanzen Die Pflänzchen nach der Ausbildung von 2 unregelmäßigen Blättern einzeln in Töpfe mit einem Durchmesser von 13 cm setzen, in die gleiche Saatbeeterde, der jedoch etwas verrotteter Mist beigemengt wurde. Nach Ausbildung der ersten Blütentraube nochmals in große Töpfe mit ca. 30 cm Durchmesser oder in das Gewächshausbeet verpflanzen.

Pflege Sie unterscheidet sich nicht von der Pflege der Freilandtomate, jedoch kann man Gewächshaustomaten etwa 10 Triebe belassen.

Ernte Alle roten Tomaten ernten. Die Erntezeit beginnt viel früher als bei Freilandtomaten.

Wasserkresse

Sie gehört zu den Vitamin-C-reichsten Pflanzen, eignet sich ausgezeichnet für Salate, als Würze, und schmeckt auch gekocht.

Saat An einer feuchten, schattigen Stelle im späten Frühjahr oder Mitte des Sommers säen oder Wurzelausläufer pflanzen. Die Erde tief umgraben und nach Möglichkeit etwas Torf einarbeiten. Das Beet harken, wässern und

nach dem Versickern des Wassers die Samen sehr dicht ausstreuen. Wasserkresse kann auch in einem Bachbett gezogen werden, vorausgesetzt, daß das Wasser wirklich einwandfrei ist.

Weißkohl

Weißkohl oder Kraut stellt keine großen Ansprüche an den Boden und braucht nur wenig Pflege. Im Verhältnis zu der beanspruchten Bodenfläche ist der Ertrag sehr hoch.

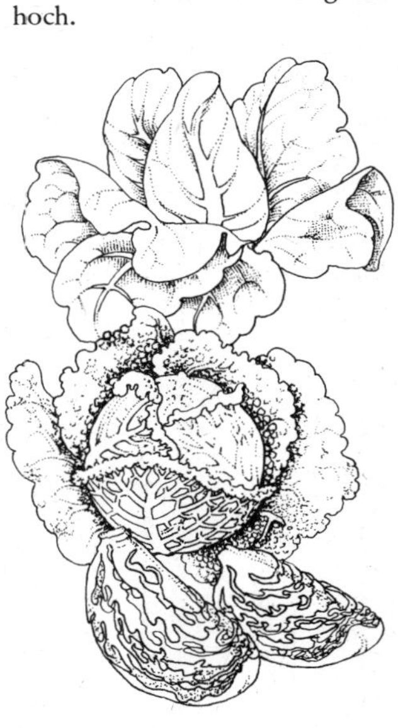

Frühjahrsweißkohl

Boden Ideal ist ein leichter Boden, besonders wenn er tiefgründig und feucht, aber nicht sauer ist.

Saat Während des Sommers ins Saatbeet.

Pflanzen Im Herbst im Abstand von 30 cm, Reihenabstand 45 cm.

Pflege Regelmäßig hacken und Stickstoff-Kopfdüngung anwenden.

Ernte In der gemüsearmen Zeit im Frühjahr als Grüngemüse ernten oder einige Pflanzen bis zur Ausbildung der Köpfe stehen lassen und im späten Frühjahr oder Frühsommer ernten.

Sommer- und Herbstweißkohl

Boden Keine besonderen Ansprüche, Bearbeitung wie beim Frühjahrsweißkohl.
Saat Im späten Winter im kalten Frühbeet oder im Frühjahr ins Freilandsaatbeet säen.
Pflanzen Einige an freie Stellen im Garten pflanzen.
Pflege Siehe Frühjahrsweißkohl.
Ernte Da genügend andere Gemüsesorten zur Verfügung stehen, erntet man später.

Winterweißkohl

Boden Schwerer Lehmboden ist am besten. Behandlung wie beim Frühjahrsweißkohl.
Saat Im April und Mai ins Saatbeet säen.
Pflanzen Mitte des Sommers im Abstand von 60 cm mit einem Reihenabstand von ebenfalls 60 cm auspflanzen.
Pflege Regelmäßig hacken, später mulchen.
Ernte Bei nicht zu strengen Wintern können die Pflanzen im Boden bleiben. In schnee- und eisreichen Gebieten im Spätherbst ernten und in Mieten aufbewahren oder zu Sauerkraut verarbeiten.

Zwiebeln

Boden Sie bevorzugen wasserdurchlässigen, leichten Lehmboden, tief umgegraben und reichlich gedüngt.
Vorarbeit Da Zwiebeln keinen sauren Boden vertragen, unter Umständen im vorangehenden Herbst Kalk zuführen, tief umgraben und dabei Mist oder Kompost untermischen. Im Frühjahr den Platz ebnen und mit dem Rechen sehr feinkrumig durcharbeiten. Ein sehr gründlich bearbeiteter, guter Boden ist für den Zwiebelanbau unbedingte Voraussetzung.
Saat Man kann Mitte des Sommers säen und die Pflanzen bis zum Frühjahr im Saatbeet lassen. Oder man sät zu Beginn des Frühjahrs, sobald der Boden soweit abgetrocknet ist, daß er beim Darüberlaufen nicht mehr klebt. Sehr flach und dünn in Reihen mit einem Abstand von 25 cm säen, falls die Aussaat an Ort und Stelle erfolgt und nachher nur pikiert werden soll. Bei einer Ansaat im Saatbeet können wesentlich engere Reihen gezogen werden. Die Saat mit Erde bedecken und diese mit dem Harkenrücken andrücken.
Pflanzen Sehr sorgfältig in gut vorbereiteten Boden, aber nicht zu tief auspflanzen. Die im Sommer gesäten Pflanzen im zeitigen Frühjahr, sobald der Boden trocken genug ist, versetzen. Es wird gesagt, daß die Zwischenkultur von Mohrrüben die Zwiebelfliege vertreibt; ich glaube, daß Pastinak noch besser wirkt.

Pflege Der Anbau von Zwiebeln bringt einen ständigen Kampf mit Unkraut mit sich, denn sie scheinen dieses regelrecht anzuziehen. Die Zwiebelbeete in den ersten Monaten frei von Unkraut halten, später entwickeln sie sich auch zwischen hohem Unkraut recht gut. Die an Ort und Stelle gesäten Zwiebeln auf einen Abstand von ca. 10 cm auslichten. Bei einer sehr dünnen Aussaat kann unter Umständen ganz darauf verzichtet werden. Die Zwiebeln werden dann zwar nicht ganz so groß, sind aber haltbarer.
Ernte Wenn die Spitzen des Zwiebellauchs zu welken beginnen, wird es abgeknickt. Dadurch wird die Zwiebelknolle zur Reife gebracht und verhindert, daß das Lauchgrün weiter in die Höhe wächst und die Pflanze Samen bildet. Nach einigen Tagen die Zwiebeln ausziehen und auf den freien Boden legen, oder besser noch auf Rahmen mit Drahtnetzen, damit sie nicht mit dem Boden in Berührung kommen. Die Knollen regelmäßig wenden. Je mehr Sonne sie in dieser Zeit bekommen, desto besser. Vor dem Herbst die Zwiebeln gebündelt, in Netzen oder auf Drahtgitterrosten zur Lagerung in einen kühlen, luftigen Raum bringen. Zwiebeln können leichten Frost besser vertragen als mangelhafte Lüftung.

Schalotten

Steckt man die Saatzwiebeln im Spätwinter, erhält man im nächsten Sommer eine Menge kleiner Zwiebeln, die rund um die erste wachsen. Man kann sie bis zum Herbst regelmäßig ernten. Einige der besten als Saatzwiebeln für das nächste Jahr aufheben.

Perllauch

Dies ist eine ausdauernde Pflanze, die – einmal gesteckt – Jahr für Jahr wiederkommt und jedes Jahr an der Stengelspitze kleine Zwiebeln bildet. Sobald es soweit ist, muß der bis zu 1 m hohe Stengel gestützt werden. Im Abstand von 15 × 45 cm pflanzen. Man kann sowohl die Brutzwiebeln (an der Stengelspitze) als auch die Bodenzwiebeln verwenden.

Salatzwiebeln

Die Aussaat erfolgt wie bei normalen Zwiebeln im späten Sommer und bei Bedarf im zeitigen Frühjahr. Nicht ausdünnen, sondern frisch zum sofortigen Verzehr ausziehen.

Steckzwiebeln

Hier handelt es sich um unreife Knollen, deren Wachstum durch Hitzeeinwirkung künstlich gebremst wurde. Sie werden im zeitigen Frühjahr gesteckt und die von Vögeln ausgezogenen jeweils ergänzt. Dann werden sie wie normale Zwiebeln behandelt. Sie vereinfachen den Zwiebelanbau erheblich.

Zuckermais

Zuckermais ist nichts anderes als unreifer Mais. Die Körner sind bei der Ernte noch ganz weich und milchig und die Kohlehydrate sind darin als Zucker enthalten. Wenn die Körner reifen oder wenn sie gepflückt werden, verwandelt sich der Zucker in Stärke. Die Pflanze gedeiht im heißesten Klima, widerstandsfähige Sorten aber auch in gemäßigten Zonen.
Boden Zuckermais wächst auf den meisten wasserdurchlässigen Böden, ist aber ein gieriger Verbraucher und benötigt daher sehr viel Dung und einen pH-Wert von etwa 6,5.
Saat Er braucht verhältnismäßig lange bis zur Erntereife, ist aber nicht frostfest. Wenn die Aussaat also früh erfolgt, ca. 1–2 Wochen vor dem letzten Frost, muß die Pflanze unbedingt mit Folienzelten oder -tunneln gegen Frost geschützt werden. In warmen Landstrichen kann er im Frühsommer direkt ins Freiland gesät werden. Wenn das Sommerwetter jedoch spät einsetzt, empfiehlt sich auf jeden Fall die Aussaat in Torftöpfen unter Dach bereits zu Frühjahrsende und ein späteres Verpflanzen. 2,5 cm tief, im Abstand 25 × 75 cm säen. Die Saatreihen in Blöcken anordnen, nicht weniger als 4 Reihen nebeneinander, denn Mais gehört zu den windbestäubenden Pflanzen, und wenn er in langen Einzelreihen steht, werden viele Blüten nicht befruchtet.

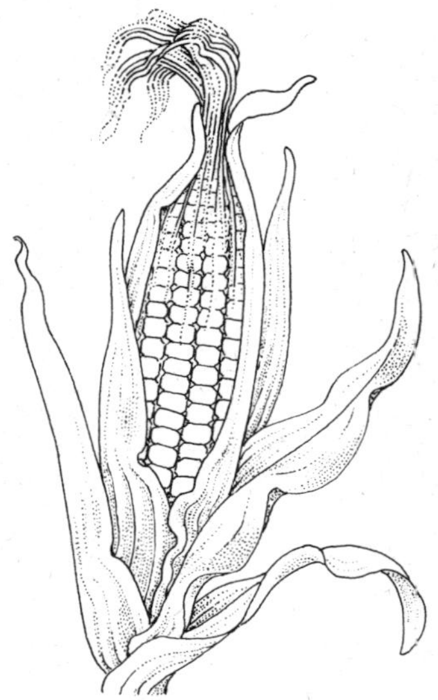

Pflanzen Bei einer Aussaat in Töpfen sehr vorsichtig verpflanzen, da Mais eine Störung nicht gut verträgt. Die Pflanze sollte zu diesem Zeitpunkt etwa 13 cm hoch sein. Am günstigsten ist das Einsetzen mit Torftöpfen. Nach dem Pflanzen sehr gut wässern. Eine Aussaat an Ort und Stelle ist natürlich am besten.
Pflege Hacken und eine Kopfdüngung mit Stickstoff zur Anregung des Wachstums, wenn der Boden nicht so kräftig ist, wie er sein sollte. Angeblich legten die Indianer unter jede Maispflanze einen toten Fisch. Das ist ein sehr guter Gedanke, denn der Stickstoff steht dann genau zu der Zeit zur Verfügung, wenn die Pflanze ihn dringend braucht.
Ernte Wenn die Quaste abstirbt und braun zu werden beginnt, die Kolben im milchigen Stadium pflücken. Zum Test die Hüllblätter eines Kolbens halb herunterziehen, und mit dem Daumennagel ein Maiskorn eindrücken: Es muß sich Milch zeigen. Dann geht man gemütlich die Reihen entlang und pflückt soviel Zuckermais, wie man zubereiten möchte. Zurück rennt man aber besser, denn der Mais muß ganz frisch gegessen werden. Der Zucker verwandelt sich sofort nach der Ernte in Stärke. Der Ernteüberschuß wird getrocknet (s. S. 182).
Das Grünzeug der Pflanze ist ein gutes Viehfutter, Streu für Schweine oder Material für den Komposthaufen.

Kräuter

Die Verwendung von Küchenkräutern ist ein äußerst billiges und einfaches Mittel, den Geschmack des Essens zu verfeinern. Außerdem sind sie bekömmlich und gesund, und in früheren Zeiten waren sie als Heilkräuter genauso geschätzt. Mit der Ausbreitung der Industriegesellschaft nahm ihre Anwendung aber immer mehr ab, allerdings regt jetzt die Begegnung mit der internationalen Kochkunst viele zum Experimentieren und zum Ausprobieren neuer Gewürze an. Das Heranziehen frischer Kräuter zur natürlichen Verbesserung der Gerichte ist ein beliebtes und weitverbreitetes Hobby geworden. Wer keinen Garten hat, zieht die Kräuter in Kästen und Töpfen auf dem Fensterbrett.
Eine Wolke Borretsch oder ein Meer von Thymian vor dem Küchenfenster ist ein wunderschöner Anblick. Es ist eigentlich nicht einzusehen, warum Küchenkräuter immer in die hinterste Ecke des Gartens verbannt werden, statt an Stelle von ungenießbaren Blumen in den Beeten nahe beim Haus zu stehen. Wer sich nicht als Kräuterfachmann spezialisieren will, sollte sich auf den Anbau einiger brauchbarer Kräuter beschränken und nicht eine Vielzahl von Sorten kultivieren, von denen die meisten entbehrlich sind. Die unter dem Begriff Kräuter zusammengefaßten Pflanzen teilt man in ausdauernde und einjährige. Und damit es nicht zu simpel ist, gibt es noch die Gruppe der zweijährigen Pflanzen. Die meisten Kräuter bevorzugen einen leichten, durchlässigen Boden und einen sonnigen Standplatz, nur wenige brauchen Schatten. Und allen bekommt regelmäßiges Pflücken ausgezeichnet.

Kräuter trocknen
Das Trocknen ist ein heikles Unternehmen, das sowohl Geduld als auch Sorgfalt erfordert, aber du kannst fast alle Kräuter trocknen und aufbewahren. Als grundsätzliche Regel gilt, Blätter und Stengel immer kurz vor der Blüte zu pflücken, und zwar am Morgen eines schönen, heißen Tages, nachdem der Tau getrocknet ist. Du bringst sie sofort zu dem Trockenplatz, ohne sie allzuviel zu bewegen. Sie sind sehr druckempfindlich, und jede verschwendete Minute bedeutet einen Verlust der flüchtigen Öle. Diese geben aber den Kräutern ihr Aroma und ihren Wert.
Du bindest die Kräuter zu kleinen Büscheln zusammen und hängst sie an einen luftigen Platz. Am besten ist eine Temperatur von 21°–27° und soviel Zugluft wie nur möglich. So kannst du sie unbegrenzt aufheben, nur stauben sie dabei ein. Deshalb ist es ratsam, die Blätter von den Stengeln zu streifen, wenn das Trockengut fast dürr ist (aber hoffentlich noch grün), sie zu zerkrümeln und in geschlossenen Gläsern oder Tontöpfen im Dunkeln aufzubewahren. Wenn die Luft zum Trocknen zu feucht ist, werden die Kräuter über Nacht auf Papierbögen in einen warmen Ofen (ca. 40°) gelegt. Sehr gut eignet sich auch ein Solar-Heizraum. Dabei sollte man allerdings die Temperatur überwachen.

Anis
Pimpinella Anisum
Einjährig

Die angenehm riechenden Samen geben Brot, Käse und Süßspeisen einen leichten Lakritzgeschmack.
Boden Anis bevorzugt einen mittelmäßigen, ziemlich trockenen Boden.
Saat An Ort und Stelle im späten Frühjahr aussäen und später auf einen Abstand von 20 cm ausdünnen. Vorsichtig beim Ausdünnen, die Pflanze ist sehr empfindlich und anfällig.
Ernte Die Samen sind nach 120 Tagen reif, wenn die Pflanze in der vollen Sonne steht. Ernten, wenn sich die Saatkapseln grau-braun färben und ausdreschen, wenn sie ganz trocken sind.

Basilikum
Ocimum basilicum
Einjährig

Basilikum eignet sich besonders als Würze für Soßen, Spaghetti und gefüllte Tomaten.
Boden Es bevorzugt einen trockenen, leichten, durchlässigen Boden und einen sonnigen, geschützten Standort.
Saat Eine unempfindliche, ausdauernde Pflanze in warmen Zonen. In kälteren Regionen muß sie jedes Jahr neu aus Samen gezogen werden. Im Frühjahr im Gewächshaus ziehen.
Pflanzen Die Setzlinge erst auspflanzen, wenn die Erde sich erwärmt hat. Abstand 20 × 20 cm.
Ernte Basilikum braucht sehr viel Wasser, damit die Blätter saftig bleiben. Sofort nach der Entfaltung können sie gepflückt werden. Zum Trocknen die Pflanze im Spätsommer oder Frühherbst schneiden. Basilikum hat eine längere Trockenzeit als die meisten anderen Kräuter. Außerdem ist es sehr licht-, wärme- und druckempfindlich.

Bohnenkraut (Sommer)
Satureja hortensia
Einjährig

Der Name sagt bereits, daß es meistens als Bohnenwürze verwendet wird.
Boden Die buschige Pflanze wird etwa 30 cm hoch und gedeiht am besten im mittelschweren, feuchten Boden ohne Kompost.
Saat Im späten Frühjahr oder frühen Sommer in Reihen mit einem Abstand von 30 cm säen. Auf 15 cm Pflanzweite ausdünnen. Diese Saat bringt zwei Ernten, einen Schnitt Mitte des Sommers, den zweiten, etwas ärmeren im Herbst.
Ernte Zum Trocknen die Triebe vor dem Aufbrechen der Knospen schneiden (Sommermitte bis Herbst). Die Samen ernten, sobald sie braun sind.

Bohnenkraut (Winter)
Satureja montana
Ausdauernd

Boden Die Pflanze eignet sich vorzüglich als Kräutergartenhecke, sie braucht einen kalkigen, durchlässigen Boden und viel Sonne.
Saat Die Samen keimen durch Lichteinwirkung, deshalb das Saatbeet niemals abdecken. Im späten Sommer in Reihen mit einem Abstand von 30–40 cm aussäen, oder im Frühjahr durch Trieb-Stecklinge vermehren, die im Abstand von 61 cm gepflanzt werden. Die Pflanzen können jahrelang am gleichen Platz stehen und dabei gut gedeihen.

Ernte Ab dem zweiten Jahr Triebe und Spitzen vom Frühsommer an laufend schneiden. Am besten vor der Blüte, da dann der Ölgehalt am stärksten ist.

Borretsch

Borago officinalis
Einjährig

Die Blätter schneidet man frisch in Salate, Suppen und Fleischgerichte.
Boden Borretsch bevorzugt einen sonnigen Standplatz und einen durchlässigen, lehmigen oder sandigen Boden.
Saat Im Frühjahr 2,5 cm tief in Löcher säen, jeweils 3 Samenkörner in ein Loch, Abstand 90 cm. Später die zwei schwächeren Pflanzen aus jeder Gruppe ausziehen. Die Samen keimen schnell, und später säen sich die Pflanzen selber aus, so daß in Zukunft nur gejätet werden muß.
Ernte Die Blätter sind etwa nach 8 Wochen pflückreif, es werden aber nur die jungen, zarten genommen. Sobald das Kraut in Blüte steht, ist es erntereif. Es muß sehr schnell bei einer niedrigen Temperatur getrocknet werden.

Dill

Anethum graveolens
Einjährig

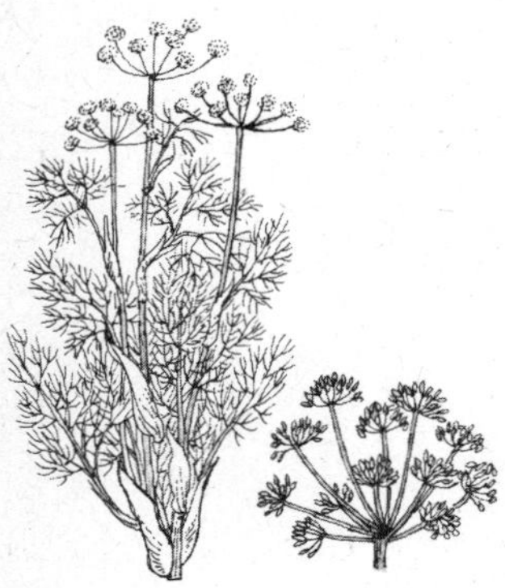

Während der Dillsamen als Beruhigungsmittel in Medikamenten für Magenkranke enthalten ist, bereichert das Dillkraut die Küche. Es schmeckt besonders gut zu Fisch, Brathähnchen, Gemüse oder roh in Salate und Soßen geschnitten.
Boden Dill benötigt einen durchlässigen, mittelschweren Boden und einen sonnigen Standort.
Saat Sie erfolgt vom späten Frühjahr bis zum Spätsommer laufend. In Reihen mit einem Abstand von 30 cm säen und später auf einen Pflanzenabstand von 23 cm ausdünnen.
Ernte Die Pflanzen sind von der 6. Woche an bis zu zwei Monaten nach der Aussaat verwendbar. Bei einer Wuchshöhe von 30 cm vor der Blüte zum Trocknen schneiden. Die Samen ernten, wenn Blüten und Samen gleichzeitig an der Pflanze stehen und die Samen braun sind. Die Samendolden erst trocknen und dann die Körner ausschütteln oder ausdreschen. Beim Trocknen des Krautes darf die Temperatur niemals 37° überschreiten, sonst geht das kräftige Aroma verloren.

Echter Engelwurz

Angelica archangelica
Zweijährig

Früher glaubte man, Engelwurz wäre ein Heilmittel gegen die Pest. Die duftenden Blätter ergeben einen schmackhaften Tee. Wurzeln, Blätter und Stengel können in Zuckerlösung eingelegt oder kandiert werden.
Boden Engelwurz braucht einen guten, feuchten Boden in schattiger Lage.
Saat Die Samen müssen ganz frisch sein, sonst keimen sie nicht. Die Aussaat erfolgt sofort wenn die Samen reif sind, also etwa zur Mitte des Sommers, 2,5 cm tief in Rillen.
Pflanzen Die jungen Pflanzen im ersten Jahr auf 15 cm Abstand verziehen, im zweiten Jahr auf 60 cm Abstand pikieren. Die Pflanze wird sehr hoch und die Blätter laden weit aus.
Ernte Die Blätter im Frühsommer schneiden, wenn sie noch eine kräftige Färbung haben. Stengel und Blätter am besten im späten Frühjahr pflücken, sonst werden sie zu hart zum Kandieren. Die Wurzeln im Herbst des ersten Jahres ausgraben, sonst werden sie zu holzig. Sorgfältig waschen, bündeln und trocknen.

Estragon

Artemisia drancuculus
Ausdauernd

Estragon ist ein wichtiges Küchenkraut. Die jungen Blätter sind angenehm in Salaten.
Boden Eine gute Bodendurchlässigkeit oder Drainage ist Voraussetzung für das Gedeihen der Pflanze. Steiniger Boden und leichte Hanglage sind ideal.
Pflanzen Estragon gehört zu den sonnenhungrigen Kräutern und die Wurzeln breiten sich bis zu 1,20 m aus, deshalb braucht die Pflanze viel Platz. Am besten kauft man Jungpflanzen beim Gärtner und pflanzt sie nach dem letzten Frost im Abstand von 60 cm ein. Für die weitere Vermehrung pflanzt man im späten Frühjahr unterirdische Wurzelausläufer ausgewachsener Pflanzen. Abgeschnittene Triebe können im Herbst oder Frühjahr zur Vermehrung gesteckt werden.
Ernte Frische Blätter den ganzen Sommer über pflücken, dadurch wird das Wachstum angeregt. Zum Trocknen die Blätter vor der Blüte ernten.

Fenchel

Foeniculum vulgare
Ausdauernd
Man gibt die zerkleinerten Blätter in Salatsoßen, Tunken und Marinaden. Der breite Pflanzenboden wird in Salate geschnitten. Aus den Samen kann ein vorzüglicher Beruhigungstee bei Erkältungskrankheiten und Magenstörungen, besonders auch für Babys, gebraut werden.
Boden Fenchel braucht Sonne, guten, kalkhaltigen Boden und viel Feuchtigkeit.

Saat Im Frühjahr in Gruppen von 3–4 Samenkörnern im Abstand von 45 cm aussäen. Wer Samen ernten will, muß jedoch schon früher unter Glas und im Warmen säen. Bei einer Vermehrung durch Wurzelteilung diese im Frühjahr ausgraben, teilen und im Abstand von 30 × 40 cm pflanzen.
Ernte Die Blätter in den Sommermonaten pflücken und die Samen zum Trocknen im Herbst mit der Dolde ernten. Bei der Ernte sollen die Samen noch grün aussehen, und sie müssen bei niedriger Temperatur getrocknet werden. Direkte Sonnenbestrahlung ist nicht gut. Da die Samen schwitzen, muß man sie ausbreiten und oft wenden. Die ganze Pflanze ernten, wenn sie eine grau-braune Farbe annimmt.

Echte Kamille

Matricaria chamomilla
Einjährig

Kamillentee beruhigt den Magen, und durch einen Aufguß von 2 Teelöffeln Kamillenblüten mit 1 Tasse kochendem Wasser erhält man ein ausgezeichnetes Gurgelwasser, das auch bei Zahnschmerzen lindernd wirkt.
Boden Kamille gedeiht bei viel Sonne in jedem guten Gartenboden.
Saat Im zeitigen Frühjahr an einem feuchten Tag säen. Die sehr feinen Samen am besten mit Sand oder Holzasche mischen. Später auf einen Abstand von 20 cm ausdünnen. Die Pflanze vermehrt sich leicht durch Selbstaussaat. Gießen ist während der Keimzeit ratsam.

Ernte Die Blüten gehen ca. 8 Wochen nach der Aussaat auf und können geerntet werden. Häufig pflücken, aber nur an sonnigen Tagen, weil dann der Ölgehalt der Blüten besonders hoch ist. Die Blüten möglichst wenig berühren.

Kapuzinerkresse
Tropaeolum major oder *minor*
Einjährig

Die runden, scharf-würzigen Blätter sind eine gesunde Alternative zum Pfeffer. Die jungen, grünen Samen können sauer eingelegt und wie Kapern verwendet werden.
Boden Bei leichtem, sandigem Boden und viel Sonne wächst Kapuzinerkresse nahezu überall. Pflanzen, die viele Blätter ausbilden sollen, brauchen gut mit Kompost angereicherte Erde.
Saat Im späten Frühjahr an Ort und Stelle aussäen. Es heißt, daß in der Nähe stehende Pflanzen durch Kapuzinerkresse vor Ungeziefer geschützt werden.
Ernte Den höchsten Vitamingehalt haben die Blätter zur Sommermitte, ehe die Pflanzen blühen; dann sollten sie auch geerntet werden. Die Blätter schneiden, trocknen und reiben oder schnitzeln. Sie lassen sich gut trocknen, die Blüten jedoch sollten nur frisch verwendet werden.

Kerbel
Anthriscus cerefolium
Zweijährig

Der Anbau ist sehr zu empfehlen. Er eignet sich sehr gut für Garnierungen und ist Hauptbestandteil eines klassischen Gerichts – der Kerbelsuppe.
Boden Kerbel gedeiht in den meisten Böden, außer in schwerer undurchlässiger Erde.
Saat Im zeitigen Frühjahr ins Freiland säen und im Gewächshaus bei einer Mindesttemperatur von 7° auch den ganzen Winter über. Die Saat erfolgt in Rillen mit einem Abstand von 30 cm. Später sät die Pflanze sich selbst aus. Kerbel läßt sich schlecht verpflanzen, deshalb an Ort und Stelle säen. Bei einer Höhe von 5–8 cm ausdünnen. Das Beet jäten und feucht halten.
Ernte Kerbel kann 6–8 Wochen nach der Aussaat gegessen werden. Immer die äußeren Blätter zuerst pflücken, damit sie von innen nachwachsen. Die Pflanze darf nicht zum Blühen kommen, denn dadurch verliert sie das Aroma. Kerbel ist schwer zu trocknen, denn er braucht für den Prozeß eine gleichbleibend niedrige Temperatur. Da er aber das ganze Jahr über geerntet werden kann, ist das Trocknen auch nicht so wichtig.

Knoblauch
Allium sativum
Ausdauernd

Knoblauch bildet die Grundlage für eine gute Gesundheit und eine gute Küche gleichermaßen. Arm sind die Völker, die ohne Knoblauch auskommen müssen. Man sollte ihn großzügig und häufig verwenden.
Boden Er braucht guten Boden, viel Sonne und eine ausreichende Menge Feuchtigkeit. Zu leichten Boden mit Kompost anreichern.
Pflanzen Die einzelnen Knoblauchzehen im Frühling wie Zwiebeln 5 cm tief im Abstand von 15 cm stecken. Im Herbst können sie gegessen werden. Erneut im Herbst Zehen stecken, dann hat man das ganze Jahr über Knoblauch.
Ernte Nach dem Absterben des Lauchs die Knollen herausziehen und einige Tage in der Sonne trocknen, dann bündeln und in einem trockenen, luftigen Raum eingehüllt aufhängen.

Koriander
Coriandum sativum
Einjährig

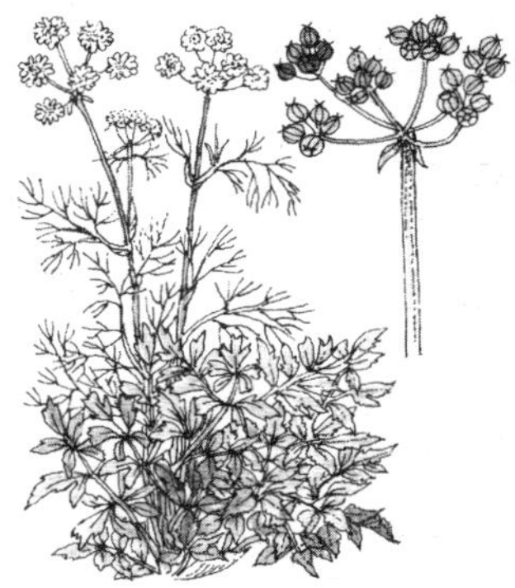

Koriander kann auch in kälteren Gebieten mit Erfolg angebaut werden. Die Samen werden ganz oder gemahlen zum Würzen von Fleisch und Gemüsepüree benutzt. Marmeladen erhalten durch sie einen exotischen Geschmack.
Boden Er bevorzugt einen sonnigen Standort und einen durchlässigen, mittelschweren Boden.
Saat Im späten Frühjahr in Rillen mit einem Abstand von 30 cm säen und die Setzlinge auf 15 cm Abstand ausdünnen. Die Pflanzen wachsen schnell zu einer Höhe von ca. 60 cm.
Ernte Die Fruchtstände schneiden, wenn die Samenkörner reif sind. Diese vor dem Verbrauch gut durchtrocknen lassen, denn grün haben sie einen bitteren Geschmack. Die Körner nach dem Trocknen ausdreschen.

Kümmel
Carum Carvi
Zweijährig

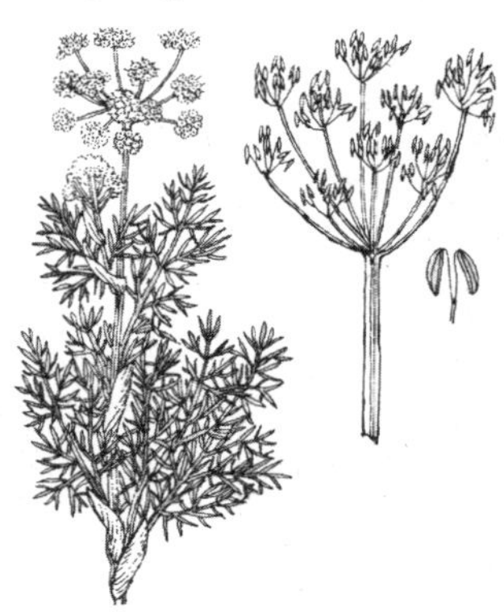

Ebensogut wie man Kümmelsamen zum Würzen von Brot und Kuchen benutzt, kann man sie gemahlen auch auf Leber oder Schweinebraten streuen und sie mit Gulasch oder Sauerkraut kochen. Mit den Blättern würzt man Salate.
Boden Kümmel bevorzugt schweren Boden und eine geschützte Lage. Er ist winterfest und gedeiht auch in kalten Zonen.
Saat Mitte des Sommers die Samen ausbringen. Die Pflanze blüht im nächsten Jahr. Die Blütendolden vor Wind schützen, damit die Samen sich nicht vor der Reife selbst aussäen.
Ernte Die Fruchtstände abschneiden, wenn die Samen braun werden, an einem luftigen Platz trocknen und ausdreschen.

Lorbeer
Laurus nobilis
Immergrün

Einst im alten Griechenland diente das Lorbeerblatt zur Krönung der Dichter, heute wandert es meistens in den Kochtopf.
Boden Lorbeer ist mit jedem durchschnittlichen Boden zufrieden. Er braucht jedoch ein wenig Schutz vor rauhen Winden. Er wächst im Schatten und liebt die Sonne. Starker Frost vernichtet ihn; in kalten Zonen wird Lorbeer deshalb meistens in großen Kübeln gehalten, die im Winter ins Haus gestellt werden.
Pflanzen Halbreife, schon verholzte Reiser gedeihen schnell. Nicht austrocknen lassen. Gelegentlich düngen.
Ernte Die Blätter können getrocknet (bei einer niedrigen Temperatur, damit sie ihre Farbe behalten) oder immer frisch gepflückt werden.

Majoran
Origanum onitis
Ausdauernd
Dieser Majoran wird in Soßen und Füllungen verwendet.
Boden Er braucht einen trockenen, leichten Boden und einen sonnigen Standplatz.

Saat Im Frühjahr in flachen (1 cm) Rillen im Abstand von 20 cm aussäen. Wenn die Setzlinge groß genug sind, auf einen Abstand von 30 cm pikieren. Ebensogut ist die Unterglas-Aufzucht von im Frühsommer abgetrennten Ablegern, die später im Abstand von 60 cm ausgepflanzt werden.
Ernte Wie Garten-Majoran. Die Samen reifen im späten Sommer oder frühen Herbst. Die Majoran-Pflanzung kann für Jahre bestehen.

(Garten-)Majoran
Origanum majorana
Einjährig

Garten-Majoran gibt Bratwürsten, Wild- und Geflügelfüllungen einen würzigen Geschmack, und auch Erbsensuppe ist ohne Majoran nur halb so gut.
Boden Er bevorzugt einen mittelschweren Boden, viel Kompost und einen warmen, geschützten Standort.
Saat Im zeitigen Frühjahr in Töpfen unter Glas säen und im Frühsommer im Abstand von 30 cm auspflanzen.
Ernte Blätter und Blüten am besten direkt vor dem Aufbrechen der Knospen gegen Ende des Sommers sammeln. In dünnen Lagen bei Temperaturen von höchstens 38° trocknen.

Meerrettich
Cochlearia armoracia
Ausdauernd
Meerrettich kann man fein gerieben roh servieren und ihn mit Essig und Öl oder Sahne zu einer Creme verarbeiten.
Boden Meerrettich benötigt guten, feuchten Boden und eine etwas schattige Lage.
Saat Er wächst sehr schnell und treibt mit gleicher Wuchskraft lange Pfahlwurzeln in den Boden. Er braucht deshalb viel Platz. Die Wurzelableger im zeitigen Frühjahr in den Boden bringen.

60–90 cm tiefe Gräben ausheben, 40 cm Mutterboden einfüllen, eine Lage guten Kompost untergraben und mit dem Rest der Erde füllen. 8 cm lange Wurzelstücke in einem Abstand von mindestens 30 cm in diese vorbereiteten Gräben pflanzen. Regelmäßig jäten. Im Frühjahr kann man Samen ausbringen und die Pflanzen später auf 30 cm Abstand ausdünnen.
Ernte 9 Monate nach dem Pflanzen sind die Wurzeln erntereif. Die größten werden in der Küche genutzt, die kleineren wieder eingepflanzt.

Melisse (Zitronenmelisse)
Melissa officinalis
Ausdauernd

Boden Melisse bevorzugt einen mittelschweren, feuchten Boden und einen sonnigen, geschützten Standort. Steht sie zu schattig, leidet das Aroma, bei zu trockenem Standort werden die Blätter gelb.
Saat Vermehrt sich leicht durch Selbstaussaat oder durch geerntete Samen. Im Frühjahr oder zeitigen Sommer ins kalte Frühbeet säen. Die Saat muß in 3–4 Wochen auflaufen. Die etwa 10 cm hohen Pflänzchen ins Freiland setzen. Oder Mitte des Sommers direkt ins Freiland säen und im folgenden Sommer früh auseinanderpflanzen.
Pflanzen Einen Abstand von 25 cm und einen Reihenabstand von 30 cm zwischen den Pflanzen halten. Zitronenmelisse ist frostempfindlich, deshalb im Herbst mit Erde anhäufeln oder mit Kompost, Torf oder Lauberde abdecken.
Ernte Im ersten Jahr darfst du nicht zuviel erwarten. Die Blätter kurz vor dem Aufbrechen der Blütenknospen zum ersten Mal ernten und im Herbst nochmals. Melissenblätter sind sehr empfindlich, deshalb so wenig wie möglich drücken. Im Dunkeln bei sehr guter Lüftung trocknen und in geschlossenen Gläsern dunkel und kühl aufbewahren.

Oregano (Dost)
Origanum vulgare
Ausdauernd

Oregano wird in würzigen Gerichten verwendet, die sein starkes Aroma vertragen. In feinen Gerichten muß er mit Vorsicht benutzt werden.
Boden Er braucht einen warmen, trockenen Standort und bevorzugt kreidigen oder sandigen Boden.
Saat Im zeitigen Frühjahr aussäen. Der Abstand zwischen den Pflanzen sollte mindestens 50 cm betragen. In Reihen gesäte Pflanzen später auf 20–30 cm Abstand ausdünnen. Oregano kann ebenfalls durch Ableger vermehrt werden.
Ernte Wie Garten-Majoran ernten. Die Saat reift im Frühherbst.

Petersilie
Carum petrolelium
Zweijährig

Es gibt viele Petersiliensorten, aber alle sind sehr reich an Vitamin C, Eisen und natürlichen Salzen. Fein gehackt wird Petersilie den Gerichten zum Schluß beigegeben.
Boden Petersilie benötigt einen guten Boden mit feiner Krume.
Saat Jedes Jahr frisch säen, da sie gern in die Blüte schießt und Samen bildet. Im zeitigen Frühjahr und nochmals Mitte des Sommers 1 cm tief in Rillen im Abstand von 20–30 cm säen. Dünn mit Erde bedecken und gut gießen, besonders während der 5–8wöchigen Keimzeit. Wenn die Pflänzchen ca. 2,5 cm hoch sind, auf 8 cm Abstand auslichten und die ausgewachsenen Pflanzen nochmals auf 20 cm. Gut feucht halten.
Ernte Anfangs nur von jeder Pflanze einige Blätter abzupfen. Sträuße sollten erst gepflückt werden, wenn die Stengel 20 cm lang sind. Während des Sommers die Petersilie zum Trocknen ernten. Schnell trocknen. Die einfache Petersilie ist die einzige Kräuterpflanze, die eine hohe Trockentemperatur verträgt. Sie muß brüchig und spröde sein, ehe sie zerrieben wird.

Pfefferminze
Mentha sp.
Ausdauernd

Es gibt verschiedene Arten von Minze mit unterschiedlichen Eigenschaften und Aromen, die aber alle gleich behandelt werden. Fruchtspeisen und Getränke werden durch einen Schuß Pfefferminz frisch und spritzig.
Boden Minze hat ein ausgedehntes Wurzelsystem und wird am besten weit entfernt von allen anderen Kräutern angesiedelt. In der Sonne wachsende Minze hat ein stärkeres Aroma, im übrigen braucht die Pflanze einen feuchten, guten Boden und sehr viel Wasser.
Saat Im Herbst oder Frühjahr Wurzeln oder Ableger pflanzen. Horizontal in 5 cm tiefe Rillen im Abstand von 30 cm legen. In den ersten Wochen regelmäßig hacken und großzügig mit Kompost versorgen.
Ernte Zum Trocknen die Minze zum Beginn der Blütezeit ernten (Sommermitte), frische Blätter jederzeit pflücken. Häufiger Schnitt fördert das Wachstum der Pflanze. Niemals bei feuchtem oder regnerischem Wetter Minze zum Trocknen ernten, die Blätter würden schwarz werden und faulen. Für die Teebereitung sollten die Pfefferminzblätter ganz bleiben, zerriebene Blätter haben einen ganz anderen Geschmack.

Pimpinelle
Poterium sanguisorba
Ausdauernd

Aus den getrockneten Blättern kann man unter anderem einen guten Kräuteressig machen.
Boden Pimpinelle bevorzugt einen trockenen, leichten, kalkhaltigen Boden.
Saat Im zeitigen Frühjahr in Reihen säen und später auf 30 cm auslichten. Die Pflanze läßt sich auch aus Ablegern ziehen. Sie braucht einen sonnigen Platz und sollte jedes Jahr neu ausgesät werden, damit immer frische zarte Blätter zur Verfügung stehen.
Ernte Für die meisten Anbaugebiete ist die Pflanze winterfest genug. Die Blätter regelmäßig zum sofortigen Verbrauch oder zum Trocknen pflücken.

Rosmarin
Rosmarinus officinalis
Ausdauernd

Boden Rosmarin kann höher als 1,50 m werden. Der Strauch bevorzugt einen leichten, trockenen Boden und viel Kalk und braucht einen geschützten Standort.
Saat Im zeitigen Frühjahr in flache Rillen mit einem Abstand von 15 cm säen. Die Stecklinge in ein Anzuchtbeet verpflanzen, wenn sie etwa 10 cm hoch sind, Pflanzabstand 15 cm, und endgültig mit einem Abstand von 90 cm an den Standort setzen. Mitte des Sommers schneiden, so daß die Triebe bis zum Winter verholzen. Den Boden über den Wurzeln mit Lauberde und Säcken für den Winter abdecken.
Ernte Die Blätter können vom zweiten Jahr an zu jeder Jahreszeit gepflückt werden, aber der Spätsommer ist für eine Ernte zum Trocknen am besten geeignet. Die Blüten kurz vor dem vollen Erblühen pflücken.

Salbei (Gartensalbei)
Salvia officinalis
Ausdauernd

Boden Salbei wird etwa 60 cm hoch und braucht einen leichten, trockenen Kalkboden. Er eignet sich ausgezeichnet als Beeteinfassung und bevorzugt eine sonnige Lage.
Saat
Schmalblättriger Salbei Die Samen im späten Frühjahr in feuchter Erde ausbringen und leicht bedecken. Die Saat läuft nach ca. 10–14 Tagen auf. Im Frühsommer die Setzlinge mit 40–50 cm Abstand auspflanzen.
Breitblättriger Salbei wird immer am Ende des Frühjahrs durch Sommerstecklinge (abgeschnittene Triebe) vermehrt. Nach der Wurzelbildung der Stecklinge diese mit 40–50 cm auspflanzen, Reihenabstand 60 cm.
Ernte Im zweiten Jahr sind die Pflanzen ertragreicher und enthalten mehr Öl. Der breitblättrige Salbei wird am besten einmal Mitte des Sommers geschnitten und dann ca. 4 Wochen später nochmals, damit die Staude nicht zu sehr verholzt. In rauhen Gegenden ist eine Blüte kaum zu erwarten. Den schmalblättrigen Salbei im Frühherbst schneiden. Salbeiblätter sind rauh und trocknen langsamer als die meisten anderen Kräuter.

Sauerampfer
Rumex Acetosa
Ausdauernd
Junge Blätter werden zum rohen Verzehr oder zur Zubereitung wie Spinat geerntet.
Boden Sauerampfer benötigt einen leichten, kräftigen Boden und eine geschützte, sonnige Lage.
Pflanzen Er wird am besten im Frühjahr oder im Herbst durch Wurzelteilung vermehrt. Pflanzenabstand ca. 40 cm. Wenn die Pflanze im frühen Sommer zur Blüte kommt, zurückschneiden, damit sie keine Samen bildet.

Ernte 3–4 Monate nach dem Pflanzen, wenn vier oder fünf Blätter ausgebildet sind, ernten. Zum Trocknen die Triebe und Spitzen im Frühsommer vor Beginn der Blüte schneiden.

Schnittlauch
Allium schoenoprasum
Ausdauernd

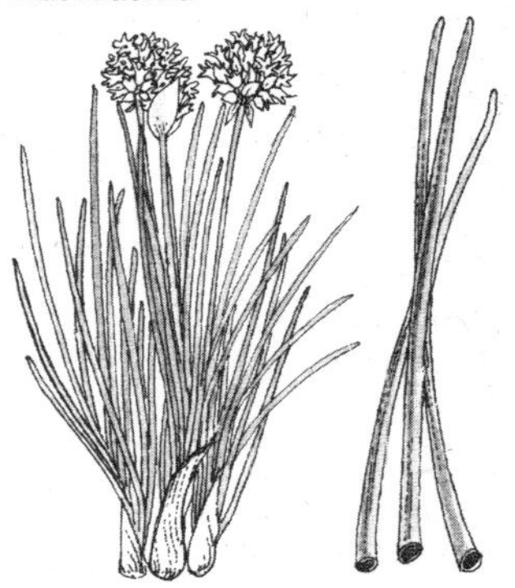

Schnittlauch verleiht vielen feinen Gerichten einen frischen Zwiebelgeschmack. Die Knollen können wie kleine Zwiebeln verwendet werden.
Boden Er bevorzugt einen warmen, schattigen Standort, wächst aber in nahezu jedem Boden, solange genügend Feuchtigkeit vorhanden ist. Deshalb möglichst in der Nähe einer Wasserstelle pflanzen.
Saat Im Frühjahr in Reihen mit einem Abstand von 30 cm säen. Schnittlauch ist dankbar für kräftige Humusgaben und belohnt regelmäßiges Gießen mit einem kräftigen Wuchs.
Ernte Schnittlauch ist 5 Wochen nach der Frühjahrsaussaat schnittfähig. Winterpflanzen im Gewächshaus (Temperatur 27°) sind nach zwei Wochen schnittreif. Immer dicht über dem Boden abschneiden.

Thymian
Thymus vulgaris
Ausdauernd
Gartenthymian ist ein sehr kräftiges Gewürz.
Boden Er gedeiht in trockenen, durchlässigen, leichten Böden.

Pflanzen Im späten Frühjahr sehr flach (0,5 cm) in Rillen im Abstand von 60 cm aussäen. Aber gewöhnlich wird die Pflanze durch Stecklinge aus im Frühsommer geschnittenen Trieben vermehrt. Die Vermehrung durch Ableger ist möglich und erfolgt im Frühjahr. Die Stecklinge oder Ableger werden nach der Wurzelbildung auf 30 cm Abstand verpflanzt. Reihenabstand 60 cm. Die Beete gut wässern und unkrautfrei halten.
Ernte Im ersten Jahr nur einmal schneiden. Vom zweiten Jahr an sind zwei Schnitte möglich, einmal im Frühsommer, gerade vor der Blüte, und nochmals Mitte des Sommers. Die Stengel nicht an der Basis der Pflanze schneiden, sondern etwa 15 cm darüber. Nach der Blüte die Pflanze zurückschneiden, damit sie neue, lange Triebe ausbildet.

Ysop
Hyssopus officinalis
Ausdauernd

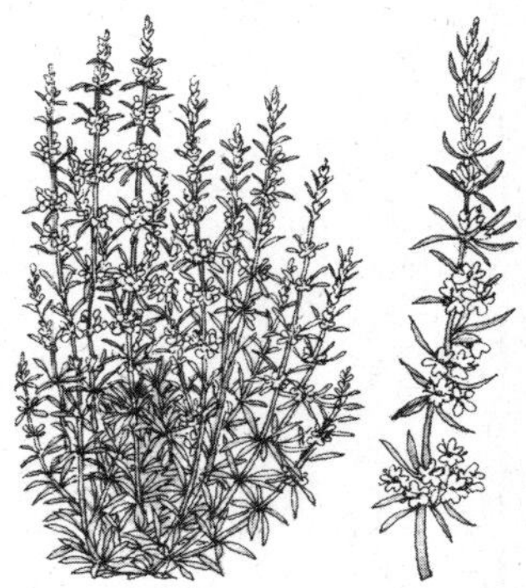

Frische Triebe schmecken gut im Salat oder fein gehackt in Suppen oder zu Braten.
Boden Ysop bevorzugt einen leichten, gut gekalkten Boden und einen sonnigen Standort.
Saat Die Samen sind sehr keimfähig und die Pflanze vermehrt sich leicht durch Selbstaussaat. Auch die Vermehrung durch Ableger, die im Frühjahr vor der Blüte oder im Herbst nach der Blüte abgenommen werden, ist möglich. Die Aussaat der Samen erfolgt in Reihen 5 cm tief. Die Setzlinge bei einer Höhe von 15 cm auf einen Abstand von 60 cm pikieren.
Ernte Die Pflanzenspitzen oft zurückschneiden, damit die Blätter jung und zart austreiben. Zum Trocknen direkt vor der Blüte schneiden.

Gemüsekalender

Beim Gartenbau wird auch das Prinzip des Wechselanbaus angewandt, es sind aber zwei wichtige Gesichtspunkte zu berücksichtigen: Man muß die größte nur mögliche Zeitspanne (mindestens 3 Jahre) vor dem Wiederanbau von Kohl am gleichen Platz verstreichen lassen, damit sich die Kohlhernie nicht ausbreitet. Das gleiche gilt bei Kartoffeln zum Schutz gegen Nematoden (Älchen). Außerdem vertragen Kartoffeln keinen frischgekalkten Boden, da sie davon schorfig werden, während Erbsen und Bohnen viel Kalk benötigen. Kohlsorten wiederum brauchen Kalk, der schon seit einigen Monaten im Boden ist. Und Wurzelgemüse vertragen frische Mist- oder Dunggaben überhaupt nicht.
Diese verschiedenen Ansprüche der Pflanzen können jedoch unter einen Hut gebracht werden, wenn man den Vierjahres-Turnus anwendet, zum Beispiel folgendermaßen:
Du düngst den Boden kräftig und pflanzt Kartoffeln. Nach der Ernte der Kartoffeln kalkst du den Boden tüchtig und säst im nächsten Jahr Erbsen und Bohnen. Sofort nach deren Ernte pflanzt du die im Anzuchtbeet bereitgehaltenen Kohlsorten. Sie sind bis zum nächsten Frühjahr abgeerntet, und dann benutzt man den Platz für den Anbau der „Mischpflanzung", wie ich es nenne. Das sind Zwiebeln, Tomaten, Salate, Radieschen, Zuckermais und alle Kürbisarten (Kürbis, Melone, Gurken). Diesem Anbau wiederum folgen die Wurzelgemüse wie Karotten, Pastinak, Bete, Sellerie (die Mischkulturen und die Wurzelgemüse können sehr gut untereinander ausgetauscht werden). Kohlrüben und Speiserüben sind hier nicht mit inbegriffen, sie sind anfällig für die Kohlhernie und gehören deshalb zum Kohlpflanzen-Turnus, falls sie nicht im Feldbau gezogen werden, wo sie eigentlich auch eher hingehören. Als nächstes werden wieder Kartoffeln angebaut, und damit ist der Kreislauf geschlossen.
Der vorgeschlagene Wechselanbau ist für Gärten in gemäßigten Klimazonen mit milden Wintern geeignet (Schnee ist nicht gefährlich, außer in großen Mengen – dagegen macht strenger Frost jeden Anbau von Wintergemüse unmöglich). Selbstverständlich darf sich niemand sklavisch an diesen oder einen anderen Anbauplan klammern. Ich weiß, daß er den Umständen und den Gegebenheiten entsprechende Eigenwilligkeiten aufweist, ich habe ihn aber bei mir praktisch ausprobiert.

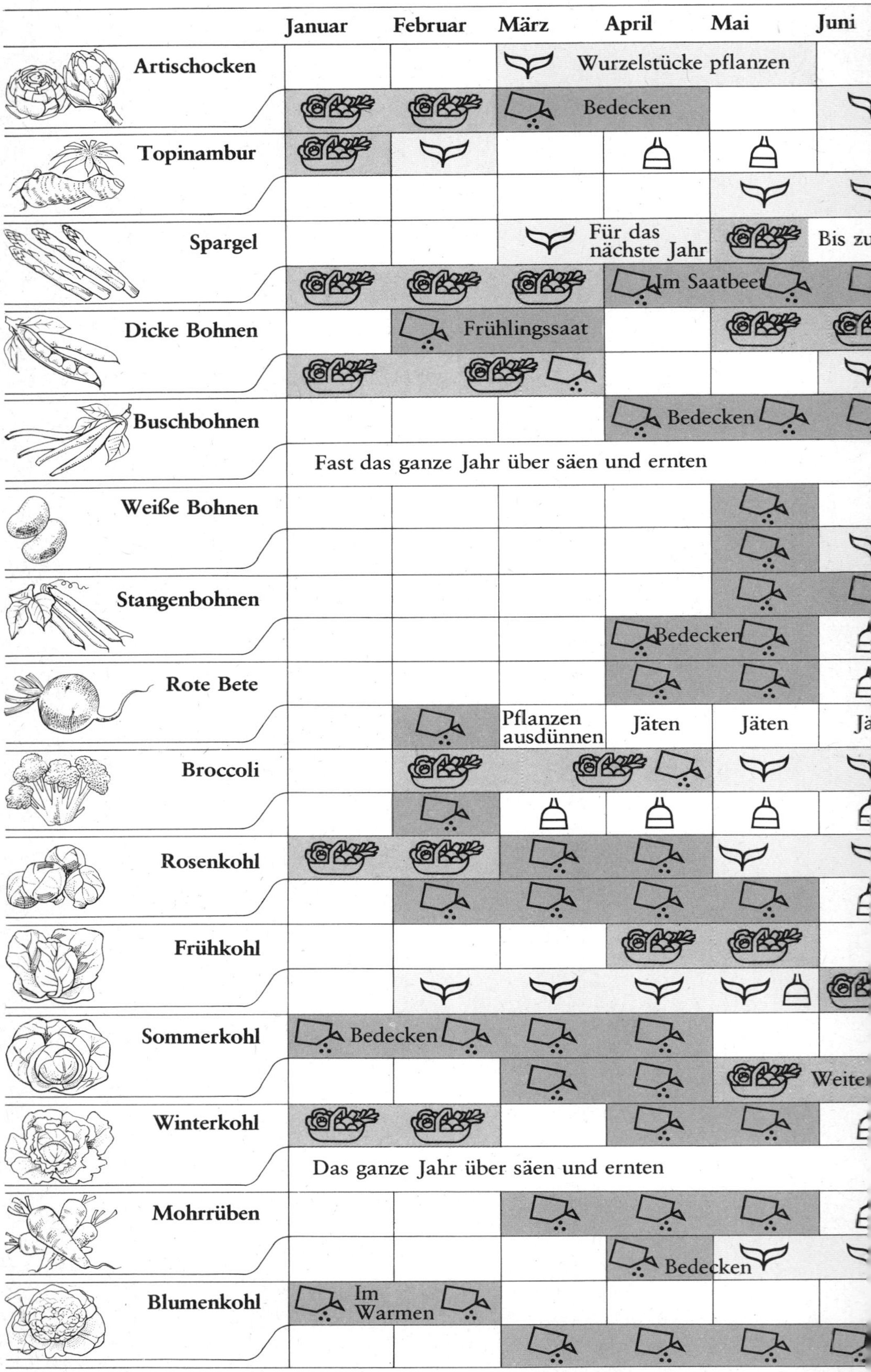

i	August	September	Oktober	November	Dezember	
Ernten	Ernten	Ernten		Mit Stroh abdecken		
	Häufeln		Häufeln	Ernten	Ernten	**Bleichsellerie**
		Graben Ernten	Graben	Ernten	Ernten	
	Ernten	Ernten	Ernten			**Gurken**
iden				Kraut schneiden		
Pflanzen			Hacken		Ernten	**Grünkohl**
Ernten	Abräumen		Saat Wintersaat			
Pflanzen	Hacken	Hacken		Ernten	Ernten	**Lauch**
Ernten	Ernten	Ernten				
		Im Winter unter Glas säen				**Salat**
		Ernten	Ernten			
Hacken	Ernten	Ernten				**Mais oder Zuckermais**
Ernten	Ernten	Ernten				
Ernten	Ernten	Ernten				**Kürbis**
Hacken	Hacken	Ernten	Ernten	Einmieten		
en	Saat	Ernten	Ernten			**Zwiebeln**
Hacken	Hacken	Ernten	Ernten			**Pastinak**
Pflanzen			Ernten	Ernten	Ernten	
Ernten	Ernten	Ernten	Ernten	Saat		**Erbsen**
Saat		Pflanzen	Pflanzen			
Ernten	Spritzen	Ernten	Ernten			**Kartoffeln**
Ernten	Ernten	Ernten				
äen und ernten		Ernten				**Radieschen**
Hacken				Ernten	Ernten	
						Spinat
Hacken	Jäten		Ernten	Ernten		
Hacken	Ernten	Ernten				**Tomaten**
Ernten	Ernten	Saat Abdecken	Ernten	Ernten	Ernten	
Hacken	Hacken	Ernten	Ernten			**Weiße Rüben Kohlrüben**

Die schnellwüchsigen Pflanzen wie Salat, Radieschen und frühe Erbsen (die in Wirklichkeit am besten spät gesät werden) können als Lückenbüßer dienen, die jederzeit auf einem freigewordenen Beet gezogen werden können, so daß es nicht ungenutzt liegt. Vielleicht glaubst du, daß Radieschen als Kohlpflanzen nur im Kohlbeet wachsen dürfen. Sie werden aber so jung und zart geerntet und gegessen, daß sie Hernie nicht bekommen. Sie dürfen nur nicht zu alt werden oder sich gar aussäen, sonst verbreiten sie diese unangenehme Krankheit doch.

Es gibt viele andere Möglichkeiten des Wechsel- oder Fruchtfolgeanbaus, und eine davon ist für jeden richtig. Man kann nicht viel falsch machen, solange man bei Kohlpflanzen eine dreijährige Pause einhält.

Die wichtigste Rolle spielt auf jeden Fall das Klima. Bei dem Jahreszeitenplan auf den folgenden Seiten bin ich von einem gemäßigten Klima ausgegangen, bei dem auch im Winter ein Freiland-Kohlanbau möglich ist, das aber den Anbau von Südfrüchten im Freiland nicht gestattet. In einem frostfreien Klima können sogar drei Ernten im Jahr erzielt werden, wenn es genug Regen gibt oder genug Wasser für eine künstliche Bewässerung zur Verfügung steht. In den Regionen, die zu kalt für den Anbau von Wintergemüse sind, müßte man im Sommer einen Teil des Gartens für den Kohlanbau reservieren und diesen für den Winter lagern.

Ein Gemüse-Kalender

Die Tabelle zeigt die Zeiten für die Saat, das Auspflanzen, Hacken und Ernten der Gemüsesorten, die in einem gemäßigten Klima angebaut werden können. Verschiedene Klimazonen können aber bis zu einem Monat Differenz bewirken.

Schlüssel:

Saat-Symbol	**Saat**
Pflanzen-Symbol	**Pflanzen**
Hacken-Symbol	**Hacken**
Ernten-Symbol	**Ernten**

Winter

Der Winter ist die Zeit, in der man baut und repariert, in der man Bäume fällt und das Holz verarbeitet, Hecken anlegt, Drainagen und Gräben zieht, Zäune errichtet und Mauern aufsetzt. Wenn es sich bei der Gartenerde um schweren Tonboden handelt, wird er so wenig wie möglich bewegt, denn Umgraben oder Hacken verschlechtert ihn höchstens. Für leichtere Böden gilt diese Einschränkung jedoch nicht. In kalten Gegenden liegt das Land sowieso tief unter einer Schneedecke, und alle geernteten Früchte und Pflanzen sind eingemietet oder im Keller gelagert, in Gläsern und Flaschen, Krügen und Töpfen versorgt. Du solltest dem Winter mit dem Gefühl entgegensehen, daß als Lohn deiner Mühe ein Vorrat guter und abwechslungsreicher Nahrungsmittel vorhanden ist, die deine Familie und dich gesund über den Winter bringen können.

Gewächshaus und ausdauernde Pflanzen

Im Gewächshaus wird der Wintersalat geerntet, und die verbrauchte Erde des Tomatenbeets vom letzten Jahr wird in den Garten gebracht und durch mit Kompost vermischte frische Gartenerde ersetzt. Tomaten- und Gurkensamen können gesät werden. Das abgekühlte Frühbeet wird wieder mit Mist gefüllt. Der reife Kompost wird auf das für Kartoffeln vorgesehene Land gebracht. Übriggebliebener Kompost kommt zur Belüftung in einen anderen Behälter, und ein neuer Komposthaufen wird angelegt. Die ausdauernden Pflanzen sind gegen die Kälte mit Stroh, Seegras oder Tannenreis bedeckt.

Abschnitt A

Auf einem Beet wächst möglicherweise, falls der Winter milde ist, die Wintersaat der dicken Bohnen. Der Rest ist mit Winter-Weidelgras oder einer anderen Winter-Gründüngerpflanze bedeckt. Dadurch wird ein Stickstoffverlust vermieden. Sobald der Boden im Frühjahr trocken genug zur Bearbeitung ist, kann der Gründünger untergegraben werden. Der Abschnitt hat nach der Kartoffelernte im letzten Herbst Kalk bekommen, was Erbsen und Bohnen und der im Anschluß folgenden Kohlpflanzung guttut. Ein kleiner Teil des Abschnitts ist im letzten Herbst mit Frühjahrskohl bepflanzt worden, und außerdem stehen noch einige Reihen Lauchpflanzen, die jederzeit geerntet werden können.

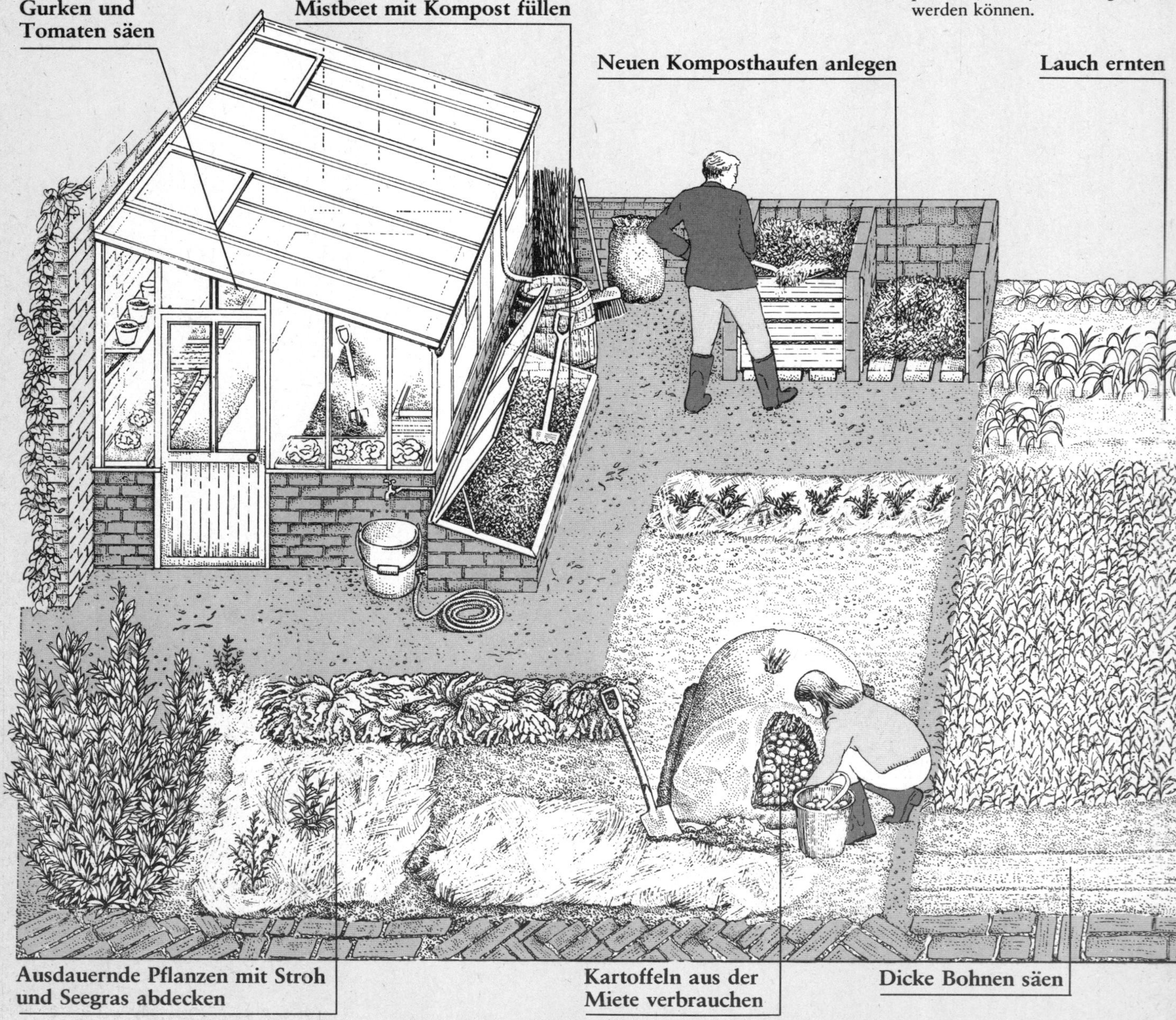

Abschnitt B

Auf diesem Abschnitt müßten Kohlpflanzen stehen: Rosenkohl, Winter-Blumenkohl (Broccoli), dicker, fester Winter-Weißkohl, Grünkohl, Rotkohl und jede andere, winterfeste Kohlart. Es können auch noch einige Reihen Steckrüben im Boden sein, falls sie nicht schon geerntet und eingemietet sind. Weiße Rüben müssen um diese Zeit im Rübenkeller oder in der Miete sein, denn sie sind gegen Winterkälte nicht so unempfindlich wie die Steckrüben. Dieser Gartenabschnitt beherbergt während des Winters das meiste Grüngemüse, außer dem Lauch im Abschnitt A. In günstigen Klimazonen ersparen diese Wintergemüse manch umständliche Einkocharbeit. Schalotten werden jetzt gesteckt, denn im nächsten Sommer ist der Abschnitt für den „gemischten Anbau“ vorgesehen.

Abschnitt C

Dieser Abschnitt ist ganz mit Gründüngerpflanzen wie z. B. Winter-Weidelgras bedeckt. Letztes Jahr wuchs hier der „gemischte Anbau“ kurzlebiger Pflanzen. Sobald der Boden trocken genug zur Bearbeitung ist, können die Gründüngerpflanzen zur Verrottung untergegraben werden. Es eilt aber nicht, weil dieses Beet die Wurzelgemüse aufnehmen soll, von denen die meisten nicht sehr früh gesät werden können.

Abschnitt D

Dieser Abschnitt liegt brach oder ist ebenfalls mit Gründüngerpflanzen bedeckt, falls deren Aussaat nicht wegen einer späten Ernte der Wurzelgemüse unmöglich wurde. Es wird Zeit, den Mist oder Kompost für dieses zukünftige Kartoffelbeet heranzuschaffen und auszubreiten, zumal sich ein Schubkarren auf gefrorenem Boden leichter schieben läßt. Falls in einem Beet noch Bleichsellerie steht, bleibt dieses Stück ungedüngt.

Der Obstgarten

Eine Winterwäsche brauchen die Obstbäume nur, wenn sie stark von Ungeziefer heimgesucht worden sind. 1,1 kg Ätz-Soda in 45 l Wasser aufgelöst war das früher gebräuchliche Schutzmittel, oder du kaufst ein fertiges Produkt. In der zweiten Hälfte des Februars werden die Obstbäume, Stachelbeeren und andere Beerensträucher geschnitten. Die Schwarze Johannisbeere kann gut schon im Herbst geschnitten werden. Mist oder Kompost werden unter die Bäume und Sträucher gebreitet und der Boden zwischen den Beerenpflanzen vorsichtig gelockert.

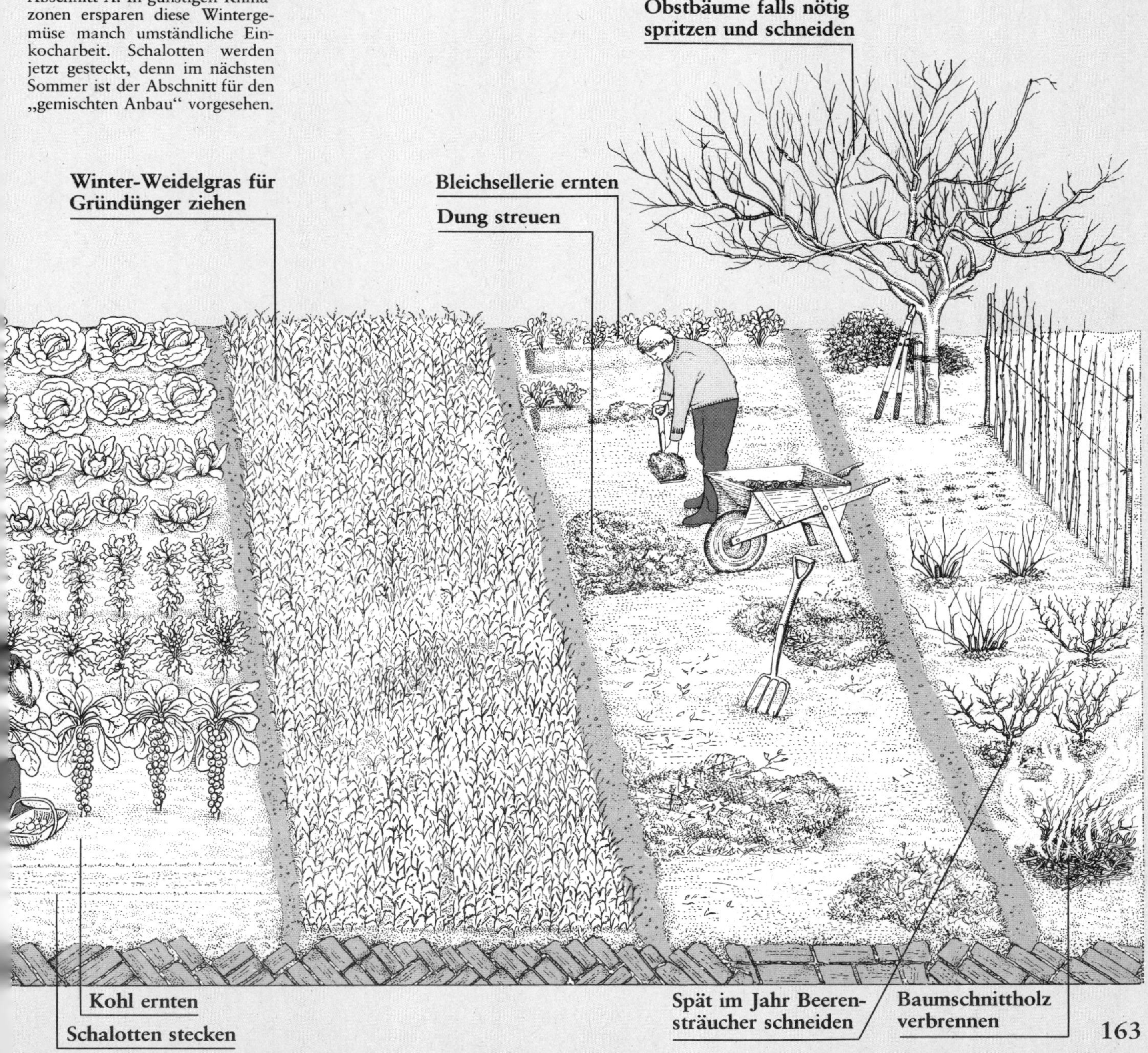

Frühling

Jetzt müssen die Gründüngerpflanzen untergegraben (eine Fräse erleichtert diese Arbeit), die Saatbeete vorbereitet und die Samen ausgebracht werden. Du solltest dabei aber nicht zu voreilig sein, denn in halbgefrorenem Boden gehen Samen nicht auf. Anstatt in den naßkalten Boden zu säen, wartet man lieber noch ein bis zwei Wochen, bis die Erde warm und trocken ist. Manche Samen, wie zum Beispiel Pastinak, keimen sehr langsam und können deshalb früh gesät werden. Auch für einige andere Pflanzen ist eine frühe Aussaat gut, aber nur unter Glas. Folientunnel sind in dieser Jahreszeit eine große Hilfe, um die Erde für frühe Aussaaten zu erwärmen. Im März decke ich eine dicke Plastikfolie über im Februar gesteckte Frühkartoffeln. Die Erde wird darunter warm, während sie rundum noch gefroren ist.

Gewächshaus und ausdauernde Pflanzen

In einem beheizten Gewächshaus wird Zuckermais in Torftöpfen und Pfeffer in Saatkästen gesät. Wenn die Tomaten- und Gurkenpflanzen groß genug sind, können sie in Töpfe oder in den Gewächshausboden versetzt werden. Gurken können jetzt auch im Mistbeet ausgesät werden. Im Kräutergarten wird es Zeit, ausdauernde Pflanzen wie Pfefferminz, Salbei und Thymian auszugraben, zu teilen und umzusetzen, wenn es nötig ist. Das Seegras wird vom Spargelbeet geräumt und auf den Komposthaufen gebracht. Rhabarber bekommt eine dunkle Abdeckung, damit er schneller wächst. Zwiebeln, Broccoli, Weißkohl, Grünkohl, Blumenkohl, Rosenkohl und Lauch werden im Saatbeet gesät, und wenn sonst im Augenblick kein Platz ist, auch der Kopfsalat, damit Pflanzen zur Verfügung stehen, sobald im Garten Platz ist.

Abschnitt A

Wenn das Frühjahr beginnt, ist der Lauch abgeräumt und gegessen. Die im Winter gesäten dicken Bohnen wachsen kräftig. Falls es nicht genug sind, können Frühjahrssorten zusammen mit frühen Erbsen zu Anfang der warmen Jahreszeit nachgesät werden. Danach werden Erbsen laufend gesät, damit zu jeder Zeit pflückreife zur Verfügung stehen. Frühe Steckrüben, Sojabohnen und Kohlrüben kommen ebenfalls in diesen Abschnitt, der im nächsten Winter die Kohlsorten aufnehmen wird. Die Reihe Frühkohl sorgt für frisches Grüngemüse und kann im Laufe des Frühjahrs geerntet werden.

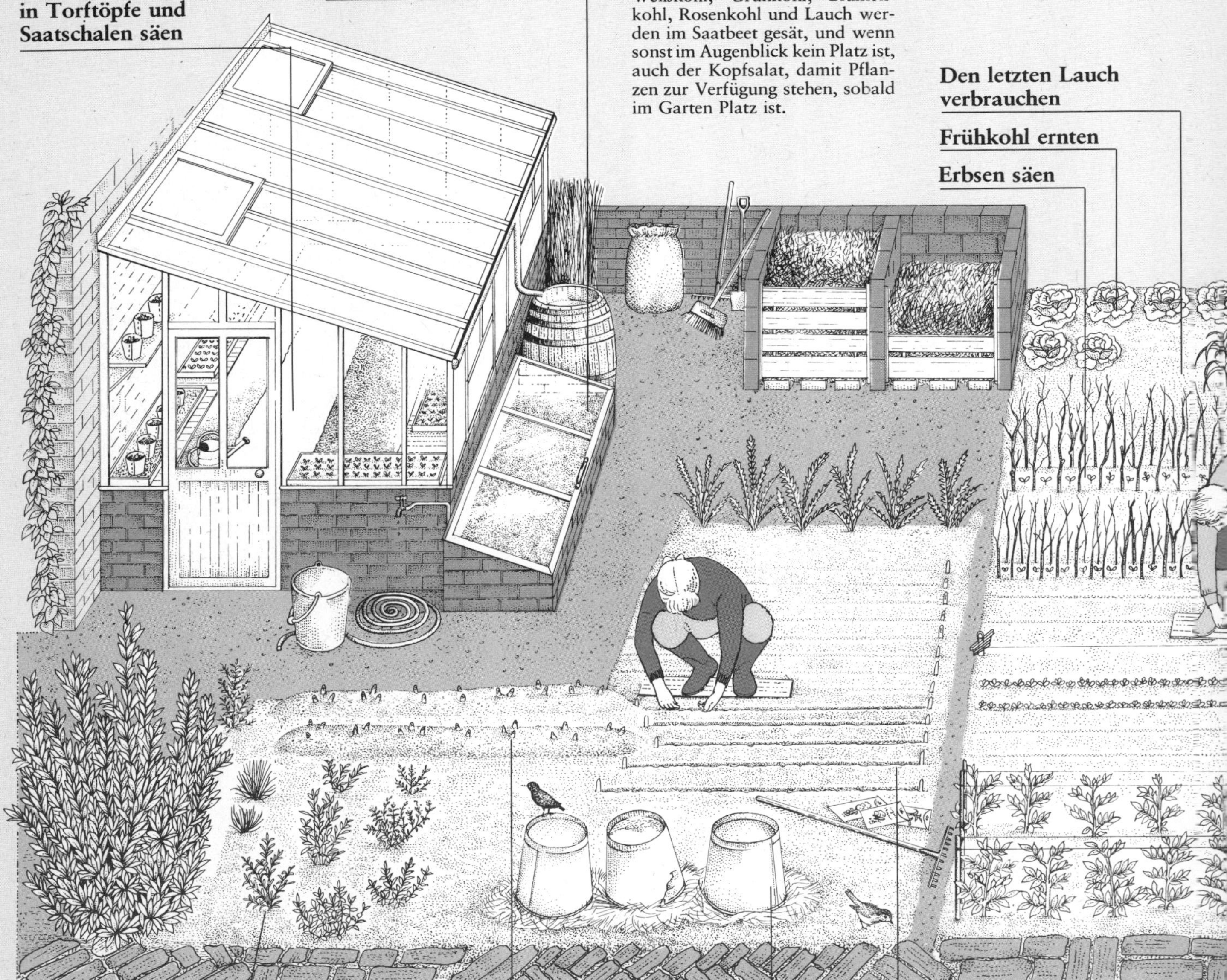

Abschnitt B

Im Frühling gibt es bei dem Gemüse einen schlimmeren Engpaß als im Winter, aber der späte Winterkohl und Lauch helfen über die Runden. Vom Kohl ist nicht mehr viel übrig, höchstens noch ein paar Rosenkohlstämme, Grünkohlreste, etwas Broccoli und unter Umständen die letzten Köpfe Winter-Blumenkohl. Wenn diese Pflanzen restlos abgeerntet sind, werden die restlichen Kohlstrünke ausgerissen, mit einer Axt zerkleinert und auf den Komposthaufen gepackt. Die Schalotten wachsen zu dieser Zeit bereits sehr schnell.

Abschnitt C

Jetzt werden die im Herbst gesäten Gründüngerpflanzen untergegraben, damit der Boden für die Wurzelgemüse vorbereitet ist. Nur Pastinak wird früh ausgesät, erst im späten Frühjahr folgen Zwiebeln und Karotten. Die Steckzwiebeln und die im Herbst gesäten Zwiebeln werden jetzt gepflanzt. Wenn im Kräutergarten kein Platz ist, muß der Knoblauch im zeitigen Frühjahr hier gesteckt werden. Bis der Frühling in den Sommer übergeht, ist der Abschnitt mit allen gewünschten Wurzelgemüsen besetzt.

Abschnitt D

Eine Reihe Frühkartoffeln kann unter einem Folientunnel oder einer durchsichtigen Folie besonders gefördert werden. Sie wurden in milden Gegenden Ende Februar, in kälteren Ende März gelegt. Die Saatkartoffeln für die reguläre Ernte kommen nicht vor Mitte April in den Boden. Die ersten Kartoffeln werden nur flach gelegt, die späteren dagegen in tiefe Furchen, beide jedoch mit reichlich Mist oder Kompost. Während des Heranwachsens werden sie gehäufelt.

Der Obstgarten

Die Stachelbeeren werden frühzeitig ausgeschnitten. Manche Gärtner pflanzen im März oder April Erdbeeren. Der Erdboden um die Beerensträucher, wie Schwarze Johannisbeeren, Stachelbeeren und Himbeeren, wird gehackt. Da man mit Ungezieferplagen immer rechnen muß, sollte man schon jetzt vorbeugen. Durch Leimringe an den Obstbäumen können die krabbelnden und kriechenden Ungeziefer abgefangen werden. Die blühenden Bäume und Sträucher mit Insektiziden zu spritzen, ist dagegen unverzeihlich, weil du dadurch auch Bienen töten würdest.

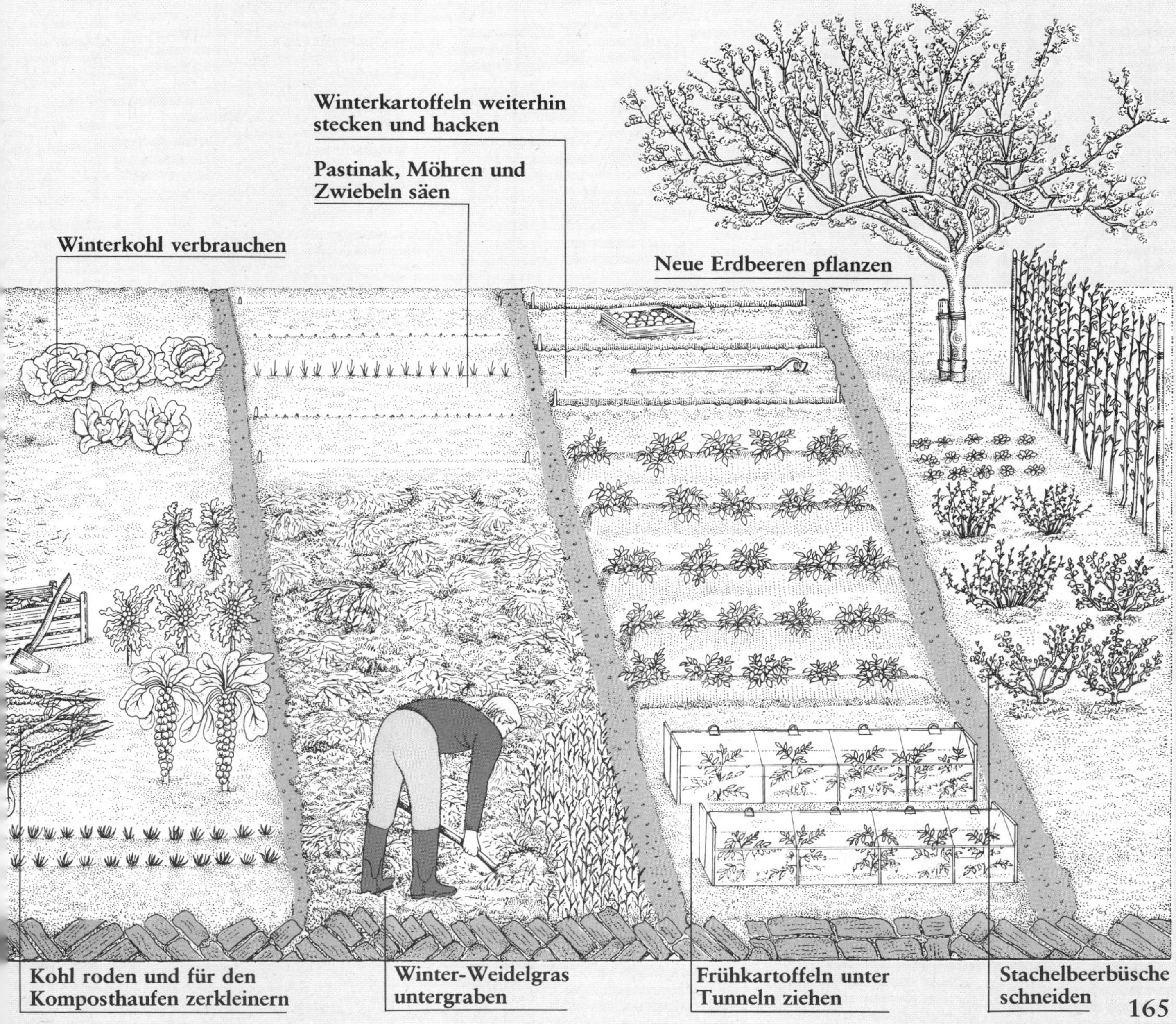

Frühsommer

Viele Gemüsepflanzen werden in den Monaten April, Mai und Juni als Folgepflanzen angebaut. Diese kurzlebigen Pflanzen garantieren eine gleichbleibende Versorgung mit zarten Erbsen, frischem Salat, jungen Radieschen und grünen Bohnen. Zarte, junge Rüben sollte man den ganzen Sommer hindurch ziehen können. In dieser Jahreszeit darf die Hacke nicht zur Ruhe kommen, denn sonst macht sich das Unkraut breit, und die Ernte wird miserabel sein oder sogar ganz ausfallen. Zwiebel- und Karottenbeete werden vorsichtig mit der Hand gejätet. Einige Radieschensamen in den Reihen des Pastinak mitgesät, zeigen als Schnellkeimer diese Reihen bald an und ermöglichen das vorsichtige Hakken in den Zwischenräumen.

Gewächshaus und ausdauernde Pflanzen

Bis Ende Juni kann Spargel gestochen werden. Die Artischocken werden jetzt schnell groß. Das Saatbeet wird regelmäßig gegossen, und falls an den Kohlpflänzchen Erdflöhe auftreten, werden sie bekämpft. Die Lüftungsklappen im Gewächshaus werden aufmerksam reguliert. Tagsüber ist eine gute Lüftung für die Gewächshauspflanzen lebensnotwendig, aber die kühle Nachtluft darf nicht eindringen. Durch regelmäßiges Besprühen des Bodens und der Pflanzen wird die Luft im Gewächshaus feucht gehalten. Die Tomaten werden mit Wasser gedüngt, in dem Mist eingeweicht wurde, ebenso die Gurkenpflänzchen, sobald sie groß genug dazu sind. Kohlpflanzen werden in ein Anzuchtbeet gesetzt. Die Glasdächer der Gurken-Frühbeete werden hochgestellt.

Abschnitt A

Erbsen werden regelmäßig nachgesät und erhalten Stützen. Auch Steckrüben und Weiße Rüben können noch nachgesät werden. Im Mai – in unwirtschaftlichen Gegenden im Juni – ist Zeit für die Bohnensaat. Buschbohnen und Stangenbohnen kommen in die bereits vorbereiteten und gut mit Kompost versorgten Beete. Hier muß nun regelmäßig Unkraut gejätet und gegossen werden. Alle Hülsenfrüchte brauchen in trokkenen Zeiten reichlich Wasser. Die Dicken Bohnen sind bereits erntereif. Sofort nach der Ernte der Weißen Bohnen werden Buschbohnen an ihren Platz gesetzt.

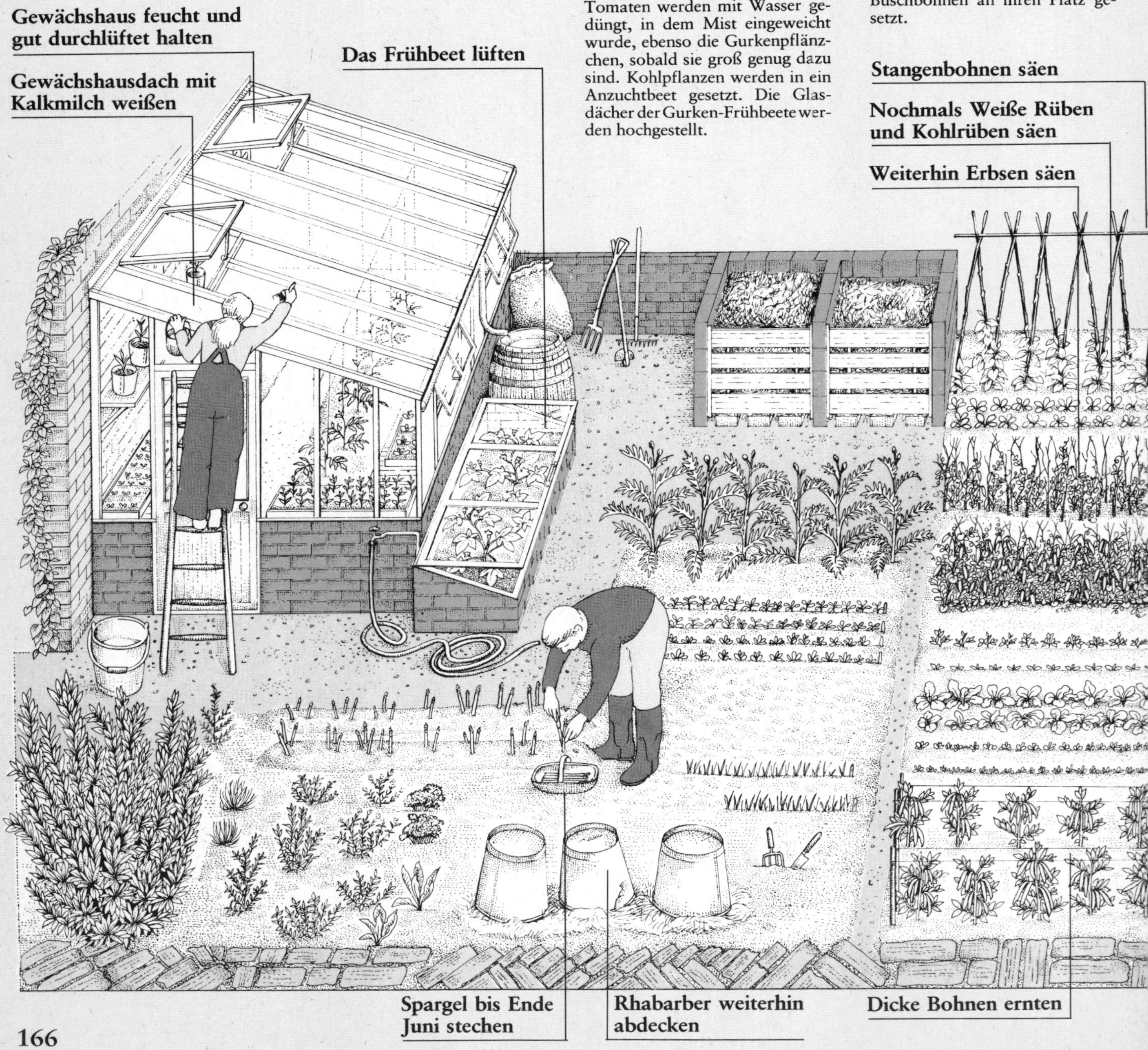

Abschnitt B

Nachdem jetzt die letzten Winter-Kohlpflanzen geerntet sind, kommt an diesen Platz eine Mischkultur: Freilandtomaten, Zucchinis, Melonen, die verschiedenen Kürbissorten, Radieschen, Salat, Salatgurken, Spinat, Zuckermais. Sobald diese schnellwüchsigen Jahrespflanzen groß genug sind – manche wurden im Gewächshaus oder kalten Frühbeet, andere im Saatbeet gezogen – und wenn es warm genug ist, werden sie ausgepflanzt, gegossen und gepflegt. Falls ein gut verrotteter Kompost zur Verfügung steht, bekommt diesen Pflanzen eine Mulchdecke sehr gut. Wenn das Mulchen rechtzeitig geschieht, werden sich auch die Unkrautwurzeln im nächsten Jahr nicht zu sehr verzweigen.

Abschnitt C

Die Zwiebeln wachsen als Folgeanbau nach den Wurzelgemüsen bereits gut und müssen gejätet und pikiert werden. Die Möhren werden ebenfalls ausgedünnt, wenn sie für den Wintervorrat bestimmt sind. Diese Arbeit ist dagegen nicht nötig, wenn sie als Sommergemüse verwendet werden sollen. Das Ausdünnen sollte unbedingt bei Regenwetter durchgeführt werden, sonst muß nach der Arbeit Paraffin oder ein anderes, stark riechendes Mittel zwischen die Reihen gesprüht werden. Auch Pastinak wird ausgedünnt und gejätet. Endivien und Rote Bete werden ausgesät. Sellerie sollte vor Ende Mai in ein gut vorbereitetes Selleriebeet umgesetzt werden; dieses darf niemals austrocknen.

Abschnitt D

Die schon gesteckten Kartoffeln wachsen heran und müssen gehäufelt werden. Dies geschieht am besten frühmorgens oder abends, denn bei Tageswärme welken die Pflanzen, und die Blätter liegen auf dem Boden, wodurch das Häufeln sehr erschwert wird. Weiße Rüben müssen jetzt ausgesät werden, damit sie in den Kohl-Turnus eingeordnet werden können, sobald die Frühkartoffeln geerntet sind. Wenn die Kartoffeln bereits im Juni gegessen sind, kann in das freigewordene Beet Lauch gesetzt werden.

Der Obstgarten

Über die Erdbeeren werden zum Schutz vor Vögeln Netze gespannt und der Boden unter den Pflanzen mit Stroh bedeckt. Auch von den Beerensträuchern müssen die Vögel ferngehalten werden. Beerenobst, wie z. B. die Stachelbeeren, ist pflückreif. Zuerst werden die festen Früchte zum Kochen gepflückt (grüne Stachelbeeren), die restlichen werden dadurch größer und besser. Der Boden unter den Beerensträuchern wird gehackt und mit einer Mulchdecke abgedeckt. Das ist besonders bei sonniger Lage sehr wichtig.

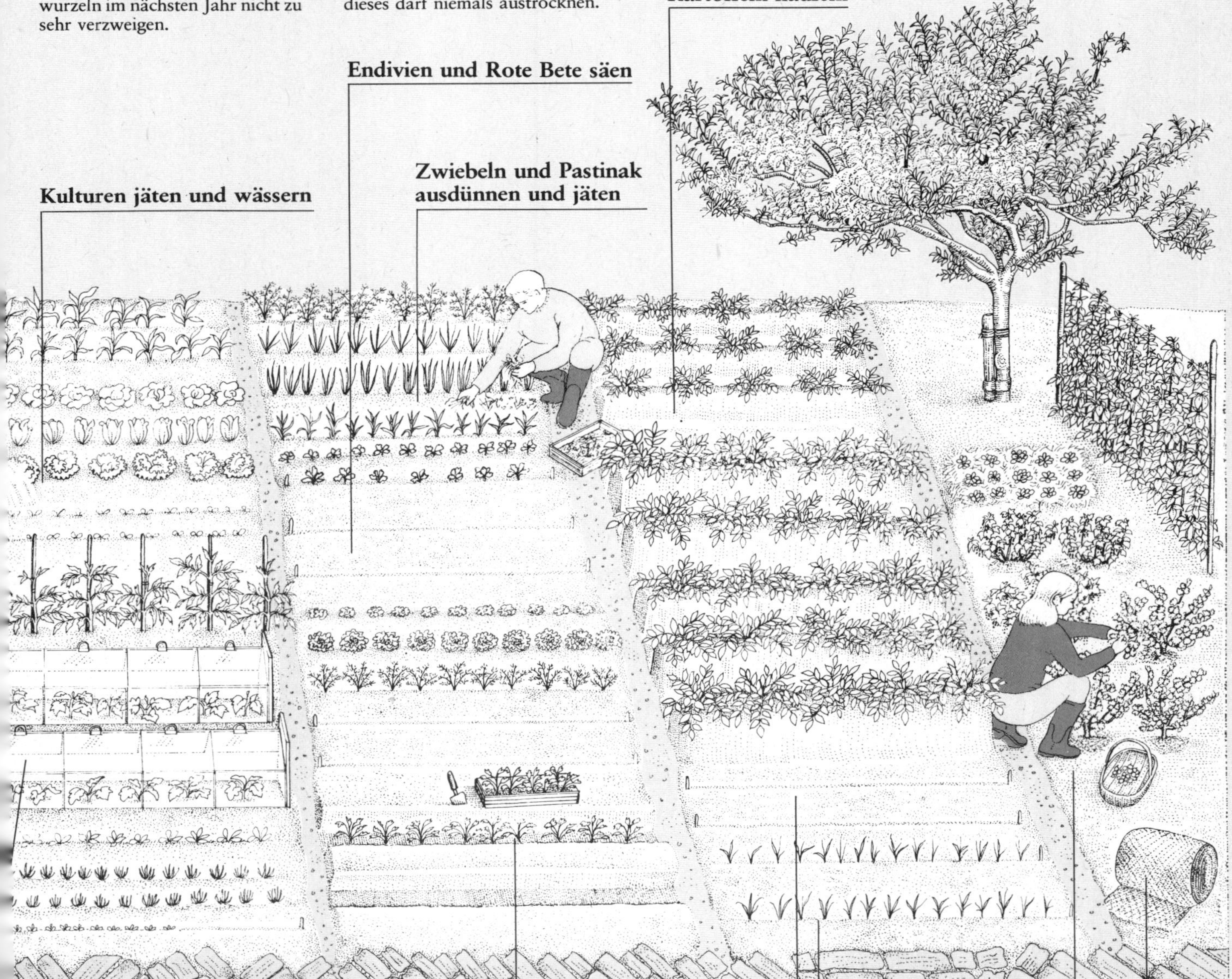

Spätsommer

Nun bringt die bisherige Arbeit reichen Lohn, und es gibt einen fast nicht mehr zu bewältigenden Erntesegen. Der Überschuß an Busch- oder Stangenbohnen kann eingesalzen werden, Weiße Bohnen und Erbsen lassen sich trocknen. Sobald diese Hülsenfrüchte geerntet und abgeräumt sind, werden kräftige Kohlpflanzen an ihre Stelle gesetzt. Nachdem die Kohlpflanzen in diesem Jahr zunächst vom Saatbeet in ein „Anzucht-Beet" verschult wurden, kann die Hauptpflanzung der Kohlgemüse zur Vorratshaltung ohne Verzögerung in dem Hülsenfruchtbeet erfolgen. Kohlpflanzen scheinen darüber hinaus aus einer zweimaligen Verschulung sogar Gewinn zu ziehen. Das für das Hacken zu große Unkraut muß mit der Hand ausgerissen werden, ehe es sich aussät.

Gewächshaus und ausdauernde Pflanzen

Beim Frühbeet bleiben die Fenster jetzt geöffnet, und die Gurken treiben lange Ausläufer. Tomaten, Gurken und Pfeffer tragen bereits Früchte und brauchen Wasser und Dünger. Das Lüften des Gewächshauses ist sehr wichtig! Der Frühjahrskohl wird im Saatbeet gesät. Die Kräuter und das Spargelbeet müssen regelmäßig gegossen und der Rhabarber laufend geschnitten werden. Bald kann man auch die Blüten der Artischocken ernten. Du darfst sie nicht vernachlässigen, denn wenn sie nicht regelmäßig geschnitten werden, bilden sich keine neuen Blüten. Aber voll entfaltete, wunderbar blaue Artischockenblüten sind ein so herrlicher Anblick, daß es sich lohnt, einige stehen zu lassen.

Abschnitt A

Die Erbsen und Bohnen werden bei Trockenheit gut gegossen und die Blüten der Stangenbohne jeden Abend mit Wasser besprüht. Dadurch setzen sie leichter Früchte an. Erbsen, Busch- und Stangenbohnen sind jetzt in Massen pflückreif. Erntereif sind auch die Weißen Rübchen. Wenn die besten aus einer Reihe geerntet sind, werden auch die restlichen herausgezogen und der Platz mit kräftigen Kohlpflanzen aus dem Anzuchtbeet bepflanzt. Die reifen Stangenbohnen müssen unablässig geerntet werden, sonst sind sie bald alt und zäh. Die Bohnen werden für den Winter eingesalzen.

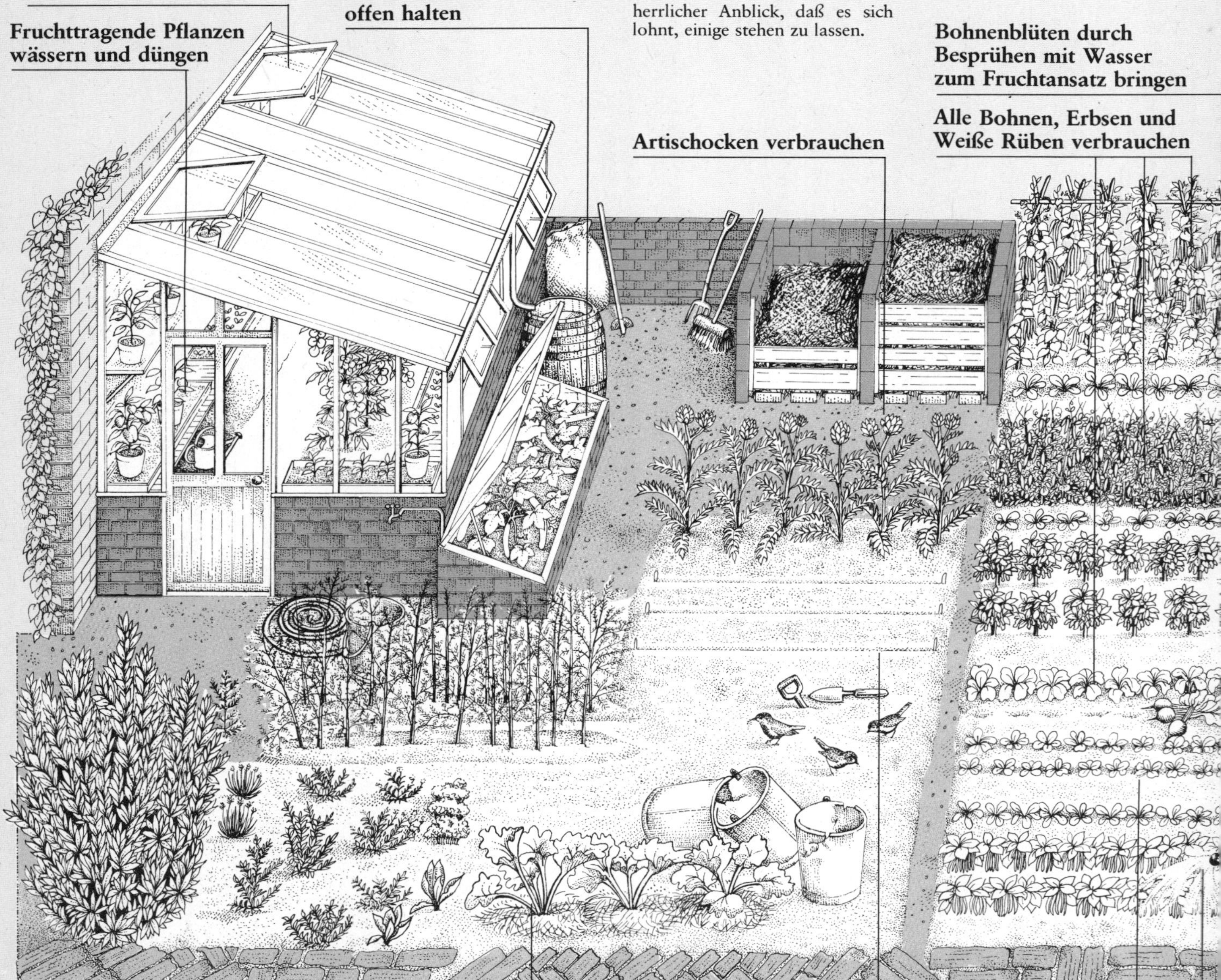

Abschnitt B

Alle zu langen Ranken der Melonen und Kürbisse müssen gekürzt werden. Die Tomaten erhalten Stützen, die Achseltriebe werden abgezwickt und die Pflanzen im Wachstum gestoppt, wenn sie vier kräftige Seitentriebe entwickelt haben. In feucht-kalten Gebieten werden die Tomatenpflanzen etwa Ende August auf den Boden gelegt und mit Folientunneln geschützt. Die Freilandgurken werden ebenfalls durch Schnitt am weiteren Wachsen gehindert, falls sie zu umfangreich werden. Die männlichen Blüten der Gurken werden sorgfältig entfernt. Der Salat darf auf keinen Fall Samen ausbilden. Salat und Radieschen werden laufend nachgesät bzw. nachgepflanzt. Der Zuckermais ist jetzt groß. Die Schalotten werden geerntet.

Abschnitt C

Hier ist im Augenblick nicht viel mehr zu tun, als bei den Wurzelgemüsen zu hacken, das Unkraut zu beseitigen und Schnecken fernzuhalten. Dies ist die beste Zeit des Jahres zur Bekämpfung des Unkrautes. Der Bleichsellerie wird gehäufelt und gegen die Blattflekken-Krankheit mit Kupferkalkbrühe gespritzt. Die Zwiebelernte kann beginnen.

Abschnitt D

Wer die Frühkartoffeln schon verbraucht hat, holt jetzt bereits Mahlzeiten von später gesteckten Kartoffeln. Die richtige Ernte hat aber noch Zeit; dagegen kann noch zweimal mit Kupferkalkbrühe gespritzt werden, wenn ein Auftreten der Kartoffelfäule befürchtet wird. Die späten Kartoffelsorten werden gut gehäufelt. Sobald sich aber die Blätter über den Furchen berühren, ist ein weiteres Hacken weder möglich noch nötig. Großes Einjahres-Unkraut muß aber trotzdem ausgerissen werden. Rüben und Lauch brauchen kaum noch Pflege.

Der Obstgarten

Bei den Himbeeren werden alle überschüssigen Triebe direkt an der Wurzel abgeschnitten. Bei einem zu dichten Behang der Apfelbäume wird ein Teil der Äpfel unreif gepflückt. Bei den Obstbäumen – besonders bei Spalierobst oder besonderen Wuchsformen – werden die Wasserschosse beseitigt (Sommerschnitt). Pflaumen und Beerenobst sind jetzt reif. Ein neues Erdbeerbeet wird vorbereitet. Die kleinen Ausläuferpflänzchen werden erst in im Boden eingelassenen Blumentöpfen angesiedelt. Zwischen den Beerensträuchern wird gehackt.

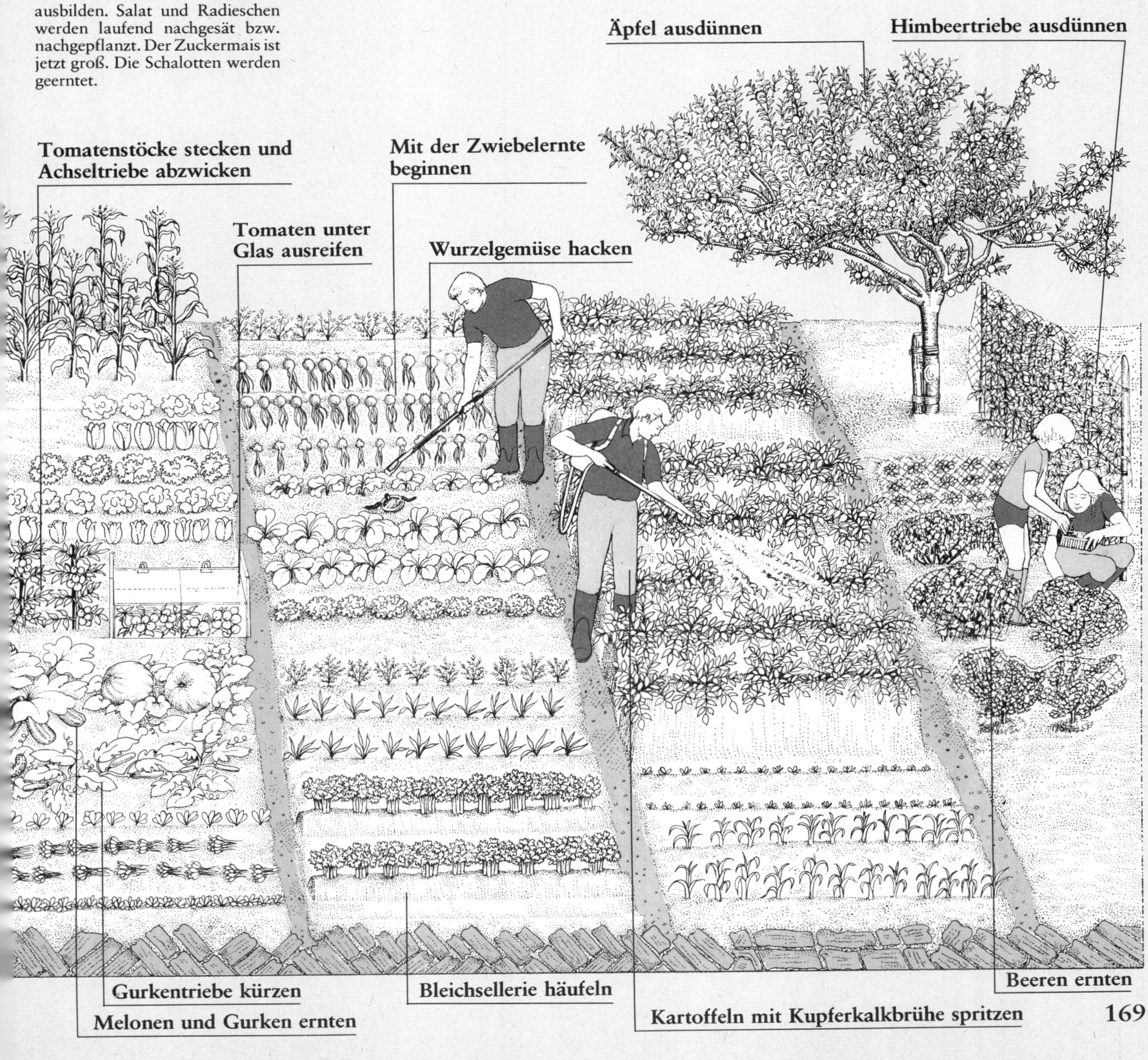

Herbst

Der Herbst ist die Zeit der Nebel und der Reife. Es ist auch die hohe Erntezeit, wo alle Früchte eingeholt und für den Winter eingelagert werden. Ein umsichtiger Gärtner wird sofort danach auf jeder freien Bodenfläche Gründüngerpflanzen aussäen, wenn auch mancher vielleicht lieber an der traditionellen Methode festhält und sein Land grobschollig umsticht, damit der Frost in den Boden eindringen kann. Ich persönlich ziehe allerdings die Gründüngerdecke vor. Wenn der erste Frost die Rüben und die Pastinakwurzeln gestreift hat, wird es Zeit, sie zum Verbrauch zu ernten, und auch Zeit, an den Pastinakwein für die Weihnachtszeit zu denken.

Gewächshaus und ausdauernde Pflanzen

Im Frühbeet und Gewächshaus können Wintersalat, Frühkohl und Sommerblumenkohl gesät werden, die beiden letzten zur Verpflanzung ins Freiland im Frühjahr. Das Spargelkraut wird geschnitten und kompostiert, dadurch wird die Ausbreitung des Spargelkäfers bekämpft. Die Kartoffeln werden nahe dem Haus eingemietet oder im Kartoffelkeller oder an einem anderen kühlen, dunklen und frostfreien Platz gelagert. Solange es noch Artischocken gibt, werden sie geschnitten. Danach werden sie sich selbst überlassen und wenn sie eingetrocknet sind, mit einer Strohdecke gegen den Frost geschützt. Spargel wird mit Seetang und/oder Mist abgedeckt. Alle Stauden brauchen jetzt reichlich Dung.

Abschnitt A

Es wird Zeit, die Erbsen und Bohnen abzuräumen, einschließlich der Weißen Bohnen, Sojabohnen und aller anderen für den Winter und zum Trocknen bestimmten Hülsenfrüchte. Dieser Platz ist für den Winter- und Frühjahrskohl gedacht, der nun zwar recht spät ausgepflanzt wird, was jedoch nichts ausmacht, denn die Pflanzen wurden im Anzuchtbeet bereits zu einer gewissen Größe herangezogen. Die Kohlpflanzen nützen in diesem Beet den von den Hülsenfrüchten übriggelassenen Kalk und außerdem die Reste der kräftigen Mistgabe für die vorher angebauten Kartoffeln. Wenn das Unkraut ausgerottet ist, lohnt es sich, das Kohlbeet mit Kompost zu mulchen, auftretende Schnecken müssen bekämpft werden.

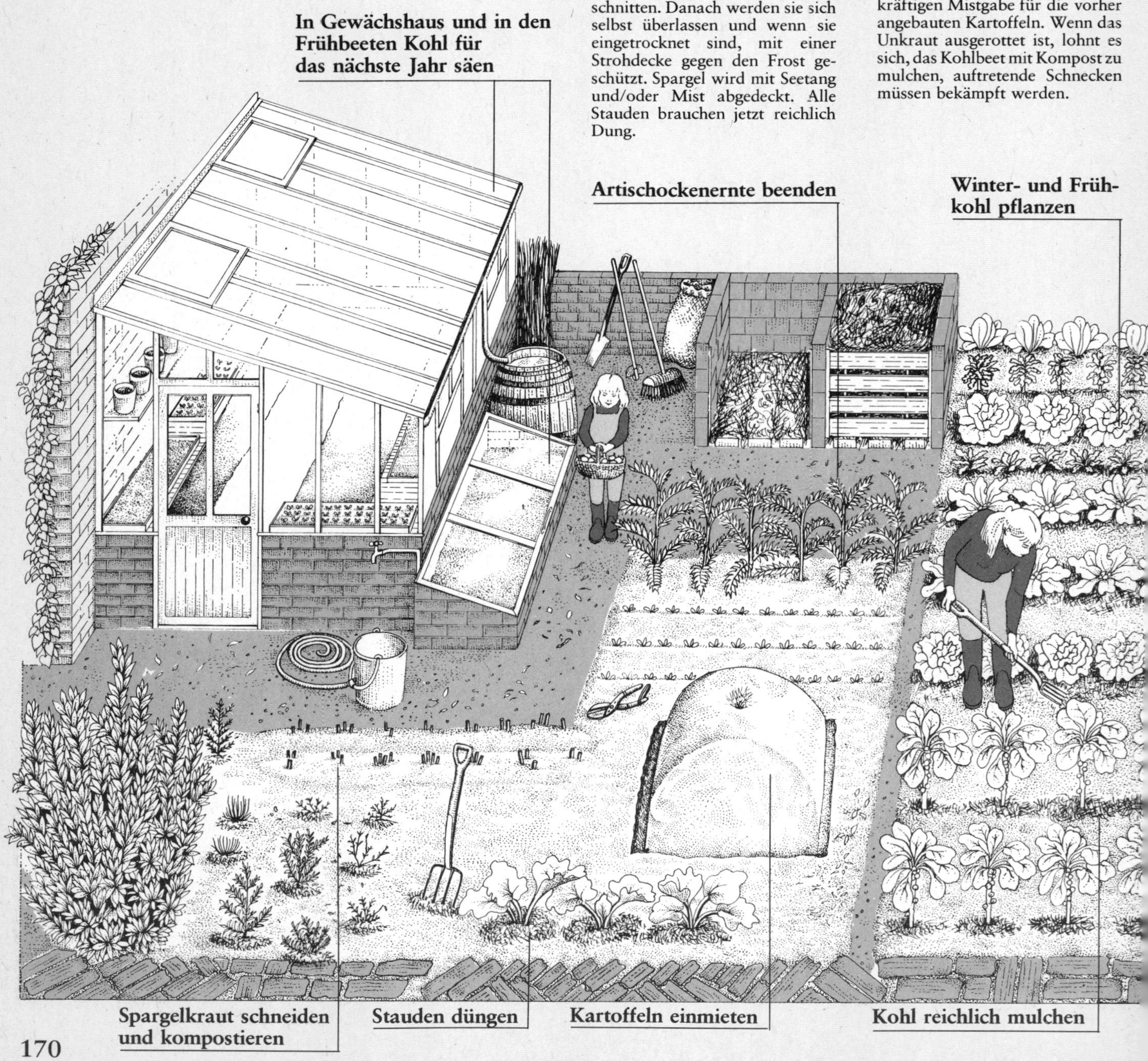

Abschnitt B

Alle Pflanzen in diesem Abschnitt (es war die schnellwüchsige Mischkultur der Einjahrespflanzen) sind abgeerntet und gerodet. Der Boden ist gesäubert und eingeebnet und wird nun mit Wintergründüngerpflanzen besät. Für eine Kleesaat ist es leider zu spät, es können nur noch winterfeste Pflanzen wie Winter-Weidelgras ausgebracht werden.

Abschnitt C

Pastinak kann unbegrenzt lange im Boden bleiben, auch gut angehäufelter Bleichsellerie übersteht die meiste Zeit des Winters im Boden. Alle anderen Wurzelgemüse werden im September geerntet und in einer Miete oder im Keller aufbewahrt. Sehr sorgfältig sind die Roten Rüben bei der Ernte zu behandeln, denn die Knollen bluten bei Verletzungen stark. Nach der Ernte und der Säuberung der Beete kann auch hier (bis spätestens Ende September) Winter-Weidelgras als Gründüngerpflanze gesät werden. Dieser Abschnitt wird im nächsten Jahr die Kartoffeln aufnehmen, und mit der dafür nötigen, kräftigen Düngung kann jetzt schon begonnen werden.

Abschnitt D

Die Haupternte der Kartoffeln wird möglichst lange hinausgezögert. Dadurch werden die Knollen im Boden abgehärtet und halten bei der Lagerung besser. Außerdem haben die Sporen der Kartoffelfäule weniger Chancen, die Kartoffeln zu infizieren. Die gerodeten Kartoffeln bleiben ein oder zwei Tage offen liegen, damit sie austrocknen und die Schale sich festigt. Der Lauch wird angehäufelt. In diesen Abschnitt kommen im nächsten Jahr Bohnen und Erbsen. Dicke Bohnen werden in rauhen Gegenden bereits im September, sonst im Oktober gelegt.

Der Obstgarten

Die Ausläufer der Erdbeeren werden abgeschnitten, der Boden wird gesäubert und Mist oder Kompost als Kopfdüngung ausgebracht. Alles Obst ist nach der Reife geerntet, und die Äpfel und Birnen sind in einem kühlen, aber frostfreien Raum gelagert. Die einzelnen Früchte sollen sich nicht berühren. Die absterbenden Fruchtruten der Himbeeren werden herausgeschnitten, nur kräftige Neutriebe bleiben stehen. Die Schwarzen Johannisbeeren werden im November ausgeschnitten. Falls der Boden nicht zu naß ist, können jetzt auch neue Obstbäume gepflanzt werden.

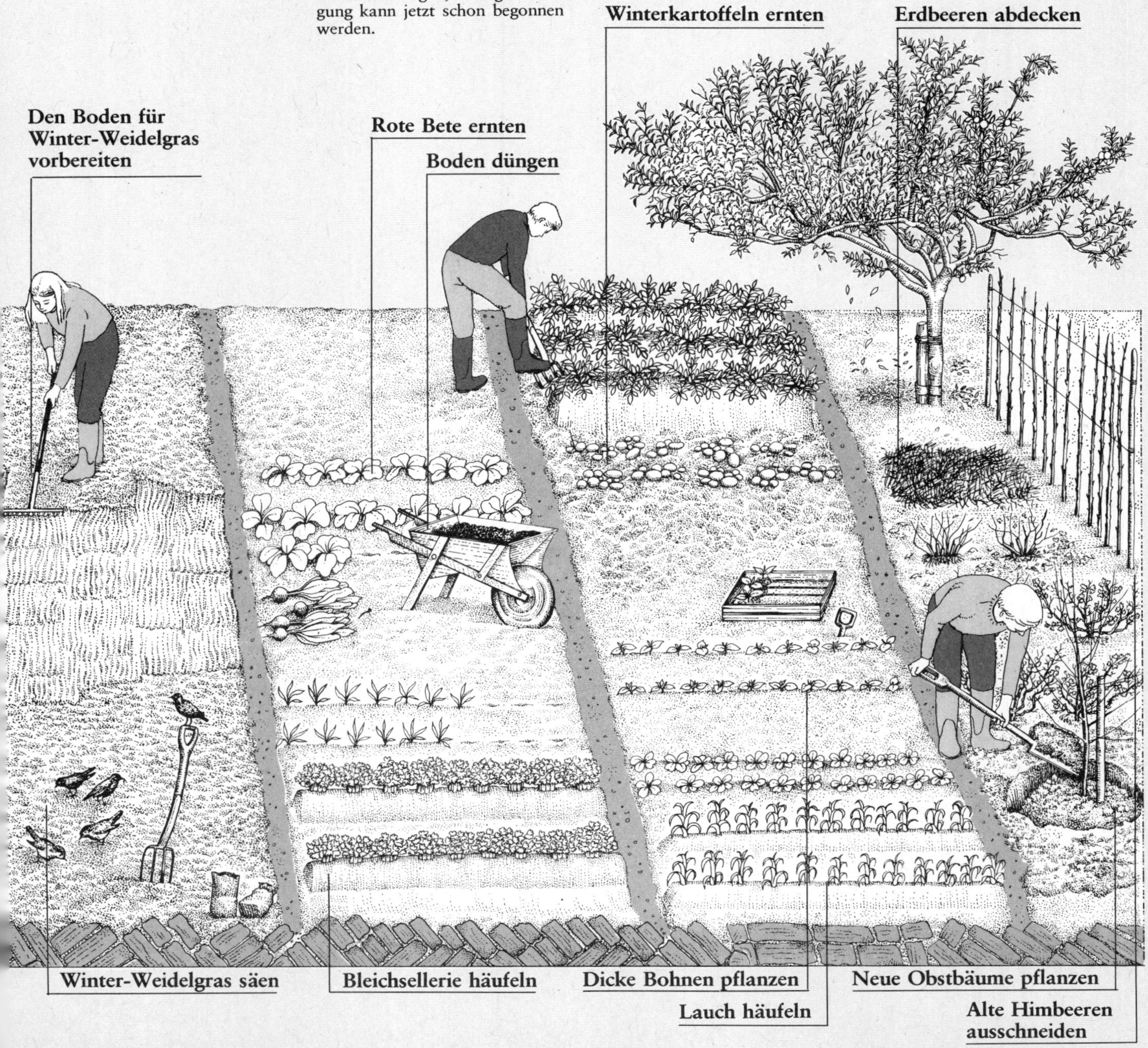

Das Gewächshaus

Ein Gewächshaus kann sehr stabil sein, wenn es ein 90 cm hohes Fundament aus Stein, Ziegelmauer oder Beton, ein Holzgerüst, das die Fensterrahmen trägt (dickes Glas ist am besten), eine Tür und vier Lüftungsklappen (eine untere und eine obere an jedem Gewächshausende) hat. Im Inneren befinden sich Stellagen für die Saatkästen. Sie sollten beweglich sein, damit dort im Sommer Tomaten wachsen können.

Ungeheizte Gewächshäuser

In rauhen Gegenden ist sogar ein nicht heizbares Gewächshaus außerordentlich nützlich, z. B. zur Anzucht empfindlicher oder langsam wachsender Pflanzen wie Bleichsellerie, Zuckermais, früher Sommerkohl usw., bei denen es zweckmäßig ist, daß sie sofort nach Beendigung der Frostperiode in einem gewissen Größenstadium ins Freiland kommen, um überhaupt im Laufe der Vegetationszeit zu reifen. Außerdem kann man in so einem Gewächshaus im Sommer hervorragend Tomaten ziehen. Zwar sind die Tomatenpflanzen zunächst teuer, später aber leicht zu pflegen. Sie sind eine gute Einmachfrucht, und wenn der Herbst kommt, sind einige Dutzend Einmachgläser voll herrlich roter Tomaten ein prächtiger Anblick, der zufrieden stimmt.

Im Sommer kann das kalte Gewächshaus einige anspruchsvolle oder empfindliche „Luxuspflanzen" aufnehmen, wie z. B. Auberginen, Melonen, grünen Pfeffer, der rot wird, wenn er lange genug hängen bleibt, und natürlich Gurken. Gewächshausgurken schmecken bedeutend besser als Frühbeet- oder Freilandgurken. Und Salat kann man in einem Gewächshaus fast das ganze Jahr über ernten. Wenn auch ein unbeheiztes Gewächshaus im tiefen Winter nicht sehr viel hilft, kann man darin doch frühe Kohlpflanzen, etwas Wintersalat und die so oder so ziemlich winterharten Pflanzen halten. Im Winter kann die Temperatur durchaus auch im Innern unter den Gefrierpunkt sinken, wenn die Sonne nicht scheint.

Beheizte Gewächshäuser

Wer die Temperatur in seinem Gewächshaus den ganzen Winter hindurch über dem Gefrierpunkt halten kann, und die Anlage außerdem noch groß genug ist, kann bei jedem Klima und zu jeder Zeit des Jahres Pfirsiche, Birnen, Nektarinen, Weintrauben und viele Südfrüchte ernten.

Du kannst das Gewächshaus mit Hilfe eines Wasserrohrsystems heizen. Die Wasserrohre müssen vom Boiler oder von der Heißwasserquelle aus bis zu ihrem Endpunkt langsam ansteigen, denn heißes Wasser steigt nach oben, das kalte fließt zurück zum Boiler. Am höchsten Punkt des Rohrsystems baust du ein Ventil ein, damit Luft oder Dampf entweichen kann. Ein schwarz gestrichenes Mauerwerk im Gewächshaus nimmt während des Tages Wärme auf und gibt sie im Laufe der Nacht wieder ab.

Der Selbstversorger kann sein Gewächshaus beheizen, ohne daß er Heizmaterial in irgendeiner Form kaufen muß. Das ist mit einem Allzweckofen (s. S. 248–249) möglich, oder mit durch Wasser- oder Windkraft erzeugter Elektrizität. Die Ausnutzung der Sonnenwärme wird sich bei einem geheizten Gewächshaus in den wärmeren Monaten des Jahres immer rentieren, wenn sie richtig eingesetzt wird.

Gewächshaustemperaturen

Im Winter sollte die Temperatur im Gewächshaus etwa 4° betragen. An sonnigen Tagen kann sie tagsüber auf 10° ansteigen. Die Tagestemperatur darf auf der einen Seite nicht

Ein Anbau-Gewächshaus

Dieses Gewächshaus ist bei mittelmäßigen Klimaverhältnissen eine große Hilfe beim Anbau von Zitronen, Paprika, Weintrauben und der frühen Zucht von Tomaten.

zu hoch sein, sie darf aber auch wieder nicht durch Zufuhr kalter Außenluft gesenkt werden, da empfindliche Pflanzen angegriffen werden könnten. Deshalb wird die Temperatur besser durch Zurückstellen oder Abstellen der Heizung reguliert. Nur darf man dann natürlich das Anstellen der Heizung am Nachmittag nicht vergessen, sonst wird die nötige Nachttemperatur nicht eingehalten. Die rückwärtige, obere Lüftungsklappe bleibt auch im Winter tagsüber offen, und zu Beginn des Frühjahrs werden die beiden oberen Klappen weiter geöffnet. Unter Umständen kann auch eine der unteren Klappen aufgemacht werden. Dann muß die Heizungsanlage aber so angebracht sein, daß die einströmende Kaltluft über die Heizungsrohre streicht und dadurch erwärmt wird. Im Frühjahr und Sommer muß der Boden des Gewächshauses regelmäßig gegossen oder besprüht werden,

damit die Luftfeuchtigkeit erhalten bleibt. Sehr gut bewährt sich die Einrichtung, das vom Dach ablaufende Regenwasser in eine Regentonne im Innern des Gewächshauses zu leiten.

Gewächshauserde

Der Platz im Gewächshaus ist kostbar, und es wäre daher nicht gerade klug, es mit alter, ausgelaugter Erde zu füllen. Je besser die Erde in dem Gewächshaus ist, desto größer ist auch der Nutzen dieser kostspieligen Einrichtung. Wenn du sehr guten Kompost, guten Mutterboden und scharfen Sand zu gleichen Teilen mischst, etwas Phosphorsäure und etwas Kalk dazugibst, erhältst du eine sehr gute Gewächshauserde. Diese füllst du in erhöhte Beete oder schüttest sie einfach auf den Boden. Genau wie bei Freilandpflanzungen wäre es gut, wenn auch hier die Bepflanzung wechselt. Wenn aber jedes Jahr die gleichen Pflanzen am gleichen Platz stehen, muß von Zeit zu Zeit die Erde herausgenommen oder untergegraben und durch neue ersetzt werden.

Gewächshaus-Pflanzen

In einem ungeheizten Gewächshaus ist die Anbaumöglichkeit zwar nicht wesentlich größer als im Freiland, aber die Ernteerwartung ist bedeutend sicherer. Ein beheiztes Gewächshaus dagegen ermöglicht den Anbau fast jeder Pflanze. Ich finde das Gewächshaus sinnvoll für: Wintersalat und andere Salate; die Aussaat in Saatkästen von Bleichsellerie, Tomaten, Pfeffer, Melonen, Auberginen, Zuckermais und Gurken im zeitigen Frühjahr. Meine bevorzugten Gewächshauspflanzen sind Tomaten.

Auch Gurken können im Tomatengewächshaus gezogen werden. Die Voraussetzungen sind dort aber nicht ganz ideal, denn ein richtiges Gurkenhaus ist viel wärmer und feuchter als ein gutes Tomatenhaus.

Wer nun so weit im Norden lebt, daß Wein nicht im Freien gezogen werden kann, sollte einen großen, alten Weinstock an der Rückseite (Nordseite) seines Gewächshauses setzen, dessen Reben unter dem Dach ranken, damit die Trauben die volle Sonnenwärme empfangen, ohne gleichzeitig die unten stehenden Tomaten zu überschatten. Und in Gebieten mit sehr kalten Wintern ist es nützlich, empfindliche Pflanzen wie z. B. Kohl schon im zeitigen Frühjahr im Gewächshaus anzusäen. Auf keinen Fall aber sollte ein Gewächshaus überfüllt sein. Es ist viel besser, immer nur eine wirklich nützliche Pflanze in großen Mengen anzubauen, z. B. Tomaten im Sommer und Salate im Winter, als das Gewächshaus mit unzähligen exotischen Pflanzen und Gemüsesorten zu füllen. Im Freiland nutzt man im übrigen die anderen Möglichkeiten wie Mistbeet, kaltes Frühbeet, Glasabdekkungen, Folientunnel, Marmeladengläser, Folienabdekkungen und dergleichen (s. S. 142–143).

Beerenobst

Wenn man Obstbäume pflanzt, muß man auf die Ernte einige Jahre warten, bei Beeren geht das viel schneller. Erdbeeren, die in einem Sommer gepflanzt wurden, bringen bereits im nächsten eine reiche Ernte, und bei Beerensträuchern dauert es kaum länger. Außerdem schmecken Beerenfrüchte gut, enthalten dazu viele Vitamine und sind leicht zu konservieren, so daß sie der Gesundheit der ganzen Familie dienlich sind. Bei weitem die beste Beerenfrucht, die man anpflanzen kann, ist für meine Begriffe die Johannisbeere. Sie ist widerstandsfähig, ertragreich, außergewöhnlich nahrhaft – wohl der reichste Träger von Vitamin C und anderen Vitaminen, den man anbauen kann – und außerdem noch gut einzumachen. Die Johannisbeersträucher sorgen dafür, daß man auch im Winter und in Notzeiten durch die schmackhaften Früchte ausreichend mit Vitaminen versorgt wird. Sie sind eingemacht fast so gut wie frisch. Ein Ernteausfall kommt bei ihnen praktisch nicht vor, jedenfalls habe ich es im Laufe von 20 Jahren nicht einmal erlebt. Die Kultur von Himbeeren ist auch recht lohnend – sie können sehr ertragreich sein, sie sind gute Marmeladenfrüchte, viel leichter zu pflegen als Erdbeeren und ebenfalls gut im Geschmack. Sie haben eine sehr lange Pflückzeit, und die Kinder können hinausgehen und sich an ihnen satt essen.

Blaubeeren und die vielen ähnlichen kleinen Beeren werden von Liebhabern angepflanzt. Sie sind aber so umständlich zu pflücken, daß man sie als Luxus betrachten muß. Ihr Anbau ist in kalten Gegenden angebracht, in denen üppigere Beerensträucher nicht gedeihen.

Brombeeren

Ich lebe in einer Landschaft, in der Brombeeren ein lästiges Unkraut sind, und da wir Mengen dieser wilden Früchte pflücken, fällt es mir nicht im Traum ein, Brombeeren anzupflanzen.

Pflanzen Vor dem Anlegen einer Brombeerhecke aus Kulturpflanzen, den Boden von Unkraut säubern, besonders das ausdauernde, wie z. B. die Quecke, ausrotten. Danach Mist oder phosphorhaltigen Dünger oder beides untergraben und Jungpflanzen im Abstand von 1,8 m setzen. Jede Pflanze muß ein Stück Stamm und ein Stück Wurzel haben, und beides wird vor dem Pflanzen um die Hälfte gekürzt. Ein Spanndraht-Gestell

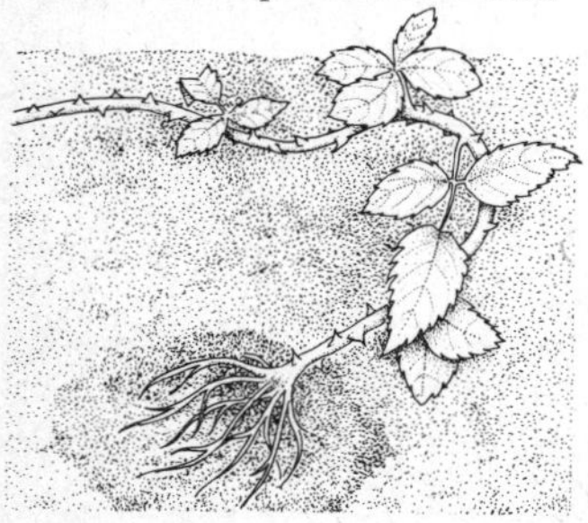

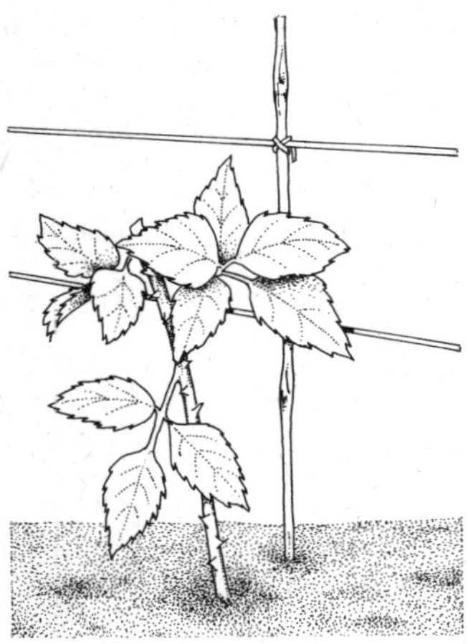

aufrichten, damit die langen Brombeerranken Halt finden. Sie wachsen ungewöhnlich schnell, und man muß sie gut im Auge behalten, damit sie nicht verwildern.
Schneiden Wer wilde Brombeeren kultivieren möchte, teilt die große Wildpflanze durch Rückschnitt der Ranken oder Trennschnitte in mehrere Teile. Das tote Holz ausschneiden und die langen Ausläufer stutzen. Brombeeren brauchen unbedingt phosphorhaltigen Dünger, wenn sie tragen sollen.
Pflege Die Ranken durch Rückschnitt der Seitentriebe übersichtlich halten. Dadurch wird sowohl der Ertrag verbessert als auch das Pflücken erleichtert. Nicht vergessen, die neben dem Stock austreibenden Wildruten zu entfernen.

Erdbeeren

Erdbeeren machen zwar sehr viel Arbeit, aber sie bringen von allen anbaufähigen Pflanzen wohl die höchste Einnahme pro Anbaufläche.
Boden Bei Erdbeeren handelt es sich um Waldpflanzen. Deshalb benötigen sie sehr viel Dung und einen leicht sauren Boden, also keine Kalkgaben.

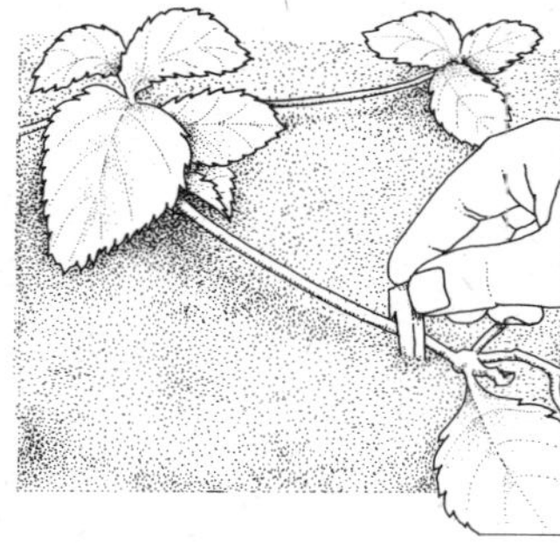

Vermehrung Sie bilden Ausläufer mit Wurzeln, die als Ableger abgetrennt werden können. Am besten läßt man die Ausläufer in mit Kompost gefüllten versenkten Töpfen anwachsen, so daß sich gute Wurzelballen bilden.
Pflanzen Im August kleine Pflanzen setzen und sie nach der Bewurzelung auf 30 × 45 cm auspflanzen. Nicht tief setzen, sondern die Wurzeln flach ausbreiten.
Pflege Regelmäßig und ausdauernd hacken und jäten, sonst verwildern die Beete schnell. Reichlich mit Torf mulchen, falls welcher vorhanden ist, sonst mit Kompost. Auf Schnecken achten. Falls kein Torf zur Verfügung steht, Stroh um die Pflanzen legen, damit die Früchte sauber und trocken bleiben. Falls sich Mehltau zeigt, mit Schwefelblüte einstäuben.
Ernte Am besten läßt man die Pflanzen drei Jahre tragen und reißt sie dann aus. Jedes Jahr ein neues Beet anlegen, damit die Ernte nicht unterbrochen wird.

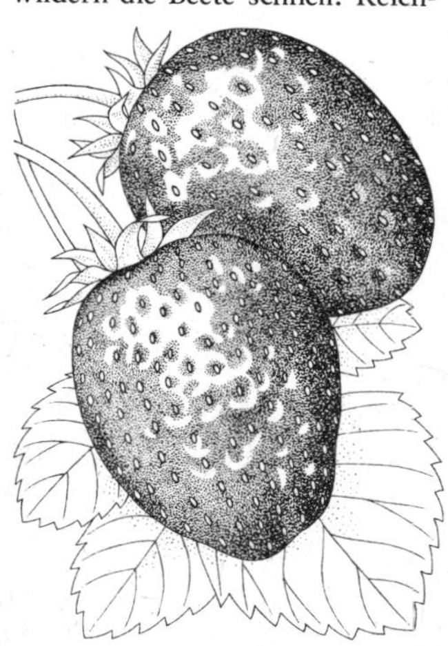

Heidelbeeren

In warmen Gegenden ist der Anbau von Heidelbeeren nicht sehr nützlich, wer dagegen in kälteren Regionen wohnt, sollte diese Pflanze sehr sorgfältig prüfen, denn als Gebirgspflanze kann sie sich dort unter Umständen bewähren.

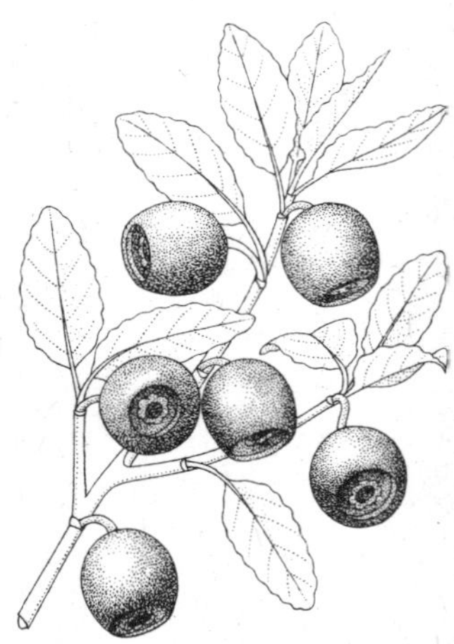

Pflanzen Blaubeeren bevorzugen sauren, alkalischen Boden, deshalb auf keinen Fall Kalk geben. Sie vertragen starken Frost und gedeihen am besten bei einem hohen Grundwasserspiegel. In Sumpflandschaften wachsen sie

nicht, außer auf Bodenerhebungen, dagegen aber in bergigen Moorgebieten. Sie brauchen einen pH-Wert von 4 oder 5, das ist recht saurer Boden. Pflanzen erhält man durch Anwurzeln von Stecklingen, oder man kauft drei Jahre alte Pflanzen und setzt sie im Abstand von 1,8 m in den Boden.
Schneiden Wenn sie vier Jahre alt sind (1 Jahr nach dem Anbau der dreijährigen Pflanzen), die meisten der Blütentrauben und die Bodentriebe, die direkt aus der Wurzel

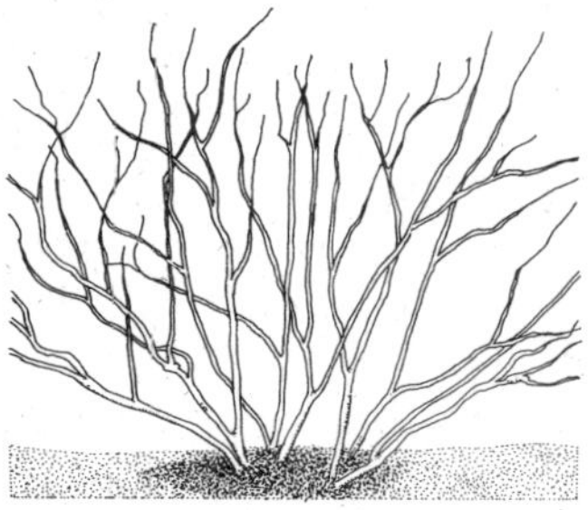

Vor dem Auslichten

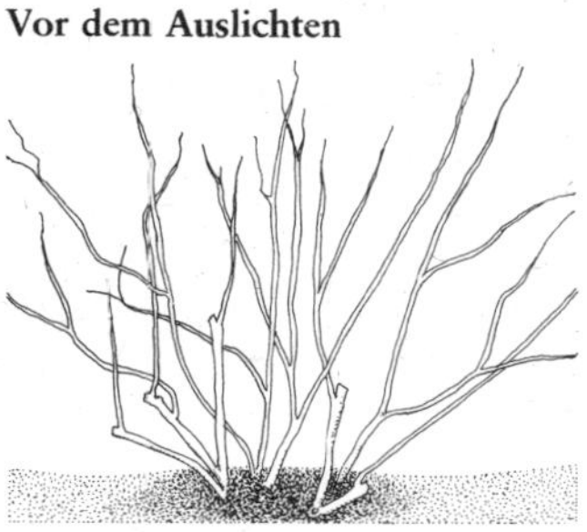

Ausgelichtete Pflanze

treiben, auslichten. Dieses Verfahren noch ein weiteres Jahr wiederholen. Danach die Bodentriebe regelmäßig auf 2–3 pro Busch dezimieren und das alte Holz von Zeit zu Zeit ausschneiden. Die Beeren erst pflücken, wenn sie sich leicht lösen, sonst haben sie wenig Geschmack.

Himbeeren und Loganbeeren

Boden Sie bevorzugen einen schweren, feuchten Boden und wachsen im rauhen Norden besser

als die meisten anderen Beerensträucher. Sie vertragen Schatten und nördliche Vegetationsverhältnisse. Ausdauerndes Unkraut gründlich beseitigen und den Boden reichlich düngen.
Vermehrung Entweder kauft man Jungpflanzen oder zieht sich selbst welche aus Absenkern heran oder verpflanzt Wurzeltriebe.
Pflanzen An schattigem Platz im Abstand von 60 cm in Reihen pflanzen, Reihenabstand 1,5 m.

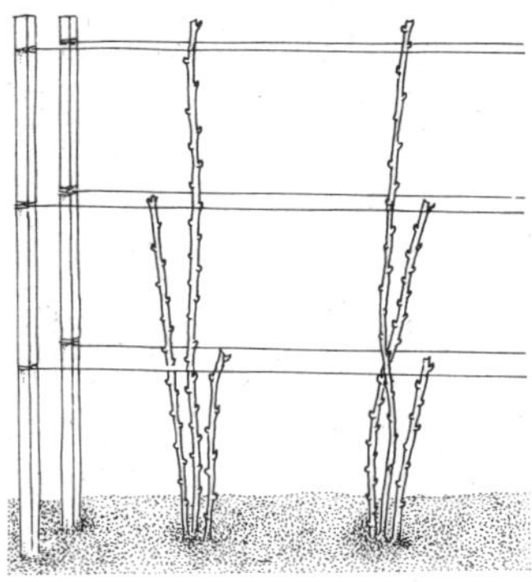

Ein Gerüst errichten, in dem die Pflanzen Halt finden oder angebunden werden. Manche Leute binden die Ruten auch an den Drähten fest, um ihnen noch mehr Halt zu geben.

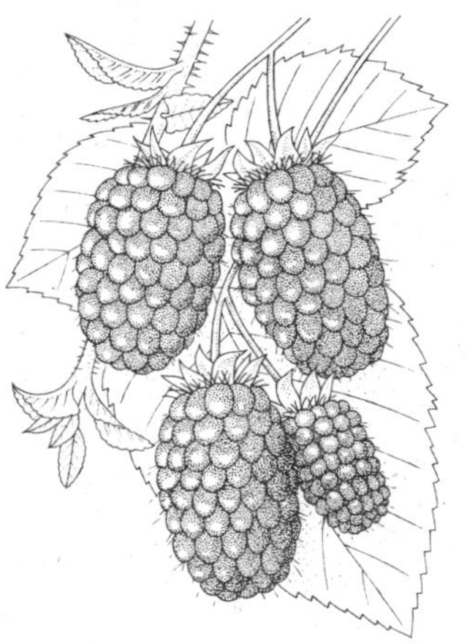

Schneiden Im ersten Jahr die Ruten wachsen, aber nicht zur Blüte kommen lassen, sondern vorher zurückschneiden. Die zweite Generation trägt dann Früchte. Die abgeernteten Fruchtruten ausschneiden und von den neuen Trieben zunächst nur drei für das nächste Jahr stehen lassen. In den folgenden Jahren können bis zu einem Dutzend neue Triebe als Fruchtruten stehen bleiben. Triebe auf Wurzelausläufern möglichst tief abschneiden oder als Ableger ausgraben. Die Fruchtstände bilden sich an den Adventivaugen der Ruten. Um einen gleichmäßigen Behang zu erzielen, können einzelne Ruten etwas eingekürzt werden, damit die unteren Knospen besser austreiben. Ein zu kräftiger Rückschnitt könnte aber die Ernte erheblich mindern.

Preiselbeeren

Diese Beeren werden gewöhnlich als traditionelle Beigabe zum Putenbraten eingemacht. Sie wachsen nur unter sorgfältig kontrollierten Bedingungen und werden aus diesem Grunde selten im Garten angebaut.

Boden Preiselbeeren brauchen einen sehr sauren Boden. Sie müssen zunächst gut entwässert, später im Sommer gut bewässert werden und im Winter praktisch im Wasser stehen.
Pflanzen Im Frühjahr Stecklinge in eine 8 cm dicke Lage Sand über einer Lage Torf zum Bewurzeln pflanzen.
Ernte Nach drei Jahren kann man hoffen, daß die Sträucher Früchte tragen, sie müssen mit der Hand gepflückt werden.

Johannisbeeren (Schwarze)

Boden Sie wachsen in einem kalten, eher schweren Boden, sogar in Tonerde.
Vorbereitung des Bodens Den Standort im vorhergehenden Herbst kalken, falls der pH-Wert unter 6 liegt. Ausdauerndes Unkraut entfernen und reichlich Mist untergraben.
Pflanzen Stecklinge von vorhandenen Sträuchern im späten Herbst schneiden. Die Ruten an beiden Enden mit einem sehr scharfen Messer nachschneiden, so daß sie etwa 25 cm lang sind. Den unteren Schnitt gerade unter einem Auge ausführen. Mit dem Spaten eine Spalte in den Boden stechen, etwas Sand auf den Grund der Spalte füllen und die Stecklinge im Abstand von 30 cm einsetzen. Mit Laub oder Kompost gegen den Frost abdecken und während des ersten Winters

die Erde nicht fest andrücken. Züchter in kalten Regionen schneiden die Setzlinge im November, bündeln sie und graben sie bis zum März ein. Dann pflanzen sie sie wie oben beschrieben aus. Im nächsten November die angewurzelten Pflanzen vorsichtig ausgraben und im Abstand von 30 cm in Reihen mit einem Reihenabstand von 45 cm neu einsetzen. Am Ende des zweiten Jahres die Sträucher an ihren endgültigen Standort setzen, Pflanzabstand 1,8 m.

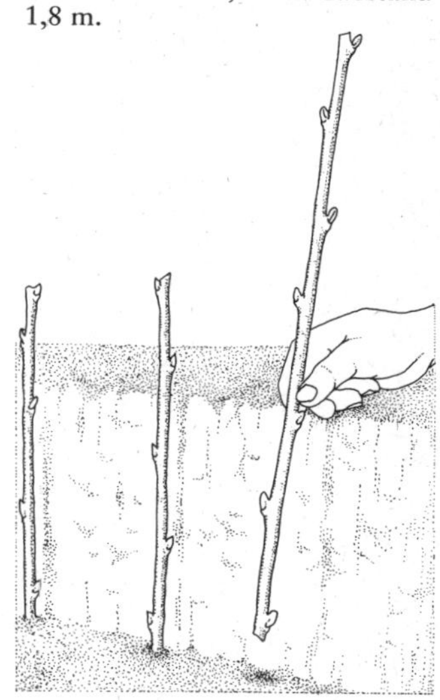

Schneiden Im Gegensatz zu Weißen und Roten Johannisbeeren tragen Schwarze Johannisbeeren an dem neuen Holz, deshalb nach Möglichkeit alles Holz ausschneiden, daß im letzten Jahr Früchte getragen hat. Das ist aber leichter gesagt als getan, denn sehr oft wird am Ende eines langen alten Holzes ein neuer Trieb stehen, so daß schließlich doch altes Holz stehenbleiben muß.

Pflege Jeden Winter kräftig mit Mist düngen und den Boden unter den Sträuchern von Gras und Unkraut frei halten.
Schädlinge Der gefährlichste Schädling ist die Johannisbeer-Gallmilbe. Den Befall erkennt man im Winter an auffällig dikken, geschwollenen Knospen. Diese müssen unbedingt entfernt und verbrannt werden. Eine andere Gefahr ist der „Säuleinrost", bei dem die Blätter rauh wie Brennesseln werden. Die davon befallenen Sträucher müssen sofort ausgerissen und verbrannt werden.
Ernte Ganz schlaue Leute schneiden die Fruchtzweige ab und verlegen die Ernte ins Haus. Sicher ist das bequemer, und außerdem schlägt man auf diese Art zwei Fliegen mit einer Klappe, denn das Fruchtholz soll so oder so abgeschnitten werden. Ich kenne tatsächlich Leute, die so verfahren, und es scheint sogar zu funktionieren. Aber ich habe mich nie zu dieser Methode überwinden können, denn in den belaubten Zweigen ist immer noch eine Menge „Nahrung" enthalten, die in die Wurzeln zurückfließt, wenn der Winter kommt.

Johannisbeeren (Weiße und Rote)

Pflanzen Die Vermehrung der Pflanzen und der Anbau erfolgt genau wie bei den Schwarzen Johannisbeeren (s. S. 175).

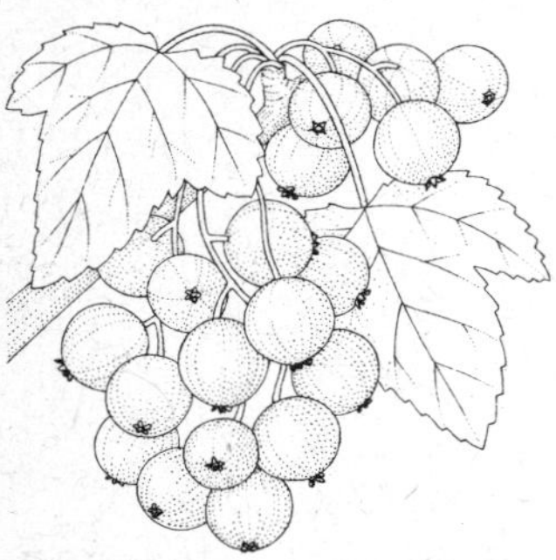

Schneiden Rote und Weiße Johannisbeeren tragen nicht wie die Schwarzen Johannisbeeren am einjährigen Holz, sondern bilden Fruchtholz an den alten Trieben aus. Deshalb die ersten Gerüsttriebe und die darauf gebildeten Ständertriebe etwa um die Hälfte einkürzen und die Seitentriebe auf ca. 2–3 Augen (etwa 1 cm) zurückschneiden. Es wird also bei diesen Johannisbeeren so viel altes Holz wie möglich stehengelassen und möglichst viel junges ausgelichtet.

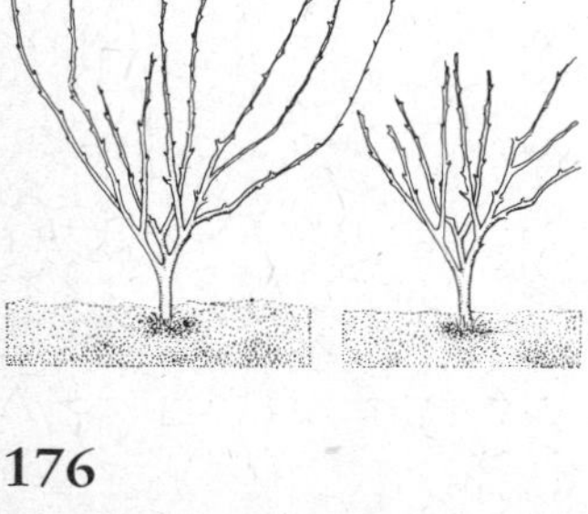

Pflege Sonst werden die Sträucher genau wie die Schwarze Johannisbeere behandelt. Sie werden jedoch nicht von der Johannisbeer-Gallmilbe befallen und bekommen auch keinen „Säuleinrost".

Stachelbeeren

Die Stachelbeere ist eine sehr nützliche Frucht für die Vitaminversorgung im Winter, denn sie läßt sich vorzüglich einmachen.

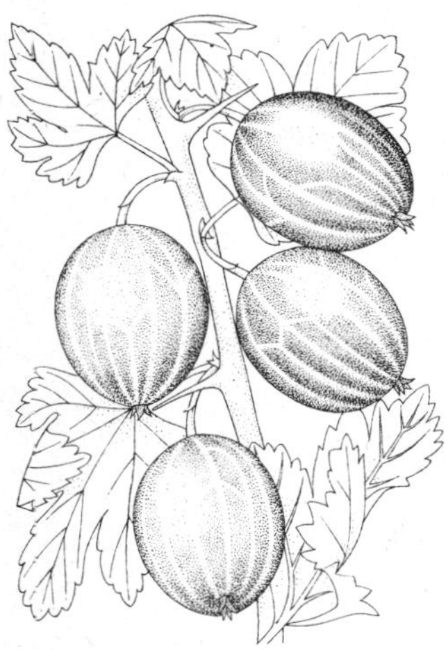

Boden Sie bevorzugt einen guten, tiefgründigen Lehmboden. Aber man kann einen Tonboden durch Beigabe von Sand und einen Sandboden durch Beigabe von Ton für sie geeignet machen. Und jeder Boden wird durch kräftige Mistgaben noch besser.
Vermehrung Die Vermehrung erfolgt wie bei den Schwarzen Johannisbeeren durch Stecklinge (siehe oben). Stachelbeeren bilden auch leicht Absenker. Dafür wird ein tiefhängender Zweig zum Boden gebogen und befestigt. Er schlägt bald Wurzeln, wird abgetrennt und gepflanzt.

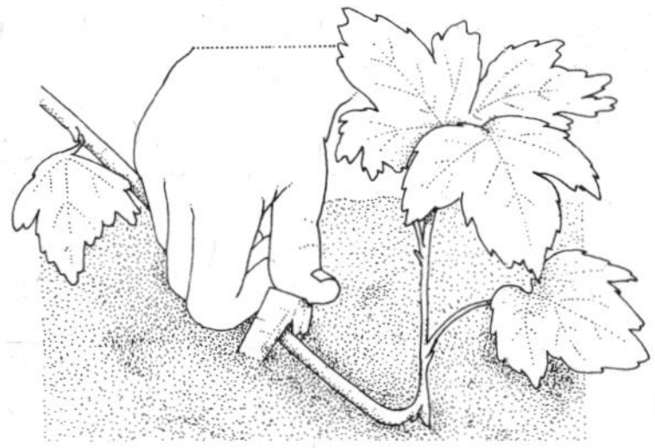

Schneiden Im ersten und zweiten Jahr kräftig ausschneiden, um eine tassenförmige Wuchsform zu erreichen (in der Mitte offen, aber keine auf den Boden hängenden Zweige). Dann die Gerüsttriebe jedes Jahr im Winter kräftig zurückschneiden, dabei möglichst viel altes Fruchtholz entfernen. Immer die Mitte frei halten, so daß sowohl von innen wie von außen gepflückt werden kann. Stachelbeeren nicht bei Frost schneiden.
Pflege Jedes Jahr mit Mist oder Kompost mulchen. Dompfaffen können im Winter sämtliche Knospen auspicken, deshalb die Sträucher notfalls mit Netzen schützen. Diese Netze im Frühjahr entfernen, bis die Früchte sich richtig ausgebildet haben, damit die insektenfressenden Vögel das Ungeziefer abpicken können – später wieder abdecken, um die frucht- und körnerfressenden Vögel abzuhalten. Die in vielen Gegenden auftretende Dompfaffen-Plage ist Schuld der Jäger, denn erst durch die Ausrottung der natürlichen Feinde wie Eulen und Krähen wurden die kleinen Vögel eine Plage.
Krankheiten Eine unangenehme Blattlaus siedelt sich manchmal in den Blättern an, diese rollen sich dann auf. Die aufgerollten Blätter abpflücken und verbrennen. Bei einem Befall der Sträucher mit Amerikanischem Stachelbeer-Mehltau mit einer Lösung aus 60 g Calcium-Sulfid auf 25 l Wasser spritzen. Den Befall erkennt man an einem weißen, filzigen Belag auf Blättern und Früchten.
Ernte Die reifen Früchte pflükken. Sie sind ausgezeichnet zum Einkochen und zur Weinbereitung.

Weintrauben

Solange der Sommer warm genug ist, und es viel Sonne gibt, nehmen Weinstöcke einen strengen Winter nicht übel.
Boden Wein braucht einen sehr durchlässigen, warmen und humusreichen Boden, viel Sonne und viel Luft. Eine Südhanglage ist ganz ideal. Der pH-Wert sollte bei etwa 6 liegen, so daß unter Umständen Kalkgaben notwendig sind. Weinstöcke können auch im Gewächshaus gezogen werden; dort ranken die Reben bald durch die ganze Anlage.
Vermehrung Stecklinge wurzeln gut an. Nach der Bewurzelung in kälteren Regionen in Reihen im Abstand von 1,8 m pflanzen, in warmen Lagen sollte der Abstand eher noch größer sein. In kalten Zonen setzen niedrige und nahe am Boden gehaltene Stöcke besser Früchte an.

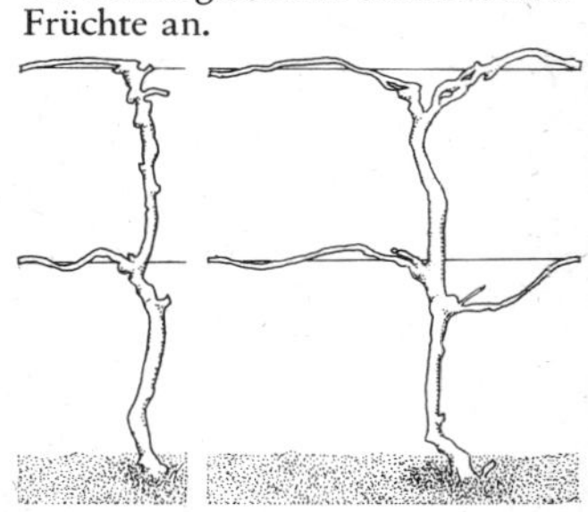

Schneiden Zwei horizontale Drähte spannen, 30 cm und 75 cm über dem Boden. Trauben bilden sich immer an jungen, diesjährigen Ruten, so kann das alte Holz bis auf zwei oder drei Augen zurückgeschnitten werden, aus denen das neue Fruchtholz wächst. In kälteren Gegenden sollte man nicht zu genau sein und lieber pro Stück drei Fruchttriebe wachsen lassen. Der dritte Trieb kann zurückgeschnitten werden, sobald sich die beiden anderen Triebe richtig entwickelt haben. Diese beiden Fruchtträger in gleicher Richtung an den Spanndrähten befestigen. In warmen Regionen werden dem Stock fünf Reben gelassen. Vier werden an den Spanndrähten befestigt, jeweils zwei nach jeder Seite, der fünfte Trieb ist wieder Reserve. Geschnitten wird im späten Winter. Die Fruchttriebe nach Ausbildung von sechs Knospen kürzen.
Pflege Jedes Jahr kräftig mulchen, das Unkraut beseitigen und im Juni mit Kupferkalkbrühe spritzen.
Ernte Die reifen Trauben mit der Baumschere abschneiden, niemals unsanft abbrechen.

Baumobst

Glücklich kann sich jeder preisen, der ein Grundstück mit einem großen, alten Obstgarten erwirbt. Aber meistens muß man die Bäume selber pflanzen und viele Jahre warten, bis man auch nur den kleinsten Apfel ernten kann.
Meine Pflanzempfehlung: Einige Hoch- und Halbstamm-Kernobstbäume, einige Spalier- oder Schnur-Kernobstbäume (besonders wenn der Platz begrenzt ist) oder sogar Zwergformen, die grundsätzlich ertragreicher sind und schneller Ertrag bringen als große Bäume, und einige Beerensträucher. Diese tragen schon nach drei Jahren oder sogar noch früher, wenn du zweijährige Büsche pflanzt. Die Hoch- oder Halbstammbäume versorgen dich dafür ein Leben lang mit Obst und genug Äpfeln für die Mostherstellung.

Wer nur einen kleinen Garten hat, sollte nicht zu viele große Obstbäume pflanzen, denn sie beanspruchen eine große Bodenfläche, trocknen diese aus, entziehen ihr die Nährstoffe und halten die Sonne ab.
Beim Planen der Obstgartenanlage darf die Drainage nicht vergessen werden. Das ist äußerst wichtig, denn kein Obstbaum gedeiht, wenn seine Wurzeln im Wasser stehen. Luftdurchzug ist ebenfalls lebensnotwendig. Frost fällt nach unten, und Talsohlen sind deshalb „Frostfallen". Unterhalb einer am Hang angelegten Obstbaumkultur darf daher keine Hecke stehen, weil dadurch die ins Tal ziehende Kaltluft gestaut würde und der Frost sich festsetzt. Äpfel, Birnen, Pflaumen und alle anderen Obstbäume brauchen einen guten Boden.

Äpfel

Äpfel sind wahrscheinlich für alle kalten und mittelmäßigen Klimazonen die beste und nützlichste Frucht. Durch frühe, späte und lagerfähige Sorten hat man fast das ganze Jahr hindurch frische Äpfel.

Boden Sie bevorzugen gute, tiefgründige Lehmerde, gedeihen aber bei reichlichen Mistgaben auf den meisten Böden. Auf saurem Boden entwickeln sie sich schlecht, deshalb unter Umständen Kalk zuführen. Der Boden muß gut drainiert sein, und die Bäume sollten nicht in einer Frostfalle stehen.
Vorbereitung Den Boden gut bearbeiten und ausdauerndes Unkraut ausrotten. Die Pflanzlöcher größer als die Wurzelballen ausheben und nach Möglichkeit einige Kalksteinbrocken auf die Sohle packen.
Pflanzen Wer die jungen Bäume von einer Baumschule bezieht, sollte den Pflanzschnitt dort ausführen lassen. Im allgemeinen werden drei Jahre alte Bäume gepflanzt, wer jedoch außerordentlich sorgfältig beim Pflanzen vorgeht, kann durch das Einsetzen siebenjähriger Bäume eine fast sofort ertragsfähige Obstbaumkultur anlegen.
Sorten Allein in Europa gibt es nahezu tausend verschiedene Züchtungen. Bei der Sortenwahl spielen so oder so die örtlichen Gegebenheiten die entscheidende Rolle, so daß sich jeder an Ort und Stelle beraten lassen muß. Es darf dabei auch nicht übersehen werden, daß verschiedene Sorten wieder andere Sorten zur Befruchtung benötigen.
Schneiden Das Schneiden der Obstbäume ist für die Ertragsfähigkeit äußerst wichtig, sollte aber mit Rücksicht auf die Verbreitung von Krankheitserregern niemals vor Mitte Februar ausgeführt werden. Es gibt Apfelsorten, die nur an den Zweigenden tragen. Bei ihnen darf nur altes Holz entfernt werden, unter Umständen sogar die ganze Stammverlängerung, damit der Baum Luft bekommt und nicht zu dicht wird.
Aber die meisten Apfelbäume werden in gleicher Weise geschnitten. Alle Leitäste (das sind die Triebe, die zur Bildung neuer Äste dienen sollen) auf ein Drittel ihrer Länge einkürzen, und zwar ca. 1 cm über einer nach außen zeigenden Knospe. Aus dieser wächst im nächsten Jahr der neue Trieb. Das Ziel ist eine tassenförmige Baumkrone, innen offen, mit vier bis fünf sauber geführten Hauptästen, die im Winkel von 45° am Baumstamm stehen. Die Krone darf nicht durch kleine Äste überladen sein. Deshalb im ersten oder auch noch im zweiten Jahr alle Triebe, die nicht für den Kronenaufbau gebraucht werden, entfernen. Sie werden 1 cm über der Gabelung abgeschnitten.
Dies soll die Bildung von Fruchtholz fördern und einen starken Trieb verhindern. Wenn ein junger Sproß auf etwa 1 cm gekürzt wird, kann sich an dieser Stelle ein Fruchtquirl bilden. Deshalb jeden Nebenast um die Hälfte kürzen, und die von ihm ausgehenden Zweige bis auf 1 cm zurückschneiden, damit sie Fruchtholz ausbilden.
Auch der Sommerschnitt darf nicht vernachlässigt werden. Die Leitäste werden dann nicht geschnitten, aber die in dem Jahr gewachsenen Triebe auf 10 cm Länge eingekürzt.
In späteren Jahren kann ein Baum zuviel Fruchtholz haben; dann muß auch davon etwas ausgelichtet werden. Wenn ein Baum in einem Jahr nur kleine Äpfel und im nächsten Jahr gar keine bringt, wird ein Teil der Blüten ausgelichtet. Wenn in einem guten Jahr ein Baum zu viele Früchte ansetzt, müssen einige davon ganz klein

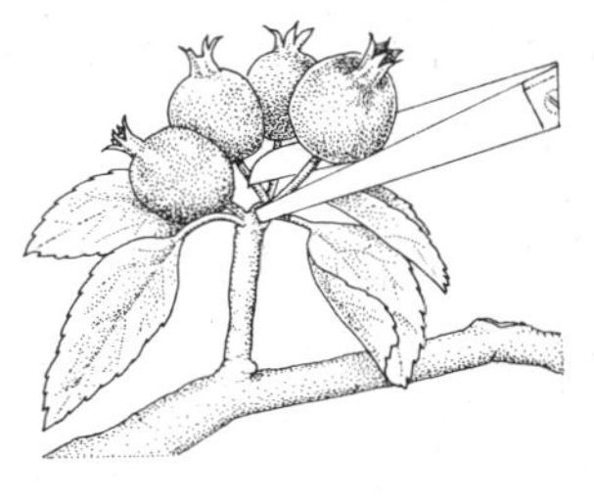

abgepflückt werden, damit die anderen Kraft genug erhalten, sich richtig zu entwickeln. Das Baumschneiden ist eine Wissenschaft für sich, und es ist das beste, wenn du jemanden findest, der dich praktisch darin unterweist.
Pflege Das Freihalten einer Baumscheibe von Unkraut und Gras hat sich bewährt, jährliches, kräftiges Mulchen mit Grünzeug, Mist und Kompost hilft dabei. Aber nicht zuviel stickstoffhaltigen Dünger verwenden. Tauben- oder Hühnermist ist für Apfelbäume ungeeignet, denn dadurch wird die Laubbildung und nicht die Fruchtbildung gefördert. Wer keine andere Unterpflanzung vornehmen will, kann zwischen den Bäumen auch Gras säen, das aber den ganzen Sommer hindurch sehr kurz gehalten werden muß. Das gemähte Gras bleibt auf dem Boden liegen, verrottet oder wird von den Würmern in den Boden gezogen.
Nicht spritzen, ehe wirklich ein Schaden eintritt. Wer allen Veröffentlichungen glaubt, muß seinen Obstgarten mit tödlichen Giften überschütten und wird dabei auch alle Nützlinge – die Insekten und Spinnen, die sich von den Schädlingen nähren – ausmerzen. Wer gar nicht spritzt, wählt wahrscheinlich den besseren Weg.
Wenn „Krebs" auftritt (Geschwüre und Faulstellen an den Ästen), muß das kranke Holz ausgeschnitten und die Wundstelle mit weißer Bleifarbe gestrichen werden. Bei „Schorf" das abfallende Laub und die beim Baumschneiden anfallenden Zweige sorgfältig verbrennen, mit Kupferkalkbrühe spritzen, aber nur halb so viel auf die Wassermenge nehmen wie bei Kartoffeln. Die erste Spritzung erfolgt kurz bevor die Blüten sich öffnen, die zweite direkt nach der Blüte. Wo die „Apfelsägewespe" auftritt (Maden, die sich in die Äpfel bohren), mit Quassin (Bitteresche) spritzen, das die Maden, aber nicht die Nützlinge tötet. Das Anlegen von Leimringen ist eine gute, alte Methode der Schädlingsbekämpfung.

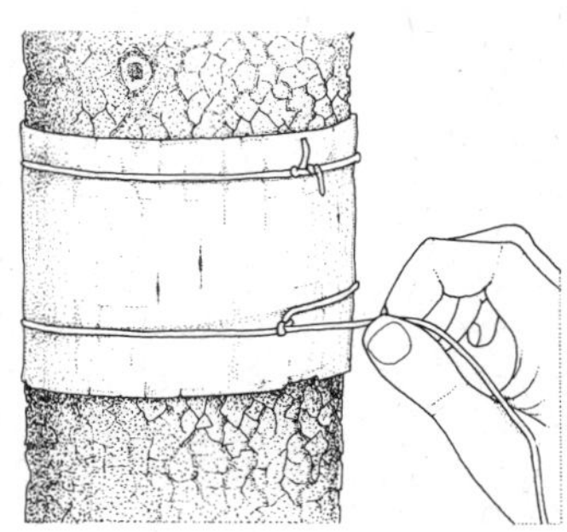

Es wird dabei einfach ein Streifen klebriges Material über dem Boden um den Stamm gelegt. Viele Schädlinge versuchen, den Stamm hinaufzulaufen und kleben an dem

Leim fest. Hühnerhaltung unter den Obstbäumen halte ich für sehr sinnvoll, denn sie picken eine Menge Ungeziefer auf. Der Anbau von Buchweizen in der Nähe einer Obstanlage soll nützliche Schwebfliegen anziehen.

Birnen

Die Behandlung ist fast die gleiche wie bei Äpfeln. Sie lieben einen etwas schattigeren Standort als Äpfel und sind nicht so widerstandsfähig. Es empfiehlt sich, verschiedene Sorten anzubauen. Eine dicke Mulchdecke aus Grünzeug hat sich bewährt, doch darf sie nicht den Stamm berühren, sonst bilden sich an dem aufgepfropften Edelreis Wurzeln statt an dem Wurzelstock der Unterlage. Wenn man Birnenpfropfreis auf Weißdorn veredelt, wächst und trägt es Birnen. Beim Birnenanbau muß man berücksichtigen, daß Birnen sich nicht so lange wie Äpfel halten.

Feigen

Boden und Klima In kälteren Gebieten kann nur die Braune Türkenfeige angebaut werden. Der beste Standort ist die Südlage vor einer Mauer, und in feuchten, fruchtbaren Gebieten sollte das Wachstum der Wurzeln eingedämmt werden. Eine etwa 1 m³ große Pflanzwanne ist ideal. Die Mauern müssen dicht und der Grund muß gewachsener Boden mit einer lockeren Steinschicht sein. Feigen wachsen sehr schnell und treiben viel Laub, setzen aber keine Früchte an, wenn sich die Wurzeln ungehindert ausdehnen können.
Sie wachsen in den meisten Böden, bevorzugen aber einen leichten oder sandigen Lehm. Im Grund ist die Feige ein Baum für armen Boden.
Pflanzen Feigenbäume lassen sich gut aus Stecklingen heranziehen. Im Winter zwei- bis dreijähriges Holz mit einer Stärke unter 2,5 cm schneiden, auf eine Länge von etwa 25 cm kürzen, fast ganz in den Boden stecken und feucht halten. In Gegenden, in denen Feigen gut gedeihen, braucht ein Feigenbaum etwa 6 m Raum. In kälteren Gebieten kann er als Spalier an einer Wand gezogen werden.
Pflege Abgesehen von einem Formschnitt wird beim Feigenbaum nicht viel geschnitten. Wenn die Wurzeln nicht umgrenzt wurden und der Baum keine Früchte ansetzt, ist ein radikaler Wurzelschnitt durchzuführen. Einige Feigen, besonders die Smyrna-Feige, gedeihen unter interessanten Bedingungen: Sie können nur von einigen zarten Wespen (Blastophaga psenes) befruchtet werden, die durch den Feigenhals schlüpfen können. Die Feige ist keine richtige Frucht, sondern das Stück eines hohlen Stammes, in dem männliche und weibliche Früchte sind. Als die Smyrna-Feige nach Amerika gebracht wurde, konnte man nicht verstehen, warum sie keine Früchte entwickelte, bis man feststellte, daß die Feigenwespe fehlte. Die Braune Türkenfeige, die auch im nördlichen Klima wächst, braucht die Blastophaga zur Befruchtung nicht.
Feigen können getrocknet werden und sind eine sehr nahrhafte und leicht aufzubewahrende Frucht für den Winter.

Kirschen

Aus zwei verschiedenen Kirschsorten (Prunus avium und Prunus cerasus) wurden die vielen heute bekannten Varianten entwickelt.

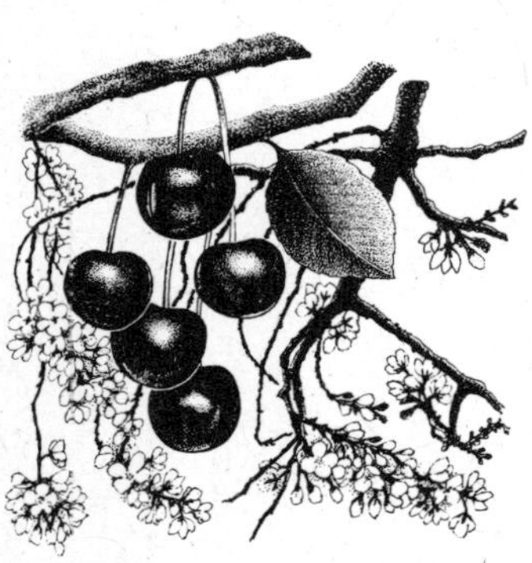

Boden und Klima Der Erfolg beim Kirschenanbau hängt mehr vom Klima als von irgendeiner anderen Bedingung ab. Ein unerwartet später Frost kann die ganze Ernte vernichten. Außerdem ist gute Bodendurchlässigkeit und Luftbewegung wichtig. In einem durchlässigen Boden können die Kirschen ihre Wurzeln bis zu einer Tiefe von 1,8 m ausstrecken, so daß ein plötzliches Austrocknen der Bäume nicht befürchtet werden muß. Süßkirschen bevorzugen einen trockenen, krumigen Lehmboden; Sauerkirschen gedeihen gut in Tonboden, der die Feuchtigkeit besser hält.
Pflanzen Kirschen werden am besten im Herbst gepflanzt; die ersten Knospen erscheinen zeitig im Frühjahr. Eine bald nach dem Pflanzen ausgebrachte dicke Mulchdecke fördert den Baum.
Pflege Die Bäume entwickeln ihre Früchte früh im Jahr, bei einem Beibehalten der Mulchdecke reicht der Niederschlag im Winter und Frühjahr daher meistens aus. Ein junger Kirschbaum sollte so gezogen werden, daß er einen geraden Mittelstamm mit Seitenästen bis zur Spitze entwickelt. Ein tassenförmiger Schnitt würde weniger Früchte bringen. Von einem freistehenden Baum werden die meisten Kirschen von den Vögeln geerntet, deshalb pflanzt du ihn besser an eine Mauer, damit er notfalls mit einem Netz geschützt werden kann.
Wenn die Bäume „Monila-Spitzendürre“ bekommen (die Zweige sterben von der Spitze her ab), das befallene Holz herausschneiden und verbrennen. Wenn die „Kräuselkrankheit“ auftritt, mit Kupferkalkbrühe (s. S. 87) vor dem Entfalten der Blätter spritzen.
Ernte Es ist gar nicht so einfach, die Kirschen mit ihren Stielen zu pflücken, weil dabei leicht die Fruchtansätze beschädigt werden. Wer nur wenig niedrige Kirschbüsche hat, pflückt die Kirschen oft ohne Stiel. Dann müssen sie allerdings sofort verarbeitet werden.

Oliven

Wo man Oliven anbauen kann, hat man den wertvollsten Baum, den man sich nur vorstellen kann, denn Oliven geben wirklich das beste Öl der Welt und schmecken ganz fabelhaft. Tatsächlich könnte man von gutem Brot, Oliven und Wein leben, und viele Menschen tun das auch. Der Oliven- und der Johannisbrotbaum sind die lohnendsten Bäume, die man überhaupt pflanzen kann, denn sie holen ihre Nahrung aus tiefen Bodenschichten und erlauben eine Bodenbepflanzung mit Gras oder niederen Kräutern.
Boden und Klima Oliven erleiden bei −8° Schaden, sehr widerstandsfähige bei −12°, so daß sie in kälteren Regionen nicht angebaut werden können. Dagegen machen ihnen späte Fröste, solange sie über diesen Temperaturen liegen, nichts aus, denn sie blühen erst im späten Frühjahr oder Frühsommer. In einer Höhe von über 800 m wachsen sie nicht mehr, höchstens nahe der See. Wer alle Bedingungen erfüllen kann, pflanzt Oliven am besten an einem Hang, denn sie vertragen es nicht, wenn ihre Wurzeln in stehendem Wasser sind. Dafür sind sie praktisch mit jedem Boden zufrieden.

In einem sandigen Boden mit wüstenähnlichem Klima brauchen sie wenig Regen; in Tonboden weiter im Norden benötigen sie mehr. Das beste Erdreich für Oliven ist ein mit Lehmschichten durchsetzter Sandboden. Im Sommer brauchen sie Regen, und wenn dieser ausbleibt, müssen sie reichlich und regelmäßig beregnet werden.
Vermehrung Aus im Spätsommer geschnittenen und in einen feuchten Anzuchtkasten gepflanzten Stecklingen kann man Olivenbäume züchten. Es gibt drei Möglichkeiten: Man kann dünne Stecklinge mit einem Durchmesser von 2–4 cm und einer Länge von 25–30 cm vertikal in den Boden stecken; man kann stärkere Stecklinge – 4 cm stark und 25 cm lang – horizontal in den Boden legen; oder man pflanzt Wurzelteile (selbstverständlich von einem nicht veredelten Olivenbaum) entweder in ein Beet oder an den endgültigen Standort.
Berufszüchter ziehen Bäume aus Samen und veredeln dann auf wilde Olivenstämme, aber das ist eine sehr knifflige Arbeit. Wer Oliven im großen Stil anbauen will, muß auf 40 Ar ca. 250 Bäume rechnen. Sie können jederzeit zwischen Herbst und Frühjahr gepflanzt werden. Mit der ersten Ernte ist nach 5 bis 6 Jahren zu rechnen, mit zehn bis fünfzehn Jahren bringen sie den reichsten Ertrag und tragen dann weitere hundert Jahre. Erwachsene Bäume können 40–70 kg Frucht bringen, genug für etwa 10 l Öl.

Pflege Oliven müssen stark geschnitten werden, aber das ist eine komplizierte Arbeit, die von einem erfahrenen Olivenzüchter erlernt werden muß. Wahrscheinlich ist es das beste, einen Fachmann mit dieser Arbeit zu betreuen.
Ernte Die Ernte beginnt im November und wird den ganzen Winter über fortgesetzt. Für den Verzehr müssen sie einzeln mit der Hand gepflückt werden, für die Ölbereitung kann man sie auf untergelegte Planen schütteln.

Pfirsiche und Aprikosen

Sie werden am meisten in mittleren Klimazonen geschätzt, wo ihr Anbau nicht ganz leicht ist.

Boden und Klima Paradoxerweise brauchen Pfirsiche und Aprikosen sowohl Wärme wie Kälte. Wenn sie im Winter keine Kälte bekommen – etwa −4° oder weniger – halten sie keinen Winterschlaf und sind bald erschöpft. Auf der anderen Seite vernichtet ein später Frost nach der Blüte die ganze Ernte, und im Sommer brauchen sie sehr viel Wärme und Sonne. Die Bäume bevorzugen einen leichten Boden, Sand oder krumigen Lehm.
Pflanzen Am besten werden die Bäume im Frühjahr gepflanzt, nur dann nicht, wenn das Klima außergewöhnlich mild ist.
Pflege Sofort beim Setzen der Pflanzen den Pflanzschnitt durchführen und in den ersten Jahren einen Formschnitt sehr sorgfältig machen. Bei einem zu starken Behang die Hälfte der Früchte auslichten. Beim Auftreten der „Blattkräuselkrankheit" mit Kupferkalkbrühe (s. S. 87) spritzen, und zwar im zeitigen Frühjahr, ehe die Knospen schwellen.

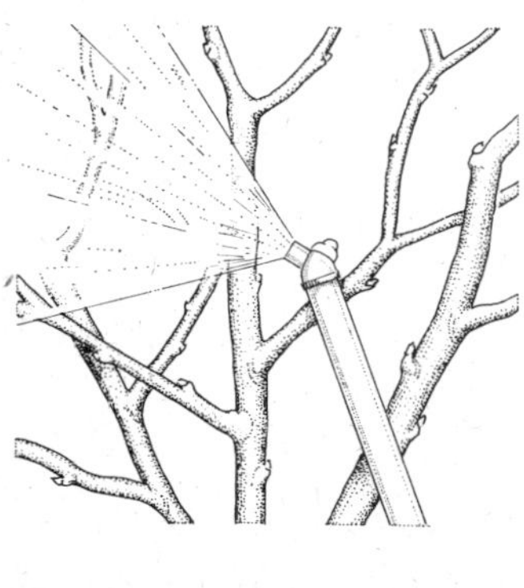

Ernte Pfirsiche und Aprikosen sind reif, wenn die Frucht keine grünen Stellen mehr hat, sondern rundum gelb ist. Darauf achten, daß die Früchte beim Pflücken nicht beschädigt werden, denn jede Wunde oder Druckstelle läßt sie schnell verderben. Sie können bis zu zwei Wochen gelagert werden.

Pflaumen

Pflaumensorten Nicht alle Pflaumen sind Selbstbestäuber. Man muß deshalb prüfen, ob sich die Pflaumen, die man pflanzen möchte, gegenseitig befruchten können. Wenn du nur einen Baum pflanzst, dann muß ein Nachbar auch Pflaumenbäume haben, und du mußt deine Wahl so treffen, daß diese den Baum befruchten können.

Schneiden Pflaumenbäume in den ersten drei Jahren nach dem Pflanzen nicht schneiden und danach nur im Frühsommer, sonst werden sie von Krankheiten befallen. Dann jeden überladenen Ast ausschneiden, und, wenn der Baum zu üppig wird, einige Leitäste auf 30 cm und Nebenäste auf 15 cm zurückschneiden. Dadurch wird das Wachstum gebremst und die Fruchtbildung unterstützt. Im Frühsommer werden auch immer die Zweige, die von „Monila" (Absterben von der Zweigspitze her) befallen sind, ausgeschnitten und verbrannt. Die Schnittstellen mit Farbe verschließen. Pflaumenbäume niemals im Winter schneiden.

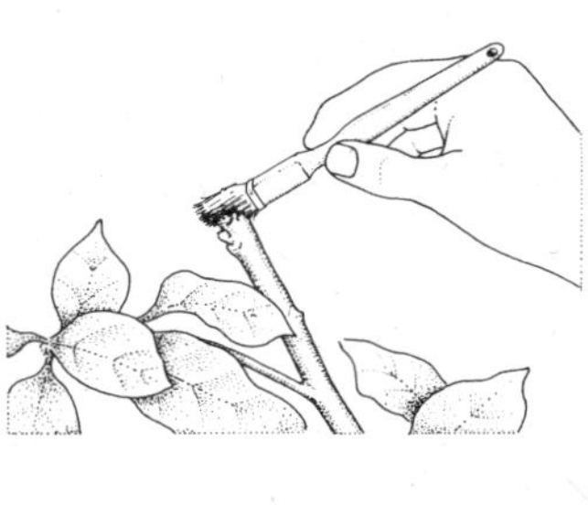

Pflege „Bleiglanz" ist eine sehr gefährliche Erkrankung der Pflaumenbäume. Dabei färben sich die Blätter silbern und die Innenseite der Triebe braun. Die Zweige und Äste bis ins gesunde Holz zurückschneiden und (nach einem bewährten alten Brauch)

die Baumrinde von der Schnittstelle bis zum Boden mit einem scharfen Messer aufschlitzen. Unbedingt alle befallenen und beseitigten Teile verbrennen, damit die Krankheit nicht verbreitet wird.

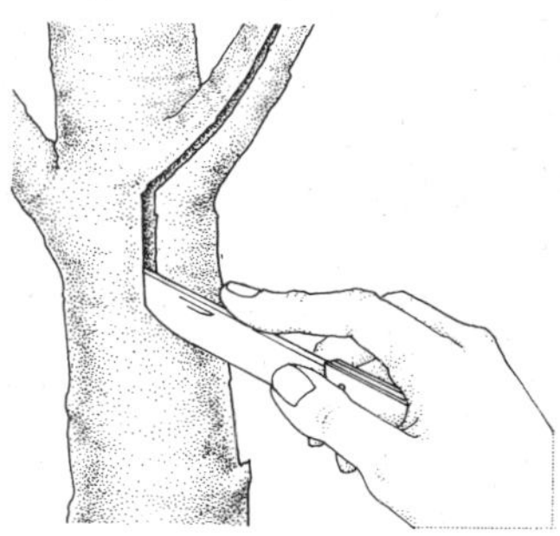

Baumschulen sind angewiesen, befallene Bäume sofort zu vernichten.
Ernte Pflaumen zur Konservierung können gepflückt werden, sobald ein Flaum auf der Pflaume ist. Zum sofortigen Verzehr sollten sie länger hängen bleiben. Sie schmecken am besten, wenn sie überreif aussehen und sich ganz weich anfühlen.

Zitrusfrüchte

Wenn in meinem Gewächshaus nur Platz für einen Baum wäre, würde ich einen Zitronenbaum pflanzen. Denn ein Orangenbaum wird niemals genug Früchte für den Bedarf einer Familie bringen, aber ein Zitronenbaum wohl. Zitronen- und Orangenbäume lassen sich auch in Kübeln halten, so daß du sie im Sommer in die Sonne und im Winter ins Haus stellen kannst. Aber sie werden dann nur kleine Früchte hervorbringen.

Boden und Klima Bei subtropischen Klimaverhältnissen gedeihen Zitrusfrüchte im Freien. Zitronen sind noch etwas frostempfindlicher als Orangen. Bei −1° erfrieren die Früchte und bei −3° der ganze Baum. Orangen können 2–3° mehr Kälte vertragen. Sie bevorzugen einen sandigen Lehmboden und einen ph-Wert von 5,5–6,2. Eine gute Bodendurchlässigkeit ist sehr wichtig.
Pflanzen Wie jeden anderen Obstbaum.

Pflege Nach dem Pflanzen den Boden mehrere Wochen gleichmäßig feucht halten. Bei künstlicher Beregnung brauchen Zitronen ab dem zweiten Jahr 90 l Wasser im Monat. Geschnitten wird nicht viel, nur Wurzeltriebe und krankes oder verletztes Holz. Sie sind für ein kräftiges Mulchen mit Kompost dankbar. Die Mulchdecke muß aber vom Stamm ferngehalten werden, damit keine Wurzelfäule auftritt.
Ernte Zitrusfrüchte werden im Winter geerntet und können ohne Schaden für Monate am Baum hängen bleiben. Es ist daher zu empfehlen, sie bis zum Bedarf am Baum zu lassen.

Obstbäume pflegen

Pflanzen

Alle Obstbäume werden auf die gleiche Weise gepflanzt. Die beste Zeit ist der Winter, wenn die Säfte in den Bäumen ruhen. Gewöhnlich kauft man drei Jahre alte Bäume in einer Baumschule. Man sollte darauf achten, daß der Pflanzschnitt schon gemacht wurde.
Man kann auch einen nahezu „fertigen Obstgarten" anlegen, indem man siebenjährige Bäume pflanzt. Aber solche Bäume sind selbstverständlich erheblich teurer. Ein Sack wird um die Wurzeln gelegt, damit der Wurzelballen erhalten bleibt. Der Boden muß unter und um die Wurzeln herum gelockert sein und das Pflanzen sehr vorsichtig ausgeführt werden. Anschließend einen Monat lang den Baum sehr gut wässern.

Veredeln

Bäume aus einer Baumschule sind bereits veredelt: Hölzer der gewünschten Obstbaumsorte sind auf einen anderen Baum – auf eine Unterlage – aufgepfropft. Dieses Veredeln bringt den Vorteil, daß die so überaus wichtige Wurzel und der Stamm einer abgehärteten, widerstandsfähigen Sorte entstammen und der fruchttragende Teil einer reichtragenden und wohlschmeckenden. Nur sehr wenig Amateurgärtner veredeln selbst, aber es gibt keinen Grund, warum man es nicht selbst tun sollte, denn es ist leicht genug.

Es lohnt sich nicht, einen alten, kranken Baum, einen verwachsenen oder einen an Krebs erkrankten Baum zu veredeln. Ein sehr nützliches Unterfangen ist die Kronenveredlung eines alten, gesunden Baumes, der nur minderwertige Äpfel bringt, vernachlässigt oder schlecht geschnitten wurde oder in anderer Weise unbrauchbar ist und deshalb eine Wiederbelebung braucht. Der Baum, der veredelt werden soll, heißt „Unterlage", und den Zweig, der zur Veredelung benutzt wird, nennt man „Edel- oder Pfropfreis". Pfropfreis kann vom Winterschnitt gewonnen werden. Das Reis wird von einem jungen, gesunden Baum genommen, dessen Frucht man bevorzugt, und nach dem Schneiden eingeschlagen (an einem kühlen Platz in Erde gesteckt). Im Frühjahr werden bei dem als Unterlage bestimmten Baum die zu veredelnden Äste abgesägt, und zwar 30 cm über einer Astgabel. Die Sägeschnitte werden geglättet und auf jeden Aststummel ein Edelreis gepfropft.
Es gibt verschiedene Veredlungsmethoden, die der Unterlage entsprechend angewendet werden. Sie sind im Prinzip aber alle gleich, denn die Kambrium-Schicht (unter der Rinde) der Unterlage muß in direkten Kontakt mit der des Pfropfreises gebracht werden.
Äpfel und Birnen sind leicht zu veredeln, Pflaumen dagegen wesentlich schwieriger, denn bei ihnen tritt leicht „Bleiglanz" auf. Deshalb sollten Pflaumen nur veredelt werden, wenn es unbedingt sein muß.

Das Pflanzen eines Baumes

Der Baum ist empfindlich, und für die Wurzeln ist das Umpflanzen ein großer Schock. Das Pflanzloch muß bedeutend größer als der Wurzelballen sein.

Der Stützpfahl wird zuerst in den Boden der Pflanzgrube getrieben, der Baum danach ausgerichtet und in das offene Loch gesetzt. Alle beschädigten oder verletzten Wurzeln schneidet man ab.

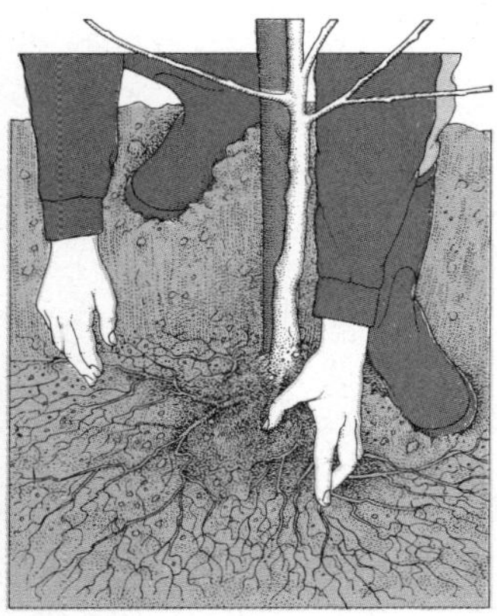

Bäume werden während ihrer Ruhezeit im Winter gepflanzt. In die Mitte der Grube füllt man einen Haufen guten Mutterboden und breitet die Wurzel darüber aus. Der Baum muß in der gleichen Pflanztiefe wie vorher stehen. Mit den Fingern streut man weitere gute Erde zwischen die Wurzeln und schiebt sie dicht an diese heran. Erst wenn alle Verbindung mit dem Erdreich haben, wird die Grube aufgefüllt.

Der Baum braucht für sein Wachstum reichlich Nahrung, deshalb muß der Boden darunter und rundum besonders gut und dicht sein. Wenn die Erde unter den Wurzeln wegsackt und sich Hohlräume bilden, geht der Baum ein. Deshalb wird nur feinkrumige Erde in die Grube gefüllt und jede Lage fest angedrückt. Wenn man mit der Anordnung der Wurzeln zufrieden ist, füllt man das Pflanzloch nach und nach mit Erde, drückt sie dabei immer wieder behutsam fest, damit die Wurzeln nicht beschädigt werden.

Erst wenn die Grube ganz voll und ein Erdhaufen entstanden ist, kann man kräftig stampfen. Der Pfahl verhindert, daß während des Wachstums Bewegungen des Baumes das Wurzelwerk in Unordnung bringen.

Nach dem Verpflanzen benötigt ein Baum Feuchtigkeit. Er wird daher reichlich gegossen und die Baumscheibe mit einer dicken, die Feuchtigkeit haltenden Mulchschicht bedeckt.

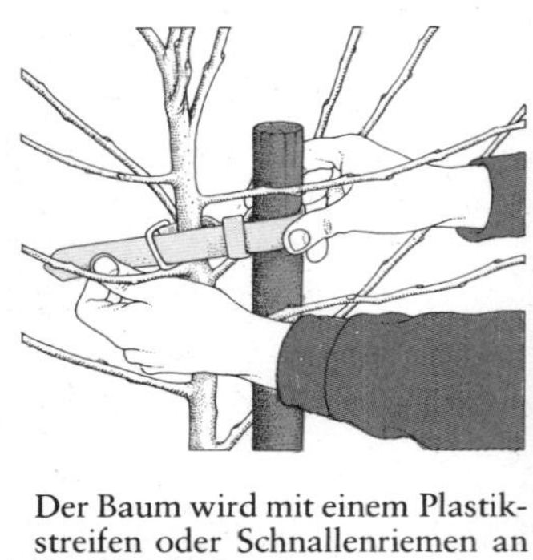

Der Baum wird mit einem Plastikstreifen oder Schnallenriemen an den Pfahl gebunden.

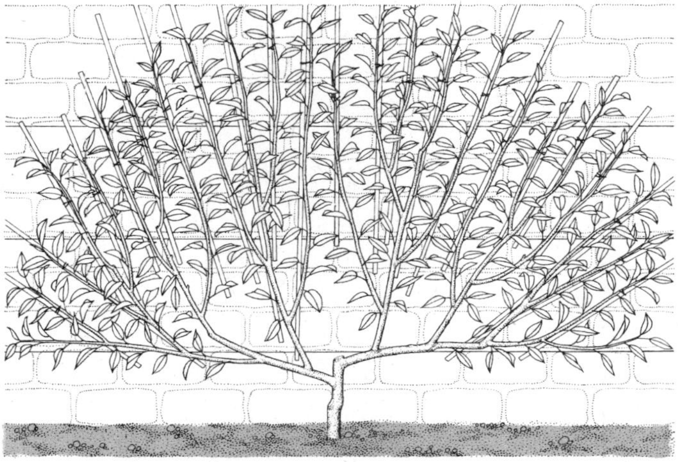

Baumformen

Junge Obstbäume lassen sich zu den verschiedensten Wachstumsformen lenken. Damit kann Platz gespart und in manchen Fällen auch die Ernte verbessert oder erhöht werden.

Fächerform
Man zieht einen jungen Baum, meistens einjährige Busch-, Schnur- oder Zwergbäume, an einer Wand oder an einem Zaun mit Hilfe von Bambusstangen, die an im Abstand von 15 cm gespannten Drähten befestigt sind (oben).

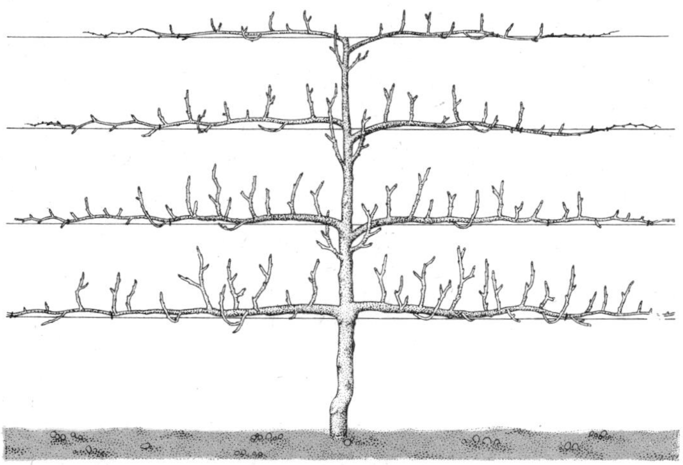

Schnurbäume
Hierzu wird ein junger Obstbaum an einem Gitter in einem bestimmten Winkel gezogen. Dabei wird ihm nur die Ausbildung eines Mittelstammes und nicht die Bildung langer Seitentriebe gestattet.

Spalierobstbäume
Zwischen Pfosten werden im Abstand von 30 cm Drähte gespannt. Der Mittelstamm wird senkrecht nach oben gerichtet und die Seitentriebe durch Anbinden an den Drähten im Winkel von 90° nach rechts und links gezogen.

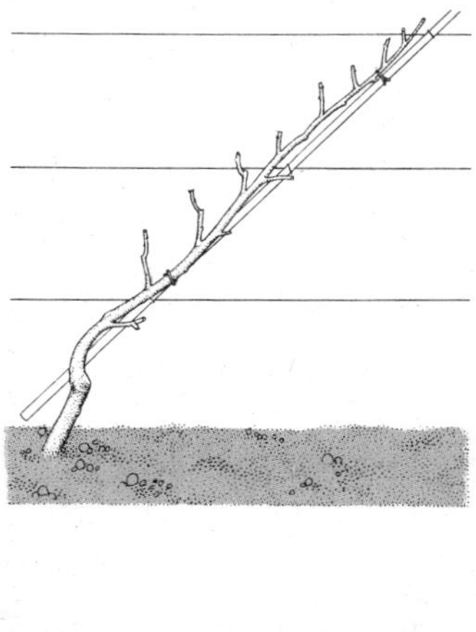

Zwergpyramide
Der Vorteil der Zwergbäume gegenüber großen Bäumen liegt in ihrem geringen Raumbedarf bei gleicher Ertragsfähigkeit. Bei ihnen wird das Größenwachstum auf ca. 2 m beschränkt, die Seitentriebe werden kurz gehalten. Ein Zwergbaum bringt zwar schneller Früchte, wird aber nicht so alt wie ein normaler Obstbaum.

Kopulieren
(mit Gegenzunge)

eine Veredlungsart, die bei gleicher Stärke von Unterlage und Edelreis angewandt wird. Unterlage nennt man den Zweig oder Ast, auf den das Pfropfreis gesetzt wird; das Pfropf- oder Edelreis ist ein Trieb, der im Winter geschnitten und an einem kalten Platz bis zur Verwendung als Reis eingeschlagen wurde.

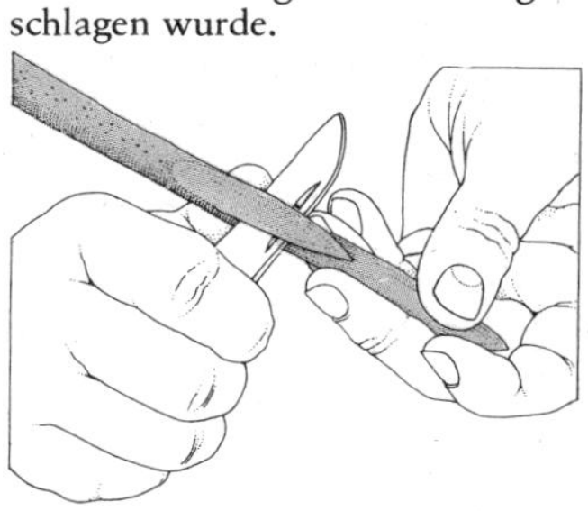

Für das Kopulieren wird das Pfropfreis am unteren Ende mit einem einzigen glatten Schnitt so zugerichtet, daß die Schnittfläche ca. 5 cm lang ist und sich auf der anderen Seite das unterste Auge befindet. Ein kurzer Gegenschnitt nahe am oberen Ende der Schnittfläche, bei dem kein Span abgehoben wird, bildet eine Art Zunge. Dem Pfropfreis beläßt man 4 oder 5 Augen, knapp über dem obersten wird es schräg abgeschnitten.

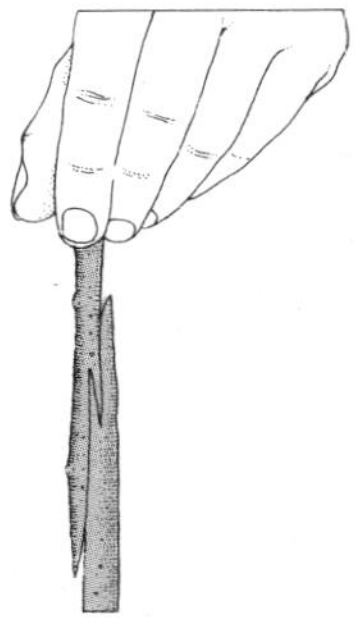

Die Unterlage wird gegengleich geschnitten und das Reis daraufgesetzt, so daß die Zungen in Kontakt miteinander kommen und die Schnittflächen exakt aufeinanderliegen.

Mit Bast oder Leinen werden die Veredlungsstellen verbunden und mit Veredlungswachs bestrichen.

Okulieren

Diese Veredlungsart wird vielfach von Rosenzüchtern angewandt, eignet sich aber auch für die Obstbaumveredlung. Das ca. 30 cm lange Edelreis wird im Sommer geschnitten und in Wasser gelegt.

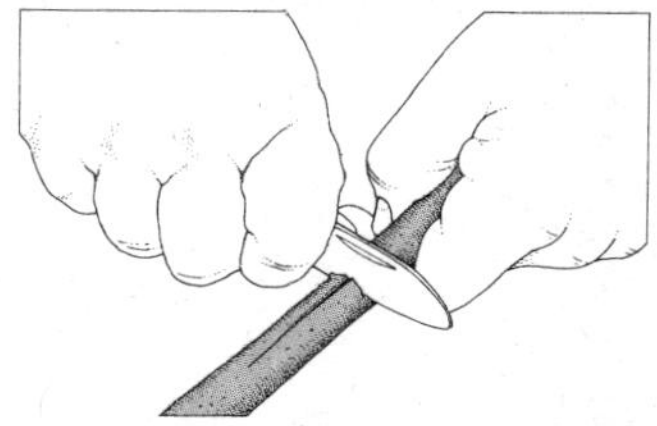

Die Unterlage erhält auf der Rückseite einen T-förmigen Rindenschnitt.

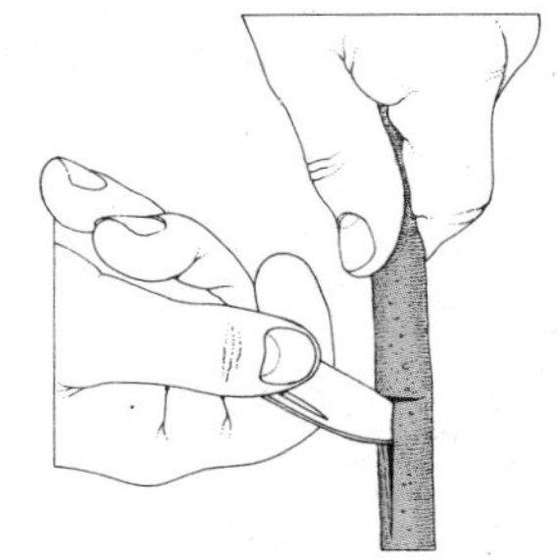

Die dadurch entstandenen zwei Rindenlappen werden vorsichtig vom Holz gelöst.

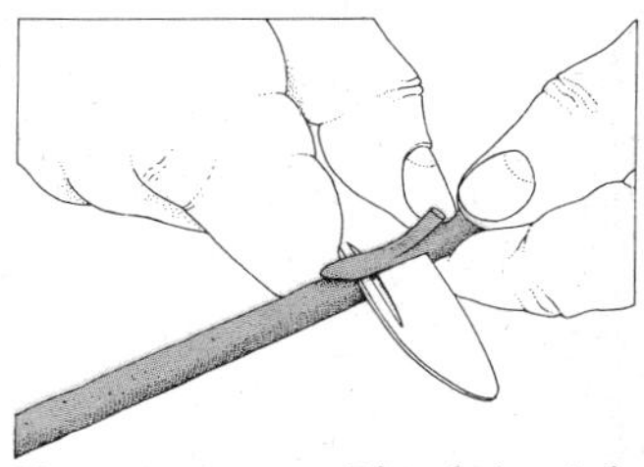

Vom gewässerten Pfropfreis wird ein schildförmiges Rindenstück mit einer Triebknospe in einer Blattachsel abgeschnitten.

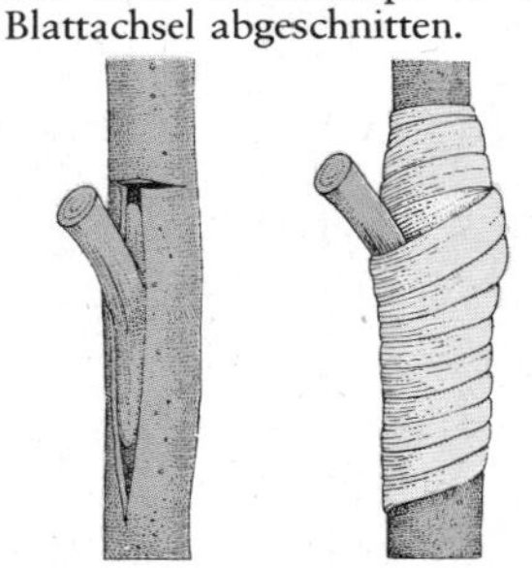

Das Rindenstück wird in den T-Schnitt der Unterlage geschoben. Alle überstehenden Rindenteile des Schildchens werden abgeschnitten, ehe die Veredelungsstelle mit Bast gesichert wird. Die Triebknospe bleibt dabei frei. Sobald der Trieb angewachsen ist und schiebt, kann das Holz der Unterlage knapp darüber abgenommen werden.

Einmieten, Trocknen, Lagern

Gemüse

Mieten

Einmieten ist eine Vorratshaltung im Freien. Das Lagergut (Kartoffeln oder Wurzelgemüse) wird pyramidenförmig aufgeschichtet, mit einer Lage Stroh, Farn oder anderem trockenen Pflanzenmaterial bedeckt und mit einer 15 cm dicken Erdschicht umgeben. Die Erde wird mit der Rückseite des Spatens festgeklopft. Damit die Luft zirkulieren kann, müssen am Boden Luftöffnungen vorhanden sein. Man läßt an einigen Stellen das Stroh unter der Erdschicht nach außen durchlaufen und setzt in den First der Pyramide einige Luftabzüge (Schornsteine). Der ausgehobene Graben rund um die Pyramide sorgt für die Trockenhaltung der Miete. Vorsicht vor Ratten!

Alle Kartoffeln und Wurzelgemüse können eingemietet werden. Der Vorteil besteht darin, daß hier keine Brutstätten von Krankheitserregern entstehen, wie es oft bei einem festen Lagerplatz der Fall ist. Bei starkem Frost und in sehr kalten Regionen ist die Lagerung in Mieten nicht möglich. Unter diesen Bedingungen muß im Haus gelagert werden, am besten im Keller; geeignet ist aber auch jeder frostfreie andere Raum.

Sand

Mohrrüben werden üblicherweise in trockenem Sand gelagert – und zwar jede Wurzel für sich – und in einem frostfreien Raum aufgehoben. Beim Ausgraben müssen Verletzungen mit der Grabgabel vermieden werden. Vor der Lagerung gewaschene Wurzeln verfaulen sofort. Man kann Mohrrüben in großen Mengen aufbewahren, darf aber keine zu lange Haltbarkeit erwarten. Rote Bete und Süße Kartoffeln können ebenfalls so gelagert werden.

Eingraben

Topinambur, Bleichsellerie und Lauch bleiben am besten bis zum Verbrauch im Boden an ihrem Standort. Wenn jedoch starker Frost zu befürchten ist, kann man sie in der Nähe des Hauses an einer trockenen, geschützten Stelle eingraben.

Netze

Die verschiedenen Kürbissorten, wie Flaschenkürbis und Speisekürbis, müssen vor Frost geschützt werden. Sie halten sich am besten, wenn man sie in Netzen aufhängt.

Bündel

Zwiebeln werden mit Bindfaden oder Bast in Stränge geflochten oder gebündelt und an einem trockenen, luftigen Platz aufgehängt. Sie nehmen einen normalen Frost nicht übel, solange sie durch und durch trocken sind und nicht ins Warme gebracht werden. Wärme bringt die Zwiebeln zum Treiben und Faulen. Getrocknet werden sie in der Sonne, auf der Erde oder auf Drahtrosten. Bei Regen müssen sie unter Dach, aber im Wind getrocknet werden.

Trocknen

Bohnen und Erbsen werden getrocknet und in großen Mengen für den Winter gelagert. Die durch und durch trockenen Pflanzen werden gedroschen, die Kerne vom Streu befreit und in Krügen, Tonnen oder Dosen mäusesicher aufbewahrt.

Die meisten Pilze lassen sich wie Äpfel trocknen (siehe unten), aber am besten bei einer Temperatur von 50°. Anschließend werden sie zerrieben und kommen in geschlossene Dosen oder Gläser.

Auch Zuckermais schmeckt getrocknet sehr gut. Man kocht die Maiskolben und trocknet sie über Nacht in einem mäßig warmen Ofen. Man löst die Kerne und hebt sie in geschlossenen Gläsern auf. Zum Verzehr müssen sie lediglich gekocht werden.

Früchte

Verpacken und Lagern

Frühreife Äpfel- und Birnensorten sind nicht zur Lagerung geeignet, sie halten sich schlecht. Sie werden sofort verbraucht und nur spätreife Sorten gelagert. Diese bleiben so lange wie möglich am Baum und werden erst geerntet, wenn sie sich leicht vom Ast lösen. Beim Ernten legt man sie sehr vorsichtig in Körbe und breitet sie über Nacht an einem luftigen Ort zum Abtrocknen aus. Am nächsten Tag werden sie in einem dunklen, gut gelüfteten Raum bei einer Temperatur von 2–4° gelagert. Birnen brauchen etwas mehr Wärme.

Es wäre natürlich am besten, jede Frucht einzeln in Papier zu wickeln, damit Bakterien und Fäulniserreger isoliert sind. Es können selbstverständlich nur einwandfreie Früchte gelagert werden; alle wurmstichigen, verletzten und stiellosen werden ausgesondert. Der Boden des Lagerraums sollte aus Erde, Stein oder Beton sein, damit er notfalls zur Erhaltung der Luftfeuchtigkeit besprüht werden kann.

Äpfel können sich bis zum Frühjahr halten. Wenn Birnen überreif sind, dann kann man sie nur noch den Schweinen vorwerfen.

Trocknen

Äpfel werden geschält, in feine Scheiben geschnitten, diese auf Schnüre gezogen und über einem Ofen oder in einem Solarium (s. S. 214) für fünf Stunden bei einer Temperatur von 65° getrocknet. Wenn sie mürbe und trocken sind, bewahrt man sie in einem luftdichten Behälter kühl auf.

Pflaumen werden für einige Minuten in eine Lauge aus 28 g in 4,5 l Wasser gelöstem Ätznatron getaucht. Dadurch wird die Haut weich. Anschließend müssen sie sehr gründlich mit kaltem Wasser gewaschen werden. Getrocknet wird über einem Ofen oder im Solarium bei einer Anfangstemperatur von 50°. Diese wird langsam auf 70° erhöht; bei einer zu schnellen Steigerung platzen die Pflaumen. Der Trockenprozeß dauert zwei Tage.

Hackfrüchte einmieten

Wurzelgemüse können in Mieten im Freien gelagert werden. Das hat den Vorteil, daß sich Schaderreger und Krankheitskeime nicht einnisten können, wie dies oft bei der Kellerlagerung der Fall ist. Aber gegen strengen Frost schützt eine Miete nicht, und in sehr kalten Wintern muß deshalb das Lagergut doch in den Keller gebracht werden.

Kartoffeln bleiben nach der Ernte 2 oder 3 Stunden zum Trocknen ausgebreitet liegen. Den Untergrund der Miete bildet eine Lage Stroh.

Darauf liegen die Kartoffeln (oder andere Wurzelgemüse) in einem pyramidenförmigen Haufen, damit von der fertigen Miete das Regenwasser abläuft.

Eine dicke Lage Stroh, Hanf oder Farn bedeckt das Lagergut. Ehe die Miete mit Erde abgedeckt wird, muß der Inhalt einige Zeit ausschwitzen.

Eine ca. 13–15 cm dicke Schicht Erde bildet den äußeren Mantel. Sie wird mit dem Spatenrücken glattgeklopft.

Am Boden dringen Teile der Strohunterlage unter dem Erdmantel durch, damit Luft zirkulieren kann.

Zwiebelzöpfe

Zwiebeln können auf Holzrosten, in Plastiknetzen oder auf Holzregalen gelagert werden. Am günstigsten hängt man sie aber wohl in Form von Zwiebelzöpfen an einem kühlen, luftigen Ort auf. Vorher müssen sie jedoch rundum trocken sein. Das Trocknen erfolgt bei gutem Wetter auf dem Beet im Freien, bei schlechtem Wetter an einem luftigen Platz unter Dach.

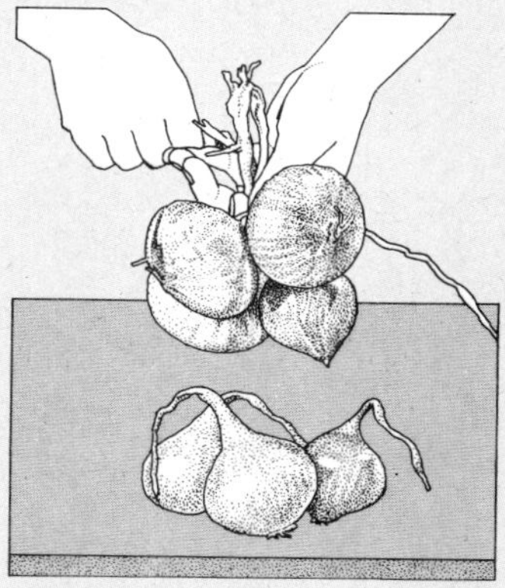

Für Zwiebelzöpfe müssen die Knollen lange Stengelreste haben. Zunächst werden die Stengel von 4 Zwiebeln fest verknotet.

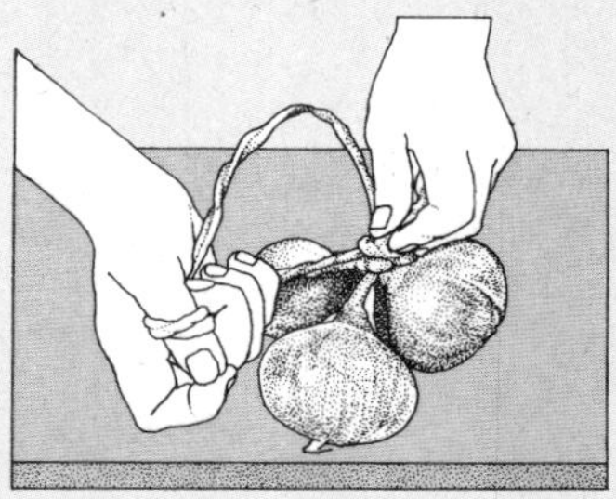

Diese zusammengeknoteten Stengel werden an einer Schnur befestigt, so daß die Zwiebeln gleichmäßig daran hängen.

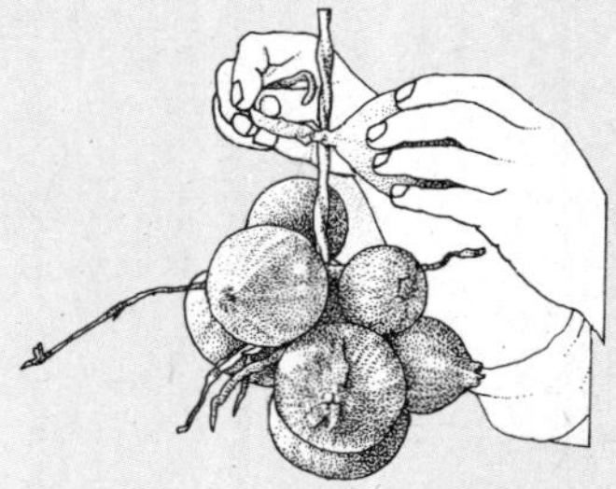

Die weiteren Zwiebeln werden eine nach der anderen darüber an die Schnur geknotet.

Es ist wichtig, daß die Zwiebeln gleichmäßig verteilt werden und fest sitzen, da sonst das Gleichgewicht gestört wird.

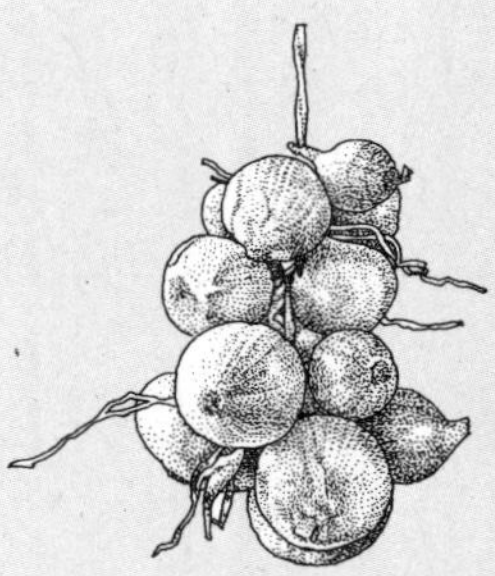

Der fertige Zopf wird trocken und luftig aufgehängt.

Andere Lagerarten

Spät reifende Äpfel halten sich an einem kühlen, dunklen Ort den ganzen Winter, wenn sie einzeln gelagert werden. Noch besser wäre es, sie in Papier zu wickeln. Kürbisse und Gurken werden in Netzen aufgehängt. Rote Bete und Möhren bewahrt man in trockenem Sand auf. Wenn Lauch, Bleichsellerie und Topinambur im Freien überwintern sollen, werden sie an einem trockenen und geschützten Platz eingeschlagen.

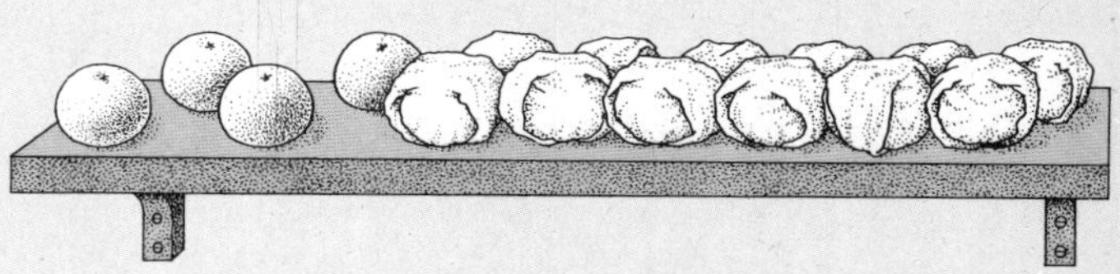

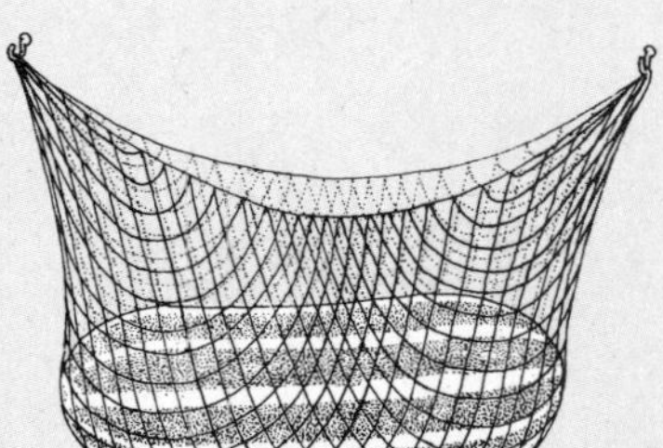

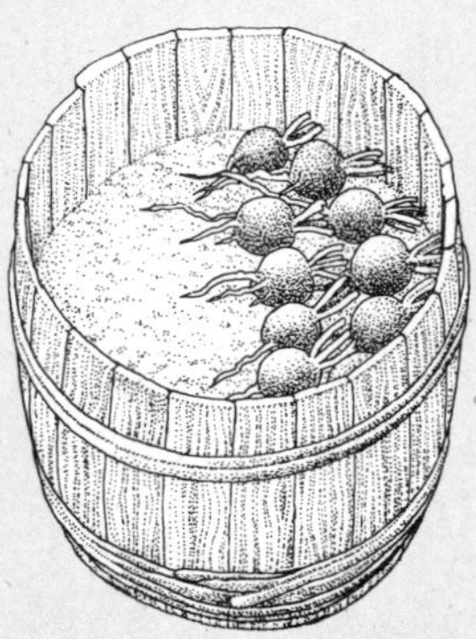

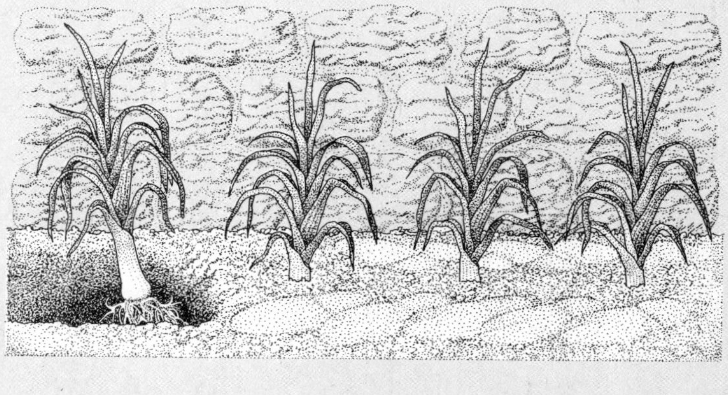

Konservierungsverfahren

Bei den meisten Pflanzen ist die Erntezeit relativ kurz, wenn es auch in gemäßigten Klimazonen durchaus möglich ist, das ganze Jahr hindurch frisches Grüngemüse zu ernten. Man sollte sich dagegen wehren, daß die Saison jeder nur denkbaren vergänglichen Ware auf unnatürliche Weise, wie z. B. durch Einfrieren und dergleichen, verlängert wird. Kaum etwas kommt dem Genuß gleich, den die erste Mahlzeit aus jungen, frischen Erbsen bereitet, nachdem man ein halbes Jahr keine essen konnte. Wer jedoch seinen Geschmack durch tiefgekühlte oder im Schnelltrockenverfahren behandelte Erbsen abgestumpft und verdorben hat, kann nicht die gleiche Freude daran empfinden. Normal getrocknete Erbsen, als Erbsenpüree oder Erbsensuppe zubereitet, sind eine andere Sache. Es ist durchaus angebracht, die Versorgung mit pflanzlichem Protein in den Wintermonaten zu sichern. Außerdem ist es verständlich, daß man in dieser dunklen, kalten Zeit außer gesalzenem Speck auch noch andere Speisen zu sich nehmen möchte. Besonders der Selbstversorger möchte sich einen Wintervorrat schaffen und dazu Methoden wählen, durch die der natürliche Geschmack der Waren erhalten bleibt, zum Beispiel durch Einkochen, Einlegen, Herstellen von Würzen und durch die Weinbereitung. Es gibt im Herbst nichts Schöneres, als den Anblick mit Gläsern und Töpfen gefüllter Vorratsregale. Dadurch bekommt man die Sicherheit, daß man den Winter gut überstehen wird. Das mag sich wie ein Widerspruch zu dem vorher Gesagten anhören. Aber durch Einfrieren läßt sich der Geschmack der Nahrungsmittel niemals verbessern, wohl aber durch die Bereitung von Würzen, Marmelade oder dergleichen. Das Einfrieren von Fleisch ist etwas anderes, denn nur bei größtem Hunger wird es einem gelingen, einen ganzen Ochsen aufzuessen. In früheren Zeiten wurde geschlachtet und das Fleisch mit anderen geteilt. Dieses Teilen mit anderen ist heute aber vergessen.

Wein

Bei der Weinbereitung wird genau wie beim Bier (s. S. 70–73) Zucker in Alkohol verwandelt. Einige Früchte, wie z. B. in warmen Lagen gereifte Weintrauben, haben so viel natürlichen Zucker, daß bei der Verarbeitung kein weiterer zugefügt werden muß. Andere Früchte, aus denen man ebenfalls Wein machen kann, haben nicht genug Zuckergehalt. „Leichter" Wein mit sehr wenig Alkohol hält sich nicht, er verdirbt. Die meisten „Blütenweine" (s. S. 194) werden mit viel Zucker hergestellt, es gibt aber auch Leute, die aus Teeblättern „Wein" machen – und der ist völlig zukkerlos.
Fruchtweine haben wohl Eigenzucker, aber meistens nicht genug. Das gleiche gilt für Weine aus Wurzeln. Pastinak, bei weitem die am besten geeignete Wurzel, enthält jedoch sehr viel Zucker. Landweine erhalten und steigern sogar den Geschmack und das Bouquet der Früchte, aus denen sie gewonnen werden. Sie heben die Stimmung an dunklen Wintertagen und sind außerdem gesund.

Gewürzsoßen und Pickles

Beides wird auf die gleiche Art hergestellt: Obst oder Gemüse – oder beides zusammen – wird mit Gewürzen abgeschmeckt und mit Essig haltbar gemacht. Die Art der Konservierung ist jedoch nicht gleich (s. S. 188–189).
Gewürzsoßen sind aus Obst oder Gemüse, das in Essig gekocht wurde und oft stark gewürzt oder gesüßt ist. Sie werden so lange gekocht, bis alle Flüssigkeit verdampft ist und sich ein dicker Brei, ähnlich wie Marmelade, gebildet hat. Pickles werden ganz oder in großen Stücken in Essig gelegt, aber nicht in ihm gekocht. Die zu Pickles verarbeiteten Früchte dürfen nicht zuviel Flüssigkeit enthalten. Deshalb muß bei einigen die Flüssigkeit vorher durch Salz entzogen werden.
Die Herstellung von Gewürzsoßen und Pickles ist eine vorzügliche Methode der Haltbarmachung für den Winter, die den Geschmack der Früchte noch erhöht. Man ißt sie zu kaltem Fleisch und Fleischpasteten, und sie verbessern den Geschmack von Curry- und Käsegerichten.
Ketchups und ähnliche Soßen sind konzentrierte Säfte aus in gewürztem Essig gekochten Früchten oder Gemüse.

Einkochen

Das Prinzip des Einkochens ist sehr einfach. Nahrungsmittel werden in Gläser gefüllt und diese zusammen mit ihrem Inhalt auf eine Temperatur gebracht, die – lange genug eingehalten – bewirkt, daß Bakterien und Viren abgetötet werden; zu diesem Zeitpunkt werden die Gläser so dicht verschlossen, daß keine neuen Erreger eindringen können. Danach können die Gläser abkühlen. Auf diese einfache Weise wird der Inhalt der Gläser sterilisiert und vor dem Angriff fäulniserregender Organismen geschützt (s. S. 186–187). Das gleiche Prinzip gilt auch für das Eindosen, nur werden die Produkte dabei in einer wenig attraktiven Blechbüchse aufbewahrt. Diese Methode ist nicht ganz so einfach wie das Einkochen in Gläsern.
Obst läßt sich sehr gut einkochen. Gemüse ist schwerer zu behandeln, da es weniger Säure enthält; Säure begünstigt aber die Haltbarkeit. Ich würde deshalb empfehlen: kein Gemüse einkochen! Wer sonst gut mit gesalzenen Bohnen, Sauerkraut, eingemieteten oder eingekellerten Rüben oder Kohl vorgesorgt hat, hat es gar nicht nötig, auch noch Gemüse einzukochen, das doch eher fad und geschmacklos ist.
Auf der anderen Seite sind Tomaten – die man im eigentlichen Sinn gar nicht zum Gemüse zählen kann – eine ausgezeichnete Einmachfrucht. Sie verbessern mehr als alle anderen Zutaten ein eintöniges Wintergericht. Sie lassen sich leicht einkochen, man kann während ihrer Reifezeit mehr ernten, als man frisch verzehren kann, sie sind sehr vitaminreich und schmecken phantastisch.

Einkochen

Einkochgläser müssen einen luftdicht abschließenden Deckel haben, damit im Innern ein Vakuum entstehen kann. Die Deckel müssen außerdem so beschaffen sein, daß kein Metallteil mit dem Einmachgut in Berührung kommt. Ein zwischen Deckel und Glas gelegter Gummiring sorgt für einen luftdichten Verschluß und Metallbügel während des Einkochvorgangs für den nötigen Druck. Die Gummiringe sind im Dunkeln aufzubewahren, solange sie nicht gebraucht werden, da sie lichtempfindlich sind.
Außerdem benötigst du einen großen Topf. Bei Neuanschaffung ist am besten ein regulärer Einkochtopf zu wählen, der einen gerillten Boden hat, so daß die Gläser nicht zu dicht auf der Wärmequelle stehen. Man kann auch ein Stück Holz oder ein gefaltetes Tuch in den Topf legen. Das Einmachgut möglichst dicht in die Gläser füllen, durch leichtes Aufstoßen auf einem Tisch setzt es sich, und die Luft entweicht.

Obst

Das Kaltwasserbad

Die Früchte in Gläser mit Salzlake oder Zuckerwasser füllen und im Einkochtopf kalt aufsetzen. Innerhalb von einer Stunde auf 54° erhitzen, im Laufe einer weiteren halben Stunde auf die unten angegebene Temperatur bringen.

Die Ofen-Methode

Die Früchte ohne Salzlake oder Zuckerwasser in die Gläser legen und diese mit Untertassen lose abdecken. In einen Backofen mit einer Temperatur von 120° stellen. Für die in der Tabelle angegebene Zeit darin belassen, herausnehmen und mit behandelten Früchten auffüllen, dann mit kochender Salzlake oder kochendem Zuckerwasser bedecken, die Deckel auflegen und abkühlen lassen.

Das Heißwasserbad

Die heiße Salzlake oder das heiße Zuckerwasser in die gefüllten Gläser gießen, die Deckel lose auflegen, mit warmem Wasser im Einkochtopf zum Kochen bringen und für die angegebene Zeit kochen.
Für Früchte – außer für Tomaten – stellt man einen Sirup aus Zucker und Wasser her. Wasser allein ginge auch, aber wenn die Früchte sauer und weich sind, ist die Verwendung von Sirup besser.

Stangenbohnen einsalzen

Du rechnest 1 kg Salz auf 3 kg Stangenbohnen. Es kann Stein- oder Siedesalz benutzt werden. Eine Lage Salz auf den Boden des Gefäßes streuen, darauf kommt eine Lage von fadenfreien, geschnittenen Bohnen. Diese Schichtung beibehalten und die Lagen gut einpressen. Es können täglich weitere Schichten hinzugefügt werden. Wenn keine weiteren Bohnen eingebracht werden sollen, weil man genug hat oder die Ernte beendet ist, den Topf mit einem luftdichten Verschluß versehen und an einen dunklen Platz stellen. Die Bohnen schwimmen im eigenen Saft, der nicht entfernt werden darf. Für den Verzehr waschen und nicht länger als 2 Stunden in Wasser einweichen.

Gemüse

Zuckermais eignet sich zum Einkochen. Kolben schälen, den Bast entfernen, gut waschen und die Körner mit einem Messer vom Kolben schneiden. Das Glas bis 2,5 cm unter dem Rand mit Mais füllen und pro Liter 1 einen Teelöffel Salz zufügen, das Glas bis 1 cm unter dem Rand mit kochendem Wasser füllen, den Deckel lose auflegen und im Druckkochtopf bei einem Druck von 5 kg und einer Temperatur von 115° eine Stunde kochen. Die Gläser herausnehmen und verschließen.

	Kaltwasserbad		Heißwasserbad		Ofen-Methode	
Methode	Das kalte Wasser innerhalb 90 Min. bis zur gewünschten Temperatur erwärmen.		Anfangstemperatur 39°. In 25–30 Min. auf die gewünschte Temperatur von 88° erwärmen. Siehe weitere Anweisung.		Auf 120° vorheizen. Einkochzeit siehe unten.	
Flüssigkeitszugabe	Sirup oder Wasser vor dem Einkochen kalt einfüllen.		60° warme Flüssigkeit vor dem Einkochen einfüllen. Bei Tomaten Flüssigkeitszugabe nach Wahl.		Flüssigkeit nach dem Erhitzen im Ofen einfüllen.	
	Temperatur	**Kochzeit**	**Temperatur**	**Kochzeit**	**Temperatur**	**Kochzeit**
Beerenobst (Brombeeren, Himbeeren, Johannisbeeren usw. und geschnittene Äpfel)	74°	10 Min.	88°	2 Min.	121°	45–55 Min.
Steinobst (Kirschen, Pflaumen usw.) **Zitrusfrüchte**	83°	15 Min.	88°	10 Min.	Ofen auf 149° heizen. Heiße Flüssigkeit vorher einfüllen.	40–50 Min.
Tomaten	88°	30 Min.	88°	40 Min.	121°	80–100 Min.
Püree und dicht gefüllte Gläser	Kochzeit um 5–10 Min. verlängern und die Temperatur etwas erhöhen.					

Tomaten einkochen

Das Einkochen ist problemlos und der Geschmack wird dadurch eher noch verbessert.

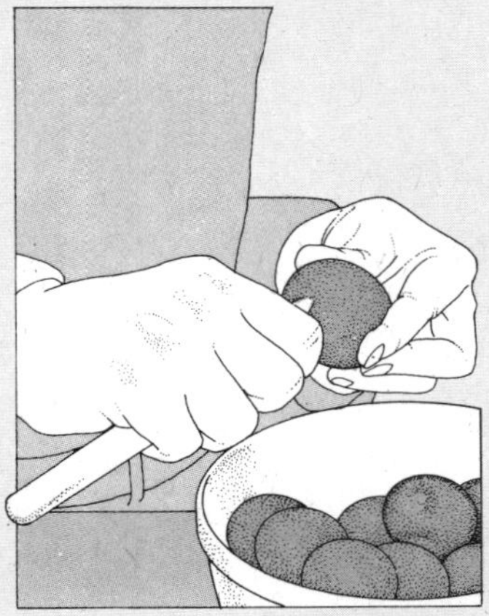

Die grünen Stiele entfernen und die Haut mit einem Messer einritzen.

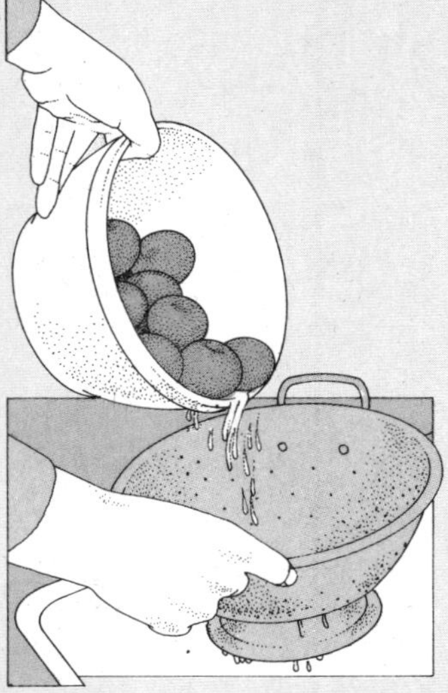

Abgießen und mit kaltem Wasser bedecken. Nicht zu lange darin lassen, sonst werden sie weich.

15 g Salz in 1 l Wasser lösen.

Die Tomaten dicht in die Gläser füllen. Große Tomaten mit dem Stiel des Holzlöffels an ihren Platz schieben.

Die Gläser ins Wasserbad oder auf Zeitungen in den Ofen stellen. Kochen.

Die Tomaten in eine Schüssel legen und mit kochendem Wasser übergießen. Im Wasser lassen, bis sich die Haut löst.

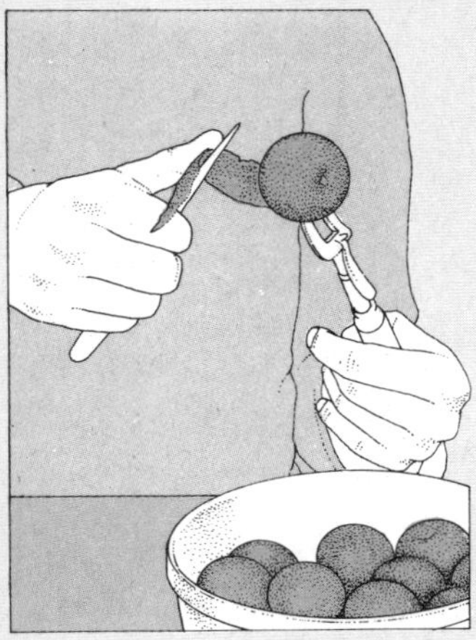

Mit einem scharfen Messer vorsichtig die Haut abziehen ohne die Tomaten zu verletzen, damit sie keinen Saft verlieren.

Für das Einkochen im Wasserbad die Gläser mit der Salzlösung auffüllen und die Deckel auflegen. Beim Sterilisieren im Ofen wird die Flüssigkeit erst nachher eingefüllt.

Nach dem Abkühlen die Probe durch Anheben des Deckels machen. Das Vakuum im Glas hält den Deckel fest.

Sauerkraut

Der im Herbst geerntete Weißkohl kann in Mieten gelagert werden, aber wenn das Grüngemüse rar wird, ist Sauerkraut eine willkommene Beilage.

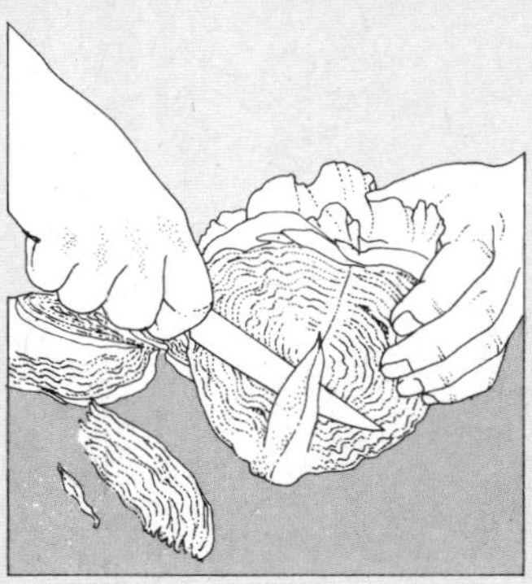

Die Weißkohlköpfe fein schneiden und pro 500 g Kraut 15 g Salz abmessen.

Das Kraut lagenweise in einen Steintopf schichten und dazwischen Salz streuen.

Mit einem großen Kohlblatt abdecken, ein Tuch darüber legen und einen Teller daraufstellen.

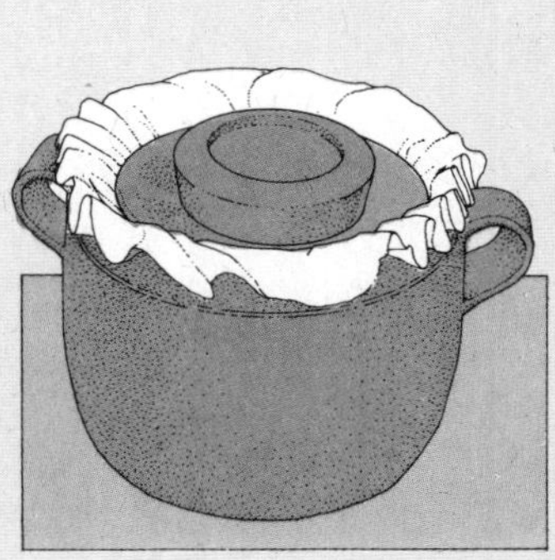

Nach drei Wochen stampfen, so daß es im eigenen Saft liegt.

Pickles und Gewürzsoßen

Pickles und Gewürzsoßen bieten eine weitere Möglichkeit des Konservierens. Früchte und Gemüse werden mit Gewürzen angereichert und mit Essig haltbar gemacht.
Am besten fertigt man den Essig selber, wie es auf S. 196 beschrieben ist. Wer aber dazu nicht in der Lage ist, muß wissen, daß es Essigsorten in vielen Güteklassen, unterschiedlichen Stärken und verschiedenen Geschmacksrichtungen gibt. Essigessenzen sind sehr stark (und teuer), sie dürfen nicht unverdünnt benutzt werden. Weinessig ist der kräftigste Naturessig und teurer als Obst- oder Getreideessig (Essigsprit). Du mußt auch bedenken, daß der Essig seinen Geschmack an die Soßen und noch mehr an die Pickles abgibt; dann greifst du vielleicht beim Essigkauf tiefer in die Tasche. Bei der Herstellung von Gewürzsoßen ist die Sorte nicht so wichtig.

Pickles

Zunächst läßt du die Gewürze im Essig ziehen; verschiedentlich kocht man den Essig auch mit Zucker, um seinen Gechmack zu verbessern oder seine Schärfe zu mildern. Für Gewürzessig kannst du praktisch alle Gewürze nehmen. Gemahlene machen den Essig jedoch trüb, und wer nachher ansehnliche Speisen haben möchte, verzichtet lieber darauf und beschränkt sich auf die Verwendung von ganzen Gewürzen. Am besten läßt du diese für einige Monate im kalten Essig ziehen. Danach werden sie herausgesiebt und verwendet. Da dies nicht immer möglich ist, sei nachstehend eine schnellere Methode beschrieben. Für 1 l Essig bindet man 55–85 g Gewürze in ein kleines Leinentuch. Du brauchst:

1 Zimtstange
einige Stücke einer Muskatnuß
etwas Nelkenpfeffer
6–7 Nelken
6–7 Pfefferkörner
½ Teelöffel Senfkörner

Wer Knoblauch mag oder sonst ein Kraut besonders schätzt, fügt auch dieses hinzu. Und wer Scharfes liebt, gibt Chili, Ingwer oder mehr Senfkörner hinein.
Nun wird der Essig mit den Gewürzen in einen hitzebeständigen Topf oder ein Glas gefüllt, mit einem Deckel bedeckt und in einen Topf mit Wasser gestellt. Du bringst das Wasser zum Kochen und nimmst es dann von der Feuerstelle. Das Ganze etwa 2 Stunden abkühlen lassen. Dann werden die Gewürze herausgenommen, und der Essig ist fertig zum Gebrauch.
Man kann Fisch, Eier, Früchte und Gemüse sauer einlegen, sowohl im Ganzen als auch in Stücken. Stark wasserhaltige Gemüsesorten und Fisch werden gewöhnlich vorher gesalzen. Feste Gemüse wie Gurken, Rote Bete, Kohl und Zwiebeln werden direkt in den Essig gelegt. Pflaumen, Tomaten und Birnen werden erst in Gewürzessig weichgekocht. Dieser wird dadurch sirupartig. Wenn für süße Pickles Zucker benötigt wird, nimmt man weißen Zucker.
Die Gläser müssen fest verschlossen werden, damit keine Flüssigkeit verdunstet, und der Essig darf nicht mit Metall in Berührung kommen. Die Pickles sollten innerhalb von 6 Monaten verbraucht werden.

Sauer eingelegte Eier
Frische Eier hartkochen. Für ein Dutzend braucht man etwa 1 l Essig. Die Eier pellen, in Gläser packen und mit Gewürzessig bedecken. Wer mag, fügt einige Stücke Chili zu. Die Gläser gut verschließen und nach etwa einem Monat mit dem Verbrauch beginnen.

Eingelegte Zwiebeln
Man nimmt dazu kleine Perlzwiebeln. Sie werden zunächst nicht geschält, sondern in einer Salzlösung aus 100 g Salz auf 1 l Wasser eingeweicht. Nach 12 Stunden herausnehmen und schälen. Für weitere zwei bis drei Tage in eine frische Lösung legen. Mit einem Teller oder Deckel beschweren, damit alle mit Flüssigkeit bedeckt sind. Abtropfen lassen und in Gläser oder Töpfe mit Gewürzessig füllen. Etwas Zucker im Essig verbessert den Geschmack. Nach zwei bis drei Monaten sind sie fertig.

Eingelegte Äpfel
Man benutzt dazu kleine Äpfel, auch Wildäpfel. Für 1 kg Äpfel brauchst du 1 kg Zucker und 0,65 l Gewürzessig. Zucker und Essig werden gekocht, bis sich der Zucker gelöst hat. Die Äpfel rundum mit einer Gabel anstechen. Wenn sie zu groß sind, werden sie geteilt. Die Äpfel in der Zucker-Essig-Lösung kochen, bis sie weich sind, aber nicht zerfallen, aus der Lösung nehmen und vorsichtig in die Gläser füllen. Den Sirup auf etwa die Hälfte einkochen lassen und heiß über die Äpfel gießen, aber nicht so heiß, daß die Gläser springen.

Gewürzsoßen

Mögliche Bestandteile einer Gewürzsoße sind Eierkürbis, Speisekürbis, Steckrüben, Kohlrüben, Mango, Pfeffer, Zwiebeln, Rote Bete, Mohrrüben, Sellerie, Auberginen, Tomaten, Äpfel, Rhabarber, Brombeeren, Birnen, Bananen, Zitronen, Zwetschgen, Stachelbeeren, Pflaumen, Trockenfrüchte, Pfirsiche, Holunderbeeren, Preiselbeeren, Apfelsinen und Pampelmusen.
Als Gewürze und Gewürzkräuter eignen sich: Lorbeerblätter, Chili, Kümmel, Koriander, Cardamom, Zimt, Nelken, Ingwer, Nelkenpfeffer, Pfefferkörner, Senfkörner, Meerrettich, Paprika, Cayenne-Pfeffer, Wacholderbeeren und Knoblauch.
Du hackst Obst oder Gemüse sehr fein und kochst es langsam, damit die Flüssigkeit verdunstet. Das Abschmecken mit Zucker spielt eine große Rolle. Die meisten Gewürzsoßen werden beim Kochen dunkel. Wer die Farbe noch dunkler haben möchte, verwendet braunen Zucker oder dunklen Zuckersirup.

Tomatenwürze

Das Geheimnis einer guten Gewürzsoße besteht in den unterschiedlichen Zutaten. Bei der Tomatenwürzsoße stehen die Gewürze und der Knoblauch gegen den Geschmack der Tomaten und Äpfel.

Zutaten: 1 kg Tomaten, 2 Zwiebeln, 1 Apfel, Rosinen, 2 Knoblauchzehen, 15 g frischer Ingwer, 60 g brauner Zucker, 0,3 l Essig, Salz und einige Gewürze.

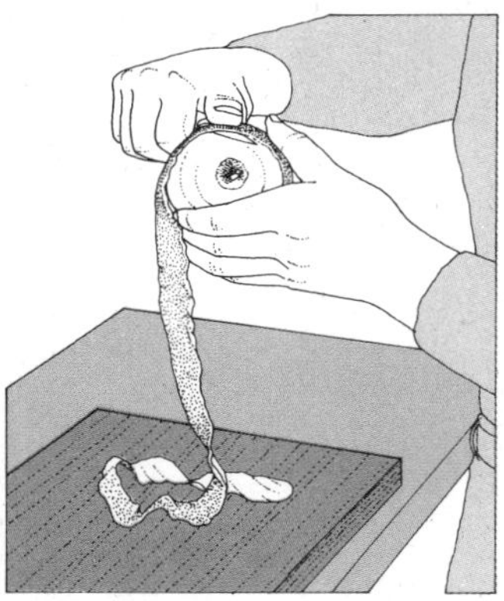

Die Zwiebel häuten, den Apfel schälen und entkernen. Beides fein reiben.

Die Zwiebeln mit wenig Wasser in einem kleinen Topf dünsten, den geriebenen Apfel und die Rosinen zugeben und bei schwacher Flamme weichkochen.

Die Tomaten häuten und in Stücke schneiden.

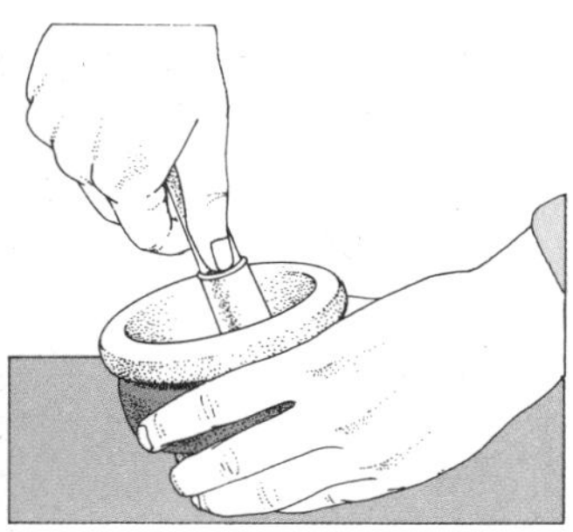

Knoblauch und frischen Ingwer in einem Mörser zerstampfen und salzen. Bei der Verwendung von getrocknetem Ingwer 7 g in den Gewürzbeutel füllen.

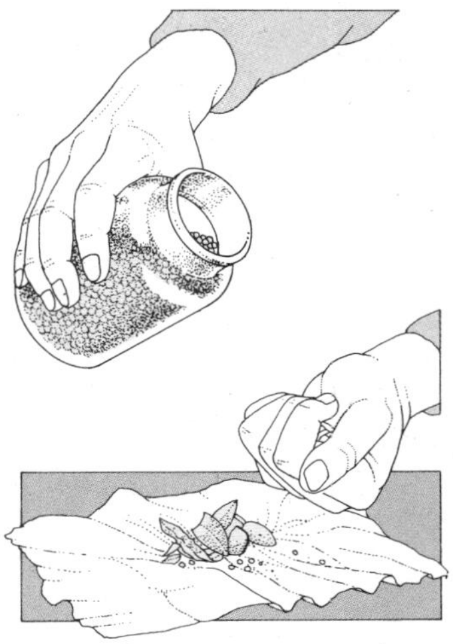

Folgende Gewürze in ein kleines Leinentuch legen: 1 zerriebenes Lorbeerblatt, 2–3 gestoßene, trockene Chili, 1/2 Teelöffel Senfkörner, 4–5 Gewürznelken; Kardamom, Zimt, Koriander und Pfefferkörner nach Belieben.

Den kleinen Leinenbeutel am Griff eines größeren Topfes festbinden.

Die weichgekochte Masse in diesen Topf füllen und alle anderen Zutaten zugeben.

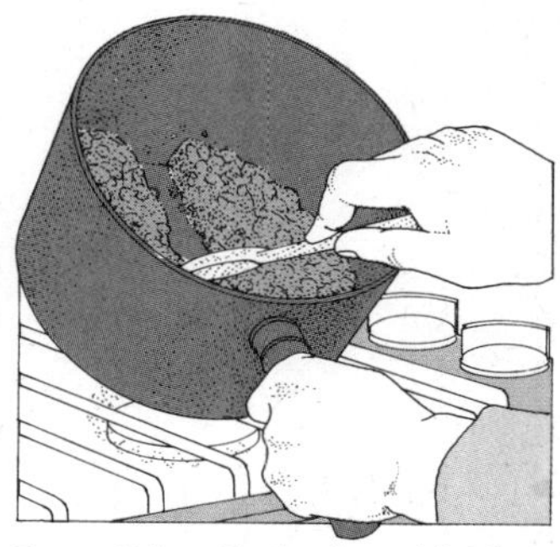

Etwa 1 Stunde kochen, bis das Ganze so fest ist, daß beim Umrühren der Topfboden sichtbar wird.

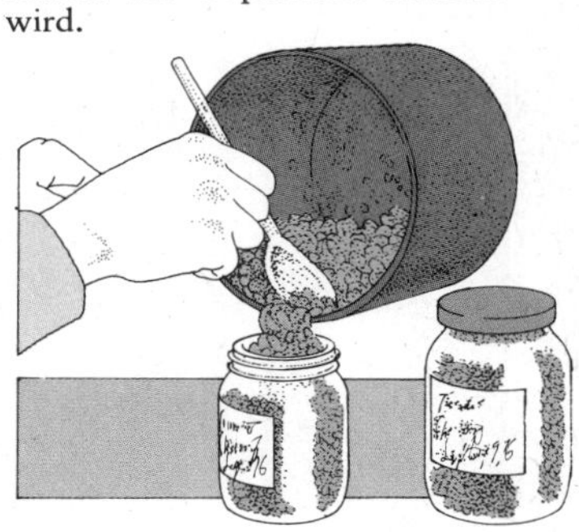

In saubere, heiße Gläser füllen, verschließen und beschriften.

Gewürzsoßen kochen

Aluminium-, Teflon- oder Emailtöpfe benutzen. Kupfer-, Messing- oder Eisentöpfe sind ungeeignet, da Essig sie angreift.

Zunächst die festen Zutaten wie z. B. Äpfel oder Zwiebeln in wenig Wasser dünsten, dann die weicheren Zutaten wie Kürbis und Tomaten dazugeben. Salz, Zucker und Essig kommen zuletzt hinein, da sie bei einer zu zeitigen Zugabe das Weichkochen von Obst und Gemüse erschweren.

Nicht zerkleinerte Gewürze und Kräuter in einen Leinenbeutel füllen und diesen an den Henkel des Kochgefäßes binden. Pulverförmige Gewürze können direkt beigegeben werden. Knoblauch und frischen Ingwer vor dem Zufügen reiben und stampfen. Trockenfrüchte vor dem Kochen in Wasser einweichen. Nur so viel Essig zufügen, daß die Zutaten gerade bedeckt sind. Zu einem dicken Mus einkochen, bis keine Flüssigkeit mehr sichtbar ist. Vorsicht, die Masse brennt zum Schluß leicht an, deshalb ständig umrühren. Heiß in angewärmte Gläser füllen, diese verschließen, beschriften und kühl und dunkel aufbewahren.

Gewürzsoßen aufbewahren

Glasbehälter eignen sich am besten, sie müssen dicht verschlossen sein, damit der Essig nicht verdunstet. Das für Marmeladen übliche Cellophanpapier ist ungeeignet. Bei Blechdeckeln muß die Innenseite gut mit Lack oder Wachspappe abgedeckt sein, damit der Essig das Metall nicht angreifen kann.

Marmeladen und Sirup

Früchte lassen sich gut durch Verarbeitung zu Marmelade oder Sirup konservieren. Gewöhnlich kocht man sie zunächst ohne Zucker, damit sie weich werden, und um den Pektingehalt festzustellen. Erst dann wird der Zucker zugefügt und alles zusammen sprudelnd gekocht, bis der Gelierzeitpunkt erreicht ist.
Auch beschädigte Früchte können verwendet werden, solange die Faulstellen sorgfältig ausgeschnitten werden. Wichtig ist das Wiegen der Früchte vor der Verarbeitung, damit die richtige Zuckermenge berechnet werden kann. An Wasser sollte nur die zum Kochen der Früchte unerläßliche Menge zugefügt werden. Einmachzucker löst sich leicht und ist deshalb besonders geeignet. Bei braunem Zucker muß man berücksichtigen, daß er einen Eigengeschmack hat und meistens feucht ist, so daß die Menge anders berechnet werden muß. Der Pektingehalt der Früchte ist sehr verschieden.
Im allgemeinen geht die Marmeladenbereitung folgendermaßen vor sich: Die Früchte säubern, sortieren und vorbereiten. Wiegen und mit wenig Wasser weichkochen. In einem flachen, weiten Topf zum Kochen bringen und die Zuckermenge in die kochende Masse geben. Bis zur Auflösung des Zuckers umrühren. Sprudelnd kochen, aber nicht mehr rühren. Zur Ermittlung des Gelierzeitpunkts von Zeit zu Zeit Gelierprobe machen (siehe unten). Sobald die Marmelade geliert, den Topf von der Kochstelle nehmen und etwas abkühlen lassen, damit die in der Marmelade vorhandenen Fruchtstücke später nicht in den Gläsern nach oben steigen. Die sauberen, heißen Gläser bis zum Rand mit Marmelade füllen, luftdicht verschließen und beschriften.

Pektinprobe

Von den gekochten Früchten vor der Zuckerzugabe einen Teelöffel Saft abnehmen, in ein kleines Glas füllen, 3 Teelöffel Methylalkohol zufügen und gut mischen. Eine Minute warten und dann die Mischung in ein anderes Glas leeren. Hat der Fruchtsaft einen festen Klumpen gebildet, ist der Pektingehalt richtig. Bilden sich mehrere Klümpchen, ist der Pektingehalt nicht so gut, und es muß weniger Zucker zugefügt werden. Wenn der Saft ganz flüssig bleibt, ist die Fruchtmasse noch nicht gelierfähig.

Gelierprobe

Etwas Marmelade aus dem Kochtopf auf einen Teller geben und abkühlen lassen. Kräuselt sich die Oberfläche, wenn man sie mit dem Finger schiebt, ist die Marmelade fertig. Oder etwas Marmelade vom Löffel rinnen lassen: wenn sie fließt, muß sie noch länger kochen. Die Temperatur der Marmelade soll 105° erreichen.
Eingemachte Früchte und jegliche Art Konfitüren halten sich nicht so lange wie Marmelade, durch die kurze Kochzeit ist der Geschmack dafür sehr natürlich und frisch. Bei der Kompottzubereitung ist der Pektingehalt der Früchte unwichtig, und auch pektinarmes Obst wie Himbeeren, Erdbeeren, Brombeeren und Rhabarber sind dafür geeignet. Du brauchst aber mehr Zucker.

Zwetschgen- oder Pflaumenmarmelade

Bei Pflaumen enthalten die Steine sehr viel Pektin, deshalb die Früchte möglichst entsteinen, einige Steine knacken und die Kerne in einem kleinen Leinenbeutel mitkochen. Du kannst sie aber auch so mitkochen. Sie treiben, sobald die Marmelade kocht, an die Oberfläche und können dann mit einem Schaumlöffel abgeschöpft werden.
Du brauchst:
3,0 kg Zwetschgen oder Pflaumen
3,0 kg Zucker
0,3 l Wasser
Die Pflaumen waschen und halbieren. Mit dem Wasser leicht kochen lassen, bis sie weich sind. Zucker hinzufügen und rühren, bis er sich gelöst hat. Bis zum Gelieren sprudelnd kochen. Die nach oben gestiegenen Kerne abschöpfen. Die Marmelade vor dem Umfüllen etwas abkühlen lassen. In Gläser füllen, verschließen und beschriften.

Himbeerkonfitüre

2,0 kg Himbeeren
2,5 kg Zucker
Beschädigte (aber keine verschimmelten) Früchte können verwendet werden. Den Zucker in einer Schüssel im schwach geheizten Backofen vorwärmen. Einen flachen, weiten Kochtopf einfetten, die Früchte bei schwacher Hitze zum Kochen bringen. Sobald sie Saft ziehen und leicht sprudeln, den vorgewärmten Zucker hinzufügen. Kräftig schlagen, bis sich der Zucker gelöst hat. Die Masse soll eine leuchtende, kräftige Farbe und einen frischen Himbeergeschmack haben und ziemlich fest sein. In Gläser füllen und verschließen. Nach einigen Monaten auf Schimmelbildung hin kontrollieren. Man kann Früchte und Zucker auch lagenweise in einen Topf schichten, über Nacht ziehen lassen, am nächsten Tag kurz aufkochen und dann in Gläser füllen.

Zitronencreme

Hierbei handelt es sich nicht um eine Marmelade, sondern um eine gute Verwendungsart für Eier.
125 g Butter
1 kg Zucker
4 Eier
3–4 Zitronen (je nach Größe und Saftgehalt)
Die Zitronenschale abreiben und den Saft auspressen, Schale, Saft, Butter und Zucker in einen kleinen Topf füllen und erhitzen, bis die Butter geschmolzen und der Zucker fast aufgelöst ist. Abkühlen lassen. Die Eier in einer Schüssel über kochendem Wasser schlagen, die übrigen Zutaten hinzugeben und so lange schlagen, bis sich eine cremeartige Masse bildet. In Gläser füllen und verschließen. Zitronen-Creme hält sich nicht sehr lange und ist zum baldigen Verbrauch bestimmt. Deshalb immer nur kleine Mengen zubereiten.
Die Creme wird gehaltvoller, wenn statt 4 ganzer Eier 8 Eigelb genommen werden. Dieses Rezept läßt sich beliebig variieren, wenn man statt Zitronen andere Zitrusfrüchte nimmt. Bei süßeren Früchten weniger Zucker zufügen.

Zitronen- und Karottenmarmelade

250 g in dünne Scheiben geschnittene Zitronen
250 g geriebene Möhren
1 l Wasser
1 kg Zucker
Zitronen, Karotten und Wasser mischen, zudecken und über Nacht stehen lassen. In einem geschlossenen Topf zum Kochen bringen und ca. 1½ Stunden sieden – so lange, bis alles weich ist. Dann den Zucker zufügen und kochen, bis er sich gelöst hat. Bis zum Geliermoment stark kochen. Mit einer kleinen Menge auf einem kalten Teller die Gelierprobe machen. Die Kochdauer kann 15–20 Minuten betragen. In saubere, warme Gläser füllen, mit Pergamentpapier verschließen und zubinden.
Karotten und Zitronen haben einen angenehm frischen Geschmack, und die Marmelade ist sehr süß. Sie muß innerhalb von drei Monaten verbraucht werden.

Dreifrucht-Marmelade

Als Abwechslung zur reinen Orangen-Marmelade nimmt man hierfür Apfelsinen, Zitronen und Grapefruit.

Den Saft von 8 Apfelsinen, 2 Zitronen und 2 Grapefruit auspressen. Die Kerne aufheben.

Die Schalen grob oder fein schneiden, je nachdem, wie die Marmelade werden soll.

Die Kerne in einen Leinenbeutel binden und mit Schalen und Saft einen Tag lang in knapp 6 l Wasser ziehen lassen.

Die Gelierprobe machen: 3 Teelöffel Weingeist mit 1 Teelöffel Saft mischen. Der Saft muß fest werden.

Den Beutel mit den Kernen herausnehmen, die Masse kochen, 3 kg Zucker zufügen und rühren, bis dieser sich aufgelöst hat. Bis zum Gelierzeitpunkt kochen.

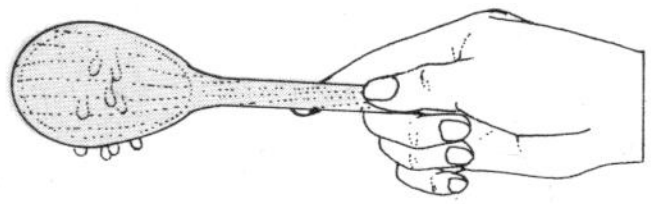

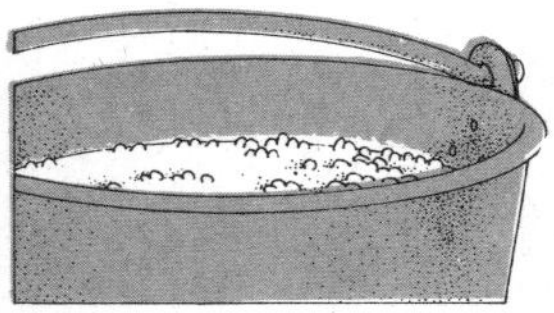

Etwas Marmelade von einem Löffel rinnen lassen. Wenn sie in dikken Klumpen vom Löffel fällt, ist die Marmelade fertig.

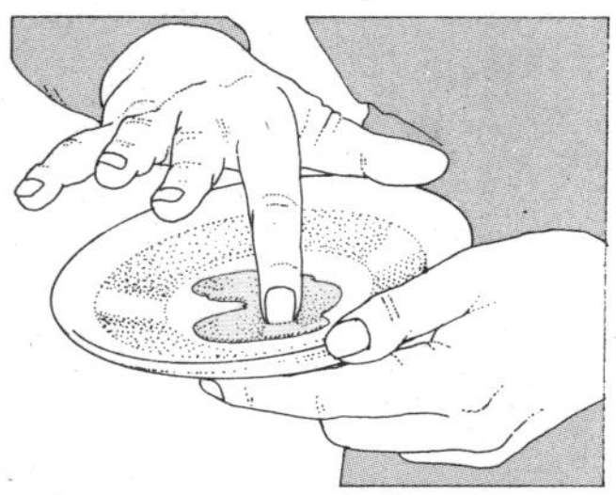

Oder etwas Marmelade auf einem Teller abkühlen. Wenn sich die Oberfläche bei der Berührung mit dem Finger kräuselt, ist sie richtig.

In saubere, heiße Gläser füllen und mit Wachspapier und Zellophan verschließen und beschriften.

Fruchtspeck und Fruchtpasten

Fruchtpasten und Fruchtspeck sind besonders feste Marmeladen, die aus pürierten oder passierten Früchten hergestellt werden. Pasten sind weicher als Speck. Gelungener Fruchtspeck ist so fest, daß man mit Ausstechformen Figuren daraus machen kann.

Brombeer-Apfelpaste

Du brauchst die gleiche Menge Brombeeren und Äpfel. Die Äpfel waschen, aber weder schälen noch das Kerngehäuse entfernen. Die Brombeeren auslesen und waschen. Die Äpfel in grobe Stücke schneiden und beide Früchte in einen Topf füllen, mit Wasser bedecken und unter ständigem Rühren dünsten, bis die Äpfel weich sind. Die gekochten Früchte durch ein Sieb streichen. Das Mus soll ziemlich fest sein. Die Masse wiegen. Pro 1 kg Mus 1 kg Zucker zufügen. Alles zusammen kochen, dabei ständig rühren, weil es leicht anbrennt. Das Mus ist fertig, wenn du beim Rühren den Topfboden sehen kannst. Wie Marmelade in Gläser füllen und verschließen.

Gelee

Gelee ist eigentlich eine Marmelade ohne Fruchtstücke. Wenn Fruchtsaft mit Zucker gekocht wird, bildet sich Gelee, der wie Marmelade verwendet wird.

Brombeer- und Apfelgelee

Dieses Rezept gilt für alle Früchte mit hohem Pektingehalt, wie z. B. Wildäpfel, rote Johannisbeeren, Zitrus-Früchte, Quitten, Schlehen und Zwetschgen. Auch Mischungen verschiedener Fruchtsäfte können zu Gelee verarbeitet werden. Bei einer unterschiedlichen Kochzeit der Früchte muß allerdings jeder Saft für sich gekocht werden.
Wie bei der Fruchtpastenbereitung die Früchte zunächst weich kochen. Den Saft durch ein Tuch streichen. Wer diesen Prozeß durch Ausdrücken und Ausquetschen des Muses beschleunigt, muß das später mit einem trüben Gelee bezahlen. Die Saftmenge abmessen und pro 1 l Saft 1 kg Zucker zufügen. Bis zum Gelierzeitpunkt kochen und in üblicher Weise in Gläser füllen, verschließen und beschriften.

Fruchtsirup

Sirup unterscheidet sich von Gelee in der Zubereitung nur durch die geringere Zuckermenge. Die Flaschen müssen sterilisiert und luftdicht verschlossen sein.
Die Saftbereitung erfolgt wie bei der Geleeherstellung, indem Früchte jeglicher Art ohne Zucker gekocht werden. Der Saft kann jedoch auch durch Auspressen des Muses und anschließendes Seihen des Saftes gewonnen werden. Die Saftmenge abmessen und pro Liter 0,5 kg Zucker zufügen. Erhitzen, bis der Zucker sich aufgelöst hat und abkühlen lassen. Die Flaschen und Verschlüsse (am besten Schraubverschlüsse) durch 15minütiges Eintauchen in kochendes Wasser sterilisieren, trocknen und mit Sirup füllen. Fest verschließen und dann durch eine Umdrehung soweit öffnen, daß Luft entweichen kann, wenn der Sirup erhitzt wird (die Flaschen nur bis 2,5 cm unter dem Rand füllen).
Zum Erhitzen einen tiefen Topf nehmen. Ein Drucktopf mit gerilltem Boden eignet sich gut. Die Flaschen hineinstellen, langsam zum Kochen bringen und die Temperatur 20–30 Min. halten. Die Flaschen herausnehmen und die Verschlüsse so bald wie möglich fest anziehen.

Wein keltern

Zum Vergären benötigt man höchstens 1,5 kg Zucker auf 5 l Flüssigkeit, also für starke Weine etwa dieses Verhältnis einhalten.
Alle benutzten Geräte und Utensilien müssen absolut sauber sein, deshalb so oft wie möglich kochendes Wasser benutzen.
Die Gärung erfolgt bei der für die Hefe günstigsten Temperatur.
Die Weinhefe muß unterstützt werden, damit sie stärker als wilde Hefen und schädliche Kleinlebewesen ist, die den Ansatz verderben können.
Du solltest alle Schadeinflüsse vermeiden, besonders die Essigfliege (diese kleinen Insekten, die immer faulendes Obst umschwirren) ist gefährlich, da sie den Wein in Essig verwandelt.
Der Wein muß „geklärt" werden, d. h. er wird vom „Bodensatz" (den sich absetzenden Rückständen) „abgezogen" oder abgegossen, ehe dieser seinen Geschmack verdirbt.
Wenn die Hefe ihre Arbeit getan hat (nach dem Vergären), lagerst du den Wein kühl, damit er sich setzt und klärt.
Wenn der Wein endlich in Flaschen gefüllt ist, steht die schwerste Aufgabe bevor: Du mußt deine Finger vom Rotwein mindestens ein Jahr lassen, vom Weißwein drei Monate.
Erste Voraussetzung bei der Weinbereitung ist absolute Sauberkeit, weil Wein mit Hilfe eines lebenden Organismus (Hefe) entsteht, und wenn andere lebende Organismen wie wilde Hefen, Pilze oder Bakterien dazukommen, kann entweder die für diesen Wein ausgewählte Edelhefe ihre Aufgabe nicht erfüllen oder es kommt zu Fäulnis, schlechtem Geschmack und Geruch.

Geräte

Für die Gärung brauchst du Zuber, Kruken, Gläser, Ballon- oder Korbflaschen, außerdem Gärverschlüsse (falls du sie bekommst). Ein Gärverschluß läßt die bei der Gärung entstehenden Gase entweichen, ohne daß Luft (die niemals keimfrei ist) oder die Essigfliege eindringen können. Unzählige Liter Wein wurden schon ohne Gärverschluß hergestellt, unzählige Liter Wein sind aber auch auf diese Weise ruiniert worden. Auch ein Thermometer ist kein überflüssiges Gerät. Außerdem brauchst du einen Gummi- oder Plastikschlauch als „Weinheber", also zum Abziehen des Weines, und ein oder zwei Trichter und Flaschen oder Kolben für den fertigen Wein. Eine Korkmaschine ist eine große Hilfe beim Eintreiben der Korken, denn diese müssen so fest sitzen, daß keine Luft eindringen kann, die den Wein verdirbt.

Zutaten

Ganz wichtig ist die Hefe. Altmodische Weinhersteller, zu denen auch ich gehöre, verwenden alle möglichen Hefesorten, wie Brothefe, Bierhefe usw. Zweifellos ist der Kauf einer echten Edelhefe aber besser. Für sehr gute und kräftige Ergebnisse benutzen viele die ebenfalls käuflichen Nährhefen. Oft muß Säure zugefügt werden. Sie ist in Zitronen oder in fertiger Zitronensäure enthalten. Tannin (Gerbsäure) gibt es zu kaufen; in Tee und Äpfeln, besonders Wildäpfeln, ist aber ebenfalls Tannin.

Wein aus Trauben

Dieser Wein ist zweifellos der beste. Bei der Rotweinherstellung werden die ausgepreßten Beeren – der Traubentrester – als Maische mitvergoren. Für Weißwein wird nur der Traubensaft vergoren. Oft wird von roten oder blauen Trauben auch Weißherbst oder Rosé gemacht. Für diese Weine wird der Most ohne Trester vergoren.

Saft gewinnen

Den Saft kann man auf jede nur denkbare Art aus den Trauben pressen. Ich persönlich kann allerdings den Wein nicht trinken, wenn ich vorher gesehen habe, wie die Trauben mit nackten Füßen bearbeitet wurden. Deshalb benutze ich lieber eine Art Stampfer oder Mörser. Bei der Weißweinbereitung werden die zerquetschten Trauben in einer Saftpresse entsaftet. Die ausgepreßten Schalen werden gleich danach vom Saft getrennt; sie können noch dem Futter für Schweine und Rindvieh – allerdings in sparsamer Dosierung – beigemengt werden (natürlich bevor sie zu gären beginnen können). Anders wird Rotwein gekeltert, der seine Farbe aus den Schalen bekommt: Zunächst zwar werden die Trauben auf diese Weise ausgepreßt, dann aber ein Teil der „Kuchen", also des Tresters, wieder in den Saft gegeben. Die Farbe des Weins wird kräftiger, je mehr Trester zugefügt wird – in kalten Zonen wird er immer dunkel. Dunkelrote Weine können zuviel Gerbsäure enthalten und deshalb etwas bitter schmecken. In den Weinanbaugebieten (wo so oder so niemand eine Anweisung wie diese lesen wird, da ihm die Nachbarn die besten Ratschläge erteilen werden) ist eine Zuckerzugabe nicht nötig. Wenn die Trauben weniger Sonne bekommen haben, muß man unter Umständen 2–3 kg Zucker auf 50 l Wein rechnen. In sonnigen und warmen Jahren kann es weniger, in regnerischen und kühlen auch mehr sein.

Gärung

Den Saft, bei Rotwein auch den Trester, in einem Faß vergären lassen. Trauben haben in dem „Hauch" auf ihrer Haut ihre eigene Hefe, aber es ist besser, eine gekaufte Reinzuchthefe zu verwenden. Eine Flasche Süßmost (Traubensaft) auf eine Temperatur von 24° bringen, die Hefekultur darin auflösen, die Flasche mit einem Baumwoll- oder Wattepfropf verschließen und an einen warmen Platz stellen. Unterdessen auch die Hauptmenge des Mostes auf 24° erwärmen. Den in der Flasche gefertigten Ansatz oder „Starter" daruntermischen, wenn er in der Flasche zu „arbeiten" beginnt. Wenn die Temperatur weiterhin bei 24° gehalten

Geräte für die Weinbereitung

Ehe man mit der Weinherstellung beginnt, muß man für jeden Zeitabschnitt das richtige Gefäß bereitstellen. Flaschen braucht man erst ganz am Ende des langwierigen Gärprozesses, für den man wenigstens Meßbecher und Ballonflaschen und wahrscheinlich auch Bottiche und Fässer benötigt.

1 *Korkmaschine*
2 *Meßbecher*
3 *Flasche*
4 *Sieb*
5 *Flaschenbürste*
6 *Trichter*
7 *Hydrometer*
8 *Meßglas*
9 *Kunststoff- oder Gummi-Weinheber*
10 *Ton-Bottich*
11 *Tonkrug und eisenberingtes Holzfaß*
12 *Ballonflasche und Gärverschluß*
13 *Korken und Plastikverschluß*

werden kann, ist die Gärung so kräftig, daß das entweichende Kohlendioxyd das Eindringen von Luft verhindert. Die Temperatur darf aber wiederum 27° nicht übersteigen, da sonst die Reinhefe absterben würde. Ein Absinken der Temperatur unter 21° muß ebenfalls vermieden werden, denn in diesem Fall schläft die Reinhefe, und es entwickeln sich fremde Hefen. Während des Gärvorganges den Trester im Most bewegen. Er steigt an die Oberfläche, und die Bildung einer trockenen Tresterschicht muß auf jeden Fall vermieden werden.

Das Klären

Wenn die erste „stürmische“ Gärung vorüber ist, den Wein abziehen, den Trester auspressen, damit nichts verlorengeht und die Flüssigkeit in einen Kolben oder ein Faß füllen. Das Gefäß muß ganz voll sein, so daß keine Luft über der Flüssigkeit steht. Die Temperatur kann jetzt auf normale Raumtemperatur, also ca. 16° fallen. Wenn du glaubst, daß die Rückstände zu Boden gesunken sind, ziehst du den Wein erneut in ein sauberes Gefäß ab.

Einfüllen in Flaschen

Die Flaschen müssen absolut sauber sein und sterilisiert werden. Danach entweder kochendes Wasser einfüllen oder kaltes Wasser und die Flaschen langsam erhitzen und 5 Min. kochen lassen. Anschließend sofort mit dem Hals nach unten aufhängen, damit kein Staub eindringt.
Nach dem Abkühlen benutzen oder sie bis zur Verwendung mit Korken verschließen. Diese erst kochen und dann mit einer Korkmaschine eintreiben. Den Wein liegend aufbewahren, damit die Korken feucht bleiben. Trockene schrumpfen, und dann kann Luft oder ein Essigbazillus eindringen. Der Wein sollte im Dunkeln bei einer gleichmäßigen Temperatur lagern, am besten im Keller, in dem sich aber auf keinen Fall die Heizung befinden darf.

Landweine

Die folgenden Rezepte werden seit Jahrhunderten von Landbewohnern in Europa und Nordamerika benutzt. Dabei kommt es selten zu Mißerfolgen, die Weine sind vielmehr sehr gut. Es gibt dabei allerdings eine Schwierigkeit: je geringer die Weinmenge, desto größer ist das Risiko. Meine Freunde machen jeden Sommer Rhabarberwein und jeden Winter Pastinakwein, und zwar jeweils 270 l, die in riesigen Weinfässern lagern. Sie wissen gar nicht, was ein Mißerfolg ist, und ihre Frauen verlangen jedes Jahr vergeblich, daß sie doch auch einmal etwas anderes in ihrem Garten anbauen möchten.

Blütenweine

Man gießt 4,5 l kochendes Wasser über eine entsprechende Menge Blüten eigener Wahl und preßt das Wasser wieder aus. 1,8 kg Zucker, 250 g Rosinen (nach Wahl) und den Saft von 3 Zitronen zufügen. Da die Blüten zuwenig Nährboden für die Hefe abgeben und der Zucker allein nicht ausreicht, gibt man nach Möglichkeit etwas Nährhefe zu. Etwa ein Teelöffel auf 45 l ist richtig. Wenn die Temperatur auf 24° abgesunken ist, kommt die Reinhefe dazu, die du vorher gekauft hast. Du füllst den Wein in eine Ballonflasche mit einem Gärverschluß und läßt ihn gären. Der fertige Wein wird in Flaschen abgezogen. Ich habe aus den Blüten von Ginster, Holunder, Schlüsselblumen und Löwenzahn Wein gemacht und auch schon guten Rosenwein getrunken.

Honigwein

Die Regel sagt: 1,4 kg Honig auf 4,5 l Wasser. Wer aber ganz besonderen Honigwein machen will und Wabenhonig benutzt, nimmt einige Stücke „Wildhonig", den man nicht schleudern kann, mit der Wabe und echten Bienenhonig aus dem großen Vorratstopf. Den Honig im Wasser auflösen und vergären lassen. Da er nicht genug Säure hat, gibst du den Saft von 2–3 Zitronen oder etwas pulverisierte Zitronensäure dazu. Etwas Gerbsäure als Nahrung für die Hefe kann ebenfalls nicht schaden, deshalb einige geriebene Wildäpfel zufügen. Manche tun auch Tee in ihren Honigwein. Honigwein hat eine recht lange Gärzeit, die nicht zu sehr forciert werden darf. Ihm bekommt eine mehrjährige Lagerung in der Flasche sehr gut, aber wer kann schon so lange warten?
Nachfolgend einige Weinrezepte zum Ausprobieren:

Rhabarberwein

7,5 kg Rhabarber
1,25 kg Zucker
5 l Wasser
Hefe

Den Rhabarber schneiden, das kochende Wasser darübergießen und umrühren, nicht mehr kochen. Einen Tag ziehen lassen, die Flüssigkeit abgießen und den Trester auspressen, damit nichts verloren geht. Zucker und die Hefe in der Flüssigkeit auflösen. Vorgären lassen, abziehen und in Flaschen füllen.

Nesselwein

2 kg Nesselspitzen
4 Zitronen
1 kg Zucker
30 g gereinigter Weinstein
10 l Wasser
1 Teelöffel Trockenhefe oder Brauhefe

Die Nesseln und die geschnittenen Zitronen 20 Min. im Wasser kochen. Die Flüssigkeit abgießen, den Trester auspressen und Weinstein und Zukker zufügen. Nach dem Abkühlen die Hefe in der Flüssigkeit auflösen und drei Tage lang an einem warmen Platz gären lassen. Dann den Wein für einige Tage an einen kühleren Platz bringen, damit er sich setzt, ehe er in Flaschen mit Schraubverschluß gefüllt wird. Nach einer weiteren Woche kann er getrunken werden. Dieser Wein ist zwar nicht sehr haltbar, aber außerordentlich angenehm und erfrischend. Durch eine geringe Beigabe von Ingwer kann man ihn noch verbessern.

Pastinakwein

2 kg Pastinak
1,5 kg Zucker
5 l Wasser
einige Zitronen oder etwas Zitronensäure
Hefe

Die Pastinakwurzeln schneiden und kochen, aber nicht zu weich, etwa wie Salzkartoffeln. Einige Zitronen kommen mit in den Topf. Die Flüssigkeit abgießen und während sie noch heiß ist, den Zucker einrühren, bis er sich gelöst hat. Etwas Zitronensaft oder Zitronensäure zufügen. Die Zitronensäure dient der Hefe als Starthilfe, denn Pastinak hat zu wenig Säure. Die Flüssigkeit in einen Gärkolben füllen und nach dem Abkühlen auf Körpertemperatur die Hefe unterrühren. Gären lassen. Einen Gärverschluß benutzen oder die Kolbenöffnung mit einem Wattebausch verschließen, damit die Essigfliege nicht eindringen, aber das Kohlendioxyd entweichen kann. Den Wein wiederholt abziehen und dann in Flaschen füllen. So lange wie möglich lagern.

Holunderwein

3 kg Holunderbeeren
1,5 kg Zucker
5 l Wasser
60 g Zitronensäure oder Zitronensaft
Hefe

Eigentlich sollen die Beeren von den Stielen gezupft werden, aber ich habe sie mitsamt den Stengeln verwendet und keinerlei Unterschied festgestellt. Wenn man sich so eine Menge Arbeit erspart und dadurch kein Nachteil entsteht, kann man sich schon einmal über die genaue Befolgung alter Anweisungen hinwegsetzen. Das kochende Wasser mit der Zitronensäure über die Beeren gießen, mit einem Kartoffelstampfer gründlich zerdrücken, abdecken und 24 Stunden ziehen lassen. Den Zucker und die Hefe zufügen und die Maische wiederum stehen lassen, je länger, desto besser. Nach dem Gärprozeß den Wein auf Flaschen oder in andere Behälter abziehen, so daß die Rückstände übrig bleiben. So verfährt man mit jedem Wein.
Dieses Rezept gilt für alle Beerenobstsorten.

Holundersekt

Es handelt sich hier selbstverständlich nicht um die Herstellung von „Champagner" oder „Sekt", aber immerhin ist es ein sehr erfrischendes Getränk für den Sommer und schnell trinkfertig.

12 Holunderblütendolden (voll in Blüte und Duft, an einem heißen Tag gepflückt)
0,7 kg weißer Zucker
1 Zitrone
1 Teelöffel Weinessig

Die Blüten mit dem Saft der Zitrone in eine Schüssel geben. Die Zitronenschale kommt ebenfalls hinein (ohne die weiße Haut). Dann Zucker, Essig und 4,5 l Wasser hinzufügen und 24 Stunden ziehen lassen. Zusätzliche Hefe wird nicht benötigt, denn die schwachen Hefen an der Blüte reichen aus. Den „Sekt" trinken, ehe er drei Wochen alt ist.

Hagebuttenwein

Im Prinzip ist die Weinherstellung immer gleich, nur die Zutaten sind unterschiedlich. Die Verwendung einer Edelhefe verbessert den Gärprozeß, der drei Monate dauern kann.

3,5 l Hagebutten säubern, fein schneiden und mit einem Holzlöffel oder Holzschlegel zerstampfen.

Die Hagebuttenmaische in eine tiefe Schüssel füllen und mit 7 l kochendem Wasser übergießen. Nach Belieben Schale und Saft einer Apfelsine zufügen.

1 kg Zucker zufügen und auf 24° erwärmen.

1 Teelöffel frische Edelhefe unterrühren. Sie kann auch erst in einer Flasche als „Starter" angesetzt werden, der nach Einsetzen der Gärung in den Ansatz geschüttet wird. Einen Teelöffel Zitronensäure und ½ Teelöffel Tannin (Gerbsäure) zufügen.

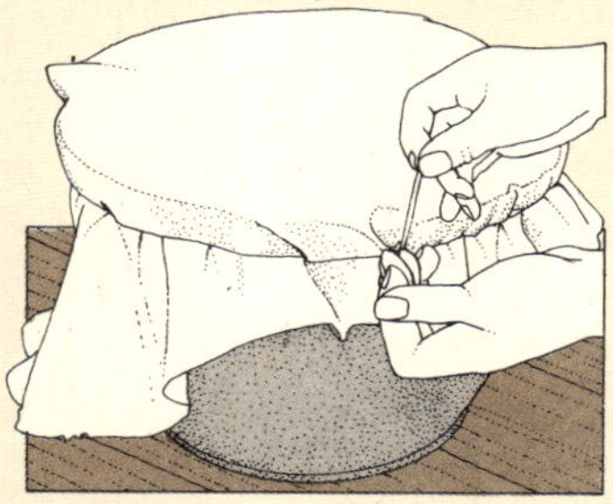

Zum Schutz gegen die Essigfliege und andere Schädlinge den Most mit einem Tuch abdecken. 24 Stunden stehen lassen.

Den Most durch ein Sieb oder Leinentuch seihen. Für einen ungetrübten Most beides benutzen.

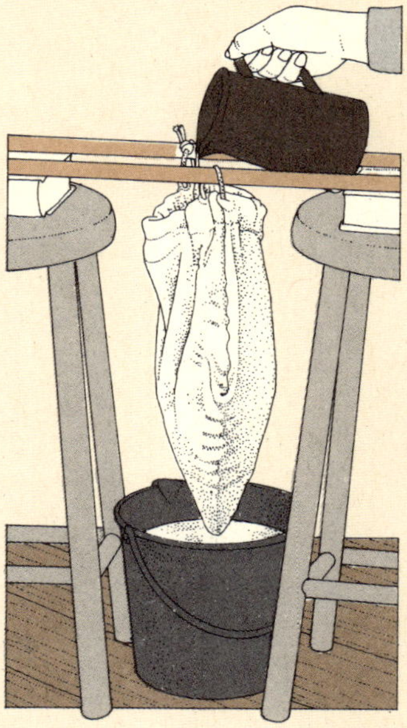

Oder ihn mit Hilfe von zwei Stühlen durch einen Saftbeutel gießen. Den Trester nicht auspressen, da sonst der Most trüb wird.

Die Flüssigkeit mit Hilfe eines Trichters in eine Ballonflasche filtern.

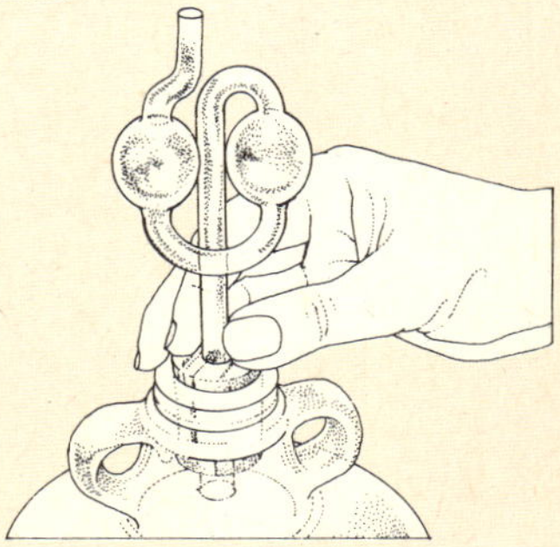

Die Temperatur bei 24° halten. Der Gärverschluß verhindert das Eindringen von Luft, läßt aber die Gase entweichen.

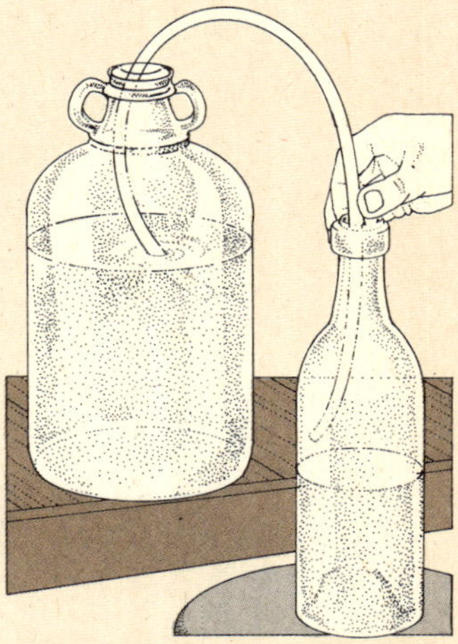

Nach Beendigung des Gärprozesses mit Hilfe eines Weinhebers aus Gummi oder Kunststoff vom Satz in Flaschen abziehen.

Statt eines Weinhebers kann auch ein Meßbecher und ein Trichter benutzt werden. Flaschen nur bis 2,5 cm unter dem Rand füllen.

Eine Korkmaschine oder Korkpistole ist bestens zum festen Eintreiben der Korken geeignet, aber notfalls geht dies auch mit einem Holzschlegel.

Most und Essig

Most

Am besten ist der Most aus verschiedenen Apfelsorten. Die Mischung soll genug Säure, Gerbsäure und Zucker enthalten, deshalb nimmst du sowohl sehr süße als auch sehr saure Äpfel und fügst wegen des Tannins noch einige Wildäpfel zu. Du kannst auch aus unreifen Äpfeln Most machen, aber er ist nicht besonders gut. Am besten eignen sich reife Früchte, die nach dem Pflücken zwei bis drei Tage in Haufen gelagert wurden, damit sie etwas Saft ziehen. Dabei beeinflussen einige faule oder beschädigte Äpfel die Qualität des Mostes anscheinend nicht. Die Saftausbeute bei den verschiedenen Apfelsorten ist ganz unterschiedlich, ca. 12–16 Äpfel geben 5 l Saft.

Saftgewinnung

Zunächst müssen die Äpfel zerkleinert werden. Früher geschah dies mit Hilfe eines großen, runden Steins in einem Steintrog, der von einem Pferd oder einem Ochsen gedreht wurde. Heute macht man das in einer Mostmühle, deren Anschaffung allerdings sehr teuer ist. Du kannst dich aber auch mit einem hölzernen Schlegel behelfen, nur Metall darfst du nicht benutzen. Das Zerkleinern ist eine mühevolle Arbeit. Ein Freund von mir benutzte eine Mangel, und verarbeitete die Äpfel damit sehr wirksam zu Mus. Der Saft wird in ein Gärfaß gefüllt

Gärung

Traditionell wird der Saft in große, eisenbeschlagene Holzfässer gefüllt. Kommerzielle sind riesig und fassen Tausende von Litern, aber für diejenigen, die vielleicht 50 l für den eigenen Verbrauch herstellen, reicht auch ein hölzerner Bottich, ein Glasballon oder ein Tonkrug. Dem Most wird nichts zugefügt, auch keine Hefe: Der Saft vergärt ohne Hilfe. Wenn sich der in den Äpfeln vorhandene Zucker in Alkohol umsetzt, wird der Most sehr stark, und Mostfreunde bezeichnen ihn dann als „kräftig“.

Wer die Gärung beschleunigen möchte, kann eine Weinhefekultur zufügen, nachdem der Saft gewonnen worden ist. Diese Hefekultur arbeitet sicherer als die Wildhefe, die vielleicht nicht ganz ausreicht. Einen süßeren Most erhält man, wenn man ihn während der Gärung vom Bodensatz abhebt (mit einem Schlauch, so daß der Bodensatz nicht aufgewirbelt wird) und etwa 3 kg Zucker auf 50 l Most zugibt. Nach einer weiteren Woche der Gärung wird der Most erneut abgehoben. Wenn man ihn auf Flaschen ziehen möchte und er perlt stark, füllt man zunächst probeweise eine kleine Menge ein. Du machst eine Flasche mit Schraubverschluß halb voll, verschließt sie und bringst sie an einen warmen Platz. Nach 6 Stunden wird sie wieder geöffnet. Wenn sie mit Gas gefüllt ist und sich ein schwerer Bodensatz gebildet hat, ist der Most noch nicht reif für die Flaschenlagerung. Erst wenn keine nennenswerten Ablagerungen mehr da sind und das Gas nur mit einem schwachen Hauch entweicht, kann man den Most sicher in Flaschen füllen.

Essig

Essig ist Wein, Bier oder Most, bei dem sich durch Einwirkung bestimmter Bakterien der Alkohol in Essigsäure verwandelt hat. Diese können sich nur bei vorhandenem Sauerstoff entwickeln, daher kannst du auch verhindern, daß Wein, Bier oder Most zu Essig wird, wenn du die Sauerstoffzufuhr unterbindest. Hefe produziert in großen Mengen Kohlendioxyd, das die Luft von den Gärgefäßen verdrängt. Aber Hefe kann nur bei einem bestimmten und nicht zu hohen Alkoholgehalt wirksam sein. So endet der Gärprozeß, wenn so viel Zucker in Alkohol verwandelt wurde, was die Hefe abtötet oder hemmt. Sie gräbt sich also durch ihre Aktivität ihr eigenes Grab. In diesem Augenblick wird der Essig-Bazillus (Acetobacter) aktiv, und die Getränke brauchen einen wirksamen Schutz gegen Lufteinwirkung und Bakterienbefall.

Wenn du jedoch aus Wein, Bier oder Most Essig machen möchtest, mußt du die betreffende Flüssigkeit der Luft aussetzen. In einem offenen Behälter verwandelt sie sich innerhalb von einigen Wochen in Essig. Besser ist es jedoch, den Prozeß zu beschleunigen, da Umweltgerüche den Geschmack beeinträchtigen und sich schädliche Bakterien ausbreiten können. Mit Buchenspänen geht das sehr gut. Die Verwendung von Buche ist üblich, du kannst aber auch Späne von anderen Holzarten nehmen, nur sehr harziges Holz ist ungeeignet. Sie werden in einem Faß in gutem Essig der gewünschten Geschmacksrichtung eingeweicht. Darüber kommt ein mit Löchern versehenes Brett, durch das die Flüssigkeit auf die Späne gegossen wird. Die Löcher sollen nur Nadelöhrgröße haben, so daß sie nur langsam auf die Späne tropft, durch diese hindurchsickert und die ganze Zeit über sowohl der Luft wie auch den Essigbakterien ausgesetzt ist. Am Boden des Behälters ist ein offener Auslaufhahn.

Essig machen

Zunächst in einem Faß Buchenspäne in Essig der gewünschten Sorte einweichen. Eine Holzplatte mit nadelöhrgroßen Löchern auf die Späne in das Faß legen. Den Alkohol auf die Platte gießen. Er sickert langsam durch die Späne und ist dabei sowohl der Luft wie auch den Essig bildenden Bazillen ausgesetzt. Die Flüssigkeit verwandelt sich, nachdem sie eine Woche in einem offenen Behälter gestanden hat, in Essig.

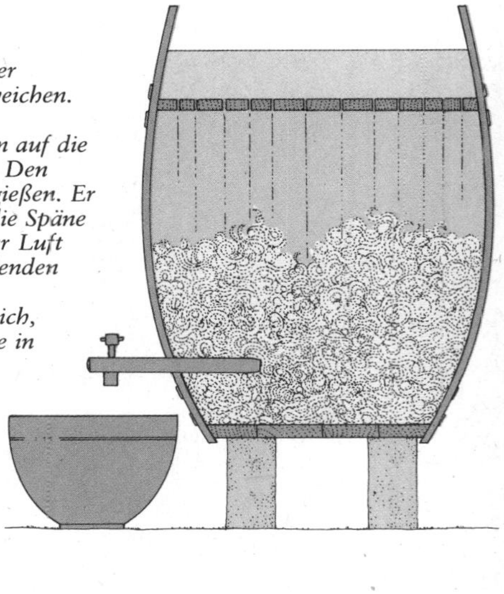

Nahrung aus der Natur

„Man kann mit einem Wurm fischen,
der sich vom König ernährt hat,
und man ißt den Fisch,
der diesen Wurm fraß.“

Shakespeare

Wild

Die Aufgabe des Menschen in der Natur besteht im Bewahren und Schützen und nicht im Plündern und Ausrauben. Er hat nicht das Recht, andere Lebewesen einfach zum Vergnügen und aus Freude an der Jagd zu töten oder gar eine Tiergattung – ganz gleich, um welche es sich handelt – so zu dezimieren, daß sie praktisch ausgerottet wird. Ihm ist aber sehr wohl eine Rolle bei der Aufrechterhaltung des Gleichgewichts in der Natur zugeteilt.
Erfüllt er diese Aufgabe, erschließt er sich außerdem eine Quelle besonders wertvoller Nahrungsmittel und schützt seine Kulturflächen.
Darüber hinaus muß er sich aber auch seiner Verantwortung bei der Ausführung bewußt sein. Ein Tier nur zu verwunden und nicht sofort zu töten, ist unentschuldbar. Kein Jäger darf schießen, ehe er nicht ganz sicher ist, daß er das Wild tödlich trifft. Im übrigen sind natürlich Jagdschein und Jagdprüfung erforderlich.

Waffen

Eine Schrotflinte hat einen dünnwandigen, glatten Lauf, aus dem Schrotpatronen verschossen werden. Diese sind mit kleinen Bleikügelchen – dem Schrot – gefüllt. Bei der traditionellen Schrotherstellung wird flüssiges Blei von einem hohen Turm durch ein Sieb gegossen. Während des Falls werden die Bleitropfen kugelförmig, härten in der Luft aus und landen am Fuße des Turms in Wasser, damit sie durch den Aufprall nicht deformiert werden. Durch Sieben werden die verschiedenen Kugelgrößen ausgesondert.
Schrotflinten werden nach ihrem „Kaliber" eingeteilt. Im Gegensatz zur Büchse stimmt bei der Flinte die Kaliberbezeichnung nicht mit dem Durchmesser des Laufes oder der Kugel überein. Häufig benutzt wird Kaliber 16. Flinten sind leicht und handlich, aber man muß ein guter Schütze sein, wenn man sie benutzt. Flinten mit Zehner- und Achter-Bohrungen sind schwere Gewehre, die für die Jagd auf Wildgeflügel, besonders Wildgänse und Wildenten, benutzt werden. Kaliber vier gibt es heute kaum noch. Es ist ein sehr schweres Gewehr, und man schoß damit hauptsächlich auf die großen Vogelschwärme an den Flußmündungen.
In Europa sind Flinten mit zwei Läufen – Doppelflinten – üblich; in Amerika werden halbautomatische Gasdruckflinten bevorzugt oder sogar völlig selbstladende „automatics". Es hängt davon ab, was im Moment gerade als „sportlich" bezeichnet wird. Die Patronen sind mit Nitro-Pulver geladen, das rauchlos und zuverlässig ist. Es gibt Schützen, die die Messingkappen ihrer Patronen selbst laden (ein entsprechendes Gerät kann man im Waffengeschäft ausborgen) und dadurch viel Geld sparen. Neuerdings werden die Patronen durch ein mit Quecksilber-Explosionsstoff gefülltes Zündhütchen, das in das untere Ende der Patrone gedrückt wird, gezündet.
Bei den alten Vorderladern – recht brauchbare Gewehre, bei denen nur das Laden etwas länger dauerte – wurde ein Zündhütchen in eine Öffnung am hinteren Ende des Laufs gesteckt und mit einem Hammer gezündet. Das war das sogenannte Perkussionsschloß. Vor seiner Erfindung hatten die Gewehre Feuersteinschlösser. Ein an einem Bolzen befestigter Feuerstein rieb über eine Stahlfläche und erzeugte Funken, die auf das in eine kleine Pfanne gestreute Schießpulver fielen, wodurch sich auch die im Rohr befindliche Ladung entzündete. Bei diesen Gewehren gab es immer Verzögerungen und eine gewisse Unsicherheit, ob der Schuß überhaupt losgehen wird. Aber Vorderlader können sehr wirksame Waffen sein und kommen vielleicht eines Tages wieder in Mode. Mit einer Schrotflinte kann man auch Kugeln abschießen, dabei ist es selbstverständlich, daß die Kugel keinen größeren Durchmesser als die engste Stelle des Laufs haben darf, denn sonst wird nicht die Beute, sondern der Schütze getötet. Eine aus einem Flintenlauf abgeschossene Kugel verfehlt bei größerer Distanz leicht ihr Ziel. Um Feuerwaffen eine bessere Treffsicherheit zu geben, ist es notwendig, die Geschosse in eine Drehbewegung zu versetzen, um alle vorhandenen Ungleichmäßigkeiten aufzuheben: dies ist bei Büchsen der Fall. Vorderladerbüchsen sind wohl denkbar, aber das Laden wird sehr viel Zeit beanspruchen.
Büchsen haben einen gezogenen Lauf, das heißt, daß im Lauf spiralförmige Rillen eingeschnitten sind. Die Kugeln sind aus weichem Metall oder mit weichem Metall überzogen. Wenn eine Kugel aus der Gewehrkammer in den Lauf gejagt wird, paßt sich das weiche Metall dem Lauf der Spiralen an, und sie wird in eine Drehbewegung versetzt. Ohne diese würde die Kugel nicht korrekt fliegen, sondern nach der einen oder anderen Seite abweichen. Bei Schußwaffen mit gezogenem Lauf wird das Kaliber nach der Spiralenweite berechnet. Büchsen mit dem Kaliber 5,7 mm sind auf der ganzen Welt üblich und eignen sich hervorragend für kleines Wild wie Kaninchen, Hasen, Schmalrehe und Böcke, auch Vögel und Raubwild wie Füchse. Die Munition ist billig, leicht und klein, und die Büchse ist auch auf weitere Entfernungen recht wirksam.
Für größeres Wild ist auch ein größeres Kaliber zu empfehlen, z. B. sieben Millimeter (die 7-mm-Mauser war meiner Überzeugung nach schon immer die beste Jagdbüchse der Welt; die 6,5-mm-Manlicher ist von der Ballistik her genausogut, hat aber ein fürchterliches Magazin).

Kaninchen

Wildkaninchen wurden in Europa durch Myxomatose dezimiert, eine Krankheit, die ursprünglich von Amerika kam. Dort tritt sie häufig als Seuche auf, richtet aber bei den heimischen Kaninchen wenig Schaden an, während die europäischen dagegen nicht resistent sind. Deshalb sollten sie im Augenblick geschont werden. Sobald sie sich wieder vermehren, müssen sie allerdings unter strenger Kontrolle gehalten werden, damit sie nicht wieder wie früher zu einer alles bedrohenden Plage werden. Damals konnte kein Förster einen Baum pflanzen, ohne daß ungeheure Unkosten durch

Hasen und Kaninchen

Kaninchen sollten ihren festen Platz im Speisezettel des Selbstversorgers haben. Hasen sind schwieriger zu bekommen, geben aber eine wunderbare Wintermahlzeit.

Hirsch

Wo Hirsche nicht geschützt sind, bilden sie das beliebteste Wild, und der Jäger kann wochenlang davon leben.

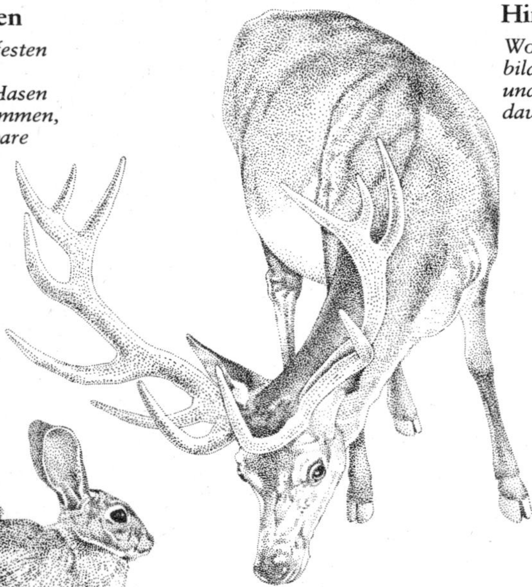

Wildgeflügel

Viele der kleineren Wildvögel sind jetzt geschützt, aber ein genügsamer Mensch kann seinen Speisezettel immer noch mit Wildente, gebratenem Fasan oder einem festlichen Gänsebraten bereichern.

die Kaninchenbekämpfung und das Errichten von Kaninchen-Schutzzäunen entstanden, und in manchen Gebieten landete ein Viertel aller angebauten Feldfrüchte in den Kaninchenmägen. Trotz alledem geben sie aber einen guten Braten.

Die humanste Art, ein Kaninchen zu erlegen (ebenso wie andere Kleintiere und Vögel), ist das Erschießen mit der Flinte oder der 5,7-mm-Büchse. Am besten schreckt man die Tiere früh morgens auf oder setzt die 5,7 mm auf sie an. Die Arbeit mit dem Langnetz ist wahrscheinlich die zweitbeste Methode der Kaninchenjagd. Sie ist human, leise, billig und sehr wirksam, wenn sie richtig betrieben wird. Bei passender Gelegenheit wird das Netz am Tage zwischen dem Weidegrund und dem Bau der Kaninchen aufgestellt. Auf dem Kaninchenpfad wird es mit einem losen Strick zunächst bodenfrei gehalten, so daß die Kaninchen darunter durchlaufen können. Danach muß das Seil leicht gelöst werden können, damit das Netz auf dem Boden aufsitzt. In der Nacht, wenn die Kaninchen ihren Bau verlassen und ihren Futterplatz aufgesucht haben, geht man am Netz entlang und läßt es zu Boden gleiten. Ein Jagdgefährte schreckt die Tiere durch Geräusche von der anderen Seite her auf. Sie flüchten in Richtung auf ihren Bau, laufen in das Netz und verfangen sich. Man kann sie mit Leichtigkeit greifen und töten.

Abgerichtete Frettchen eignen sich auch sehr gut zur Kaninchenjagd. Du hältst sie in Käfigen, die regelmäßig gesäubert werden müssen. Sie erhalten nur wenig frisches Fleisch. Du mußt dich aber viel mit ihnen abgeben, damit sie wirklich zahm werden, und du mußt dich dabei ruhig und gleichmäßig bewegen, denn bei zu hastigen Bewegungen beißen sie manchmal in die Hand.

Die Frettchen werden frei abgerichtet, aber auch an einer Leine oder mit einem Glöckchen. Zur Jagd werden nur unbedingt zuverlässige Tiere eingesetzt. Ein unzuverlässiges Frettchen tötet das Kaninchen unter Umständen im Bau und kommt nicht wieder heraus. Ein angeleintes Tier trägt ein Halsband mit einer langen Leine. Eine Leine kann sich aber im Kaninchenbau an einer Baumwurzel verfangen, und dann mußt du lange graben, bis du das Tier wieder befreit hast. Wir lassen unsere Frettchen meistens frei arbeiten, halten aber ein angeleintes in Reserve. Wenn das erste nicht wieder herauskommt, schicken wir das angeleinte nach und graben an der Leine entlang, bis wir das verlorene gefunden haben. Ein Glöckchen hat den Vorteil, daß die gewarnten Kaninchen aus dem Bau getrieben und nicht getötet werden.

Es gibt aber auch noch andere Mittel und Wege, ein verlorengegangenes Tierchen wieder einzufangen. Am besten

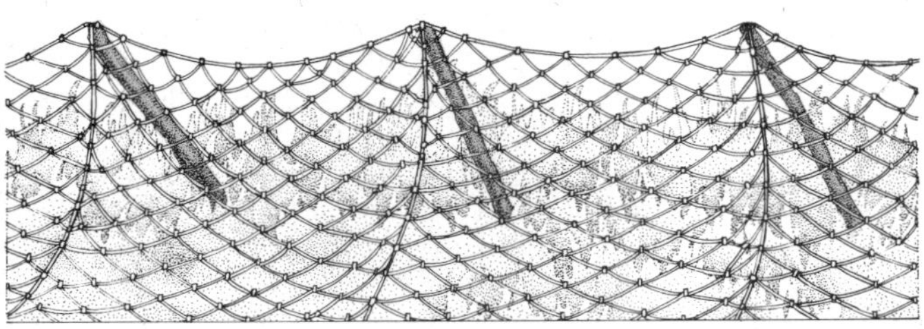

Das Langnetz

Das Langnetz wird zwischen dem Kaninchenbau und dem Weidegrund aufgestellt. Es wird zunächst hochgebunden und die Halteschnüre erst gelockert, wenn die Kaninchen fressen. Dann werden sie gegen das Netz getrieben, in dem sie sich verfangen.

Kaninchen ausbalgen

Nach dem Töten wird das Kaninchen für die Küche vorbereitet. Es wird vor dem Ausbalgen ausgenommen, d. h. die Eingeweide werden entfernt. Die Haut löst sich sehr leicht vom Fleisch. Meistens muß ein anfänglicher Widerwille überwunden werden, aber meistens hilft der Gedanke an den späteren leckeren Braten.

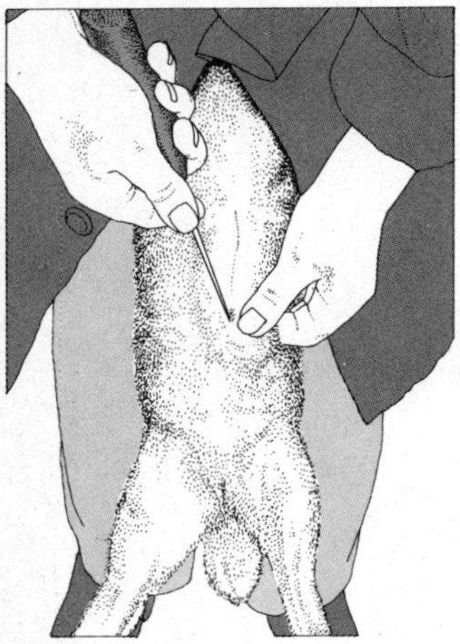

Den Kaninchenkopf zwischen die Knie klemmen, so daß der Schwanz herunterhängt und die Bauchseite sichtbar ist. Ein Loch in die Bauchdecke schneiden.

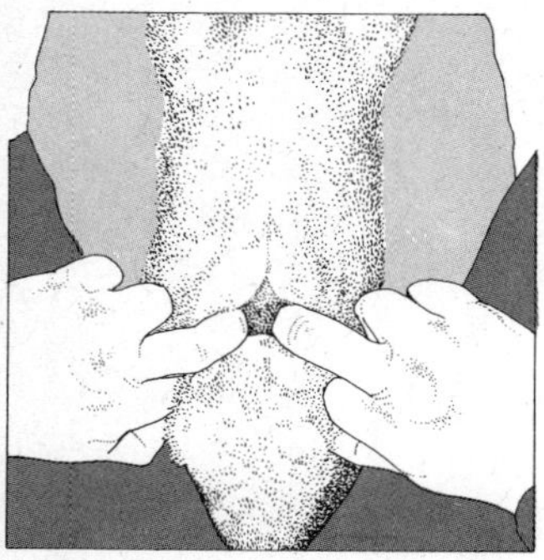

Die Haut an der Schnittstelle mit zwei Fingern auseinanderziehen.

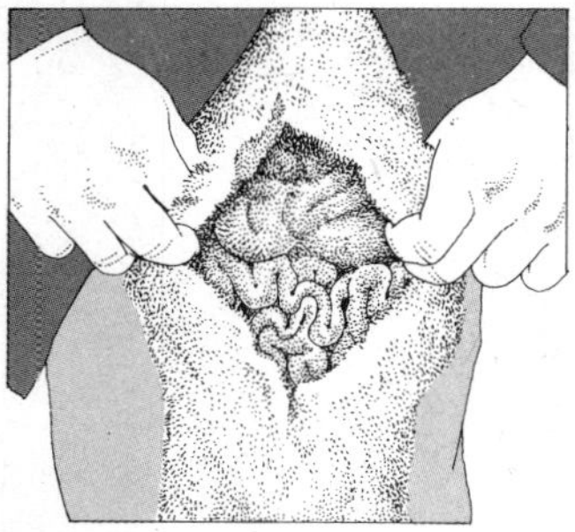

Die Bauchhöhle aufreißen und die Eingeweide herausnehmen. Damit ist das „Ausweiden“ fertig.

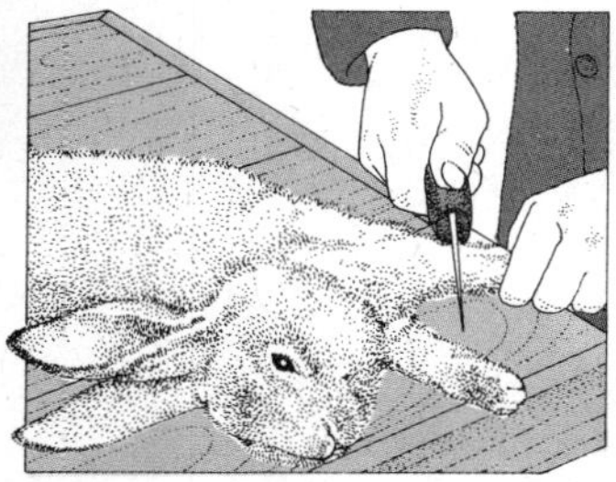

Mit einem scharfen Messer alle Pfoten abtrennen.

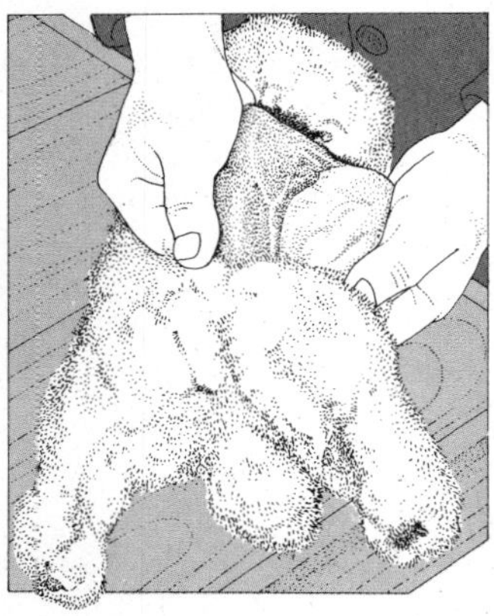

Den „Balg“ (Haut mit Fell) von den Bauchlappen abziehen.

Haut und Fell umstülpen, so daß zuerst ein und dann auch der andere Hinterlauf herausgezogen werden kann.

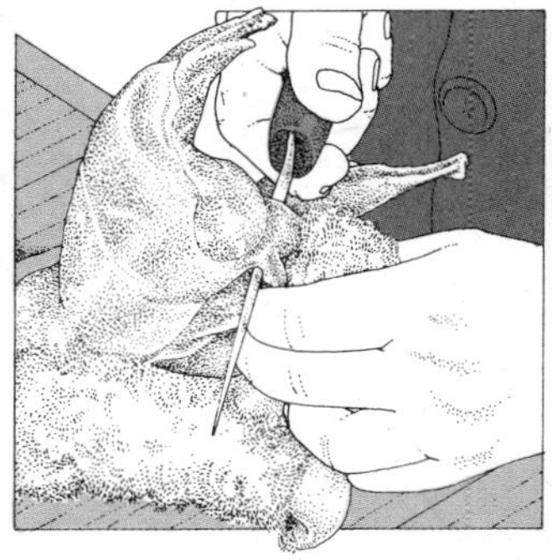

Die Hinterpartie ist jetzt aus dem Fell gelöst, und der Schwanz kann abgeschnitten werden.

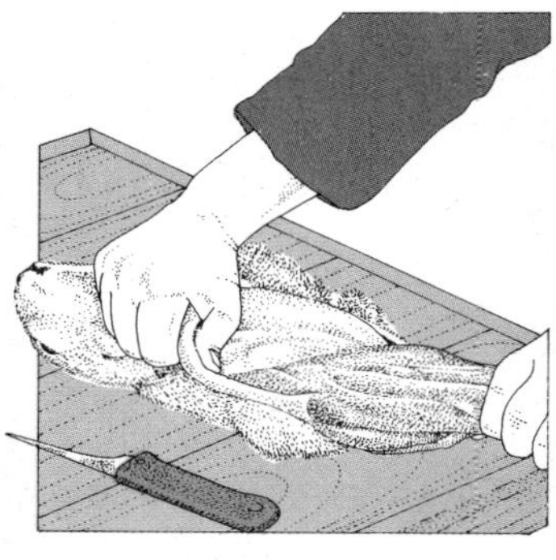

Die Hinterläufe mit einer Hand festhalten und mit der anderen das Fell in Richtung auf die Vorderläufe abziehen.

Die Vorderläufe aus dem Balg ziehen und die Sehnen durchtrennen.

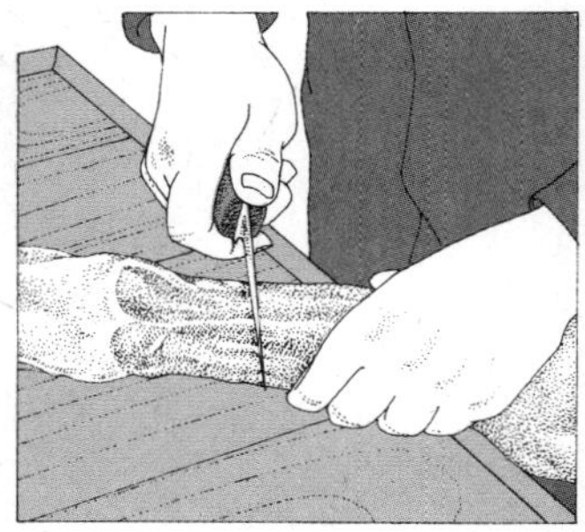

Das Fell über den Kopf ziehen und diesen abschneiden.

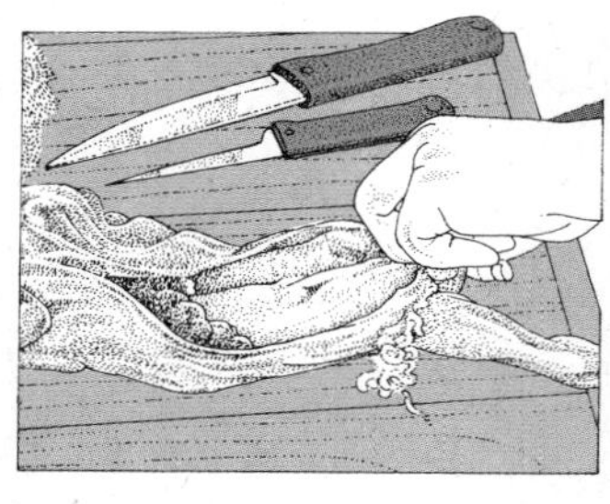

Die Hinterläufe auseinanderdrükken und den Analgang entfernen. Dann mit dem Messer Herz und Lungen aus der Brusthöhle lösen. Bei der Leber darf das Entfernen der Galle nicht vergessen werden.

eignet sich eine Käfigfalle, in die ein totes Kaninchen als Köder gelegt wird. Sobald das Frettchen in die Falle gegangen ist, schlägt die Klappe zu, und das Tier kann sich nicht mehr befreien, ist aber unverletzt. Mit einigem Geschick kann man solche Käfige leicht selbst herstellen.

Die von einem Frettchen aus dem Bau getriebenen Kaninchen fängst du in einem Beutelnetz. Die sackförmig geknüpften Netze werden an den Öffnungen des Baus befestigt. Natürlich kann man die Tiere auch mit der Schrotflinte erlegen. Das hat aber den Nachteil, daß die noch im Bau befindlichen durch den Knall gewarnt werden und sich verkriechen. Deshalb sind die Netze bei weitem besser. Eine große Bauanlage kann auch mit Langnetzen umstellt werden. Die ausgetriebenen Kaninchen werden dann von Hunden in die Netze gejagt.

Die gefangenen Kaninchen schlachtest du, wie das bereits auf S. 123 beschrieben wurde. Die Tiere werden nach Möglichkeit sofort ausgenommen. Ein erfahrener Jäger braucht dazu nicht einmal ein Messer: er benutzt die scharfe Kralle der Kaninchenpfote.

Hasen

Der erlegte Hase muß mindestens eine Woche abhängen, denn Hasen gehören – im Gegensatz zu Kaninchen – zum Wild. Erst nach dem Abhängen wird er ausgenommen und das Fell abgezogen. Das ist wegen des widerlichen Geruchs bestimmt keine schöne Arbeit, aber sie lohnt sich, denn die Qualität des Bratens entschädigt reichlich.

Wildgeflügel

Eine brütende Henne zu jagen, ist wirklich unentschuldbar. Sollte es trotzdem einmal ungewollt geschehen, ist es eine Selbstverständlichkeit, daß du die Eier mitnimmst und einer Bruthenne unterschiebst. Einer Glucke ist es anscheinend egal, auf was für Eiern sie sitzt, wenn sie einmal brütet.
Tauben jagst du am besten mit Lockvögeln, d. h. mit Taubennachahmungen. Diese setzt du an einen Platz, wo es Taubenfutter gibt, z. B. unter eine Eiche, wo der Boden mit Eicheln bedeckt ist. Auch Salat und Kohl locken Tauben an. Dann verbirgst du dich in der Nähe – Tauben haben sehr gute Augen – und schießt sie beim Landen. Als Lockvögel können auch erlegte Tiere dienen, die du in Astgabeln setzt, und zwar immer in Windrichtung.
Auch bei Wildenten kann man mit dieser Methode arbeiten. Eine gebratene Wildente ist etwas Köstliches. Sie muß aber, im Gegensatz zur Hausente, wie Wild behandelt werden und erst abhängen. Wildgänse habe ich nicht mehr erlegt, nachdem ich herausfand, daß ein Paar ein Leben lang zusammenbleibt. Die meisten anderen Wildgeflügel sind ausgesprochene Delikatessen, aber heute fast alle geschützt.

Hochwild

Für eine humane Tötung ist die Büchse die einzig mögliche Waffe, außer man ist ein Meisterschütze mit der Armbrust oder mit Pfeil und Bogen. Sehr wirksam jagt man Rehe und Hirsche mit dem „balala-Licht“. Ein „balala-Licht“ (das Wort ist afrikanisch) ist eine Lampe mit einer sehr starken Birne. Sie wird auf die Stirn geschnallt, die Batterie trägt man am Gürtel. Sie beleuchtet sowohl die Beute wie auch den Gewehrlauf. Der Vorteil der Nachtjagd besteht darin, daß das Wild gewöhnlich friedlich äst und keine Gefahr erwartet, so daß man ganz nahe herankommen kann; auch scheint ein Fehlschuß völlig unmöglich, wenn man am Lichtstrahl entlangschießt. Auf jeden Fall hat man eine sehr kurze Schußentfernung. In vielen Ländern verstößt diese Jagdmethode jedoch gegen das Gesetz, und solange Jagen als „Sport“ angesehen wird, wird sich daran auch nichts ändern. Erst wenn sich diese Einstellung wandelt und Jagen als „Arbeit“ gewertet wird, als eine legale Art der Fleischbeschaffung, dann werden auch solche Gesetze geändert werden. Wer bei Tageslicht jagen will, muß sich ganz geräuschlos und möglichst unter dem Wind an das Wild heranpirschen. Du mußt ruhig und bedächtig vorgehen, darfst nicht außer Atem geraten, nicht husten oder niesen und alles aufmerksam beobachten. Vor allem mußt du aber das Wild sehen, bevor es dich entdeckt. Hirsche und Wildschweine schießt du am besten von einem Hochsitz oder Baum aus, in der Nähe einer Wasser- oder Futterstelle. Wurde ein Tier nur angeschossen, solltest du auf jeden Fall erstmal eine halbe Stunde verstreichen lassen, ehe du der Blutspur folgst. Andernfalls flüchtet das erregte Tier, das jetzt natürlich besonders empfindlich ist, erneut, ehe du es überhaupt zu Gesicht bekommst. Fühlt es sich aber nicht verfolgt, dann wird es sich wahrscheinlich legen, durch den ständigen Blutverlust steif werden und möglicherweise sogar einschlafen. Jetzt kannst du dich unbemerkt nähern, und die Chance, einen Fangschuß anzubringen, ist weitaus größer.

Das Abhängen des Wildes

Das meiste Wild muß „abhängen“, das heißt: vor der Zubereitung eine gewisse Zeit in einer kühlen, luftigen Speisekammer hängen. Wildgeflügel wird im Gegensatz zum Hausgeflügel am Hals aufgehängt. So vermeidet man, daß die Innereien gegen das Brustfleisch gedrückt werden, denn die Vögel werden nicht sofort ausgenommen. Im Winter kann in kalten Gegenden ein Fasan oder eine Wildente durchaus 10 Tage in der Speisekammer bleiben. Erst dann werden sie gerupft und ausgenommen. Im Federkleid aufgehängte wilde Vögel sehen prächtig aus, wenn sie aber für die Küche bestimmt sind, empfiehlt sich vielleicht doch das sofortige Rupfen, denn die Federn gehen viel leichter heraus, solange der Körper noch warm ist.

Fisch und Meeresfrüchte

Der Selbstversorger muß jede Gelegenheit zur Bereicherung seines Speisezettels nutzen, und Fisch sollte einen Sonderplatz in der gesunden, abwechslungsreichen, natürlichen Ernährung einnehmen. Die von mir beschriebenen Fangmethoden sind wahrscheinlich nicht in allen Ländern erlaubt, sie sollten es aber meiner Ansicht nach sein.

Süßwasserfische

Forelle Es gibt viele Menschen, die Forellen mit den bloßen Händen fangen können, indem sie sie „kitzeln". Man lehnt sich dazu über das Ufer und taucht die Hand langsam in eine darunter liegende Höhlung, wobei man die Finger leicht hin und her bewegt. Fühlst du nun mit den Fingerspitzen einen Fisch, dann streichelst du ihm etwa eine Minute lang sanft den Bauch, dann greifst du schnell zu und wirfst ihn aufs Ufer. Eine andere Methode ist das „Tasten". Dabei watet man in flachen Gewässern gegen den Strom, tastet jede Höhlung ab und greift unter jeden Stein. Die Fische werden sofort gepackt und herausgeworfen. Dabei läuft man allerdings Gefahr, von einem Aal gebissen zu werden.

Hecht Als ich ein Junge war, wurden Hechte in Ostengland häufig mit der Schlinge gefangen. Diese hängt an einem Stock. Sieht man nun einen großen Hecht im Wasser stehen, senkt man die Drahtschlinge vorsichtig vor ihm ins Wasser und läßt sie langsam bis zu seinem Schwerpunkt über ihn gleiten. Dann zieht man ihn mit einem Ruck heraus. Die Bewegung erfolgt mit der Strömungsrichtung.

Lachs Lachse kannst du mit einem Fischhaken an Land ziehen. Du mußt sie allerdings zunächst ausfindig machen, meistens ruhen sie in einer Bucht oder unter überhängenden Bäumen. Du nimmst einen großen Dorschhaken, schneidest vom nächsten Busch eine Rute ab und befestigst ihn daran. An die Öse des Hakens bindest du eine dünne Schnur, deren anderes Ende um das Handgelenk geschlungen wird. Jetzt schlägst du mit der Rute den Haken in den Fisch und läßt sie anschließend sofort los. Der Fisch schießt davon, die Rute fällt ab, und du holst ihn an der Leine ein. Bei dem Versuch, den Fisch mit der Rute herauszuholen, landet man leicht im Wasser.

Aal Aale fängt man in Reusen oder Aalkörben. Das sind kegelförmige oder quadratische Körbe aus Weidenruten oder aus auf Rahmen gespanntem Maschendraht oder Fischnetze mit einem kleinen Eingangstrichter, wie ein sehr kleiner Hummerkorb. Diese Reuse wird mit einem Köder aus frischem Fisch oder Fleisch versehen. Es stimmt nicht, daß Aale verdorbenen Fisch vorziehen. Füllt man frisches Fleisch oder frische Hühner-Innereien zusammen mit einigen Steinen in einen Jutesack, den man gut zugebunden ins Wasser legt, kann man damit Aale anlocken.
„Pöddern" ist eine gute Aalfangmethode. Hier wird eine größere Anzahl Tauwürmer mit Hilfe einer Stopfnadel auf einen groben Wollfaden gezogen und zu einem etwa faustgroßen Knäuel zusammengewickelt, das dann an einen Bindfaden geknüpft wird. Der Bindfaden wird an einem Stock befestigt und das Knäuel in flachem Wasser ausgelegt. Nach einer Weile holt man den „Pödder" wieder ein und findet hoffentlich Aale daran, die sich mit den Zähnen in der Wolle verhakt haben. Dann ziehst du das Knäuel ins Trokkene und schüttelst die Aale ab.
Das übliche Angeln mit Angelrute und Schnur habe ich hier nicht behandelt, weil es in erster Linie als Sport und nicht als Nahrungserwerb betrieben wird. Aber unsere Binnengewässer sollten als Fischwasser bewirtschaftet werden, so wie die Erde durch Feldbau und Tierhaltung.
Fische sollten in die Gewässer eingesetzt, gepflegt und „geerntet" und als gute Nahrungsquelle betrachtet werden. Die Fischzucht wird noch besonders auf S. 246 behandelt.

Seefisch

Freiwasserfischfang

Ein Fischer unterscheidet zwischen Freiwasser- und Bodenfischen. Die erste Gruppe schwimmt frei im Wasser und sind vom Meeresgrund unabhängig. Bodenfische halten sich fast nur dort auf. Selbstverständlich sind auch die Fangmethoden für beide Gruppen verschieden.

Haken und Paternoster Es ist durchaus möglich, mit dem Haken in einigen Stunden 100 Pfund Freiwasserfische zu fangen. Besonders bei Makrelen kann diese Methode sehr erfolgreich sein, wenn diese traditionell auch meistens mit dem Fetzen geangelt wurden. Dann entwickelte jemand das „Paternoster". Bei dieser neuen Erfindung werden bis zu einem Dutzend Haken mit kurzen Mundschnüren an der mit einem Bleigewicht beschwerten Hauptleine befestigt. Jeder wird mit einer weißen oder bunten Feder verkleidet (weiße Plastikstücke oder glänzendes Blech tun es auch). Man läßt das Gerät vom stehenden Boot ins Wasser, stellt fest, in welcher Tiefe die Fische beißen und bewegt das Paternoster auf und ab.
Oft deckt der Fang eines einzigen Tages, gut eingesalzen, den ganzen Jahresbedarf.

Treibnetz Heringe können nicht geangelt werden. Im Gegensatz zu den Makrelen leben sie nicht von Fischen, sondern von den Kleinlebewesen im Plankton, ihr Maul ist für Angelhaken zu klein. So werden sie gewöhnlich mit dem Treibnetz gefangen. Dieses feinmaschige Netz hängt von der Schwimmleine, eine mit Korken oder Plastikschwimmern bestückte Leine, senkrecht im Wasser. Mit Hilfe längerer oder kürzerer Aufhänger kann es in jede gewünschte Tiefe gebracht werden. Das ganze Netz muß einen Auftrieb haben. Nachts gehen mehr Heringe ins Netz als am Tage, und eine klare Nacht ist die beste Zeit für den Heringsfang. Das Treibnetz wird vom Boot aus ausgeworfen (d. h. ins Wasser gelassen) und die Schwimmleine am Bootsende befestigt. Etwa ein bis zwei Stunden treibt das Boot, das Netz im Schlepp, mit der Flut. Von Zeit zu Zeit wird die Schwimmleine abgehängt und das Boot am Netz entlanggetrieben, um durch Aufheben an verschiedenen Stellen zu kontrollieren, ob schon Fische darin sind. Sollte es auf einer Sandbank schleifen, muß es eingezogen werden. Die gefangenen Fische werden nicht einzeln befreit, sondern mit dem Netz in das Boot gezogen. Am Ufer werden die Heringe auf eine ausgebreitete Segeltuchplane geschüttelt. Mit dem Treibnetz kann – bei richtiger Maschengröße – jeder Freiwasserfisch gefangen werden: Makrelen, Sprotten, Sardinen, Lachs, Seeforellen und viele andere Fische.

Bodenfischfang

Schleppnetz Bodenfische werden mit dem Schleppnetz gefangen. Es gibt zwei Grundtypen: Das Stangenschleppnetz und das Scherbrettschleppnetz (Kurre). Bei dem ersten handelt es sich um ein Beutelnetz, das durch eine an zwei Schlittenkufen ähnlichen Schienen befestigte Stange offengehalten wird. Wahrscheinlich ist es für den Selbstversorger mit seinem kleinen Boot am besten, denn es läßt sich sogar mit dem Segelboot ziehen, besonders wenn man mit der Strömung segelt. Oft bewegt es sogar die Gezeitenströmung ausreichend. Auf jeden Fall müssen die Netze immer mit der Strömung gehen, da die Fische gegen diese stehen. Du kannst mit einem engmaschigen Stangennetz sogar Krabben fangen.

Tangle-Netz (Bodennetz) Hierbei handelt es sich um eine Neuentwicklung, die durch die Erfindung sehr dünner, aber kräftiger Kunstfasern ermöglicht wurde. Das Netz ist leicht und weitmaschig und wird auf den Meeresgrund herabgelassen. Ein Teil wird mit einer tiefschwimmenden Korkleine hochgehalten, während der Rest einfach in einem großen Haufen auf dem Boden liegt. Alles, was auf dem Boden krabbelt oder dicht darüber schwimmt, verheddert sich hoffnungslos darin, und der Fischer hat dann die wenig erfreulich Arbeit, das Netz zu entwirren. Dies ist äußerst schwierig, und eine Beschädigung ist dabei kaum zu vermeiden. Es reißt meistens an vielen Stellen und muß anschließend wieder geflickt werden. Aber die Ausbeute ist groß, besonders auch an Krabben und Krebsen.

Küstentreibnetz Auch hier handelt es sich um ein großes Treibnetz. Das eine Ende bleibt am Strand, während das andere mit dem Boot im Halbkreis durch das Wasser und wieder zurück an den Strand gezogen wird. Dann werden beide Netzenden eingeholt und alle darin befindlichen Fische auf den Strand gezogen.

Haken, Schnüre und Senker

1 *Mehrkammerreuse, spezielle Hummerreuse* 2 *Pödder, ein Wurmknäuel für den Aalfang* 3 *Paternoster, Schnur mit Senkblei und mehreren Haken an Mundschnüren* 4 *Paternoster (Detail)*
5 *Bartloser Haken zum Entfernen der Fanghaken aus dem Fisch*
6 *Fetzen, Köder aus weißem Fischfleisch mit Haut* 7 *Haken mit Köderwurm* 8 *Drilling für den Hechtfang* 9 *Dorschhaken*
10 *Köderhaken, für Kliesche*

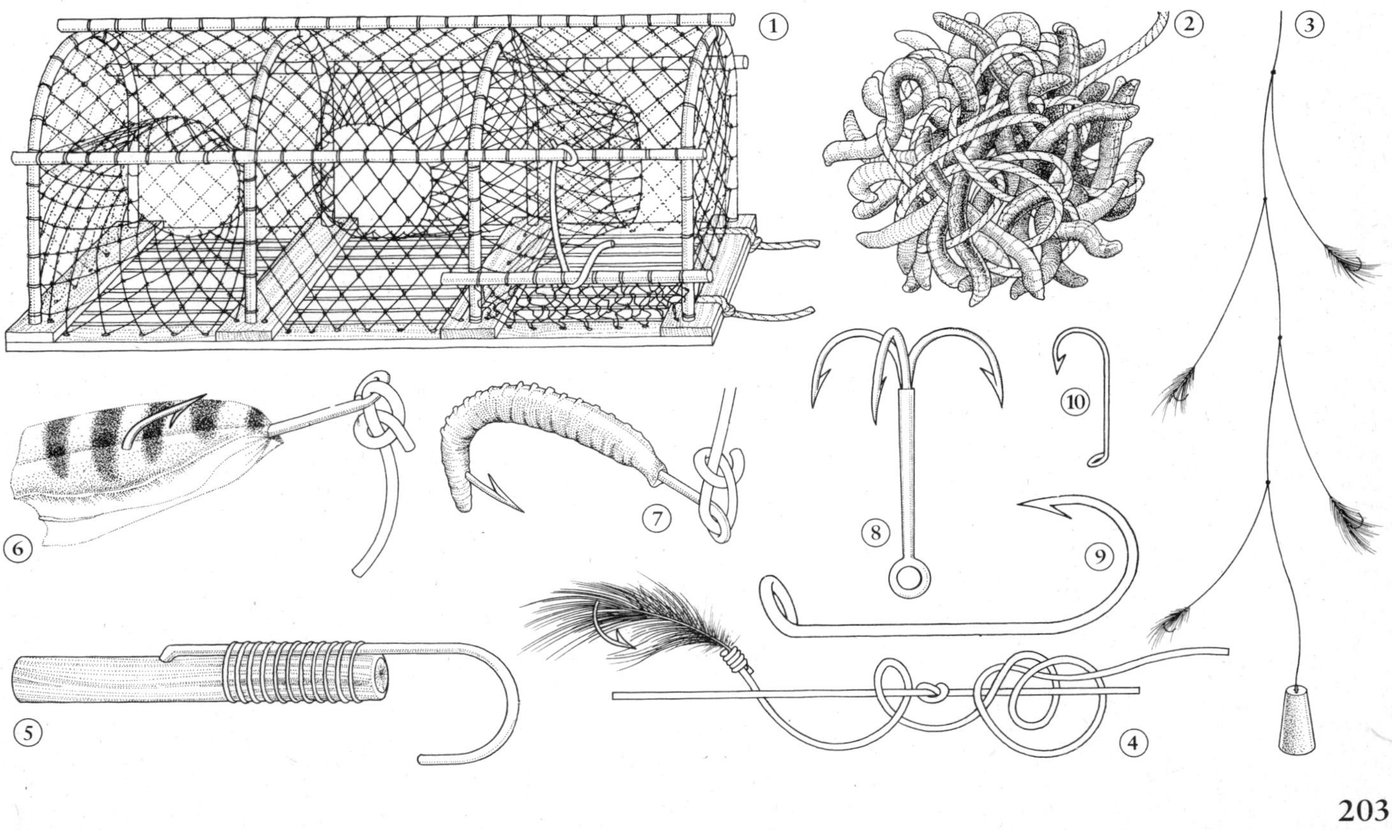

Nylon-Treibnetz Die Lachse, die aus dem Meer kommen und die Flüsse heraufschwimmen, können mit Nylon-Treibnetzen gefangen werden. Sie bestehen aus einfädigen, mattgrünen Fasern, sind sechs Maschen tief und haben eine Maschenweite von 13 cm für mittelgroße und 14 cm für größere Fische. Für Seeforellen beträgt sie 10 cm.

Langleine Sie wird vom Boot aus ausgelegt. Sie kann mit einer beliebigen Anzahl Haken bestückt werden, jeder hängt an einer Mundschnur und wird mit einem Köder versehen. Die Leine wird vorsichtig in einen Korb, eine Blechbüchse oder einen Plastikeimer abgewickelt und die Haken nach außen über den Rand gelegt, einer neben dem anderen. Dann wird jeder mit einem Köder versehen. Der Fischer treibt nun sein Boot in Leinenlänge gegen die Strömung, wirft den am Leinenende befestigten Anker über Bord, und während sich das Boot mit der Strömung dreht und zum Ausgangspunkt zurücktreibt, läuft die Leine ins Wasser. Dabei werden die Haken der Reihe nach über Bord geschleudert. Verheddert sie sich, wird sofort die ganze Leine losgelassen, denn bei dem Versuch, Haken zu lösen, bohrt man sich unweigerlich mindestens einen tief in die Hand. Ist die ganze Leine ausgelegt, werden der zweite Anker und eine Boje ausgebracht. Am nächsten Tag hebst du beides wieder ins Boot und holst die Leine ein, wobei du in der richtigen Geschwindigkeit mit Ruder, Motor oder Segel gegen die Strömung an ihr entlangfahren mußt.
Die Hakengröße richtet sich nach den Fischen, die gefangen werden sollen. Für Klieschen, Schollen usw. paßt z. B. Hakengröße 6–8, während für Conger oder große Dorsche 4/0–8/0 richtig sein dürfte.
Das Lösen der Haken aus dem Fischmaul ist nicht schwer, wenn man weiß, wie es gemacht wird. Benötigt wird dazu ein kleiner, an einem Griff befestigter Haken ohne Widerhaken. Dieser wird in den Angelhaken eingehängt, der dann mit einem Ruck herausgerissen wird. Dabei ziehst du die Mundschnur mit der anderen Hand straff, damit sich die beiden Haken nicht voneinander lösen können. Jeder sollte beim Fischfang oder Angeln einen „Priester" dabei haben (das ist ein Holzschlegel, gewöhnlich aus Kistenholz). Er wird so genannt, weil er die „letzte Handlung" vollzieht.

Angel Das Angeln von Bodenfischen ist nur unter gewissen Voraussetzungen sinnvoll.
Zu bestimmten Jahreszeiten gehen z. B. Wittlinge und Dorsche gut an den Haken; dann ist das Angeln mehr als nur ein Zeitvertreib. Am wenigsten Zeit verschwendet man, wenn man die Ortskundigen beobachtet und sich nach ihrem Tun richtet.

Die Meeresküste

Auch ohne Boot kann jeder von den Schätzen des Meeres profitieren. Schon am Ufer bieten sich viele Möglichkeiten, die verschiedensten eßbaren Seetiere zu sammeln. Natürlich ist derjenige, der einige Geräte mitnimmt, besser dafür ausgerüstet als ein gewöhnlicher Spaziergänger.
Zum Beispiel können Fische ohne Boot recht erfolgreich mit der Langleine gefangen werden. Dazu wird diese (siehe Beschreibung oben) bei Ebbe nahe am Wasser ausgelegt. Bei steigender Flut folgen die Bodenfische dem Wasser auf der Jagd nach den kleinen Strandtieren. Meistens gehen einige Fische an die Haken, aber höchstens an jeden zwanzigsten einer, wenn man Glück hat. Lohnen wird sich diese Art des Fischens nur, wenn man sehr viele Haken auslegt, 100 sind auf keinen Fall zuviel.
Die Langleine muß an jedem Ende mit einem schweren Gewicht gesichert werden und sollte in der Mitte an einer abzweigenden Leine eine Boje haben. So wird das Einholen erleichtert, denn die Flutlinie ist nicht jeden Tag an der gleichen Stelle. Etwa um die Zeit des Vollmonds und des Neumonds gibt es eine Springflut, bei der das Wasser sowohl höher steigt als auch weiter zurückweicht als bei der sogenannten Nippflut bei Viertelmond. Und auch die Springfluten sind nicht immer gleich, manche steigen sehr hoch, andere dagegen sind sehr schwach. So kann es durchaus passieren, daß die bei Ebbe an der Wasserlinie ausgelegte Leine nach Zurückweichen der nächsten Flut noch unter Wasser ist. Mit einer an einer Abzweigleine befestigten Boje ist sie auf jeden Fall immer gut zu finden.
Als Köder findet man beinahe an jedem Sandstrand den zuverlässigen „Köderwurm". Er wird bei flachem Wasser mit dem Spaten oder der Grabgabel ausgegraben. Der Köderwurm wirft einen kleinen, wurmförmigen Sandhügel auf. Er sitzt aber nicht darunter, sondern in einem kleinen, etwa 30 cm vom Sandhügel entfernten Loch. Mit einem schnellen Spatenstich an dieser Stelle erwischt man ihn.
Andere Köder sind Napfschnecken, Miesmuscheln, Herings- und Makrelenstücke, Krabbenfleisch und die Schwänze der Einsiedlerkrebse. Wenn Napfschnecken nicht überraschend mit einem Hammer vom Fels geschlagen werden, klammern sie sich so fest, daß sie nicht mehr heil abzulösen sind. Das Fleisch der Miesmuscheln ist sehr weich und wird deshalb von manchen Anglern mit einem Baumwollfaden am Haken befestigt.

Schalentiere

Miesmuscheln Sie werden möglichst tief unten vom Felsen gesammelt, am besten bei Niedrigwasser unter der Wasserlinie. Immer ist das allerdings nicht möglich. Auf jeden Fall müssen sie lebendig sein: lebende Muscheln sind fest verschlossen. Falls auch nur der geringste Verdacht besteht, daß das Wasser durch Abwässer verschmutzt ist, dürfen Muscheln auf keinen Fall gesammelt werden. Sie sind natürliche Filter, die alle Bakterien in sich aufnehmen. Deshalb ist auch die allgemeine Empfehlung, sie nur so lange zu kochen, bis sich ihre Schalen öffnen, äußerst gefährlich: Alle Muscheln sollten mindestens 20 Min. gekocht oder gedünstet werden, da sonst die Gefahr einer Lebensmittelvergiftung besteht. Nach dieser Kochzeit können sie ohne Bedenken gegessen werden.

Herzmuscheln Sie werden mit einem Stahlrechen aus dem Sand geharkt. Man lernt schnell, wo sie sich unter dem Sand verstecken, denn dieser wirkt dort grauer als die Umgebung. Einfacher ist es, die Muscheln auf noch flach mit Wasser bedeckten Sandbänken zu ernten.

Scheidenmuscheln Die Muschel verrät sich dadurch, daß sie Wasser aus dem Sandloch spritzt, in dem sie lebt, sobald man daneben auf den Boden tritt. Sie sitzt sehr nahe an der Wassergrenze, dort, wo der Sand nur bei tiefster Ebbe frei liegt. Wenn man rückwärts am Strand entlanggeht, sieht man nach jedem Schritt die kleinen Wasserfontänen hochsteigen. Am besten fängt man diese Muscheln mit dem „Muschelspeer", einem mit Widerhaken besetzten, spitzen Eisenstab. Er wird langsam in das Loch geführt, die Scheidenmuschel schließt sich darüber und wird herausgezogen.

Bei einer anderen Methode wird Salz in das Loch geschüttet. Dann kommt die Muschel heraus und kann gepackt werden.

Napfschnecken Wer sehr hungrig ist, verspeist sie roh (vorausgesetzt sie sind sauber), gekocht schmecken sie jedoch besser und ergeben eine recht gute Suppe.

Austern Sie sollten roh nur verzehrt werden, wenn sie nicht verschmutzt sind. Zum Öffnen nimmt man die Auster mit einem Tuch in die linke Hand und führt eine kurze, feste Schneide in das mit einem Gelenk versehene Ende.

Venusmuscheln Sie werden aus dem Sand gegraben, und in den USA bäckt man sie in einem Sandloch auf heißen Steinen.
Dazu wird ein Loch im Sand ausgehoben, große Steine hineingelegt und darauf 3–4 Stunden lang ein Feuer unterhalten. Dann breitet man etwas Seetang über die Steine und schichtet die Muscheln zusammen mit Mais darauf. Es folgt eine weitere Lage Seetang, dann wird alles leicht mit Meerwasser bespritzt und mit einer Persenning abgedeckt. Das Ganze wird in der Hitze, die die Steine ausstrahlen, so lange gedünstet, bis sich die Venusmuscheln öffnen.

Pflanzen und Tiere der Meeresküste

1 *Scheidenmuschel* 2 *Wellhornschnecke* 3 *Napfschnecke* 4 *Eßbare Herzmuschel* 5 *Auster* 6 *Miesmuschel* 7 *Uferschnecken* 8 *Eßbarer Krebs* 9 *Hummer* 10 *Braune Krabbe* 11 *Purpurlattich* 12 *Meersalat* 13 *Hauttang*

Uferschnecken Sie sind bei Ebbe in kleinen Felstümpeln zu finden. Sie werden 1/4 Stunde in Wasser gekocht, mit einer Nadel herausgeholt, mit Essig bespritzt und mit Brot und Butter verzehrt.

Wellhornschnecken Sie leben in tiefem Wasser und werden wie Krebse in Reusen, die allerdings kleiner sind, gefangen. Salzheringe oder Makrelen eignen sich gut als Köder. Du mußt sie etwa 1/2 Stunde kochen oder dünsten.

Hummer und Krabben Gewöhnlich werden sie in Reusen gefangen. Diese können aus Weiden, Stahlrohr oder Drahtgeflecht sein.
Beim Schleppnetzfischen werden häufig auch Einsiedlerkrebse gefangen. Wenn die Fischer die Schwänze dieser Krebse nicht als Köder verwenden, werfen sie die Tiere meistens fort. Das ist Unsinn, denn gekocht sind sie eine Delikatesse. Auch die Meerspinnen sind recht schmackhaft.

Meeresalgen

Es gibt viele eßbare Algen, aber zwei sind ganz besonders gut: Meerlattich (Porphyra umbilicalis) und Meerdill (Salicornia europaea).
Meerlattich hat dünne, transparente, purpurne Wedel und wächst an Felsen an der Küste. Die Pflanzen werden zunächst einige Stunden in frisches Wasser gelegt, dann im mäßig warmen Ofen getrocknet und anschließend im Mörser pulverisiert. Nach vierstündigem Kochen, bei dem das Wasser öfter gewechselt wird, wird die Masse abgegossen und getrocknet. So erhältst du Meerlattichbrot. Mit Speck zusammen ist es ein gutes Frühstück. Bei einer anderen Zubereitungsart wird der Meerlattich, nachdem er gründlich gewaschen wurde, mehrere Stunden im Dampfkochtopf gekocht. Mit etwas Zitrone oder Orange und wenig Butter oder Öl entsteht eine schmackhafte Soße zu Hammelfleisch.
Meerdill ist eigentlich gar keine richtige Alge. Die Pflanze ähnelt einem winzigen Kaktus und wächst nahe der Flutmarke. Sie ist roh genießbar, wenn das Wasser nicht durch Zuflüsse verschmutzt ist. Gekocht wird sie wie Spargel mit Butter serviert. Dann ißt du nur das weiche Fleisch, nicht die rauhen Außenfasern.
Einige andere schmackhafte Algen wie Meersalat *(Ulva lactuca)* und Hauttang *(Rhodymenia palmata)* werden wie Meerlattich zubereitet. Meerkohl ist ebenfalls eßbar, es handelt sich aber eigentlich mehr um eine ausdauernde Gemüsepflanze. Ihre Heimat sind die sandigen Strände der Nordsee, des Atlantik und des Mittelmeeres, sie kann jedoch im Garten angebaut und wie Rhabarber behandelt werden. Die Blattsprossen des Meerkohls werden wie Spargel zubereitet und gegessen. Er kann in kälteren oder gemäßigten Klimazonen gepflanzt werden, wo die Wachstumsbedingungen annähernd seinen natürlichen Bedürfnissen entsprechen.

Fische räuchern und einmachen

Aal Zum Räuchern die Aale ausnehmen, aber nicht häuten. Waschen und 12 Stunden in trockenes Salz legen, dann auf Stöcke spießen und für einige Sekunden in kochendes Wasser tauchen. Dadurch öffnen und entrollen sich die Fische. Bei 60° je nach Größe 2–4 Stunden über einem offenen Feuer räuchern. Möglichst frisch servieren, nicht mehr kochen.

Lachs Zum Räuchern den Lachs in Filetstücke zerlegen und die Gräten entfernen. Das Fleisch leicht anheben, bis die Gräten sichtbar werden, und diese mit einer Zange herausholen. Einen Bindfaden durch die Schulterpartie ziehen und das Filetstück am dickeren Ende vorsichtig etwas einschneiden, damit das Salz einziehen kann. Den Fisch auf eine Lage feines Salz legen und so mit Salz bedecken, daß die Schicht am dickeren Ende ca. 1 cm dick ist und zum flachen Schwanzende hin immer dünner wird. Bei bis zu einem Kilo schweren Filets den Fisch 12 Stunden so liegen lassen, bei 1,5–2 kg 18 Stunden und bei mehr als 2 kg bis 24 Stunden. Wenn die untere Fleischlage nach der angegebenen Zeit immer noch weich ist, noch länger. Dann das Salz gut auswaschen und die Filets 24 Stunden bei 21° in dichten Rauch hängen und weitere 12 Stunden bei 27° Wärme im schwachen Rauch lassen. Das Einreiben mit Olivenöl während des Räucherns hat sich gut bewährt. Weder geräucherte Aale noch Räucherlachs sind unbegrenzt haltbar. Du solltest sie auch nicht in geräuchertem Zustand einfrieren. Dann lieber frisch einfrieren und erst nach dem Auftauen räuchern, das ist eher zu empfehlen. Viele andere Fischarten, ob nun Süß- oder Salzwasserfische, sind für das Räuchern geeignet. Die oben beschriebene Methode nennt man „heiß räuchern", im Gegensatz zum „kalt räuchern", der Räuchermethode für Lachshering und Speck.

Lachshering Die Heringe – aber auch Makrelen oder Sardinen – an der Mittelgräte entlang aufschlitzen, für 1–2 Stunden in 70–80%ige Salzlösung legen und 6 Stunden bei 30° räuchern. Je kräftiger sie geräuchert werden desto länger halten sie sich zwar, aber sehr lange kannst du sie in keinem Fall aufheben.

Bücklinge sind geräucherte Heringe, die weder geköpft noch ausgenommen sind. Den Fisch über Nacht in trockenem Salz liegen lassen und dann 4 Stunden bei 27° räuchern.

Freiwasserfische einsalzen
Die Fische werden zunächst ausgenommen, das heißt, es werden ihnen durch einen Schnitt unterhalb der Kehle die Kiemen und der Magensack herausgerissen. Das Einsalzen erfolgt in Fässern oder Steinguttöpfen. Vor dem Verzehr können sie gewässert werden, und je länger sie im Salz gelegen haben, um so länger müssen sie natürlich auch gewässert werden, manchmal bis zu 48 Stunden.

Rollmopszubereitung

Hausgemachte Rollmöpse sind billig und schmackhaft.

Die gewünschte Anzahl Salzheringe aus der Lake holen und ausnehmen, köpfen und 24 Stunden wässern, um das Salz auszuspülen.

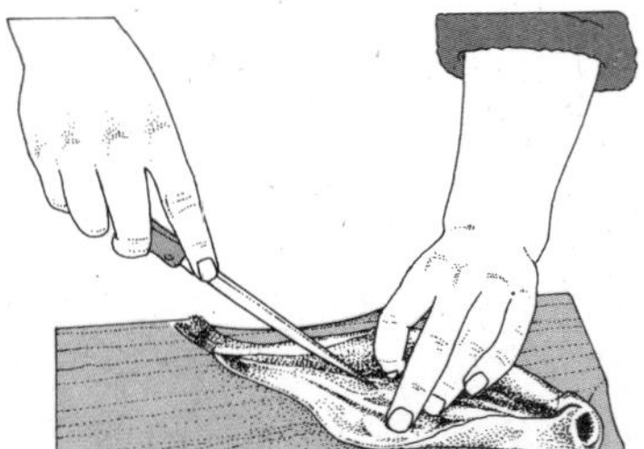

Vorsichtig den Bauch aufschlitzen.

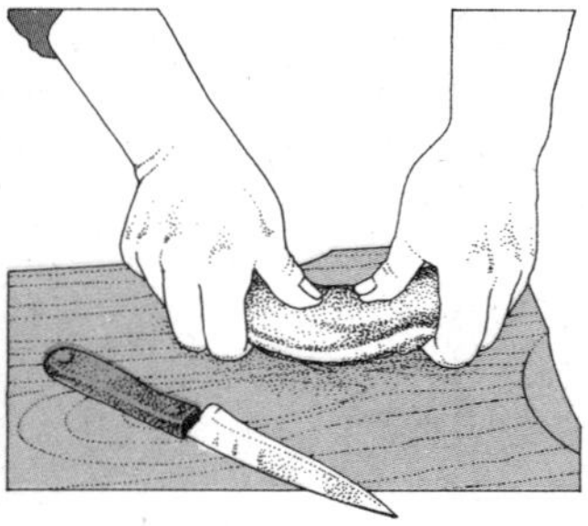

Den Hering mit der offenen Bauchseite auf ein Brett legen und kräftig und fest mit den Fingerknöcheln oder den Daumen auf die Mittelgräte drücken, damit sich die Gräten aus dem Fleisch lösen. Dadurch wird der Fisch auch platter.

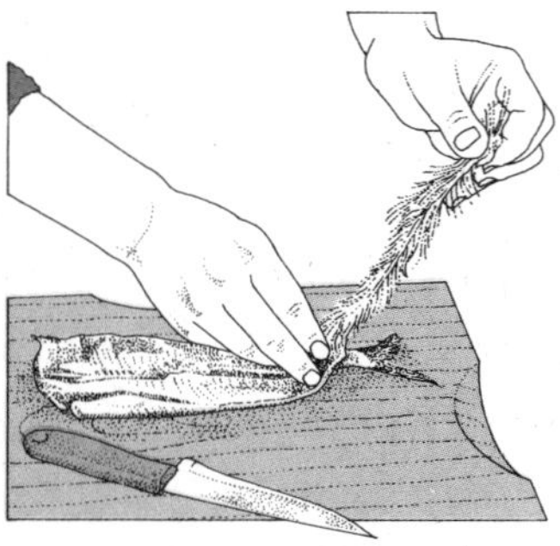

Alle Gräten zusammen mit der Mittelgräte herausziehen. Am Schwanz muß wahrscheinlich die Gräte abgeschnitten werden.

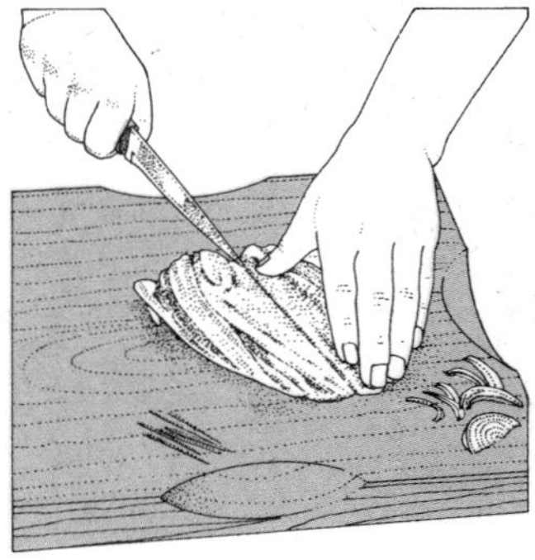

Den Fisch der Länge nach halbieren.

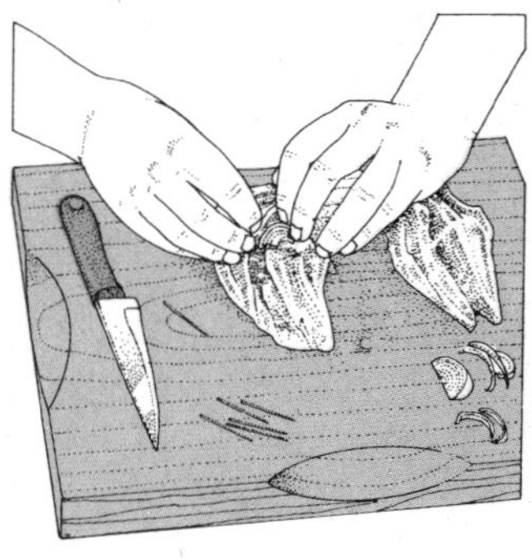

1–2 geschälte und geschnittene Zwiebelstücke quer in die Mitte des Filets legen und vom breiten Ende her fest aufrollen. Je nach Geschmack können auch Pfefferkörner, Dill oder Stücke einer sauren Gurke mit eingerollt werden.

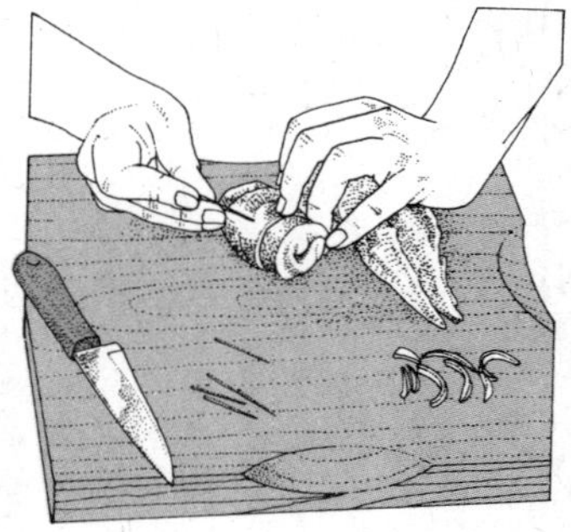

Den Rollmops in der Mitte mit einem zugespitzten Streichholz oder einem Zahnstocher durchbohren. Dadurch werden das schmale Filetende und die Zwiebel festgehalten.

Die Rollmöpse dicht in ein Gefäß packen und mit Würzessig übergießen. Zum Herauslassen der Luftblasen die Rollmöpse mit einem Holzlöffel von der Gefäßwand wegdrücken.

Eingelegte Heringe (Bismarckheringe)

Die ausgenommenen Heringe (auch Makrelen oder andere Fische in der Größenordnung) 24 Stunden in Salz betten und dann mindestens eine Woche zusammen mit Zwiebeln, Pfefferkörnern, 1–2 Chilischoten und anderen Gewürzen nach Geschmack in Essig legen. Am besten den Fisch vorher entgräten. Dazu den Kopf entfernen, das Tier mit der Bauchöffnung auf ein Brett legen und mit den Fingerknöcheln kräftig auf die Mittelgräte drücken. Dadurch werden die Gräten herausgepreßt, und die meisten von ihnen können zusammen mit der Mittelgräte herausgezogen werden.

Bodenfische einsalzen

Auch Kabeljau und andere große, weißfleischige Bodenfische können durch Salz haltbar gemacht werden. Sie werden an der Bauchseite geöffnet, ausgenommen und die ganze Mittelgräte herausgerissen, bis auf das Schwanzstück, an dem der Fisch gehalten wird. Innen und außen mit dicken Lagen Salz bedecken und große Fische 15 Tage, kleinere 8 Tage liegenlassen. Zum Trocknen den Fisch auf Gestellen Wind und Sonne, aber nicht dem Regen aussetzen.

Kleine Fische konservieren

Um Sprotten, Anchovies und andere kleine, ölhaltige Fische haltbar zu machen, werden sie zunächst 15 Min. in 80%ige Salzlösung gelegt. Anschließend einen zugespitzten Stab durch die Kiemen stechen und sie zunächst eine halbe Stunde bei 32° und dann eine halbe Stunde bei 83° räuchern. Jetzt können sie frisch gegessen werden. Um sie dauerhaft zu konservieren, werden sie geräuchert in ein sterilisiertes Gefäß gelegt, mit Oliven- oder einem anderen Pflanzenöl bedeckt, 30 Minuten erhitzt und verschlossen.

Makrelen einlegen

Du schneidest die Makrelen in 5 cm lange Stücke und legst sie mit Zwiebeln, Gewürzen und allem was dazugehört, in Essig. 1–2 Chilischoten machen sich immer gut, genauso wie die üblichen Lorbeerblätter. Das irdene Gefäß mit dem Fisch und der Brühe stellst du über Nacht in einen schwach geheizten Ofen. Morgens verschließt du den Topf mit Ölpapier oder ähnlichem und bewahrst ihn kühl auf. Eingelegter Fisch ist eine ausgezeichnete Beilage.

Pilze, Nüsse und Beeren

In Wald, Wiesen und Hecken wachsen unzählige genießbare Wildpflanzen. Die Einheimischen kennen sich meistens gut aus und beraten jeden gern. Oft ist auch das sogenannte Unkraut eßbar oder eignet sich als Heilkräuter, ebenso viele Samenarten und Wildfrüchte, Beeren, Nüsse und Pilze.
Bei Pilzen muß man selbstverständlich die ungiftigen von den giftigen sicher unterscheiden können. Außer dem gewöhnlich bekannten Wiesenchampignon gibt es eine ganze Anzahl leicht erkennbarer und sehr schmackhafter Pilze: z. B. den Schopf-Tintling (schwach in Milch gekocht am besten), Riesenbovist, Parasol, Steinpilz, Marone, Birkenpilz, Pfifferling, Speisemorchel, Totentrompete usw.
Ein ausgesprochen delikates Unkraut sind Nesseln, Fetthenne und Sauerampfer. Du bereitest sie wie Spinat. Sie werden im Frühjahr jung und zart gepflückt und in einem geschlossenen Topf gekocht. Auch andere Kräuter wie Hirtentäschel, Schafgarbe, Geißfuß und Lungenkraut eignen sich als Grüngemüse. Wilde Malve wird püriert und zu einer Suppe verarbeitet. Vogelmiere kann als Spinat zubereitet oder in Salaten verwendet werden. Lauchkraut ist ein milder Ersatz für Knoblauch. Jeder wird in seiner Umgebung noch viele andere, nutzbare Kräuter finden; auch zarter Löwenzahnsalat schmeckt sehr gut.
Nüsse bleiben nach der Ernte einige Wochen liegen, bis sich die Schale leicht ablösen läßt. Dann werden sie gut getrocknet. Haselnüsse können grün gepflückt werden und sind dann recht schmackhaft, aber nicht haltbar. Reif geerntet, werden sie zur Aufbewahrung mit der Schale in trockenes Salz gelegt.
Maronen werden im Herbst reif geerntet, aus der stacheligen Schale gelöst und trocken gelagert. Am besten schmekken sie, wenn sie in glimmender Asche geröstet werden. Dazu unbedingt vorher die braune Haut einstechen, sonst explodieren sie. Bucheckern sind sehr umständlich zu essen, sie werden besser zur Ölgewinnung in einer Mühle gemahlen und dann ausgepreßt. Die Flügelfrüchte der Esche eignen sich gut für „Pickles“, sie werden gekocht und in Essig eingelegt.
Unter den Wildfrüchten ist die Holunderbeere wahrscheinlich am vielseitigsten verwendbar. Es gibt mehrere Zubereitungsarten, z. B. Holundersuppe, Fliedersaft, Holunderpfannkuchen usw. Unter andere Früchte gemischt, betont sie deren Geschmack; in Würzessig gekocht, gibt sie eine gute Würze oder Soße. Sowohl aus den Beeren wie auch aus den Blüten kann ein vorzüglicher Wein bereitet werden (s. S. 192–195). Preiselbeeren können eingekocht werden, obwohl ihr Geschmack nirgends besser zur Geltung kommt als in frischer Preiselbeersoße. Maulbeeren und Vogelbeeren eignen sich gut für Marmelade. Nicht zu vergessen ist die Wacholderbeere, die allen Gerichten einen angenehm herben Geschmack verleiht.
Aus Schlehen kannst du einen wunderbaren Beerenwein machen.
Holzäpfel haben einen bitteren Geschmack, der auf den reichlichen Gehalt an Tannin zurückzuführen ist. Sie sind deshalb ein beliebter Zusatz bei der Weinbereitung aus tanninarmen Früchten. Die beste Verwendung für den Holzapfel ist aber die Geleebereitung.

Beeren
1 *Holunderbeeren*
2 *Wacholderbeeren*
3 *Schlehen*
4 *Vogelbeeren*
5 *Maulbeeren*
6 *Holzapfel*
7 *Heidelbeeren*

Nüsse
8 *Maronen*
9 *Bucheckern*
10 *Flügelnüsse der Esche*
11 *Walnüsse*
12 *Haselnüsse*

Pilze
13 *Wiesenchampignon*
14 *Pfifferling*
15 *Schopf-Tintling*

Kräuter
16 *Hirtentäschel*
17 *Nessel*
18 *Löwenzahn*

Natürliche Energien

„Achtung, Euer Gnaden,
das dort drüben sind keine Riesen,
sondern Windmühlen.“

Cervantes

Energie sparen

Die Alternative

Im gesamten Verlauf dieses Buches habe ich für die Integration der natürlichen Gegebenheiten der Umwelt plädiert: die Unterstützung der organisch-dynamisch wichtigen Wechselbeziehung zwischen Boden, Pflanze und Tier. Auch im Hinblick auf unseren Energiebedarf sollten wir unsere Gedanken in gleicher Richtung lenken und unseren Grund und Boden auf das Vorhandensein praktisch nutzbarer Naturkräfte untersuchen. Und genau wie auf dem Ernährungssektor sollten wir uns auch auf diesem Gebiet um Unabhängigkeit bemühen.

Wasserkraft steht am ehesten in bergigen und regnerischen Gebieten zur Verfügung, Wind vorzugsweise in der Ebene. Wasserkraft ist aber der Windkraft immer vorzuziehen, falls man die Wahl hat, denn der Wind ist unzuverlässig und nicht gleichmäßig, während die Wasserkraft verhältnismäßig konstant bleibt. In heißen Ländern mit sehr viel Sonne ist es geradezu lächerlich, die sich hier bietende Energiequelle ungenutzt zu lassen. Es muß doch jedem einleuchten, wie unsinnig es ist, kaltes Wasser im Boiler zu erhitzen, wenn das Wellblechdach des Schuppens so heiß ist, daß man es nicht berühren kann.

Es ist eine charakteristische Eigenheit der natürlichen Energiequellen, daß sie sich besser für die Erzeugung geringer Energiemengen eignen als zur Energiegewinnung für den überregionalen Massenbedarf.

Wahrscheinlich ist es aber für den Selbstversorger zweckmäßig, sich nicht auf eine dieser Quellen zu konzentrieren, sondern mehrere zu nutzen. Hat man zum Beispiel einen großen, holzbeheizten Ofen, auf dem für viele Personen gekocht und das Wasser für Küche, Molkerei, Schlachthaus, Badezimmer und Waschküche erhitzt wird, kann man mit

benötigte Wärmeleistung

Wärmeverluste

Ein in hergebrachter Weise errichtetes Haus verliert erhebliche Mengen Wärme durch **1** *das Dach,* **2** *die Türen,* **3** *die Fenster,* **4** *den Boden,* **5** *die Außenwände. Bei einer Kombination der in der Abbildung vorgeschlagenen Energie-Sparmaßnahmen kann etwa ⅔ des jährlichen Energiebedarfs für Heizung eingespart werden (siehe Diagramm links). Feuer ist nach wie vor die billigste Art, Wärme zu erzeugen, wann und wo man sie braucht. Bei einem offenen Feuer geht jedoch 90% der erzeugten Wärme verloren, so daß hier eine Einschränkung unbedingt notwendig ist.*

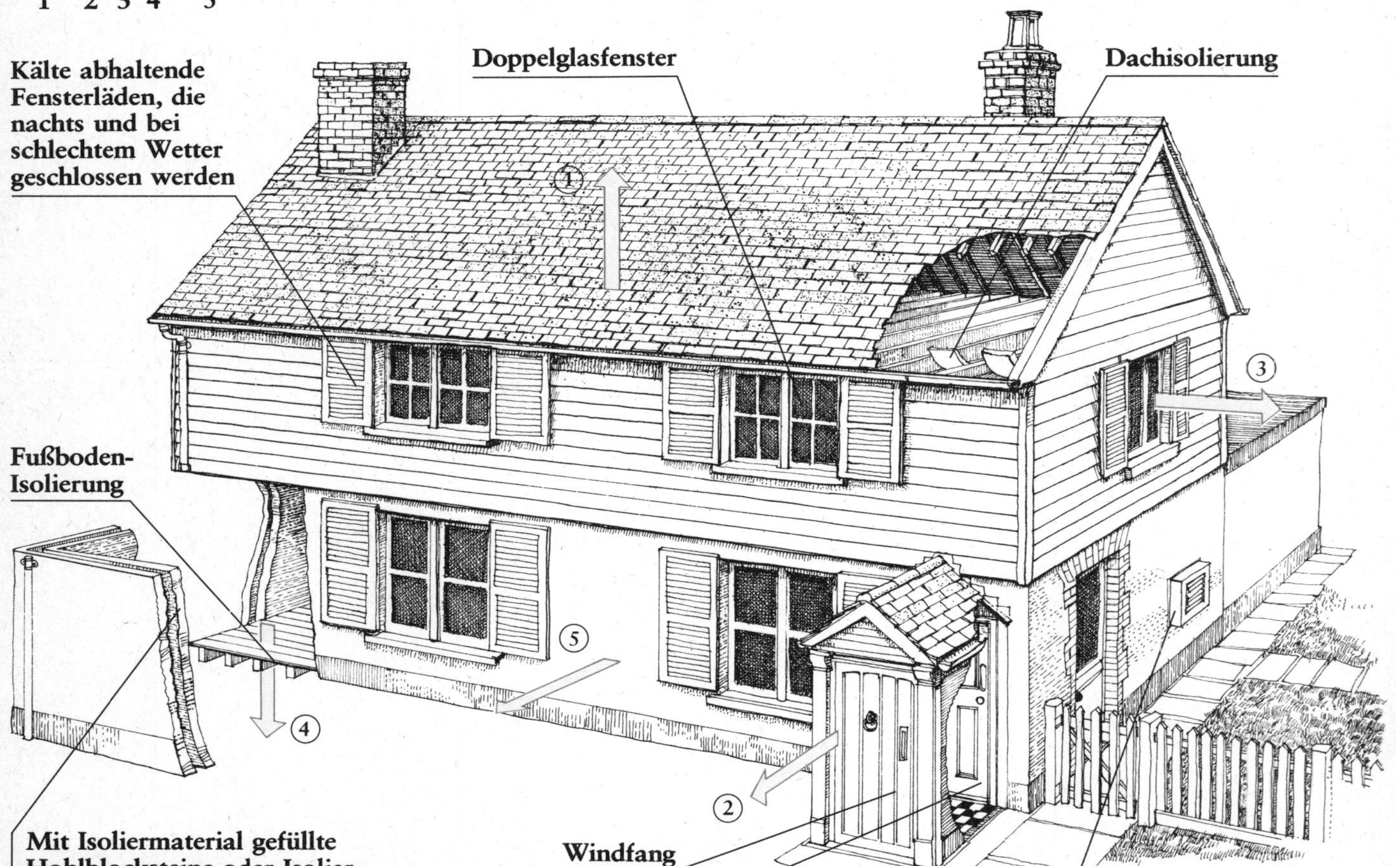

bedeutend weniger Holz mehr Wasser erhitzen, wenn es durch eine auf dem Dach eingebaute Solar-Heizfläche vorgewärmt wurde. Noch günstiger ist es, wenn außerdem eine Anlage zur Erzeugung von Methangas aus tierischen und menschlichen Abfallprodukten vorhanden ist. Mit dem gewonnenen Gas kann das heiße Wasser schnell zum Kochen gebracht und zum Sterilisieren der Geräte in der Molkerei verwendet werden. Eine weitere Möglichkeit ist das Aufstellen eines Pumpen-Windrads, das frisches Quellwasser auf dem eigenen Grundstück hochpumpt, so daß man nicht mehr auf das von einem höherliegenden Gelände an der Oberfläche zufließende angewiesen ist. Und wenn gar ein Wasserlauf in der Nähe ist, kann man sogar seine eigene Lichtquelle speisen; dazu gehört nur eine kleine Turbine.

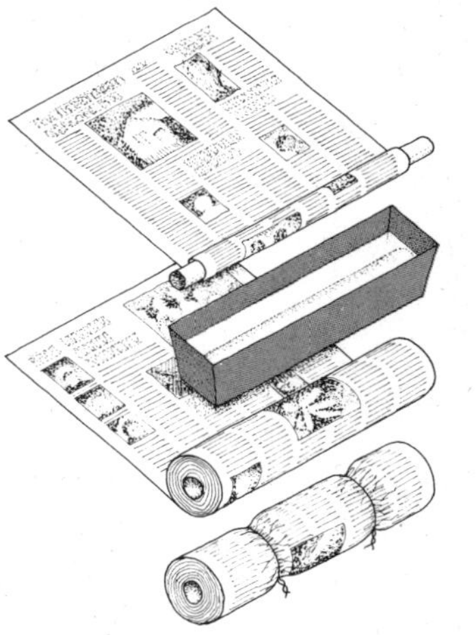

Zeitungspapier verwerten

Holz- und Kohleöfen sind meistens Allesbrenner. So kann man in ihnen z. B. auch mit „Briketts" aus Zeitungspapier Wärme erzeugen: Zeitungspapier um ein Holzstück rollen, und die innere Lage mit altem Öl oder Fett tränken. Dürres Holz und jeder andere brennbare Abfall ist zusätzliches Heizmaterial, das im Sommer und Herbst gesammelt und für den Winter gelagert werden kann. Die altmodischen großen Gußeisenherde können sowohl für die Hauswärme sorgen, wie zum Kochen benutzt werden.

Energie sparen

Die ganze und oft mühsame Erschließung natürlicher Energiequellen kann man sich sparen, wenn man nicht vorher alles getan hat, um Energieverluste – auch bei den schon vorhandenen Systemen – zu vermeiden.

Nichts hält die Wärme besser in einem Haus als dicke Wände aus Stroh und Lehm, Steinen, Stampferde oder Backsteinen, kleine Fenster und ein dichtes Strohdach. Die dünnen, hohlen Wände aus den modernen Leichtbausteinen oder aus Beton müssen zusätzlich mit Kunststoffschaum oder anderem Material isoliert werden. Das gleiche gilt für ein Ziegeldach, wo das Isoliermaterial zwischen die Dachsparren gepackt werden muß. Die bei den Architekten so beliebten neumodischen Panoramafenster sind verheerende Kältebrücken; eine Doppelverglasung oder Isolierglas mindert den Wärmeverlust zwar etwas, ist aber sehr kostspielig. Der Selbstversorger sieht nicht nur am Tage genug von der Landschaft, er hat ein Zugehörigkeitsgefühl und ist ein Teil seiner Umwelt. Bei Bauernhäusern sind deshalb große Fenster ganz unangebracht.

Offene Kamine sind sehr romantisch und schön, es muß aber eine große Menge gutes und trockenes Feuerholz zur Verfügung stehen, denn die meiste Wärme geht durch den Schornstein verloren. Deshalb sind sie bei dem heute in unserer Welt herrschenden Holzmangel beinahe nicht mehr zu verantworten. Große Wärmeverschwender sind auch lange schmale Häuser. Ein geschlossener Block ist viel wirtschaftlicher. Ein rundes Haus verliert weniger Wärme als ein quadratisches, weil die Außenflächen im Verhältnis zum Innenraum kleiner sind. Ein quadratisches Haus wiederum ist im Hinblick auf die Wärmehaltung offensichtlich besser als ein rechteckiges. Die Hauptwärmequelle sollte in der Mitte des Hauses liegen, das ist günstiger als an einer Außenwand.

Das meiste Isoliermaterial wird heute mit großem technischen Aufwand hergestellt und ist deshalb sehr teuer. Man sollte sich daher auf billigeres Naturmaterial besinnen. Wo die Korkeiche angebaut werden kann, sollte dies unbedingt geschehen, denn sie liefert in großen Mengen ausgezeichnetes Isoliermaterial.

Wärmeaustauscher

Ein Wärmeaustauschgerät kann man selbst anfertigen. Vielleicht in Form eines offenen Wasserbehälters zur ständigen Bereitung von Warmwasser, wie oben gezeigt. Ein erweitertes Abzugsrohrsystem vergrößert die Oberfläche der Ofenrohre, wodurch mehr Wärme an die Luft im Haus abgegeben wird. Ein Wort der Warnung an alle Bastler: alle Rohrsysteme für Feuerungsabgase müssen absolut dicht sein, da diese Abgase Kohlenmonoxid enthalten und damit unter bestimmten Voraussetzungen tödlich wirken können. Die Anlagen müssen daher aus starkem Blech gefertigt werden, weil dünne Bleche schnell durchrosten.

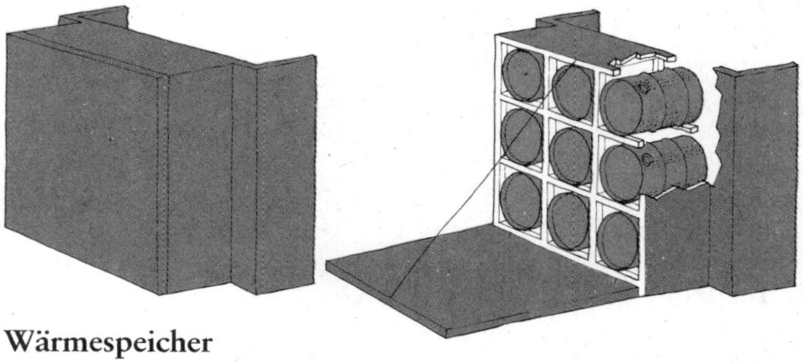

Wärmespeicher

Die meisten auf dieser Seite dargestellten Vorkehrungen zum Einsparen von Energie können in jedem Altbau nachträglich installiert werden. Bei Neubauten sollte schon von vornherein der Einbau großer Wärmespeicheranlagen geplant werden. Die Abbildung oben zeigt einen kombinierten Sonnenkollektor und Wärmespeicher. Er besteht aus einer Glaswand, hinter der mit Wasser gefüllte, schwarz gestrichene Öltonnen angebracht sind. Eine isolierte Abdeckplatte liegt geöffnet auf dem Boden: sie reflektiert während des Tages Sonnenwärme auf die Glasplatte und kann nachts zur Vermeidung von Wärmeverlusten geschlossen werden. Auch Mauersteine können als Wärmespeicher dienen. Die durch Sonnenkollektoren tagsüber gewonnene Wärme streicht durch die Hohlblocksteine und erwärmt sie. Nachts wird die im Haus befindliche Luft durch die Steine geleitet und nimmt die freiwerdende Wärme von den Steinen auf.

Wasserkraft

Wasserkraft gibt es völlig frei, sie ist nicht umweltverschmutzend und erneuert sich ständig. Im Gegensatz zum Wind ist sie stetig und zuverlässig, wenn es vielleicht auch jahreszeitlich bedingte Schwankungen geben kann, aber auch diese treten verhältnismäßig gleichbleibend auf. Wie der Wind ist sie in den kalten Monaten am kräftigsten und bringt deshalb in der Zeit des größten Bedarfs den größten Nutzen.

Die primitiven Wasserräder, die sich jahrhundertelang bewährt haben, sollten nicht geringer geschätzt werden als die ausgeklügelten Neuerfindungen. Bei langsam fließenden Wasserläufen mit viel Wasser ist das „unterschlächtige Wasserrad“ günstig. Da das Wasser unter dem Rad durchfließt, können auch große Wassermassen zusammengefaßt werden, so daß auch bei langsamer Strömung der Druck durch die große Durchflußmenge erhöht wird. Das Rad wird sich zwar langsam drehen, aber zum direkten Antreiben sich langsam drehender Maschinen, wie z. B. einer Kornmühle, ist das eher ein Vorteil. Es ist ein verbreiteter Fehler aller „Energiesparpläne“, davon auszugehen, daß Kraft erst in Elektrizität verwandelt werden muß, um dann wieder in Kraft zurückverwandelt zu werden. Dabei ist der Energieverlust enorm.

Wasserrad (oberschlächtig)

Die älteste Methode der Wasserkraftnutzung, das oberschlächtige Wasserrad, hat einen Wirkungsgrad bis zu 70%. Das Wasser fällt von oben auf das Rad und füllt die am Umfang angebrachten Kammern. Diese Wasserräder drehen sich verhältnismäßig langsam, aber mit erstaunlicher Kraft und sind hervorragend als Antrieb für Mühlsteine (s. Abb.) und andere, schwere Geräte mit geringer Drehzahl geeignet.

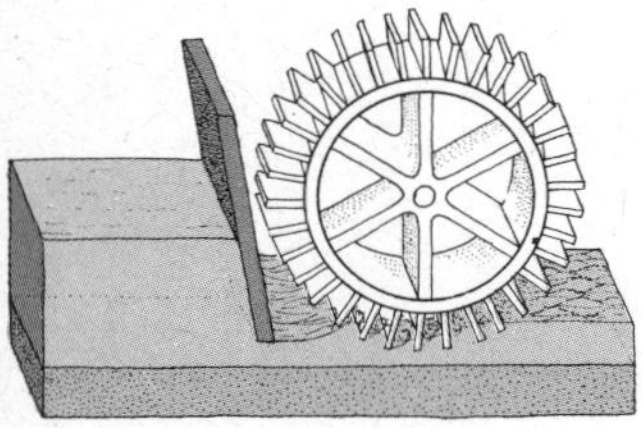

Wasserrad (unterschlächtig)

Unterschlächtige Wasserräder sind nicht so kraftvoll und werden hauptsächlich errichtet, wenn die Fallhöhe für ein oberschlächtiges Rad nicht ausreicht. Sie leisten 1,5–4 kW.

Kropfrad (unter- oder mittelschlächtig)

Ein unterschlächtiges Wasserrad mit geraden Radschaufeln hat einen Wirkungsgrad bis zu 30%; wird das gleiche Rad mit gebogenen Radschaufeln ausgerüstet (mittelschlächtig, s. Abb.), steigt der Wirkungsgrad bis 60%. Die Leistung wird also durch gebogene Radschaufeln verdoppelt.

Unter gewissen Voraussetzungen ist vielleicht der Einbau einer mit allen technischen Mitteln arbeitenden Turbine lohnender als die Errichtung eines Wasserrades, besonders wenn elektrischer Strom erzeugt werden soll. Dafür sind hohe Drehgeschwindigkeiten erforderlich, die diese komplexen Maschinen eher erbringen. Für geringe Fallhöhen (0,9–6 m) ist eine Propeller-Turbine geeignet, für größere Fallhöhen eher die Banki-Turbine.

Wasserkraft

Zur Errechnung der Strömungsenergie eines Wasserlaufs wird die Durchlaufmenge ermittelt und dann mit der Dichte des Wassers (1000 kk/m³), der Fallhöhe und dem Wirkungsgrad der Turbine oder des benutzten Wasserrads multipliziert. Beim Antreiben eines Generators werden vielleicht 60% der von der Turbine erbrachten Energie in Elektrizität umgesetzt.

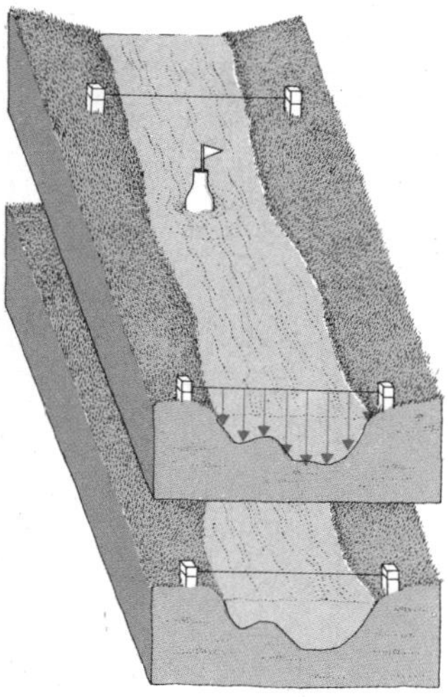

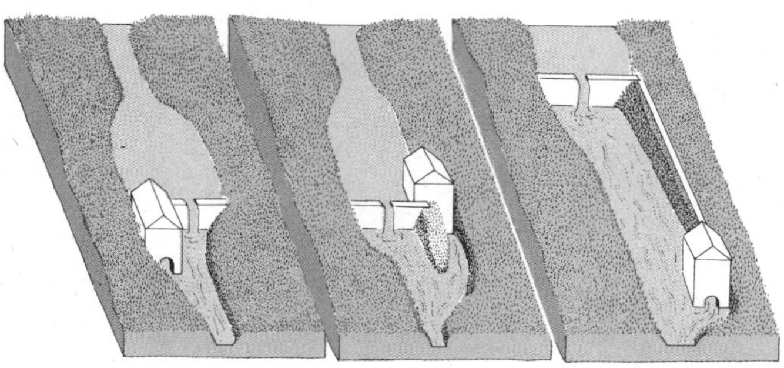

Lage und Form der Dämme

Zur Erhöhung der Strömungsenergie und zur Regulierung der Durchflußmenge ist oft die Errichtung eines Dammes oder eines Wehrs über die ganze Breite eines Wasserlaufs erforderlich. Die besten Stellen hierfür sind Stromschnellen und Engpässe. Für den Betrieb eines Mühlrads oder einer Turbine reicht häufig die durch Anlage eines Obergrabens oder Mühlgrabens erhöhte Strömungsenergie aus. Ein Damm kann aus Steinen oder Holzbohlen (rechts unten) errichtet werden. Günstig ist auch eine Kombination von Holz und Erdaufschüttung (rechts oben).

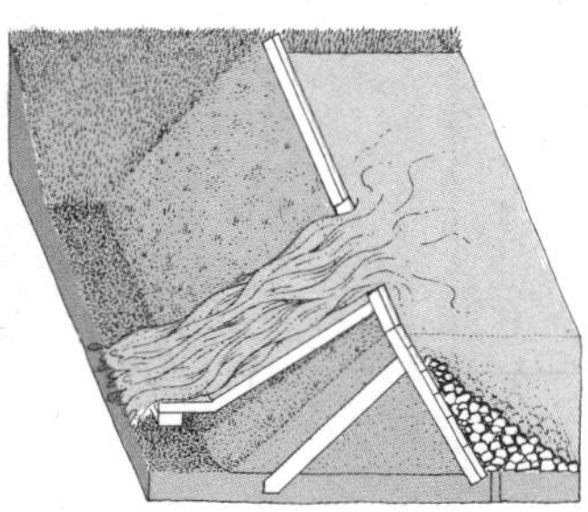

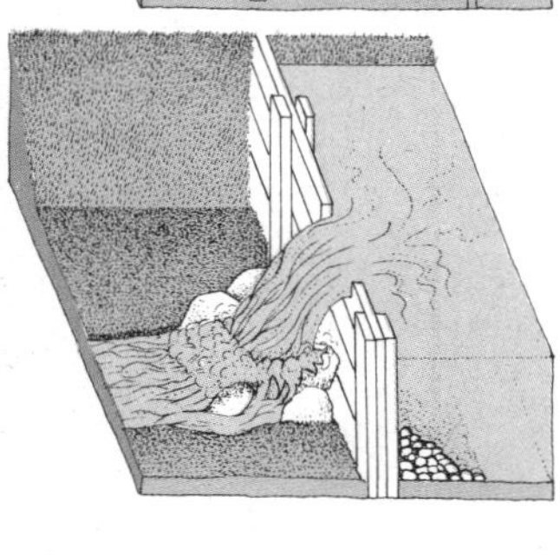

Durchflußmenge

Um die zu erzielende Energiemenge zu berechnen, muß Durchflußmenge und Fallhöhe ermittelt werden. In einem geraden und gleichbleibend breiten Abschnitt des Wasserlaufs wird zunächst durch Ausloten die Durchschnittstiefe ermittelt. Die annähernde Flächengröße des Wasserquerschnitts ist die Durchschnittstiefe × Flußbreite. Dieses Ausloten wird an mehreren Stellen des Abschnitts wiederholt, damit ein Durchschnittswert des Wasserquerschnitts für eine bestimmte Wasserlauflänge gefunden wird. Bei einer in der Mitte des Wasserlaufs treibenden, verschlossenen Flasche wird die Zeit gestoppt, die sie für das Zurücklegen der abgemessenen Strecke benötigt. Die Durchflußmenge wird errechnet, indem 75% der bei der Flasche gestoppten Zeit mit der ermittelten durchschnittlichen Querschnittsgröße des Wasserlaufs multipliziert wird.

Hydrodynamische Energie

Einen Generator mit einem Wasserrad betreiben zu wollen, wäre nicht sehr klug. Die kompakten Turbinen haben eine bedeutend höhere Drehzahl, so daß für die Übertragung auf den Generator nur ein paar Übersetzungen und Treibriemen erforderlich sind. Diese Anlagen sind auch billiger, weil der Bedarf an Material geringer ist. Trotzdem erbringen sie eine größere Leistung als ein Wasserrad. Es gibt viele verschiedene Turbinentypen. Die Pelton-Turbine wird bei großer Fallhöhe (12 m und mehr) eingesetzt und hat einen Wirkungsgrad von 80%. Eine Spezialdüse spritzt das Wasser mit hoher Bewegungsenergie gegen die am Umfang angebrachten löffelförmigen Radschaufeln (rechts oben). Die Banki-Turbine (rechts Mitte) eignet sich für mittleren Wasserdruck und hat einen Wirkungsgrad von 65%. Sie wird bei Fallhöhen von 4,5–12 m installiert. Auch hier leitet eine Spezialdüse das Wasser gegen das mit gebogenen Schaufeln versehene Rad. Die Propeller-Turbine (rechts unten) mit einem Wirkungsgrad von 75% ist die beste Konstruktion für die Nutzung eines alten Mühlenwehrs. Im Prinzip handelt es sich hier um einen in einem Rohr installierten Propeller. Zur Erzielung eines günstigen Wirkungsgrades muß das Wasser in eine der Propellerdrehung entgegenstehende Bewegung versetzt werden. Das geschieht in einem Rundkanal mit Spiralführung, den das Wasser vor dem Auftreffen auf den Propeller durchfließt.

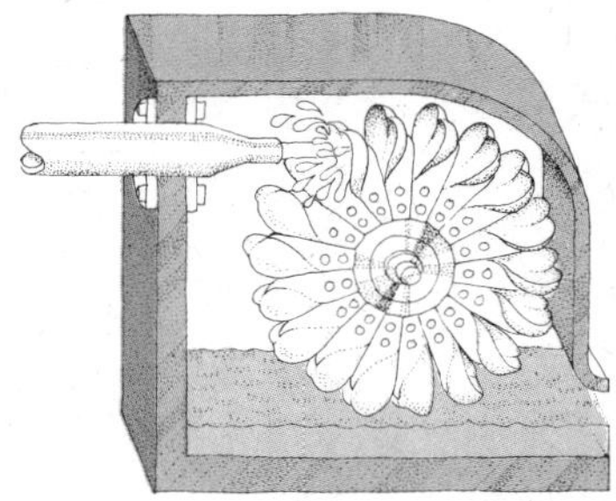

Pelton-Turbine

Banki-Turbine

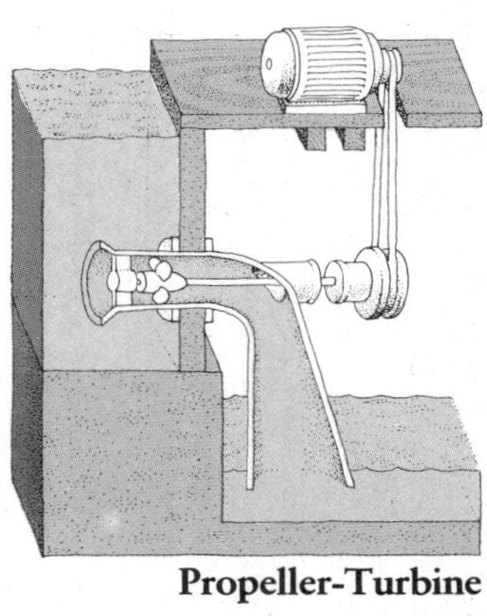

Propeller-Turbine

Sonnenwärme

Am bequemsten und einfachsten wird Sonnenwärme im Holz eines Waldes gespeichert. Sie kann aber auch verhältnismäßig leicht und billig auf jedem Altbaudach und an jeder Wand gewonnen und gesammelt werden. Der einzige Nachteil besteht darin, daß die Wärme in kalten Zonen im Winter gebraucht, aber nur im Sommer gewonnen wird. Die im Winter entstehende Versorgungslücke kann jedoch in den meisten Fällen durch Energiegewinnung aus Wind- und Wasserkraft (beide sind in dieser Jahreszeit in verstärktem Maße vorhanden) gedeckt werden, so daß eine gleichmäßige Versorgung trotzdem gewährleistet ist.

Die sich in gemäßigten Breiten bietenden Nutzungsmöglichkeiten sind:

1. Die Erwärmung von Wasser, das unter einer auf dem Dach angebrachten und als Kollektor wirkenden Glasdecke über eine schwarze Isolierschicht rieselt. Hierfür muß eine Pumpe für den Wasserkreislauf und die transparente Abdeckung angeschafft werden.
2. Die Erwärmung von Wasser in einem auf dem Dach unter einer transparenten Abdeckung angebrachten Leitungssystem aus schwarz gestrichenen Rohren. Hier ist der Vorteil, daß die transparente Abdeckung nicht durch

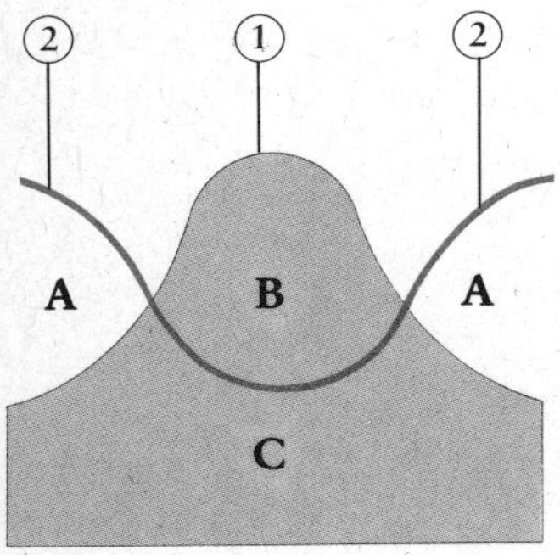

Sonnenenergie

Der Bedarf an Sonnenenergie ist im Hochsommer am geringsten während der Heizpause **1** *und im tiefen Winter am größten* **2**. *Die meisten Sonnenkollektoren erzeugen im Sommer mehr Wärme als benötigt wird* **B** *und im Winter nicht genug für den Bedarf* **A**. *Den größten Gewinn bringt die Sonnenenergie im Frühjahr und Herbst* **C**.

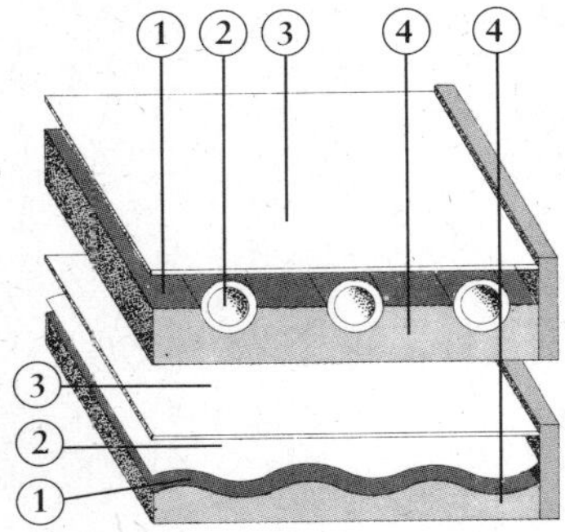

Sonnenkollektoren in Plattenform

Die meisten Sonnenkollektoren haben einen schwarzen Hintergrund **1**, *um die Sonnenstrahlung zu absorbieren. Das durch Kanäle und Rohre* **2** *über die absorbierende Schicht geleitete Wasser nimmt die Wärme auf. Eine Glas-Kunststoffabdeckung* **3** *und Isolierungen* **4** *verhindern, daß die Wärme entweicht.*

Warmluft: die Trombe-Wand

Das ist eine nach Prof. Trombe benannte, sehr erfolgreiche Methode der Nutzung von Sonnenwärme für die Raumheizung im Winter. Durch ein senkrechtes, doppelt verglastes Fenster **1** *an der Südseite fallen die Sonnenstrahlen auf eine dahinterliegende, schwarzgetönte Wand, die die Wärme sammelt und festhält.* **2** *Bei Wärmebedarf im Haus werden Ventilatoren* (**3, 4**) *geöffnet, so daß die Warmluft zwischen Glas und Wand zirkulieren kann und ein Austausch mit der kälteren Innenluft erfolgt. Ein überstehendes Dach verhindert die Einwirkung der heißen Sommersonne auf das Glas und schützt dadurch das Gebäude vor Überwärmung. Eine Alternative zu der Trombe-Wand ist ein glasgedeckter Hausanbau, den man auch Wärmespeicherraum nennen könnte. Bei richtiger Ventilation kann damit das Haus erwärmt werden.*

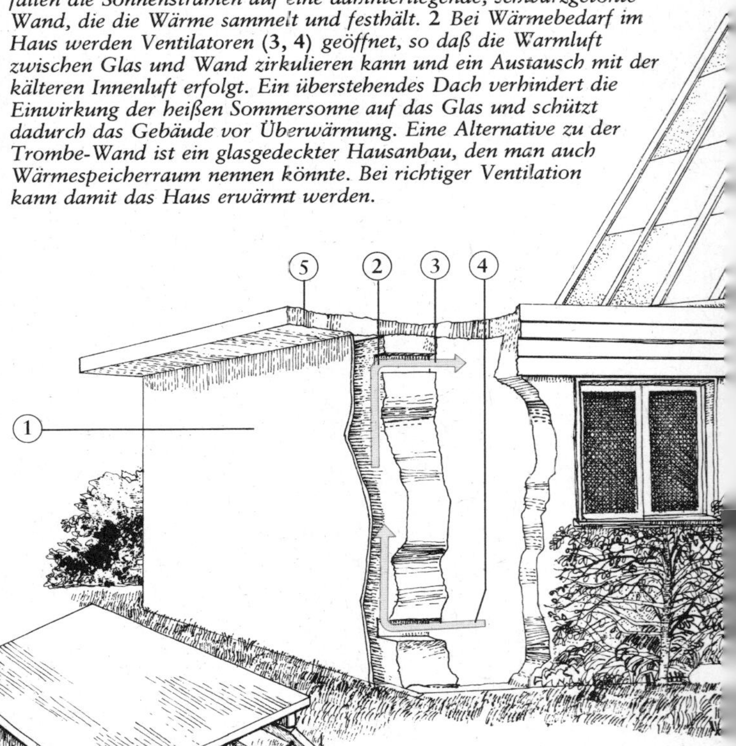

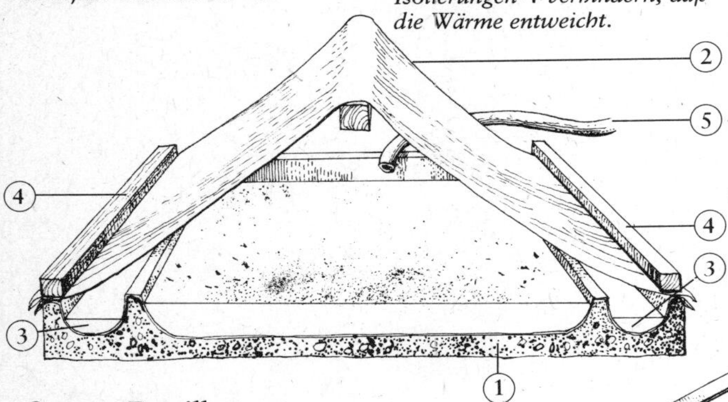

Sonnen-Destillator

Das flache Betonbecken, schwarz gestrichen oder geteert **1**, *faßt einige Zentimeter ungereinigtes Wasser. Ein Folienzelt* **2** *überdeckt es, und das Kondenswasser läuft daran ab, in die seitwärts angebrachten Auffangrinnen* **3**. *Die Plastikbespannung wird durch schwere Holzbalken* **4** *festgehalten. Das verdunstete Wasser wird durch einen Zulaufschlauch* **5** *wieder ergänzt.*

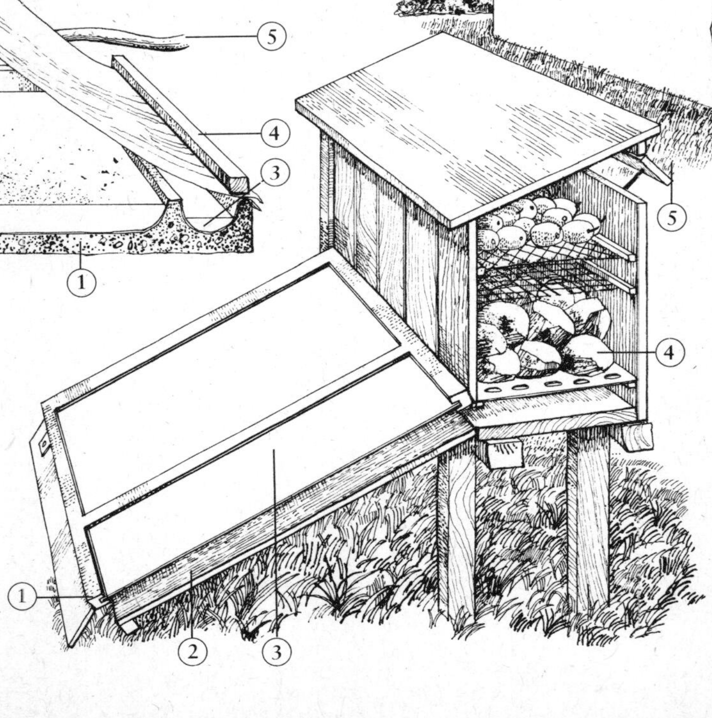

Sonnen-Trockengerät

Ein geeigneter, glasgedeckter Platten-Sonnenkollektor für Warmlufterzeugung wird durch eine bewegliche Klappe belüftet **1**. *Während die Luft über die Sonnenwärme absorbierende, schwarze Rückwand des Kollektors streicht* **2**, *wird sie erwärmt. Die Glasabdeckung verhindert das Entweichen der Sonnenwärme* **3**. *Die gewonnene Warmluft streicht durch eine Steinschicht* **4** *und dann durch die mit dem Trockengut belegten Gitterroste. Eine unter dem Dach angebrachte Klappe reguliert den Luftdurchzug.*

Eine große Dachfläche kann zur Warmwasserbereitung genutzt werden, indem man Wasser hinter einer Glasabdeckung über schwarz gestrichenes Aluminium-Wellblech rieseln läßt. Eine hinter der Aluminiumplatte angebrachte Isolierschicht verhindert einen Wärmeverlust und die Überwärmung des dahinterliegenden Raumes. Eine kleine Pumpe treibt das Wasser durch die Anlage, sobald ein auf dem Dach montierter Thermostat einem Kontrollschalter meldet, daß die Temperatur auf dem Dach höher ist als die im kupfernen Wasserspeicher, wo das Wasser durch eine Tauchschlange erhitzt wird. Dieses System ist zwar nicht ganz ideal, aber so billig, daß sich der Einbau auf einer großen Dachfläche mit Südlage lohnt.

Beschlagen eingetrübt wird und daß keine Pumpe erforderlich ist, weil das erwärmte Wasser in den Rohren nach oben steigt. Dafür ist der Ausbau größerer Flächen kostspielig.

3. Solar-Destillation: Einrichtungen, mit denen die Sonnenwärme zum Destillieren von Wasser genutzt wird.
4. Solar-Trockenanlagen: darin werden Früchte, Getreide, Gemüse, Malz und anderes getrocknet.
5. Solar-Heißluft-Heizung: damit wird zusätzliche Wärme für das Gewächshaus gewonnen.
6. Solar-beheizte Wände: sie speichern die Sonnenwärme während des Tages und geben sie in der Nacht ab.

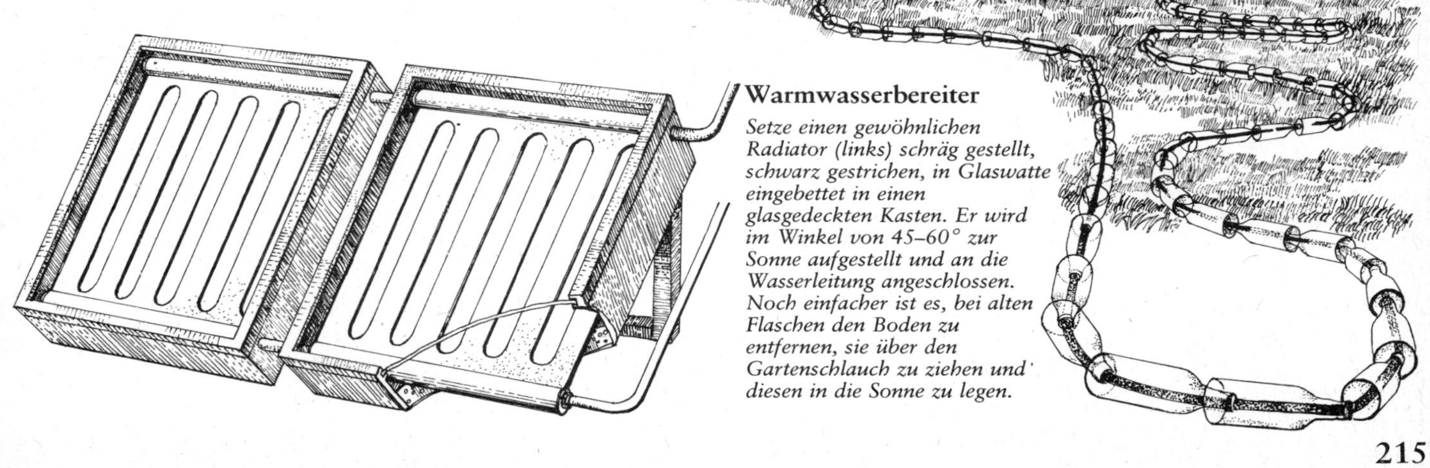

Warmwasserbereiter

Setze einen gewöhnlichen Radiator (links) schräg gestellt, schwarz gestrichen, in Glaswatte eingebettet in einen glasgedeckten Kasten. Er wird im Winkel von 45–60° zur Sonne aufgestellt und an die Wasserleitung angeschlossen. Noch einfacher ist es, bei alten Flaschen den Boden zu entfernen, sie über den Gartenschlauch zu ziehen und diesen in die Sonne zu legen.

Windenergie

Das gewöhnliche, serienmäßig hergestellte Pumpen-Windrad ist eine der nützlichsten Erfindungen, die der Mensch je gemacht hat. Ohne Schwierigkeiten fördern diese Maschinen Wasser aus einer Tiefe von 300 m an die Oberfläche, und dies sogar noch bei sehr geringer Windtätigkeit. Das Windrad ist durch ein Drehgelenk mit dem Mast verbunden, so daß es bei Sturm aus dem Wind dreht. Allerdings ist der Wind völlig unberechenbar, und so muß entweder in Kauf genommen werden, daß die damit betriebene Maschine bei Windstille nicht benutzt werden kann, oder es muß eine Einrichtung zum Energiespeichern vorhanden sein, und das ist eine kostspielige Anlage. Wenn aber die Kraft des Windes genutzt werden kann, sobald sie zur Verfügung steht, z. B. zum Treiben einer Kornmühle oder zur Speicherung für Heizzwecke, scheint die in einer bestimmten Zeit insgesamt zur Verfügung stehende Windkraft ziemlich konstant zu sein.

Weil Windenergie schwer zu gewinnen und zu speichern ist, muß die gewonnene Elektrizität sparsam eingesetzt werden. Wenn die Kraft des Windes wirklich von Nutzen sein soll, muß eine durchschnittliche Windgeschwindigkeit von 15 km pro Stunde vorherrschen, und zwar ohne längere Unterbrechungen mit geringerer Windstärke. Und sogar

Wieviel Energie?

Das Hauptproblem bei der Windnutzung ist, daß bei schwachem Wind sehr wenig Druck entsteht und bei Sturm ein nicht zu bewältigender Überdruck. Der Winddruck wächst mit dem Quadrat der Windgeschwindigkeit, d. h. wenn sich die Windgeschwindigkeit verdoppelt, verachtfacht sich die Druckkraft. Das bedeutet, daß ein sehr großes Windrad nötig ist, um auch aus einer schwachen Brise Energie zu gewinnen. Um es jedoch vor Sturmschäden zu bewahren, muß das Rad mit einem Drehgelenk befestigt sein, damit die Flügel aus dem Wind gedreht werden können. Eine andere Lösung sind bewegliche Segel oder Flügel, die im Notfall in Nullstellung gebracht werden können und dann als Luftbremse auf die Bewegung des Rotors wirken.

Abwandlung einer in Mittelmeerländern üblichen Segel-Windmühle, die Gärtnern auf Kreta zur Bewässerung dient und etwas verbessert wurde.

Dieses ganz aus Metall bestehende Windrad dient der Wasserförderung. Eine Leitfläche dreht das Windrad bei Sturm aus dem Wind.

Bei diesem deutschen Wasserpumpen-Windrad läuft das Lager des Rotors geschützt im hohlen Stahlmast. Bei Sturm drehen die Blätter in Nullstellung.

Diese Windmühle zur Stromerzeugung arbeitet mit nur drei aerodynamischen Rotorblättern. Sie lädt eine Anzahl von Batterien zur Abgabe von Schwachstrom.

dann muß die Energie in Batterien gespeichert werden, um 20 aufeinander folgende Tage mit schwachem Wind überbrücken zu können. Außer dem Windrad für den Antrieb des Elektro-Generators sind also Batterien erforderlich und ein Regler, um eine Überladung zu verhindern. Die gesamte Speicherkapazität muß betragen: 20 × durchschnittlicher Verbrauch in Ampere × durchschnittliche Verbrauchszeit in Stunden pro Tag, gemessen in Ampere-Stunden. Die Standard-Spannung für den Haushalt liegt gewöhnlich bei 220 V Wechselstrom und kann durch eine Serie von 12 Volt Gleichspannungs-Batterien mit Hilfe eines Wandlers erreicht werden. Als Alternative benutzt man eine geringere Batteriespannung direkt. Ein typischer, fabrikmäßig hergestellter 2 kW-Windgenerator wird vielfach zur Lieferung von 110 Volt benutzt, um eine Reihe hintereinandergeschalteter Batterien mit niedrigerer Voltzahl zu laden. So kann man jährlich 5000 kWh erzeugen.

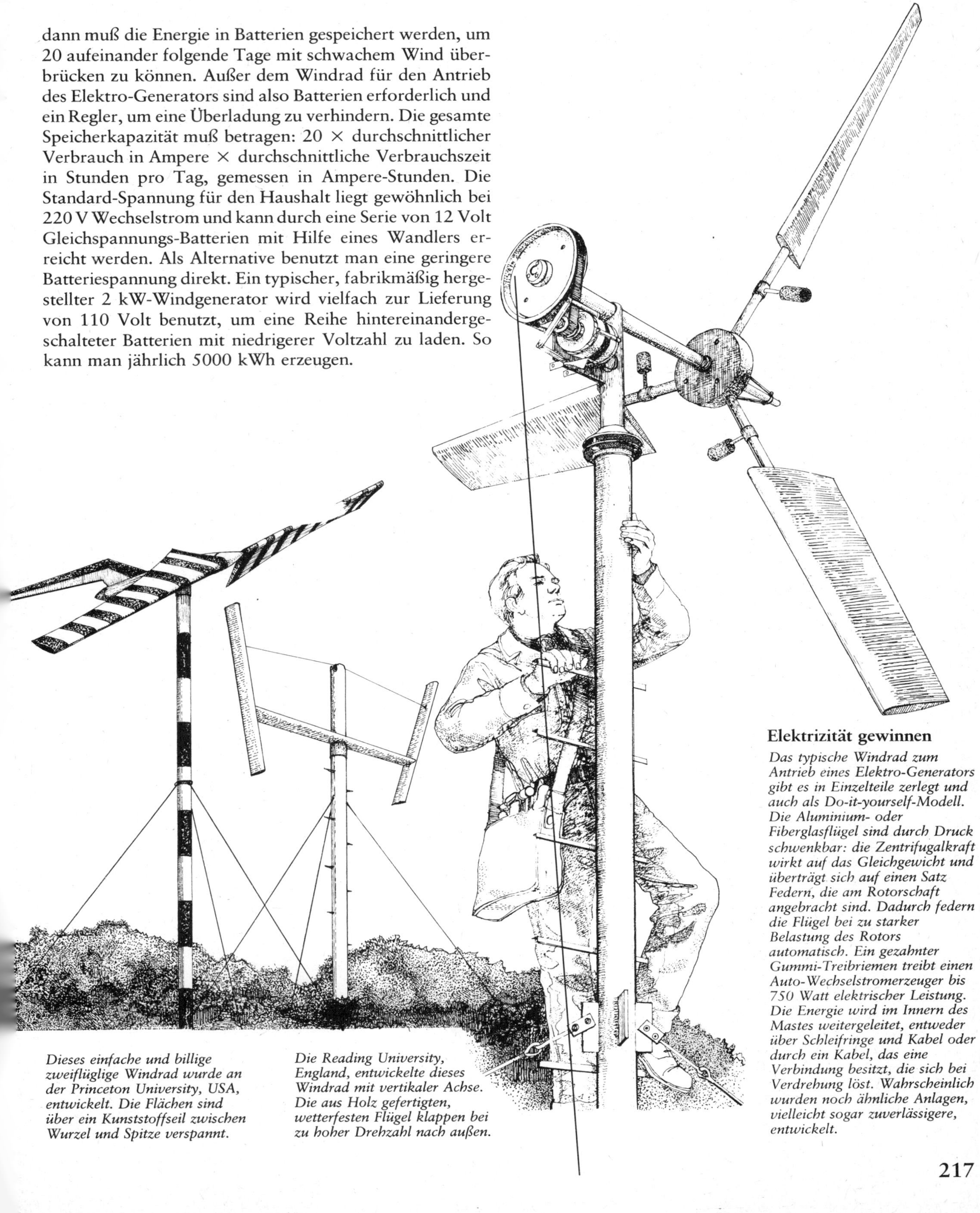

Dieses einfache und billige zweiflüglige Windrad wurde an der Princeton University, USA, entwickelt. Die Flächen sind über ein Kunststoffseil zwischen Wurzel und Spitze verspannt.

Die Reading University, England, entwickelte dieses Windrad mit vertikaler Achse. Die aus Holz gefertigten, wetterfesten Flügel klappen bei zu hoher Drehzahl nach außen.

Elektrizität gewinnen

Das typische Windrad zum Antrieb eines Elektro-Generators gibt es in Einzelteile zerlegt und auch als Do-it-yourself-Modell. Die Aluminium- oder Fiberglasflügel sind durch Druck schwenkbar: die Zentrifugalkraft wirkt auf das Gleichgewicht und überträgt sich auf einen Satz Federn, die am Rotorschaft angebracht sind. Dadurch federn die Flügel bei zu starker Belastung des Rotors automatisch. Ein gezahnter Gummi-Treibriemen treibt einen Auto-Wechselstromerzeuger bis 750 Watt elektrischer Leistung. Die Energie wird im Innern des Mastes weitergeleitet, entweder über Schleifringe und Kabel oder durch ein Kabel, das eine Verbindung besitzt, die sich bei Verdrehung löst. Wahrscheinlich wurden noch ähnliche Anlagen, vielleicht sogar zuverlässigere, entwickelt.

Brennstoff aus Abfall

In der ganzen westlichen Welt hat sich die Einstellung durchgesetzt, daß die sogenannten „Abfälle“ so schnell wie möglich und ohne Rücksicht auf die Kosten beseitigt werden müssen. Diese Haltung wird um so unverständlicher, je knapper die fossilen Energielieferanten auf der Erde werden. Aus den Ausscheidungen von Mensch und Tier kann ein brennbares Gas erzeugt werden.

Bei Methan handelt es sich um ein organisches Gas, das durch Gärung unter Luftabschluß (trockene Destillation) gewonnen wird. Mit anderen Worten: die organische Materie muß ohne Zufuhr von Sauerstoff zerfallen. Es ist erwiesen, daß der nach der Gasgewinnung übrigbleibende Schlamm als Dung besser als vorher ist, da ein Teil des Stickstoffs bei dem Prozeß in Ammoniak umgesetzt wird und dann in gebundener Form vorhanden ist, die von Pflanzen bevorzugt wird. Da das Methangas in der Qualität dem Erdgas nicht nachsteht, außerdem sicher und ungiftig ist, lohnt sich die Gewinnung aus menschlichen und tierischen Fäkalien.

Der bei der Eigengewinnung benutzte Fäulnisbehälter ist in erster Linie für die Verwertung dieser Fäkalien geeignet, und nur begrenzt für Pflanzenmaterial. Der bei der Gasgewinnung im Gärbehälter entstehende Schlamm ist wie gesagt ein hervorragendes Düngemittel. Ich halte es allerdings für besser, ihn zunächst über Stroh oder anderes pflanzliches Material zu gießen und nicht direkt dem Boden zuzuführen. Er wird dann weiter verrotten, diesmal allerdings an der Luft, gären und gleichzeitig die Bakterien aktivieren, die die in den Pflanzen vorhandene Zellulose zersetzen.

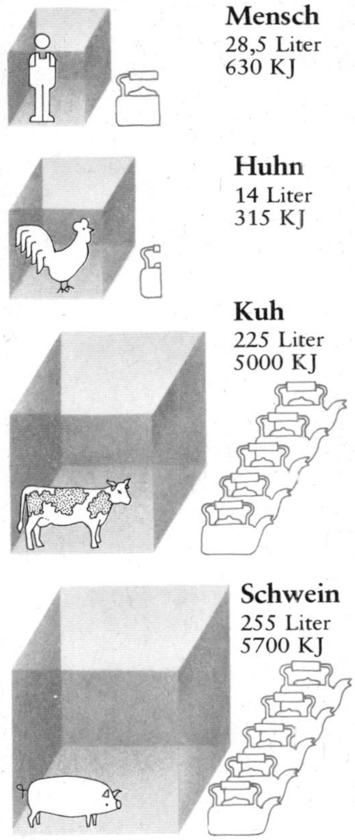

Wieviel Gas?

Das Diagramm zeigt, wieviel Gas aus den Ausscheidungen eines Tages gewonnen – und wieviel Wasser damit gekocht werden kann.

Methangas-Gewinnung

Der unten dargestellte Prozeß zeigt die Destillation organischer Abfallprodukte durch Bakterien-Aktivität in einem luftdicht verschlossenen Behälter. Tierische Fäkalien (ohne Stroh) werden mit Wasser vermischt täglich in den Vorratsbehälter 1 geschüttet. Der Inhalt fließt in das Destillationsgefäß, sobald das Ventil 2 geöffnet wird. Der die Schaumbildung verhindernde Rührer 3 hat an der Eintrittsstelle in den Behälter einen luftdichten Verschluß. Das Destillationsgefäß ist mit Stroh oder ähnlichem isoliert 4. Jede Neuzufuhr bewirkt, daß eine gleiche Menge Schlamm durch einen Überlauf aus dem Behälter in eine Auffangtonne 6 fließt. Die Destillation dauert etwa 14–35 Tage, abhängig von der im Gerät herrschenden Temperatur. Deshalb muß der tägliche Zugang etwa $1/14$–$1/35$ des Behälterinhalts betragen. Das Gas steigt in Blasen durch den Schlamm in den leeren Raum 5 und wird durch ein Ausströmrohr 7 in den Gasbehälter 8 geleitet. Eine wichtige Vorsichtsmaßregel ist die Montage einer feinmaschigen Feuersperre aus Kupfer oder Messing am Eintritt des Ausströmrohres in den Gasbehälter, um diesen für den Fall zu schützen, daß Luft in das Ausströmrohr gelangt und einen Feuerrückschlag verursacht.

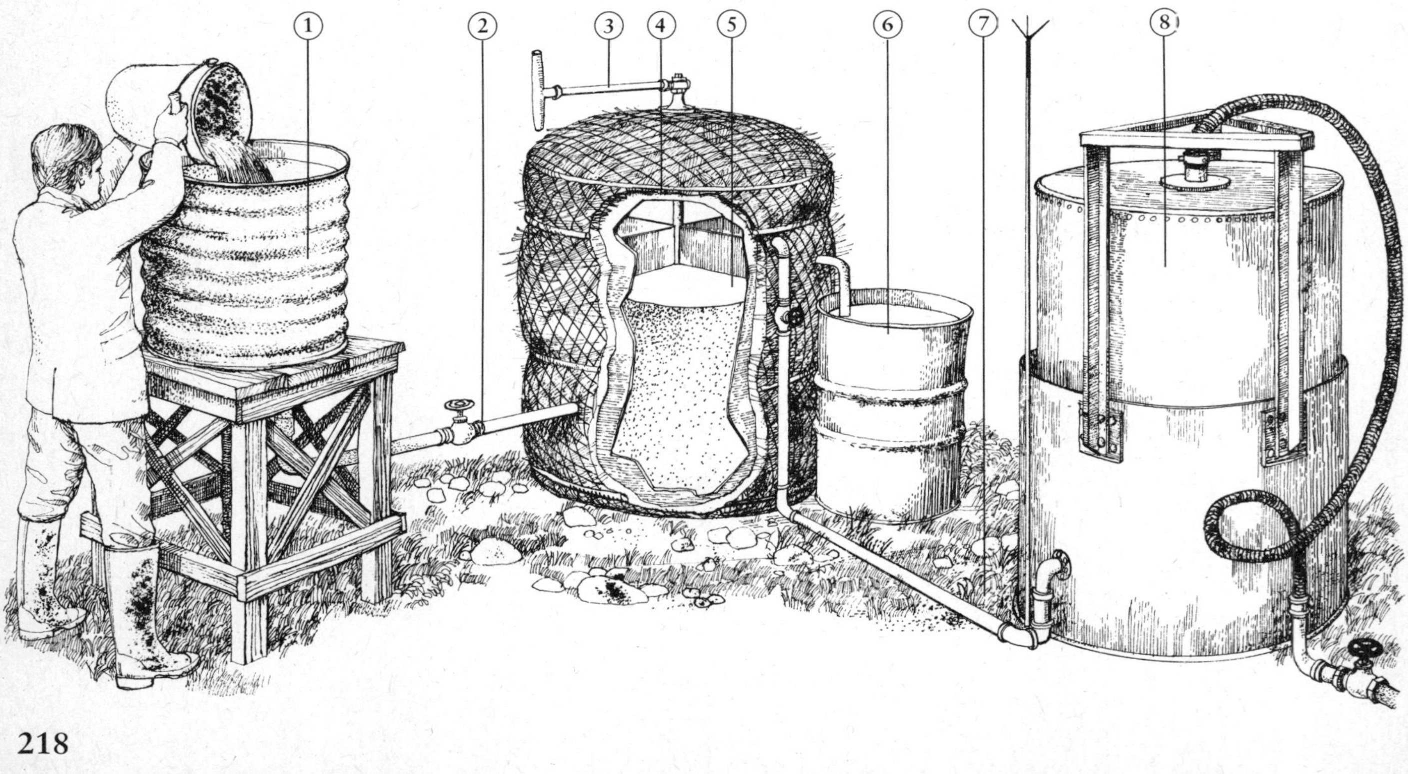

Handwerkliche Fertigkeiten

„Was auch immer deine Hände
zu tun finden, mache es mit
all deiner Kraft.“

Der Prediger Salomonis

Korbflechten

Du kannst einen Spaziergang auf dem Lande machen, nimmst ein Messer mit und kommst mit einem Korb zurück. Einjährige Schößlinge von Weiden, Flieder, Ulmen, Linden, Pappeln, Haselnußsträuchern oder jungen Eschen können für die vom harten, strahlenförmigen Mittelpunkt des Korbbodens ausgehenden Ruten verwendet werden. Weinstöcke, Schlingpflanzen und Dornstrauchgewächse wie Brombeeren, Schneebeeren, Geißblätter, Hartriegel und Waldreben können zum Weben der biegsameren, waagerechten Teile genommen werden. Hast du aber Korbweiden, also jene ein Jahr alten Ruten von besonders starken Rohrweiden, die extra für die Korbmacherei angepflanzt werden, zur Verfügung, arbeitest du natürlich mit diesen.

Harte Korbwaren

Um einen Korb zu flechten, mußt du zuerst den Boden machen. Lege sechs bis acht starke Ruten, die im rechten Winkel ineinandergreifen, zu einem Kreuz und umwebe dieses mit einem langen Flechtfaden, d. h. dünneren Ruten (siehe Zeichnung). Nach ein paar Runden schiebst du weitere Staken (die senkrechten Ruten) hinein, um die du dann die Flechtfäden bis zum oberen Rand webst. Dort mußt du einen Abschluß machen, also einen Rand flechten.
Zuletzt arbeitest du die Griffe. Sie bestehen aus einem Kern, einer langen Korbweide, und werden mit mehreren biegsamen Flechtfäden umwickelt (siehe Abbildung).

Weiche Korbwaren

Körbe können auch aus Schilfrohr, Binsen, Schilfgras und Gräsern gemacht werden. Schilfrohr und Binsen eignen sich am besten, da sie weich, kräftig, robust und lange haltbar sind. Sie sollten in der Mitte des Sommers geschnitten werden. Am besten fährst du mit einem Boot durch seichtes Wasser, schneidest die Pflanzen so tief wie möglich mit der Sichel ab und legst sie sorgfältig parallel zueinander in das Boot, so daß sie nicht brechen. Trockne die Binsen drei Wochen lang, wenn möglich im Schatten, da Sonne sie ausbleicht und ihr Aussehen beeinträchtigt. Bündele und binde sie in Garben.
Bevor du getrocknete Binsen verwendest, feuchtest du sie gut an und legst sie ein paar Stunden in eine Decke, damit sie weich werden. Dann flichst du immer drei Binsen zu einem Zopf und zwar so, daß die drei Teile nie zur gleichen Zeit zu Ende gehen, und du neue Binsen einflechten kannst.
Für einen Korb fertigt man zuerst einen flachen Boden. Dann arbeitet man in einem beliebigen Winkel weiter, bis man die gewünschte Höhe erreicht hat.

Der Korbmacher

Man kann Körbe aus Binsen, Schilfrohr, Weiden und Pflanzenschößlingen herstellen. In der gegenüberliegenden Abbildung werden Körbe aus Holz gefertigt. Wenn du ein Handwerk beherrschst, dann gibt es dir zwei wichtige Dinge: ungeheure Befriedigung und Waren zum Verkauf.

Ein harter Korb

Man braucht drei verschiedene Sorten von Ruten: acht kurze, starke Ruten für den Boden; eine Anzahl starker, biegsamer Ruten als Staken und einige Flechtfäden; das sind die langen, biegsamen Ruten, die waagerecht um die Staken geflochten werden. Die Staken sind etwa 20 cm länger als die beabsichtigte Höhe des Korbes. Die Flechtfäden können jede Länge haben, sollten aber mindestens für drei Runden ausreichen. Sie können in verschiedener Dicke genommen werden.

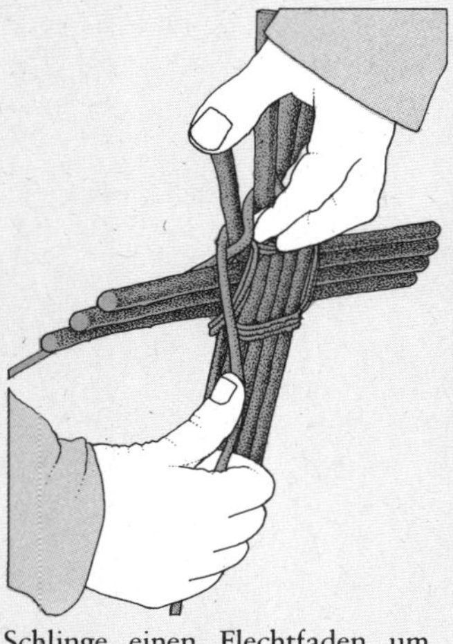

Schlinge einen Flechtfaden um eine Rute und webe ihn „paarweise" mit beiden Enden.

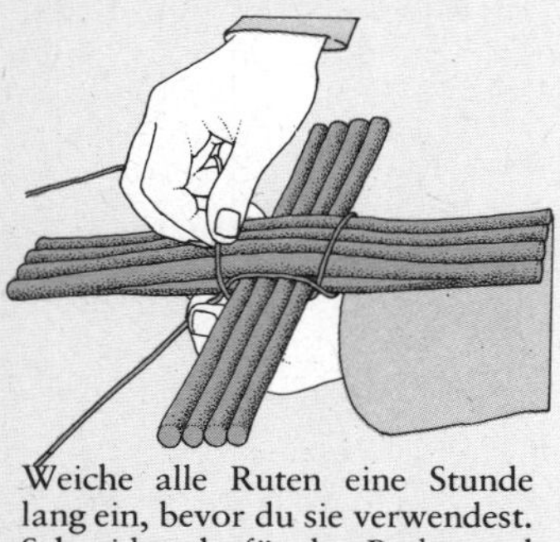

Weiche alle Ruten eine Stunde lang ein, bevor du sie verwendest. Schneide acht für den Boden und mache in vier von ihnen Schlitze. Stoße die anderen vier hindurch, um ein Kreuz zu bilden. Nimm einen 10 cm langen Flechtfaden, webe ihn dreimal um das Kreuz und schlage die Enden ein.

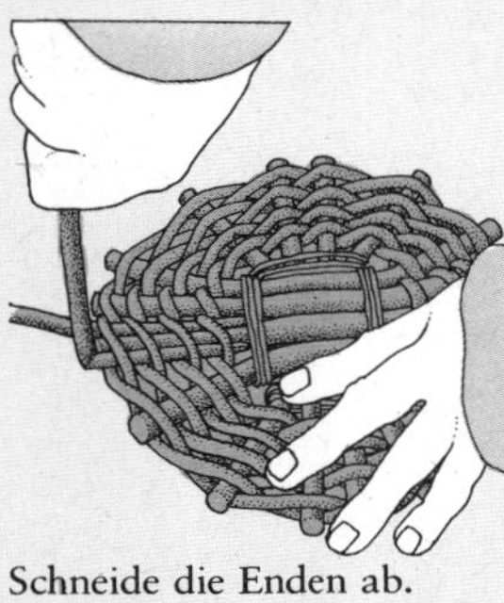

Schneide die Enden ab.

Stecke 31 Staken ein, eine zu beiden Seiten jeder Bodenrute, also zwei in einen Zwischenraum.

Nimm drei Fäden, halte sie hinter drei nebeneinanderliegende Staken und webe um zwei Staken jeweils mit einem Faden herum.

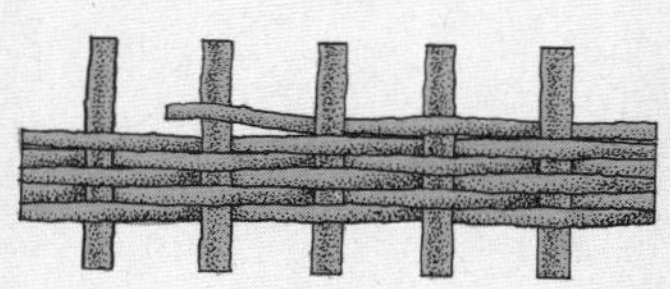

„Zäune" die Korbwand auf (oben). Nimm lange Fäden und webe vor und hinter jeder Stake. Beginne und ende mit dem Weben jeweils hinter den Staken.

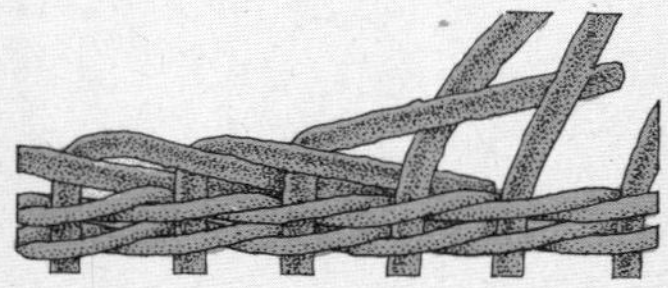

Schließe mit drei Reihen Fitzen ab (oben) und biege die Staken übereinander.

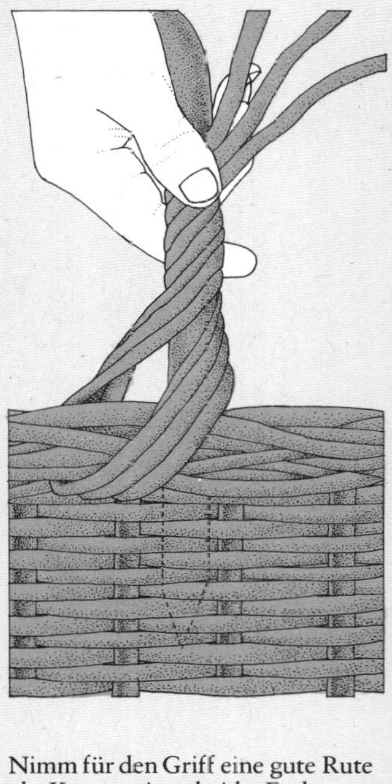

Nimm für den Griff eine gute Rute als Kern, spitze beide Enden an und stoße sie auf beiden Seiten des Korbes in die oberen Fitzen. Nimm drei dünne Flechtfäden und winde sie unter die Fitzen auf der einen Seite. Wickele sie um die Rute und schiebe sie dann auch auf der anderen Seite in die Fitzen.

Töpfern

Ton ist oft von Erde überlagert, so daß du auf ihm gehen oder leben kannst, ohne daß du es weißt. Sieh dort nach, wo Erde ausgegraben, ein Brunnen ausgehoben oder irgend etwas anderes gemacht wurde, das den Unterboden freilegt. Sieht dieser lehmig aus, ist er feucht, knetbar und hält er gut zusammen, dann ist es Ton.

Tonerde testen

Wenn du sie erst einmal gefunden hast, mußt du herausbekommen, ob sie geeignet ist. Feuchte ein Stückchen an, forme daraus ein Modell und laß es trocknen. Tritt nach dem Trocknen ein sichtbarer Belag auf, meistens weißliche Flecken, so enthält sie Alkali und ist nicht zu gebrauchen. Lege in einen mit einer 50%igen Salzsäure gefüllen Becher einen Tonklumpen. Schäumt er, dann ist zuviel Kalk darin, und du kannst ihn nicht verwenden. Ist er dunkelbraun oder schwarz und sehr klebrig, dann hat er zuviel Humus. Ton, der nahe der Erdoberfläche lagert, kann oft so sein.
Um die überaus wichtige Elastizität zu prüfen, rollst du etwas Ton in der Größe eines Bleistiftes und formst ihn zu einem Ring von etwa 2,5 cm Durchmesser. Wenn er nicht bricht, so ist er von guter Qualität.
Hat er einen zu hohen Sandgehalt, kann man ihn nur schwer modellieren oder auf der Töpferscheibe bearbeiten. Mische dann fetteren und weniger sandhaltigen darunter.

Mischen und Reinigen

Wenn man Tonerde mischen will, so muß man daraus mit Wasser eine breiige Masse herstellen. Wirf den Ton in einen Behälter mit Wasser (gieße dieses nicht darauf) und mische beides. Du kannst das mit der Hand, einer Schaufel oder einer speziellen Mischmaschine machen. Den geschlämmten Ton nennt man „Schlicker". Dieser wird zum Reinigen durch ein Sieb gegossen. Nimm für normales Töpfergut ein Sieb mit ca. 60 Maschen auf 2,5 cm und eines mit hundert Maschen für Porzellan. Wenn du zwei oder mehr Tonsorten mischen willst, so setze sie zunächst als Schlicker an und mische sie dann.
Im nächsten Arbeitsgang wird das Wasser wieder entfernt. Am einfachsten ist es, den Schlicker für einige Tage in dem Behälter zu lassen, bis er sich auf dem Boden abgesetzt hat. Dann saugst du das Wasser so ab, wie der Kelterer den Wein abfüllt. Mit einer Filterpresse kannst du das Restwasser herausholen. Steht dir eine solche nicht zur Verfügung, legst du die Masse einfach in unglasierte Tonschüsseln und stellst sie an einen Platz mit viel Zugluft. Die saugfähige Töpferware nimmt das Wasser auf, das dann wiederum verdunstet. Nach einigen Tagen ist der Ton bearbeitungsfähig.

Ton vorbereiten

Wenn du viel Glück hast, findest du Ton, den du nicht zu mischen brauchst. Die ganze Arbeit besteht dann darin, ihn auszugraben und an der Luft zu trocknen oder ruhen zu lassen. Jeder Ton wird besser, wenn er auch nur zwei Wochen lagert. Dann mußt du ihn mit Wasser mischen und anschließend „kneten", d. h. du kannst z. B. mit deinen Füßen darauf herumtreten. Schließlich wird er auf einem Brett durchgearbeitet, indem du ihn reichlich knetest, rollst, zerschneidest und wieder zusammenfügst.

Die Töpferscheibe

Die Erfindung der Töpferscheibe war der große Durchbruch in der Tonbearbeitung, und es gibt bis heute auch keinen Ersatz für sie. Man „wirft" einen Tonklumpen auf die Scheibe und drückt ihn mit beiden Händen in die Mitte, während sich die Scheibe dreht. Du formst ihn mit den Handflächen, den Fingern, mit Werkzeug usw. zu einem Gefäß. Dann nimmst du dieses herunter, normalerweise wird es mit einem Stück Draht abgeschnitten, und stellst es zum Trocknen beiseite. Später setzt du es erneut auf die Scheibe und klebst es mit etwas Wasser an. Drehe es und glätte rauhe Stellen mit einem stählernen Schneidewerkzeug, einmal, wenn der Topf richtig herum, ein zweites Mal, wenn er auf dem Kopf steht.

Eine Töpferscheibe bauen

In manchen Ländern verwendet man noch immer das Rad eines Holzkarrens oder eines Wagens als Töpferscheibe, und das kannst du auch machen. Du montierst dieses Rad waagerecht dicht über dem Boden, im Idealfall auf einem kurzen Stück der Originalachse. Bohre in die Lauffläche oder in eine Speiche ein Loch. Stecke einen Stock durch und drehe das Rad. Da es sehr schwer ist, hat es ein eigenes Drehmoment, so daß du die Hände zum Arbeiten frei hast.
Auch eine anspruchsvollere Töpferscheibe kann selbst gebaut werden. Als Schwungscheibe nimmst du eine Scheibe aus Beton mit etwa 70 cm Durchmesser, 10 cm hoch, mit einer 2,5 cm dicken und 80 cm langen Achse, die durch sie hindurchgeht. Das Ende der Achse sollte etwa 10 cm vorstehen, einige Stahlstäbe (etwa 10 mm stark) sollten strahlenförmig an die Achse geschweißt und als Armierung im Beton verankert werden. Auf dieser Schwungscheibe arbeitest du aber nicht. Baue dann ein tischhohes, hölzernes Gestell mit zwei Lagern für die Achse, eines in 60 cm Höhe dicht unter der eigentlichen Töpferscheibe, ein zweites am Boden, um den Fuß der Achse zu halten. Dieses Gestell sollte auch einen Sitz für dich und einen Tisch für den Ton haben. Füge das Betonrad und die Achse in das Gestell ein, dann fertigst du die Töpferscheibe.
Schmiede (s. S. 238) oder schweiße eine Stahlscheibe mit ungefähr 1 cm Dicke an eine Stahlnabe (ein kleines Stück eines Wasserrohres reicht). Stecke dieses oben auf die Achse und schmiede oder schweiße es an. Jetzt brauchst du dich nur noch hinzusetzen und das Betonrad mit deinen Füßen in Bewegung bringen. Da es sehr schwer ist, hat es ein sehr großes Drehmoment.

Das Brennen

Das Brennen ist nötig, um den Ton zu härten. Normalerweise kann man zwei Brennverfahren anwenden: das Biscuit-Brennen, wobei die Ware zweimal gebrannt wird, einmal unglasiert und einmal glasiert, und das Glasurbrennen.

Töpfe von der Härte eines Blumentopfes kann man auch in einem großen Gartenfeuer brennen, obwohl man sie so natürlich nicht glasieren kann. Lege einen großen Kreis aus abgelagertem Feuerholz auf den Boden, in die Mitte deine Töpferarbeiten, und einen Kegel aus Holzstücken darüber. Zünde das Holz an. Nimm die Töpfe aus der Asche, wenn sie abgekühlt sind.

Herkömmliche Brennöfen sind „Abzugs"-Öfen (siehe Zeichnung), und wenn du mauern kannst, baust du dir einen solchen selbst. Öfen, die den Abzug unten haben, sind etwas modernere Entwicklungen und ein bißchen schwerer zu fertigen. Sie werden so gebaut, daß die Hitze des Feuers zuerst an die Töpfe gelangt, bevor sie durch den Schornstein abziehen kann. So können wesentlich höhere Temperaturen erreicht werden. Die Temperatur kann Erfahrungssache sein oder wird mit Pyrometern oder Kegeln gemessen.

Diese Kegel bestehen aus einer Mischung von verschiedenen Lehmsorten. Sie werden im Ofen aufgestellt und zeigen die Temperatur dadurch an, daß sie umkippen, wenn ein bestimmter Hitzegrad erreicht worden ist. Wenn du sie verwenden willst, mußt du ein Guckloch in den Ofen bauen.

Das Glasieren

Glasur ist eine Mischung aus Kieselsäure, einem „Zuschlag", der meistens ein Metalloxyd ist, und Tonerde. China-Lehm ist hier die gebräuchlichste Form. Die Kieselsäure schmilzt, erstarrt beim Erkalten und umschließt den Gegenstand mit einem Glasmantel. Der Zuschlag hilft beim Schmelzen, senkt den Schmelzpunkt der Kieselsäure und erhält die Farbe. Tonerde macht die Glasur dickflüssig, so daß sie nicht am Topf herunterläuft, wenn sie aus dem Ofen kommt.

Du kannst Glasuren selbst herstellen. Du mußt die Zutaten sehr fein mit einem Stößel und einem Mörser oder in einer Walzmühle zerkleinern. Eine Rohglasur kann bestehen aus: 31 Teilen (Bleich-)Soda, 10,5 Teilen Schlämmkreide, 12 Teilen Flint (SiO_2) und 55,5 Teilen Feldspat. Zerkleinere alles, mische es und gieße es durch ein Sieb mit 100 Maschen auf 2,5 cm, was einem Stück feinem Leinentuch entsprechen würde. Es gibt Hunderte von Glasuren, am besten besorgst du dir Fachliteratur und probierst einige aus.

Vorarbeiten

Laß frisch ausgegrabene Tonerde für mindestens zwei Wochen ablagern. Knete sie dann, damit die Luft herausgeht. Am einfachsten ist es, den Ton mit Wasser zu mischen und dann darauf herumzutrampeln.

Nimm einen Draht und schneide damit ein Stück von deiner Modelliermasse ab.

Bearbeite den Ton, um eine weiche, homogene Masse herzustellen, frei von Luftblasen und Fremdkörperchen wie Steinstückchen und grober Sand. Du kannst ihn genauso bearbeiten, als wenn du einen Brotteig kneten würdest. Rolle den Ton mit beiden Händen zu dir hin, drücke ihn auseinander und wieder zusammen. Wenn du zwei Tonarten mischst, dann knete so lange, bis die Masse eine gleichmäßige Farbe hat.

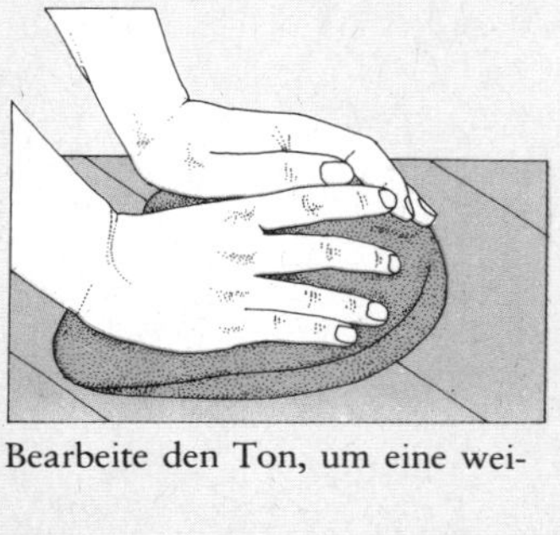

Abschlußarbeiten

Die meisten Glasuren werden nach dem ersten Brennen, dem Biscuit-Brennen, aufgetragen. Die gebräuchlichste Methode ist, den Topf in eine Mischung aus pulverisierter Glasur und Wasser zu tauchen, man braucht aber Übung, um Fingerabdrücke zu vermeiden.

Ein stabiler Abzugsbrennofen

Man kann Brennöfen bekommen, die mit Strom, Gas oder Öl betrieben werden, aber ein mit festem Heizmaterial arbeitender Brennofen kann vollkommen gleichwertig sein, und man kann ihn aus ganz normalen Ziegelsteinen selbst bauen. Abzugsbrennöfen sind am einfachsten. Unten ist die Brennkammer. Wenn man mit Holz heizt, so kann man es auf den Boden legen, aber Kohle und Koks sollten auf stählernen Rosten verbrannt werden, so daß die Asche hindurchfallen kann. Die Gefäßkammer baust du direkt über das Feuer, indem du ein System aus Regalen fertigst, und zwar aus feuerfesten Ziegelsteinen und stählernen Rosten. Baue ein Guckloch ein, so daß du den Brennvorgang beobachten kannst. Wenn du den ganzen Ofen fest genug mauerst, kann der Schornstein direkt über der Brennkammer liegen.

Handtöpfern

Zunächst brauchst du ein fundiertes Wissen über Ton als Werkstoff: Was passiert, wenn er bearbeitet wird; was, wenn er trocknet; was, wenn er gebrannt wird? Diese Grundkenntnisse eignet man sich am besten an, wenn man einige Gefäße in Handarbeit herstellt, bevor man zur Töpferscheibe übergeht. Viele Töpfer ziehen diese Arbeitsweise sogar vor, weil sie dann unregelmäßige Formen entwerfen können.

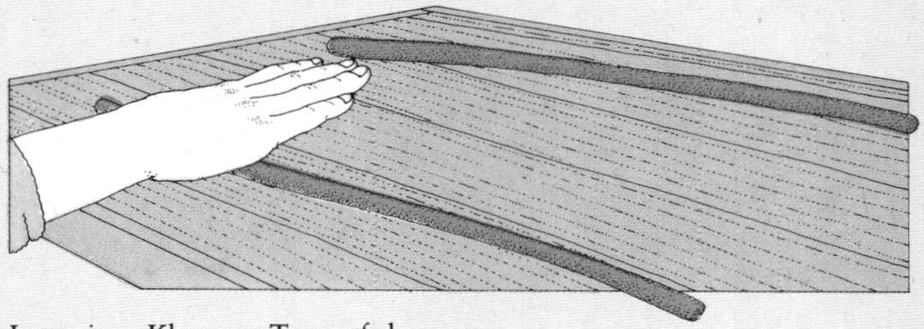

Lege einen Klumpen Ton auf den Arbeitstisch, rolle ihn mit leichtem Druck vor- und rückwärts, bis du eine etwa 23 cm lange Wurst von ungefähr 1 cm Dicke hast.

Aufbaukeramik

Man kann einfache Töpfe herstellen, indem man lange Tonwürste rollt und sie in Formen legt, wie immer man sie haben will. Dabei muß jede Runde fest an die vorhergehende gedrückt und die Seiten sorgfältig geglättet werden. Mit viel Geduld kann der Topf am Ende genauso schön wie jeder andere von der Töpferscheibe sein.

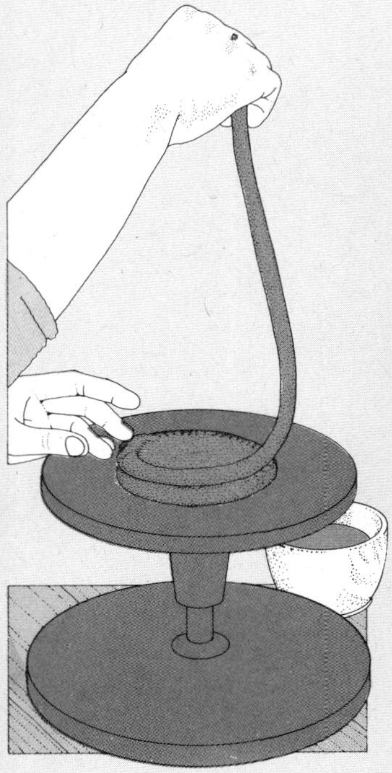

Mische Ton und Wasser zu Schlicker. Streiche etwas davon mit einer Zahnbürste auf die Ränder des Bodens, damit die Wurst besser klebt. Lege diese auf und drücke sie an der Innen- und Außenseite an.

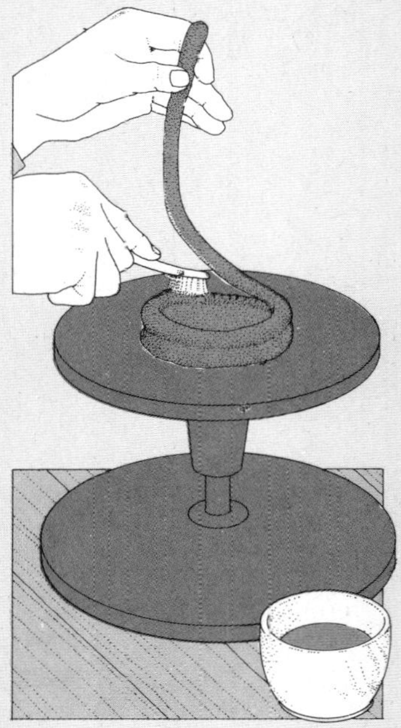

Beim Ansatz einer neuen Runde trägst du noch etwas Schlicker auf. Festige diese Stellen, indem du den Lehm an der Außenseite nach unten und an der Innenseite nach oben drückst. Wenn du eine neue Tonwurst ansetzen willst, schneidest du die alte und die neue schräg ab und fügst sie mit reichlich Schlicker zusammen.
Du kannst die Arbeit nach Belieben abschließen. Wenn du die wellige Oberflächenstruktur magst, dann belasse die Außenseite so, wie sie ist. Aber es lohnt sich, die Innenseite auszugleichen, um sie dann besser reinigen zu können.

Aufbaukeramik formen

Eine Drehscheibe ist eine große Hilfe. Anstatt die Tonwurst um den Topfboden zu legen, kannst du sie festhalten und den Boden drehen. Beginne mit einer Tonkugel und drücke sie zu einer 1 cm dicken, runden Platte auseinander. Glätte die Oberfläche mit einem Messer und schneide mit Hilfe eines Tellers einen richtigen Kreis. Nimm ein Modellierholz, um das Bodenstück anzurauhen, so daß die Tonwurst besser haften kann.

Zusammengesetzte Gefäße

Diese Methode eignet sich für Töpfe mit glatten Oberflächen, insbesondere für Schalen.
Alles was man braucht sind zwei Leisten und ein Rundholz, um den Ton auszurollen, aus dem die einzelnen Teile des Gefäßes ausgeschnitten werden. Willst du aber einen Topf fertigen, der nicht rechteckig ist, dann machst du eine Reihe von Papierschablonen und schneidest mit ihrer Hilfe die Teile aus.

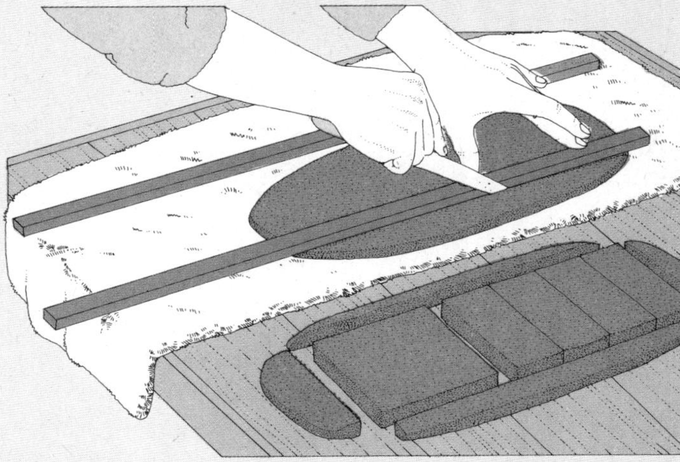

Ein rechteckiger Topf

Decke die Arbeitsfläche mit Stoff ab, um das Festkleben des Tons zu verhindern: ein alter Sack ist ideal. Lege einen großen Klumpen Ton auf den Sack und drücke ihn mit der Faust auseinander. Nimm zwei Leisten in der gewünschten Dicke der Platten, 1 cm ist Durchschnittsmaß, berücksichtige aber den Schrumpfungsprozeß. Lege sie zu beiden Seiten des Tons, so daß du dein Rundholz quer darüberführen kannst. Dann rollst du den Ton flach aus.

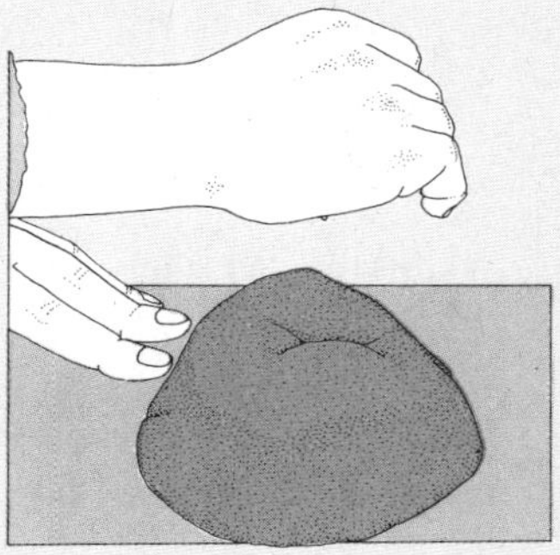

Schneide das Bodenstück und die vier Seitenteile, indem du als Hilfsmittel die Leisten oder ein Lineal benutzt. Laß die Teile ruhen, bis sie lederhart sind. Drehe sie dabei aber um, sonst trocknet die eine Seite mehr als die andere aus. Rauhe die Kanten mit dem Modellierstab an.

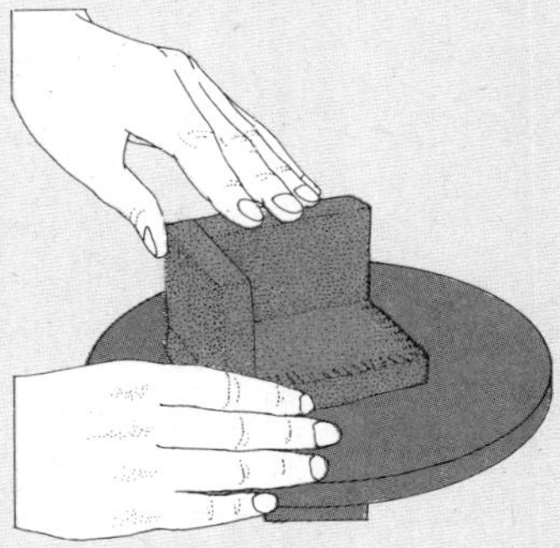

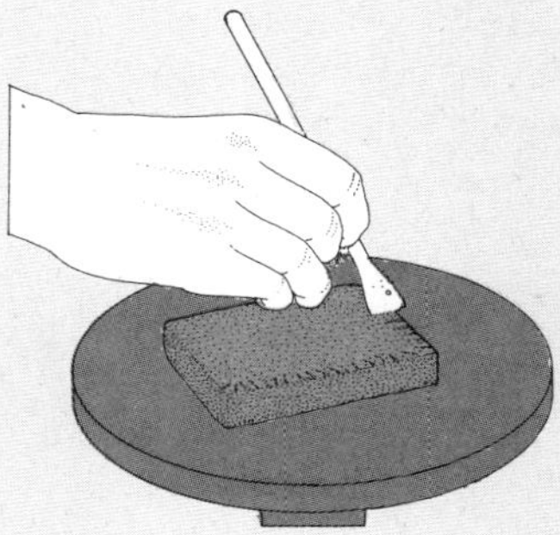

Streiche die Kanten mit Schlicker ein und setze die Seitenteile darauf; nimm Schlicker auch für die vertikalen Verbindungen. Wenn du einen großen Topf machst, dann verstärke die Innenkanten mit Tonwürsten. Schneide den oberen Rand gerade und glätte die Seiten.

Frei modellieren

Diese Töpfe werden nur mit den Händen geformt, wenn auch ein Messer und eine Drehscheibe für einen saubereren Abschluß der Arbeit nützlich sind. Man nimmt ein ausgehöhltes Holzstück, in das man den Ton legt, und dann drückt man die Faust hinein. Drehe das Ganze und forme so mit der Faust einen Topf. Oder man arbeitet wie unten beschrieben.

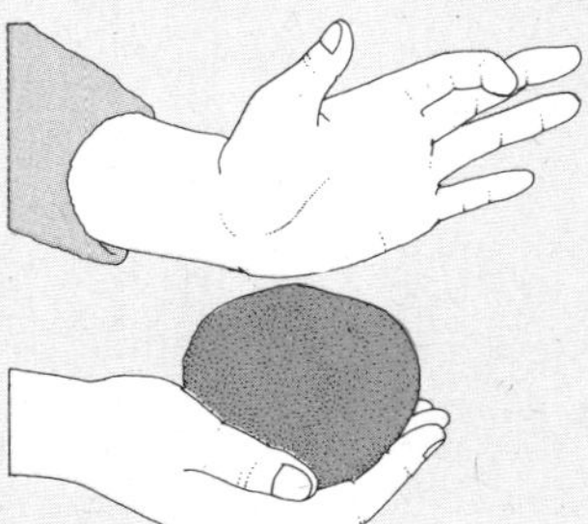

Frei geformter Topf

Rolle einen kleinen Klumpen Ton in deinen Händen zu einem glatten Ball.

Nimm ihn in eine Hand und drücke mit dem Daumen der anderen Hand ein Loch hinein, zuerst nicht zu tief.

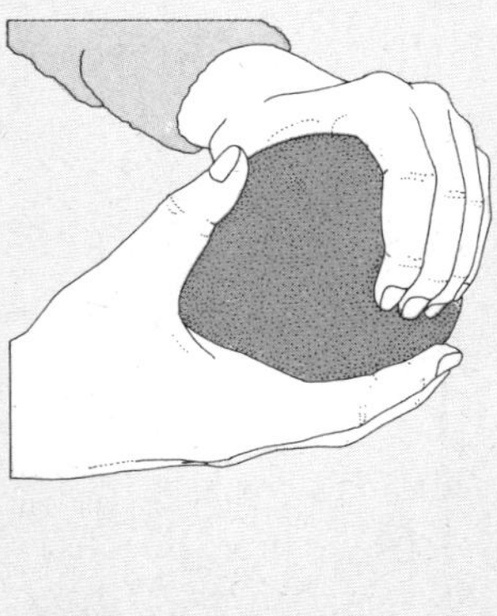

Laß deinen Daumen in dem Ton und beginne den Ball langsam in der Hand zu drehen. Vergrößere das Loch nach und nach mit dem Daumen, indem du den Lehm auseinanderdrückst (wie rechts gezeigt), aber schiebe den Daumen zur gleichen Zeit auch tiefer hinein. Der Druck von Daumen und Fingern muß gleichmäßig sein und verringert werden, je dünner die Wand des Topfes wird. Wenn die gewünschte Stärke erreicht ist und sich die Oberfläche glatt anfühlt, dann stellst du den Topf auf die Drehscheibe, drehst ihn langsam herum und schneidest den oberen Rand mit einem Messer gerade ab (wie unten gezeigt). Laß ihn gut austrocknen, glasiere und brenne ihn auf die gewohnte Weise.

Wolle spinnen

Eine Wolle sollte in Hinsicht auf die geplante Arbeit ausgesucht werden, denn die Haare der einzelnen Schafrassen sind in Faserlänge und Struktur unterschiedlich. Langfasrige Wolle eignet sich für Handspinner am besten. Rauhhaarige ist gut für Tweedstoffe und Decken, feine für weiche Materialien wie Kleiderstoffe, wenngleich es hierbei keine festen Regeln gibt.
Um die Rohwolle, so wie sie vom Schaf kommt, in verwebbares Garn zu verwandeln, beginnt man normalerweise mit dem Krempeln (siehe Zeichnung). Man entfernt dadurch gröberen Schmutz wie Kletten oder Stroh. Dann wird die Wolle kardätscht und zu einer Flocke gerollt, die spinnfertig ist. Gesponnen wird mit einem Spinnstock, einer Spulspindel oder dem Spinnrad, wobei das Prinzip immer das gleiche ist: man zieht Fasern aus einer Flocke und dreht sie zu einem langen Faden. Das so gefertigte Garn kann man zum Weben oder Knüpfen verwenden. Bei dem Spinnrad läuft ein Seil, das als Treibriemen arbeitet, über zwei verschieden große Scheiben, über Spule und Spinnflügel, die dadurch mit unterschiedlicher Geschwindigkeit laufen. Die Spule dreht sich schneller, zieht praktisch den gesponnenen Faden und wikkelt ihn auf.

Vorspinnen
Ein Freund von mir trägt die schönsten und wärmsten Kleidungsstücke, die er nur aus Wolle und mit keinen anderen Werkzeugen als mit fünf Stöcken und einer Nadel macht. Auf einem Stock spinnt er die Wolle und auf den anderen vier webt er sie. Es ist auch möglich, Wolle ohne vorheriges Kardätschen zu spinnen. Statt dessen muß man sie vorspinnen, was allein mit den Händen möglich ist. Man nimmt dazu etwas gekrempelte Wolle in die linke Hand, gibt ein bißchen zwischen Daumen und Zeigefinger frei und zieht dann mit der rechten Hand einen zusammenhängenden Faden heraus, aber vorsichtig, damit er sich nicht auflöst oder bricht. Das Ganze ist gar nicht so leicht.
Wenn du auf diese Weise die ganze Wolle in die Länge gezogen hast, nimm sie doppelt und beginne von Neuem immer wieder, bis die Fasern einigermaßen parallel zueinander liegen und gut durchgekrempelt sind. Die so bearbeitete Wolle kannst du nun verspinnen.

Garntypen
Zum Weben brauchst du einfach gedrehte Wolle. Die Kettfäden sollten recht fest gesponnen sein, was beim Schußfa-

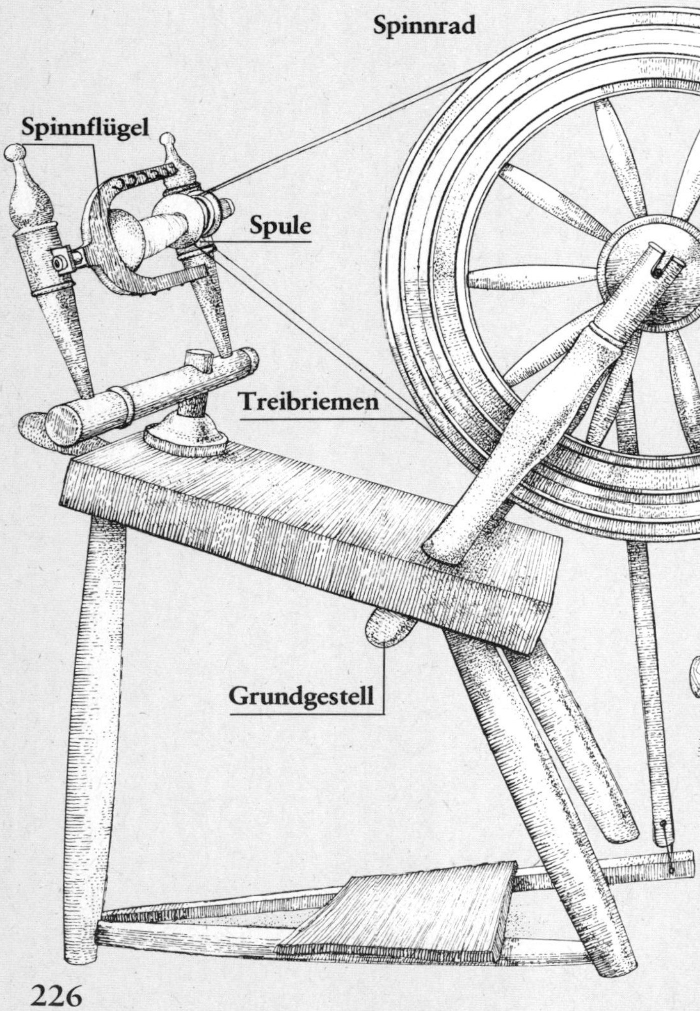

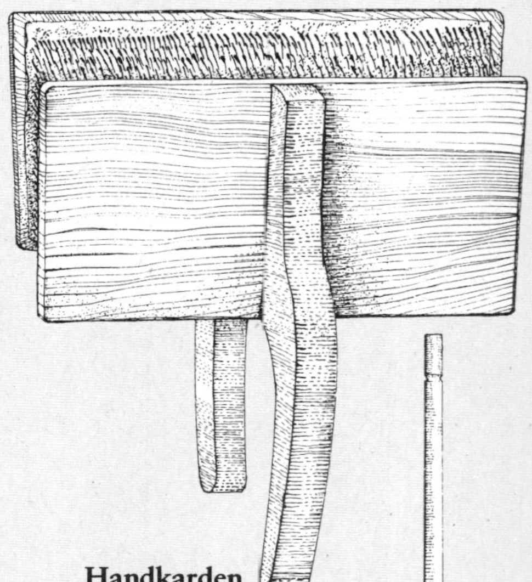
Handkarden

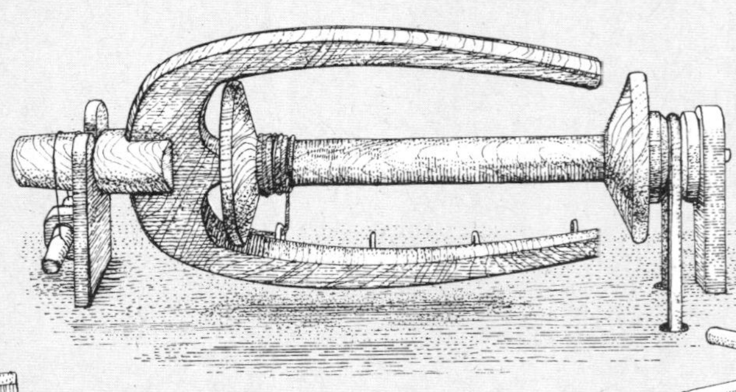
Spulspindel

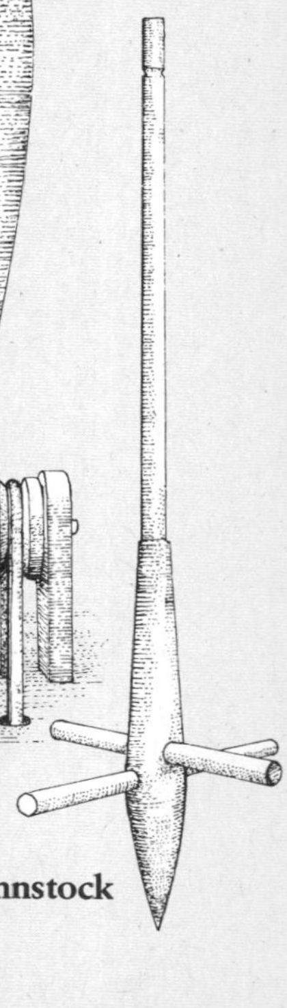
Spinnstock

den nicht so notwendig ist. Wenn du Garn zum Knüpfen verwenden willst, nimm es doppelt. Setze dazu zwei volle Spulen auf einen Spulenhalter (zwei senkrechte, auf ein Brett montierte Stäbe erfüllen den gleichen Zweck), fasse die beiden Garnenden zusammen, befestige sie an der Spule des Spinnrads, lege sie um den Spinnflügel und drehe das Rad rückwärts bzw. von links nach rechts. So entsteht zweifach gedrehte Wolle. Für dreifache machst du das gleiche mit drei Fäden.

Baumwolle

Baumwolle wird oft „gewolft“, bevor sie kardätscht wird, d. h. sie wird in eine Bänder-Hängematte gelegt und mit federnden Weidenruten geschlagen. Die Erschütterungen entstauben und reinigen die Baumwolle sehr gründlich. Dann wird sie wie Wolle kardätscht; es ist aber hier einfacher, weil die Fasern viel kürzer sind.
Spinne sie auch wie Wolle, aber nimm deine Hände dichter zusammen, tritt schneller und halte die Baumwolle mit Daumen und Zeigefinger nicht zu fest, da sie sonst knickt. Angorawolle ist wunderbar, und wenn du sie bekommen kannst, behandelst du sie genau wie Baumwolle.

1
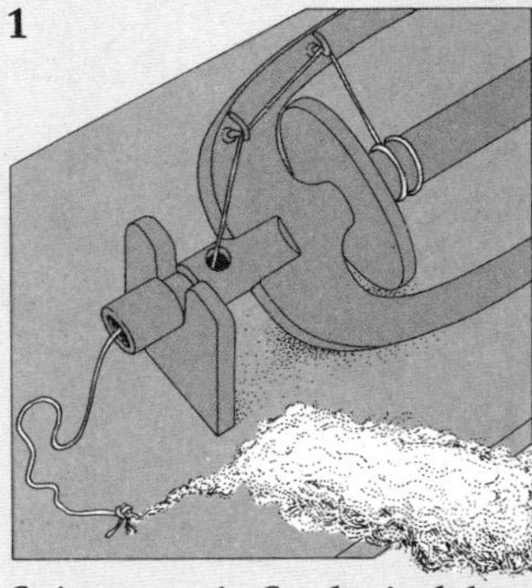

2
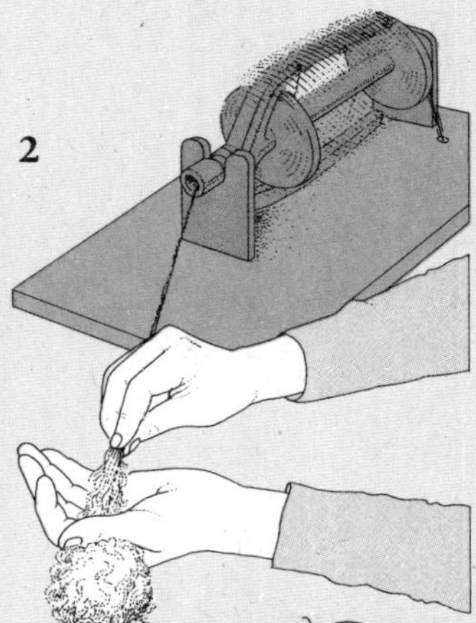

3
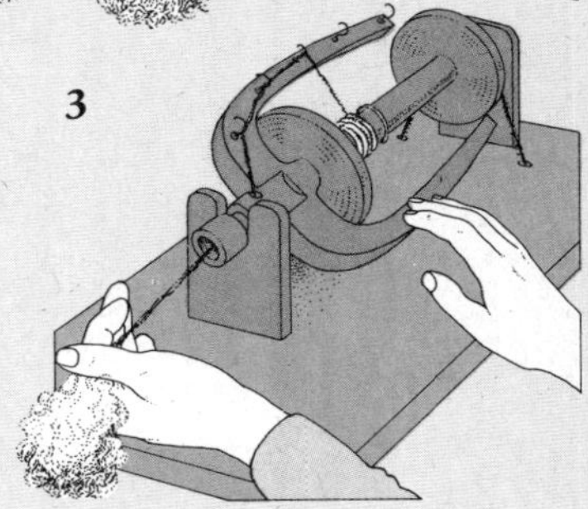

Spinnen mit Spulspindel

1 Binde einen Faden um die Spule, lege ihn über den ersten Haken, ziehe ihn durch und befestige ihn an einer Flocke. 2 Setze das Gerät in Bewegung und ziehe ungesponnene Wolle mit der rechten Hand aus der linken. 3 Hast du ein gutes Stück gesponnenen Faden, hörst du auf zu treten und legst den Faden um den nächsten Haken, während du den Flügel festhältst.

1

2
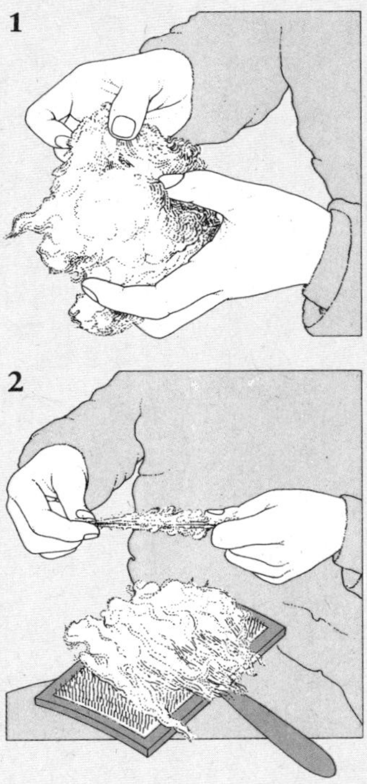

3

4

5
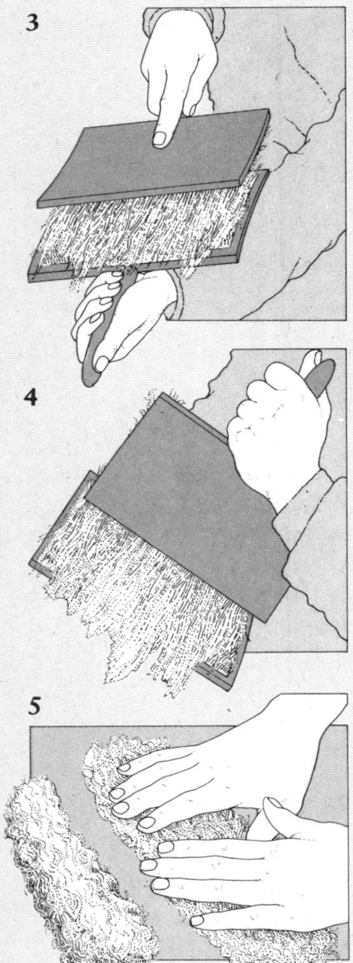

Krempeln und Kardätschen

1 Nimm Rohwolle und ziehe kleine Stücke heraus. 2 Lege gekrempelte Locken gleichmäßig über die linke Karde. 3 Streiche mit der rechten über die linke Karde, bis die Fasern gut gekämmt sind. 4 Bringe die Fasern von der linken zur rechten Karde. Kardätsche und wechsele ungefähr fünfmal. 5 Mache eine Flocke.

1

2
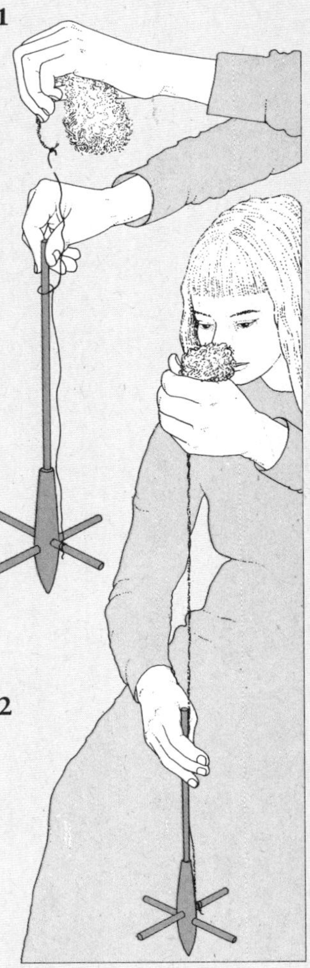

3

4
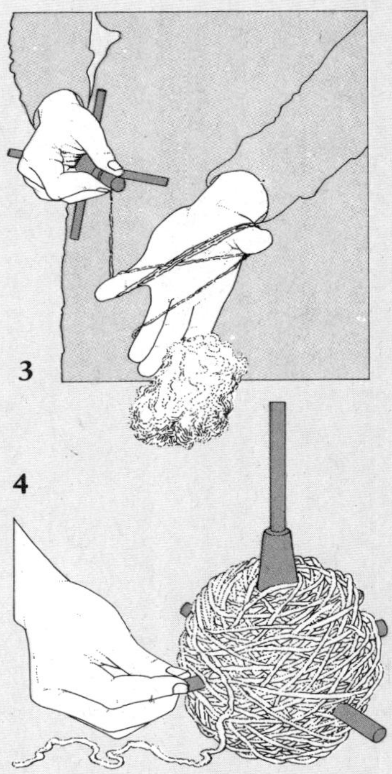

Spinnen mit Spinnstock

1 Befestige Garn an dem Spinnstock, schlage es einmal um den Griff und verknote es mit der Flocke. 2 Drehe den Spinnstock. Ziehe ungesponnene Wolle aus der linken Hand. 3 Wenn der Spinnstock den Boden erreicht hat, wickelst du die Wolle um deine Finger, dann zurück auf den Spinnstock. 4 Wenn du fertig bist, ziehst du die Pflöcke heraus.

Färben und Weben

Färben

Das Färben des Garnes in Strängen ist für den Selbstversorger am besten, bevor es verwebt wird. So ist es möglich, eine gleichmäßige Verteilung des Farbstoffes zu erreichen.
Natürliche Farbstoffe werden im allgemeinen nur natürliche Materialien färben und keine synthetischen Stoffe. Aber wenn sie zusammen mit den richtigen Beizmitteln gebraucht werden, färben sie fast jede pflanzliche oder tierische Faser gut und waschecht ein. (Beizmittel sind Chemikalien, die sich in Stoffen festsetzen und die Farbe haltbar machen.) Anilinfarbstoffe, die aus Teer hergestellt werden, und andere chemische Substanzen reichen in der Farbqualität und Leuchtkraft nie an die natürlichen Farbstoffe heran.
Einige aus Pflanzen gewonnene Farbstoffe brauchen keine Beizmittel, die meisten aber doch. Die Beizmittel kannst du selbst herstellen oder kaufen, und zwar sind das Essig, Ätznatron und Ammoniak. Um aber eine breitere Farbpalette zu bekommen, brauchst du Substanzen wie Weinstein (Kaliumbitartrat), Alaun, Chrom (Kaliumdichromat), Zinnchlorür und Eisensulfat. Alaun ist am hilfreichsten.
Zum Beizen mit Alaun erhitzt du 18 Liter Wasser, löst in etwas Wasser 120 g Alaun und 30 g Kaliumbitartrat und gibst dies zu den 18 Litern.
Tauche 500 g saubere (gewaschene) und getrocknete Wolle in Strängen hinein und koche sie unter gelegentlichem Umrühren für eine Stunde. Dann nimmst du sie heraus und drückst sie leicht aus.
Um den Pflanzenfarbstoff herzustellen, zerschneidest du die Pflanzen in kleine Stücke, läßt sie über Nacht in kaltem Wasser liegen und kochst sie dann für eine Stunde. Füge nach Bedarf mehr Wasser zu. Man braucht 18 Liter Farblösung für 500 g Wolle. Tauche die nasse, gebeizte Wolle in Farbe, die warm sein sollte. Laß sie etwa eine Stunde darin liegen und rühre sie gelegentlich sehr vorsichtig um. Dann nimmst du die Wolle heraus und läßt sie abtropfen.
Einige Pflanzen mit starken Farbstoffen sind nachfolgend aufgelistet, aber auf diesem Gebiet kann man eine endlose Zahl von Experimenten machen.
Gelb Die Rinde von Eschen, Holunder, Ziegeldorn, Apfel-, Birnen- und Kirschbäumen; Blätter und Triebe von Geißklee und Stechginster; Ligusterblätter; Zwiebelhäute (noch nicht zu stark von der Sonne ausgebleicht); Dotterblumenblüten; Goldruten; Pyramidenpappelblätter; Maiglöckchenblätter; Gagelstrauchblätter; Kamillenblüten; Kiefernzapfen; Spindelbaumsamen (Pfaffenhütchen).
Grün Holunderblätter; Heidekrautspitzen; Ligusterbeeren (ein bläuliches Grün); Farnkrautblätter; in Alaun gekochte Spindelbaumsamen; ältere Blätter.
Braun Walnußwurzeln, Blätter oder Muschelschalen (kein Beizmittel erforderlich); Erlenrinde (rötlich-braun); gekochte Wacholderbeeren.
Rot Gehäuse von Spindelbaumsamen; Blutwurz
Schwarz Eichenblätter und Rinde (die aber purpurrot färbt, wenn sie mit Zinnchlorid gemischt wird); Brombeerschößlinge; Galläpfel geben gute Tinte.
Purpurrot Heidelbeeren werden im Schottischen Hochland oft für Tweedstoffe verwendet und sind ein sehr guter Farbstoff (kein Beizmittel notwendig); Weidenwurzeln, Löwenzahnwurzeln.
Violett Wilder Majoran
Magentarot Flechten ergeben bei der ersten Färbung ein Magentarot. Wenn die Farbe erschöpft ist und du sie mit Essig auffrischst, bekommst du ein glänzendes Gelbbraun.

Bleichen

Stoffe können durch Eintauchen in saure Milch oder durch Auslegen in der Sonne gebleicht werden. Eine Mischung aus Chlor und gelöschtem Kalk dient dem gleichen Zweck und ist gut für Flachs und Baumwolle. Wolle und Seide können mit Schwefeldämpfen behandelt werden. Hänge die Garnstränge einfach in einem geschlossenen Raum über brennenden Schwefel.

Das Weben

Weben auf einem Handwebstuhl ist eine herrliche Beschäftigung und auch ein großer Schritt in Richtung auf die wirkliche Selbstversorgung.
Füge vier Leisten zu einer rechteckigen Rahmenform zusammen. Spanne Fäden (die Kette) parallel zueinander darauf und führe längs dazu mit einer Nadel oder einem spitzen Stock einen Faden (den Schußfaden) durch die Kettfäden, und zwar abwechselnd darüber und darunter durch. In der nächsten Reihe verfährst du genau umgekehrt, so daß die Fäden, die in der vorhergehenden Reihe unten waren, nun oben liegen, und die oberen unter dem Schußfaden.
Wenn du dich ernsthaft mit dem Weben beschäftigst, dann erfindest du schon bald geniale Sachen, die die Arbeit erleichtern und die Qualität des Stoffes verbessern. Zuerst wirst du einen Kamm nehmen (siehe Zeichnung) und damit die Schußfäden zusammendrücken, so daß das Gewebte nicht zu locker ist. Dieser Kamm ist ein einfacher Ersatz für die „Anschlaggabel".
Dann findest du es sicher auch ermüdend, den Faden mit der Nadel durch die Kette zu fädeln, also führst du ein System ein, mit dem du abwechselnd die geraden und die ungeraden Kettfäden anheben kannst. Dazu versiehst du jeden mit einer sogenannten Litze, einer Schnur, die den Kettfaden durch eine Öse am unteren Ende hält und oben an einem Stab befestigt ist. Diese Litzen können auch in Gestellen, die Schäfte genannt werden, sitzen, und wenn du diese bewegst, so kannst du „Fächer bilden", in die du den Schuß legst. Du brauchst nun also nicht mehr jeden einzelnen Kettfaden anzuheben, um den Schuß über die Kette zu führen.
Es ist auch lästig, nach jeder Reihe einen Schußfaden in die Nadel zu ziehen. Wenn du an einem Ende von einem Stück Leiste Kerben einschneidest und Garn so darauf wickelst, daß es sich auch frei wieder abwickeln kann, so hast du eine Webnadel. Wenn du noch erfinderischer bist, kannst du das

Der einfache Webrahmen

Der einfache Webrahmen mißt 13 cm im Quadrat. Auf ihm kann man 10 cm große, rechteckige Gewebestücke machen, die als Flickwerk aneinandergenäht werden können. Spanne die Kettfäden wie unten gezeigt und webe den Schußfaden mit einer 13 cm langen Nadel durch. Entwerfe deine Muster auf Patronenpapier (rechts).

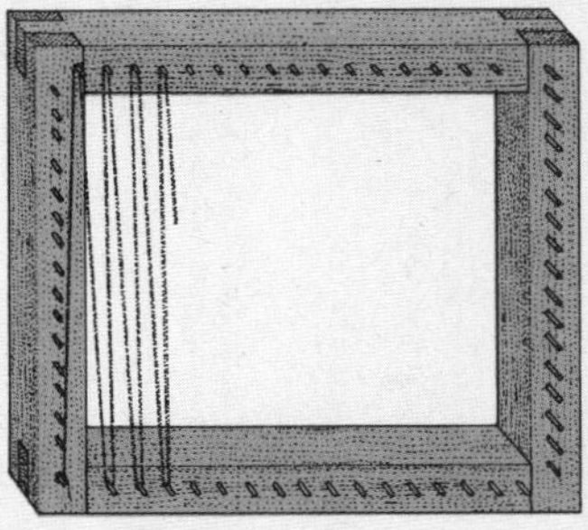

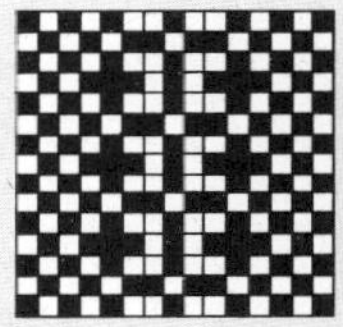

Muster in glattem Gewebe

Einfache Karos

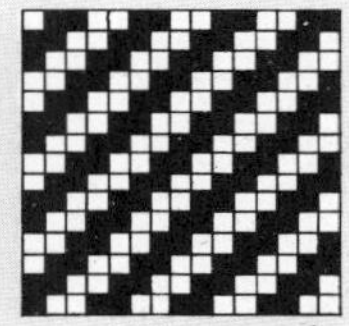

Diagonale Streifen

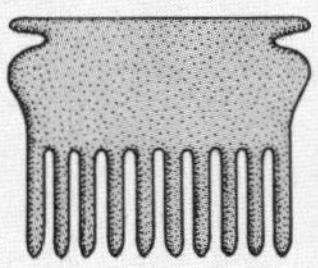

Anschlaggabel

Webnadel

Weberschiffchen

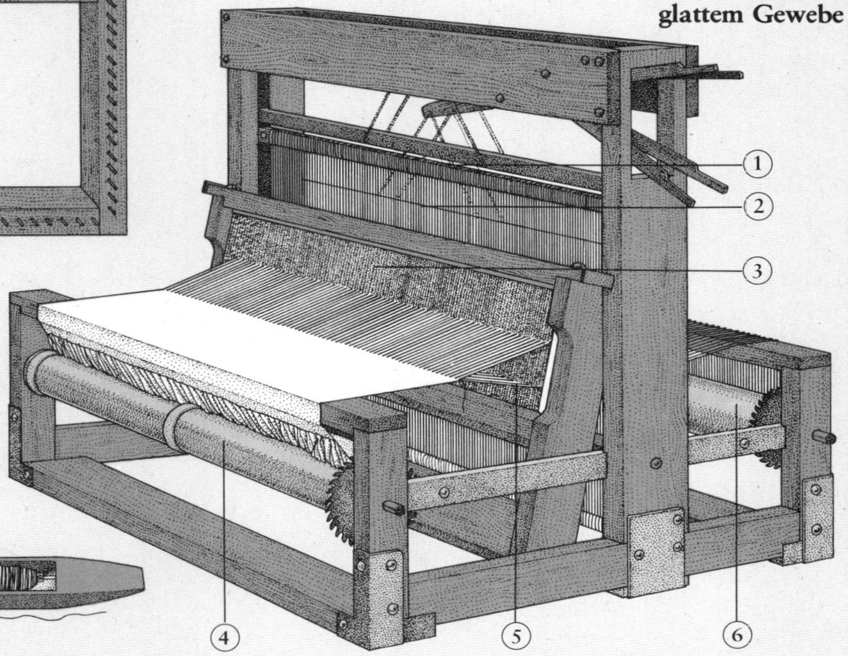

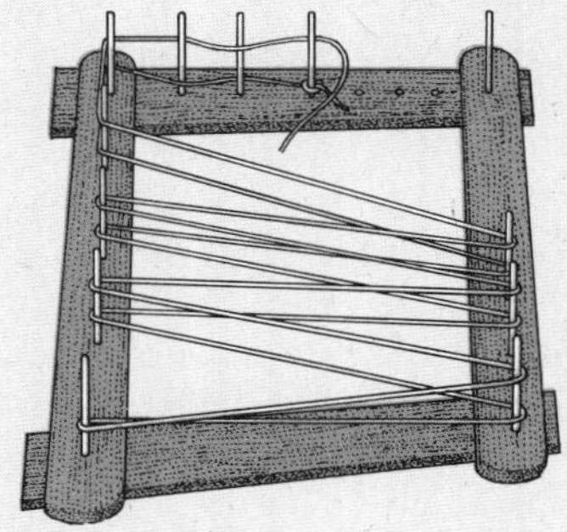

Scherrahmen

Der Tischwebstuhl mit vier Schäften

Der Tischwebstuhl nimmt weniger Platz weg als der Standwebstuhl, macht aber genau die gleichen Dinge. Er ist ein wenig langsamer, denn die Schäfte werden mit Hebeln anstelle von Pedalen bedient.

Schlüssel

1 *Schäfte*
2 *Litzen*
3 *Webblatt*
4 *Warenbaum*
5 *Fach*
6 *Kettbaum*

„Weberschiffchen" einführen (siehe Zeichnung), in das du eine Rolle Garn einlegen kannst, die schon fertig aufgespult ist. Aber all diesen technischen Einrichtungen zum Trotz ist das Gewebe immer noch auf die Größe des Webstuhles begrenzt, du kannst also immer nur kleine Stücke herstellen.
Das ändert sich, wenn du auf beiden Seiten des Webstuhls zwei Rollen anbringst, eine zum Aufrollen der Kettfäden, die andere für den fertig gewebten Stoff. Diese beiden Rollen nennt man Kettbaum und Warenbaum (siehe Zeichnung).
Wenn dir das Anheben der Schäfte zur Bildung der Fächer zu mühselig ist, verbindest du sie mit Pedalen, die du dann mit den Füßen bedienst.
Willst du wirklich viel Kleidung machen, dann vervollständigst du dein Gerät noch mit einer Einrichtung, die das Schiffchen vor und zurück durch die Fächer schießt, ohne daß du es anzufassen brauchst.
Bevor das Weben aber losgehen kann, mußt du noch ein Instrument entwickeln, das dir beim Vorbereiten der Kette hilft. Es kann aus auf einem Brett befestigten Pflöcken bestehen oder aus einem Rahmen, um den man die Kette sorgfältig wickelt, damit alle Fäden die gleiche Länge und die gleiche Spannung haben und nicht durcheinanderkommen. Dieses Gerät heißt in der Fachsprache „Scherrahmen".

Hast du anstelle von zwei Schäften vier, dann hast du die Möglichkeit, deine Muster erheblich zu erweitern, denn du kannst nun die Kettfäden in verschiedenen Kombinationen anheben, also auch mehrere Fächer bilden. Auch die Verwendung von zwei oder mehr Schiffchen mit verschiedenfarbigen Schußfäden läßt weitere Mustervariationen zu.
Um Weben richtig zu lernen, mußt du aber jemanden finden, der es dir beibringen kann. Es ist sehr schwierig, ein Buch dafür zu verwenden, obwohl gute Fachliteratur in jedem Fall hilft.

Endarbeiten am Stoff

Durch „Walken" verfilzt man das Gewebe bis zu einem gewissen Grad und macht es dadurch dichter und fester. Zu diesem Zweck schlägst du es im Wasser. Oder lege es in ein Wasserbad und stampfe fest auf ihm herum. Wenn du Bleicherde hinzufügst, schließen sich die Poren des Gewebes.
Das „Aufrauhen" wird normalerweise mit Kardendisteln, das sind Köpfe von großen Disteln, gemacht. Du findest sie oft wild wachsend, oder du pflanzt sie dir selber an. Durch den Arbeitsgang des Aufrauhens wird die Oberfläche des Tuches weich und flauschig.

Flachs spinnen

Das Getreide wird vor dem Reifen der Saat geerntet, was leider einen Verlust des Öls bedeutet. Es wird ausgerissen, nicht geschnitten, dann in Garben gebunden und aufgesetzt.

Rohflachs bearbeiten

Flachs muß zuerst geriffelt werden, d. h. die Köpfe werden durch eine Nagelreihe gezogen, deren Köpfe spitz abgefeilt wurden. Dadurch wird die unreife Saat entfernt, die ein ausgezeichnetes Viehfutter ist. Dann wird er gerottet, was eigentlich verrotten bedeutet. Du legst ihn für zwei bis drei Wochen in stehendes Wasser, bis sich die faserartigen Garben leicht von dem holzigen Mittelstück lösen. Du kannst Flachs auch in fließendem Wasser rotten, was aber länger dauert, oder du breitest ihn für sechs Wochen auf Gras aus und läßt den Tau die Arbeit machen. Trockne den Flachs nach dem Rotten sehr sorgfältig.
Dann mußt du ihn „schwingen", d. h. die Flachsstengel brechen. Dazu schlägst du den Flachs auf einem Tisch mit einer breiten, hölzernen Schaufel oder mit einer speziellen Schwingmaschine.
„Hecheln" ist der nächste Schritt, wobei der Flachs über ein Nagelbrett gezogen wird, um das Werg zu entfernen, also alle kurzen Fasern, und der „Lein", das sind die langen, feinen Fasern, übrigbleibt. Das Werg kann zum Abdichten von Booten, zum Matratzenstopfen oder zum Kardätschen und Spinnen eines ziemlich rauhen und schweren Garns verwendet werden. Die Leinfasern können zur Herstellung von Leinengarn gebraucht werden.
Zum Spinnen (man kardätscht Leinfasern nicht) wickelst du sie auf einen „Spinnrocken" (einen einfachen Stock oder eine kleine Stange), der dann in das Loch auf dem Spinnrad gesteckt wird.

Spinnrocken wickeln

Das Wickeln eines Flachs-Spinnrockens erfordert außerordentliche Geschicklichkeit. Binde eine Schürze um. Befestige einen Strick um deine Taille, dessen Enden etwa 20 cm lang sind. Nimm eine Handvoll Leinfasern, so wie sie sich normal vom Bündel lösen, und binde ein Ende sorgfältig an den Strick fest. Breite den Flachs der Länge nach auf deinem Schoß aus. Halte das Bündel mit der linken Hand von dir weg, zupfe mit der rechten Hand ein paar Fasern heraus und lege sie auf dein rechtes Knie. Zupfe weitere Fasern heraus und lege sie neben die ersten. Fahre so fort, bis du einen dünnen Fächer auf dem Schoß liegen hast. Denke daran, daß das Bündel festgebunden ist. Du nimmst es jetzt in deine rechte Hand und kehrst den Prozeß um, indem du mit den folgenden Fasern einen zweiten Fächer von links nach rechts über den ersten legst.
Das machst du so lange, dabei Hände und Richtung wechselnd, bis der ganze Flachs verteilt ist. Wird diese Arbeit nicht sorgfältig gemacht, ziehen sich die Fasern später beim Spinnen nicht richtig ab.

Spinnrocken wickeln
Leinfasern müssen auf einen Spinnrocken gewickelt werden, damit sie sich teilen lassen. Du nimmst eine Handvoll und befestigst sie an einem Ende mit einem Strick, den du vorher um deine Taille gebunden hast. Breite eine Anzahl von Faserfächern auf deinem Schoß aus, einer auf dem anderen. Zerschneide den Knoten, lege den Spinnrocken auf eine Seite der Fächer und rolle sie auf. Stelle den Rocken in das Loch im Spinnrad und binde ihn mit einem Band zusammen.

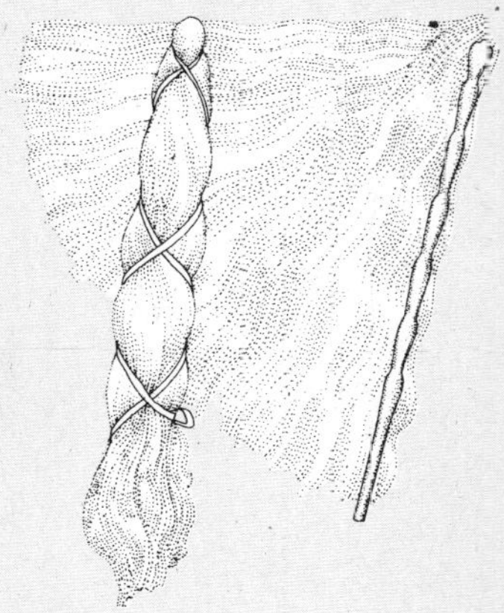

Zerschneide nun den Strick und löse ihn vorsichtig von dem oberen Ende des Faserstranges, wo er befestigt war. Lege den Spinnrocken auf eine Seite des Fächers, mit der Spitze dorthin, wo der Strick saß (s. Abb.). Wickle den Fächer auf den Rocken, das dir nächste Ende sehr fest, während du den Flachs am unteren Ende nur locker zusammenhältst. Stelle den Rocken dann aufrecht in das vorgesehene Loch im Spinnrad und binde ein mittelstarkes Band fest um die Spitze. Die beiden Enden werden über Kreuz nach unten hin um den Flachs geführt, unten machst du dann eine Schleife.

Flachs spinnen

Nimm den Faden, den du schon in der Spule des Spinnrades befestigt hast, und knote ihn am unteren Ende des Spinnrockens mit dem Flachs zusammen. Während des Spinnens solltest du einen Eimer Wasser neben dir haben und deine Finger naß halten, um den Faden anzufeuchten. Mit der linken Hand verhinderst du, daß der Spinnfaden im Spinnrokken hochwandert, und mit der rechten löst du Knoten und ziehst dicke Fäden heraus. Wenn der Spinnrocken richtig vorbereitet war, sollten die Leinfasern ununterbrochen durch Daumen und Zeigefinger deiner linken Hand laufen. Drehe deinen Rocken wenn notwendig, und wenn er bis zur Schleife im Band abgewickelt ist, so ziehe diese auf, um mehr Fasern freizugeben, und binde sie weiter oben wieder zusammen. Fahre damit fort, bis alle Fasern, die auf dem Rocken waren, versponnen sind.

Gerben und Beizen

Tierhäute werden hart wie Pappe, wenn sie vom Kadaver gelöst und einige Zeit getrocknet worden sind. Sie sind dann praktisch nicht mehr brauchbar. Um dies zu ändern, wurden zwei Methoden entwickelt: eine mechanische für die Herstellung von Reitpeitschen und eine chemische für die Ledererzeugung.
Für Reitpeitschen mußt du die Tierhaut abziehen und bearbeiten, bevor sie hart wird. Du entfernst die Fasern, die die Haut steif machen. Aber es ist sehr mühselig.

Gerben

Das Gerben mit Gerbsäure ist eine rein chemische Methode, und Leder ist dabei das Endprodukt. Man braucht eine halbe Tonne guter Eichenrinde, um 50 kg Gerbsäure zu gewinnen, und dies reicht wiederum für 100 kg frischer Häute. Akazien-, Holunder-, Birken-, Weiden-, Rottannen- und Lerchenrinde enthält ebenfalls Gerbsäure. Die Rinde muß gemahlen, d. h. klein zerstampft und dann in Wasser getaucht werden. Die Felle werden vier Monate bis zu einem Jahr in diese Lösung gelegt, je nachdem ob sie groß oder klein sind. Die besten Ergebnisse erzielst du, wenn du die Felle erst in eine schwache Lösung tauchst und dann im Laufe der folgenden Monate in immer stärkere tust.
Eine idiotensichere Methode ist, die Häute für etwa einen Monat in eine schwache Lösung zu tauchen und dann in eine Grube oder einen Tank zu packen, mit einer dicken Schicht Rinde zwischen jeder Haut. Dann wird das Ganze mit Wasser aufgefüllt und so mindestens sechs Monate stehengelassen.
Wenn du eine Haut sehr schnell gerben willst, dann machst du eine Tasche daraus. Hänge sie auf und fülle sie mit einer Gerbsäurelösung. Nach ein oder zwei Wochen sollte sie gegerbt sein.

Um die Haare von den Häuten zu lösen, legst du sie für drei Wochen in eine Paste aus Kalk und Wasser oder für einen Tag in eine Kalk-Sulfid-Mischung. Entkalke sie durch Waschen in einer Weinessiglösung.

Beizen

Wasche die Tierhaut gut in warmem Wasser und spüle sie in einer schwachen Boraxlösung aus. Weiche sie in einer Schwefelsäurelösung ein, die aus 0,5 kg Salz, 4,5 l Wasser und 14 g konzentrierter Schwefelsäure besteht. Schütte das Wasser nicht auf die Säure, sonst könntest du deine Augen verlieren.
Nach drei Tagen und Nächten nimmst du die Haut heraus und spülst sie erst in Wasser, dann in einer schwachen Boraxlösung. Am besten tust du sie in die Waschmaschine und läßt diese für ein oder zwei Stunden laufen (natürlich nachdem du die Säure ausgewaschen hast). Dann hängst du sie auf und läßt sie halbtrocken werden.
Nimm sie ab und bearbeite die Innenseite mit Öl oder Fett. Schabe sie ab und enthaare sie. Zu diesem Zweck ziehst du sie mit den Händen über einer Stuhllehne hin und her. Am besten hängst du sie einfach über den Stuhl und ziehst sie jedesmal wenn du vorbeikommst einmal über die Lehne. Fette sie von Zeit zu Zeit neu ein. Sie wird so recht weich und genauso gut wie gegerbtes Leder werden.

Leder nähen

Leder zu nähen ist genauso einfach wie das Nähen von Stoff. Alles was du brauchst sind ein paar lange Nadeln (Segelmachernadeln sind gut), einen Pfriem zum Lochen des Leders und einige starke, gewachste Fäden. Jeder Faden, der durch Bienenwachs gezogen wurde, ist geeignet.

Leder nähen
Du brauchst einen Pfriem, starke Nadeln und festen, gewachsten Faden. Der beste Stich ist der Sattlerstich. Fädle dazu die Enden eines langen Fadens auf zwei Nadeln. Stich eine Nadel durch das erste Loch und ziehe den Faden halb hindurch. Dann stichst du immer beide Nadeln durch jedes Loch, aber jeweils in entgegengesetzter Richtung. Knopflochstich und Kreuzstich sind gut für weiches Leder.

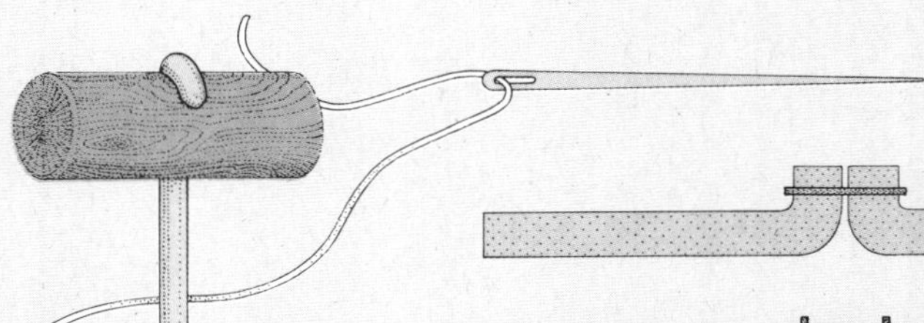

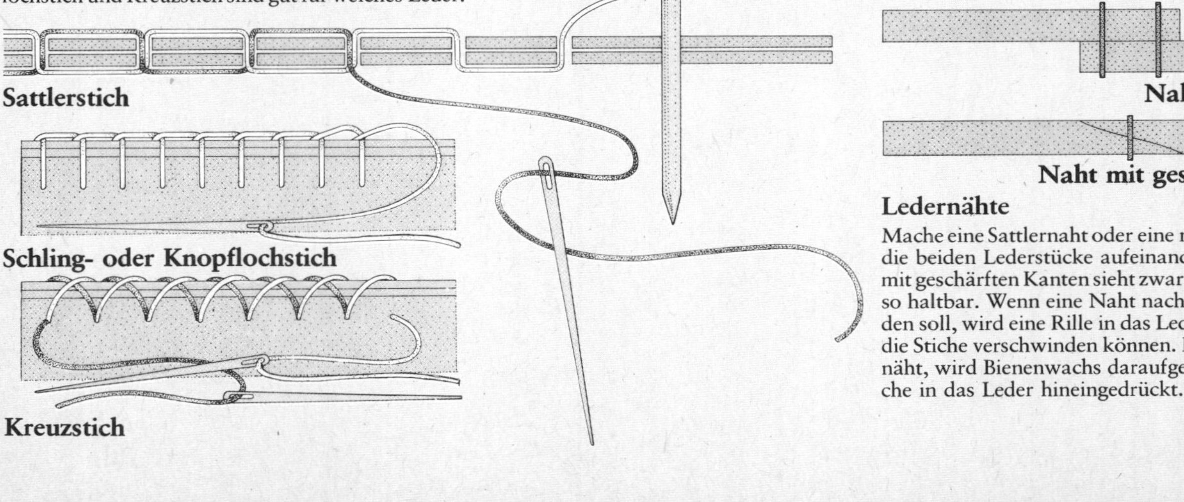

Sattlerstich

Schling- oder Knopflochstich

Kreuzstich

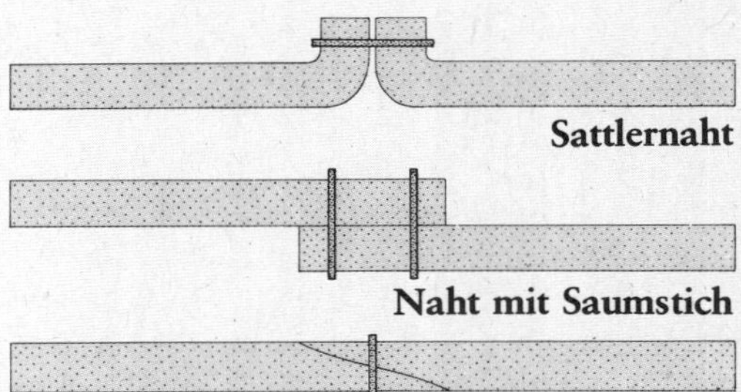

Sattlernaht

Naht mit Saumstich

Naht mit geschärften Kanten

Ledernähte
Mache eine Sattlernaht oder eine normale Naht, bei der die beiden Lederstücke aufeinander liegen. Eine Naht mit geschärften Kanten sieht zwar gut aus, ist aber nicht so haltbar. Wenn eine Naht nach außen getragen werden soll, wird eine Rille in das Leder geschnitten, in der die Stiche verschwinden können. Ist die ganze Naht genäht, wird Bienenwachs daraufgestrichen, und die Stiche in das Leder hineingedrückt.

Ziegelsteine anfertigen

Wenn du kannst, dann kaufe den Lehm nicht, sondern versuche es statt dessen mit den verschiedenen Lehmsorten, die du auf deinem Land oder in deiner Gegend findest. Wenn du ihn gefunden hast, so grabe ihn aus und verarbeite ihn zu Lehmestrich. Zu diesem Zweck legst du ihn in eine Grube, feuchtest ihn an und trampelst ein oder zwei Stunden darauf herum. Diese Arbeitsweise ist sehr gut, doch eignet sich jede andere Methode ebenso, solange der Lehm mit genügend Wasser bearbeitet wird. Wenn er die richtige Beschaffenheit hat, d. h. fest aber dehnbar ist, dann kannst du Ziegel in der beschriebenen Weise herstellen.

Ziegel trocknen und brennen

In Ländern mit einer regenlosen, trockenen Jahreszeit legt man die Ziegel zum Trocknen einfach in Reihen auf ebenen Sand. In regnerischen Gegenden kommen sie unter ein Schutzdach und werden in Stapeln zu sechs Steinen längs und quer aufgesetzt, damit die Luft zirkulieren kann.

Je nach Klima müssen die Ziegelsteine eine Woche bis zu einem Monat getrocknet werden, bevor sie gebrannt werden können. Dazu baust du einen kleinen Meiler mit den Ausmaßen eines kleinen, rechteckigen Raumes aus längs und quer gelegten Steinen, so daß Hohlräume dazwischen sind. Es gibt nun zwei mögliche Brennverfahren. Bei dem einen werden Feuerstellen für ziemlich große Holzfeuer in Abständen von 90 cm an den beiden längeren Seiten des Meilers gemacht. Dann verschmierst du diesen mit Lehm, mit Ausnahme von kleinen Schornsteinen oben an der windgeschützten Seite und zündest die Feuerstellen an der dem Wind zugekehrten Seite an. Wenn sich die Windrichtung ändert, dann löschst du sie und entfachst die an der jetzt dem Wind zugekehrten Seite. Die Feuerstellen können aus großen Bögen schon gebrannter oder halbgebrannter Ziegel bestehen oder einfach aus aufgestapelten Ziegelsteinen sein. Nach einwöchigem Brennen läßt du das Feuer ausgehen und den Meiler abkühlen. Öffne ihn, nimm die gut gebrannten Ziegel heraus und laß die halbgebrannten für ein erneutes Brennen darin.

Die andere Methode, die ich für besser halte, erfordert keine Feuerstellen. Statt dessen füllst du die Zwischenräume mit Holzkohle (Kohle, Glanzkohle oder Koks reicht auch). Der Meiler kann kleiner sein, rund 2 m in jeder Breite und Länge reicht aus. Schmiere den ganzen Haufen mit Lehm zu, mit Ausnahme von einem Loch am Boden der windzugekehrten Seite und einem oben an der windgeschützten Seite. Zünde im ersten ein kleines Feuer an und überlasse das Ganze sich selbst. Holzkohle wird sehr schnell glimmen. Nach fünf oder sechs Tagen sind die Ziegel gebrannt, und zwar gleichmäßiger als bei der anderen Methode.

Dachziegel

Dachziegel können aus dem gleichen Lehm wie Ziegelsteine hergestellt werden, er muß aber sorgfältig zu Lehmestrich verarbeitet und gemischt werden. Sie können flach gewölbt oder wie in den Mittelmeerländern halbzylindrisch sein. Die Dachziegel werden wie Ziegelsteine gebrannt und so aufgeschichtet, daß die Steine das Gewicht tragen. Dachziegel sind nicht sehr stabil. Und vergiß nicht, daß sie Löcher zum Nageln oder Dübeln haben müssen.

Ziegelsteinherstellung

Am wichtigsten ist die Form, die du genau in den richtigen Maßen anfertigen solltest, wobei das Schrumpfen des Lehms berücksichtigt werden muß. Mache aus einer Haselnußrute einen Bogen, über den du eine Schnur spannst. Mit dem Stechholz kann man sehr gut größere Tonstücke hin und her schieben. Die Sandschale sollte groß genug sein, um den Inhalt der Form fassen zu können. Zum Reinigen der Form brauchst du ein Messer, zum Trocknen der Ziegel Bretter.

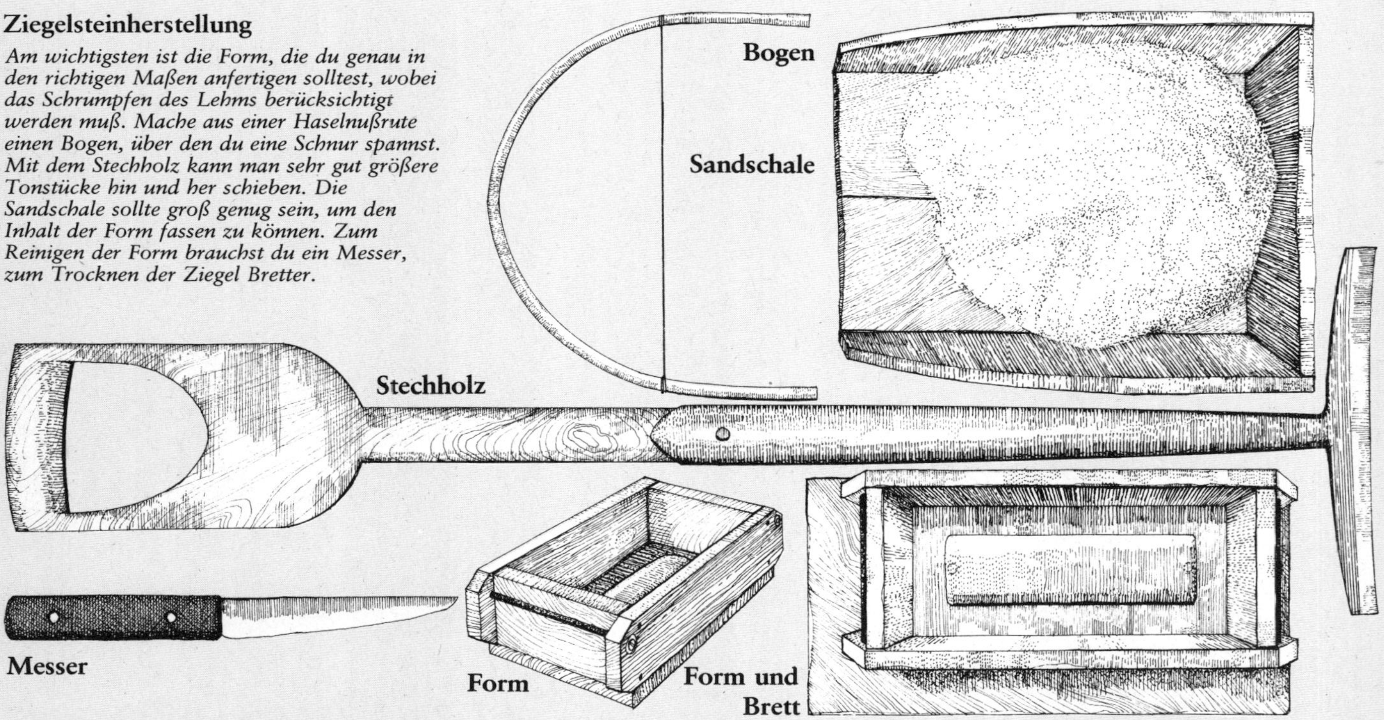

Ziegel in einer Form herstellen

Es hat lange Zeit gedauert, bis man feststellte, daß Ziegel eine Größe von 23 cm × 11 cm × 5 cm haben sollten, bei der die Länge das Doppelte von der Breite, die wiederum das Doppelte von der Höhe ist, also etwa 24 cm × 12 cm × 6 cm. Abhängig vom Lehm und dem Grad der Schrumpfung, muß die Form im Verhältnis größer sein. Du mußt die Form entsprechend konstruieren.

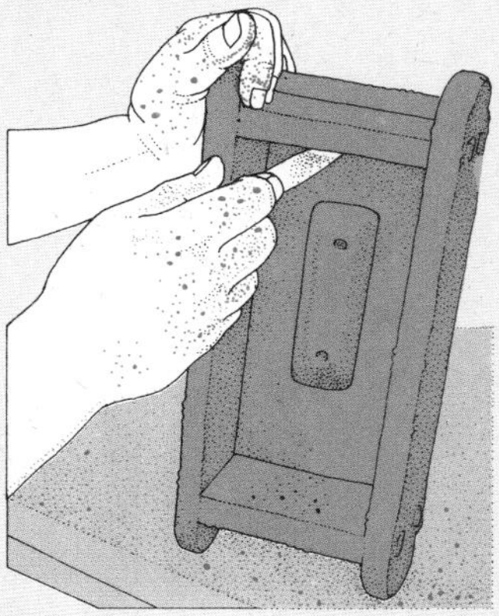

Säubere die Innenseite der Form mit einem Messer, überziehe sie

mit Sand, wie eine Kuchenform mit Mehl, indem du Sand hineinstreust und sie schüttelst.

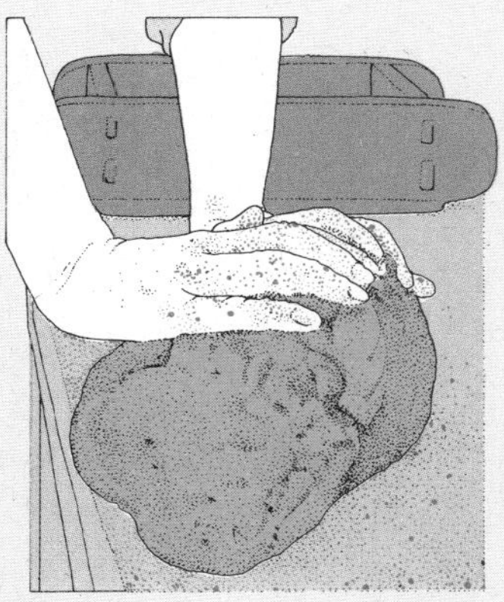

Nimm ein Stück Lehm in der Größe der Form und beginne, einen Ziegel zu formen.

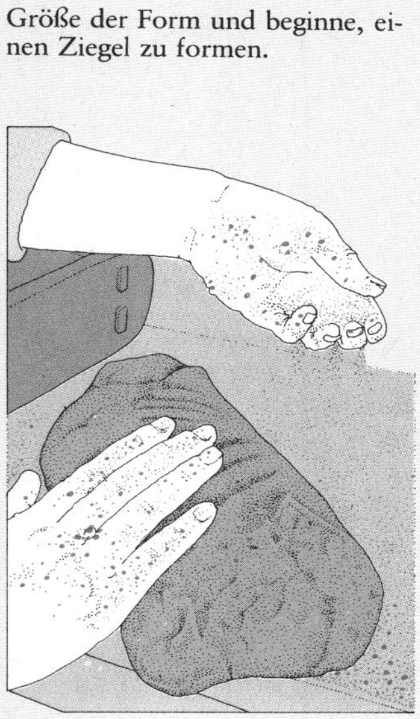

Zuerst rollst du ihn auf dem Tisch in die richtige Form. Bestreue Tisch und Hände mit Sand, damit der Lehm nicht festklebt.

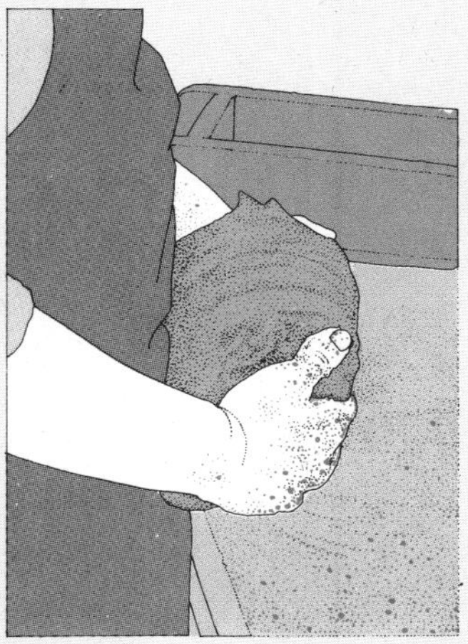

Ziehe den Klumpen zu dir hin (wie oben gezeigt), rolle die Enden ein und schlage ihn mit einer drehenden Bewegung auf den Tisch (wie unten gezeigt), so wird die Luft aus

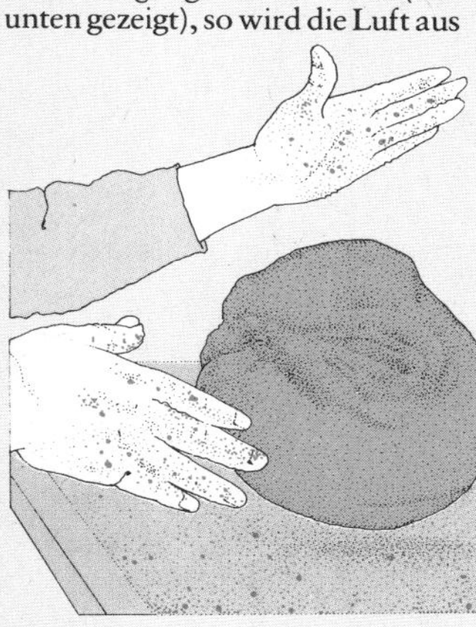

dem Lehm entfernt.

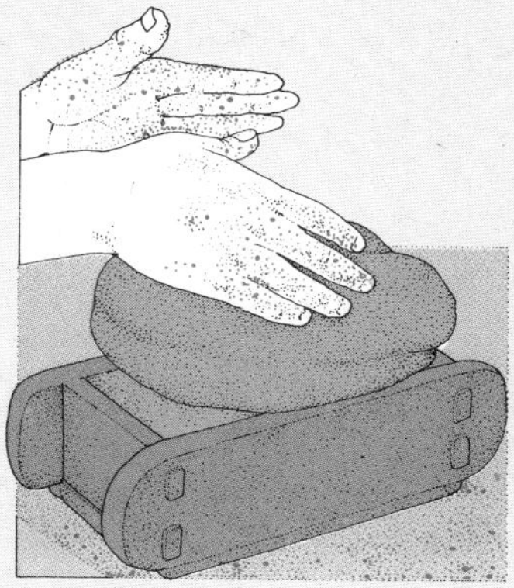

Dann wird der Lehm mit Wucht in die Form geworfen.

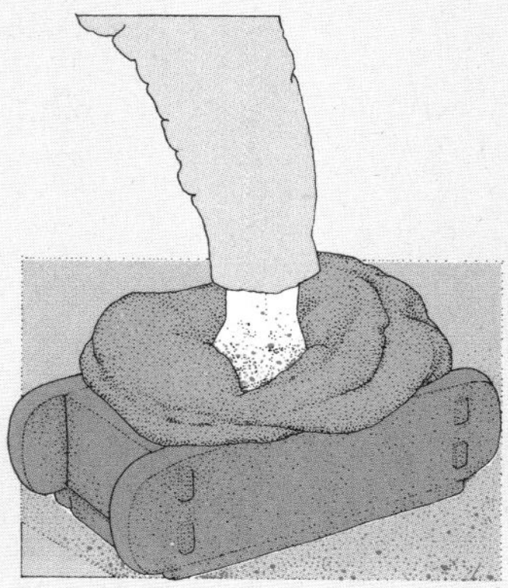

Drücke ihn in die Ecken und mache in der Mitte ein Loch.

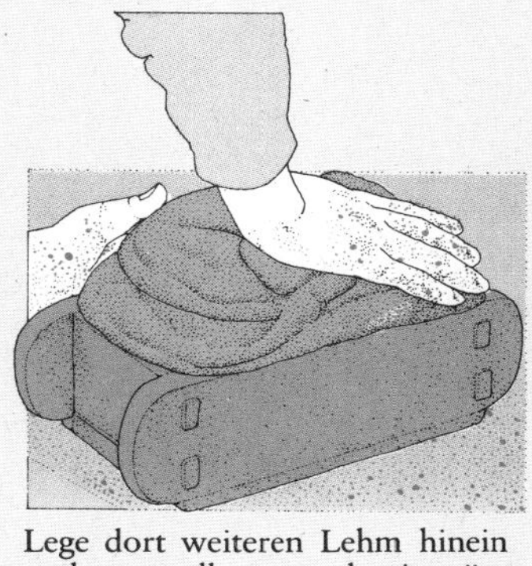

Lege dort weiteren Lehm hinein und presse alles so stark wie möglich zusammen.

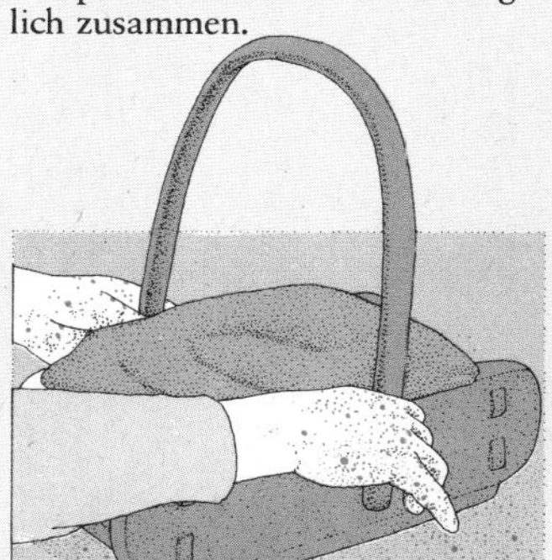

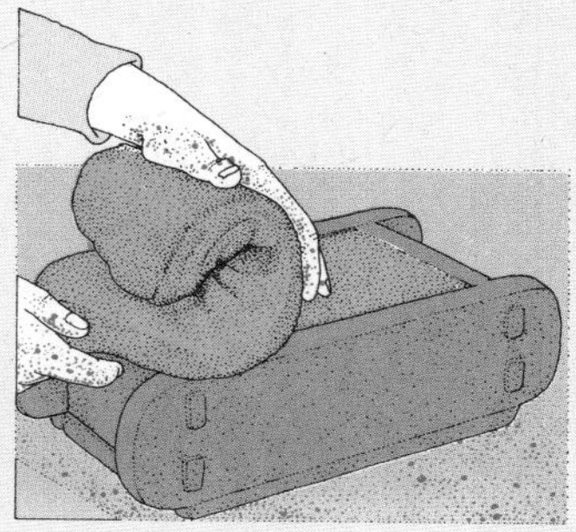

Schneide den überschüssigen Lehm mit einem Bogen ab und füge ihn wieder an den großen Klumpen.

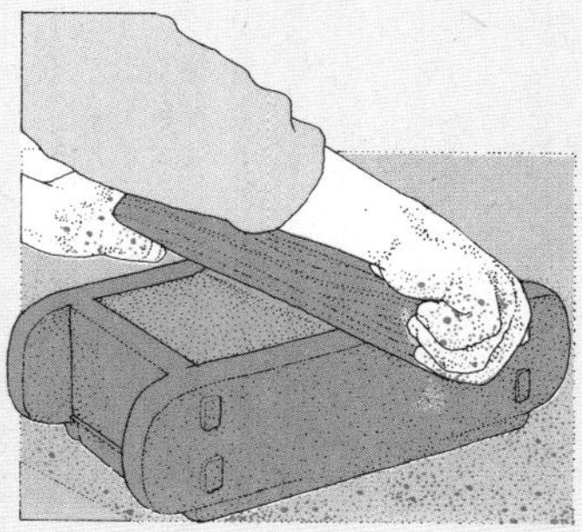

Tauche ein Holzstück in Wasser und glätte damit die Oberfläche. Streue Sand darauf.

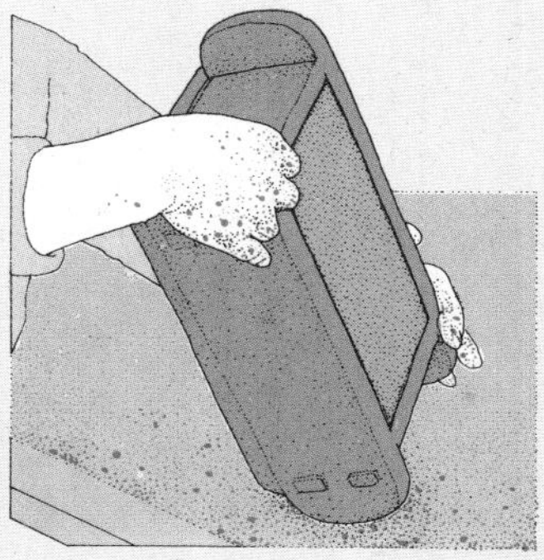

Nimm die Form und stoße die Kanten gegen den Werktisch, bis sich alle Seiten des Ziegels von der Form lösen.

Trockne den Ziegel einen Monat lang auf einem Brett.

Stein behauen

Mancher Stein, besonders Granit, ist zum Bauen ungünstig, da er sich nicht leicht in gerade Stücke teilen läßt. Andere Steine, meist Sedimentgestein, haben sich in Schichten unter Wasser abgelagert und können sehr gut waagerecht geteilt werden, aber die Steine liegen nicht immer auch unbedingt waagerecht im Boden. Das, was Bauherren und Steinbehauer Sandstein nennen, ist sowohl waagerecht wie senkrecht gut teilbar und daher sehr geeignet.

Sandstein kann anstatt mit Sprengstoff oft mit Keilen geteilt werden. Man bohrt in einer Reihe Löcher in den Stein, und die Keile werden einer nach dem anderen eingetrieben, bis der Stein plötzlich an dieser Linie auseinanderspringt. Wenn du ein großes Stück abteilst, kannst du „Keile und Federn" verwenden. Die Federn bestehen aus zwei Metallstücken, die mit jedem Ende in die im Stein gebohrten Löcher gesteckt werden. Den Keil treibst du zwischen ihnen ein. Der Vorteil ist, daß die Federn einen gleichmäßigeren Druck ausüben als der Keil allein, und sich der Stein auch gleichmäßiger löst, wenn er von dem Hauptblock abspringt.

Löcher werden mit einem Steinbohrer gebohrt, der aus einem Stück Stahl mit einer Schneide, gleich einem Meißel, besteht, das in einem sehr stumpfen Winkel geschliffen ist. Du schlägst entweder mit einem Hammer darauf und drehst es bei jedem Schlag oder treibst es mit einem Schlagbohrer ein. Man kann den härtesten Stein auf der Welt in dieser Weise bearbeiten, und bei sehr weichem Stein geht es auch mit einem Hammer schnell. Fülle zur Erhöhung der Gleitfähigkeit Wasser in das Loch und spüle den Staub vom Grundblock ab. Binde einen Lappen um das Stahlstück, so daß dir keine Steinsplitter ins Auge fliegen.

Du kannst jeden Stein auseinanderbrechen, unterteilen und in Rechtecke hauen, sogar den widerspenstigsten Basalt oder Granit: aber je härter der Stein, desto härter die Arbeit. Du kannst natürlich auch mit unförmigen, unbearbeiteten Felsblöcken bauen und die ungleichmäßigen Zwischenräume mit Erde oder Erde und Kalk auffüllen, oder du nimmst Zement, so daß die Ratten nicht hindurch können. Aber es wird immer Gelegenheiten geben, wo man einen soliden, rechteckigen Stein braucht: Türstufen, Oberschwellen, Kaminplatten und andere vergleichbare Dinge.

Schiefer ist ein metamorpher Stein, was bedeutet, daß es sich hier um Schichtgestein handelt, das großem Druck und großer Hitze ausgesetzt gewesen ist. Die ursprünglichen Schichtungen wurden zerstört und dafür sind andere in mehr oder weniger rechten Winkeln zu den ersten entstanden. An diesen Stellen spaltet sich der Stein sehr leicht. Allgemein gibt es immer solche Fehler oder Schwächen in großen Schieferblöcken, die es möglich machen, große Stücke ohne aufwendige Sprengungen herauszulösen. Schiefer ist das beste Material zum Dachdecken, und dicke Platten sind ideal für Regale in Speisekammern.

Die Werkzeuge handhaben

Um einen Stein vorzubereiten, muß man verschiedene Eisen und Hämmer haben. Spitz- und Beizeisen werden mit harten, direkten Schlägen eines Fäustels eingetrieben. Zahneisen und andere Eisen müssen weicher geschlagen werden, und dafür benutzt du einen Knüpfel.

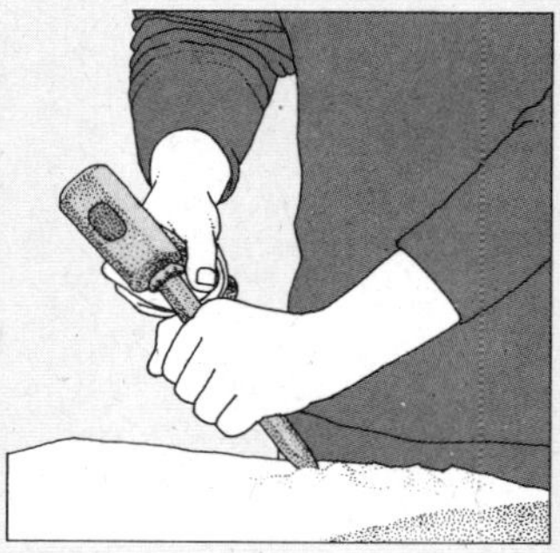

Das Spitzeisen

Halte das Spitzeisen in einem Winkel und schlage hart mit einem Fäustel darauf.

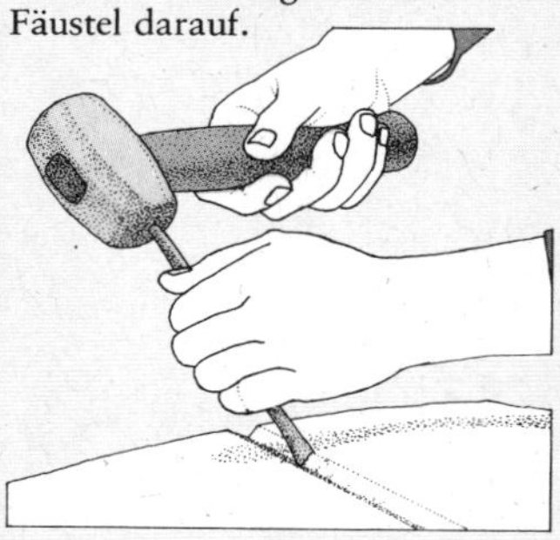

Das Beizeisen

Drücke den Daumen gegen das Eisen. Schlage kurz und kräftig auf das Eisen, während du es mit der anderen Hand festhältst.

Oberflächen bearbeiten

Führe Zahn- oder Schlageisen rhythmisch über die Oberfläche:
1 Setze das Werkzeug auf.
2 Schlage fest mit dem Knüpfel zu. 3 Wiederhole den Arbeitsgang.

1

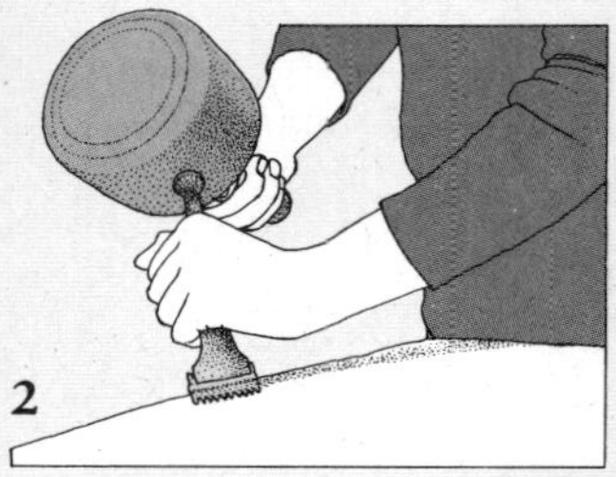
2

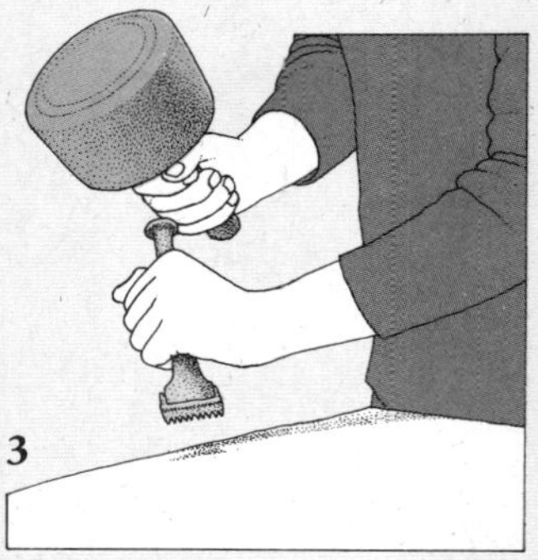
3

Einen Steinblock spalten

Zuerst werden die Umrisse mit einem Stift markiert. Bohre und meißele V-förmig zulaufende Nuten tief in die obere Fläche und in die Seiten. Stemme den Block hoch und lege ein Stück Stahl unter den zu erwartenden Brechpunkt. Setze Stahlkeile in die Nuten und schlage diese mit dem Fäustel nacheinander ein.

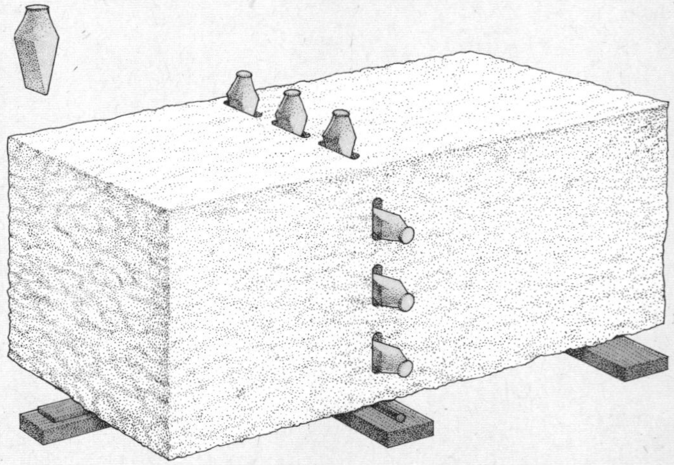

Die Maurerwerkzeuge

Zahneisen und Schlageisen sind extra für den Gebrauch des Knüpfels abgeflacht. Spitzeisen und Beizeisen sind abgerundet, für sie verwendet man den Fäustel.

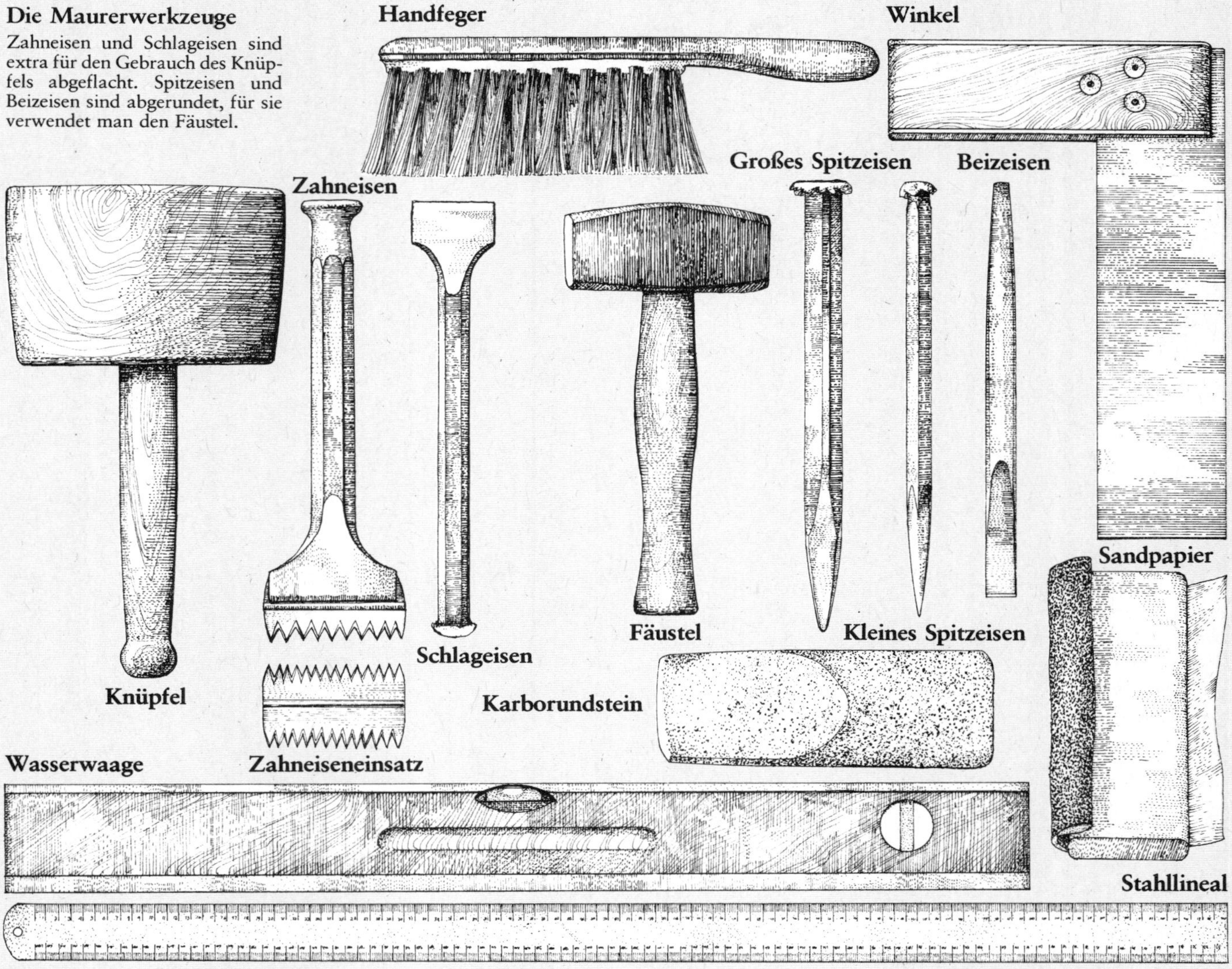

Stein bearbeiten

Um eine flache, glatte Oberfläche auf einem Stein zu arbeiten, mußt du die fünf folgenden Arbeitsgänge beachten.

Das Spitzeisen

Nimm das Spitzeisen, um große Stücke abzuschlagen, bis nur noch kleine Unebenheiten da sind.

Das Zahneisen

Das Zahneisen wird diagonal über den Stein geführt, dabei wird immer von einer Kante fort gearbeitet.

Das Schlageisen

Es wird wie das Zahneisen gebraucht. Mit ihm werden die Unsauberkeiten geglättet.

Karborundstein

Um Eisenspuren auszugleichen, wird die zu bearbeitende Fläche naß gemacht und mit einem rauhen Stein in kreisenden Bewegungen abgerieben. Wasser soll Verklumpungen verhindern.

Schleifpapier

Harten Kalkstein, Marmor und Granit kannst du mit Schleifpapier polieren, das du in den folgenden Körnungen verwendest: 150, 220, 320, 600.

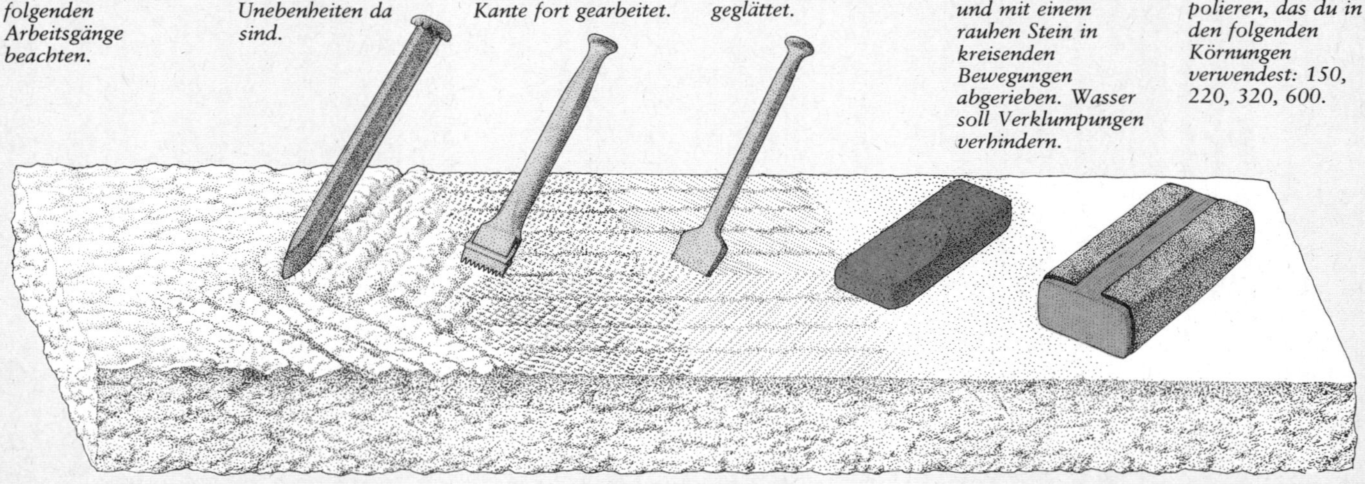

Einen Steinblock bearbeiten

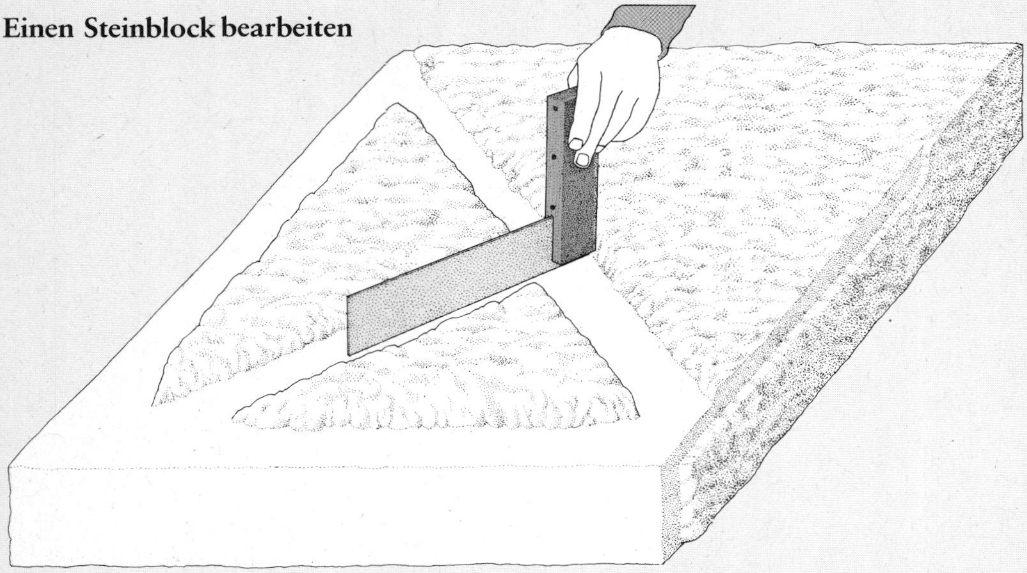

Meißele zwei Schläge. Verbinde sie.

Entferne die „Inseln“. Mache einen diagonalen Schlag.

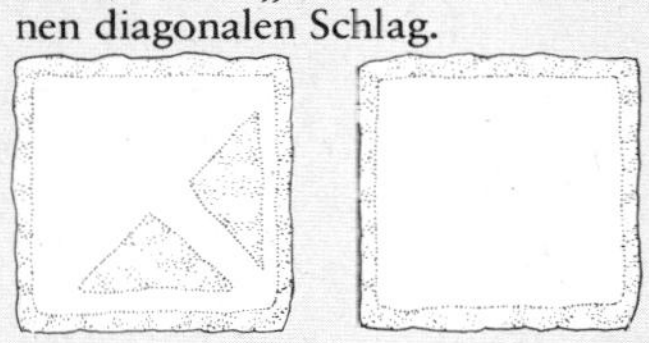

Bearbeite den Rest wie oben.

Flächen und Kanten

Um eine Oberfläche zu glätten, muß man zuerst „Schläge“ machen, das sind einfache Streifen, die in die von dir ausgewählte Fläche gemeißelt werden. Sie verlaufen parallel zu zwei Kanten des Blockes, so daß sie sich in einer Ecke in einem rechten Winkel treffen. Sie werden durch eine diagonal verlaufende Linie geschlossen. Das so entstandene Dreieck wird bei einem großen Block noch einmal geteilt. Dann entfernt man mit Spitzeisen, Zahneisen und Schlageisen die „Inseln“. Die gleichen Arbeiten werden auf der anderen Seite des Blockes wiederholt. Um an den Kanten rechte

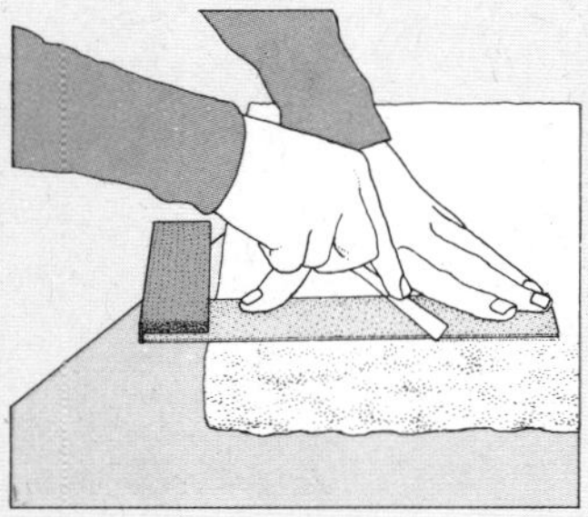

Winkel zu bekommen, ritzt man mit dem Beizeisen eine Rille in die Oberfläche.
Wenn, wie ganz oben, noch rauher Stein die Fläche umgibt, wird die Rille an der Innenseite gemacht.

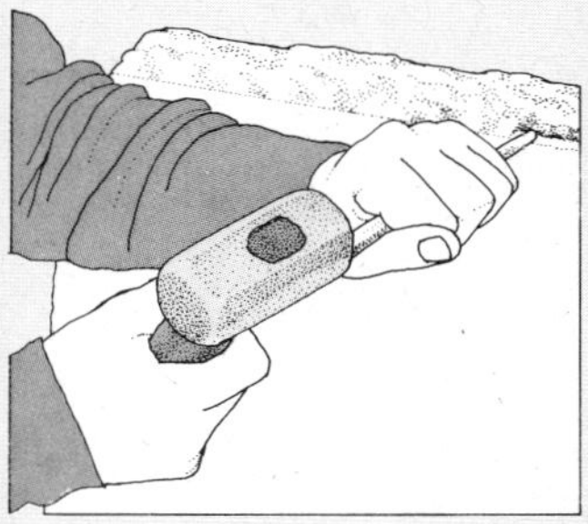

Nun arbeitest du sehr vorsichtig mit Beizeisen und Fäustel an der Rille entlang. Nimm in ganzer Länge einen schmalen Streifen weg, so daß du eine saubere, scharfe Kante bekommst.

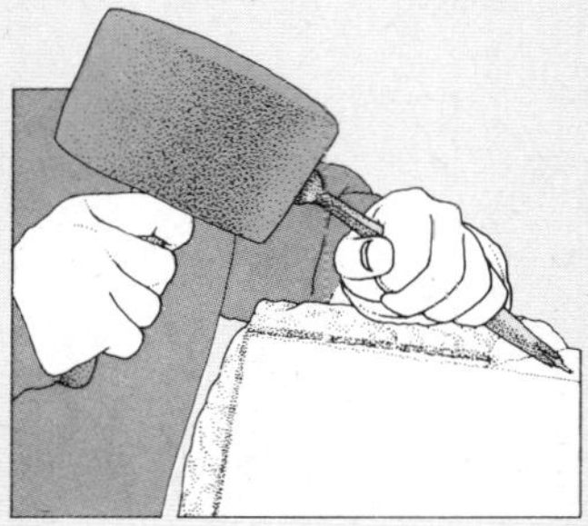

Den Rest entfernst du mit Spitzeisen, Zahneisen und Schlageisen, die du immer in dieser Reihenfolge benutzt (siehe vorhergehende Seite unten). Und immer von den Kanten weg arbeiten!

Steine trennen

Du kannst Steine wie auf der vorhergehenden Seite beschrieben spalten, oder du verwendest folgende Methode: Sie eignet sich, wenn du entweder ein kleines Stück Stein in genau der richtigen Größe haben willst, oder wenn du einen Stein in ein oder mehrere Stücke teilst.

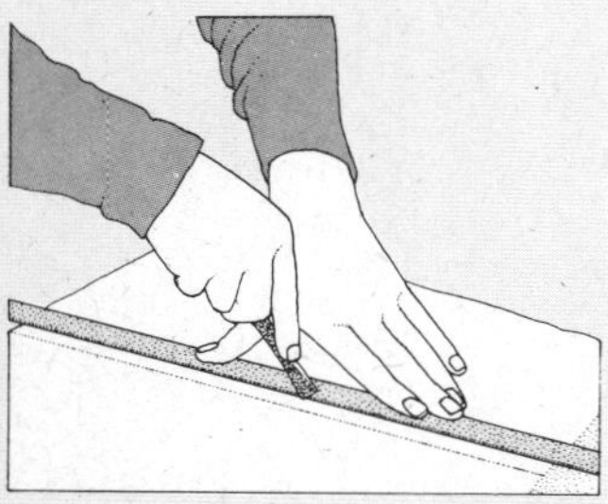

Nimm zuerst das Beizeisen, um damit zwei parallel verlaufende Linien in 1 cm Entfernung auf allen vier Seiten einzuritzen, dort wo der Bruchpunkt sein soll.

Mit demselben Werkzeug wird ein V-förmiger Kanal von ca. 2 cm Tiefe zwischen diesen Linien gemeißelt. Da ein Stein immer an seiner schwächsten Stelle bricht, muß man ganz sicher sein, daß er keinen Riß hat, der schwächer als die eingeritzte Linie ist. Richte den Stein auf, so daß die Kerbe horizontal liegt. Am besten hält jetzt eine zweite Person den Stein, oder du lehnst ihn gegen deine Schulter. Nimm das Scharriereisen und setze es in der Kerbe an. Schlage immer wieder hart darauf, während du das Eisen um den Stein führst, so lange, bis er bricht.

Scharriereisen

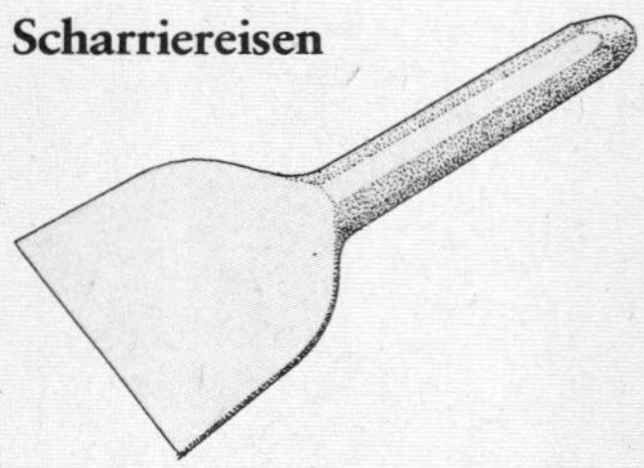

Das Einsetzen

Das Einsetzen ist eine Methode, um Stein von Kalkstein- oder Sandsteinplatten abzutrennen. Du kannst ein spezielles, an einem Ende abgestumpftes Eisen, das Setzeisen, benutzen, aber auch jedes andere abgestumpfte Eisen kann verwendet werden. Wie beim Spalten ritzt man zwei Linien im Abstand von 1 cm an der gewünschten Bruchstelle ein und schlägt mit dem Beizeisen einen V-förmigen Nut von etwa 2 cm Tiefe ein. Stelle den Stein fest auf den Boden oder lehne ihn gegen deine linke Schulter. In diesem Fall gehen alle Erschütterungen durch den Stein und nicht in die Wand oder den Tisch oder wo du den Stein sonst angelehnt hast. Es ist wichtig, das Eisen im rechten Winkel zu halten (Zeichnung rechts).

Das Setzeisen verwenden

Das Setzeisen sollte nicht ganz im rechten Winkel an den Stein gesetzt werden und wird mit harten Schlägen bearbeitet. Bei Kalkstein kann man Stücke von 2 cm Dicke, von Sandstein mit 4 cm Dicke oder mehr abtrennen. Schlage die Stücke so wie du sie brauchst ab. Ansonsten werden sie wie schon beschrieben bearbeitet.

Setzeisen

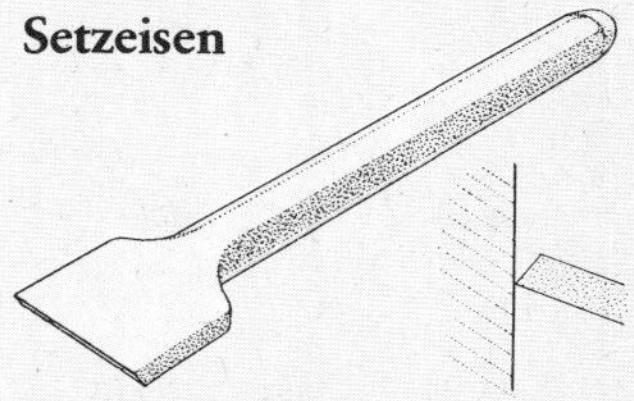

Schiefer trennen

Ritze zwei Linien im Abstand von 1 cm ein. Dann bohrst du zwischen den Linien etwa jeden ½ cm ein Loch. Anschließend sägst du den Schiefer entlang der Löcher durch. Glätte die Kanten mit einer grobkörnigen Feile.

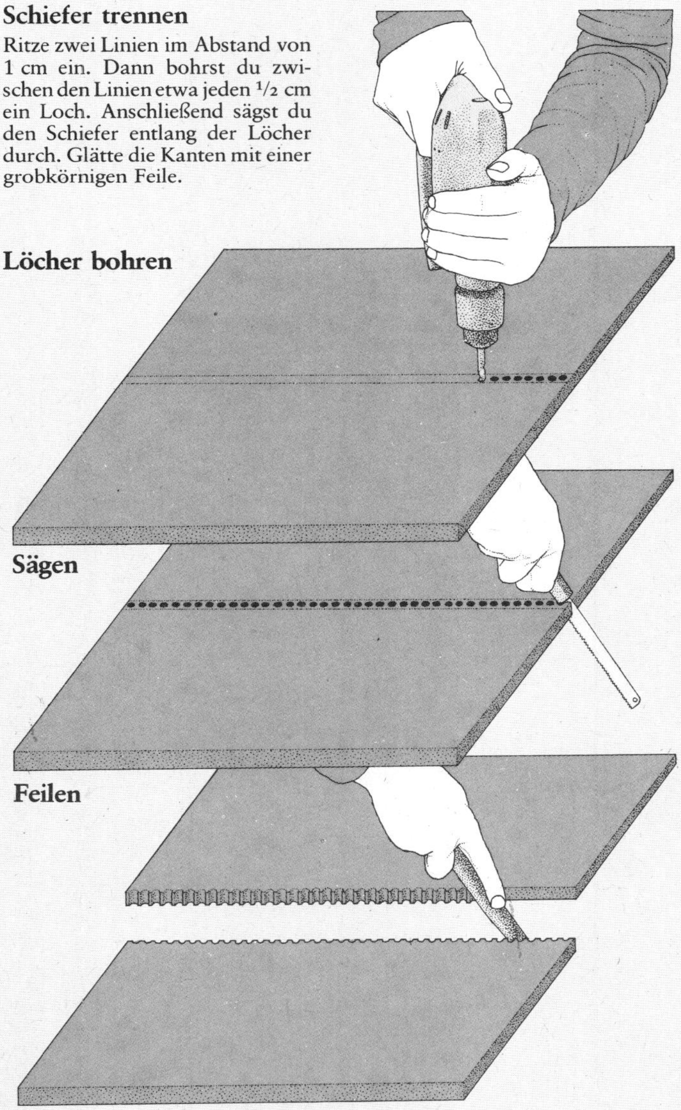

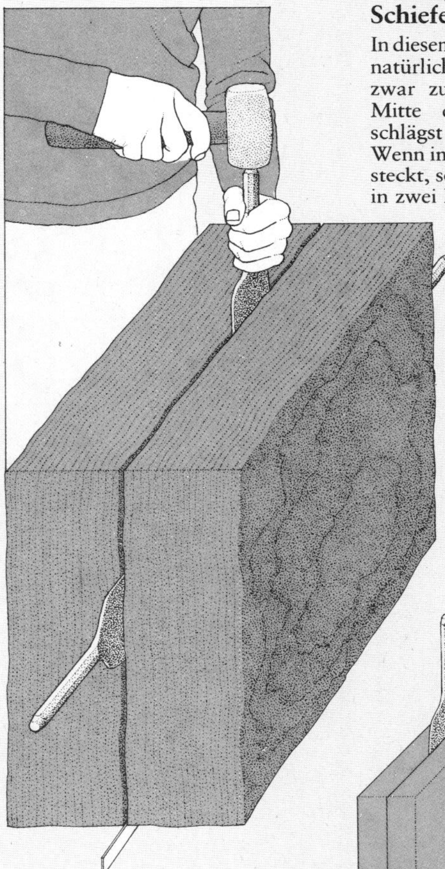

Einen großen Schieferblock spalten

In diesem Fall muß man sich an die natürlichen Schichten halten, und zwar zuerst dort, wo etwa die Mitte des Blockes ist. Dort schlägst du Scharriereisen hart ein. Wenn in allen vier Seiten ein Eisen steckt, sollte sich der Block leicht in zwei Hälften teilen lassen.

Dachplatten anfertigen

Nimm ein dickes Stück Schiefer zwischen die Knie, setze es auf ein Stahlprofil und schlage das Scharriereisen hinein. Lege eine Hälfte beiseite und trenne die andere wieder. Das machst du so lange, bis du Platten von der richtigen Dicke hast.

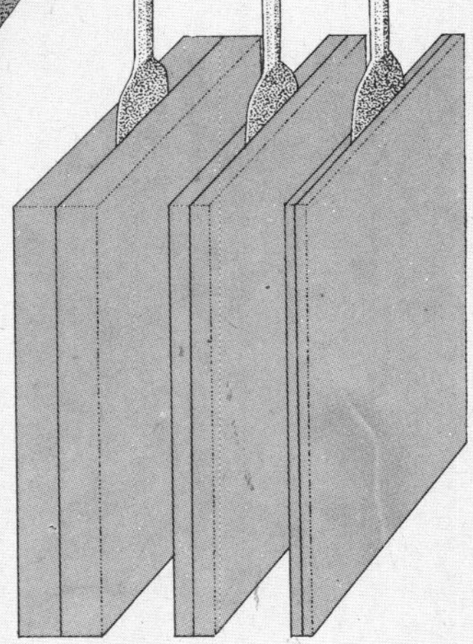

Arbeiten mit Metall

Grobschmiede

Um ein guter Grobschmied zu werden, braucht man sieben Jahre, aber du kannst in wenigen Stunden lernen, Schmiedeeisen zu biegen, zu formen und zu schmieden. Um es ordentlich zu machen, braucht man natürlich viel Übung, und du wirst zunächst eine Menge Eisen vergeuden. Wenn du öfter schmieden willst, dann brauchst du eine Ausrüstung: ein Schmiedefeuer, einen Amboß, eine Werkbank mit mindestens einem guten Schraubstock und angemessene Hämmer und Zangen.

Grobschmiede arbeiten mit verschiedenen eisenhaltigen Metallen. Schmiedeeisen ist das klassische Grobschmiedmaterial. Es wird durch andauerndes Erhitzen und Hämmern aus Roheisen hergestellt. Es hat für die Grobschmiederei enorme Vorzüge: Du kannst es teilen, formen, schmieden und tatsächlich so behandeln, als ob es Knetmasse sei, vorausgesetzt, du erhitzt es auf die richtige Temperatur. In kaltem Zustand ist es hart (aber nicht so hart wie Stahl), zäh und fest, ideal für viele landwirtschaftliche Maschinen, Ketten, Kettenglieder, Brechwerkzeuge und Eisenteile an Karren, Booten und Gebäuden. Es rostet nicht sehr schnell.

Temperguß wird nur für einige wenige Dinge benutzt, wie für Zähne von Mähmaschinen, die in kaltem Zustand geformt werden müssen.

Gußeisen ist extrem hart, aber brüchig. Man kann es nicht gut hämmern, und es eignet sich nicht gut für kantige Werkzeuge, da die Kante einfach wegbrechen würde, aber es rostet nicht schnell.

Stahl gibt es in verschiedenen Formen und Qualitäten. „Flußstahl" wird heutzutage von Grobschmieden oft benutzt. Er ist aber bei weitem nicht so gut wie Schmiedestahl, denn er ist schwerer zu bearbeiten und rostet schnell.

Um Schmiedestahl zu erhitzen, braucht man ein normales Schmiedefeuer. Es handelt sich hier um eine Feuerstelle oder einen Herd mit einem Blasebalg oder Blaseisen, das Luft in das Feuer bläst. Normalerweise führt der Blasebalg durch ein Wasserbad, bevor er das Feuer erreicht, um kalt genug zu bleiben, aber manchmal geht er nur durch ein massives Stück Gußeisen. Gußeisen widersteht großer Hitze ohne zu schmelzen oder zu verbrennen. Für das Feuer kann man Kohle, Koks oder Holzkohle nehmen.

Bei der Verwendung von Kohle oder Koks bildet sich Schlacke, die die Arbeit behindert. Du läßt die Schlacke erstarren und wirfst sie ins Feuer zurück. Halte dieses so klein wie möglich, indem du das Brennmaterial um die Mitte herum anfeuchtest und die zu brennende Arbeit dort hinein tust. Lege, wenn nötig, nasse Kohle an die Seiten. Wirf keine neuen Kohlen oben auf das Feuer.

Der Wind kann durch ein handgetriebenes Gebläse erzeugt werden, durch eine elektrische Luftpumpe oder durch einen Staubsauger, der umgedreht wird, so daß er nicht saugt, sondern bläst.

Verschiedene Arbeiten benötigen auch verschiedene Temperaturen.

Blutrot reicht für normales, leichtes Biegen von Flußstahl.

Hellrot für stärkere Verformungen von Flußstahl oder zum Stoßen von Löchern, die mit einem Meißel geschlagen werden.

Hellgelb ist die Hitze für die meisten Schmiedearbeiten mit Schmiedeeisen und zum Stauchen und Ziehen (dünner oder dicker machen) von Schmiedeeisen und Flußstahl. Sie ist auch gut zum Eintreiben von Löchern oder Spalten bei schweren Arbeiten (Eisen oder Stahl mit mehr als 2 cm Dicke).

Zwischen Hellgelb und Schweißhitze liegende Temperatur braucht man zum Beugen und Schmieden von Schmiedeeisen und zum Biegen von Flußstahl, wenn es sich als schwierig erweist, dies in einer höheren Temperatur durchzuführen. Man muß schnell und geschickt arbeiten, um bei dieser Hitze den Stahl zu biegen.

Volle Schweißhitze ist zum Biegen von Schmiedeeisen und den meisten anderen Stahlsorten. Wenn du sie erreichst, dann fliegen weiße Funken aus dem heißen Metall, und das Ganze sieht wie eine Wunderkerze aus.

Weißglut ist die Temperatur zum Biegen von sehr gutem Schmiedeeisen, die aber zu hoch für Stahl ist.

Härten

Härten nennt man den Vorgang des Erhitzens und anschließenden Abkühlens von Metall, um ihm unterschiedliche Härtegrade und Sprödigkeit zu verleihen. Allgemein gilt: je höher du erhitzt und je schneller du abkühlst, desto härter und brüchiger wird es.

Schmieden

Um Schmiedeeisen oder Flußstahl zu schmieden, muß man es auf die richtige Temperatur erhitzen. Nimm das erste Stück aus dem Feuer, klopfe den Schmutz weg und lege es umgedreht auf den Amboß. Hole das andere Stück heraus, klopfe den Schmutz ab und lege es wiederum umgedreht (mit der Vorderseite nach unten) auf das erste Stück und schlage mit dem Hammer fest darauf. Fahre mit dem Schlagen fort: Auf dem ebenen Teil des Ambosses arbeitest du, wenn du es mit flachen Stücken zu tun hast – an der Spitze (dem Horn) arbeitest du runde Stücke, etwa Kettenglieder. Aber all dies muß sehr schnell geschehen. Wenn eine Arbeit nicht in einem Gang beendet werden kann, lege sie wieder in das Feuer und erhitze das Werkstück nochmals.

Um härtere Dinge als Schmiedeeisen zu verarbeiten, muß man moderne Techniken anwenden: autogenes Schweißen und Lichtbogen. Keines von beidem ist so schrecklich wie es sich anhört: Jeder Altwarenhändler nimmt Azetylensauerstoff und manch ein Bauer hat sein eigenes elektrisches Schweißgerät. Benutze aber beim Elektroschweißen, wie beim Schweißen mit Gas, stets eine Schutzbrille oder Maske. Wenn du andauernd in die Gasflamme oder beim Elektroschweißen in den Lichtbogen siehst, und das nur ein paar Sekunden, dann kannst du dir deine Augen ernsthaft verletzen.

Autogenes Schweißen
Das Autogenschweißgerät besteht aus zwei Druckflaschen, eine mit Sauerstoff und die andere mit Azetylen gefüllt. Dieses Gas erzeugt in Verbindung mit Sauerstoff eine intensive und heiße Flamme und eine Flamme, die als Oxydierungsschutz für das heiße Metall arbeitet, bevor es abkühlt. Beide Gase werden an einer Düse verbrannt. Durch die Flamme, d. h. „ihren Kern", werden Metallstangen geschmolzen, und das flüssige Metall soll nun zwei Metallflächen verbinden oder auch Zwischenräume ausfüllen. Deshalb sollten die Kanten der Stahlplatten schräg abgeschnitten werden. Der Zwischenraum wird mit den Metallstangen gefüllt.
Es gibt zwei Arten von autogenem Schweißen. Die eine ist das „linksseitige" oder „Vorwärts"-Schweißen. In diesem Fall wird die Stange, die etwa aus dem gleichen Material besteht wie das zu bearbeitende Stück, in der linken Hand gehalten und nach links bewegt, während die Flamme in der rechten Hand ist und der Stange folgt. Die Kanten der Stahlstücke werden vorgeheizt. Wenn du die Flamme zu lange an das Stück hältst, verzieht sich das Metall. Beim „rechtsseitigen" oder „rückwärtigen" Schweißen werden Flamme und Stab nach rechts bewegt. Man verbraucht bei dieser Methode weniger Metallstäbe, und sie eignet sich besonders gut für das Zusammenfügen großer Stücke.

Lichtbogenschweißen
Elektrisches Lichtbogenschweißen ist eine einfache Art, um eine hohe Amperezahl zum Funkenbilden an der Elektrodenspitze auszunutzen. Das zu schweißende Material muß geerdet werden. Man kann für die wichtigsten Arbeiten billige und einfach ausgerüstete Schweißgeräte kaufen, aber auch tragbare Ausrüstungen, die einen kleinen Motor zur Stromerzeugung haben.

Werkzeuge schärfen
Wenn du eine Kante nur auffrischen willst, nimmst du einen Wetzstein, aber wenn eine Kante ihre Schärfe ganz verloren hat, legst du sie auf einen Schleifstein, gibst ihr erst einen Grundschliff und ziehst sie dann auf dem Wetzstein ab. Beide sollten bei Gebrauch mit dünnem Öl geölt werden. Schleifsteine sind grober, häufig rund und an einem Griff über einem Wasserbehälter befestigt, so daß sie naß gehalten werden können.
Die meisten werden heutzutage künstlich hergestellt und haben einen Karborundstein eingelagert. Sie sind ohne Zweifel besser als alles andere, mit Ausnahme des Arkansas-Steins, ein fast reiner Quarz, der ungekörnt und hart ist.
Man muß die Werkzeuge im richtigen Winkel schleifen. Für leichte Arbeiten braucht man einen ziemlich spitzen Winkel, und einen stumpfen für schwerere Arbeiten. Folglich muß ein Meißel, der mit einem Hammer bearbeitet wird, einen stumpferen Winkel haben, als einer für feines Meißeln mit der Hand.

Den Amboß gebrauchen
Die meisten Arbeiten werden auf der Bahn des Ambosses, dem oberen, flachen Teil ausgeführt. Zum Schneiden und Spalten nimmt man die kurze Treppe, da die Fläche dort weicher ist und daher nicht so leicht Beschädigungen

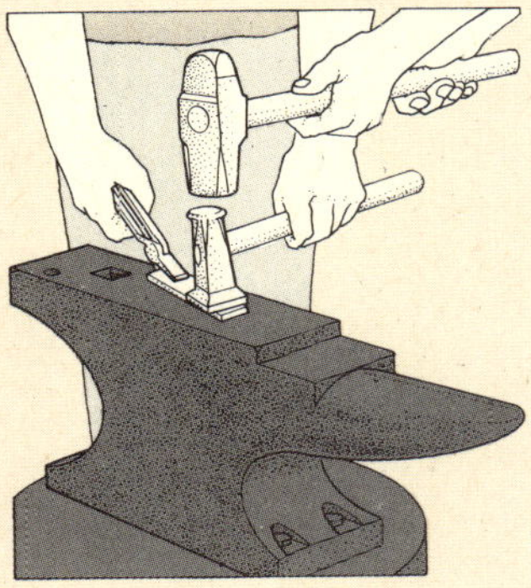

verursacht. Das „runde Horn", das lange, spitz zulaufende Stück dient zum Bearbeiten von Dingen mit gebogenen Kanten. Um Metall abzuflachen oder um Druckstellen vom Hammer und anderen Werkzeugen zu beseitigen, solltest du das heiße Metall mit Zangen auf dem Amboß halten, einen Schlicht darüberlegen und mit einem Vorschlag bearbeiten.

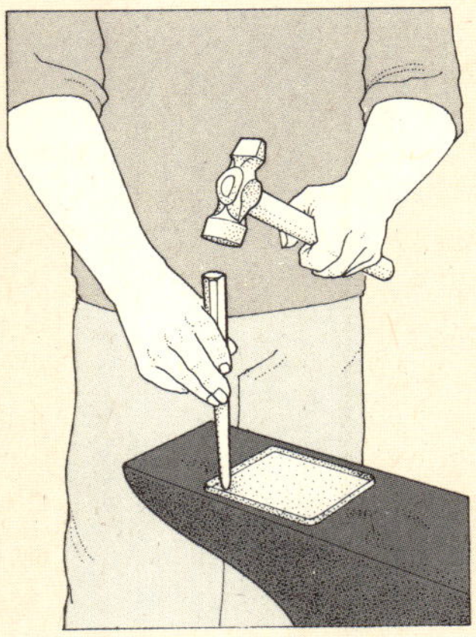

Hammer und Nagelmeißel
Um Löcher in jede Art von Metall und speziell in Hufeisen zu schlagen, solltest du einen Nagelmeißel, einen Dorn mit einem rechteckigen Kopf, benutzen. Wende ihn auf der Amboßbahn an und schlage mit einem schweren Vorschlaghammer oder Kugelhammer darauf. Wenn du ein großes Loch machen willst, dann nimmst du das runde Loch zu Hilfe, das in dem Vierkanthorn des Ambosses ist. Eines der wichtigsten Werkzeuge ist die Kneifzange. Du brauchst sie zum Biegen von Metall, zum Herausziehen von Nägeln und zum einfachen Festhalten von Werkstücken.

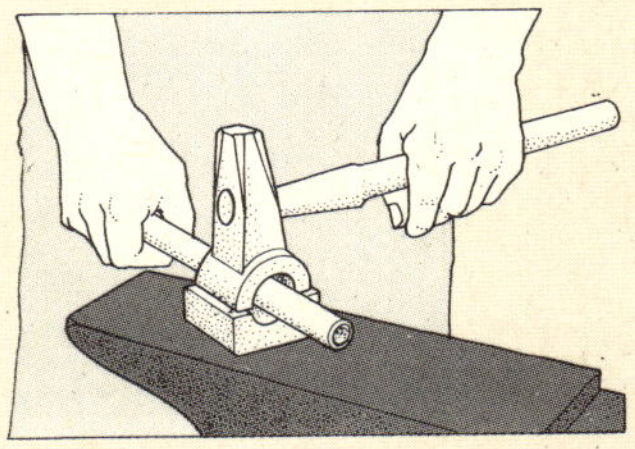

Gesenkhammer
Gesenkhämmer dienen zum Formen von Stangen und zum Biegen von Rohren. Der untere Teil wird in das rechteckige Loch im runden Horn gesetzt.

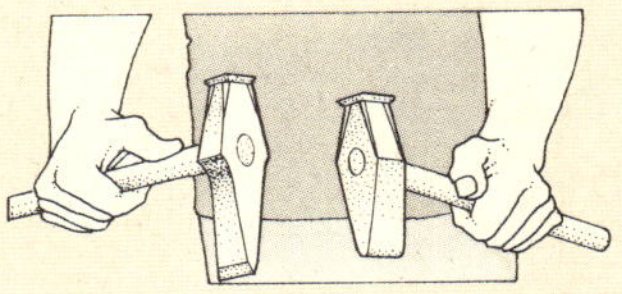

Hammermeißel
Der Hammermeißel mit einer zu 35° geschärften Kante (links) schneidet heißes Metall. Der andere, dessen Kante einen Winkel von ungefähr 60° hat (rechts), schneidet Gußeisen und Flußstahl in kaltem Zustand.

Beinschraubstock und Rollendreher
Der beste Schraubstock für einen Schmied ist der Beinschraubstock. Er widersteht auch schweren Hämmern, da er aus Schmiedeeisen, anstatt aus dem üblichen Gußeisen, hergestellt wird und einen Teil der Schlagkraft über das Bein in den Boden ableitet. Der Vorderarm wird auf einem Gelenk gehalten und von einer Spiralschraube geöffnet. Ein Rollendreher hat runde Backen, um Metallstreifen, insbesondere Schmiedeeisen, zu biegen.

Hausbau

Bauen

Am billigsten baut man ein solides Gebäude mit Lehm und Stroh. Lehm ist fäulnis- und feuersicher, isoliert gegen Außengeräusche und bewahrt die Innenwärme ausgezeichnet. Baulehm sollte frei von organischen Stoffen sein, also mußt du ihn unterhalb der Erdoberfläche ausgraben: in 60–90 cm Tiefe ist er am besten. Bewahre die mit Humus angereicherte Obererde für Pflanzen und Tiere.
Dein Haus sollte einfach und mit großflächigen, durchgehenden Wänden sowie mit wenigen, kleinen Fenstern sein. Alle Lasten sollten gut verteilt sein.
Eine leichte, aber effektive Art des Bauens ist das Mischen von Lehm und Stroh, d. h. eine Mischung aus lehm- oder kreidehaltiger Erde und Stroh, die zu 30 cm dicken Platten geformt und mit Schaufel und Kelle gelegt wird. Jede Platte sollte in einem anderen Winkel zu der darunterliegenden gesetzt werden, damit die Mauer Stabilität bekommt. Die Mauer sollte mindestens 45 cm dick, bei Gebäuden mit mehr als einem Stockwerk 60 cm dick sein. Mit dieser Methode kommt man beim Bauen allerdings nicht sehr schnell voran, weil jede Lage bis zu einem gewissen Grad austrocknen muß, bevor die nächste daraufgelegt wird.
Die Wand ist nur dann ein Wetterschutz, wenn du ihr ein gutes, überhängendes Dach und feste Fundamente gibst, letztere wenn möglich aus Beton. Wenn es geht, baust du eine Grundmauer aus Steinen oder Ziegeln, vorzugsweise mit einer Sperrbahn (Schiefer ist wasserundurchlässig und daher gut geeignet) über das Fundament bis zu Bodenhöhe. Auch die Außenseite sollte mit Zement verputzt werden, oder mit einem Mörtel aus Kalk und Sand oder mindestens mit einer dicken Tünche. Zerbrochenes Glas wird häufig unter Lehm und Stroh getan, um Ratten fernzuhalten. Fensterbänke müssen durch Schiefer, Beton oder anderes Gestein gestützt werden.
Gestampfte Erde oder luftgetrocknete Ziegel sind eine Verbesserung der Lehm-/Strohsteine, da sie schrumpfen, bevor die Wand gebaut wird. Du bekommst glattere Flächen und kannst leichter Nischen in die Wand machen. Die Ziegel werden durch Pressen der Mischung in Holzformen hergestellt. Trockne sie im Schatten, damit es nicht zu schnell geht und sie brechen. Die Erde sollte, wie auch Ziegelerde, gerade die richtige Beschaffenheit haben, das ist eine gute Mischung aus Lehm und Sand. Je höher der Lehmgehalt ist, desto mehr Stroh braucht man.

Eine afrikanische Hütte

Zum Bau einer afrikanischen Hütte wird ein kreisrunder Graben ausgehoben, in den dicht aneinander mauerhohe, gerade Pfähle gestellt werden. Du stampfst sie ein, wobei du einen Raum für die Türe läßt. Man kann einen Teil kürzerer Pfähle verwenden, wenn man ein Fenster einfügen will. Arbeite auf dem Boden ein kegelförmiges Dach, das im Grunde genommen eine riesige, strohbedeckte Korbarbeit ist. Laß dir von einem Freund helfen, es auf die runde Wand zu heben und dort zu befestigen.

Hausbau mit Lehm und Stroh

Die Fundamente sollten aus in Betoneingelassenen Steinen bestehen, was effektiv und billig ist. Darauf kommt bis zu Bodenhöhe eine Stein- oder Ziegelmauer, die durch eine Sperrbahn (am besten aus Schiefer) geschützt ist. Die Wände können aus einer Mischung aus Lehm und Stroh sein, mindestens 45 cm dick, und sie sollten in Platten von 30 cm gelegt werden. Die einzelnen Abschnitte brauchen eine ein- bis dreiwöchige Trocknungszeit. Um Ratten abzuhalten, kannst du in Bodenhöhe Glas in die Wände miteinfügen. Nimm für die Fensterbänke Schiefer und für die Fensterstürze Holz. Verputze die Außenwände mit Zement oder Rauhputz aus Kalk und Sand. Streiche die Wände in Bodennähe zweimal mit Bitumen, um sie trocken zu halten. Schließe die Mauern mit Mauerlatten ab, auf welchen du deine Dachbalken befestigst, die direkt von Wand zu Wand laufen. Jeder Dachbalken trägt eine Giebelsäule, die Dachfirst und Strebebalken stützt, welche wiederum die Stützbalken halten. Die Pfetten laufen der Gebäudelänge nach von Stützbalken zu Stützbalken und tragen die Dachsparren, auf die man die Dachlatten nagelt, auf denen das Strohdach liegt.

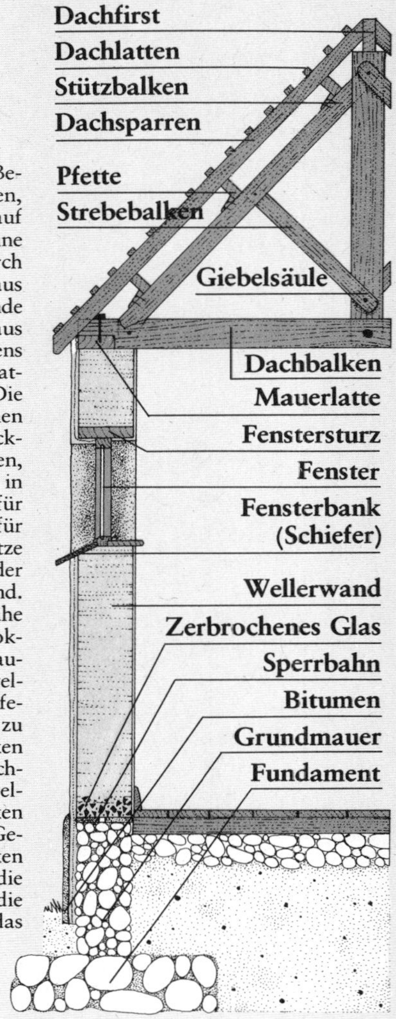

Dachdecken

Dachdeckerstroh eignet sich am besten für Gebäudedächer. Ein gutes Dach hält siebzig Jahre. Eines aus Weizenstroh, welches nicht in der Dreschmaschine war, überdauert zwanzig bis dreißig Jahre. Gedroschenes und in Haufen gelagertes Stroh kann zum Decken von Scheunen benutzt werden. Zuerst gießt du einige Eimer Wasser darüber, dann ziehst du das Stroh in handvollen Mengen aus dem Boden des Haufens heraus. Lege die Strohbündel in kleinen Stapeln von 15 cm Durchmesser. Binde diese mit Zwirn oder Stroh zusammen, so erhältst du deine „Schindeln“. Das Geheimnis des Dachdeckens ist, daß jede Lage die Bindestellen der darunterliegenden verdeckt, so daß diese nicht sichtbar oder dem Wetter ausgesetzt sind. Praktisch heißt das, daß jede Lage über drei Vierteln der unteren liegen muß.

Scheunen

Das Dachdecken von Scheunen ist recht einfach und verbraucht vergleichsweise wenig Material. Du benötigst nur einen Strohmantel von 5–8 cm, um einen Schutz vor Regen

Werkzeuge zum Dachdecken

1 *Sichel,* 2 *Rechen,* 3 *Schaftkeule,* 4 *Drehgrille,*
5 *Sparrenhaken,* 6 *Haselnußruten,* 7 *Eisenhaken,*
8 *Dachdeckerschere,* 9 *Knieschutz und Handpolster.*

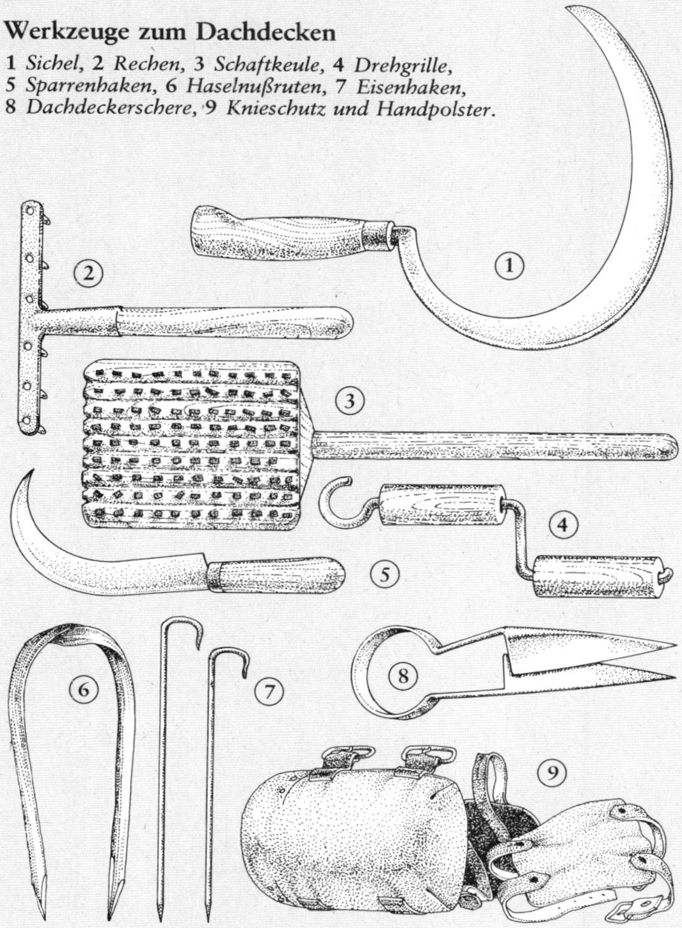

Ein Dach decken

Beginne mit dem Dachdecken immer an den Dachrinnen zu deiner rechten Hand. Befestige auf einem kurzen Stück „Schindeln", also Strohbündel mit biegsamen Haselnußruten, die mit Eisenhaken an den Sparren gehalten werden. An dem oberen Ende wird das Stroh mit Haselnußruten fest zusammengedrückt. Nun legst du weitere Strohreihen, wobei jede die untere überlappt, bis du den Dachfirst erreicht hast. Gehe mit der Leiter ein Stück nach rechts und decke ein neues Dachstück, so lange, bis du auf der anderen Seite des Daches angelangt bist.

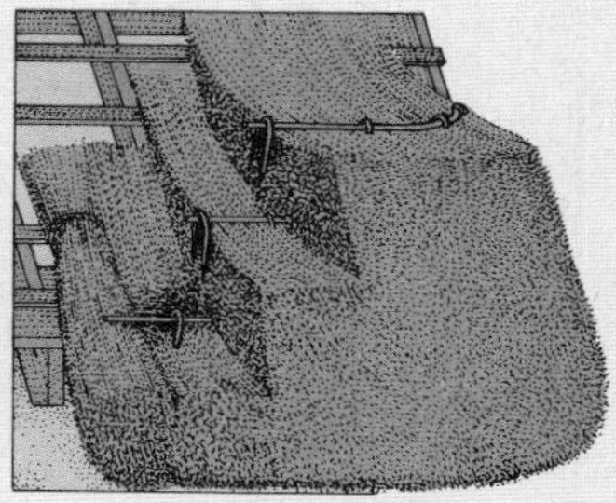

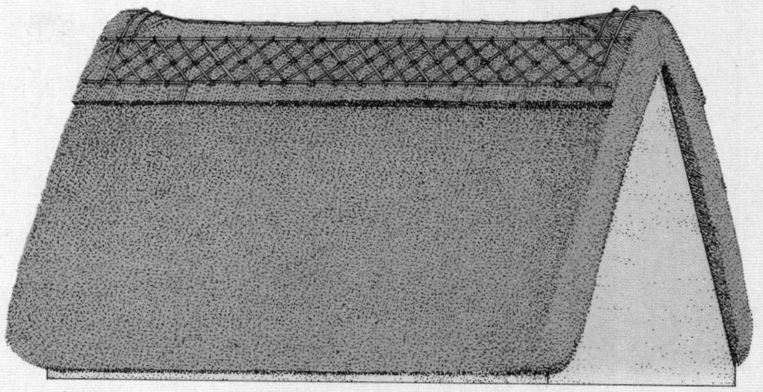

Um den First zu decken, legt man eine Reihe Strohbündel waagerecht über den First und befestigt sie auf beiden Seiten mit Haselnußruten und Haken. Man kann die Ruten auch als Dekoration verwenden.

zu haben. Lege das Stroh oder Schilf mit den Köpfen nach oben in eine Reihe entlang der Dachrinne der Scheune. Befestige diese Reihe mit ein oder zwei Kordelstücken, die wiederum von Ruten von 60 cm Länge, Haselnuß- oder Weidengerten, gehalten werden. (Ich ziehe Haselnuß vor.) Sie sind in der Mitte gedreht, in Haarnadelform gebogen und an den Enden zugespitzt. Setze die Ruten über die Kordel und schlage sie mit einem Holzhammer ein. Plaziere sie in Abständen nach Gutdünken (jeder Dachdecker hat da seine eigenen Vorstellungen). Nimm nun die nächste Strohlage so, daß sie etwas mehr als drei Viertel der ersten und die Kordeln verdeckt. So kommt Schicht auf Schicht, bis du das obere Ende erreicht hast. Dann kommt das Problem des Dachfirstes. Mache Strohbündel, so dick, daß du sie mit beiden Händen umfassen kannst, binde sie fest zusammen und plaziere sie am First entlang. Über die Schichten zu beiden Seiten des Firstes legst du langes Stroh. Nimm anstelle von Kordeln Haselnuß- oder Weidenruten und binde das Stroh auf beiden Seiten herunter. Du kannst, wenn du willst, ein schönes Kreuzmuster machen. Natürlich hast du bei einer runden Scheune keinen First, sondern einen Mittelpunkt, was die Arbeit leichter macht. Es ist sehr einfach, eine kegelförmige Kappe aus Stroh zu formen und sie mit Ruten zu befestigen.

Häuser

Man kann ein Haus mit einer verhältnismäßig dünnen Strohschicht decken, ähnlich wie bei einer Scheune, parallel zur Schräge des Daches. Wenn diese steil genug ist, bekommt man so ein wasserfestes Dachwerk, aber in regenreichen Klimazonen ist eine längere Lebensdauer als ein bis zwei Jahre ungewöhnlich.

Das Decken von dicken Strohdächern unterscheidet sich recht deutlich (siehe oben). Die Strohbündel werden sehr viel dichter gelegt, so daß der Mantel beinahe, aber nicht ganz so dick ist, wie das Stroh lang. Diese Dächer brauchen eine enorme Menge an Material, viel Zeit, gutes Werkzeug und eine Menge Geschicklichkeit. Aber aus gutem Stroh angefertigt, hält das Dach ein ganzes Leben. Es ist vollkommen lärmabhaltend, im Winter sehr warm, im Sommer angenehm kühl. Es ist tatsächlich, obwohl sehr einfach, die beste Isolierung der Welt.

Wenn du einen Schuppen oder eine Scheune baust, kannst du rohe, ungespaltene Pfähle für das Dachgerüst nehmen, und sie brauchen auch nicht abgelagert zu sein. Dachstroh ist beweglich, und wenn das Holz noch arbeitet, so macht das nichts aus. Das Holz wird in dem gut durchlüfteten Dach natürlich austrocknen und normalerweise so alt wie das Dachstroh werden.

Arbeiten mit Holz

Fässer

Es gibt kaum noch Küfer in der westlichen Welt, und die alten Holzfaß-Bestände gehen langsam zur Neige. Und für den Selbstversorger gibt es nichts, was ihren Platz einnehmen könnte. Wir brauchen sie für Bier, Wein, gesalzenen Fisch, Pökelfleisch, Bohnen und viele andere Dinge. Also gibt es nur die Möglichkeit, die Fässer selbst zu machen.
Du zersägst einen Eichenstamm in einzelne Abschnitte und spaltest diese in Scheite, man nennt dies Spiegelholzschnitt. Stapele diese im Wald zu einem Haufen und decke sie mit Blättern ab, so daß sie langsam trocknen. Dann spaltest du die Scheite mit einem Beil in Dauben, aus denen du das Faß anfertigst. Nach oberflächlichem Zurichten mit dem Beil höhlst du die Dauben von innen her mit einem Krummesser aus. Die Kanten müssen genau im rechten Winkel zu einem Fügblock gefügt werden, so daß sie perfekt passen, wenn man sie nachher aneinandersetzt. Wenn du ein großes Faß herstellen willst, mußt du die Dauben ausfeuern, bei einem kleineren Faß müssen sie nur gekocht werden.
Die beiden Böden an den Enden der Tonne werden aus drei oder vier Stücken zusammengedübelt und dann mit einer Bogensäge kreisrund ausgesägt. In die Innenseite der Dauben wird an den Schmalseiten eine Nut, die sogenannte „Gargel“ geschnitten, in die man den Boden einsetzt. Weiches Schilf oder Binsen werden in diese Gargel eingelegt, um die Verbindung abzudichten.
Die Reifen können aus Eisen oder Holz sein. Eichenholz eignet sich am besten. Eisenringe stellt man aus Flußstahl her, der zu einem Kreis geschlossen wird.
Das Zusammensetzen des Fasses nennt man „aufstellen“. Die Dauben werden zusammengesetzt, indem die oberen Enden aneinandergefügt werden, während die unteren Enden noch nach außen gespreizt sind.

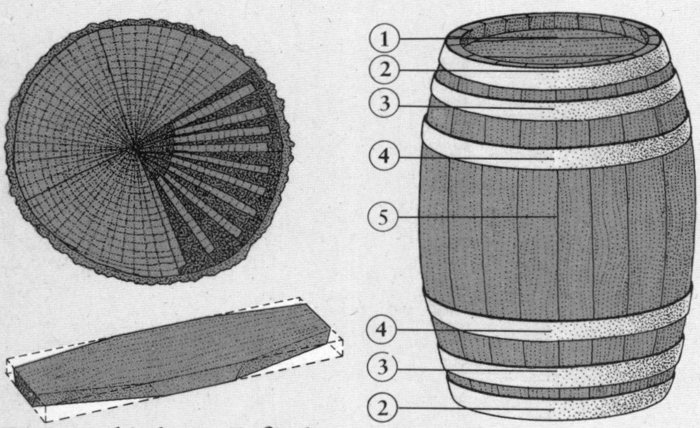

Die verschiedenen Faßteile
Aus Spiegelschnittholz werden Faßdauben (unten links) gemacht, die mit einem Spaltkeil und einem Beil ausgehauen und mit einem Krummesser ausgehöhlt werden. Die Böden 1 werden aus Scheiten hergestellt, die mit Dübeln zusammengehalten werden. Das Faß wird mit den Kopfreifen 2, den Halsreifen 3 und den Bauchreifen gesichert. 4. Der dickste Punkt des Fasses heißt Bauchpunkt 5.

Der Boden wird eingesetzt, wobei der Kopfreifen dann aufgeschlagen wird (siehe Zeichnung), um ihn festzuhalten. Ein Holzreifen wird gedämpft, zu einem Kreis gebogen und mit den eingekerbten Enden zusammengesetzt, über die Dauben gestülpt und heruntergeschlagen. Jetzt wird in der Tonne ein Feuer entfacht, das die Dauben erweicht und es ermöglicht, sie zu biegen. Schlage den Bauchreifen herunter, so daß er die Dauben zusammendrückt. Wenn du ihn ganz heruntergeschlagen hast, kommt der zweite Reifen darauf, der einen etwa 1,2 cm kleineren Durchmesser hat. Schlage also Hals- und Kopfreifen auf dieses Ende des Fasses. Wenn die Dauben so fest wie möglich sitzen, drehst du das Faß um, legst den anderen Bauchreifen über das untere Ende und schlägst ihn fest. Auf diese Art werden auch hier die Dauben zusammengedrückt. Bevor sie ganz fest ineinandersitzen, muß der Boden eingefügt werden. Dann werden Hals- und Kopfreifen auf das Faß geschlagen.
Wenn ein neues Faß fertig ist, muß es „weingrün“ gemacht werden, indem man es mit konzentrierter Sodalauge füllt. Dadurch wird die Gerbsäure in der Eiche neutralisiert. Laß es so drei Tage lang stehen, wasche es anschließend gut aus, und fülle es für einen Tag mit klarem Wasser. Wasche und fülle es nochmals. So verfährst du auch, wenn du ein „saures Faß“ hast (d. h. eines, in dem Bier oder Wein verdorben ist). Wenn ein altes Faß stinkt, kannst du es noch einmal mit Sodalauge füllen, oder im Innenraum 30–60 g Schwefel verbrennen. Man kann auch den Boden herausnehmen und die Innenseite 3 mm abschälen. Das hilft aber nicht immer. Zum Entfernen des Bodens schlägt man fest auf den Kopfreifen des einen Endes und nimmt dann die Ringe von dem Ende ab, aus dem der Boden herausgenommen werden soll.
Ohne Zweifel ist das Anfertigen einer Tonne eine ziemlich komplizierte Arbeit, und man benötigt einige Übung. Am besten sucht man bei einem Küfer Rat.

Eine Leiter bauen

Stangen für eine Leiter sollten aus langen, geraden, sauber gemaserten Holzstücken, vorzugsweise aus Eiche, gemacht werden. Diese Stücke werden mit einer Säge in der Mitte getrennt und daraus grob die Pfosten zurechtgesägt. Die Pfosten jeder Leiter sollten also aus dem gleichen Stück Holz sein, das in zwei Hälften gespalten wurde, sie sind jeweils Spiegelbilder ihrer selbst. Sie können auf der einen Seite rund, auf der anderen Seite flach sein.
Für die Sprossen eignet sich Eiche oder Hickoryholz am besten. Sie werden mit Keilen abgebrochen oder -gespalten und dann abgehobelt, man kann aber auch ein Schnitzmesser dazu nehmen.
Bohre die Löcher für die Sprossen in einem Abstand von 20–25 cm ganz durch die Pfosten durch. Lege einen Pfosten auf die Erde, klemme ihn gut fest, und treibe in jedes Loch eine Sprosse. Sie sollten auf der anderen Seite herausstehen. Dann befestigst du den anderen Pfosten. Sichere die Spros-

sen durch Hartholzkeile und säge überstehende Enden ab. Verbinde die Pfosten durch Bolzen am Kopf- und unteren Ende, um die Leiter stabiler zu machen.

Eine Wippdrehbank

Eine einfache, hölzerne, fußbetriebene Drehbank kann sehr leicht gebaut werden, und sie ist, obwohl sie langsam arbeitet, doch zum Holzdrechseln zu verwenden.
Verankere im Freien zwei hölzerne Pfosten im Boden, oder, wenn du diese Möglichkeit nicht hast, im Fußboden in einem Abstand von 90 cm. 10 × 15 cm-Pfosten wären ideal. Nagele in Handhöhe auf jeden Pfosten einen Holzblock, beide auf der gleichen Höhe. Bohre in jeden Block ein Loch, grade groß genug, um das zu drechselnde Stück zu halten. (Du wirst die Enden dieses Stabes vermutlich mit einem Messer anspitzen müssen, damit sie in die Löcher passen.) Baue ein einfaches Fußpedal, das aus einem Stück Holz besteht und an einem Ende eine Art Drehgelenk aus zwei kurzen Pflöcken und einem Nagel hat. Dann stellst du neben der Drehbank einen Baumstamm oder einen Dachbalken auf, an dem du eine Stange aus Eschenholz oder aus einem anderen elastischen Holz befestigst, die heruntergebogen werden kann.
Binde einen Riemen oder eine Peitsche an das Fußpedal, wickle sie einmal von vorn um das Werkstück und verknote das andere Ende an der federnden Stange. Nagele noch ein weiteres Holzstück auf die Blöcke, nahe dem Werkstück, um darauf die Hand beim Arbeiten abstützen zu können. Nun ist die Drehbank fertig. Drücke das Pedal herunter, und das biegsame Holz über deinem Kopf biegt sich nach unten. Nimm den Fuß wieder weg, und das Holz schnellt zurück. Dadurch dreht sich das Werkstück in die andere Richtung. Du bearbeitest es natürlich nur, wenn es sich in der richtigen Richtung dreht, d. h. auf dich zu.
Drechselarbeiten verlangen Geschicklichkeit. Wenn du die Möglichkeit haben solltest, gehe zu einem Handwerker und beobachte ihn bei der Arbeit.

Ein Gefäß auf einer Drehbank drehen

Diese Bilder zeigen eine Holzschüssel, die auf einer mit Strom betriebenen Drehbank gedreht wird, man kann sie aber ebenso auf einer Drehbank mit Fußantrieb oder einem Gerät, wie es

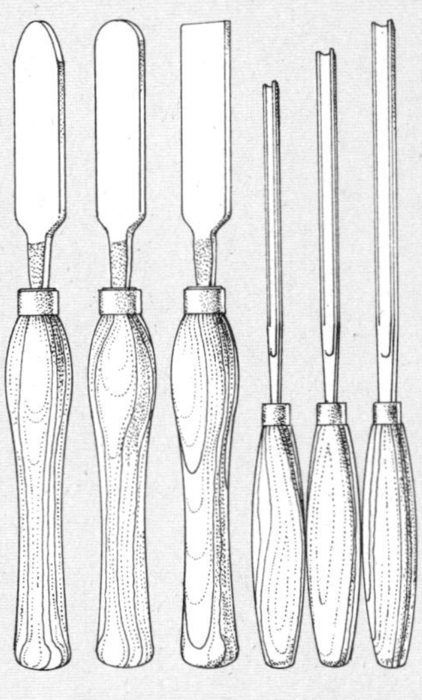

oben beschrieben ist, machen. Wenn du letzteres benutzt, mußt du den Stock durch eine Stange ersetzen, an der ein Bohrfutter befestigt wird, das das Holz hält. Zum Entfernen von überflüssigem Holz braucht man drei Hohlbeitel unterschiedlicher Dicke (oben rechts), und für feinere Formen und zum Glätten Stechbeitel (oben links). Drücke ein Werkzeug niemals zu fest auf, insbesondere nicht den Hohlbeitel. Wenn sie feststecken, gibt es Ärger. Halte die Werkzeuge gut geschärft.

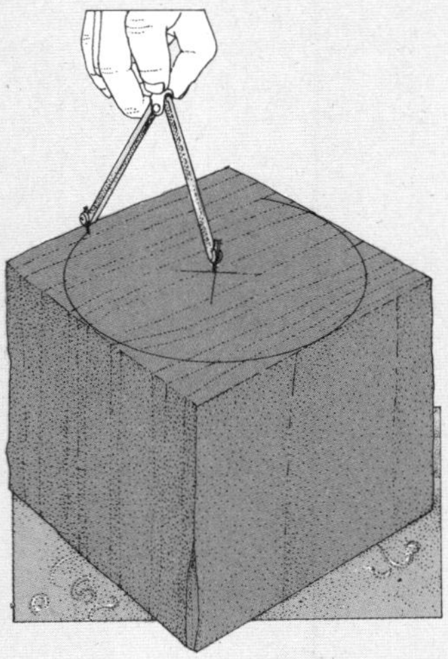

Nimm einen Holzblock, markiere die Mitte mit einem Kreuz und ziehe mit dem Zirkel einen Kreis mit einem etwas größeren Radius (6 mm), als der gewünschte Durchmesser der Holzschüssel beträgt.

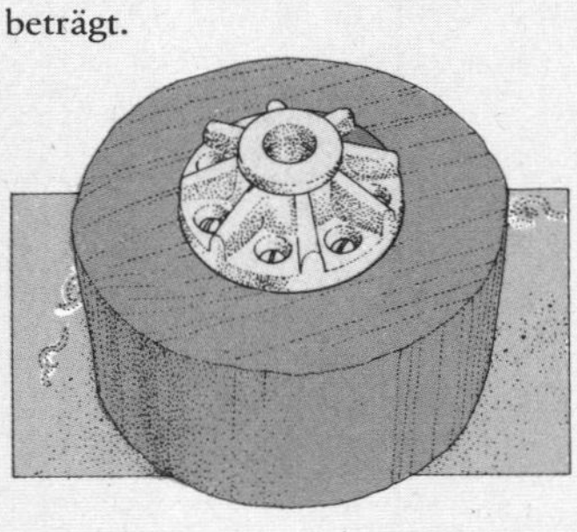

Säge diesen Kreis grob aus und schraube das Bohrfutter gleichmäßig auf. Nimm kurze Schrauben, da die Grundfläche notwendigerweise dicker sein muß, als die Schrauben lang sind. Die Arbeit war umsonst, wenn du beim Aushöhlen der Innenseiten auf eine Schraube kommst.

Runde die Ecken mit großen Hohlbeiteln ab.

Die Außenseiten bearbeitest du mit einem kleineren Hohlbeitel. Stütze diesen ab und führe ihn langsam hin und her.

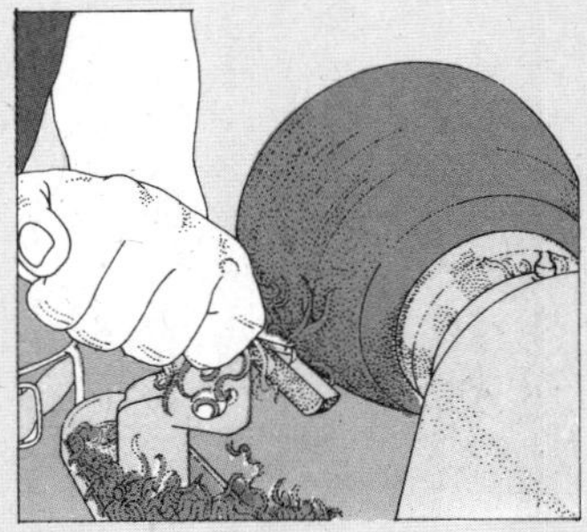

Glätte die Außenseite mit dem Stechbeitel. Dann bearbeitest du das Holz, während es noch auf der Drehbank sitzt, mit Sandpapier, damit die Oberfläche ganz glatt wird.

Beim Aushöhlen von Holzstücken auf der Drehbank ist immer folgendes zu beachten: Beginne an der Außenseite und arbeite zur Mitte hin. Nimm zuerst den Hohlbeitel, dann den Stechbeitel und glätte schließlich mit Sandpapier. Nimm das Bohrfutter von der Maschine, schraube es ab und fülle die Löcher mit Holzmasse. Poliere die Schüssel mit Bienenwachs und klebe Filz unter die Stellfläche.

Brunnen, Teiche, Fischzucht

Brunnen bohren

Die einfachste Art, Wasser zu finden, ist, mit einer entsprechenden Maschine ein Loch zu bohren, und wenn du eine solche Maschine bekommen kannst, so ist sie es wert, angewendet zu werden. Aber sie ist teuer, auch wenn man sie nur mietet, und man sollte sich diese Ausgabe gut überlegen, denn alles, was man wirklich spart, sind Zeit und Energie. Wenn du von beidem etwas hast, kannst du den Brunnen auch mit der Hand bohren.

Erde und weicher Stein
Einen Brunnen in Erde oder weichem Stein auszuheben ist sehr leicht, wenn man ein bißchen fleißig ist. Man gräbt einfach und hält den Durchmesser so klein wie möglich, so daß gerade genug Platz zum Schaufeln ist. Wenn du tiefer kommst, schickst du die ausgehobene Erde mit einem Eimer an die Oberfläche, der von einem Freund an einer Winde hochgezogen wird. Auf die gleiche Weise kommst du heraus. Es ist fast immer notwendig, den Brunnen während du gräbst abzustützen, damit die Erde nicht nachrutscht. Die einfachste Art ist das Einsenken von Betonringen. Du gräbst unter dem untersten Ring weiter, wodurch dieser heruntersackt und alle anderen darauf mit ihm. Von Zeit zu Zeit wird oben ein neuer Ring aufgelegt. Wo es billiges Bauholz gibt, kann man die Abstützungen auch mit diesem durchführen.

Weicher Boden
Einen Brunnen in weichen Sand zu bohren ist sehr schwierig und kann nur so durchgeführt werden, daß man ringsherum angespitzte Pfähle unter die Arbeitsebene treibt, um eine Abstützung zu haben, wenn man den Sand herausschaufelt.

In Stein
Einen Brunnen in Stein zu bohren ist schwieriger, da dieser durchstoßen werden muß, aber wiederum einfacher deshalb, weil man ihn nicht abzustützen braucht. In früheren Jahren wurde der Stein gebrochen, indem man auf ihm ein Feuer entfachte und ihn anschließend mit Wasser abschreckte. Durch das plötzliche Zusammenziehen brach die Oberfläche des Steins. Heutzutage haben wir glücklicherweise Sprengstoff. Dieser darf aber nur vom Fachmann angewendet werden.
Wie auch immer du den Brunnen aushebst, wenn du auf Wasser stößt, mußt du tiefer graben. Und wenn du den halben Tag damit zubringen mußt, das Wasser mit dem Eimer auszuschöpfen, mußt du doch so lange weiterarbeiten, bis es wirklich nicht mehr geht. Wenn du das nicht machst, eine Dürre kommt und der Wasserspiegel sinkt, dann „sitzt du auf dem Trockenen“.
Hast du den Brunnen gebohrt, ist es das beste, du installierst eine stählerne Windmühle zum Pumpen (siehe S. 216). Sie pumpt das Wasser aus 300 m Tiefe und das jahrelang, ohne Kosten und mit wenig Wartung.

Einen Teich anlegen

Wenn du Enten halten (siehe S. 128) oder dich der ertragreichen Fischzucht widmen willst, so brauchst du einen Teich. Du kannst einfach ein Loch graben, aber da Boden und Seitenwände porös sind, ist es wahrscheinlich notwendig, Lehmestrich herzustellen und sie damit abzudämmen, oder du gräbst eine Plastikplane ein.
Einfach nur Erde aufzuschütten, um einen Damm zu bilden, der das Wasser einschließt, reicht selten aus. Das Material kann zu porös sein, und dadurch wird das Wasser durchsikkern und ein Loch in die Wand reißen. Oder es enthält zuviel Lehm, dann trocknet es zu stark aus, schrumpft und bricht. Wenn der Boden gerade richtig ist, gut abgedichtet und ein angemessener Abflußkanal zum Ablaufen des überschüssigen Wassers gebaut wurde, dann kann ein einfacher Damm auch funktionieren, aber wenn es Zweifel gibt, sollte er auf jeden Fall mit Lehmestrich verstärkt werden. Heutzutage werden anstelle dessen auch manchmal Plastikabdichtungen genommen, die aber sorgfältig in den Boden eingegraben werden müssen. Wenn dein Teich für die Fischzucht dienen soll, dann brauchst du für den Boden gute Muttererde, damit Pflanzen wachsen können.

Fischzucht

Fische stellen ein Depot von hochwertiger, proteinhaltiger Nahrung dar, viel mehr als jedes andere Tier. Dies rührt daher, daß sie keine so massive Knochenstruktur aufbauen müssen, um ihr Gewicht zu tragen (das Wasser trägt sie), und sie brauchen keine Energien, um ihre Körpertemperatur aufrechtzuerhalten, da sie Kaltblüter sind. In vielen tropischen Ländern, besonders in Reisanbaugebieten, sind sie ein wesentlicher Bestandteil der Nahrung. Moderne, auf Gewinn ausgerichtete Fischzucht, bei der nur eine Fischart mit teurem Kraftfutter gefüttert wird und das Wasser mit Pflanzenvernichtungsmitteln angereichert ist, ist ökologisch ungesund und erfordert absurde Mengen an kostspieliger Nahrung. Wir sollten damit beginnen, Ökologie-Systeme auszuprobieren, die ein reines Naturgleichgewicht erhalten oder erreichen, und in dem es eine Vielzahl von Fischarten zusammen mit anderen Wasserlebewesen gibt, sowohl Tiere wie auch Pflanzen.
Merkwürdig genug, daß man im 16. Jahrhundert diese Sache viel besser verstand. Zu dieser Zeit schrieb ein Dichter namens John Taverner, daß man große, flache Teiche anlegen solle, etwa 150–180 cm tief, die in einem Jahr trocken, und im nächsten Jahr mit Wasser gefüllt sein sollten. In der Trockenzeit soll man Rinder darin grasen lassen, im folgenden Jahr kann man wieder Karpfen halten. Im Teich wächst durch die Rückstände des Wassers üppiges Gras für die Rinder, während die Karpfen umgekehrt auch von der Fruchtbarkeit profitieren, die von den Rindern zurückgelassen wird. Man sollte also mindestens zwei Teiche haben, so daß immer einer für die Fischzucht verwendet werden kann, während der andere trocken liegt. Bei dem Fischteich

wird im Herbst das Wasser abgelassen, die besten Fische in einen kleinen, dem Haus nahe gelegenen Teich gebracht, wo sie auf den Verzehr warten. In den neuen Teich werden viele Jungfische gesetzt.

Forellen

Forellen gibt es in einer erstaunlichen Anzahl verschiedener Arten, die aber nicht immer ganz eindeutig zu unterscheiden sind.

Die Bachforelle und die Regenbogenforelle sind sicher die bekanntesten Vertreter dieser Gattung. Sie gehören zu den wichtigsten Speisefischen, und ihr Fleisch schmeckt ganz ausgezeichnet.

Wenn man Forellen züchten will, muß man ihnen in irgendeiner Weise tierische Nahrung zuführen. Man kann das entsprechende Futter kaufen, aber es ist sehr teuer. Da sie jedoch nicht wählerisch sind, kann man, wenn man billig an Seefisch herankommt, diesen zur Fütterung nehmen. Du salzt ihn ein, stapelst ihn 15 cm hoch und legst Bretter und Gewichte darauf. Dadurch wird das Öl herausgezogen. Anschließend trocknest und zerreibst du ihn, dann kann er verwendet werden.

In einem natürlichen Teich ernähren die Forellen sich von Kaulquappen, auch kleinen Fischen oder Kleintieren aller Art; im geringen Umfang von pflanzlicher Nahrung. Das Wachstum wird von Aufenthaltsort und Wassertemperatur sehr beeinflußt.

Regenbogenforellen können auch als Beifische in Karpfenteichen gehalten werden, da sie eine relativ hohe Wassertemperatur vertragen.

Karpfen

Fleischfressende Fische wie die Forellen sind schlechte Umsetzer von Futter in Fleisch.

Karpfen dagegen sind äußerst ergiebige Fische, wenn sie an angemessenen Plätzen gehalten werden, also in nahrungsreichen Teichen mit starker Uferbewachsung oder in langsam fließenden, pflanzenreichen Gewässern. In jedem Fall bevorzugen die Fische aber wärmeres Wasser. Ursprünglich kommen sie aus China, Japan und Mittelasien, aber sie haben sich in fast ganz Europa so gut akklimatisiert, daß sie durch intensive Zucht zu einem der wichtigsten Speisefische geworden sind.

Schon in früheren Zeiten hielten die Mönche sie in großen Teichen, im Herbst wurden sie dann gefangen und in kleine Tümpel nahe dem Haus gebracht, die tief genug waren, um eisfrei zu bleiben und deshalb leicht abgefischt werden konnten. Und da Karpfen ja Vegetarier sind, können sie auch gut in stehenden Gewässern leben. Die Hälfte ihrer Nahrung muß natürliches Futter sein, und sie können durch eine gewisse Menge Abfall und verrotteter Vegetation, die sich im Wasser ablagert, ernährt werden, da diese in Futter umgewandelt wird, welches die Karpfen durch bakterielle Vorgänge aufnehmen können. Sie fressen aber auch Hafermehl, Gerste, Malzabfälle und ähnliches Futter.

Andere Fischarten

Es gibt noch eine Reihe anderer Fische, die hier und dort in Teichen gezogen werden. Dazu gehört der Barsch, der auch in der freien Natur weit verbreitet ist und sehr gut schmeckt. Er ernährt sich meist von kleineren Fischen.

Ein wichtiger Speisefisch ist der Zander, der wohlschmekkendes, weißes Fleisch hat.

Die künstliche Zucht des Bachsaiblings ist möglich, ist in Europa aber nicht sehr verbreitet. Ursprünglich stammt er aus Amerika.

Der Hecht ist der wichtigste Raubfisch und als Veredler von minderwertigem Fischfleisch von großer Bedeutung. Allerdings ist die Aufzucht wegen seiner Gefräßigkeit einigermaßen schwierig.

Dann wäre da noch der Huchen, der ein geschätzter Speisefisch ist, dessen Zucht aber wegen der Lebendfutterbeschaffung problematisch ist.

Ein bekannter Nutzfisch ist die Schleie, die häufig als Beifisch in Karpfenteiche gesetzt wird, aber langsamer als der Karpfen wächst. Sie ist in fast ganz Europa heimisch.

»Alchimie« im Haushalt

Seife

Bei der chemischen Seifenherstellung wird laugensalzhaltiges Wasser mit Fett gekocht. In diesem Wasser, von Seifenmachern einfach Lauge genannt, kann jedes Laugensalz gelöst sein, Ätznatron reicht aus. Es gibt aber eine ganz einfache Art, die Lauge selbst herzustellen. Schlage ein paar Löcher in einen Faßboden, decke diesen mit Stroh ab, schütte Holzasche darauf und gieße einen Eimer voll Wasser darüber. Gieße am ersten, dritten und fünften Tag jede dritte oder vierte Stunde je einen weiteren Eimer darauf. Das Wasser, das unten aus dem Boden heraustropft, ist eine Lauge.

Zum Herstellen der Seife schmilzt du das Fett bei kleiner Hitze, läßt es dann in kaltes Wasser fließen und schöpfst es ab. Du kannst Schmalz, Schweinefett, Hühnerfett, Gänsefett usw. verwenden. Schmilz das Fett erneut, laß es lauwarm werden und bringe die Lauge auf die gleiche Temperatur. Gieße diese sehr langsam in das Fett (wenn du es schnell machst, mischt es sich nicht) und rühre mit einem Holzlöffel vorsichtig um. Wenn die Mischung wie Honig vom Löffel tropft, fügst du keine weitere Lauge mehr hinzu. Wenn die Seife stärker sein soll, gibst du eine Mischung aus Natriumborat und Wasser (acht Eßlöffel auf 0,6 l Wasser) und einen Schuß Ammoniak hinein. Auf 2 l Seife kommen 0,5 l Natriumboratlösung und eine halbe Tasse Ammoniak. Lege ein Brett über die Mischung, bedecke dieses mit einem dicken Tuch, laß sie bis zum nächsten Tag ruhen und schneide sie dann. Für eine duftende Seife nimmst du 0,5 kg gutes Fett oder Talg; 1 Tasse Olivenöl; 1 Tasse Erdnußöl; 1/2 Tasse Wasser mit 2 Eßlöffeln Lauge; 1 Tasse Parfüm. Von gekauften, ätherischem Öl nimmst du ungefähr drei Eßlöffel. Aber du kannst dein eigenes Parfüm aus Lavendel, Rosmarin, Limonenbalsam, Blumen oder Kräutern machen, wovon du wahrscheinlich aber mehr brauchst. Schmilz das Fett, füge Öle und Riechstoffe hinzu, erwärme es auf 32° C, während du ununterbrochen umrührst. Mische zwischenzeitlich Lauge und Wasser, gieße es in das Fett-Ölgemisch und fahre mit dem Rühren fort. Wenn die Mischung dickt, gießt du sie in Formen.

Sattlerseife
Nimm zur Herstellung von Sattlerseife: 6 Tassen Talg; eine Tasse Lauge; 2 1/2 Tassen Wasser. Erhitze den Talg auf 54° C. Löse die Lauge in Wasser auf, kühle es auf 35° C ab und gieße es langsam in den Talg, während du umrührst. Kurz bevor sie fertig zum Formen ist, gießt du eine Tasse Glyzerin hinzu und rührst um.

Zucker

Von Zuckerrüben
Schneide die Spitzen der Zuckerrüben ab und presse die Flüssigkeit mit irgendeinem Gerät, das gerade verfügbar und geeignet ist, heraus, z. B. mit einer Apfelpresse, einem Wagenheber oder einer altmodischen Mangel. Koche das Ganze, bis die Flüssigkeit verdampft ist, und du hast unraffinierten Zucker. Raffinieren ist ein komplizierter Prozeß mit Kalk und Kohlendioxyd. Aber unraffinierter Zucker ist nahrhafter und für alle Zwecke, bei denen Zucker gebraucht wird, geeignet.

Zuckerrohr
Zuckerrohr muß gründlich zerkleinert werden, um daraus Sirup herzustellen. Es ist hart und voller Fasern, so daß du viel Kraft, einen Mörser und Stößel oder eine stählerne Mühle brauchst. Schütte den Sirup in einen Kupferkochtopf, den du mit den Zuckerrohrabfällen anheizen kannst. Durch Kochen wird der Sirup in unraffinierten Zucker umgewandelt. Es wäre Zeitverschwendung, den Zucker zu raffinieren, denn er ist so viel besser.

Ahornzucker
Zur Gewinnung dieses Zuckers mußt du im März einen Stamm anbohren und eine kurze Röhre hineintreiben, die du kaufen oder aus Bambus, Weide, Holunder oder etwas anderem machen kannst, das sich aushöhlen läßt. Hänge einen Behälter darunter (einen Eimer oder eine Plastiktasche) und decke ihn ab, um Insekten fernzuhalten.

Sobald der Saft läuft, füllst du ihn in einen Kochtopf, der über einem Holzfeuer hängt, welches kräftig angefacht werden muß. Es muß im Freien aufgestellt werden, da eine Menge Feuchtigkeit abgegeben wird. Der Saftstand sollte nicht zu tief absinken (ca. 15 cm), deshalb wird von Zeit zu Zeit frischer aufgegossen. Es ist von Vorteil, zwei Kochtöpfe zu haben, damit in einem der frische Saft aufgehoben werden kann. Der halbgekochte Saft ist in dem anderen Topf, aus dem der Sirup abgeschöpft wird.

Schöpfe den Schaum von Zeit zu Zeit ab und achte stets darauf, daß der Saft nicht überkocht. Wenn er beginnt, aufzuwallen, fügst du etwas neuen Saft hinzu, schüttest etwas sahnige Milch hinein oder gibst ein Stück Fett auf den Schaum. Prüfe die Temperatur des Saftes mit einem Thermometer. Wenn er bei 104° C kocht, ist er zu Sirup geworden. Schöpfe ihn in Töpfe ab und bedecke ihn, während er noch heiß ist, und stelle ihn zum Abkühlen beiseite.

Für die Zuckerherstellung erhöhst du die Temperatur auf 117° C; wenn du den Löffel herausnimmst und sich dabei ein dünner Faden zieht, hat er lange genug gekocht. Du nimmst ihn vom Feuer, läßt ihn einige Minuten abkühlen und rührst ihn dann mit einem Holzlöffel um. Wenn der Sirup zu kristallisieren beginnt, gießt du ihn in Formen.

Salz

Wenn du nahe der See lebst, kannst du Salz durch einfaches Kochen und Verdampfen des Wassers gewinnen. Zum Feuern kannst du Treibholz nehmen, und da es heutzutage leider oft mit einem Ölfilm überzogen ist, brennt es sogar sehr gut. Ein tragbarer Eisenkessel wäre zum Kochen ideal. Verwende aber keinen aus Kupfer, da dieses mit dem salzhaltigen Wasser reagieren würde.

Farbe

Sehr gute Farben können aus einer Mischung mit Quark, wasserhaltigem (gelöschtem) Kalk und jedem Erd-Farbstoff, den man finden kann, hergestellt werden. Kalk und Quark müssen einander neutralisiert haben, und dies kann man mit Lackmuspapier testen: Wenn das Papier sich rot färbt, fehlt noch Kalk, wenn es sich blau färbt, Quark.
Der Farbstoff, den du hinzufügst, kann jede intensiv farbige Erde sein, Sedimentgestein oder Lehm. Grabe sie aus und koche sie mehrere Male, immer in frischem Wasser. Filtere das Wasser aus und trockne den Rest an einem warmen Platz. Pulverisiere ihn so feinkörnig wie möglich. Mische dieses Pulver mit Quark und Kalk, bis du die Farbe erreicht hast, die du haben wolltest. Eifrige Farbenmischer suchen stets nach schönfarbiger Erde oder Lehm.

Papier

Es ist möglich, Papier aus allen faserhaltigen Pflanzen, aus Holz, Baumwolle oder Leinenlappen herzustellen. Nesseln, Flachs, Hanf, Binsen, kräftiges Gras und lange, faserige Pflanzen wie Tagetes minuta ergeben alle ein gutes Papier.
Weiche die Pflanzen zuerst in Wasser ein. Zerkleinere sie dann so weit wie möglich, etwa in Stücke von 1,5 cm. Lege das geschnittene Material in eine Bütte und bedecke es mit einer Ätznatronlösung aus zwei Teelöffeln Ätznatron und 1/4 l Wasser. Koche das Ganze so lange, bis es weich und breiig ist. Dann schüttest du es in ein grobmaschiges Sieb und läßt es abtropfen. Halte es unter einen Wasserhahn oder tauche es mehrmals in ein Wasserbad. Dadurch wird der Faserbrei gereinigt. Wenn du weißes Papier haben willst, mußt du die Fasern nun über Nacht in einer Bleichlösung einweichen. Sonst hat es die Farbe des verwendeten Materials. Tropfe die Bleiche in einem Sieb ab.
Als nächstes bearbeitest du das Material mit einem Holzhammer oder mit etwas ähnlichem. Wenn es ziemlich trokken ist, fügst du etwas Wasser hinzu und fährst fort. Ein großer Mörser und ein Stößel sind hierfür auch ausgezeichnet. Fülle zwischendurch etwas Brei in ein Glas, um ihn gelegentlich im Gegenlicht zu prüfen. Wenn noch Klumpen darinnen sind, ist der Faserbrei noch nicht fertig. Wenn du ein interessant strukturiertes Papier haben willst, bearbeite es nicht zu lange, damit noch pflanzliche Teile darin zu sehen sind.
Du kannst das Papier mit einem einfachen, hölzernen Rahmen, in das ein feinmaschiges Sieb gespannt ist, machen. Schöpfe mit dem Rahmen Brei aus der Bütte, so daß eine dünne Schicht das Sieb bedeckt. Dann schüttelst du ihn hin und her. Wenn du glaubst, daß das Papier zu dünn ist, dann gießt du den Brei zurück und schöpfst mehr Fasern.
Drehe nun den Rahmen herum auf ein nasses Stück Filz und drücke ihn auf den Stoff, damit das Papier dort hängen bleibt. Nimm den Rahmen weg und lege ein zweites Stück nassen Filz auf das Papier. Auf diese Weise schichtest du alle geschöpften Blätter übereinander. Schließlich brauchst du eine Presse, aber die einfachste reicht hier aus. Lege den ganzen Filz-Papierstapel dort hinein und presse ihn einen Tag. Anschließend kommt das Papier noch einmal ohne Filz in die Maschine. Es muß sehr sorgfältig behandelt werden. Hänge es zum Trocknen über einen Ständer.

Harz, Terpentinersatz und Holzteer

Sumpfkiefern, Pinien, der Carannabaum, Zedern, Zypressen und Lärchen können zur Harzgewinnung angezapft werden. Am besten entfernt man ein Stück Baumrinde von etwa 10 cm Breite und 120 cm Länge von einem Baum. Dies nennt man anschalen.
Schlage mit einer scharfen Axt ein dünnes Stück Holz aus dem unteren Ende dieses Abschnittes. Treibe ein kleines, metallenes Rohr unten in den ausgeschlagenen Spalt und lasse den Saft oder das Harz in eine Dose fließen. Frische ungefähr jeden fünften Tag den Schnitt auf, indem du ihn vertiefst. Wenn aus dem ersten nichts mehr herauskommt, schneidest du einen neuen direkt darüber. Du kannst so eine Anschalung mehrere Jahre einschneiden. Unterbrich die Arbeit zwischen November und Februar.
Wenn du Koniferen zum Anzapfen anpflanzt, schlage die Seitentriebe der jungen Bäume ab, damit der Stamm frei bleibt.
Wenn du Harz destillierst, es also erhitzt und den ersten Dampf kondensierst, dann erhältst du Terpentin. „Terpentinharz“ nennt man den klebrigen Stoff, der zurückbleibt und der vielseitig verwendbar ist.
Wenn du Koniferenholz in einem Destillierkolben oder nur in einem Erdloch verbrennst, rinnt ein brauner Saft heraus. Es ist Holzteer und das Beste auf der Welt zum Streichen von Booten und Gebäuden.

Holzkohle

Holzkohle wird einfach durch Verbrennen von Holz mit zu wenig Sauerstoff hergestellt. Mit anderen Worten, du feuerst etwas Holz gut an und schneidest die Luftzufuhr dann schnell ab. Ich habe verschiedene Methoden ausprobiert und festgestellt, daß es am einfachsten und besten ist, einen großen Graben auszuheben, ihn mit Holz zu füllen und anzuzünden. Wirf, wenn es gut brennt, alte Wellblechstücke darauf, um es zu ersticken und schütte sehr schnell Erde darüber, um das Feuer vollkommen auszulöschen. Dazu brauchst du mehrere Helfer. Warte einige Tage, bis es abgekühlt ist, öffne den Graben und fülle die Holzkohle in Tüten. Du kannst sie als Heizmaterial zum Kochen, zum Herstellen von Ziegelsteinen oder überall sonst, wo du ein langsam brennendes Feuer brauchst, verwenden.

Allzweckofen

Feuerholz ist ein erneuerbarer Rohstoff, und ein Stück Wald ist der beste Energiespeicher in der Welt. Waldland, in dem Feuerholz geschlagen wird, sollte in Niederwald verwandelt werden (siehe S. 34). Mit anderen Worten: Die Bäume sollten alle zehn bis fünfzehn Jahre geschlagen werden, je nachdem, wie schnell oder wie langsam sie wachsen. Die Stümpfe bleiben entweder als Unterholz oder treiben neu. Auf diese Weise rodest du systematisch zwei bis drei Morgen Waldland, die somit eine konstante Versorgung mit gutem Feuerholz und Bauholz sicherstellen.

Um Holz sinnvoll und sparsam zu verbrennen, gibt es einige Dinge zu berücksichtigen. Das Holz muß auf dem Boden des Brennofens verbrannt werden, nicht auf einem Gitter. Das Feuer muß eingeschlossen sein und es muß eine gute Abzugsregulierung geben. Ein großes, offenes Feuer ist zwar romantisch, aber alles, was es bringt, ist Freude fürs Herz, Kälte für den Rücken und Hitze für den Himmel.

Es ist von Vorteil, Holz an einer Stelle zu verbrennen, wo die Luft das Feuer nur von vorn erreicht. Ein Tunnel mit zugemauertem Ende ist ideal. In ihn können die Holzscheite hineingeschoben und angezündet werden. Das Feuer geht dann langsam rückwärts in den Tunnel hinein. Die Abzugsregulierung sollte so sein, daß das Feuer voll lodern kann, daß man es aber auch ersticken kann, wenn man die Luftzufuhr abschneidet. Wenn du den Ofen außerhalb des Hauses befeuern kannst, vermeidest du innen viel Schmutz. Wenn er so groß ist, daß er auch lange Scheite aufnehmen kann, so sparst du anstrengende Sägearbeit.

Jeder gute, sparsame Brennofen sollte für mindestens vier Dinge verwendet werden können: zum Heizen, zum Backen, zum Kochen und zum Wasser erhitzen, und am besten ist es, wenn man darin auch Fleisch und Fisch räuchern kann.

Wir haben auf unserer Farm einen Brennofen gebaut, der all diese Dinge machen kann, und da die Farm Fachoncle heißt, so heißt er Fachoncle-Brennofen. Wenn du die folgenden Materialien preiswert bekommst, kannst du ihn nachbauen: feuerfeste Steine, eine Gußeisenplatte, groß genug, um den ganzen Ofen abzudecken, und eine massiv eiserne, feuerfeste Tür.

Den Ofen bauen

Ich habe einen Tunnel aus Ofenziegeln von 1,20 cm Länge im Innern des Hauses gebaut. Das Ende ist zugemauert, die Öffnung liegt 10 cm vertieft in der Außenwand des Hauses. Die Wand ist dort aus feuerfesten Steinen. Zu beiden Seiten des Tunnels wurde eine Ziegelmauer hochgezogen, die etwas höher als der Ofen ist. Die Grundfläche des Ofens braucht nicht aus feuerfesten Steinen zu sein, dagegen müssen die Deckenwände der Hitze widerstehen können. Auf die Außenwände wird eine Stahlplatte gelegt, d. h. ich habe eine solche Platte genommen, da sie sich aber im Laufe der Zeit etwas verbogen hat, würde ich eher eine gußeiserne empfehlen. Die Platte reicht direkt bis an die Hauswand. Auf eine Hälfte (die von der Hauswand entfernte) baute ich einen Backofen und den Schornstein. In die Außenwand des Hauses habe ich ein Loch geschlagen und die Heizraumtür in feuerfeste Steine eingemauert. Der Ofen wird durch diese Tür beheizt und Hitze und Rauch gehen von dort aus weiter zur Kochstelle, zum Backofen, in die Räucherkammer bis hin zum Schornstein.

In die hintere Tunnelwand haben wir noch einen Wasserkessel eingebaut, die Wasserrohre laufen zwischen Tunnel- und Außenmauer und enden in der letzteren. Der Hohlraum zwischen Tunnel und Außenmauer ist teilweise mit Sand gefüllt, um den Ofen zu isolieren und die Hitze zu speichern.

Der Wassererhitzer dieses Brennofens muß versorgen: Küche, Molkerei, Brauerei, Waschküche und Badezimmer. Und damit er dies macht, muß ein gutes Feuer unterhalten werden. Soviel heißes Wasser durch Elektrizität zu erzeugen, würde aber ein Vermögen kosten. Wir haben vor, das Wasser wenn möglich mit einem Sonnendach vorzuheizen, so daß im Sommer, wenn wir im Haus nicht so viel Wärme brauchen, wir auch kein so großes Feuer machen müssen.

Holzkohle herstellen

Ein Vorteil dieses Brennofens ist, daß man mit ihm auch Holzkohle herstellen kann. Wenn du zuerst ein großes Feuer entfacht hast, und den Abzug dann schließt, geht das Feuer aus, und aus dem Holz entsteht Holzkohle. Zum Schluß ist da noch die Räucherkammer, die wir in den Ofen eingebaut haben. Es ist dort zwar zu heiß für Schinken und Speck, aber sie eignet sich wundervoll zum Räuchern von Fisch und Fleisch.

Dieser Brennofen, so denke ich, ist ein gutes Beispiel für ein neues Verständnis, das wir Selbstversorger uns aneignen müssen. Wir müssen lernen, nicht immer zu den „Experten" und Fachleuten zu laufen, sondern auf unsere eignen Kräfte zu vertrauen. Wir müssen lernen zu improvisieren und mit dem Vorhandenen auszukommen, indem wir Sinne und Verstand gebrauchen. Ein kommerziell hergestellter Brennofen in der Größe des unseren würde einige tausend Mark kosten. Unser Ofen ist zwar nicht perfekt, aber trotzdem von großem Nutzen. Du kannst einen wirklichen Erfolg als Selbstversorger haben, wenn du darauf vorbereitet bist, dich anzupassen, zu experimentieren und deine eigenen Ideen zu verwirklichen. Wenn du dies tust, gewinnst du Vertrauen in deine Fähigkeit, Dinge selbst zu machen, und dies ist einer der befriedigendsten Gesichtspunkte im Selbstversorgerleben.

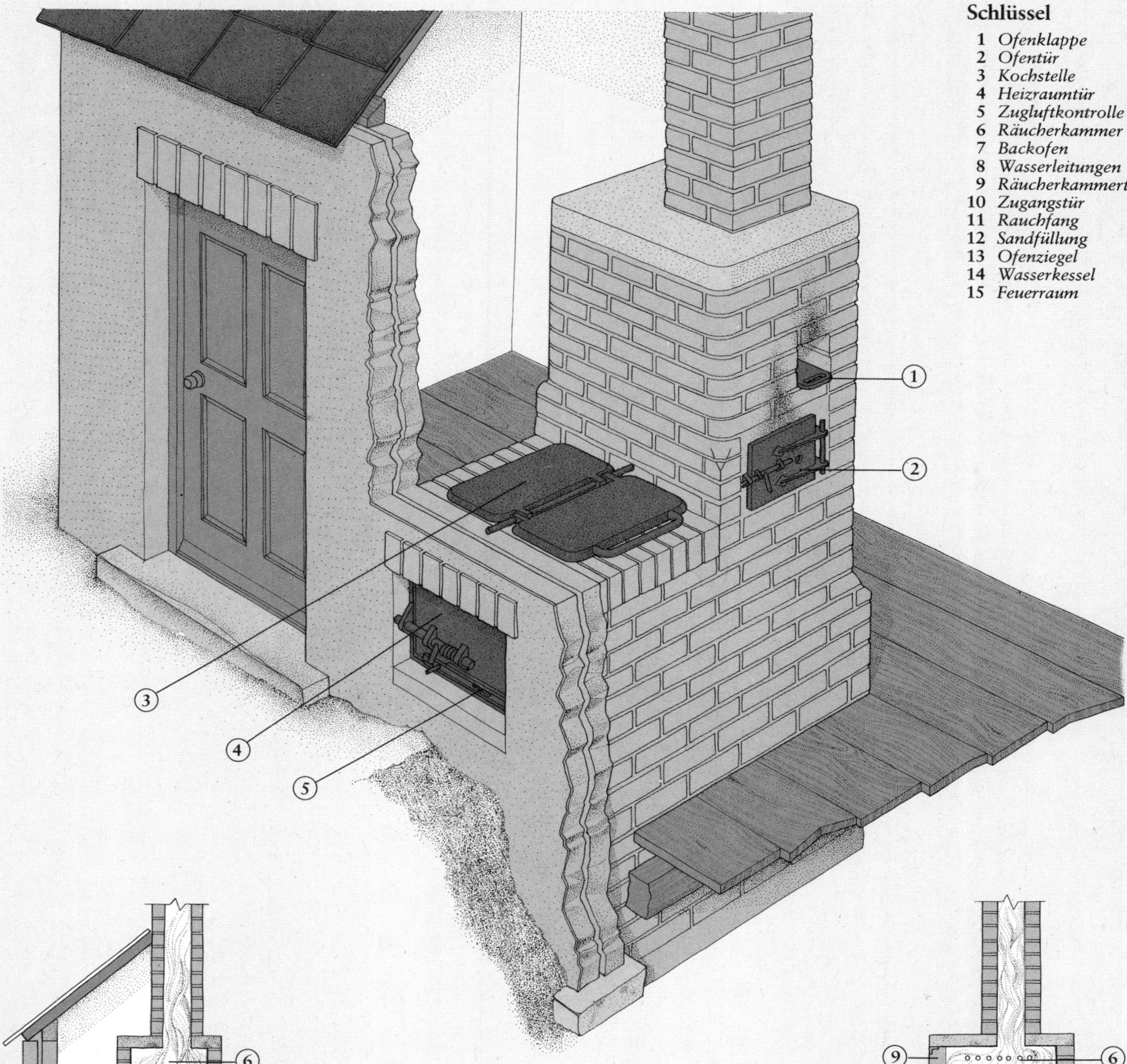

Schlüssel

1 *Ofenklappe*
2 *Ofentür*
3 *Kochstelle*
4 *Heizraumtür*
5 *Zugluftkontrolle*
6 *Räucherkammer*
7 *Backofen*
8 *Wasserleitungen*
9 *Räucherkammertür*
10 *Zugangstür*
11 *Rauchfang*
12 *Sandfüllung*
13 *Ofenziegel*
14 *Wasserkessel*
15 *Feuerraum*

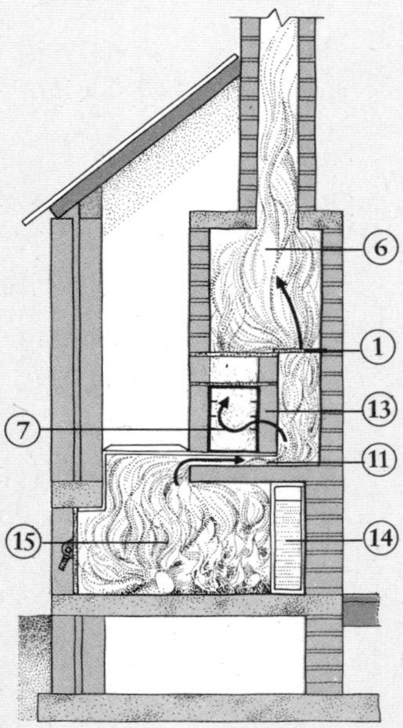

Ein vielseitiger Brennofen, den man selber bauen kann

Wir entwarfen und bauten diesen Brennofen mit der Idee, möglichst viel Nutzen aus dem Verbrennen von Holz zu ziehen. Der Ofen dient als Heizkörper für eine große Fläche, als Heißwasserbereiter, als Kochstelle sowie als Räucherkammer. Wir verbrennen das Holz in einem Tunnel aus Ofenziegeln. Das Ende im Innern des Hauses ist zugemauert und enthält den Kessel für das Wasser. Die andere Seite endet in einem Loch in der Hauswand, wo wir eine Heizungstür eingebaut haben, um den Ofen von außen heizen zu können. Zu beiden Seiten des Tunnels haben wir Steinwände hochgezogen und eine Stahlplatte darübergelegt. Der vordere Teil dient als Kochstelle, und über den rückwärtigen Teil haben wir einen Backofen gebaut. In der Stahlplatte ist ein Schlitz, damit die Luft im Ofen zirkuliert. Am hinteren Ende ist der Schornstein, der sich oberhalb des Backofens zu einer Räucherkammer erweitert.

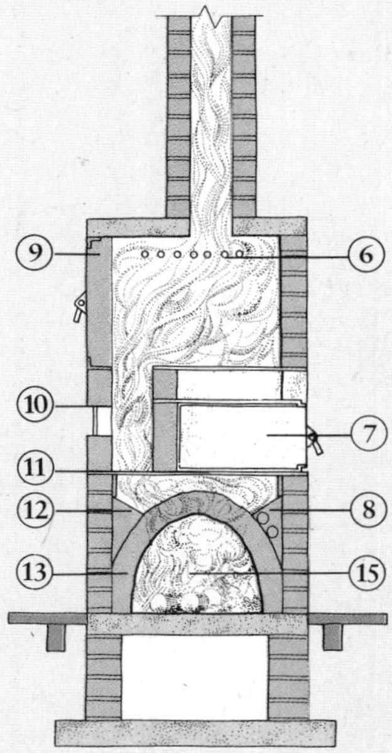

Über den Autor

John Seymour wurde in England und in der Schweiz erzogen. Nach dem Studium der Agrarwissenschaften arbeitete er zwei Jahre lang auf englischen Bauernhöfen, anschließend ging er für fast zehn Jahre nach Afrika, wo er eine Schaf- und Rinderfarm leitete, in Kupferminen beschäftigt und als Tierarzt tätig war.
Er kämpfte auch als Offizier in dem britischen Regiment „The African Rifles" in Burma.
Nach dem Krieg war er für die Regierung als Landwirtschaftsexperte am Wiederaufbau Britanniens beteiligt.
Dann kaufte er sich ein Fischerboot, mit dem er alle Kanäle, schiffbaren Flüsse und die Küsten des Inselreiches abfuhr, verdiente sich seinen Lebensunterhalt durch Schreiben und Arbeiten für den Rundfunk, nebenbei untersuchte er die Lebensweise der ländlichen Bevölkerung.
Er heiratete, und eine Weile setzte das Ehepaar Seymour noch dieses Nomadenleben per Schiff fort, nach der Geburt des ersten Kindes wollten sie aber seßhaft werden. Sie suchten nun über Monate ein geeignetes Haus, die Suche gestaltete sich aber ausgesprochen schwierig, weil sie zwar sehr konkrete Vorstellungen davon hatten, wie ihr zukünftiges Domizil nicht sein sollte – jedoch gar keine, wie es aussehen sollte, zudem verfügten sie über keinen Pfennig Geld.
Als sie schließlich eine passende Bleibe gefunden hatten, arbeiteten beide zuerst in ihren alten Berufen, sie als Töpferin, er als Schriftsteller, um sich ihren Lebensunterhalt zu verdienen. In ihrer freien Zeit begannen sie ein Selbstversorgerdasein, ohne Kenntnisse, ohne Werkzeuge – und wie gesagt ohne Geld. John Seymour war diese Idee schon vor vielen Jahren gekommen, als er in Afrika und Indien Dörfer kennenlernte, die ein hohes Maß an Eigenständigkeit besaßen – und gleichzeitig in einem hohen Grad Lebensfreude und echte Zufriedenheit.
Nach und nach richteten sich die beiden in ihrem neuen Leben ein, zuerst zogen sie das Gemüse selbst, dann kamen Gänse und Enten dazu, dann eine Kuh und schließlich ein Pferd.
Nach acht Jahren entschlossen sie sich, eine eigene Farm zu kaufen, die sie in „Fachoncle Isaf" in Pembrokeshire fanden. Die Farm hat eine Fläche von 25 Hektar.
1961 veröffentlichte Seymour sein erstes Buch über seine Erfahrungen als Selbstversorger, 1973 folgte ein zweites, das er mit seiner Frau Sally zusammen schrieb. Dem vorliegenden Buch sind inzwischen die Bücher „Selbstversorgung aus dem Garten" und „Vergessene Künste" gefolgt.
John Seymour geht es in seinen Büchern um eine bessere, zufriedenere Lebensweise, die täglich neue Forderungen an den Menschen stellt, in der es heißt, erfinderisch zu sein, auf die eigenen Kräfte zu vertrauen und einen gesunden Körper und seine Seelenruhe zu bewahren.
Er weiß wohl, daß diese Lebensweise harte Arbeit bedeutet, und daß sie für intellektuelle Träumer, die in einer idealisierten Vergangenheit schwelgen, bestimmt nicht das Geeignete ist.
Dabei will er nicht zur vorindustriellen Selbstversorger-Gesellschaft zurück, sondern zu einer nachindustriellen Selbstversorgung hin, die sich die Erfahrungen der Industriegesellschaft zunutze macht.
Außerdem geht er – nicht zu Unrecht – davon aus, daß viele der natürlichen Energie- und Rohstoffquellen bald erschöpft sein werden – ohne die die großstädtische Energiegesellschaft überhaupt nicht leben kann – und daß neue Energien noch nicht genügend erforscht, oder aus anderen Gründen nicht im erforderlichen Maß genutzt werden können, was eine Umorientierung absolut zwingend macht.

Register